Elasticsearch 实战

（第2版）

Elasticsearch IN ACTION

［英］马杜苏丹·孔达（Madhusudhan Konda）著

程治玮 王晓辉 译

人 民 邮 电 出 版 社

北 京

图书在版编目（CIP）数据

Elasticsearch 实战 / (英) 马杜苏丹·孔达
(Madhusudhan Konda) 著 ; 程治玮, 王晓辉译. -- 2 版.
北京 : 人民邮电出版社, 2025. -- ISBN 978-7-115
-65445-8

Ⅰ. TP391.3

中国国家版本馆 CIP 数据核字第 2024RM8741 号

◆ 著　　[英] 马杜苏丹·孔达（Madhusudhan Konda）
　译　　程治玮　王晓辉
　责任编辑　杨海玲
　责任印制　王　郁　胡　南

◆ 人民邮电出版社出版发行　　北京市丰台区成寿寺路 11 号
　邮编　100164　　电子邮件　315@ptpress.com.cn
　网址　https://www.ptpress.com.cn
　北京隆昌伟业印刷有限公司印刷

◆ 开本：800×1000　1/16
　印张：31.5　　2025 年 1 月第 2 版
　字数：683 千字　　2025 年 1 月北京第 1 次印刷

著作权合同登记号　图字：01-2023-5765 号

定价：129.80 元

读者服务热线：(010)81055410　印装质量热线：(010)81055316
反盗版热线：(010)81055315
广告经营许可证：京东市监广登字 20170147 号

内容提要

本书全面深入地介绍 Elasticsearch 的核心功能及其工作机制。本书由浅入深，从 Elasticsearch 的基本用法和架构原理，以及倒排索引、分片、节点角色和相关性等核心概念讲起；然后深入探讨数据处理和索引管理，涵盖映射模式、数据类型、文本分析、索引模板；接着详细介绍词项级搜索、全文搜索、复合查询和高级搜索等 Elasticsearch 的搜索功能，并深入讲解聚合；最后聚焦生产环境中的 Elasticsearch 管理和性能优化。本书特别注重实践，提供了大量的代码示例，涵盖从基础查询到复杂功能的各种应用场景。与第 1 版相比，这一版更新并补充了许多新的功能点，如索引生命周期管理、可组合索引模板机制、地理位置查询等。

本书是使用 Elasticsearch 开发全功能搜索引擎的实践指南，适合刚接触 Elasticsearch 领域、希望了解其基本工作原理的开发者、架构师、分析师、管理者、产品负责人或希望利用 Elasticsearch 进行实时数据分析和处理的数据科学家阅读，也适合在实际项目中遇到挑战的资深工程师及学习大数据技术并对搜索技术感兴趣的学生和研究人员阅读。

对本书的赞誉

对新手来说，Elasticsearch 入门有一定门槛：一方面，只有了解全文检索领域的基础知识，理解分词、相关性分数、召回率等基础概念，才能根据业务需求设计合理的查询方式；另一方面，集群管理和调优需要具备较高的专业知识，管理数据分布和集群健康、排查慢查询和写入积压也需要对搜索原理有较深的理解。这本书不仅介绍了全文检索的基础知识，还比较全面地介绍了 Elasticsearch 中不同的查询方式，对集群管理也提供了初级指导，很适合作为入门读物。

——张超

《Elasticsearch 源码解析与优化实战》作者、Apache Lucene Committer

Elasticsearch 是一款入门相对简单，但想要精深却很难的搜索型数据产品。市面上有很多与 Elasticsearch 相关的书，侧重点有所不同。这本书主题鲜明，从应用开发者视角出发，结合一些场景案例，循序渐进地演示常用的搜索技术要点。这是一本不错的入门书，阅读过程中不会感觉枯燥，值得纳入囊中。

——李猛

Elastic Stack 实战专家、阿里云 MVP

从基础入门到高级搜索技巧，再到集群管理和性能优化，这本书不仅对 Elasticsearch 提供了全面的概述和实践指导，而且为构建高效、可靠的搜索解决方案提供了宝贵的经验。无论是新手还是资深开发者，都能在这本书中找到提升搜索体验的秘诀。

——杨昌玉（铭毅天下 Elasticsearch）

《一本书讲透 Elasticsearch：原理、进阶与工程实践》作者、Elastic 认证专家、阿里云 MVP

获悉《Elasticsearch 实战》第 2 版的中文版翻译完成，我非常欣喜，个中缘由颇多：对搜索引擎技术领域而言，Elasticsearch 的流行和其生态的持续繁荣着实让人感叹，它不仅让搜索引擎开发成为几乎每个开发人员的必备技能，而且大大降低了上手门槛；同时，Elasticsearch 的持续迭代和进化，让人工智能技术在搜索领域的应用更加普及。这本书译者的工作让这种普及程度进一步提升，衷心推荐读者阅读这本书。

——杨振涛

vivo 互联网研发总监、曾任 Elastic 中文社区深圳区负责人

久负盛名的 Manning 的“实战”（in Action）系列书一直都是程序员掌握某个技术栈非常好的入门实战指南。这个系列的书在内容选择上，不会一下子进入非常深的主题，而是优先讲透对实战必不可少的知识点。《Elasticsearch 实战》是帮助广大 Elasticsearch 开发者从入门到实际写出一个完整程序必不可少的参考书，这本书是其第 2 版的中文版，这一版的出版对国内广大的 Elasticsearch 开发者是一个福音。技术书的翻译需要译者对相关技术有非常深刻的理解和实战经验，这本书的两位译者长期从事 Elasticsearch 的应用开发工作，不但有深厚的技术功底，还有非常好的英文翻译功底。我试读这本书时感觉其文字流畅易懂，专业术语的翻译也精准到位。我非常推荐广大 Elasticsearch 开发者阅读这本书。

——朱杰

Elastic 首席解决方案架构师

《Elasticsearch 实战》一直是众多开发者学习 Elasticsearch 的经典入门书，这本书内容翔实，实际案例丰富，帮助许多人快速掌握了这项强大的技术。如今，为了将这本优秀的著作的第 2 版带给中文读者，两位译者付出了大量心血，感谢他们的辛勤工作。《Elasticsearch 实战》第 2 版的中文版的问世令人欣喜，相信它能够帮助更多人轻松上手 Elasticsearch，并在实践中充分发挥其强大的功能。

——魏彬

中国首位 Elastic 认证工程师

对本书第 1 版的赞誉

这本书对如何发挥 Elasticsearch 的全部潜力做了出色的深入介绍。

——Paul Stadig

Elasticsearch 是一个复杂的话题，而这本书是最好的资源。我强烈推荐！

——Daniel Beck
juris GmbH

当你开始使用 Elasticsearch 时，这是一本非常好的书。

——Tanguy Leroux
Elastic 公司软件工程师

这是我找到的最好的 Elasticsearch 图书。我无须再找了。

——Koray Güclü

这本书将成为你应对半结构化数据挑战的必备指南。

——Artur Nowak
Evidence Prime 公司 CTO

现代大规模搜索系统的入门指南。

——Sen Xu
Twitter 公司（现 X 公司）高级软件工程师

一周内让我从迷惑走向自信。

——Alan McCann
Givsum 公司 CTO

中文版序

很荣幸能为本书写序。

这本书将揭开 Elasticsearch 的神秘面纱，带领读者走进搜索的世界。

在数字化时代，数据已成为企业最宝贵的资产之一。随着大数据技术的飞速发展，如何高效地存储、检索和分析海量数据，成为许多企业和开发者面临的挑战。在这一背景下，Elasticsearch 以其卓越的搜索能力、灵活的数据索引能力和实时的数据处理能力，迅速成为大数据搜索和分析领域的明星产品。

Elasticsearch 是一个基于 Lucene 的搜索引擎，具有分布式架构和 RESTful Web 接口，支持多用户的全文搜索。它不仅能处理结构化数据，还能高效地处理非结构化数据，如文本、图片、音频和视频等。它的流行，得益于其简单易用的特性和强大的社区支持。

对企业来说，Elasticsearch 已经成为搜索基础设施的重要组成部分。基于 Elasticsearch，企业可以轻松处理海量数据，实现高效的查询和分析。Elasticsearch 良好的分布式可扩展性使其能随着企业的成长而无缝扩展，无须担心因数据的急剧增长而需要对应用架构进行重大调整。此外，与其他技术栈相比，Elasticsearch 适用的场景更加广泛。通过一套技术栈，企业可以解决多种业务场景下的数据分析和处理需求，从而使技术团队能更好地聚焦业务，提高开发效率，降低维护成本。

Elasticsearch 的灵活性和强大的功能使得它在各行业中得以广泛应用，不论是电商、金融、医疗还是物流，都能从中受益。它不仅支持结构化数据的高效处理，还能轻松应对非结构化数据的挑战，使数据的价值最大化。通过实时的数据处理和分析，企业能够快速响应市场变化，做出更明智的业务决策，提升竞争力。

此外，Elasticsearch 的开源特性和活跃的社区生态，使企业不仅能以较低的成本享受前沿的搜索和数据处理技术，还能获得社区的帮助和资源。这不仅降低了技术投入的成本，还为企业提供了更多创新和优化的空间。通过不断优化和升级，Elasticsearch 将持续满足企业不断变化的需求，为其数据战略提供坚实的支撑。

对开发者来说，学习 Elasticsearch 不仅是在追赶技术潮流，更是提升个人技术实力、解决实际问题的必要途径。在当前的技术发展态势下，掌握 Elasticsearch 意味着能够更有效地处理和分析大规模数据集，为业务决策提供强有力的数据支持。通过学习 Elasticsearch，开发者能够掌握先进的数据处理和搜索技术，提升自己的竞争力。Elasticsearch 的广泛应用和强大的社区支持为开发者提供了丰富的学习资源和实践机会，使他们能够不断提升自己的技能。通过对 Elasticsearch 的深入学习和实践应用，开发者将能够在大数据领域中游刃有余，成为真正的数据专家。

总的来说，《Elasticsearch 实战》是一本全面介绍 Elasticsearch 的书，其内容结构清晰，语言通俗易懂，即使是没有搜索引擎背景的读者也能够轻松学习。本书从基础概念讲起，随着阅读的深入，读者将逐步构建起对 Elasticsearch 的全面认识，并逐步深入到高级特性和最佳实践，最终能够独立完成从数据索引到复杂查询的一系列操作。

对初学者来说，这本书是进入 Elasticsearch 世界的完美指南。书中不仅涵盖了 Elasticsearch 的核心概念和操作，还提供了大量的实例和案例分析，帮助读者理解如何在实际项目中应用 Elasticsearch。这一版的内容也与时俱进，更新并补充了许多新的功能点，如索引生命周期管理、可组合索引模板机制等，使其更加丰富和实用。

常言道，理论和实践缺一不可。这本书正是理论与实践相结合的典范，希望它能成为你探索和掌握 Elasticsearch 的得力助手。

——Medcl

极限科技（INFINI Labs）创始人、Elasticsearch 中文社区创始人

译者序

我们两个人与 Elasticsearch 的渊源颇深：一个是《Elasticsearch 实战》的忠实读者，对这本书充满了感激之情，正是在这本书的第 1 版的引领下踏入了 Elasticsearch 的世界，并深入了解了这款强大工具的工作原理及其广泛的应用场景；另一个是在十多年前初次接触 Elasticsearch 时，便被它的易用性深深吸引，在为日益增长的海量数据寻找可扩展的搜索引擎的过程中，坚定地选择了 Elasticsearch，并坚持使用至今。当得知有机会翻译《Elasticsearch 实战》的第 2 版时，我们都备感兴奋，希望能通过我们的翻译将这本书的精髓传递给更多的中文读者。

Elasticsearch 是一个开源的分布式搜索和分析引擎，它以强大的全文搜索能力、近实时的数据处理能力和出色的可扩展性，成为现代大数据处理和分析的核心工具之一。它广泛应用于日志分析、实时监控、信息检索、电子商务等领域。尤其是在大数据和人工智能快速发展的今天，Elasticsearch 的作用愈发不可或缺。

第 2 版不仅保留了第 1 版的精华内容，还在多个方面进行了重要的更新和优化。书中全面深入地介绍了 Elasticsearch 的核心搜索功能，包括词项级搜索、全文搜索和聚合，并且详细阐述了其背后的工作机制；此外，书中还介绍了多种高级搜索功能，如地理查询、`span` 查询、`more_like_this` 查询等。这些功能在实际应用场景中非常有价值。为了帮助读者在生产环境中更好地配置和使用 Elasticsearch，第 2 版提供了更多性能优化和集群管理的建议和技巧，对想要提高系统性能和稳定性的读者来说，这些内容非常有帮助。作者还特别注重实践，精心准备了大量的代码示例，涵盖从基础查询到复杂功能的各种应用场景。相信通过亲手实践这些示例，读者可以迅速掌握 Elasticsearch 的使用方法和最佳实践。

在翻译过程中，我们深刻体会到了技术翻译的挑战与乐趣，每个技术细节的翻译都是一次重新学习和理解的过程。面对 Elasticsearch 这样一款专业性很强的技术工具，我们努力确保翻译的准确性，并力求用简明易懂的语言帮助读者理解。这也让我们更加深刻地认识到，作为译者，我们不仅要传达原著的内容，还要成为读者与原著作者之间的桥梁。

在此，我们要感谢本书的原作者，感谢他以严谨的态度和丰富的经验，为读者呈现了这本内容翔实且极具价值的技术著作。我们还要特别感谢作为翻译搭档的彼此的辛勤付出，以及人民邮电出版社的杨海玲编辑在翻译过程中提供的宝贵意见。感谢所有参与本书中文版出版工作的人员。正是在大家的共同努力下，本书才得以最终呈现在读者面前。

作为本书的第一译者，我要感谢我的父母和妻子，为了完成本书的翻译，我陪伴你们的时间少了许多，是你们的理解和支持让我能够全身心投入这项工作。

作为本书的第二译者，我要感谢我的妻子蔺欣月对我翻译工作的支持，毫无疑问，你是我一路走来最大的助力。

愿本书能够帮助更多的读者深入理解和掌握 Elasticsearch，成为你们在工作中不可或缺的参考书。无论是刚接触 Elasticsearch 的新手，还是在实际项目中遇到挑战的资深工程师，都会从本书中获得宝贵的指导和建议。

序

多年来，我一直是 Manning 的“实战”（in Action）系列书的忠实粉丝，这个系列的书在我的职业生涯中发挥了重要作用。我喜欢这些书专注于实用、有用和可实践的建议，内容涵盖了我在工作和开源项目中使用的各种技术。

正是本着同样的精神，多年前我开始开发 Elasticsearch。当时我的妻子正在学习厨艺技能以期成为一名厨师，我想给她写一个食谱应用，由此我开始接触搜索。后来，我开源了自己写的代码，从而迈入了开源世界。我试图打造一个有用、实用且易于使用的搜索引擎——可以说，这就是搜索实战。

到了 2023 年，我很高兴看到 Elasticsearch 已经获得了广泛关注，并且在“实战”系列书中也有了相应的作品——你现在看到的就是。我相信你会喜欢阅读本书并学习 Elasticsearch。本书作者对搜索和 Elasticsearch 都充满热情，这体现在这本书的深度和广度、热情的语气和可实践的示例中。

我希望在学习 Elasticsearch 之后，你能把学到的知识付诸实践。毕竟，搜索无处不在，存在于我们所做的一切之中，这也是多年前我爱上它的原因。

——Shay Banon

Elasticsearch 创始人

前言

20 世纪 90 年代末，我正在印度理工学院克勒格布尔分校（Indian Institute of Technology Kharagpur）攻读硕士学位，同时沉浸在迷人的 Java（准确地说是 Java 1.0）编程世界中。那是一段孤独的旅程，尽管我对第一次使用面向对象编程语言感到高兴，但每次代码编译失败都意味着我与终端之间的一场较量。那时候还没有花哨的集成开发环境（IDE），我使用 vi 编辑器写代码，然后进行编译。（当时 Sun Microsystems 有一个称为 Java WorkShop 的基础 IDE，但它也有些问题和缺陷。）与现在资源丰富的时代不同，当时没有像 Google、Stack Overflow 和 GitHub 这样的数字资源可以探索解决方案，或者了解其他程序员是否遇到过类似的问题。后来，我的好朋友、当时正在班加罗尔的印度科学学院（Indian Institute of Science）学习的 Amar 向我介绍了搜索领域的一个新事物——Google。

对于一个天真的年轻学生，与一群面临类似问题的程序员通过虚拟社区交流是一种新奇的体验。因此，我决定探索这个新的途径。我还记得当我浏览网页寻找答案时，被 Google 简洁的设计吸引，它只是在不刺眼的白色背景上点缀着原色。早期版本的搜索引擎远没有我们今天所熟知的复杂工具那么强大，但在那段充满挑战的时期，它就像一座鼓舞人心的灯塔。（任何经历过 Java 1.*x* 的人都能理解其中的艰辛。）那一刻标志着我人生旅程中的一个重要转折点。

尽管 Google 的搜索能力对许多人来说是革命性的，但在客户环境和组织内的采用却相对较慢。那时，在我参与的项目中，数据库充当了搜索应用的支柱。虽然功能齐全，但这些配置与我们现在认识的现代搜索引擎的功能相去甚远。它的搜索机制笨拙且难以运用，性能欠缺，维护上也存在挑战。然而，我对精简架构的偏爱从未动摇，它一直是我追求高效和有效解决方案的指路明灯。

我进入 Elasticsearch 世界的旅程始于 2015 年，恰逢大数据成为主流。那时我正在使用 JBoss 和 WebLogic 这样偏向单体架构的应用服务器巨兽来处理企业 Java Beans（EJB），我立刻被 Elasticsearch 简洁的结构所吸引，尤其是其与编程语言无关的支持、开箱即用的功能、性能及出色的文档。我用了几年的时间才完全掌握 Elasticsearch，并充分发挥它的全部潜力。

尽管 Elasticsearch 架构简单且功能强大，但我意识到它的学习曲线陡峭，需要有指导才能探索其错综复杂的内部机制和无数的功能。理解无数的功能和迷宫般的文档需要手把手的指导，这种认识促使我接触了 Manning 出版社的 Andy Waldron。

写一本书往往需要熬夜、牺牲周末，假期还要在写字台前度过。如果没有家人们坚定的支持，这项艰巨的任务永远不可能完成。这是一段标志着持续专注和充满决心的两年旅程，最终将这本书交到你手中。

虽然我通常谦虚地看待自己的成就，但我不得不承认这个特定的项目倾注了我大量的心血，它值得我给自己一个赞扬。在过去的两年中，我从未有一天怀疑过自己，这本身就是一个值得庆祝的成就。

现在，对你阅读这本书，我表示深深的感激也感到欣喜。我感谢你的购买，并为你即将开始的 Elasticsearch 世界之旅感到兴奋。

随着过去 10 多年大数据和云计算以前所未有的势头增长，Elasticsearch 的能力在深度与广度上也得到了显著增强。它的适用场景不断扩大，反映了这些日新月异的技术环境中的需求和机遇的演变。它的高级功能，包括多语言分析器、地理空间和时间序列存储、基于机器学习算法的异常检测、图形分析、自动补全和模糊搜索、基于日志存储定位问题、丰富的数据可视化、复杂的聚合分析等，都使 Elasticsearch 成为大多数组织和企业必不可少的工具。

我衷心希望你阅读这本书的乐趣不亚于我撰写它的乐趣！

致谢

一本书永远不会凭空而来！它是奉献的产物，是精心规划、坚定专注和不懈努力的结果。这个过程是一次集体努力的成果，包括我的家人无尽的爱和支持，Manning 团队的专业协作，朋友和同事的鼓励，当然，最重要的是像你这样的读者持续的关注和支持。我们共同努力了两年，专注且坚定，热情且全神贯注，只为一个目标：创作出《Elasticsearch 实战（第 2 版）》。我们做到了！

我必须衷心感谢我的妻子 Jeannette D’Souza，她在我写书的过程中一直支持我。在一个个漫长的夜晚和艰难的时刻，她无尽的耐心、理解和鼓励一直是我坚定的灯塔。她不仅是伴侣，更是我力量和韧性的支柱，因为她，这个艰巨的过程变成了一段充满爱和决心的旅程。为此，也为了她所做的一切，我永远感激她。

同样，我要向我的儿子 Josh 表示诚挚的谢意，他的爱和无条件、毫不怀疑的支持在这段充满挑战的日子里一直是我的力量源泉。他的理解（当我错过陪伴他的夏天和假期时）和鼓励使本书得以面世。

我要深深感谢我的母亲，她在这个过程中与我同住了半年。她的关怀体现在每个充满爱的小举动上，从早上泡咖啡到准备丰盛的早餐、美味的小吃和令人愉悦的零食。她的支持确实是慰藉和力量的源泉。

我要衷心感谢我的两个兄弟、侄女和其他家庭成员。尽管写作任务让我们的交流变得不那么频繁，但他们的理解和支持仍然给予了我力量。他们持续的鼓励是推动我努力的动力，使我的创造力引擎保持平稳运行。

我必须对 Venkat Subramaniam 表达最深切的感激。作为作家，他崇高的声望只能被他乐于助人的品格所超越。他慷慨分享了自己的智慧，为我早期的章节提供了非常宝贵的意见，这些意见真正帮助我与读者建立了联系。不管他的日程有多忙，Venkat 总是能找到时间来帮助我。他的支持是至关重要的，对此，我感激不尽。

如果没有 Manning 的编辑 Andy Waldron 宝贵的指导和毫不动摇的支持，本书就永远不可能从概念变为现实。他的专业和鼓励对本书的出版起了决定性作用。

我要特别感谢本书的策划编辑 Ian Hough，他的耐心和编辑才能非常出色。他能够有策略地制订每章的计划，确保我能按部就班地完成计划，这对塑造本书至关重要。即使偶有延期，他的理解也值得称赞。他的贡献确实是无价的。

本书的文字编辑 Frances Buran 在书中的每部分都施展了魔法。在她的不懈努力下，我的写作质量有很大的提高，确保我的非母语表达在书中流畅自然。

衷心且特别感谢校对编辑 Tiffany Taylor，她在语言上的专业知识对确保全书的语法准确性和连贯性至关重要。她的细致努力显著提高了这本书的表达清晰度和可读性。她敏锐地找出了我犯的那些愚蠢和尴尬的错误，高效且有效地完成了最后的编辑工作。

我要真诚地感谢 Manning 团队的 Melena Selic、Marina Matesic、Rebecca Rinehart、Aria Ducic 和 Susan Honeywell，感谢他们让本书成为如此高质量的作品。没有他们的帮助和指导，本书不可能完成。我还要感谢 Manning 的制作团队为创建本书付出的辛勤工作。

我要感谢本书的技术编辑 Al Krinker，他以全新的眼光和视角审阅了各章。Al 几乎是拿到每章书稿就立刻投入其中，因此我能够在对章节印象还很深刻时就看到他的反馈。

我还要感谢 Simon Hewitt 和 Simone Cafiero 及时的技术反馈，以及对代码的检查和测试。他们的意见非常宝贵。

我也要感谢一些朋友和同事：Herodotos Koukkides、Semi、Jason Dynes 和 George Theofanous。还有一些人我无法一一点名，但他们在我完成此书的过程中发挥了重要作用！衷心感谢你们！

如果要我说出最让我感激的一群人，毫无疑问就是本书的审稿人和读者。他们在提高本书的质量方面发挥了关键作用。我要向以下审稿人表示最诚挚的谢意：Adam Wan、Alan Moffet、Alessandro Campeis、Andrei Mihai、Andres Sacco、Bruno Sonnino、Dainius Jocas、Dan Kacenjar、Edward Ribeiro、Fernando Bernardino、Frans Oilinki、George Onofrei、Giampiero Granatella、Giovanni Costagliola、Hugo Figueiredo、Jaume López、Jim Amrhein、Kent Spillner、Manuel R. Ciosici、Milorad Imbra、Dale S. Francis、Muneeb Shaikh、Paul Grebenc、Raymond Cheung、Richard Vaughan、Sai Gummaluri、Sayeef Rahim、Sergio Fernandez Gonzalez、Simone Cafiero、Simone Sguazza、Srihari Sridharan、Sumit K. Singh、Vittorio Marino 和 William Jamir Silva。他们宝贵的反馈对完成本书起到了重要的作用。他们的见解和观点是绝对不可或缺的。

关于本书

本书的目标读者

对于任何希望深入了解 Elasticsearch 和实际使用它的人，本书都是一份宝贵的资源。特别是以下人士，将从阅读本书中受益：

- 刚接触 Elasticsearch 领域、希望了解其基本工作原理的开发者、架构师、分析师、管理者或产品负责人；
- 希望在数据管道中利用 Elasticsearch 进行实时数据分析和处理的数据科学家；
- 维护大型数据库，希望使用 Elasticsearch 提高数据检索效率和整体系统性能的系统管理员；
- 需要了解 Elasticsearch 以便在客户项目中推荐使用和做出战略性 IT 决策的 IT 顾问或技术顾问；
- 熟悉技术且想了解 Elasticsearch 如何提高运营效率或为客户提供额外价值的企业管理者；
- 在计算机科学、数据科学或相关领域学习大数据技术，并对学习搜索技术感兴趣的学生和学术研究人员；
- 处理大数据集，渴望使用 Elasticsearch 增强搜索功能（包括全文搜索、模糊搜索、词项级搜索和其他复杂搜索功能）的个人用户；
- 目标是设计和开发与 Elasticsearch 集群通信的微服务的 Elasticsearch 架构师、开发者或分析师。

本书的组织结构：路线图

尽管本书没有划分部分，但各章遵循清晰的线性进展，先从特性和架构的角度开始介绍 Elasticsearch。

- 第 1 章开启搜索世界的旅程，回顾从基本的数据库支持系统到今天普遍使用的高级搜索引擎的发展历程。聚焦于 Elasticsearch 这一强大、多功能的现代搜索引擎，它重新定义了搜索功能的能力，将其独特的特性、实际的应用和广泛的采用推向了前沿。这一章还展望通用人工智能工具的变革潜力，探讨像 ChatGPT 这样的技术带来的令人兴奋的可能性，探索它们将来如何重塑搜索空间，并在未来重新定义人类与信息的交互方式。

- 第 2 章深入了解 Elasticsearch 实践，通过使用文档 API 进行索引和检索文档，学习使用搜索 API 执行搜索查询。这一章带领读者了解从模式匹配到短语搜索、拼写纠正、范围结果、多字段搜索等基本的搜索条件，还会涉及一点高级查询以进一步丰富学习体验。这一章最后介绍数据排序、结果分页、高亮显示和其他出色的提升用户搜索能力的功能。
- 第 3 章揭开 Elasticsearch 架构的神秘面纱，引导读者了解它的基础组件和实现搜索与索引的复杂过程。这次探索涵盖驱动搜索引擎的基本概念，包括倒排索引、相关性和文本分析。这一章还探讨 Elasticsearch 服务器的集群和分布式特性。
- 第 4 章探索映射模式、数据类型和映射 API，并详细介绍 Elasticsearch 数据处理的方式。这一章讨论映射模式如何提高搜索的准确性和效率，深入研究动态和显式映射。这一探索还扩展到核心数据类型，包括 `text`、`keyword`、`date` 和 `integer`。这一章最后介绍高级数据类型，如 `geo_point`、`geo_shape`、`object`、`join`、`flattened` 等。
- 第 5 章全面讨论单文档 API 和多文档 API 及其相关操作。这一章不但从实践的角度理解使用这些 API 来索引、检索、更新和删除文档，而且探讨重新索引功能。
- 第 6 章聚焦使用索引 API 进行索引操作。这一章指导读者了解索引的基础配置，包括设置、映射和别名。这次探索提供了对为生产场景自定义索引的一种理解。这一章还讨论如何处理索引模板，探讨索引和可组合模板的机制。最后一节研究索引生命周期管理。
- 第 7 章深入文本分析，审视 Elasticsearch 的分析器模块是如何对全文进行分词和归一化处理的。这一章介绍文本分析的机制，探索内置分析器，如 `standard` 分析器、`simple` 分析器、`keyword` 分析器和语言分析器。这一章会让读者掌握创建自定义分析器的知识。

第 8 章到第 13 章专注于搜索。

- 第 8 章为理解搜索的基本原理打下基础，解释搜索请求的处理和响应生成的机制。这一章介绍两种主要的搜索类型，即 URI 搜索和 Query DSL，还介绍一些通用的功能，如高亮显示、排序、分页等，为读者提供 Elasticsearch 搜索功能的全面介绍。
- 第 9 章探讨面向结构化数据的词项级查询，详细讨论各种类型的词项级查询，包括范围（`range`）查询、前缀（`prefix`）查询、通配符（`wildcard`）查询和模糊（`fuzzy`）查询等。
- 第 10 章着眼于专为搜索非结构化数据而设计的全文查询。这一章介绍使用全文搜索 API 的多种方式，包括 `match` 系列查询、`query_string` 查询、`fuzzy` 查询和 `simple_query_string` 查询等。
- 第 11 章进入复合查询的复杂世界，重点介绍布尔查询作为构建高级搜索查询的多功能工具。这一章讨论如何使用条件子句（如 `must`、`must_not`、`should` 和 `filter`）将子查询构造成更复杂的复合查询。这一章最后详细介绍 boosting 查询和 constant_score 查询。

- 第 12 章介绍专用查询，包括 distance_feature、percolator、more_like_this 和 pinned。这一章介绍每类查询的独特优势，如 distance_feature 查询能够优先返回接近给定位置的结果，more_like_this 查询可以查找类似的文档。这一章还详细介绍 percolator 查询，当有新的文档满足条件时，该查询可以通知用户。
- 第 13 章详细介绍聚合。这一章探讨指标聚合，如求和、平均值、最小值、最大值、排行（top_hits）等统计数据，还强调在收集聚合数据到一组桶中时使用桶聚合的方法。这一章还研究管道聚合，它提供诸如导数和移动平均等高级统计分析。

最后两章集中介绍管理和性能。

- 第 14 章介绍生产环境的 Elasticsearch 管理知识。这包括了解如何在不同负载下扩展集群、节点间通信和如何确定分片大小。这一章还探讨快照的核心概念，提供创建快照和在需要时从中检索数据的实际示例，详细介绍高级配置和集群主节点的概念。
- 第 15 章深入探讨如何对性能不佳或问题频繁的 Elasticsearch 集群进行故障排除。这一章介绍出现故障的常见原因，如搜索和速度瓶颈、不稳定和不健康的集群及断路器等，还提供诊断和解决性能问题的知识，确保用户的 Elasticsearch 集群平稳高效地运行。

本书还包含 3 个附录。

- 附录 A 是在本地环境中安装 Elasticsearch 和 Kibana 的实用指南。
- 附录 B 介绍摄取管道，这是 Elasticsearch 中数据预处理的一个关键组件，以及如何在各种场景中配置和使用它们。
- 附录 C 涵盖使用 Java 客户端与 Elasticsearch 进行交互的方法，并提供示例和最佳实践。

关于代码

本书的主要目标之一是通过包含易于执行的代码来提供无缝的实践体验。经过数次迭代，目前所有在 Kibana 上编写和执行的查询托管在 GitHub 上的文本文件中。这些查询是基于 Query DSL 的 JSON 代码。这样做的目标是提供一个简单明了的过程，让读者可以从 GitHub 复制这些文本文件，并将其粘贴到 Kibana Dev Tools 应用中立即执行。

为了进一步帮助读者学习，我在专门的数据集文件夹中提供了样本数据文件和这些索引的映射（必要时）。这种方法确保了一种实用的、对学习者友好的体验，让读者可以直接使用数据并运用新掌握的知识。

本书的所有源代码均可从本书的 GitHub 代码库和出版社网站下载。文件夹内容如下。

- kibana_scripts——每章的 Query DSL 脚本。
- datasets——各章所需的映射和样本数据集。
- code——Java 和 Python 代码。

- docker——在本地环境中运行服务的 Docker 文件。例如，Elasticsearch-docker-8-6-2.yml 包含了两个服务，即 Elasticsearch 和 Kibana。因此，当执行 `docker-compose up` 命令时，它会在 Docker 容器中启动 Elasticsearch 和 Kibana 服务。
- appendices——鉴于 Elasticsearch 的快速迭代，本书也需要进行更新。新特性将在这个文件夹（或本书的 GitHub 代码库）中提供。我会根据 Elasticsearch 的新版本添加和修改内容。

Elasticsearch 的版本发布频率相当高——当我开始撰写本书时，我使用的是 7.*x* 版本，而当本书准备付印时，版本已经是 8.7 了。等到你读到本书的时候，我预计 Elastic 还会有更多的版本发布！每次新版本发布，更新代码库都是一项艰巨的任务。我会努力保持代码的更新，但我也非常欢迎贡献者来维护代码库。如果你想成为这个项目的贡献者，请联系我。

本书列出了许多源代码示例，以带编号的代码清单和行内普通文本的形式出现。源代码都使用等宽字体，以便与普通文本区分开。

大多数时候，原始源代码已经做了重新格式化，我们添加了换行符并调整了缩进以适应书的页面宽度，但在极少数情况下，这样还不够，代码清单中会包含续行标记（➥）。此外，当源代码在正文中已经有描述时，源代码中的注释通常会被删掉。许多代码清单中都附加了代码注释，以强调一些重要概念。

关于作者

马杜苏丹·孔达（Madhusudhan Konda）是一位经验丰富的技术专家，他始终致力于简化复杂问题、掌握全局视角，并在编程语言和高级框架的新领域有很深入的研究。他对技术的热衷不只是因为职业，还因为他将其作为一次终身探索和学习的旅程。他擅长将复杂的问题转化为简单、容易管理的解决方案，在不断演进的技术领域中提供清晰的指引。

在 25 年的职业生涯中，马杜苏丹曾担任过许多角色，包括解决方案架构师、首席/高级工程师等。然而，在他的各种角色中始终贯穿着一种热切的愿望，那就是分享知识并培育同事对编程语言、框架和新兴技术的理解。

马杜苏丹的专业知识在为从瑞士信贷、瑞银集团、日本瑞穗银行、德意志银行和哈利法克斯银行这样的银行到英国石油和英国航空这样的能源和航空领域的领导者等众多客户构建和交付高质量的解决方案中发挥了重要作用。

他的专长不仅限于领导和交付从零开始的软件项目，以及为复杂商业问题构建解决方案。马杜苏丹是一位战略家和远见者，以擅长制定战略路线图、成本效益架构和产品设计方案而著称。他的领导风格兼具指导教育和思想引领，不断突破极限，并激励团队发掘自身的潜力。他为自己能够教育和培训不同水平的人——从新手到资深专家，以及指导和引导初级员工而感到自豪。

除了令人印象深刻的职业生涯，马杜苏丹还是一位颇具盛名的技术图书作者。他关于 Java、Spring 和 Hibernate 生态系统的书及视频课广受欢迎，这进一步凸显了他在技术界培养学习和探索文化的承诺。他是一位充满热情的博客作者，总是努力撰写富有洞察力的文章，不仅仅局限于技术领域，还深入工程师软技能这一关键领域。

在追求清晰和简洁的过程中，马杜苏丹不断努力将复杂的技术概念转化为易于理解的内容。他的理念集中在将复杂的思想简化到甚至一个 10 岁的孩子都能理解的程度，从而使高级技术对所有人都易于接近和理解。

关于封面插图

本书封面上的插图标题为“来自克罗地亚的男人”（A Man from Croatia）。该插图取自 19 世纪中叶 Nikola Arsenovic 的一本克罗地亚传统服饰图集。

在那个时代，仅凭借衣着就可以很容易辨别出一个人的居住地、职业或社会地位。Manning 出版社基于近几个世纪前丰富多彩的地域文化来设计图书封面，以此来赞扬计算机行业的创造性和主动性，正如本书的封面一样，这些图片把我们带回到过去的生活中。

目录

第1章 概述

本章内容

- 描述现代搜索引擎的背景
- 介绍 Elasticsearch
- 理解 Elasticsearch 的核心领域、使用场景和突出特性
- Elastic Stack：Beats、Logstash、Elasticsearch 和 Kibana

近年来数据的爆炸性增长导致大家对搜索和分析功能的标准有了新的预期。随着组织积累的数据量的增长，“大海捞针”的能力变得至关重要。除了搜索能力，能够使用分析功能对数据进行汇总和聚合也已经成为组织的硬性要求。在过去 10 年中，现代搜索和分析引擎的采用呈指数级增长。Elasticsearch 就是这样一个现代搜索引擎。

Elasticsearch 是一个强大且流行的开源分布式搜索和分析引擎。它是在 Apache Lucene 库的基础上构建的，可以对结构化和非结构化数据进行近实时的搜索和分析。它旨在高效处理大量数据。

Elasticsearch 在帮助组织利用其在搜索和分析领域的强大功能方面取得了长足的进步。除了搜索和分析的使用场景，它还用于应用和基础设施日志分析、企业安全和威胁检测、应用性能监控、分布式数据存储等领域。

在本章中我们会考察搜索领域的概况，并简要介绍搜索的演进历程，从传统数据库支持的搜索到当今的现代搜索引擎及其众多方便的功能；此外，我们还会介绍 Elasticsearch，一款超快的开源搜索引擎，探讨其功能、使用场景和客户采用情况。

我们将快速了解生成式人工智能（generative artificial intelligence，简称生成式 AI）工具是如何开始颠覆搜索领域的。随着 ChatGPT 的出现，一场拥抱人工智能并成为搜索领域领导者的竞赛已经开始。我会专门用一节来介绍当前的参与者，并探索由人工智能引领的搜索引擎的未来。

1.1 一个好的搜索引擎是怎样的

让我们花点儿时间思考一下，在日常体验中，什么样的搜索引擎可以称得上是“好的搜索引

擎”。为了更好地理解这一点，我分享一次我使用糟糕的搜索引擎的经历。

最近，我家领养了一只小狗，名叫 Milly（就是照片里的这只）。因为是第一次养狗，所以我开始在网上搜索狗粮。我浏览了我喜欢的超市网站，但令我失望的是，搜索结果并不是我想要的。结果列表包括“便便袋”（搜索狗粮时最不想看到的东西）和其他不相关的产品。该网站也没有筛选、下拉列表或价格范围选择等功能，它只是一个展示搜索结果的简单页面，并且启用了不太灵活的分页功能。

我对当前超市网站的搜索并不满意（受好奇心的驱使，我渴望了解其他搜索引擎是如何实现的），于是将搜索范围扩大到了其他超市网站。有一个网站展示了宠物背带，而其他网站的结果也参差不齐，其中一次搜索甚至向我展示了婴儿的午餐盒！

我不仅从搜索中得到了糟糕的结果，而且这些超市网站背后的搜索引擎在我输入时也没有提供建议，在我把“dog food”（狗粮）错拼成“dig fod”时，它们也没有纠正我的输入错误（我们被 Google 惯坏了，我们期望每个搜索引擎都有类似 Google 的建议和自动纠错的功能）。它们中的大部分并没有提供替代品或者类似物品的建议。有些结果并不相关（即并不是基于相关性的——但是这是可以接受的，因为并不是所有的搜索引擎都能保证提供相关的结果）。有一个超市网站甚至为一个简单的搜索请求返回了整整 2400 个结果！

由于对各大超市网站的搜索结果并不满意，我转向了亚马逊这个流行的在线购物网站，在这里我遇到了一个“好的搜索引擎”。当我刚输入“dog f”时，一个下拉列表就向我展示了建议（见右图）。默认情况下，亚马逊的初始搜索会返回相关的（与我正在搜索的内容非常接近的）结果。如果需要，用户可以使用“按特征排序”选项来更改排序顺序（如价格从低到高或从高到低等）。一旦完成初始搜索，用户还可以通过选择品类、顾客平均评价、价格范围等条件来进一步探索其他类别。我甚至尝试了一个错误的拼写“dig food”，亚马逊问我是否指“dog food”。很聪明，对吧？

在当前的数字世界中，大家都很关注搜索。组织往往会毫不犹豫地采用搜索技术，因为它们清楚搜索引擎所能提供的商业价值，以及它可以解决的各种问题。下面我们就探讨一下搜索引擎的指数级增长，以及技术如何促成先进搜索解决方案的产生。

1.2 搜索已成为新常态

随着数据的指数级增长（从 TB 到 PB 再到 EB），迫切需要一种能够在大海捞针的情况下成功搜索的工具。曾经被誉为简单搜索的功能，现在已成为大多数组织生存工具箱中的必要功能。默认情况下，客户期望组织能提供搜索功能，以便他们可以在搜索栏中输入内容或浏览搜索下拉列表，快速找到他们需要的东西。

越来越难找到不带小放大镜图标的搜索栏的网站和应用。提供全面的搜索是一种竞争优势。

今天，现代搜索引擎致力于提高速度和相关性，并提供包装在丰富的商业和技术特性中的高级功能。Elasticsearch 就是这样一个现代搜索引擎，它以速度和性能为核心，拥抱搜索和分析。在处理像 Elasticsearch 这样的搜索引擎时，我们会遇到不同类型的数据和搜索方式——结构化数据和非结构化数据及其各自的搜索方式。熟悉这些类型的数据对于理解搜索领域非常重要。下面我们就简要介绍一下结构化数据和非结构化数据。

1.2.1 结构化数据与非结构化（全文）数据

数据主要有两种类型，即结构化数据和非结构化数据。这两类数据之间的根本区别在于数据的存储和分析方式。结构化数据遵循预定义的模式/模型，而非结构化数据是自由格式、无组织且无模式的。

1. 结构化数据

结构化数据是高度组织化的，有明确的形态和格式，符合预定义的数据类型模式。它遵循定义好的模式，并且因结构规范而易于搜索。数据库中的数据被认为是结构化数据，因为在存储到数据库之前，它应该遵循严格的模式。例如，表示日期、数值或布尔值的数据必须采用特定的格式。

对结构化数据的查询会返回精确匹配的结果。也就是说，我们关注的是找到符合搜索条件的文档，而不是它们匹配的程度。这种搜索只有两种结果：要么有结果，要么没有结果——没有“可能”的结果。例如，当搜索“上个月取消的航班”时，期望“可能”取消的航班是没有意义的。结果中可能有零个或多个航班，但搜索不应该返回“与取消的航班接近匹配”的结果。

我们并不关心文档匹配的程度，只关心它们是否匹配，因此结果不附带相关性分数（一个正数，表示结果与查询的匹配程度）。获取上个月取消的所有航班、每周的畅销书或登录用户的活动等传统的数据库搜索就是这样的。

定义 相关性（relevancy）指的是搜索引擎的结果与用户查询的匹配程度。它是一种表示结果与原始查询匹配程度的机制。搜索引擎使用相关性算法来确定哪些文档与用户的查询密切相关（即它们有多相关），并根据结果与查询的匹配程度为每个结果生成一个称为相关性分数的正数。你使用 Google 搜索时，仔细观察一下搜索结果：顶部的结果与你正在寻找的内容非常相关。因此，我们可以说它们比结果列表底部的条目更相关。Google 在内部为每个结果分配了一个相关性分数，并很可能根据这个分数对它们进行排序：分数越高，结果越相关，出现在页面顶部的可能性越大。

2. 非结构化数据

非结构化数据是无组织的，不遵循任何模式或格式。它没有预定义的结构。非结构化数据是大多数现代搜索引擎的主要处理内容。非结构化数据包括博客文章、研究论文、电子邮件、PDF、音频和视频文件等。

注意 除了结构化数据和非结构化数据，还有一类数据——半结构化数据。这种数据基本上处于结构化数据和非结构化数据之间。半结构化数据不过是一些带有元数据描述的非结构化数据。

对于非结构化数据，Elasticsearch 提供了全文搜索功能，允许用户在大量非结构化文本中搜索特定的词项或短语。全文（非结构化）搜索尝试找到与查询相关的结果。也就是说，Elasticsearch 搜索所有最符合查询条件的文档。例如，如果用户搜索关键词“vaccine”（疫苗），搜索引擎不仅搜索与疫苗接种相关的文档，还会包含关于接种、注射及其他与疫苗相关术语的文档。

Elasticsearch 使用相似性算法为全文查询生成相关性分数。分数是一个附加到结果的正浮点数，分数最高的文档表示与查询条件的相关性更大。

Elasticsearch 能够高效地处理结构化数据和非结构化数据。它的一个关键特性是能够在同一索引中对结构化数据和非结构化数据进行索引和搜索。这使我们能够一起搜索和分析这两种类型的数据，并获得其他方式难以获得的洞察。

1.2.2 数据库支持的搜索

传统的搜索主要基于关系数据库。早期的搜索引擎基于在多层应用中实现的分层架构，如图 1-1 所示。

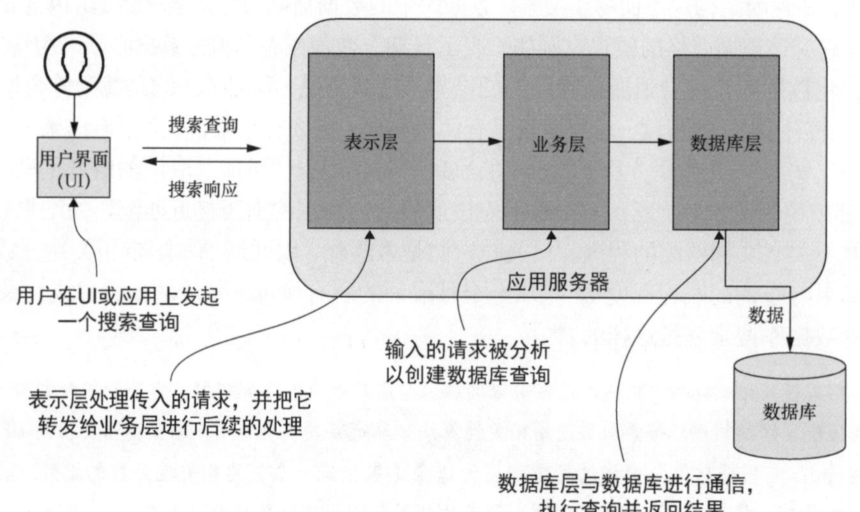

图 1-1 基于传统数据库的搜索

使用 `where` 和 `like` 这样的子句编写的 SQL 查询为搜索提供了基础，这些解决方案对搜索全文数据以提供现代搜索功能来说，未必是高性能和高效的。

话虽如此，一些现代数据库（如 Oracle 和 MySQL）也支持全文搜索（针对博客文章、电影评论、研究论文等自由文本的查询），但它们在面对大量负载的情况下，可能难以近实时地提供高效的搜索。更多详细信息参见下页的“数据库中的全文搜索”。

分布式搜索引擎（如 Elasticsearch）提供的即时可扩展性是大多数数据库所不具备的。一个依赖没有全文搜索能力的后端数据库开发的搜索引擎，甚至可能无法为查询提供相关搜索结果，更不用说提供实时查询结果和应对数据量的增长了。

数据库中的全文搜索

Oracle 和 MySQL 这样的关系数据库也支持全文搜索功能，尽管不如 Elasticsearch 这样的现代全文搜索引擎功能丰富。但是这两种全文搜索解决方案在存储和检索数据方面有本质的区别，因此在选择使用哪种解决方案之前，我们必须明确自己的需求原型。通常，如果数据模式不会改变或数据量不大，并且我们已经有了一个具备全文搜索能力的数据库引擎，那么用数据库进行全文搜索可能是有意义的。

1.2.3 数据库与搜索引擎

在传统数据库上构建搜索服务时，我们需要考虑并了解我们的需求是否可以由数据库高效且有效地满足。大多数数据库被设计用来存储大量数据，但遗憾的是，由于以下几点原因，它们不太适合用作全文搜索引擎。

- *索引和搜索性能*。全文搜索需要高效的索引及高性能的搜索和分析能力，而传统数据库并未对此进行优化。数据库可能难以索引大量数据，因此可能导致查询性能较差。而像 Elasticsearch 和 Solr 这样的搜索引擎是专为处理大量文本数据设计的，并可以近实时地提供搜索结果。搜索引擎可以处理大规模数据，同时索引和搜索数据的速度比传统数据库快得多，因为它们从一开始就是为优化搜索操作设计的。更何况，关系数据库还存在缺乏模糊匹配、词干提取、同义词等高级搜索功能的问题。
- *搜索*。传统数据库的搜索基本上是基于数据值的精确匹配。虽然这适用于对结构化数据进行非搜索相关的查找操作，但对于通常比较复杂的自然语言查询，这是绝对不行的。用户的查询往往存在拼写错误、语法错误或不完整的问题，并且可能包含数据库无法理解的同义词和其他语言结构。

  在自然语言查询中，用户可能不会使用他们正在搜索的准确词项（如存在拼写错误），遗憾的是，传统数据库并不支持拼写错误的用户输入。而在现代搜索引擎中，模糊匹配搜索功能（单词相似但不完全相同）解决了这一问题。

  在传统数据库中，数据通常是归一化的，这意味着它们可能分布在多个表和列中。这可能使在单个查询中跨多个字段搜索数据变得很困难。而且传统数据库也不是为处理全文搜索场景中常见的非结构化数据和半结构化数据设计的。
- *文本分析和处理*。搜索引擎通常需要处理多种语言和字符集，而传统数据库可能并不支持。搜索引擎进行文本分析和处理以提取文本的含义，但传统数据库并没有为此进行设计或者优化。
- *可扩展性和灵活性*。全文搜索引擎是为处理大量数据和高查询负载设计的。当处理大量文本数据时，传统数据库可能遇到扩展性的问题。

搜索引擎从一开始就是为处理非结构化数据设计的，而数据库则是为处理结构化数据设计和优化的。这些限制使传统数据库并不适合用作全文搜索引擎。通常使用诸如 Elasticscarch、Solr、

Lucene 等专门的搜索引擎技术为文本数据提供高级搜索功能。

注意 许多数据库已经将文本搜索功能添加到其功能集。然而，它们可能仍然无法在性能、可扩展性和功能上与专业的全文搜索引擎相媲美。

这并不妨碍我们同时拥抱两种技术：在某些使用场景中，可以同时使用传统数据库和搜索引擎。例如，数据库可用于事务处理，搜索引擎可用于搜索和分析。不过，本书的重点是搜索引擎，尤其是 Elasticsearch。下面我们就回顾一下现代搜索引擎的时代。

1.3 现代搜索引擎

为了满足不断增长的业务需求，现代搜索引擎每天都在积极拥抱令人兴奋的新功能。廉价的硬件加上数据的爆炸性增长，促成了这些现代搜索巨兽的出现。让我们考虑一下当今的搜索引擎及它们提供的功能和特性，我们可以总结出一个好的现代搜索引擎应该提供以下功能：

- 对全文（非结构化）和结构化数据提供一流的支持；
- 提供输入建议、自动更正和“你是不是想找”推荐；
- 容忍用户的拼写错误；
- 提供对地理位置的搜索能力；
- 可以根据动态的需求轻松扩展，无论是扩容还是缩容；
- 提供闪电般的性能，即快速的索引和搜索能力；
- 提供高可用和容错的分布式系统架构；
- 支持机器学习功能。

在本节中，我们先简要讨论现代搜索引擎的主要功能，然后看一下市场上存在的一些搜索引擎，包括 Elasticsearch。

1.3.1 功能

现代搜索引擎是为了满足全文搜索的需求而开发的，同时也支持其他高级功能。它们旨在通过索引和搜索大量文本数据，为用户提供快速且相关的搜索结果（本书后续提及搜索引擎时会省略“现代”这个词）。

搜索引擎可以快速索引大量文本数据并使其可搜索。这个过程通常包括将文本数据拆分为词元，并建立一个倒排索引，从而将每个词元与包含它的文档关联起来。

搜索引擎还需要能进行高级文本分析和处理，如同义词、词干提取、停用词和其他自然语言处理，以便从文本中抽取含义，从而提高搜索结果的质量。它们可以处理各种用户查询，并根据相关性和流行度等各种因素对搜索结果进行排序，还可以处理高查询负载和大量数据，并通过向集群添加更多节点来实现水平扩展。

搜索引擎还应提供高级分析的能力，对数据进行分析，为企业提供总结、归纳和商业智能。它们还需要支持丰富的可视化、近实时搜索、性能监控和基于机器学习的洞察等。

1.3.2 流行的搜索引擎

尽管市面上有很多搜索引擎可供选择，但本书只提及其中 3 种，即 Elasticsearch、Solr 和 OpenSearch，它们都是基于 Apache Lucene 构建的。

1. Elasticsearch

Elastic 的创始人 Shay Banon 在 2000 年年初开发了一款名为 Compass 的搜索产品。它是基于 Apache Lucene 的开源搜索引擎库。Lucene 是 Doug Cutting 用 Java 编写的全文搜索库。因为 Lucene 只是一个库，所以我们必须通过它的 API 将其导入和集成到应用中。Compass 和其他搜索引擎一样，使用 Lucene 来提供通用的搜索引擎服务，这样我们就不必从头开始将 Lucene 与应用进行集成。Shay 最终决定放弃 Compass，转而专注于 Elasticsearch，因为 Elasticsearch 潜力更大。

2. Apache Solr

Apache Solr 是一款基于 Apache Lucene 构建的开源搜索引擎，诞生于 2004 年。Solr 是 Elasticsearch 的有力竞争对手，拥有一个蓬勃发展的用户社区，并且它比 Elasticsearch 更接近开源——Elastic 在 2021 年年初从 Apache 许可证切换到 Elastic 许可证和服务器端公共许可证（Server Side Public License，SSPL）。尽管 Solr 和 Elasticsearch 在全文搜索方面都表现得很出色，但在数据分析方面，Elasticsearch 可能更胜一筹。

虽然这两款产品在几乎所有功能上都在竞争，但 Solr 在处理大型静态数据集的大数据生态系统中更受青睐。显然，在选择产品之前，需要进行原型设计和分析，普遍的趋势是，首次与搜索引擎集成的项目倾向于考虑 Elasticsearch，因为它拥有一流的文档、社区和几乎无门槛的部署方式。在采纳并使用一个搜索引擎之前，必须对预期使用场景进行详细的对比。

3. Amazon OpenSearch

Elastic 在 2021 年更改了其许可政策。改后的许可适用于 Elasticsearch 7.11 及以上版本，从开源转变为 Elastic 许可证和 SSPL 的双重许可。这种许可允许社区免费使用该产品，但托管服务提供商不能再将这些产品作为服务提供。亚马逊网络服务（Amazon Web Servies，AWS）曾创建了 Elasticsearch 的一个分支版本——Open Distro for Elasticsearch，并将其作为托管服务提供，Elastic 和 AWS 之间因此发生了争执。这场争执导致了 Elasticsearch 的许可证变更，最终导致了 OpenSearch 的诞生。

随着 Elastic 从开源许可模式转向 SSPL 模式，一个名为 OpenSearch 的新产品被开发出来，填补了新许可协议留下的巨大空白。OpenSearch 的基础代码是基于开源的 Elasticsearch 和 Kibana 7.10.2 版本创建的。该产品的第一个正式发布版本 1.0 于 2021 年 7 月发布。OpenSearch 有望成为 Elasticsearch 在搜索引擎领域的竞争对手。

现在，我们已经对现代搜索引擎和搜索领域的格局有了基本的了解，下面就看一下 Elasticsearch 概述。

1.4 Elasticsearch 概述

Elasticsearch 是一款开源的搜索和分析引擎。它是用 Java 开发的，基于流行的全文搜索库 Apache

Lucene 构建的超快速、高可用的搜索引擎。Elasticsearch 通过提供具有 RESTful 接口的分布式系统对 Lucene 的强大功能进行了封装。Lucene 是 Elasticsearch 的核心，而 Kibana 是管理和使用 Elasticsearch 的管理界面。在本书中，我们将通过 Kibana 的代码编辑器（Dev Tools）进行操作。

全文搜索是 Elasticsearch 作为现代搜索引擎所擅长的地方。它可以根据用户的搜索条件快速地找出相关的文档，用户也可以搜索精确的内容，如关键词、日期、数字范围或日期范围。Elasticsearch 还拥有一系列高级功能，如相关性、“你是不是想找”的搜索建议、搜索内容自动补全、模糊搜索、地理空间搜索和高亮显示等。

除了在提供近实时搜索能力方面处于领先地位，Elasticsearch 在大数据的统计聚合方面也表现不俗。当然，我们必须根据使用场景来考虑是否采用这款产品，因为 Elasticsearch 可能并不适合每种使用场景（参见 1.4.3 节）。除此之外，Elasticsearch 还拥有一系列值得称道的功能，如应用性能监控、预测分析和异常检测，以及安全威胁监控和检测等。

Elasticsearch 专注于在收集的数据中发掘更深层次的含义。它可以聚合数据、完成统计计算，并在数据中发现有价值的信息。我们可以使用 Kibana 工具创建丰富的可视化图表和仪表板，并与他人共享。Elasticsearch 可以计算平均值、总和、中位数和众数，还可以对数据进行复杂的分析，如在直方图中对数据进行分桶和其他分析功能。

此外，Elasticsearch 还能在数据上运行有监督和无监督的机器学习算法。模型有助于检测异常、找到离群值和预测事件。在监督学习模式下，我们可以提供训练集，以便模型进行学习并做出预测。

Elasticsearch 还具有通过监控网络中 Web 服务器的性能指标（如内存和 CPU 周期）来观察应用及其健康状况的能力。它让用户可以筛查数百万条 Web 服务器的日志，以便找到或调试应用的问题。Elasticsearch 还投入时间和资源构建安全领域的解决方案，如安全威胁警报、IP 过滤、端点防护等。

1.4.1 核心领域

Elastic 是 Elasticsearch 背后的公司，这家公司主要关注 3 个核心领域，即搜索、可观测性和安全性，如图 1-2 所示。让我们依次看一看这些领域。

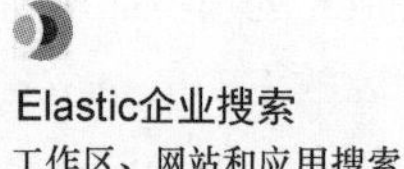

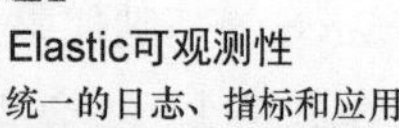

图 1-2 Elasticsearch 背后的 Elastic 公司的核心应用领域

1. Elastic 企业搜索

无论是让用户在不同的内容提供商（如 Slack、Confluence、Google Drive 等）之间进行搜索，还是为应用、软件和网站启用搜索功能，Elastic 企业搜索套件都有助于构建模型和定制化的搜索引擎。

搜索可以深度集成到各领域（业务、基础设施、应用等）众多应用中。用户可以创建由

Elasticsearch 支持的 Web 应用、由 Elasticsearch 支持的移动应用或者以 Elasticsearch 为核心的服务器端搜索服务。在本书的后面，我们将通过示例来学习如何将 Elasticsearch 作为搜索服务器集成到应用中。

2. Elastic 可观测性

在基础设施上运行的应用会产生大量的指标数据，这些指标数据通常用于应用的可观测性和监控。我们可以在可观测性领域使用 Elasticsearch，应用、服务器、机架和模块的状态都可以被监控、记录、跟踪和告警。我们还可以使用 Elastic 工具进行大规模的应用管理和监控。

3. Elastic 安全性

Elastic 可以在安全领域进行威胁检测和预防，并提供源头恶意软件移除、静态加密等高级功能。作为安全信息和事件管理（security information and event management，SIEM）工具，Elastic 正在寻找自己的定位，并通过其先进的安全工具箱来保护组织。

1.4.2 Elastic Stack

Elasticsearch 是搜索引擎的核心，而 Elastic 的几款产品对其进行了补充。这套产品称为 Elastic Stack，包括 Kibana、Logstash、Beats 和 Elasticsearch。（这套产品以前被称为 ELK Stack，但在 Beats 被引入产品套件后更名为 Elastic Stack。）

这 4 种产品的组合通过集成、消费、处理、分析、搜索和存储来自不同来源的各种数据集，来帮助构建企业级应用。如图 1-3 所示，Beats 和 Logstash 将数据写入 Elasticsearch，而 Kibana 则是对这些数据进行可视化的用户界面。

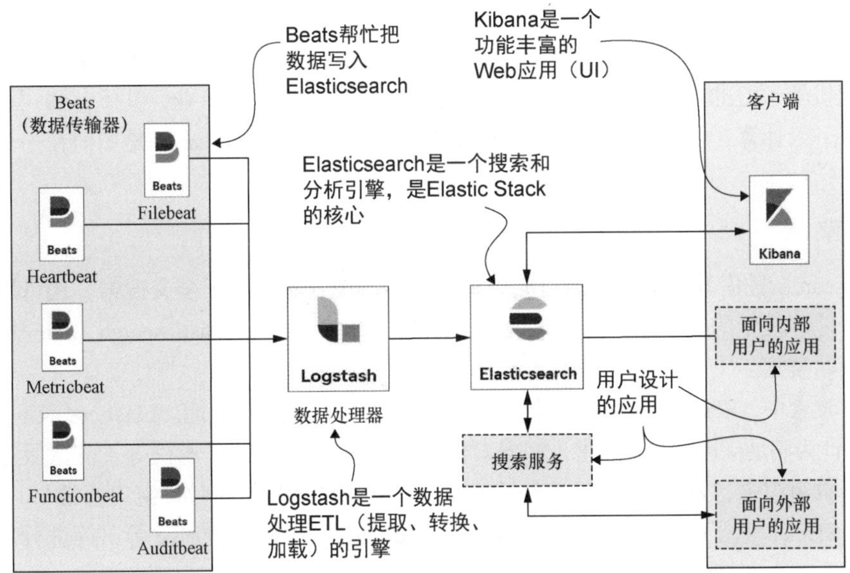

图 1-3 Elastic Stack：Beats、Logstash、Elasticsearch 和 Kibana

在深入了解 Elasticsearch 的使用场景之前，我们简单地从宏观层面了解一下这些必要的组件。除 Elasticsearch 之外，其他组件在本书中不再讨论。

1. Beats

Beats 是单一用途的数据传输工具，它们从各种外部系统加载数据并将其写入 Elasticsearch。多种类型的 Beats 开箱即用，包括 Filebeat、Metricbeat、Heartbeat 等，每种都可以完成特定的数据消费任务。这些都是单一用途的组件，例如，Filebeat 用于基于文件的传输，Metricbeat 用于采集重要的机器和操作系统的内存及 CPU 信息。Beats 的代理安装在服务器上，以便它们可以从来源消费数据并将其发送到目的地。

2. Logstash

Logstash 是一个开源的数据处理引擎。它从多个来源提取数据并处理它们，然后将其发送到各种目的地。在数据处理过程中，Logstash 会转换和丰富数据。它支持众多的来源和目的地，包括文件、HTTP、JMS、Kafka、Amazon S3、Twitter 等几十种。它提出了一种管道架构，每个通过管道的事件都根据预配置的规则进行解析和处理，从而创建出一个实时的数据摄取管道。

3. Kibana

Kibana 是一个多用途的 Web 控制台，提供了包括执行查询，开发仪表板、可视化图表，创建下拉列表和聚合等多种选项。然而，我们可以使用任何 REST 客户端与 Elasticsearch 通信来调用 API，不限于 Kibana。例如，我们可以使用 cURL、Postman 或各种语言的客户端来调用 API。

1.4.3 Elasticsearch 的使用场景

将 Elasticsearch 仅限定于某个特定的使用场景或领域是比较困难的。Elasticsearch 在从搜索到分析再到机器学习的许多领域都无处不在。它被广泛应用于多个行业，包括金融、国防、交通、政府、零售、云计算、娱乐、航天等。下面我们大体看一下 Elasticsearch 是如何在一个组织中使用的。

1. 搜索引擎

Elasticsearch 凭借其全文搜索能力成为首选技术。但它不局限于全文搜索，还可用于结构化数据和基于地理位置的搜索等。总的来说，客户在 3 个领域使用 Elasticsearch，即应用搜索、企业搜索和网站搜索。

在*应用搜索*中，Elasticsearch 作为核心为应用提供搜索和分析功能。Elasticsearch 支持的搜索服务可以设计为满足应用的搜索需求（如搜索客户、订单、发票、电子邮件等）的微服务。

在大多数组织中，数据分散在许多数据存储、应用和数据库中。例如，组织通常与 Confluence、内网空间、Slack、电子邮件、数据库、云盘（iCloud drive、Google Drive 等）等进行集成。对这些组织而言，整合并搜索来自各种来源的海量数据是一个挑战。这正是 Elasticsearch 可以用于*企业搜索*和数据组织的地方。

如果我们有一个已经积累了数据的在线商业网站，那么提供搜索功能就是吸引客户并让他们感到满意的基本条件。*网站搜索*是 Elastic 提供的一种软件即服务（SaaS）产品，一旦启动，它就会爬取给定的网站页面，抓取数据并构建由 Elasticsearch 支持的索引。爬取和索引完成后，网站就可以轻松地与搜索功能集成。网站搜索模块还可以帮助创建搜索栏和相关的代码片段。网站管理员将生成的代码片段嵌入网站的主页，就能轻松地启用搜索栏，从而使网站集成完整的搜索功能。

2. 业务分析

组织会从各种来源获取大量数据，而这些数据通常是其生存和成功的关键。Elasticsearch 可以帮助组织从数据中提取趋势、统计和指标信息，为组织提供有关其运营、销售、营业额、利润等多个特征的信息，以便进行及时管理。

3. 安全分析以及威胁和欺诈检测

数据安全及潜在的漏洞是组织的噩梦。Elasticsearch 的安全分析可以帮助组织分析每处信息——无论是来自应用、网络、终端还是来自云。这种分析可以提供对威胁和漏洞的洞察，让组织及时发现恶意软件和勒索软件，从而降低被黑客攻击的风险。

4. 日志和应用监控

应用会产生大量的应用日志和指标数据。这些日志可以洞察应用的健康状态。随着云计算和微服务时代的到来，日志分散在各个服务中，要进行有意义的分析变得十分烦琐。这时，Elasticsearch 就成为我们的好帮手。Elasticsearch 的一个常见使用场景就是索引并分析日志，以达到对应用进行调试和错误分析的目的。

虽然 Elasticsearch 是一个强大且灵活的搜索和分析引擎，但它并不适用于所有场景。下面就简要讨论一下我们可能遇到的问题和不适合使用 Elasticsearch 的场景。

1.4.4 不适合 Elasticsearch 的使用场景

Elasticsearch 并非适用于每种使用场景。它是一个强大且灵活的搜索和分析引擎，但遗憾的是，这个工具也有其局限性。在选择 Elasticsearch 来满足需求之前，我们必须把这些局限性纳入考虑范围。下面是几种 Elasticsearch 可能不适用或效率不高的场景。

- *关系数据*。当数据具有关系并且需要进行复杂的数据库连接时，Elasticsearch 不是一个合适的选择。Elasticsearch 不是为处理复杂的关系数据结构设计的。如果数据之间关系很强，那么像 MySQL 或 PostgreSQL 这样的关系数据库可能是更好的选择。大多数现代数据库（MySQL、PostgreSQL 等）也提供全文搜索功能，尽管这些功能并不像 Elasticsearch 这样的现代搜索引擎那样先进。
- *事务数据*。Elasticsearch 是一个“最终一致”的搜索引擎，这使得它不适合需要强一致性的应用场景，如金融交易。对于这些使用场景，可以考虑使用传统的关系数据库或像

MongoDB 这样的 NoSQL 数据库。

- 地理空间数据。虽然 Elasticsearch 内置了对地理空间数据的支持，但它可能不是大规模地理空间分析场景最高效的解决方案。对于这些使用场景，可以考虑使用专用的地理空间数据库（如 PostGIS）或地理空间分析平台（如 ArcGIS）。
- 高写入负载。Elasticsearch 可以支持高读取负载，但它并没有为高写入负载进行优化。如果需要实时索引大量数据，可以考虑使用专用的索引引擎，如 Apache Flume 或 Apache Kafka。
- 联机分析处理（online analytical processing，OLAP）数据。如果需要对大数据集进行复杂的多维分析，传统的 OLAP 数据库（如 Microsoft Analysis Services 或 IBM Cognos）可能比 Elasticsearch 更适合。
- 大型二进制数据。虽然 Elasticsearch 可以处理大量的文本数据，但它可能不是索引和搜索大型二进制数据（如视频或图像）的最佳解决方案。对于这些使用场景，使用专用的二进制数据存储可能更好，如 Hadoop 分布式文件系统（HDFS）、Amazon S3 或 Azure Files。
- 实时分析。Elasticsearch 非常适合对大数据集进行实时搜索和分析，但它可能不是实时数据处理和分析的最佳解决方案。相反，可以考虑使用专门的实时分析平台，如 Apache Spark 或 Apache Flink。
- 对延迟敏感的应用。尽管 Elasticsearch 是为处理高容量的搜索和分析查询设计的，但在处理大量数据时它仍然可能出现延迟。对于需要亚毫秒级响应的应用，像 Apache Solr 这样的专用搜索引擎或者像 Apache Cassandra 这样的列式数据库可能更适合。
- 其他类型。Elasticsearch 不是处理时间序列数据（一般也称时序数据）、图数据、内存数据和一些其他类型数据的首选解决方案。如果需要存储和分析时间序列数据，像 InfluxDB 或 TimescaleDB 这样专用的时间序列数据库可能更适合。同理，像 Neo4j 这样的图数据库可能更适合处理图数据。

在选择 Elasticsearch 作为技术解决方案之前，评估具体的使用场景和需求非常重要。下面我们就讨论 Elasticsearch 作为一个工具、技术和搜索解决方案的常见误解。

1.4.5 误解

关于 Elasticsearch 的一个主要误解是认为它是传统的关系数据库，还有一个常见的误解是觉得设置 Elasticsearch 很容易，而实际上，设置一个中等规模的集群需要在默认配置的基础上做许多调整。此外，Elasticsearch 通常会被认为是专门用于文本搜索的技术，而事实上它可以用于广泛的搜索和分析场景。下面列举了关于 Elasticsearch 的一些常见误解。

- 设置和管理 Elasticsearch 很容易。虽然 Elasticsearch 的安装和入门相对简单，但随着数据增长和使用场景增加，管理和扩展可能变得具有挑战性。尽管 Elasticsearch 的一切都是开箱即用的，这让工程师的工作变得很轻松，但将 Elasticsearch 用于生产环境还需要做很多功课。我们可能需要调整集群配置、调整内存分配、处理节点故障，甚至随着数据的增长，还需要扩展集群以处理高达 PB 量级的数据等。

- *Elasticsearch 是关系数据库*。Elasticsearch 不是关系数据库，不支持传统关系数据库的特性，如事务、外键和复杂的连接操作等。例如，不能在 Elasticsearch 中强制检查引用的完整性或进行复杂的连接操作。如果需要这些特性，像 MySQL 或 PostgreSQL 这样成熟的关系数据库是最佳解决方案。
- *Elasticsearch 可以处理所有类型的数据*。Elasticsearch 功能丰富，可以处理多种数据类型，但它并不是可以同样轻松地处理每种类型的数据。例如，它可能不是实时数据处理和分析或者处理大型二进制数据的最佳解决方案。如果需要存储和处理大型二进制数据，如视频或图像，可以考虑使用专用的二进制数据存储，如 HDFS 或 Amazon S3。
- *Elasticsearch 只能用于文本搜索*。虽然 Elasticsearch 非常适合文本搜索，但它也可以对结构化数据和非结构化数据进行复杂的分析。例如，可以使用 Elasticsearch 聚合、分析日志数据，并使用 Kibana 对数据进行可视化。
- *Elasticsearch 可以替代所有其他技术*。Elasticsearch 是一个强大且灵活的技术，但并不是一个万能的解决方案，也不是每种使用场景的最佳选项。例如，它永远不能替代传统的关系数据库。
- *Elasticsearch 总是比其他技术更快*。Elasticsearch 确实是为高性能设计的，并且预期在高负载下仍能表现良好。然而，Elasticsearch 能做的只有这么多，其性能高低主要取决于系统工程师对它微调的程度。
- *Elasticsearch 只处理大数据*。Elasticsearch 可以处理 PB 量级的大数据集，但它在处理 GB 量级的小数据集时同样表现良好。例如，可以使用 Elasticsearch 搜索和分析一个组织的小型电子邮件数据库或一个初创公司的数据，而不需要付出太多额外的努力。

这些只是关于 Elasticsearch 的一些常见误解的例子。如前所述，在选择 Elasticsearch 或任何其他技术之前，必须仔细评估具体的需求和使用场景。

1.5 业界案例

许多组织使用 Elasticsearch 进行从搜索到业务分析、日志分析、安全警报监控和应用管理等各方面的工作，并且还把它用作文档存储。让我们来看一看其中的一些组织，以及它们如何在日常运营中使用 Elasticsearch。

Uber 使用 Elasticsearch 来支持乘车需求预测。它通过存储数百万个事件，以近实时的速度搜索和分析数据来实现这一点。Uber 根据位置、时间、日期和其他变量（包括把过去的数据纳入计算）来预测乘客需求。这有助于 Uber 更好地提供乘车服务。

Netflix 采用 Elastic Stack 为其内部团队提供客户洞察。它还使用 Elasticsearch 进行日志事件分析，以支持调试、告警和管理其内部服务，其电子邮件和客户运营活动也都是由 Elasticsearch 引擎支持的。来自 Netflix 的电子邮件里提到新添加的电影或电视剧背后的活动分析都是由 Elasticsearch 支持的。

PayPal 采用 Elasticsearch 作为搜索引擎，使客户能够存储和搜索他们的交易记录。该公司还提供了交易搜索功能和分析功能，供商家、终端客户和开发人员使用。

类似地，在线电子商务公司 eBay 也采用 Elasticsearch 来支持终端用户的全文搜索。用户在搜索 eBay 的商品库存时，实际上是直接使用了 Elasticsearch。该公司还使用 Elastic Stack 进行分析、日志监控，并将交易数据存储在文档中。

GitHub 是一个深受开发者喜爱的代码仓库，它使用 Elasticsearch 对其 800 万个（并且还在增加）代码仓库进行索引，其中包含超过 20 亿份文档，以此为用户提供强大的搜索体验。

类似地，Stack Overflow 使用 Elasticsearch 为开发者快速提供相关的答案，而 Medium（一个流行的博客平台）则使用 Elastic Stack 为读者提供近实时的搜索服务。

在结束本章之前，我们有必要谈论一个最近很火的话题——生成式人工智能工具，如 OpenAI 的 ChatGPT 和 Google 的 Bard。我认为，这些工具的引入将极大地改变搜索领域。让我们讨论一下它们对现代搜索的影响，包括像 Elasticsearch 这样的搜索引擎。

1.6 生成式人工智能与现代搜索

你一定听说过最近互联网上最具革命性的产品——ChatGPT。ChatGPT 是由 OpenAI 团队在 2022 年 11 月开发并发布的生成式人工智能工具。在我 25 年的 IT 经验中，我从未见过像 ChatGPT 这样在互联网上引起如此轰动的技术工具。很少有这样技术上先进的工具落到普通大众手里，能够以不敢想象的方式帮助他们，如为夏天去雅典的旅行制订旅行计划，用通俗的语言总结法律文件，制定自助减肥计划，分析代码的安全性和性能漏洞，设计应用的数据模型，对比和分析特定使用场景所需的技术，给 Twitter（现 X 公司）的 CEO 写投诉信等。

ChatGPT 是一个在基于转换器的生成式预训练（generative pretrained transformer，GPT）架构的基础上构建的对话智能体（聊天机器人），它能够根据用户的提示词生成类似人类语言的回答。它是一个大语言模型（large language model，LLM）的实例，为对话而设计，具体的目标是在进行有意义的对话时生成安全且相关的内容。该模型使用大量的文本数据进行训练，它通过学习预测句子中的下一个单词的方式进行工作。它一般使用互联网上多样化的文本进行训练，但也可以使用特定的数据集进行微调以完成各种特定的任务。通过这个过程，该模型学习人类语言文本的各个部分，即语法、标点、句法、关于世界的事实，以及一定程度的推理能力。

> **注意** LLM 是指任何大模型的广义术语，这些模型经过训练，能够理解或生成类似人类语言的文本。这些模型的特点是它们有大量的参数，并且能够处理各种自然语言处理任务。LLM 可以基于各种架构和训练方法进行训练。

随着 ChatGPT 的发布，利用人工智能进行搜索的领域几乎一夜之间出现了一场激烈的竞赛。ChatGPT 已成为许多行业的颠覆者，对 Google 搜索也构成了不小的威胁。未来几年，类似于 ChatGPT 这样的人工智能支持的工具还将颠覆更多的行业。在巨大的压力下，可能是为了保住其搜索领导者的地位，Google 决定推出自己的对话生成式人工智能，其名为 Bard 的智能体在

2023 年 5 月向公众开放。

与此同时，微软承诺在 2019 年以来的 30 亿美元初始投资的基础上，再给 ChatGPT 追加 100 亿美元的投资。微软的 Edge 浏览器通过 Bing 搜索引擎集成了 ChatGPT，并在 2023 年 5 月向公众开放。此外，微软还推出了人工智能驱动的 Microsoft 365 应用，因此 AI 智能体现在可以在 Microsoft Word、Excel、电子邮件和其他工具中使用。而 Meta 的 LLaMA 也是生成式人工智能竞赛中的一个竞争对手。

GPT-3 和 GPT-4 模型是通过对数十亿份数字化的图书、文章、论文、博客等内容进行训练得到的。GPT-4 模型的数据输入截至 2021 年 9 月（它无法获取这个日期之后的数据）。虽然 GPT-4 无法访问互联网以获取实时信息，但在我写本书的时候，OpenAI 刚刚为其 Plus 用户推出了一个网页浏览器的测试版。因此，我预计 OpenAI 可联网的生成式 AI 助手很快就会向公众开放。

搜索工程师总会被问到一些根本性的问题，包括生成式人工智能将如何改变搜索的方式。让我们通过询问 ChatGPT 来回答这个问题，看看 AI 智能体如何补充或帮助现代搜索，或者改变其演进方向。像生成式人工智能这样的工具将在以下几方面重塑搜索领域。

- 直观搜索——搜索查询将变得更具对话性和直观性。像 GPT-4 这样的生成式人工智能模型对自然语言有着更深入的理解，这使它们能够更有效地理解复杂的查询。用户将不再需要依赖特定的关键词或短语，他们可以像与另一个人交谈一样简单地提问。这将使搜索结果更准确和相关，因为人工智能可以更好地理解查询的上下文和意图。随着更强的生成式 AI 智能体和模型的引入和发布，我们可以预见现代搜索引擎（如 Elasticsearch）提供的全文搜索功能将发生重大变化。随着这项技术被越来越多地整合到搜索平台中，我们可以期待看到一些将重新定义用户和开发者的搜索体验的关键改变。
- 个性化搜索——随着生成式人工智能的引入，搜索结果可以变得更加个性化和自适应。搜索引擎将能够从用户的偏好、行为和搜索历史中学到许多有价值的信息，从而帮助引擎根据每个用户的需求定制搜索结果。随着人工智能不断收集数据，它将不断完善对用户搜索意图的理解，从而带来越来越个性化的搜索体验。
- 预测性搜索——生成式人工智能具有让搜索引擎更加主动预测用户需求的潜力。人工智能驱动的搜索引擎可能不仅仅是响应查询，而是能够基于用户之前的交互或当前上下文来预测用户感兴趣的信息。这将使搜索平台能够主动提供相关的建议，从而减少用户额外的查询，以此提升搜索体验。
- 高级搜索——生成式人工智能将使搜索引擎能够提供更多样化、更丰富的搜索结果。通过理解查询的上下文和语义，人工智能驱动的搜索引擎可以生成内容摘要和相关的可视化内容，甚至合成新的信息来辅助回答用户的问题。这将带来超越仅连接到现有内容的更全面、信息更丰富的搜索体验。

在我看来，生成式人工智能的引入将彻底改变全文搜索的能力，使搜索引擎变得更具对话性、更个性化、适应性更强，并且更主动。这将不只是提升用户体验，还可以为企业和开发人员提供新的机会，创造新的搜索应用和服务。随着人工智能的到来，团队正在努力适应搜索领域即将发生的变化。所以，期待一场搜索领域的革命吧！

本章为使用 Elasticsearch 奠定了基础，介绍了其搜索功能，并探讨了搜索是如何成为众多应用不可或缺的一部分的。在第 2 章中，我们将安装、配置并运行 Elasticsearch 和 Kibana，通过索引一些文档并执行搜索查询和分析来使用 Elasticsearch。

1.7 小结

- 搜索是新常态，也是组织寻求竞争优势最重要的功能。
- 过去，我们曾使用关系数据库作为搜索引擎的后端服务来支持搜索需求，但它们无法实现现代搜索引擎中全面的搜索功能。
- 现代搜索引擎提供了多方面的全文搜索能力和从基础搜索到高级搜索及分析功能的多重好处，所有这些都具有极高的性能。它们还预期能够处理从 TB 量级到 PB 量级的数据，并在需要时进行扩展。
- Elasticsearch 是一款基于 Apache Lucene 构建的开源搜索和分析引擎。它是一款由 Java 开发的高可用的服务器端应用。
- 由于 Elasticsearch 是一款与编程语言无关的产品，所以与服务器之间的通信是通过使用丰富的 RESTful API 在 HTTP 上进行的。这些 API 以 JSON 格式接收和发送数据。
- Elastic Stack 是一套由 Beats、Logstash、Elasticsearch 和 Kibana 组成的产品套件。Beats 是单一用途的数据传输器，Logstash 是数据处理的 ETL（提取、转换、加载）引擎，Kibana 是管理 UI 的工具，而 Elasticsearch 是该套件的核心。
- Elastic Stack 使得组织可以在搜索、可观测性和安全性 3 个核心领域中开展工作。
- Elasticsearch 在过去几年中变得越来越受欢迎，原因在于其强大的结构化/非结构化搜索和分析能力、丰富的 RESTful API、无模式的特性，以及高性能、高可用和可扩展的特点。
- 人工智能驱动的搜索已经到来。随着生成式人工智能和 ChatGPT 的出现，搜索领域将被进一步探索，搜索将变得更加直观和具有预测性。

第 2 章　开始使用

本章内容

- 使用 Elasticsearch 索引样本文档
- 检索、删除和更新文档
- 从基础查询到高级查询搜索
- 对数据执行聚合

本章就来体验一下 Elasticsearch 的魅力。Elasticsearch 是一个 Java 二进制包，可以从 Elastic 公司的官网下载。安装并运行 Elasticsearch 服务器后，我们就可以加载业务数据，让 Elasticsearch 对其进行分析和存储。在往 Elasticsearch 导入数据之后，我们既可以对数据执行搜索查询，也可以执行聚合。

虽然任何能够发起 REST 调用的客户端（cURL、Postman、编程 SDK 等）都可以与 Elasticsearch 进行通信，但本书使用 Kibana 作为首选的客户端。Kibana 是 Elastic 公司开发的一个功能丰富的 UI 网络应用。它是一个可视化编辑器，集成了各种功能，可以帮助我们发现、分析、管理和维护集群和数据。借助 Kibana，我们可以使用丰富的功能，如高级的分析和统计功能、丰富的可视化和仪表板、机器学习模型等。由于 Elasticsearch 通过 RESTful API 公开了所有功能，因此可以在 Kibana 编辑器中使用这些 API 来构建查询，并通过 HTTP 与服务器进行通信。

要执行本章中的示例，需要一个包含 Elasticsearch 和 Kibana 的运行环境，如果你还没有搭建好实验环境，需要按照附录 A 中的说明下载和安装相关软件，并启动 Elasticsearch 服务器和 Kibana UI。

注意　安装 Elasticsearch 和 Kibana 有多种方式，不仅可以通过传统方式下载二进制包、解压并在本地机器上安装，还可以借助包管理器、Docker 乃至云服务进行部署。可以根据开发环境，选择合适的安装方式。

将完整代码复制到 Kibana 编辑器

为了便于编程练习，我在本书配套资源的 kibana_scripts 文件夹中创建了一个 ch02_getting_started.txt 文件。你可以将此文件的内容原封不动地复制到自己安装的 Kibana 中。在学习本章内容的同时，你可以运行单独的代码片段，循序渐进地学习示例。

最后，我们将通过执行两种类型的聚合——指标聚合和桶聚合来分析数据。利用这些聚合类型，我们可以使用查询获取诸如平均值、总和、最小值和最大值等指标。一旦你的应用运行起来，就可以开始学习 Elasticsearch 了！

2.1 往 Elasticsearch 中导入数据

搜索引擎不可能凭空产生结果！它需要数据作为输入，这样在被查询时才能输出结果。我们需要将数据转储到 Elasticsearch，这是首先要做的准备工作。但在开始将数据存储到 Elasticsearch 之前，我们先了解一下在本章中将使用的示例应用。

对于本章中的示例，我们需要对需求和数据模型有一个基本的理解。假设我们正在建立一个在线书店；显然，我们不是构建整个应用——我们只对我们讨论的数据模型部分感兴趣。下面我们就讨论一下这个虚构书店的细节，这是使用 Elasticsearch 的前提条件。

2.1.1 在线书店

为了展示 Elasticsearch 的特性，本书将以一个虚构的在线技术书店为例。我们要做的就是创建一个图书库存清单，并编写一些查询来搜索这些图书。

注意 按照代码库中的说明对数据进行索引。

这个书店应用的数据模型非常简单。正如表 2-1 所示，我们有一个 `book` 作为实体，其中包含 `title`、`author` 等几个字段。我们无须创建复杂的实体来使事情复杂化，而是把重点放在获取 Elasticsearch 的实践经验上。

表 2-1 book 实体的数据模型

字段	解释	示例
`title`	书名	`"Effective Java"`
`author`	作者	`"Joshua Bloch"`
`release_date`	出版日期	`01-06-2001`
`amazon_rating`	亚马逊上的平均评分	`4.7`
`best_seller`	畅销书标志	`true`
`prices`	包含 3 种货币的单本价格的嵌套对象	`"prices":{ "usd":9.95, "gbp":7.95, "eur":8.95 }`

Elasticsearch 以文档为单元存储数据，它期望文档以 JSON 格式呈现。由于需要将图书数据存储在 Elasticsearch 中，因此我们必须将实体建模为基于 JSON 的文档。如图 2-1 所示，我们可以用 JSON 文档来表示一本书。

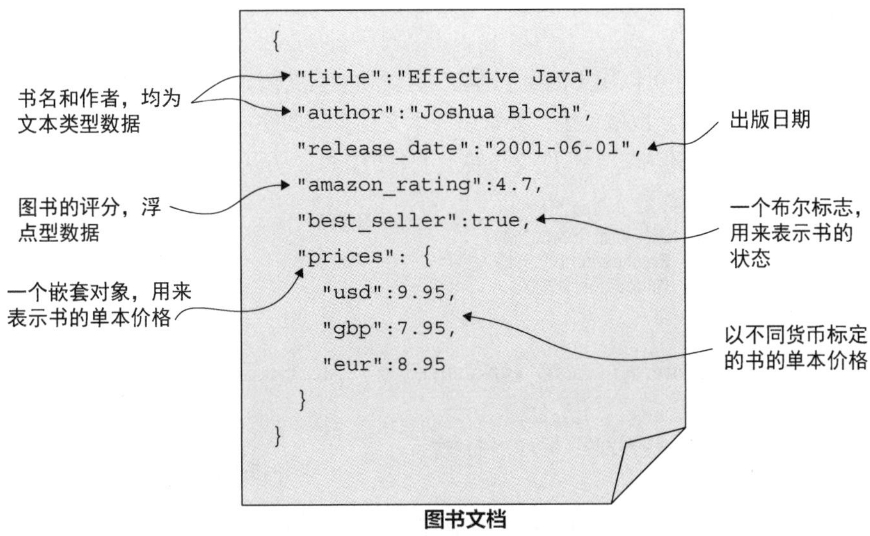
{
"title":"Effective Java",
"author":"Joshua Bloch",
"release_date":"2001-06-01",
"amazon_rating":4.7,
"best_seller":true,
"prices": {
"usd":9.95,
"gbp":7.95,
"eur":8.95
}
}
书名和作者，均为文本类型数据
出版日期
图书的评分，浮点型数据
一个布尔标志，用来表示书的状态
一个嵌套对象，用来表示书的单本价格
以不同货币标定的书的单本价格
图书文档

图 2-1 **book** 实体的 JSON 文档表示

JSON 格式使用简单的“名称 - 值”对来表示数据。在这个例子中，书名（名称）是 *Effective Java*，其作者（值）是 Joshua Bloch。我们可以向文档中添加额外的字段（包括嵌套对象），例如，添加 `prices` 作为一个嵌套对象。

现在我们已经对在线书店及其数据模型有了一个概念，是时候开始向 Elasticsearch 中添加一组图书来创建库存了。下面我们就来完成这项工作。

2.1.2 索引文档

为了使用服务器，需要将客户端的数据索引到 Elasticsearch 中。在现实世界中，有几种方法可以将数据导入 Elasticsearch 中：创建适配器从关系数据库中导入数据、从文件系统中提取数据，以及从实时数据源流式传输事件等。无论选择哪种方式作为数据源，都需要从客户端应用调用 Elasticsearch 的 RESTful API 来将数据加载到 Elasticsearch 中。

任何基于 REST 的客户端（cURL、Postman、高级 REST 客户端、JavaScript/NodeJS 的 HTTP 模块、编程语言 SDK 等）都可以帮助我们通过 API 与 Elasticsearch 进行通信。幸运的是，Elastic 有一款产品可以做到这一点（且不止于此），即 Kibana。Kibana 是一款具有丰富用户界面的 Web 应用，允许用户索引、查询、可视化和处理数据。这是本书的首选项，我们将在本书中广泛使用 Kibana。

RESTful 访问

与 Elasticsearch 的通信是通过基于 JSON 的 RESTful API 进行的。在当前的数字世界中，我们几乎不可能找到一种不支持访问 RESTful 服务的编程语言。事实上，将 Elasticsearch 设计为基于 JSON 的 RESTful 端点是一个明智的选择，因为它实现了与编程语言的解耦，并让它能被更多的人接受和使用。

1. 文档 API

Elasticsearch 的文档 API 可以用于创建、删除、更新和检索文档。这些 API 可以通过使用 RESTful 操作的 HTTP 请求进行访问。也就是说，要索引一个文档，需要在一个端点上使用 HTTP 的 PUT 或 POST 请求（后面更多会用到 POST）。图 2-2 展示了 HTTP PUT 方法完整的 URL 格式语法。

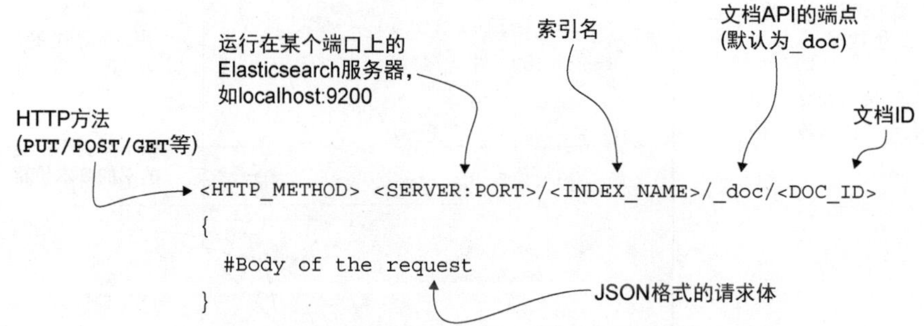

图 2-2　使用 HTTP 方法调用 Elasticsearch URL 端点

正如所见，URL 由几个元素组成：

- 一个 HTTP 方法，如 PUT、GET 或 POST；
- 服务器的主机名和端口；
- 索引名；
- 文档 API 的端点（_doc）；
- 文档 ID；
- 请求体。

Elasticsearch API 接受一个 JSON 文档作为请求体，因此需要索引的书应该包含在这个请求里。例如，代码清单 2-1 将一个 ID 为 1 的图书文档索引到 books 索引中。

代码清单 2-1　将图书文档索引到 books 索引中

```
PUT books/_doc/1
{
  "title":"Effective Java",
  "author":"Joshua Bloch",
  "release_date":"2001-06-01",
  "amazon_rating":4.7,
  "best_seller":true,
  "prices": {
    "usd":9.95,
    "gbp":7.95,
    "eur":8.95
  }
}
```

索引是 books，文档 ID 是 1

请求体包含 JSON 数据

如果你是第一次看到这样的请求，可能感到有些不知所措，但请相信我——只要将它拆解开来，就会发现它其实并不难理解。第一行命令告诉 Elasticsearch 如何处理这个请求。我们要求将图书文档（附加在请求体中）存入一个名为 books 的索引中（可以将索引想象成数据库中的一张表，它是用来存储所有图书文档的集合）。这本书的主键由 ID 1 表示。

我们也可以使用 cURL（cURL 是一个命令行数据传输工具，通常用来与互联网上公开的各种服务进行通信）来执行相同的请求，将图书文档持久化到 Elasticsearch 中。

2. 使用 cURL

我们也可以使用 cURL 与 Elasticsearch 进行交互，并将图书文档索引到 books 索引中。注意，在本书中我更倾向于使用 Kibana 而不是 cURL，因此所有的代码都以可在 Kibana 代码编辑器中执行的脚本形式呈现。完整的 cURL 命令如图 2-3 所示（Kibana 隐藏了完整的 URL）。

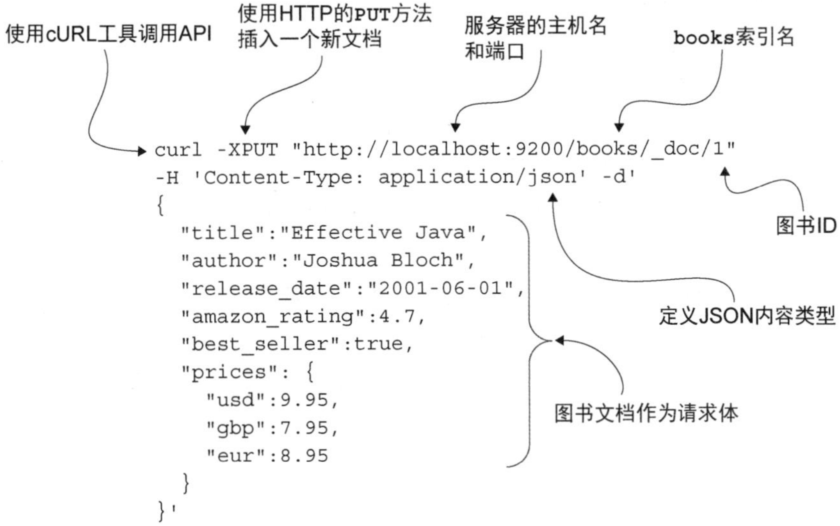

图 2-3 使用 cURL 调用 Elasticsearch URL 端点

正如所见，cURL 要求提供请求参数，如内容类型、文档等。因为 cURL 命令是终端命令（命令行调用），所以准备请求的过程较为烦琐，有时还容易出错。

幸运的是，Kibana 允许省略服务器的详细信息、内容类型和其他参数，因此调用看起来就像图 2-4 中所示的那样。正如我所提到的，在本书中我们会始终使用 Kibana 与 Elasticsearch 进行交互。

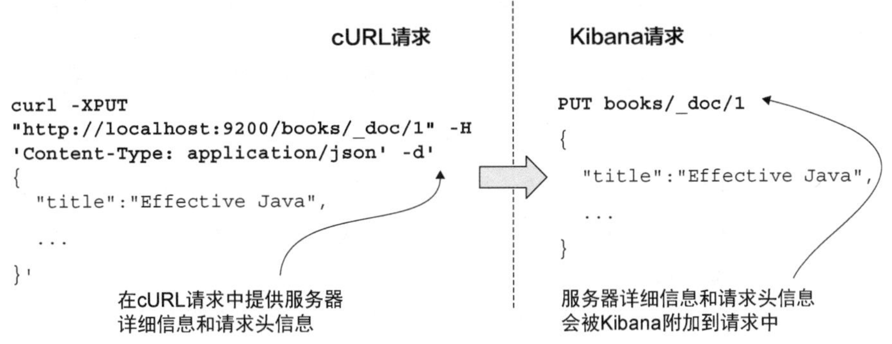

图 2-4 从 cURL 命令过渡到 Kibana 的请求命令

是时候开始索引我们的第一个文档了。

2.1.3　索引第一个文档

要使用 Kibana 索引文档，需要进入 Kibana 的 Dev Tools 应用来执行查询。我们会在 Dev Tools 页面上花很多时间，所以在本书结束时，你会对它非常熟悉！

假设 Elasticsearch 和 Kibana 都已经在你的本地机器上运行。在浏览器中访问 http://localhost:5601，打开 Kibana 仪表板，左上角是一个主菜单，包含链接和子链接。为了完成后面的实验，选择“Management”→“Dev Tools”，如图 2-5 所示。

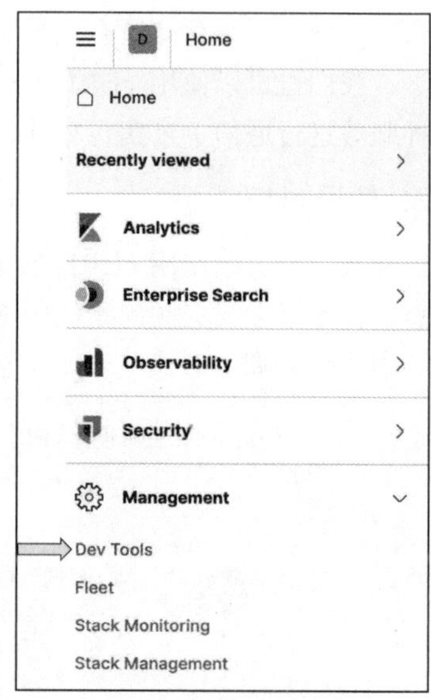

图 2-5　访问 Kibana 的 Dev Tools 的导航页面

由于这可能是你第一次访问 Dev Tools 页面（见图 2-6），因此我先解释一下各个组件。当导航到此页面时，会打开 Dev Tools 代码编辑器，显示两个窗格。可以在左侧窗格中使用 Elasticsearch 提供的特殊语法来编写代码。编写完代码片段后，可以单击页面中间的运行按钮（一个向右的三角形图标）来调用代码片段中的 URL。

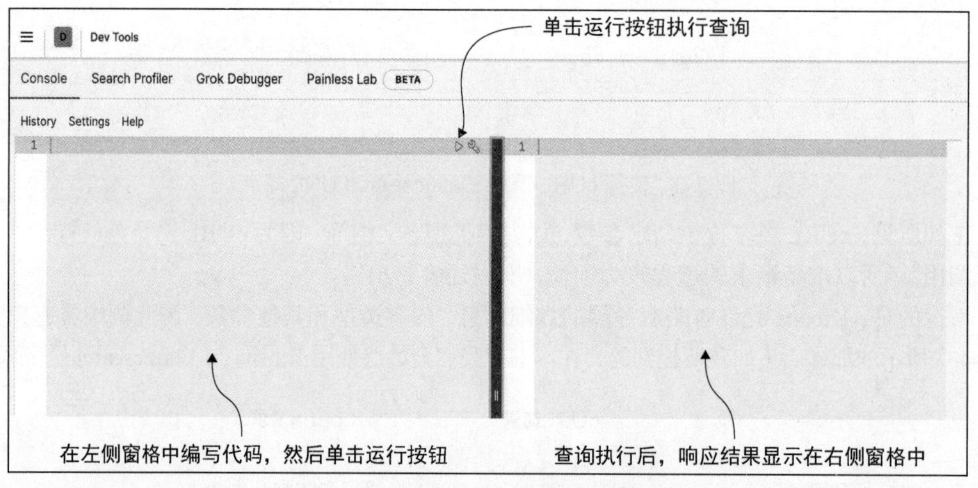

图 2-6　Kibana 的 Dev Tools 代码编辑器

在 Kibana 准备就绪之前，必须将其连接到一个 Elasticsearch 实例（实例的详细信息在 Kibana 的配置文件中定义）。Kibana 会根据服务器的详细信息将代码片段包装在合适的 Elasticsearch URL 中，并将其发送给服务器运行。

为了将文档索引到 Elasticsearch 中，我们来创建一个代码片段（如代码清单 2-1 所示）。图 2-7 展示了索引请求和响应。

请求

```
PUT books/_doc/1
{
  "title":"Effective Java",
  "author":"Joshua Bloch",
  "release_date":"2001-06-01",
  "amazon_rating":4.7,
  "best_seller":true,
  "prices": {
    "usd":9.95,
    "gbp":7.95,
    "eur":8.95
  }
}
```

将图书文档发送给Elasticsearch的索引请求

响应

```
{
  "_index" : "books",
  "_type" : "_doc",
  "_id" : "1",
  "_version" : 1,
  "result" : "created",
  "_shards" : {
    "total" : 2,
    "successful" : 1,
    "failed" : 0
  },
  "_seq_no" : 0,
  "_primary_term" : 1
}
```

返回表明我们在 books索引中成功创建了一个ID是1的文档

图 2-7　在 Kibana 中索引文档（左），以及 Elasticsearch 的响应（右）

当代码准备好后，单击运行按钮。Kibana 会将这个请求发送给 Elasticsearch 服务器。在收到请求后，Elasticsearch 会对其进行处理，然后存储消息，并将响应发送回客户端（Kibana）。你可以在代码编辑器的右侧窗格中查看响应。

响应是一个 JSON 文档。在图 2-7 中，`result` 属性表明文档已成功创建。同时，你还应该看到一个表明请求执行成功的 200 HTTP 状态码。响应中还包含一些附加的元数据（如索引、ID 和文档版本），这些信息直接明了。接下来的几章中我将详细讨论请求和响应的组成部分，这里我先大致地解释一下 Elasticsearch 的请求和响应流程。整个过程如图 2-8 所示。

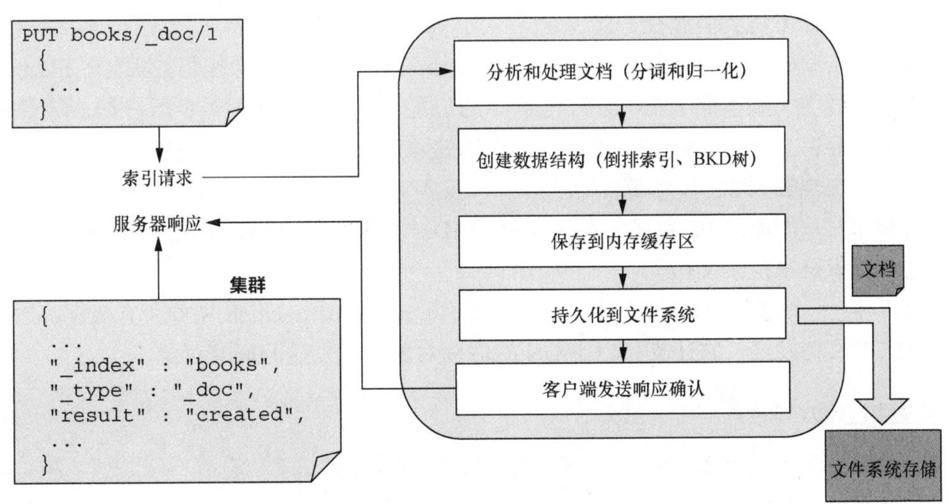

图 2-8　Elasticsearch 的请求和响应流程的概览

Elasticsearch 的请求和响应流程包含以下步骤。

（1）Kibana 向 Elasticsearch 服务器发送请求，并提供必要的输入参数。

（2）服务器接收到请求后，将进行以下操作：

- 分析文档数据，并将其存储在倒排索引（一种高性能的数据结构，是搜索引擎的核心和灵魂）中，以便可以更快地进行访问；
- 创建一个新索引（注意，我们没有预先创建索引）并存储文档；
- 创建所需的映射和数据模型；
- 将响应发送回客户端。

（3）Kibana 收到响应，并将其显示在图 2-6 中的右侧窗格中，以供查看。

我们已经为 Elasticsearch 索引了第一个文档！索引一个文档类似于在关系数据库中插入一条记录。

请求的组成部分

发送的请求（`PUT books/_doc/1`）可以拆解为 5 个部分，我们在这里快速过一遍（如果你愿意，可以跳过本节，等阅读完本章的剩余内容后再回来查看）。

- *`PUT` 方法*——`PUT` 是一个 HTTP 动词（也称为方法），表明我们正在向服务器发送一个请求来创建资源（在这个示例中是一个图书文档）。Elasticsearch 使用 HTTP 协议进行 RESTful API 调用，因此需要在请求 URL 语法中使用 `PUT`、`POST`、`GET`、`DELETE` 及其他标准的 HTTP 方法。
- *`books` 索引*——URL 中的 `books` 部分被称为索引：一个用于收集所有图书文档的桶。它类似于关系数据库中的表。只有图书文档被存储在这个 `books` 索引中（虽然我们希望 `books` 索引中只包含图书文档，但从理论上讲，没有什么可以阻止我们索引其他类型——我们有责任不将类型混在一起）。
- *`_doc` 端点*——端点是路径里的一个固定部分，与正在进行的操作相关联。在 Elasticsearch 的早期版本（版本低于 7.0）中，`_doc` 的位置曾被文档的映射类型所占据。随着映射类型被废弃，`_doc` 作为 URL 里的一个通用的固定端点路径取代了它们（更多信息参见下面的“文档类型和 `_doc` 端点”）。
- *文档 ID*——URL 中的数字 1 代表文档的 ID。它类似于数据库中记录的主键。我们使用这个标识符来检索文档。
- *请求体*——请求体是图书数据的 JSON 表示形式。Elasticsearch 期望所有数据都以 JSON 格式的文档发送。它还支持以 JSON 的嵌套对象格式发送的嵌套对象。

文档类型和_doc 端点

在 Elasticsearch 7.*x* 版本之前，一个索引可以包含多种类型的实体（例如，`books` 索引不仅可以包含书，还可以包含书评、图书销售、书店等）。在单个索引中包含所有类型的文档会导致复杂化。字段映射会在多个类型之间共享，从而导致错误和数据稀疏。为了避免类型及其管理的问题，Elastic

公司决定移除文档类型。

在早期版本中，带有类型的调用 URL 看起来像这样：<index_name>/<type>/<id>（例如，books/book/1）。在 7.*x* 版本中，文档类型被弃用。现在，一个索引应该只有一种类型：_doc 是 URL 中固定的端点。我们将在第 5 章中专门讨论有关类型移除的内容。

简而言之，我们使用 HTTP 的 PUT 方法将一个 ID 为 1 的文档索引到 Elasticsearch 的 books 索引中。注意，当索引第一个文档时，我们并没有创建数据模式。我们通过调用 API 来索引文档，但 Elasticsearch 从未要求在索引数据之前定义数据模式。

与关系数据库不同，Elasticsearch 并不要求事先创建数据模式，这被称为*无模式*（schema-less）。Elasticsearch 可以从索引的第一个文档中推导出数据模式，并创建出索引（确切地说是 books 索引）。

这是因为 Elasticsearch 并不希望在开发过程给使用者制造麻烦。尽管如此，我们在生产环境中还是必须遵循最佳实践，预先创建好自己的数据模式。关于这一点，本书后续会有更多的讨论。

在本节中，我们成功地索引了一个文档。让我们遵循相同的流程来索引更多文档。

2.1.4 索引更多文档

为了让接下来的示例能够顺利运行，我们需要索引更多文档。转到 Kibana 的代码编辑器，并为另外两个文档编写代码清单 2-2 所示的代码。

代码清单 2-2 再索引两个图书文档

```
PUT books/_doc/2                          ← 第二个图书文档
{
  "title":"Core Java Volume I - Fundamentals",
  "author":"Cay S. Horstmann",
  "release_date":"2018-08-27",
  "amazon_rating":4.8,
  "best_seller":true,
  "prices": {
    "usd":19.95,
    "gbp":17.95,
    "eur":18.95
  }
}                                         第三个图书文档
PUT books/_doc/3   ←
{
  "title":"Java: A Beginner’s Guide",
  "author":"Herbert Schildt",
  "release_date":"2018-11-20",
  "amazon_rating":4.2,
  "best_seller":true,
  "prices": {
    "usd":19.99,
    "gbp":19.99,
```

```
    "eur":19.99
  }
}
```

执行代码清单 2-2 中的请求，将两个图书文档索引到 books 索引中。现在我们已经索引了一些文档，让我们来了解一下如何检索或搜索它们。

2.2 检索数据

我们已经为服务器准备了一些文档，尽管数量有限。现在是时候行动起来了，看看如何检索、搜索和聚合这些文档。从 2.2.1 节开始，我们将通过执行查询和检索数据来进行实践操作。

让我们从找出库存（在这个案例中是 books 索引）中总共有多少本书这样一个基本的需求开始。Elasticsearch 提供了一个_count API 来满足这个需求。它非常简单明了，下面我们就来看一下。

2.2.1 计算文档数量

_count API 能够满足计算索引中文档总数的需求。在 books 索引上调用_count 端点，就会得到此索引中存储的文档数量，如代码清单 2-3 所示。

代码清单 2-3 使用_count API 计算文档数量

```
GET books/_count    ← 计算书的数量
```

这里应该返回如图 2-9 所示的响应。

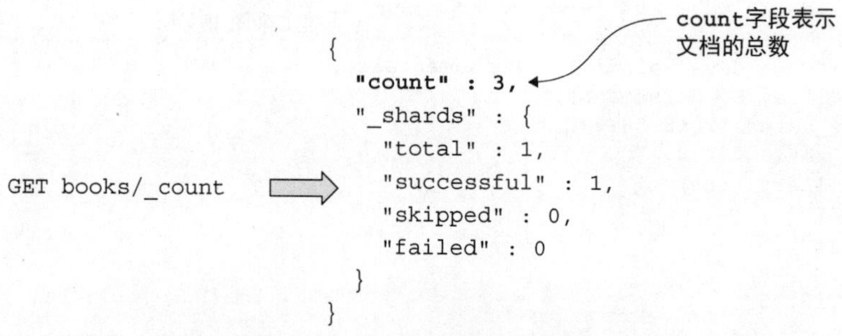

图 2-9 调用_count API 返回的 JSON 响应

用粗体展示的 count 字段表示 books 索引中的文档总数。我们还可以通过添加逗号分隔的索引来使用相同的 API 一次性从多个索引中获取数据，如 GET books1,books2/_count。（注意，如果现在执行这个查询，系统将抛出一个 index_not_found_exception 的异常，表明 books2 索引并不存在。）

我们也可以通过发起一个 GET _count 调用来获取所有索引中的文档数量。这将返回所有可用的文档的数量，包括系统和隐藏的索引。下面我们就使用 API 来检索文档。

2.2.2 检索文档

就像把钱存入银行账户一样，我们之前把文档索引到了 Elasticsearch 中。现在我们需要访问这些文档（就像从银行账户中取钱一样）。

每个被索引的文档中都有一个唯一的标识符，有些标识符是由我们提供的，剩余的标识符则是由 Elasticsearch 自动生成的。检索文档的操作依赖于对文档 ID 的访问。在本节中，我将介绍以下操作：

- 给定一个 ID，获取单个文档；
- 给定一组 ID，获取多个文档；
- 一次性获取所有文档（没有 ID，没有搜索条件）。

我们可以通过调用给定 ID 的文档 API 从 Elasticsearch 中获取单个文档，也可以使用另一个 API 查询（ids）获取多个文档。我还将介绍如何使用_search API 一次性检索所有文档。

1. 检索单个文档

从 Elasticsearch 中检索文档就像使用主键从数据库中获取记录一样简单直接，只要有文档的 ID 即可。为此，我们在 Kibana 控制台发出一个带有 API URL 和文档 ID 的 GET 命令。使用标识符检索文档的通用格式是 GET <index>/_doc/<id>。要检索单个文档，可以发出 GET 命令，并提供 ID 1，如代码清单 2-4 所示。

代码清单 2-4 通过 ID 检索单个文档

```
GET books/_doc/1
```

如果这个命令执行成功，在代码编辑器的右侧窗格中将显示一个响应，如图 2-10 所示。

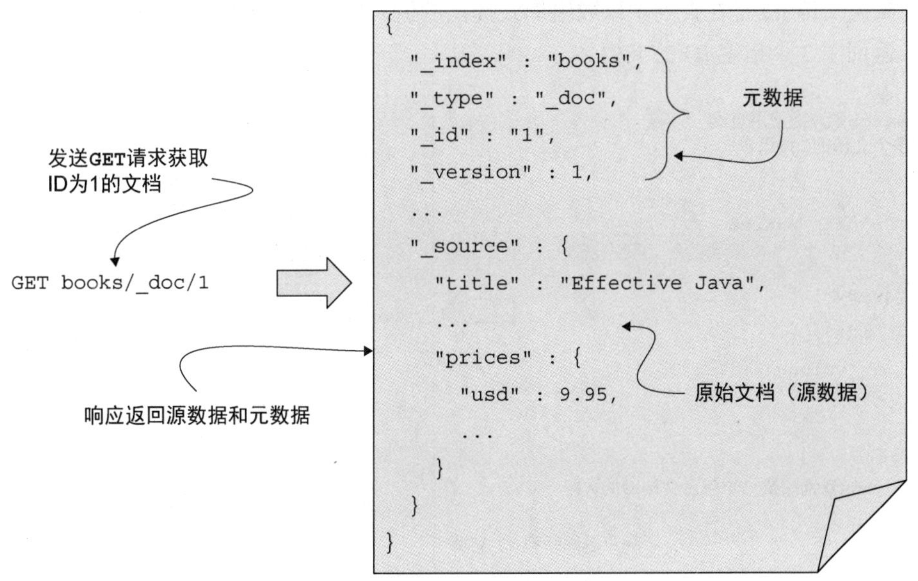

图 2-10 通过 ID 检索图书文档

响应包含两部分信息：在_source 标签下的原始文档（源数据）和这个文档的元数据（如 index、id、found、version 等）。如果不需要文档的元数据，而只想要原始文档，可以将_doc 端点改为_source，即 GET books/_source/1，然后重新执行查询。

2. 根据 ID 检索多个文档

当我们需要根据一组标识符检索一组文档时，可以使用 ids 查询。此查询可以根据一组文档 ID 来获取文档。这是一种更简单的方式，给定一个文档 ID 列表，一次性获取所有文档。

需要注意的一点是，与使用文档 API 来获取文档的其他查询不同，ids 查询使用搜索 API，具体来说就是_search 端点。让我们来看看实际的操作，如代码清单 2-5 所示。

注意 Elasticsearch 提供了一种用于编写查询的领域特定语言（domain specific language，DSL），通常称为 Query DSL。它是一种简单的基于 JSON 的查询编写语言，在 Kibana 中被广泛用于编写查询。本章（及本书的其余部分）中的大多数查询都是基于 Query DSL 编写的。

代码清单 2-5 使用 ids 查询检索多个文档

```
GET books/_search
{
  "query": {
    "ids": {
      "values": [1,2,3]
    }
  }
}
```

代码清单 2-5 中查询的请求体是使用 query 对象构造的，这个 query 对象有一个名为 ids 的内部对象。文档 ID 是在查询中以数组形式提供的值。如图 2-11 所示，响应表明查询成功命中（结果），返回了 3 个指定 ID 的文档。

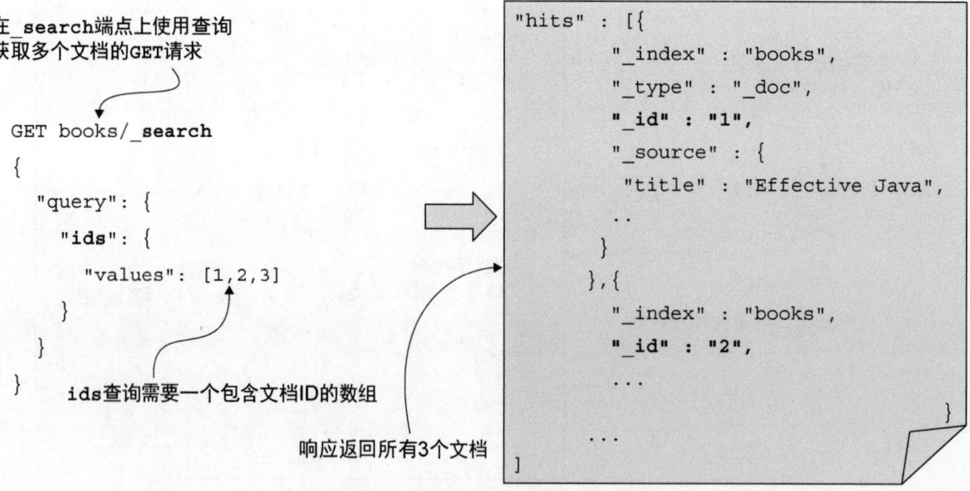

图 2-11 在_search 端点上使用 ids 查询根据一组 ID 检索文档

抑制响应中的源数据

有时，我们可以避免检索不必要的源数据，从而防止网络阻塞和带宽浪费。例如，假设原始文档有 500 个字段，但并非所有字段都需要检索。我们可以通过调整响应中的字段来控制哪些字段发送给客户端，哪些不发送。

我们也可以在请求中设置标志"_source": false 来完全抑制在响应中发送源数据。此标志在根层级设置（与 query 层级相同）:

```
GET books/_search
{
  "_source": false,      <-- 抑制源数据
  "query": {
    "ids": {
      "values": [1,2,3]
    }
  }
}
```

当然，这种检索文档的方式很麻烦。想象一下，如果想用 1000 个 ID 来检索 1000 个文档，该怎么办？幸运的是，我们不需要使用 ids 查询，而是可以利用本书稍后介绍的其他搜索功能。

到目前为止，我们已经了解了文档 API，它根据 ID 来获取文档。这并不是真正意义上的搜索功能，而是一种数据检索的方式。Elasticsearch 提供了大量的搜索功能，可以根据各种条件和标准来获取结果。在本书的后面，我会专门用几章来讨论从基础到高级的搜索内容。作为好奇的开发者，我们现在就想看到高级搜索查询的实际效果，不是吗？下面我们就讨论一下基于搜索功能的查询集合。

3. 检索所有文档

在前面检索多个文档的操作中，我们使用了基础的_search 端点。使用相同的语法，我们可以编写一个查询来从索引中获取所有书，如代码清单 2-6 所示。

代码清单 2-6 从 books 索引中检索所有文档

```
GET books/_search      <-- URL 不需要请求体
```

正如所见，当搜索所有记录时，不需要将请求体附加到查询中（参见下页的“通用搜索是 match_all 查询的简写形式”，其中解释了这个查询的语法）。如图 2-12 所示，响应按预期返回了 books 索引中的 3 个文档。

如果你对查询语法或响应字段感到困惑，不用担心，本书后面我会介绍其中的语义。

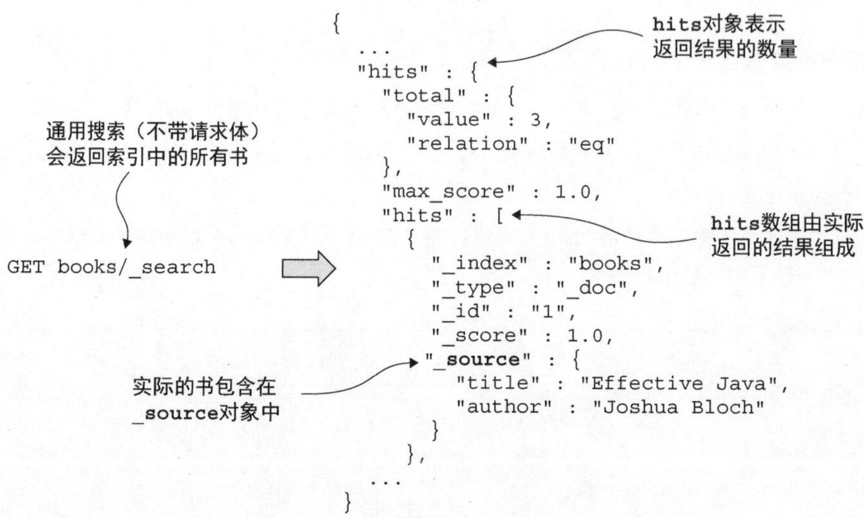
hits对象表示
返回结果的数量
通用搜索（不带请求体）
会返回索引中的所有书
hits数组由实际
返回的结果组成
GET books/_search
实际的书包含在
_source对象中
{
...
"hits" : {
"total" : {
"value" : 3,
"relation" : "eq"
},
"max_score" : 1.0,
"hits" : [
{
"_index" : "books",
"_type" : "_doc",
"_id" : "1",
"_score" : 1.0,
"_source" : {
"title" : "Effective Java",
"author" : "Joshua Bloch"
}
},
...
}

图 2-12 使用搜索 API 检索所有文档

通用搜索是 match_all 查询的简写形式

之前的查询 GET books/_search 是一个名为 match_all 的特殊查询的简写形式。通常，我们会在 URL 中添加一个包含 query 子句的请求体，如代码清单 2-5 所示。如果我们在调用_search 端点时省略了请求体，就相当于告诉 Elasticsearch 这个查询是一个 match_all 查询，这意味着匹配所有内容。但是，如果我们打算在不附加任何 query 子句的情况下获取所有记录，就几乎不需要编写请求体，完整的查询如下所示：

```
GET books/_search
{
  "query": {
    "match_all": { }
  }
}
```

然而，如果我们出于某种原因需要提升所有结果的分数，那么可以创建 match_all 查询并声明一个额外的 boost 参数：

```
GET books/_search
{
  "query": {
    "match_all": {
      "boost":2        <-- 所有结果的分数都将是 2
    }
  }
}
```

结论是，如果调用不带请求体的_search 端点，它就等同于一个 match_all 查询。

到目前为止，我们看到的查询并没有真正展现出 Elasticsearch 的全部能力，它们只是简单地获取数据。有时，我们可能希望发出带有条件的查询，例如搜索某个作者的第 1 版且总体评分高于 4 星的书。Elasticsearch 真正的威力隐藏在其搜索功能的灵活性和深度之中。接下来的几节我们将从高层次上探讨这一点。

2.3 全文搜索

一旦索引了大量文档，能够找到符合特定条件的文档就显得尤为重要。Elasticsearch 提供了搜索功能，以全文查询的名义来搜索非结构化文本。

注意　非结构化文本（也称为全文），就像自然语言一样，不像结构化文本那样遵循特定的模式或模型。现代搜索引擎在全文上做了大量的工作以获取相关的结果。Elasticsearch 提供了一套丰富的匹配和查询功能，用于处理全文数据。

2.3.1 匹配查询：按作者找书

例如，一位访问我们在线书店的读者想要找到 Joshua Bloch 撰写的所有书。我们可以使用 `_search` API 搭配 `match` 查询来构造查询：`match` 查询有助于在非结构化文本或全文中搜索单词。搜索 Joshua 撰写的书的查询如代码清单 2-7 所示。

代码清单 2-7　查询特定作者撰写的书

```
GET books/_search
{
  "query": {
    "match": {
      "author": "Joshua"
    }
  }
}
```

在请求体中，我们创建了一个 `query` 对象，其中定义了一个 `match` 查询。在这个 `query` 子句中，我们要求 Elasticsearch 在索引的所有文档中匹配 Joshua 撰写的书。

查询发出后，服务器就会分析查询，将查询与其内部的数据结构（倒排索引）进行匹配，从文件存储中获取相关文档，并将它们返回给客户端。在这个例子中，服务器找到了 Joshua Bloch 撰写的一本书，并返回了它，如图 2-13 所示。

`prefix`（前缀）查询

我们可以用各种组合搜索（如全小写、大小写混合等）来重写代码清单 2-7 中的查询：

```
"author":"JoShUa"
"author":"joshua" (or "JOSHUA")
"author":"Bloch"
```

所有这些查询都会成功，但搜索缩写人名会失败：

```
"author":"josh"
```

要返回这种正则表达式类型的查询，我们可以使用 prefix 查询。按如下方式将 match 查询改为 prefix 查询，可以获取搜索缩写人名的响应：

```
GET books/_search
{
  "query": {
    "prefix": {
      "author": "josh"
    }
  }
}
```

查询值必须是小写，因为 prefix 查询是一个词项级查询。

match查询获取Joshua撰写的所有书
GET books/_search
{
  "query": {
    "match": {
      "author": "Joshua"
    }
  }
}
match查询搜索作者
"hits" : [{
  "_index" : "books",
  "_type" : "_doc",
  "_id" : "1",
  "_score" : 1.0417082,
  "_source" : {
    "title" : "Effective Java",
    "author" : "Joshua Bloch"
    ...
  }
}]
响应返回了一个匹配的文档

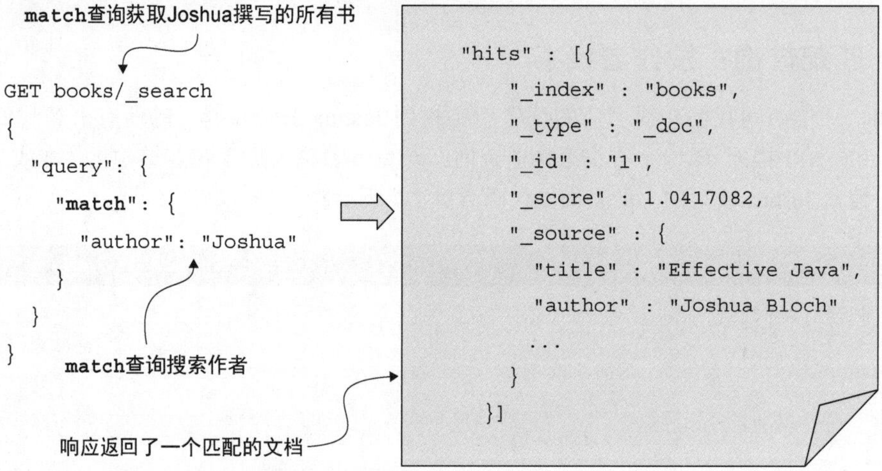

图 2-13　获取 Joshua 撰写的书

2.3.2　带有 AND 运算符的匹配查询

如果将查询中的人名改为“Joshua Doe”，你期望得到什么结果？我们的索引中确实没有 Joshua Doe 撰写的任何书，因此查询理应不返回任何结果，对吧？但情况并非如此：Joshua Bloch 写的那本书仍会被返回。原因是引擎会搜索所有 Joshua 或 Doe 撰写的书。在这种情况下，OR 运算符被隐式地使用。

让我们看看如何使用运算符根据作者的全名来搜索书。这里以一个查询为例，它搜索作者 Joshua Schildt（将 Joshua 的名和 Herbert 的姓混合起来）。显然，我们知道索引中并不包含由这个虚构作者撰写的书。如果使用“Joshua Schildt”执行代码清单 2-7 中的查询，就会如代码清单 2-8 所示，得到的结果中包含两本书，一本是 Joshua Bloch 写的，另一本是 Herbert Schildt 写的，这是因为 Elasticsearch 默认搜索 Joshua 或（OR）Schildt 撰写的书。

代码清单 2-8 搜索虚构作者撰写的书

```
GET books/_search
{
  "query": {
   "match": {
     "author": "Joshua Schildt"    ◁ 搜索这个虚构作者可以得到两本书
   }
  }
}
```

我们可以调整这个查询，定义一个名为 operator 的参数，并将其显式地设置为 AND，如代码清单 2-9 所示。这个查询有一个小变化，即在代码清单 2-7 的基础上添加一个由 query 和 operator 组成的 author 对象（与代码清单 2-7 中只是简单地为字段提供了 query 值不同）。

代码清单 2-9 在查询中使用 AND 运算符获取精确匹配的结果

```
GET books/_search
{
  "query": {
    "match": {                    author 字段现在定义了内部属性
      "author": {       ◁
        "query": "Joshua Schildt",          ◁ 我们的查询
        "operator": "AND"         ◁
      }                             AND 运算符（默认的是 OR）
    }
  }
}
```

执行查询不会返回任何结果（因为没有 Joshua Schildt 撰写的书）。

按照同样的逻辑，如果我们想要获取书名精确匹配 *Effective Java* 的书，相应的代码如图 2-14 所示。如果不更改运算符，我们将获得 title 字段中包含“Effective”或“Java”任一单词的所有书；一旦通过 AND 运算符来连接这两个单词，查询就会在 title 字段中寻找同时包含这两个搜索词的书。

```
GET books/_search
{
  "query": {
    "match": {
      "title": {
        "query": "Effective Java",
        "operator": "AND"
      }
    }
  }
}
```

获取指定书名的**match**查询。**and**运算符搜索书名中同时包含两个词（“Effective”和“Java”）的书

图 2-14 使用 **AND** 运算符精确匹配标题

在执行更加复杂的搜索查询之前，我们需要做一件小事——索引更多文档。到目前为止，我们只有 3 个文档，对于任何有意义的查询，拥有较多文档将很有帮助。Elasticsearch 提供了一个方便的_bulk API 来批量索引文档。

2.3.3 使用_bulk API 索引文档

在开始准备尝试各种搜索查询之前，我们需要向存储中添加更多文档。我们可以像在 2.1.2 节中那样，重复使用文档 API 来多次索引单条文档。然而，可以想象，逐个加载大量文档是一个烦琐的过程。

幸好有一个方便的_bulk API，让我们可以同时索引多个文档。在索引多个文档时，我们可以使用 Kibana 或 cURL 来执行_bulk API，但这两种方式在数据格式上有所不同。在第 5 章中我们详细讨论_bulk API，这里我先简要地介绍一些要点。

批量操作会覆盖现有数据

如果你对图书文档执行_bulk 操作，它会将这些图书文档索引到本章开始时创建的现有索引（books）中。新的图书文档中有诸如 price、rating 等字段，对象结构因为这些额外的属性而变得更加丰富，但与之前的结构有所不同。

如果你不希望现有的 books 索引受到影响，可以创建一个新的索引（也许是 books_new），以避免覆盖现有的索引。为此，你可以通过下面这行代码来修改批量数据文件中的索引名称：

```
{"index":{"_index":"books_new","_id":"1"}}
```

确保更新所有的索引行，而不只是更新顶部的那一行。或者，你也可以完全删除_index 字段，并将"index"添加到 URL 中：

```
POST books_new/_bulk
{"index":{"_id":"1"}}
...
```

图 2-15 所示的文本中的示例更新了现有的 books 索引，而不是创建一个新的索引，因此本章中的所有查询都是在更新后的 books 索引上完成的。

这个示例使用了本书提供的数据集，这些数据集可以从本书的配套资源中找到。复制 books-kibana-dataset.txt 文件的内容，并将其粘贴到 Kibana 的 Dev Tools 中。图 2-15 展示了这个文件的部分内容。

```
POST _bulk
{"index":{"_index":"books","_id":"1"}}
{"title": "Core Java Volume I - Fundamentals","author": "Cay S. Horstmann","edition": 11, "synopsis": "Java reference book that offers a detailed explanation of various features of Core Java, including exception handling, interfaces, and lambda expressions. Significant highlights of the book include simple language, conciseness, and detailed examples.","amazon_rating": 4.6,"release_date": "2018-08-27","tags": ["Programming Languages, Java Programming"]}
{"index":{"_index":"books","_id":"2"}}
{"title": "Effective Java","author": "Joshua Bloch", "edition": 3,"synopsis": "A must-have book for every Java programmer and Java aspirant, Effective Java makes up for an excellent complementary read with other Java books or learning material. The book offers 78 best practices to follow for making the code better.", "amazon_rating": 4.7, "release_date": "2017-12-27", "tags": ["Object Oriented Software Design"]}
```

图 2-15 使用_bulk 端点批量索引文档

执行这个查询我们会收到一个确认消息，表明所有文档都已成功索引。

看起来有些奇怪的批量索引文档格式

如果仔细观察使用_bulk 加载的文档，你会注意到一些奇怪的语法。每两行对应一个文档，如下所示：

```
{"index":{"_id":"1"}}
{"brand": "Samsung","name":"UHD","size_inches":65,"price":1400}
```

第一行是关于记录的元数据，包括即将执行的操作（如 index、delete、update，在本例中是 index）、文档 ID 和记录所属的索引；第二行是实际的文档。在第 5 章中讨论文档操作时，我们会重新探讨这种格式。

现在我们已经索引了更多文档，可以重新回到正题，继续实验一些其他的搜索功能。让我们从同时在多个字段中搜索一个单词开始。

2.3.4 多字段搜索

当客户在搜索栏中搜索某些内容时，搜索并不一定局限于单个字段。例如，假设我们想要搜索所有出现“Java”一词的文档，不仅在 title 字段中搜索，还包括在 synopsis、tags 等其他字段中搜索。为此，我们可以使用多字段（multi-field）搜索。

下面来看一个在 title 和 synopsis 两个字段中搜索“Java”的查询示例。与之前的 match 查询类似，Elasticsearch 提供了 multi_match 查询来满足我们的需求。

我们需要在内部 query 对象中提供搜索词和我们感兴趣的字段，如代码清单 2-10 所示。

代码清单 2-10 多字段搜索

```
GET books/_search
{
  "query": {
    "multi_match": {        <-- multi_match 查询可以同时搜索多个字段
      "query": "Java",      <-- 搜索词
      "fields": ["title","synopsis"]   <-- 同时搜索两个字段
    }
  }
}
```

当执行这个多字段查询时，包含“Java”搜索词的结果会同时出现在 title 和 synopsis 字段中。但是，假设我们想要根据特定字段提高结果的优先级，例如，如果在 title 字段中找到“Java”，我们想要提升这个搜索结果，使其重要性和相关性提升 3 倍，而其他文档保持正常的优先级，就可以使用（内置的）提升功能（用户可能希望看到书名中包含搜索词的文档排在列表的顶部）。

相关性分数

全文查询结果中每个文档都有一个分数，以_score 属性的形式附加在每个结果中。_score 是

一个正浮点数，表示结果文档与查询的相关程度。返回的第一个文档分数最高，最后一个文档分数最低。这就是相关性分数，它表示文档与查询的匹配程度。分数越高，匹配度越高。

Elasticsearch 使用了一种叫作 Okapi 最佳匹配 25（Best Match 25，BM25）的算法，这是一种增强的词频-逆文档频率（term frequency-inverse document frequency，TF-IDF）相似性算法，用于计算结果的相关性分数，并按照分数对结果进行排序，最后呈现给客户。

下面我们就来看一下如何提升结果。

2.3.5 提升结果

当针对多个字段发起查询时，我们希望赋予某些字段更高的优先级（相关性）。这样，即使用户没有明确指定哪些字段应该被提升，也可以得到最佳结果。Elasticsearch 允许在查询中通过为字段设置提升因子来提升其优先级。例如，要将 `title` 字段提升 3 倍，可以将其设置为 `title^3`（字段名后面跟上插入符^和提升因子），如代码清单 2-11 所示。

代码清单 2-11 在 multi_match 查询中提升字段的重要性

```
GET books/_search
{
  "query": {
    "multi_match": {          <-- 在多个字段中搜索
      "query": "Java",
      "fields": ["title^3","synopsis"]   <-- 插入符后面跟上提升因子，表示此字段要提升
    }
  }
}
```

结果显示，`title` 字段的分数权重已经提高。这意味着我们通过提升此文档的分数，将其排名提高了。

我们可能想要搜索一个短语，例如“how is the weather in London this morning”或者“recipe for potato mash”。为此，我们需要使用另一种类型的查询——`match_phrase` 查询，我们接下来就来讨论它。

2.3.6 搜索短语

有时，我们希望按照给定的顺序精确地搜索一组单词，例如找到 `synopsis` 字段中包含短语“must-have book for every Java programmer”的所有书。我们可以为此编写一个 `match_phrase` 查询，如代码清单 2-12 所示。

代码清单 2-12 搜索包含精确短语的书

```
GET books/_search
{
  "query": {
    "match_phrase": {     <-- match_phrase 查询获取精确匹配的短语（一组有序的单词）
```

```
      "synopsis": "must-have book for every Java programmer"   ← 在每本书的 synopsis
    }                                                             字段中搜索的短语
  }
}
```

这个查询会在所有书的 synopsis 字段中搜索这组有序的单词，并返回 *Effective Java* 这本书：

```
"hits" : [{
  "_score" : 7.300332,
  "_source" : {
  "title" : "Effective Java",
  "synopsis" : "A must-have book for every Java programmer and Java ...",
}]}
```

高亮显示的部分证明查询成功地找到了我们想要的书。

高亮显示结果

让我们看看如何在返回的文档中高亮显示与原始查询相匹配的部分文本。例如，当我们在博客网站上搜索一个单词或短语时，网站通常会使用颜色或阴影来高亮显示匹配的文本。下图展示了我们在 Elasticsearch 的官方文档网站中搜索"match phrase"时的高亮显示的实际效果。

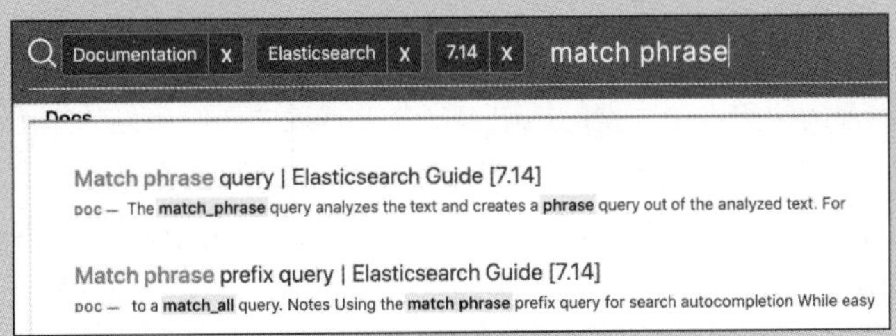

匹配的内容通过颜色和阴影高亮显示

我们可以使用称为高亮显示的便捷功能在结果中实现与上面相同的效果。为此，我们需要修改搜索查询，在请求体中与 query 对象同级的位置加入一个 highlight 对象：

```
GET books/_search
{
  "query": {
    "match_phrase": {
      "synopsis": "must-have book for every Java programmer"
    }
  },
  "highlight": {          ← highlight 对象与 query 对象位于同一层级
    "fields": {           ← 希望高亮显示的字段
      "synopsis": {}
    }
  }
}
```

在 highlight 对象中，我们可以设置想要高亮显示的字段。例如，这里我们告诉引擎在 synopsis 对象上设置高亮显示。最终的结果类似下面这样，其中使用 HTML 标记标签（em）高亮显示的匹配项表示要强调的单词：

```
"hits" : [
  "_source" : {
    ...
    "title" : "Effective Java",
    "synopsis" : "A must-have book for every Java programmer"
  },
  "highlight" : {
    "synopsis" : [
    "A <em>must</em>-<em>have</em> <em>book</em> <em>for</em>
<em>every</em> <em>Java</em> <em>programmer</em> and Java aspirant.."]}}
]
```

我们可以依赖 match_phrase 进行精确的短语搜索。但是，如果我们遗漏了短语中的一个或两个单词怎么办？例如，如果我们请求搜索“must-have book Java programmer”（删除了“for”和“every”这两个词），查询是否还能工作？如果我们在删除这两个单词后重新执行这个查询，将不会得到结果。幸运的是，我们可以通过在 match_phrase 查询上设置一个 slop 参数来请求 Elasticsearch。下面我们就来讨论这一点。

2.3.7 处理缺失单词的短语

match_phrase 查询期望一个完整的短语：一个没有缺失任何单词的短语。然而，用户可能不会总是输入精确的短语。为了处理这种情况，Elasticsearch 的解决方案是在 match_phrase 查询上设置一个 slop 参数——表示在搜索时短语可以缺失的单词数量的正整数。代码清单 2-13 所示的查询中 slop 为 2，表示这个搜索查询在执行的时候可以接受最多有两个单词缺失或者顺序不正确。

代码清单 2-13 匹配缺失单词的短语（使用 slop）

```
GET books/_search
{
  "query": {
    "match_phrase": {
      "synopsis": {
      "query": "must-have book every Java programmer",
      "slop": 2
      }
    }
  }
}
```

2.3.8 处理拼写错误

有时用户在搜索条件中会输入错误的拼写。搜索引擎可以容忍，尽管存在拼写错误，它们仍然会返回结果。现代搜索引擎接纳拼写问题，并提供功能来优雅地处理这些问题。Elasticsearch 使用莱文斯坦距离算法（Levenshtein distance algorithm，也称 edit distance algorithm，即编辑距离算法），非常努力地查找单词之间的相似性。

Elasticsearch 通过使用带有 fuzziness 设置的 match 查询来处理拼写错误。如果 fuzziness 设置为 1，则可以容忍一处拼写错误（一个字母位置错误、遗漏或多余）。例如，如果一个用户搜索“Komputer”，默认情况下查询不应该返回任何结果，因为“Komputer”拼写错误。这可以通过编写代码清单 2-14 所示的 match 查询来纠正。

代码清单 2-14 匹配包含拼写错误的短语（使用 fuzziness）

```
GET books/_search
{
  "query": {
    "match": {
      "tags": {
        "query": "Komputer",     <-- 拼写错误的查询
        "fuzziness": 1           <-- 将 fuzziness 设为 1 来
      }                              处理一处拼写错误
    }
  }
}
```

模糊匹配和编辑距离

模糊查询通过使用编辑距离来搜索与查询相似的词项。在前面的例子中，需要将单个字母 K 替换为 C 来找到与查询匹配的文档。编辑距离是一种通过更改单个字符来将一个单词转换为另一个单词的方法。模糊匹配不仅可以更改字符，还可以插入和删除字符以匹配单词。例如，“Komputer”可以通过替换单个字母变成“Computer”。如果你想了解更多关于编辑距离的信息，可查阅 CodeProject 上的博客文章“Fast, memory efficient Levenshtein algorithm”。

到目前为止，我们一直在通过使用全文查询来搜索非结构化（全文）数据。除了全文查询，Elasticsearch 还支持用于搜索结构化数据的查询：*词项级查询*（term-level query）。词项级查询可以用于搜索结构化数据，如数值、日期、IP 地址等。下面我们就看一下这些查询。

2.4 词项级查询

Elasticsearch 拥有一种专门的查询类型——词项级查询，用于支持查询结构化数据。数值、日期、范围、IP 地址等属于结构化文本类型。Elasticsearch 对待结构化数据和非结构化数据的方式有所不同：非结构化（全文）数据会被分析，而结构化字段则按原样存储。

让我们回顾一下图书文档，看一下 edition、amazon_rating 和 release_date 字段（在代码清单 2-15 中用粗体展示）。

代码清单 2-15 一个样本图书文档

```
{
  "title": "Effective Java",
  "author": "Joshua Bloch",
  "synopsis": "A must-have book for every Java programmer and Java, ...",
  "edition": 3,
```

```
  "amazon_rating": 4.7,
  "release_date": "2017-12-27",
  ...
}
```

当我们第一次索引文档时，由于我们没有预先创建索引，Elasticsearch 会通过分析字段的值来推断出模式。例如，edition 字段被表示为数值（非文本）字段，因此会被引擎推断为 long 数据类型。

按照类似的逻辑，amazon_rating 字段被确定为 float 数据类型，因为该字段包含小数。release_date 被确定为 date 数据类型，因为这个值以国际标准 ISO 8601 的日期格式（yyyy-MM-dd）表示。这 3 个字段都被归类为非文本（non-text）字段，这意味着它们的值不会被分词（不会被拆分成词元），也不会被归一化（没有同义词或词根），而是按原样存储。

词项级查询只会产生两种输出：如果查询与条件相匹配，则返回结果；否则，不返回任何结果。这些查询不考虑文档的匹配程度（相关性），而是专注于查询是否有匹配。由于不考虑相关性，因此词项级查询不会产生相关性分数。在本节中我们看几个词项级查询的例子。

2.4.1　term 查询

term 查询用于获取与搜索条件中提供的值精确匹配的结果。例如，要获取所有第 3 版的书，我们可以编写一个 term 查询，如代码清单 2-16 所示。

代码清单 2-16　获取第 3 版的书

```
GET books/_search
{
  "_source": ["title","edition"],      <-- 在响应文档中只返回两个字段
  "query": {
    "term": {                          <-- 声明这是一个词项级查询
      "edition": {                     <-- 提供字段和值作为搜索条件
        "value": 3
      }
    }
  }
}
```

这个查询返回了所有第 3 版的书（我们的索引中只有 1 本书，即 *Effective Java*），如下所示：

```
"hits" : [{
  ...
  "_score" : 1.0,
  "_source" : {
    "title" : "Effective Java",
    "edition" : 3,
    ...
  }
}]
```

如果仔细观察结果你会发现，结果的默认分数是 1.0，就像我之前提到的，词项级查询并不关心相关性。

2.4.2 range 查询

range 查询用于获取匹配某个范围的结果，例如获取从凌晨 1:00 到下午 1:00 之间的航班，或者找到年龄在 14 岁到 19 岁之间的青少年。range 查询是搜索范围数据的强大工具，可以应用于日期、数值和其他属性。

继续图书的例子。我们可以使用 range 查询来获取所有 amazon_rating 高于或等于 4.5 星且低于或等于 5 星的书，如代码清单 2-17 所示。

代码清单 2-17 使用 range 查询获取评分在 4.5 星到 5 星之间的书

```
GET books/_search
{
  "query": {          声明 range 查询
    "range": {        匹配的范围
      "amazon_rating": {
        "gte": 4.5,   gte：大于或等于
        "lte": 5      lte：小于或等于
      }
    }
  }
}
```

这个 range 查询将获取 3 本书，因为有 3 本书的评分高于或等于 4.5 星（为简洁起见，省略了输出结果）。

还有几种词项级查询，包括 terms 查询、ids 查询、exists 查询、prefix 查询等。我将在第 8～10 章中更详细地介绍这几种词项的查询。

到目前为止，我已经介绍了一些根据基本条件获取结果时可能有用的查询，例如匹配书名、在多个字段中搜索一个单词、查找评分最高的书等。但实际上，查询可能更复杂，例如获取 Joshua 撰写的评分高于 4.5 星且于 2015 年后出版的第 1 版的书。幸运的是，Elasticsearch 提供了高级查询类型，以便我们可以使用这些高级查询以*复合查询*（compound query）的方式来满足复杂的搜索条件。下面我们就来看一个复合查询的例子。

2.5 复合查询

Elasticsearch 中的复合查询提供了一种机制来创建复杂的搜索查询。它们将单个查询，即我们目前见到的*叶子查询*（leaf query）组合起来，构建出强大、健壮的查询，以满足复杂场景的需求。（在本节中我们将对复合查询进行简要讨论，在第 11 章中我们会详细讨论它们。）

复合查询包括以下几种：

- 布尔（bool）查询；
- 常数分数（constant_score）查询；
- 函数分数（function_score）查询；
- 提升（boosting）查询；

- 分离最大化（dis_max）查询。

其中，bool 查询是最常用的，下面我就介绍一下 bool 查询的实际应用。

2.5.1 bool 查询

bool 查询用于根据布尔条件组合其他查询，从而创建复杂的查询逻辑。bool 查询可以使用 must、must_not、should 和 filter 这 4 种子句来构建搜索。代码清单 2-18 展示了 bool 查询的格式。

代码清单 2-18 包含子句的 bool 查询的格式

```
GET books/_search
{
  "query": {
    "bool": {          ← 一个 bool 查询是由多个条件布尔子句组合而成的
      "must": [{ }],          ← 查询条件必须匹配文档
      "must_not": [{ }],      ← 查询条件必须不匹配（不影响分数）
      "should": [{ }],        ← 查询应该匹配
      "filter": [{ }]         ← 查询必须匹配（不影响分数）
    }
  }
}
```

正如所见，bool 查询需要使用 must、must_not、should 和 filter 这几种子句中的一种或多种来定义查询条件（见表 2-2）。可以通过组合这些子句来表达多个查询条件。

表 2-2 bool 查询子句

子句	解释
must	must 子句意味着查询中的搜索条件必须与文档匹配。正向匹配会提高相关性分数。可以使用尽可能多的叶子查询来构建 must 子句
must_not	在 must_not 子句中，查询条件必须与文档不匹配。这个子句不会影响分数（它在过滤上下文中执行，关于上下文的更多内容参见第 11 章）
should	在 should 子句中定义的条件不要求强制匹配。但是，如果匹配的话，相关性分数会提高
filter	在 filter 子句中，查询条件必须与文档匹配，这一点与 must 子句类似。唯一的区别是，filter 子句不影响相关性分数（它在过滤上下文中执行）

假设我们的需求是搜索满足以下条件的书：

- Joshua 撰写的；
- 评分高于 4.7；
- 2015 年之后出版。

我们需要使用 bool 查询，并借助表 2-2 中的一些子句来将这些条件组合成一个查询。在接下来的几节中，我们将为我们的搜索条件构建复合 bool 查询。我不会一次性介绍完整的查询（这可能会让人不知所措），而是将其拆分为单独的搜索条件，最后再将它们组合在一起。下面我就介绍如何使用 must 子句来检索作者。

2.5.2 must 子句

我们想找到所有 Joshua 撰写的书，因此可以创建一个带有 must 子句的 bool 查询。在 must 子句中，我们编写了一个 match 查询来搜索 Joshua 撰写的书（我们在 2.2.3 节中学过 match 查询），如代码清单 2-19 所示。

代码清单 2-19 带有 must 子句的 bool 查询

```
GET books/_search
{
  "query": {
    "bool": {          <- bool 查询
      "must": [{       <- must 子句：文档必须匹配这一查询条件
          "match": {   <- 其中一个查询（match 查询）匹配 Joshua 撰写的书
            "author": "Joshua Bloch"
          }
        }]
      }
    }
}
```

注意，bool 查询被包含在 query 对象中。它有一个 must 子句，这个子句又接受一个由多个查询条件（在这个例子中是匹配 Joshua Bloch 撰写的所有书）组成的数组。这个查询应该返回两本书（*Effective Java* 和 *Java Concurrency in Practice*），说明我们的文档存储中只有这两本书是 Joshua Bloch 撰写的。

当我们说 must 子句接受一组由多个查询组成的数组时，意味着什么？这意味着我们可以向 must 子句中添加多个查询，使其变得更加复杂。例如，代码清单 2-20 中包含一个带有两个叶子查询的 must 子句，其中一个叶子查询是搜索作者的 match 查询，另一个叶子查询是搜索短语的 match_phrase 查询。

代码清单 2-20 带有多个叶子查询的 must 子句

```
GET books/_search
{
  "query": {
    "bool": {
      "must": [{       <- 带有两个叶子查询的 must 子句
          "match": {   <- match 查询查找 Joshua 撰写的书
            "author": "Joshua Bloch"
          }
        },
        {
          "match_phrase": {   <- 第二个查询在字段中搜索一个短语
            "synopsis": "best Java programming books"
          }
        }]
      }
    }
}
```

让我们继续，添加一个 must_not 子句，用来创建一个否定条件。

2.5.3 must_not 子句

让我们改进一下查询条件。我们不应该获取 Joshua 撰写的书中评分低于 4.7 的那些书。为了满足这个条件，我们使用一个 must_not 子句，其中包含一个 range 查询，将评分设置为小于（lt）4.7。代码清单 2-21 展示了 must_not 子句，也包含了来自 2.5.2 节的查询中的 must 子句。

代码清单 2-21 带有 must 和 must_not 子句的 bool 查询

```
GET books/_search
{
  "query": {
    "bool": {
      "must": [{ "match": { "author": "Joshua" } }],
     "must_not": [{ "range": { "amazon_rating": { "lt": 4.7}}}]
    }
  }
}
```

must 子句搜索 Joshua 的书

must_not 子句中包含 range 查询，用来排除评分较低的书

此查询只返回了一本书，即 *Effective Java*。Joshua Bloch 的另一本书 *Java Concurrency in Practice* 因为不符合 must_not 条件（其评分为 4.3，低于 4.7 的要求）而被排除在外。

除了搜索 Joshua 撰写的评分不低于 4.7 的书，我们还可以再添加一个条件来检查书是否匹配标签（如 tag: "Software"）。如果匹配，我们期望分数增加；否则，它不会对结果产生影响。为此，我们可以使用接下来要介绍的 should 子句。

2.5.4 should 子句

should 子句的操作类似于 OR 运算符。也就是说，如果搜索词与 should 查询匹配，相关性分数就会提高。如果搜索词不匹配，查询不会失败，但这个子句会被忽略。should 子句更多是用于提高相关性分数，而不是影响结果本身。

将 should 子句添加到 bool 查询中，如代码清单 2-22 所示。它会尝试去匹配文档中包含 Software 标签的搜索文本。

代码清单 2-22 使用 should 查询来提高相关性

```
GET books/_search
{
  "query": {
    "bool": {
      "must": [{"match": {"author": "Joshua"}}],
      "must_not":[{"range":{"amazon_rating":{"lt":4.7}}}],
      "should": [{"match": {"tags": "Software"}}]
    }
  }
}
```

带有 match 查询的 should 子句

此查询返回了相关性分数提高后的结果（此处省略），结果中的分数是 2.267993，而之前的分数是 1.9459882（你可以执行查询来观察分数）。

如果感兴趣，不妨将查询条件改为包含一个不匹配的词（如 tags 等于"Recipes"），然后重新执行查询。虽然查询不会失败，但分数将保持不变，这证明 should 查询只影响分数。

接下来我们就来看一下 filter 子句的实际应用，它的作用与 must 子句完全相同，但不影响分数。

2.5.5 filter 子句

让我们进一步改进我们的查询，这次过滤掉 2015 年之前出版的书（也就是说，我们不希望任何 2015 年之前出版的书出现在结果集中）。我们可以使用 filter 子句来达到这个目的，任何不匹配过滤条件的结果都会被丢弃。代码清单 2-23 中的查询添加了带有 release_date 查询条件的 filter 子句。

代码清单 2-23 一个不影响相关性的 filter 子句

```
GET books/_search
{
  "query": {
    "bool": {
      "must": [{"match": {"author": "Joshua"}}],
      "must_not":[{"range":{"amazon_rating":{"lt":4.7}}}],
      "should": [{"match": {"tags": "Software"}}],
      "filter":[{"range":{"release_date":{"gte": "2015-01-01"}}}]}  ◁ 带有 range 查询的 filter 子句
    }
}
```

此查询只会返回一本书，即 *Effective Java*，因为这是我们的索引中唯一匹配 bool 查询中所有 3 个子句的书。如果在 Kibana 中执行这个查询，你会发现输出结果中的分数没有变化。filter 子句不会影响分数：它在过滤（filter）上下文中执行，意味着分数不会被改变（关于上下文的更多内容参见第 8 章）。

最后，我们还希望找到 Joshua 撰写的第 3 版的书。为此，我们要更新一下 filter 子句，在其中添加一个 term 查询，如代码清单 2-24 所示。

代码清单 2-24 带有额外 filter 子句的 bool 查询

```
GET books/_search
{
  "query": {
    "bool": {
      "must": [{"match": {"author": "Joshua"}}],
      "must_not":[{"range":{"amazon_rating":{"lt":4.7}}}],
      "should": [{"match": {"tags": "Software"}}],
      "filter":[
        {"range":{"release_date":{"gte": "2015-01-01"}}},
```

```
            {"term": {"edition": 3}}   <-- filter 子句中的 term 查询
        ]}
    }
}
```

此查询是全文查询和词项级查询的组合，它们协同工作以满足我们的复杂要求。bool 查询是一种瑞士军刀般的搜索工具。在第 11 章中，我们将用大量的篇幅来讨论各种复合查询、选项和技巧，以增强我们对这个工具箱的理解。

到目前为止，我们已经初步实现了一些简单的搜索功能。搜索还可用于分析。Elasticsearch 可以帮助我们获取统计数据和聚合结果，并使用条形图、热力图、地图、标签云等对数据进行可视化展示。

搜索有助于我们大海捞针，而聚合能让我们从宏观层面上对数据进行总结，如最近 1 小时的服务器错误总数、第三季度的平均图书销量、按票房分类的电影等。我将在第 13 章中介绍聚合和其他功能，这里先看一些简单的例子。

2.6 聚合

到目前为止，我们一直是在给定的文档语料库中搜索文档。搜索还可以用于分析。分析使组织能够从宏观层面全面地分析数据，获取对数据的洞察力，从而得出关于数据的结论。在 Elasticsearch 中，我们使用聚合 API 来提供分析功能。

聚合分为 3 类。

- 指标聚合（metric aggregation）——如 sum、min、max 和 avg 之类的简单聚合。它们提供了一组文档数据的聚合值。
- 桶聚合（bucket aggregation）——按天数、年龄组等间隔进行分类，将数据收集到“桶”中的聚合。这些数据有助于构建直方图、饼图和其他可视化图表。
- 管道聚合（pipeline aggregation）——对其他聚合的输出结果进行处理的聚合。

我将在本节中介绍几个指标聚合和桶聚合的例子，而将深入讲解的部分（包括使用管道聚合）留到第 13 章。

与搜索类似，我们也使用_search 端点来进行聚合操作。不过，我们要在请求中使用一个名为 aggs（aggregations 的缩写）的新对象来代替我们到目前为止所使用的 query 对象。为了展示 Elasticsearch 的真正威力，我们可以将搜索和聚合组合在单个查询中。

为了有效地展示聚合，我们需要索引一组新的数据：10 个国家的新型冠状病毒感染（COVID-19）相关数据。我们使用_bulk API 索引的数据文件 covid-26march2021.txt 的片段如代码清单 2-25 所示。

代码清单 2-25　批量索引 COVID-19 相关数据

```
POST covid/_bulk
{"index":{}}
{"country":"USA","date":"2021-03-26","deaths":561142,"recovered":23275268}
{"index":{}}
```

```
{"country":"Brazil","date":"2021-03-26","deaths":307326,"recovered":10824095}
...
```

_bulk API 将 10 个文档索引到新创建的 covid 索引中。由于我们不关心文档 ID，因此我们让系统为每个文档生成一个随机 ID，因而在 API 的索引操作中，索引名称和 ID 是空的：{"index":{}}。现在在 covid 索引中有了一组文档，让我们从指标聚合开始，完成一些基本的聚合任务。

2.6.1　指标聚合

指标聚合是我们在日常生活中经常使用的简单聚合，例如，一个班级中学生的平均身高是多少，最低的对冲交易额是多少，一部电影的票房是多少。Elasticsearch 提供了许多这样的指标，其中大多数都很直观。

在学习指标聚合的实际应用之前，我们先来快速了解一下聚合的语法。聚合查询使用与搜索查询相同的 Query DSL 语法编写，图 2-16 展示了一个例子。值得注意的是，aggs 是根层级对象，在 amazon_rating 字段上定义了一个 avg（平均值）指标。一旦执行了这个查询，它就会向用户返回聚合结果。让我们马上执行一些指标聚合查询。

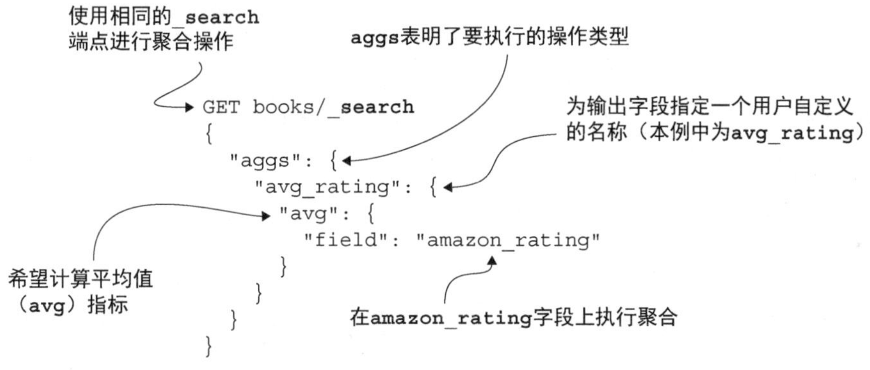

图 2-16　查找平均评分聚合的 Query DSL 语法

1. 查找危重症患者总数（sum 指标）

回到我们的 COVID-19 数据，假设我们想要查找所有 10 个国家的危重症患者总数。为此，我们可以使用 sum 指标，如代码清单 2-26 所示。

代码清单 2-26　查找危重症患者总数

```
GET covid/_search
{
  "aggs": {                        ⊲ 使用 aggs 对象的聚合查询
    "critical_patients": {         ⊲ 用户自定义的聚合请求名称
      "sum": {                     ⊲ sum 指标将危重症患者数相加
        "field": "critical"        ⊲ 应用聚合的字段
      }
    }
```

```
  }
}
```

通过这段代码，我们创建了一个聚合类型的查询：aggs 告诉 Elasticsearch 这是一个聚合任务。sum 指标是我们打算进行的聚合类型。这里我们要求引擎通过将每个国家的危重症患者数相加来得到危重症患者总数。响应类似于下面这样：

```
"aggregations" : {
  "critical_patients" : {
    "value" : 44045.0
  }
}
```

在响应中，危重症患者总数以我们指定的名称（critical_patients）返回。注意，如果我们没有明确要求抑制返回的文档，那么响应将包含所有返回的文档。我们可以在根层级设置 "size": 0，以阻止响应包含原始文档：

```
GET covid/_search
{
  "size": 0,
  "aggs": {
    ...
  }
}
```

现在我们知道了 sum 指标是如何进行聚合的，让我们再看看其他几个指标。

2. 使用其他指标聚合

类似地，如果我们想要找出 COVID-19 数据中所有国家的最高死亡病例数，就可以使用 max 指标，如代码清单 2-27 所示。

代码清单 2-27　使用 max 指标

```
GET covid/_search
{
  "size": 0,
  "aggs": {
    "max_deaths": {
      "max": {
        "field": "deaths"
      }
    }
  }
}
```

这个查询返回了数据集中 10 个国家的最高死亡病例数：

```
"aggregations" : {
  "max_deaths" : {
    "value" : 561142.0
  }
}
```

同样，我们也可以找到最小值（min）、平均值（avg）和其他指标。不过，还有一个统计函数可以一次性返回所有基本指标，那就是 stats 指标。代码清单 2-28 中展示了使用 stats 指标返回所有统计指标的方法。

代码清单 2-28 使用 stats 指标返回所有统计指标

```
GET covid/_search
{
  "size": 0,
  "aggs": {
    "all_stats": {
      "stats": {             <-- stats 查询一次性返回
        "field": "deaths"        所有 5 个核心指标
      }
    }
  }
}
```

这个 stats 查询一次性返回 count、avg、max、min 和 sum。下面是代码清单 2-28 中的 stats 查询的响应：

```
"aggregations" : {
  "all_stats" : {
    "count" : 10,
    "min" : 30772.0,
    "max" : 561142.0,
    "avg" : 163689.1,
    "sum" : 1636891.0
  }
}
```

注意 如果感兴趣，你可以将 stats 查询替换为 extended_stats 查询，看看结果会有何变化。你会看到更多的统计数据，包括方差、标准差等。你可以自己尝试一下（代码可在本书配套资源中找到）。

现在我们已经对指标聚合有所了解，接下来让我们简单看一下另一种类型的聚合——桶聚合。

2.6.2 桶聚合

桶聚合，或简称为分桶（bucketing），将数据划分到不同的组或者桶（bucket）中。例如，我们可以按照所列方式将数据划分到桶中：按年龄（20～30 岁、31～40 岁、41～50 岁）对成年人进行分组，按评分对电影进行分组，或按每月新建房屋的数量进行分组。

Elasticsearch 提供了 20 多种开箱即用的聚合，每种都有自己的分桶策略。更重要的是，可以在主桶下嵌套聚合。让我们来看几个桶聚合的实际应用。

1. 直方图

histogram 桶聚合会遍历所有文档，根据数值大小将它们划分到不同的桶中。例如，如果想按危重症患者数每间隔 2 500 作为一个区间（桶）对国家进行分组，可以编写代码清单 2-29 所示的查询。

代码清单 2-29 按危重症患者数每间隔 2500 一个桶对国家进行分组

```
GET covid/_search
{
  "size": 0,
  "aggs": {
    "critical_patients_as_histogram": {    ◁ 用户自定义的聚合请求名称
      "histogram": {                       ◁ 桶聚合的类型：在本例中是直方图
        "field": "critical",               ◁ 应用聚合的字段
        "interval": 2500                   ◁ 桶的间隔
      }
    }
  }
}
```

响应类似于以下内容，其中每个桶都有一个键和一个值：

```
"aggregations" : {
  "critical_patients_as_histogram" : {
    "buckets" : [{
       "key" : 0.0,
       "doc_count" : 4
    },
    {
       "key" : 2500.0,
       "doc_count" : 3
    },
    {
       "key" : 5000.0,
       "doc_count" : 0
    },
    {
       "key" : 7500.0,
       "doc_count" : 3
    }]
  }
}
```

第一个桶有 4 个文档（国家），每个国家的危重症患者数在 2 500 以内。第二个桶有 3 个国家，每个国家的危重症患者数在 2 500 到 5 000 之间，以此类推。

2. 范围桶

range 桶聚合根据预定义的范围定义一组桶。例如，假设我们想使用 range 桶聚合在自定义范围（60 000 以内，60 000～70 000，70 000～80 000，以及 80 000～120 000）内按国家来划分 COVID-19 死亡病例数。我们可以如代码清单 2-30 所示定义范围。

代码清单 2-30 使用 range 桶聚合在自定义范围内按国家划分 COVID-19 死亡病例数

```
GET covid/_search
{
  "size": 0,
  "aggs": {
```

```
    "range_countries": {        range 桶聚合
      "range": {              
        "field": "deaths",                    应用聚合的字段
        "ranges": [          
          {"to": 60000},                      定义自定义范围的数组
          {"from": 60000,"to": 70000},
          {"from": 70000,"to": 80000},
          {"from": 80000,"to": 120000}
        ]
      }
    }
  }
}
```

我们定义了一个 range 聚合桶类型，并设置了一组自定义范围。执行查询后，结果中的桶就会以自定义范围作为键，展示出每个范围对应的文档数量：

```
"aggregations" : {
  "range_countries" : {
    "buckets" : [{
      "key" : "*-60000.0",
      "to" : 60000.0,
      "doc_count" : 1
    },{
      "key" : "60000.0-70000.0",
      "from" : 60000.0,
      "to" : 70000.0,
      "doc_count" : 0
    },{
      "key" : "70000.0-80000.0",
      "from" : 70000.0,
      "to" : 80000.0,
      "doc_count" : 2
    },{
      "key" : "80000.0-120000.0",
      "from" : 80000.0,
      "to" : 120000.0,
      "doc_count" : 3
    }]
  }
}
```

结果表明，有一个国家的死亡病例数在 60 000 以内，有 3 个国家的死亡病例数在 80 000 到 120 000 之间，以此类推。

我们可以使用开箱即用的统计功能在数据上完成一系列丰富的聚合。我们将在第 13 章中详细讨论这些内容。

目前，我们只接触了 Elasticsearch 的一些简单功能，在接下来的几章中，我们将探索更多的功能。现在，是时候告一段落了。在第 3 章中，我们将讨论 Elasticsearch 的架构、搜索原理、各个组件等更多内容。

2.7 小结

- Elasticsearch 提供了一组文档 API 用于索引数据，Kibana 的 Dev Tools 控制台能够辅助编写持久化的索引查询。
- 要使用单文档 API 检索文档，需要在索引上发送带有 ID 的 `GET` 命令（`GET <index_name>/_doc/<ID>`）。
- 如果已知文档的 ID，可以使用 `ids` 查询来一次性检索多个文档。
- Elasticsearch 提供了丰富的搜索 API，包括基础查询和高级查询。
- 全文查询搜索非结构化数据以找到相关文档。
- 词项级查询搜索结构化数据（如数值和日期）以找到匹配的文档。
- 复合查询允许组合叶子查询，以创建更高级的查询。`bool` 查询就是一种复合查询，提供了一种方式来创建由多个子句（如 `must`、`must_not`、`should` 和 `filter`）组成的高级查询。这些子句能够帮助我们创建复杂的查询。
- 搜索根据指定条件查找匹配的文档，而分析允许通过统计功能来聚合数据。
- 指标聚合包括 `max`、`min`、`sum` 和 `avg` 之类的常见聚合。
- 桶聚合可以根据特定条件将文档划分到不同的组（桶）中。

第 3 章　架构

本章内容

- Elasticsearch 的整体架构和基本组件
- 搜索和索引机制
- 理解倒排索引的工作原理
- 相关性（相似性）算法
- 路由算法

在第 2 章中，我们体验了 Elasticsearch 的基本功能：索引文档、执行搜索查询、使用分析功能等。虽然对其内部原理了解不深，但已经能够进行基本操作。好在 Elasticsearch 的入门并不费力。尽管初级使用非常简单，但要完全掌握它还需要花费时间。

当然，与其他搜索引擎一样，要掌握 Elasticsearch 也需要深入钻研。不过，该产品被设计为开箱即用的，提供直观的 API 和工具，因此无须太多前置知识即可上手使用。在深入体验 Elasticsearch 简单易用的特点之前，了解其整体架构、服务器内部的工作原理及各个组件之间的关系，会让我们长期受益。

对希望有效且高效地使用 Elasticsearch 的工程师来说，掌握服务器的工作原理是非常必要的。我们可能需要调试为何查询结果与预期不符，也可能需要找出因索引数据激增而导致性能下降的原因。集群也可能因内存问题而变得不稳定，从而在凌晨 2 点引发生产事故。或者业务需求可能要求定制一个语言分析器，以便使应用适配另一种语言。

作为工程师，我们需要具备优化查询、调整管理功能或根据业务需求构建 Elasticsearch 多集群环境的能力。要获得这些知识，我们必须了解 Elasticsearch 的内部工作机制，通过了解每个组件来掌握这项技术，这正是本章的核心内容。

在本章中我们将先讨论 Elasticsearch 的基本组件，深入理解其背后的搜索和索引流程；然后学习搜索引擎的基础知识，如倒排索引、相关性和文本分析等；最后探讨 Elasticsearch 服务器的集群和分布式特性。让我们先从宏观层面来了解一下 Elasticsearch 引擎的工作原理。

3.1 概述

Elasticsearch 是一个服务器端应用，可以运行在个人计算机上，也可以部署在处理 GB、TB 或 PB 量级数据的计算机集群上。它使用 Java 编程语言开发，底层采用 Apache Lucene。

Apache Lucene 是一个用 Java 开发的高性能全文搜索库，以强大的搜索和索引功能而闻名。然而，Lucene 并不是一个完整的应用，我们无法简单地下载、安装并使用它。作为一个库，Lucene 需要通过编程接口与应用集成。Elasticsearch 正是这样做的：它将 Lucene 封装为其核心的全文搜索库，构建了一个可扩展的服务器端分布式应用。Elasticsearch 将 Lucene 作为提供全文搜索服务的核心，构建了一个与编程语言无关的应用。

然而，Elasticsearch 不只是一个全文搜索引擎，它已经发展成为一个流行的搜索引擎，具有聚合和分析功能，可以满足各种使用场景（应用监控、日志数据分析、Web 应用搜索、安全事件捕获、机器学习等）。它是一个高性能、可扩展的现代搜索引擎，以高可用性、容错性和速度为其主要目标。

就像一个没有存款的银行账户毫无用处一样，没有数据的 Elasticsearch 也是毫无意义的。这里所说的数据包括进入 Elasticsearch 的数据和从 Elasticsearch 出来的数据。让我们花点儿时间来看看 Elasticsearch 如何处理这些数据。

3.1.1 数据导入

在 Elasticsearch 能够回答查询之前，它需要先有数据。数据可以从多个数据源以不同方式索引到 Elasticsearch 中，例如从数据库中提取、从文件系统中复制、从其他系统（包括实时流系统）中加载等。

图 3-1 展示了数据通过 3 个数据源导入 Elasticsearch 中。

- *数据库*——应用通常将数据存储在数据库中，作为权威的记录系统。我们可以通过批量或近实时的方式从数据库中获取数据并导入 Elasticsearch。由于数据库中的数据形态可能不完全符合 Elasticsearch 的要求，我们可以使用 ETL（提取、转换、加载）工具（如 Logstash——Elastic 套件中的数据处理工具）在数据索引到 Elasticsearch 之前对其进行转换和丰富。
- *文件存储*——应用、虚拟机（virtual machine，VM）、数据库和其他系统会产生大量的日志和指标数据。这些数据对于分析错误、调试应用、跟踪用户请求和审计非常重要。它们可以存储在物理硬件中，也可以存储在云端（如 AWS S3 或 Azure 文件/blob 存储）。这些数据必须进入 Elasticsearch 进行搜索、分析和存储。我们可以使用 Filebeat（一种数据传输器，专门用于将文件中的数据传输到像 Elasticsearch 这样的目标）或 Logstash 等工具将数据转储到 Elasticsearch 以便进行搜索、调试和分析。
- *应用*——像 eBay、Twitter（现 X）、交通网站（火车和飞机）及定价/报价引擎这样的一些应用通常会以数据流的形式实时发出事件。我们可以使用 Elastic Stack 组件（如 Logstash）或者构建内部的实时流库，将数据发布到 Elasticsearch，这些数据随后可被用于搜索功能。

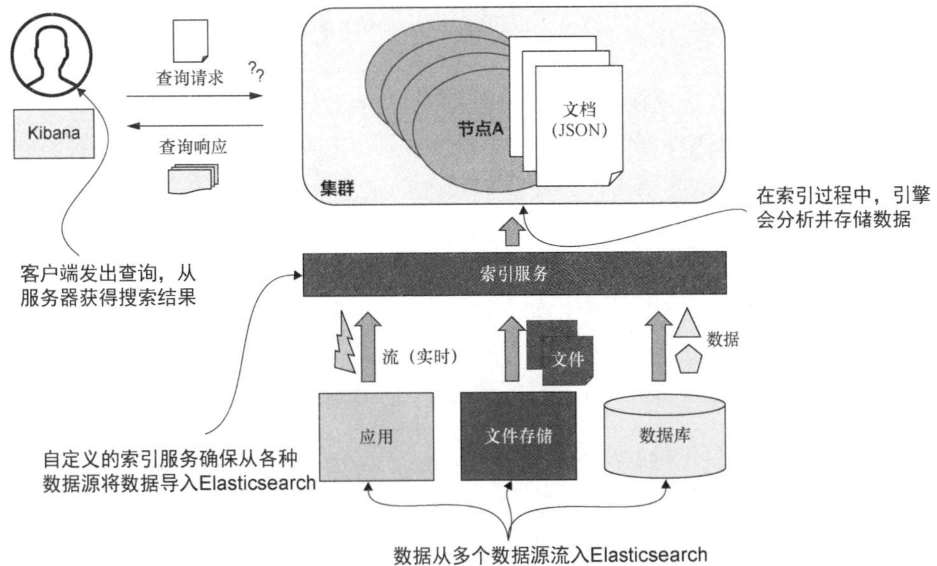

图 3-1 将数据导入 Elasticsearch 中

Elasticsearch 期望数据来自持久化存储或实时流，以便进行内部分析和处理。搜索和分析过程有助于高效地检索数据。在典型的设置中，组织使用 ETL 工具将数据传输到 Elasticsearch。一旦数据被存储到 Elasticsearch，就可以对其进行搜索。

3.1.2 数据处理

在 Elasticsearch 中，信息的基本单元用 JSON 文档表示。例如，我们可以以 JSON 文档的形式为某份杂志创建一篇新闻文章，如代码清单 3-1 所示。

代码清单 3-1 用 JSON 文档表示一篇典型的新闻文章

```
{
  "title":"Is Remote Working the New Norm?",
  "author":"John Doe",
  "synopsis":"Covid changed lives. It changed the way we work..",
  "publish_date":"2021-01-01",
  "number_of_words":3500
}
```

1. 收集数据

像在关系数据库中存储数据一样，我们需要在 Elasticsearch 中持久化（存储）数据。Elasticsearch 使用优化和压缩技术将所有数据存储在磁盘上。除了业务数据，Elasticsearch 还有与集群状态、事务信息等相关的自身数据。

如果你是通过二进制包（压缩版本）安装 Elasticsearch 的，那么在安装文件夹下会有一个名为 data 的文件夹。数据文件夹可以作为网络文件系统挂载，也可以定义为挂载路径，或者通过

path.data 变量声明。无论采用何种安装方式，Elasticsearch 都会在优化后的文件系统上存储数据。

进一步了解数据文件夹会发现 Elasticsearch 根据节点和数据类型对数据进行了分类。每个节点都有一个专用文件夹，其中包含一组存放相关数据的桶。Elasticsearch 会根据每种类型的数据创建一组桶，在 Elasticsearch 术语中称为*索引*（index）。简单来说，索引是一组文档的逻辑集合，它是一个用于存放业务数据的桶。

例如，新闻文章可能存储在名为 news 的桶中，交易可能存储在名为 trades 的索引中，电影可能会按照类型分散在不同的索引中，如 classic_movies、comedy_movies、horror_movies 等。所有同一类型的文档（如汽车、交易或学生）最终都会被归入它们自己的索引。我们可以根据需求创建任意数量的索引（当然需要考虑内存/磁盘空间大小的限制）。

Elasticsearch 中的索引就像数据库中的表

在关系数据库中，我们定义表来存放记录。将这个概念延伸开来，Elasticsearch 中的一个索引等同于数据库中的一张表；Elasticsearch 允许我们创建无模式索引（意味着我们不需要像在数据库中那样，根据数据模型预先创建模式，数据库中的表如果没有模式就无法存在），这有助于索引自由格式的文本。

索引是一个逻辑集合，它将文档存储在分片（shard）中。分片是 Apache Lucene 的运行实例。（理解这些机制可能会令人感到不知所措，但坚持住，因为我们很快就会讨论分片和其他组件。）

2. 数据类型

数据存在多种类型，如日期、数值、字符串、布尔值、IP 地址、位置等。Elasticsearch 通过支持丰富的数据类型来让我们索引文档。一个称为映射（mapping）的过程将 JSON 数据类型转换为适当的 Elasticsearch 数据类型。映射使用模式定义来让 Elasticsearch 知道如何处理数据字段。例如，代码清单 3-1 中的新闻文章文档中的 title 和 synopsis 是文本字段，而 published_data 是日期字段，number_of_words 是数值字段。

在索引数据时，Elasticsearch 会逐个字段分析传入的数据。它根据映射定义，使用高级算法分析每个字段，然后将这些字段存储在高效的数据结构中，使数据以适合搜索和分析的形式存在。全文字段会经历一个额外的过程称为*文本分析*（text analysis），这是像 Elasticsearch 这样的现代搜索引擎的核心和灵魂。文本分析是将原始数据转换为能够让 Elasticsearch 高效检索并且支持各种查询的关键步骤。

3. 分析数据

在文本分析阶段，以文本形式表示的数据会被分析。文本根据一组规则被拆分成单词，即*词元*（token）。本质上，分析过程包括分词和归一化两个步骤。

分词（tokenization）是根据一组规则将文本拆分成词元的过程。如表 3-1 所示，synopsis 字段中的文本被拆分成单个单词（词元），通过空格分隔符分开（这是由 standard 分词器完成的，standard 分词器是一个内置的软件组件，根据预定义的规则将文本拆分为词元）。

表 3-1 未分词和已分词的 synopsis 字段对比

是否分词	synopsis 字段
未分词的字符串（分词前）	`Peter Piper picked a peck of Pickled-peppers!`
已分词的字符串（分词后）	`[peter,piper,picked,a,peck,of,pickled,peppers]` 注意：词元已被转换为小写，并且连字符和感叹号也被移除了

例如，如果搜索“Peter”和“Peppers”，我们希望文档能够匹配我们的搜索条件。如果文本没有被转换为词元就直接原样导入，那么匹配搜索条件就会变得很难。

虽然在表 3-1 的例子中，我们是根据空格将单词分开的，但是 Elasticsearch 还提供了一些分词器的变体，可以帮助我们根据数字、非字母、停用词等提取词元，而不仅仅局限于空格。例如，假设我们想以其他方式搜索数据。继续相同的例子，用户可以使用以下任何一个搜索文本：

- “Who is Peter Piper?”
- “What did Peter pick?”
- “Has Peter picked pickled peppers?”
- “Peter Pickle Peppers”
- “Chili pickles”（根据这个查询，我们的搜索不会返回该文档）

在分词过程中，Elasticsearch 会保留词元（单个单词），但不会增强、丰富或转换它们。也就是说，词元会被原封不动地保留下来。如果我们搜索“pickled peppers”，可能会得到这个 Peter Piper 文档，尽管相关性分数（表示搜索结果与查询条件的匹配程度）可能会有点低。然而，搜索“chili capsicum”可能不会产生任何结果（pepper 的别名是 capsicum）。除非我们对词元进行了丰富，否则没有简单的方法来回答这类文本的搜索，这就是还有一个称为归一化的过程来处理这些词元的原因。

归一化（normalization）通过围绕词元创建额外的数据来帮助构建丰富的用户体验。这一过程包括将词元还原为词根（词干化）或为其创建同义词。例如：

- 词元 `peppers` 可以通过词干提取创建同义词，如“capsicum”；
- 词元 `Piper` 可以通过词干提取生成单词“Bagpiper”。

归一化还可以为词元建立同义词列表，从而再次丰富用户的搜索体验。例如，“work”的同义词列表可能包括“working”“office work”“employment”或“job”；而“authoring”“authored”和“authoredby”都与“author”相关。

除词元外，词根、同义词等也都存储在一种称为倒排索引的高级数据结构中。例如，以单词“vaccine”为例，它可以被分析并与多个词根或同义词(如“vaccination”“vaccinated”“immunization”“immune”“inoculation”“booster jab”等）一起存储在倒排索引中。

当用户搜索“immunization”时，包含“vaccine”或相关词汇的文档可能会出现，因为这些词彼此相关。如果你在谷歌上搜索“where can I get immunization for covid”，结果很可能与“vaccine”有关。当我尝试这个搜索时，谷歌返回了预期的结果（见图 3-2）。

我们将在第 7 章中学习这个分析阶段。一旦数据被分析完毕，就会被发送到特定的数据节点进行持久化存储。通常，文本分析、持久化操作、数据复制等都在不到一秒的时间内完成，因此数据在索引后不到一秒就可以被搜索，这是 Elasticsearch 保证的服务等级协议（service level agreement，SLA）。在 Elasticsearch 中完成数据处理后，下一步就是以搜索和分析的形式来检索数据，下面我们就来讨论这一点。

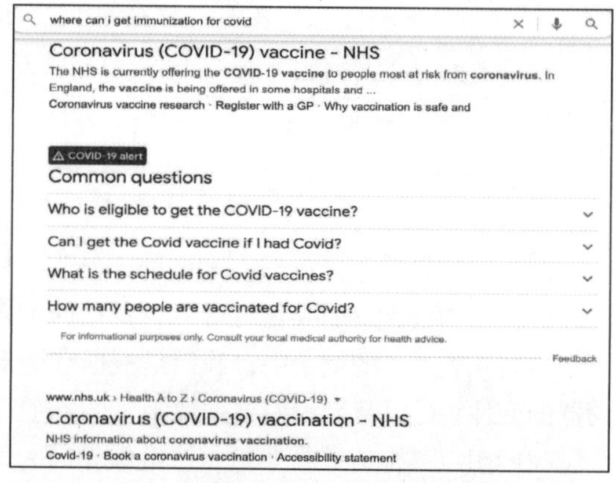

图 3-2　谷歌返回的搜索结果（符合预期）

3.1.3　数据输出

在数据被采集、分析并存储到 Elasticsearch 之后，就可以通过搜索查询和分析查询来检索数据了。搜索为指定查询获取匹配的数据，而分析则收集数据来生成汇总统计。搜索不仅逐字查找精确的匹配内容，还会查找词根、同义词、拼写错误等。正是这些全文查询的高级功能，使 Elasticsearch 等现代搜索引擎成为搜索的首选。

当发出搜索查询时，如果字段是全文字段，它会经历一个与索引该字段时相似的分析阶段。也就是说，查询会使用与该字段关联的相同的分析器进行分词和归一化。相应的词元会在倒排索引中被搜索和匹配，并将匹配结果返回给客户端。例如，如果一个字段设置了法语分析器，那么在搜索阶段也会使用相同的分析器。这确保了被索引并插入倒排索引中的词在搜索时也能被匹配。

与任何应用一样，Elasticsearch 服务器由一系列基本组件组成。下面我们就来讨论这些基本组件，并在本书中大量使用它们。

3.2　基本组件

在第 2 章中，我们为样本文档建立了索引，并对其进行了搜索。在本节中我们将讨论索引、文档、分片和副本等组件。这些组件构成了 Elasticsearch，是搜索引擎的基本组件。下面我们就详细讨论它们并了解其重要性。

3.2.1　文档

文档是 Elasticsearch 索引的信息的基本存储单元。每个文档的各个字段都会经过分析，以便更快地进行搜索和分析。Elasticsearch 期望文档以 JSON 格式提供。JSON 是一种简单的、易于人类阅读的数据格式，近年来越来越受欢迎。它以键值对的形式来表示数据，例如`{"name":"John Doe"}`。当通过 RESTful API 与 Elasticsearch 进行通信时，我们以 JSON 对象的形式向 Elasticsearch 发送查询。相应地，Elasticsearch 会将这些 JSON 文档序列化，并在分析后将文档存储在其分布式文档存储中。

1. 解析文档数据

以 JSON 文档的形式表示的数据在索引过程中被 Elasticsearch 解析。例如，图 3-3 展示了一个 `student` 对象的 JSON 文档。

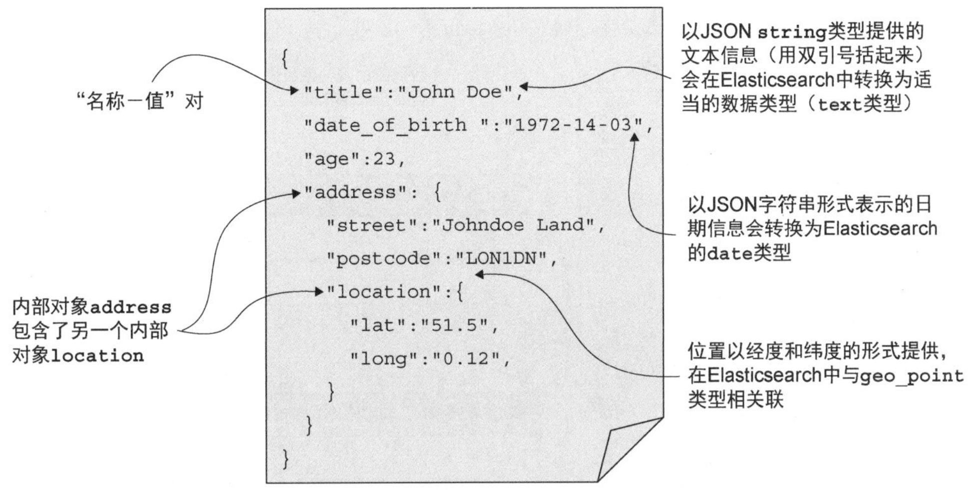

图 3-3 用 JSON 格式表示的 **student** 文档

我们使用“名称－值”对来描述学生的属性。名称字段始终是带双引号的字符串，而值则符合 JSON 的数据类型（`int`、`string`、`boolean` 等）。内部对象可以表示为嵌套对象，JSON 支持这种结构，例如 `student` 文档的 `address` 字段。注意，虽然 JSON 没有定义日期类型，但业界惯例是将日期和时间数据作为字符串提供（最好是以 ISO 8601 格式 `yyyy-MM-dd`，或者带有时间部分的格式 `yyyy-MM-ddThh:mm:ss`）。Elasticsearch 根据模式定义解析字符串形式的日期信息，并提取数据。

Elasticsearch 使用 JSON 解析器根据索引中的映射规则将数据反序列化为适当的类型。每个索引都有一组 Elasticsearch 在文档被索引或搜索查询被执行时应用的映射规则。我们将在第 4 章中了解更多关于映射的信息。

Elasticsearch 从 JSON 文档中读取值，并将它们转换为特定的数据类型，以便进行分析和存储。就像 JSON 支持数据嵌套（顶级对象包含下一级对象，下一级对象又包含另一个对象）一样，Elasticsearch 也支持嵌套的数据结构。

2. 与关系数据库的类比

如果你对关系数据库有一定了解，图 3-4 中的类比可能会对你有所帮助。记住，Elasticsearch 可以像任何数据库一样用作存储服务器（尽管我不建议将其用作主要的存储服务，我稍后会解释原因）。将 Elasticsearch 与数据库进行比较和对比是公平的。图 3-3 中的 JSON 文档等价于关系数据库表中的一条记录（图 3-4）。

数据几乎是相同的，只不过在这些结构中形成、格式化和存储的方式有所不同：数据库结构是关系的，而 Elasticsearch 中的结构是非归一化和非关系的。Elasticsearch 中的文档由没有关系的自包含的信息组成。

如图 3-4 的右侧所示，`STUDENT` 和 `ADDRESS` 表通过外键 `ADDRESS_ID` 关联，该外键出现在这两张表中。Elasticsearch 没有关系的概念（或者说，支持的关系范围有限），因此整个学生文档被存储在单个索引中。内部对象（图 3-4 中的 address 字段）与主字段位于同一索引中。

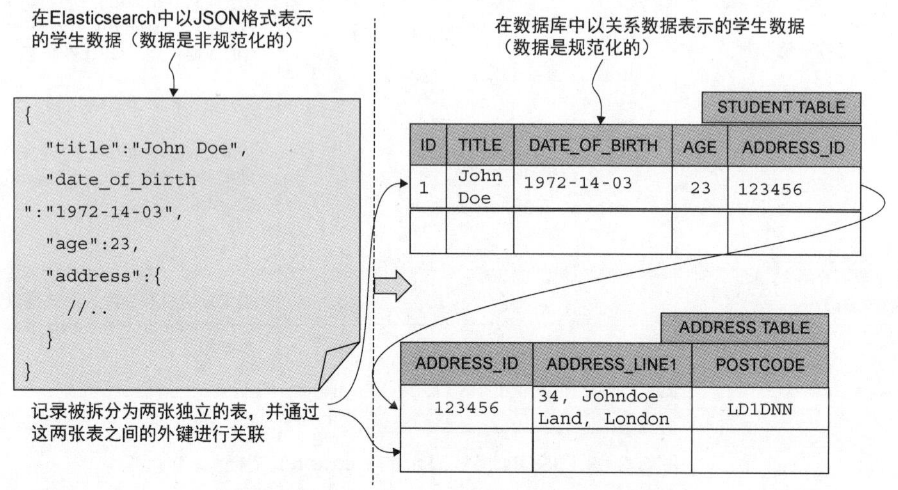

图 3-4　JSON 文档与关系数据库表结构的对比

注意　Elasticsearch 中的数据是非规范化的，以辅助快速搜索和检索，而在关系数据库中，数据以各种形式规范化。虽然在 Elasticsearch 中可以在一定程度上创建父子关系，但这样做可能会导致瓶颈和性能下降。如果你的数据预期是关系型的，那么 Elasticsearch 可能不是正确的解决方案。

正如可以在表中插入多条记录一样，我们也可以将多个 JSON 文档索引到 Elasticsearch 中。然而，与关系数据库需要预先创建表模式不同，Elasticsearch（与其他 NoSQL 数据库类似）允许插入没有预定义模式的文档。这种无模式特性在测试和开发中很方便，但在生产环境中可能是一个问题。

3. 文档操作 API

作为 Elasticsearch 的一个标准，索引文档应使用明确定义的文档 API。文档 API 有两种类型：一种用于处理单个文档，另一种可以一次性处理多个文档（批量）。我们可以使用单文档 API 逐个索引或检索文档，也可以使用多文档 API（通过 HTTP 公开的 RESTful API）批量处理文档。对单文档 API 和多文档 API 的简要描述如下。

- 单文档 API（single-document API）—— 逐一对单个文档完成操作。这些 API 更像 CRUD 相关的操作（创建、读取、更新和删除），让我们能够获取、索引、删除和更新文档。
- 多文档 API（multiple-document API）—— 一次性处理多个文档。这些 API 允许我们使用单个查询删除和更新多个文档、批量索引和从源索引重新索引数据到目标索引。

每个 API 都有其特定的用途，我们将在第 5 章中详细讨论。

谈及文档时，经常会涉及一个概念 ——文档类型。尽管文档类型在 Elasticsearch 8.*x* 版本中已被废弃并移除，但在使用 Elasticsearch 时它们还可能会出现在你的视野中并使你感到困惑，特别是对于早期版本（5.*x* 或更低版本）的 Elasticsearch。因此，在学习索引之前，让我们先了解一下什么是文档类型及其现状。

类型的移除

我们持久化的数据具有特定的形态：电影文档具有与电影相关的属性，汽车文档具有与汽车相关的属性，员工文档包含与雇用和业务相关的数据。将这些 JSON 文档索引到相应的桶或集合中，例如，包含电影数据的文档需要存储在名为 movies 的索引中。因此，我们将 Movie 类型的文档索引到 movies 索引中，将 Car 类型的文档索引到 cars 索引中，以此类推。也就是说，我们在 Elasticsearch 中索引的电影文档类型是 Movie。同样，所有汽车文档都属于 Car 类型，员工文档属于 Employee 类型，以此类推。

在 5.*x* 版本之前，Elasticsearch 允许用户在单个索引中索引多种类型的文档。也就是说，cars 索引可以包括 Cars、PeformanceCars、CarItems、CarSales、DealerShowRooms、UsedCars，甚至 Customers、Orders 等类型。尽管这听起来像一个好主意，可以在一个地方保存所有与汽车相关的模型，但它存在一些局限性。

在数据库中，表中的列是相互独立的。但是，在 Elasticsearch 中情况并非如此。文档字段可能是各种类型，但它们存在于同一个索引中。这意味着在一个索引中是 text 数据类型的字段在另一个索引中不能是其他不同的数据类型（如 date）。这是由 Lucene 在索引中维护字段类型的方式决定的。因为 Lucene 在索引级别管理字段，所以无法在同一个索引中声明两个不同数据类型的字段。

从 6.0 版本开始，每个索引只能包含一种类型。因此，例如 cars 索引只能包含 car 文档。当索引 car 文档时，索引名称后面应该跟上类型，例如 PUT cars/car/1 会将 ID 为 1 的 car 文档索引到 cars 索引中。

然而，从 7.0 版本开始，API 得到了升级，文档类型被默认的文档类型_doc 所取代，现在它在 URL 中作为一个固定端点存在。因此，URL 变成了 PUT cars/_doc/1。正如下图所示，Elasticsearch 允许我们使用类型，但如果我们的 Elasticsearch 版本低于 8.0，它会抛出一个警告（如图右侧所示），建议我们使用无类型端点。

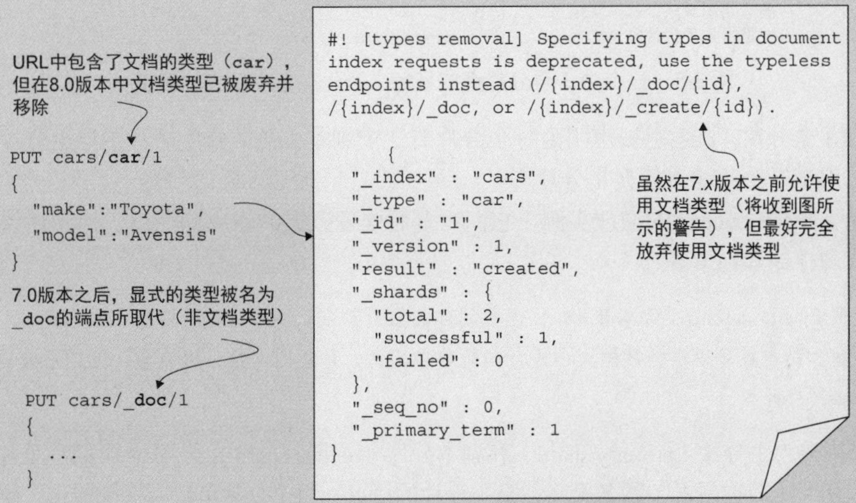

URL中包含了文档的类型（car），但在8.0版本中文档类型已被废弃并移除

```
PUT cars/car/1
{
  "make":"Toyota",
  "model":"Avensis"
}
```

7.0版本之后，显式的类型被名为_doc的端点所取代（非文档类型）

```
PUT cars/_doc/1
{
  ...
}
```

```
#! [types removal] Specifying types in document
index requests is deprecated, use the typeless
endpoints instead (/{index}/_doc/{id},
/{index}/_doc, or /{index}/_create/{id}).

    {
  "_index" : "cars",
  "_type" : "car",
  "_id" : "1",
  "_version" : 1,
  "result" : "created",
  "_shards" : {
    "total" : 2,
    "successful" : 1,
    "failed" : 0
  },
  "_seq_no" : 0,
  "_primary_term" : 1
}
```

虽然在7.*x*版本之前允许使用文档类型（将收到图所示的警告），但最好完全放弃使用文档类型

在 8.0 版本之前索引有类型的文档时的警告

始终对数据建模，以确保每个索引中只包含一种特定的数据形态。当我们索引文档时，我们在文档和

索引之间创建一对一的映射关系。也就是说，一个索引只能有一种文档类型。本书遵循这一原则。

现在我们知道了数据是以 JSON 文档的形式存储在 Elasticsearch 中的，那么下一步自然是找出这些文档存储在哪里。就像数据库中的表存储记录一样，在 Elasticsearch 中有一个特殊的称为索引的桶（集合），用于存储所有特定形态的文档。下面就来看一下具体细节。

3.2.2 索引

我们需要一个容器来存储文档。为此，Elasticsearch 创建了索引作为文档的逻辑集合。就像将纸质文档保存在文件柜中一样，Elasticsearch 将数据文档保存在索引中，只不过索引不是物理存储空间，而是逻辑分组。索引由分片（shard）组成。图 3-5 展示了一个由分布在 3 个节点上的 3 个分片组成的 `cars` 索引（每个节点是 Elasticsearch 的一个实例），每个节点有 1 个分片。

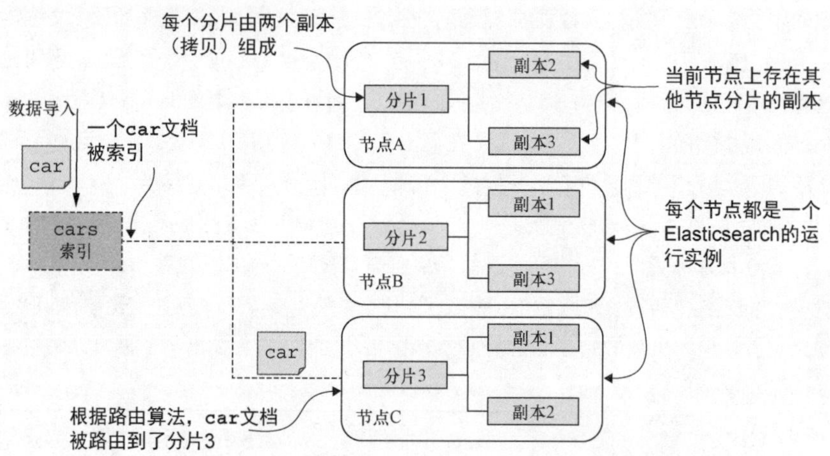

图 3-5 一个由 3 个分片组成且每个分片有 2 个副本的索引

除了有 3 个分片，该索引被声明为每个分片有 2 个副本，副本分片托管在与主分片不同的节点上。这引出了一个问题：什么是分片？

分片是 Apache Lucene 的物理实例，它们在幕后处理数据的输入和输出。换句话说，分片负责数据的物理存储和检索。

> **注意** 从 Elasticsearch 7.*x* 版本开始，任何被创建的索引都默认由一个分片和一个副本组成。索引的分片数和副本数可以根据数据大小进行配置和自定义。尽管副本数可以调整，但是不能在活动索引中修改分片数。

分片可以分为主分片（primary shard）和副本分片（replica shard）。主分片（简称分片）存储文档，而副本分片（简称副本）顾名思义，是主分片的拷贝。每个分片可以有一个或多个副本。我们也可以不创建副本，但这种设计在生产环境中是不可取的——在真实的生产环境中，我们会为每个分片创建多个副本。副本存储数据拷贝，增加了系统的冗余度，从而帮助加快搜索查询的速度。我们将在 3.2.4 节中进一步了解分片和副本。

一个索引可以容纳任意数量的文档（但如前所述，只能包含一种文档类型），因此建议根据需求找到最佳的索引大小（分片大小将在第 14 章中讨论）。每个索引可以存在于单个节点上，也可以分布在集群中的多个节点上。使用图 3-5 中的设计（1 个索引、1 个分片和 2 个副本），索引的每个文档都有 3 份拷贝：1 份在分片中，2 份在副本中。

注意 在设置索引之前，必须确定最佳的索引大小。索引大小取决于当前需要服务的数据量，以及对未来数据量的估计。副本会创建额外的数据拷贝，因此在规划容量时要考虑这一点。索引大小将在第 14 章中讨论。

每个索引都有映射（`mappings`）、设置（`settings`）和别名（`aliaes`）等属性。映射是定义模式定义的过程，设置允许配置分片和副本，别名是为单个索引或一组索引指定的替代名称。一些设置（如副本数）可以动态设置，但其他属性（如分片数）在索引运行时无法更改。理想情况下，应该为任何新索引创建配置模板。

我们使用 RESTful API 来处理索引，如创建和删除索引、更改索引设置、关闭和打开索引、重新索引数据等。我们将在第 6 章中详细讨论这些 API。

3.2.3 数据流

索引（如 `movies` 和 `movie_reviews` 等）存储和收集数据。随着时间的推移，越来越多的数据被累积和存储，它们可能会变得非常庞大。通过增加节点可以缓解这个问题，因为分片可以分布到更多的节点上，但前提是这类数据不需要定期（每小时、每天或每月）滚动到新的索引中。考虑到这一点，我们来看一种不同类型的数据——时间序列数据。

顾名思义，时间序列数据对时间敏感且依赖时间。举一个 Apache Web 服务器生成的日志的例子，如图 3-6 所示。

```
83.149.9.216 - - [17/May/2015:10:05:03 +0000] "GET /presentations/logstash-monitorama-2013/images/kibana-search.png HTTP/1.1" 200 203023
"http://semicomplete.com/presentations/logstash-monitorama-2013/" "Mozilla/5.0 (Macintosh; Intel Mac OS X 10_9_1) AppleWebKit/537.36 (KHTML, like Gecko)
Chrome/32.0.1700.77 Safari/537.36"
83.149.9.216 - - [17/May/2015:10:05:43 +0000] "GET /presentations/logstash-monitorama-2013/images/kibana-dashboard3.png HTTP/1.1" 200 171717
"http://semicomplete.com/presentations/logstash-monitorama-2013/" "Mozilla/5.0 (Macintosh; Intel Mac OS X 10_9_1) AppleWebKit/537.36 (KHTML, like Gecko)
Chrome/32.0.1700.77 Safari/537.36"
83.149.9.216 - - [17/May/2015:10:05:47 +0000] "GET /presentations/logstash-monitorama-2013/plugin/highlight/highlight.js HTTP/1.1" 200 26185
"http://semicomplete.com/presentations/logstash-monitorama-2013/" "Mozilla/5.0 (Macintosh; Intel Mac OS X 10_9_1) AppleWebKit/537.36 (KHTML, like Gecko)
Chrome/32.0.1700.77 Safari/537.36"
83.149.9.216 - - [17/May/2015:10:05:12 +0000] "GET /presentations/logstash-monitorama-2013/plugin/zoom-js/zoom.js HTTP/1.1" 200 7697
"http://semicomplete.com/presentations/logstash-monitorama-2013/" "Mozilla/5.0 (Macintosh; Intel Mac OS X 10_9_1) AppleWebKit/537.36 (KHTML, like Gecko)
Chrome/32.0.1700.77 Safari/537.36"
83.149.9.216 - - [17/May/2015:10:05:07 +0000] "GET /presentations/logstash-monitorama-2013/plugin/notes/notes.js HTTP/1.1" 200 2892
"http://semicomplete.com/presentations/logstash-monitorama-2013/" "Mozilla/5.0 (Macintosh; Intel Mac OS X 10_9_1) AppleWebKit/537.36 (KHTML, like Gecko)
Chrome/32.0.1700.77 Safari/537.36"
83.149.9.216 - - [17/May/2015:10:05:34 +0000] "GET /presentations/logstash-monitorama-2013/images/sad-medic.png HTTP/1.1" 200 430406
"http://semicomplete.com/presentations/logstash-monitorama-2013/" "Mozilla/5.0 (Macintosh; Intel Mac OS X 10_9_1) AppleWebKit/537.36 (KHTML, like Gecko)
Chrome/32.0.1700.77 Safari/537.36"
83.149.9.216 - - [17/May/2015:10:05:57 +0000] "GET /presentations/logstash-monitorama-2013/css/fonts/Roboto-Bold.ttf HTTP/1.1" 200 38720
"http://semicomplete.com/presentations/logstash-monitorama-2013/" "Mozilla/5.0 (Macintosh; Intel Mac OS X 10_9_1) AppleWebKit/537.36 (KHTML, like Gecko)
Chrome/32.0.1700.77 Safari/537.36"
```

图 3-6 Apache Web 服务器日志文件示例

日志会持续不断地写入当天的日志文件中。每条日志语句都有一个关联的时间戳。在午夜时，文件会以带日期戳的形式进行备份，同时为新的一天创建一个新的文件。日志框架会在日期切换时自动触发日志滚动。

如果希望在 Elasticsearch 中存储日志数据，就需要重新思考对定期更新/滚动数据的索引策略。我们可以编写一个索引滚动脚本，在每天午夜滚动索引，但这不仅仅是滚动数据。例如，我们还需要将搜索请求指向一个单一的主索引，而不是多个滚动索引。也就是说，我们不希望发出像 `GET index1,index2,index3/_search` 这样的查询指定多个单独的索引，而是希望调用 `GET myalias/search` 从所有底层索引中返回数据。我将在第 6 章中介绍通过别名来实现这一点。

定义　别名（alias）是单个索引或多个索引的替代名称。搜索多个索引的理想方式是创建一个指向它们的别名。当针对别名进行搜索时，实际上是在搜索由该别名管理的所有索引。

这就引出了一个重要的概念——数据流，一种用于存储时间序列数据的索引机制。下面我们就来讨论数据流。

时间序列数据

数据流适用于 Elasticsearch 中的时间序列数据——它们允许用户在多个索引中保存数据，但可以作为用于搜索和分析相关查询的单个资源访问。如前所述，带有日期或时间戳的数据，如日志、自动驾驶汽车事件、每日天气预报、城市污染水平、黑色星期五每小时的销售额等，通常会被存储在按时间划分的索引中。在高层级，这些索引被称为*数据流*。在后台，每个数据流都有一组对应于每个时间点的索引。这些索引是由 Elasticsearch 自动生成的，并且是隐藏的。

图 3-7 展示了一个每天生成和捕获电子商务订单日志数据流的示例。图中还显示了订单数据流由每天自动生成的隐藏索引组成。数据流本身只不过是后台时间序列（滚动）隐藏索引的一个别名。虽然搜索/读请求会跨越数据流背后所有的隐藏索引，但索引请求仅指向新的（当前）索引。

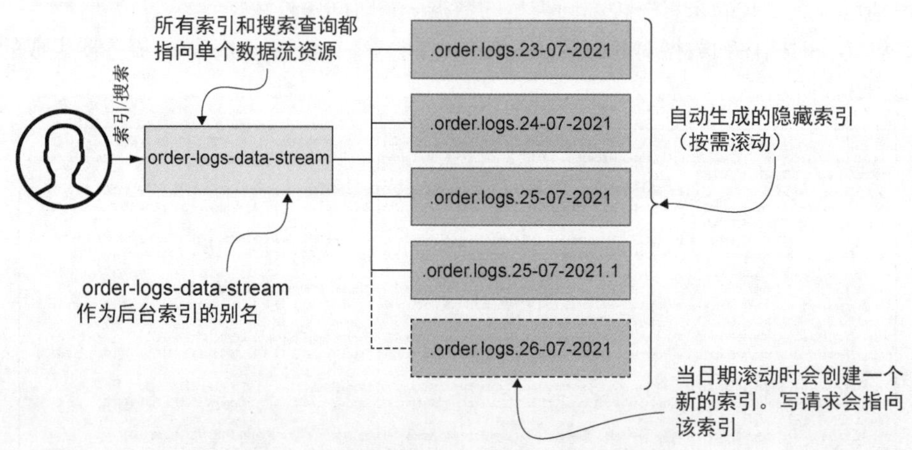

图 3-7　数据流由自动生成的隐藏索引组成

数据流是使用匹配的索引模板创建的。*模板*（template）是由用于创建资源（如索引）的设置和配置值组成的蓝图。根据模板创建的索引会继承模板中定义的设置。我将在第 6 章中介绍如何使用索引模板开发数据流。

在 3.2.2 节和 3.2.3 节中我们简要了解了索引和数据流是如何分布在分片和副本中的。下面我们就深入研究这些组件。

3.2.4 分片和副本

分片是 Elasticsearch 中存储数据、创建支撑数据结构（如倒排索引）、管理查询和分析数据的软件组件。它们是在索引创建期间分配给索引的 Apache Lucene 实例。在索引过程中，文档会被传递给分片，分片会创建不可变的文件段，将文档存储到持久的文件系统中。

Lucene 是一个高性能的引擎，可以高效地索引文档。在索引文档时，后台会进行许多操作，而 Lucene 能够非常高效地完成这些工作。例如，文档最初会被复制到分片的内存缓冲区中，然后写入可写段，之后被合并，并最终持久化到底层文件系统存储中。图 3-8 展示了 Lucene 引擎在索引过程中的内部工作原理。

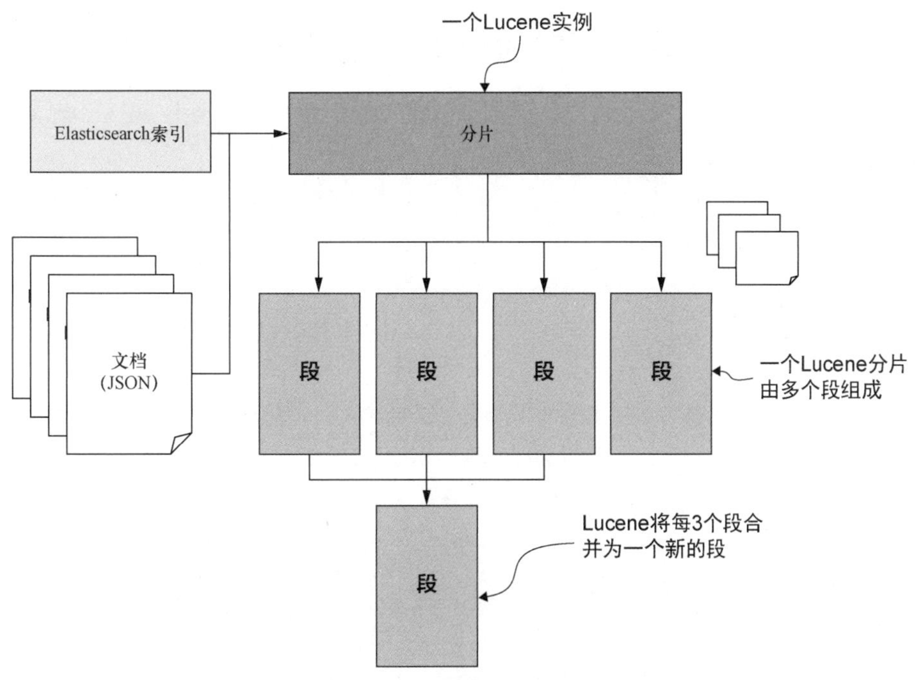

图 3-8 Lucene 索引文档的机制

为了保证高可用性和故障切换，分片会分布在整个集群中。另外，副本为系统提供了冗余。索引一旦启用，分片就无法被重新分配，因为如果重新分配会导致索引中的现有数据失效。

作为分片的拷贝，副本在应用中提供了冗余和高可用性。通过服务读请求，副本可以在高峰时段分摊读负载。副本不会与相应的分片位于同一节点上，因为这会违背冗余的目的。例如，如果节点崩溃，而分片及其副本都在同一节点上，则会丢失它们的所有数据。因此，分片及其相应的副本分布在集群中的不同节点上。

定义 集群（cluster）是一组节点的集合。节点（node）是 Elasticsearch 服务器的一个实例。例如，当我们在机器上启动一个 Elasticsearch 服务器时，实际上是创建了一个节点。默认情况下，这个节点会加入一个集群。因为该集群只有这个节点，所以它被称为单节点集群。如果启动更多的服务器实例，在设置正确的情况下，它们将加入这个集群。

1．分片与副本的分布

每个分片都会存储一定量的数据。数据分布在多个节点上的多个分片中。让我们看看在启动新节点或失去节点时，分片是如何分布或减少的。

假设我们创建了一个 `virus_mutations` 索引来保存 COVID-19 病毒的变异数据。根据我们的策略，该索引将被分配 3 个分片。（在第 6 章中我们将介绍如何创建含有特定数量分片和副本的索引，现在我们继续讨论分片是如何分布的。）

集群的健康状况

Elasticsearch 采用了一个简单的交通信号灯系统，让我们能够随时了解集群的健康状况。一个集群有以下 3 种可能的状态。

- 红色——有分片尚未分配，因此并非所有数据都可用于查询。这通常发生在集群启动期间，此时分片处于临时状态。
- 黄色——有副本尚未分配，但所有分片已分配并正常运行。这可能发生在托管副本的节点崩溃或刚刚启动时。
- 绿色——这是理想状态，所有分片和副本都已分配，并按预期提供服务。

红色	并非所有分片都已分配并准备就绪（集群正在被准备）
黄色	所有分片都已分配并准备就绪，但仍有副本尚未分配和准备就绪
绿色	分片和副本都已分配并准备就绪

用交通信号灯板指示集群的健康状况

Elasticsearch 提供了集群 API 来获取与集群相关的信息，包括集群的健康状况。我们可以使用 `GET _cluster/health` 端点来获取集群的健康指标，下图展示了这个调用的结果。

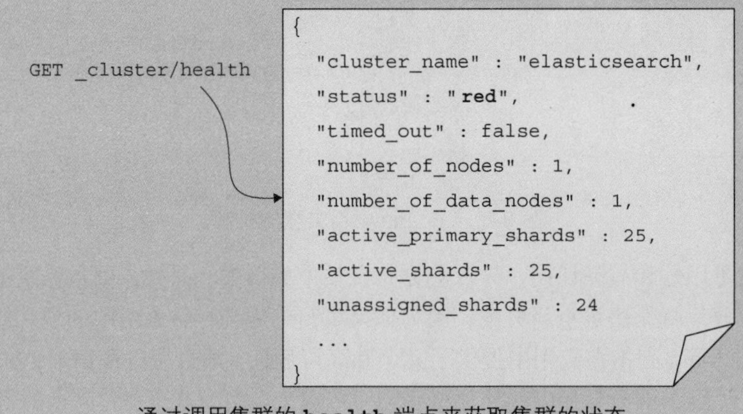

通过调用集群的 **health** 端点来获取集群的状态

我们还可以使用 `_cat` API（紧凑且对齐的文本 API）调用来获取集群的健康状况。如果需要，我们可以直接在浏览器中调用此 API，而不是在 Kibana 中调用。例如，通过在服务器上调用 `GET localhost:9200/_cat/health`（调用时将 `localhost` 改为在 9200 端口上运行 Elasticsearch URL 的主机地址）来获取集群的健康状况。

当我们启动第一个节点（节点 A）时，索引的分片可能尚未全部创建完成。这通常发生在服务器刚刚启动时。Elasticsearch 将这种集群的状态标记为红色，表示系统不健康（见图 3-9）。

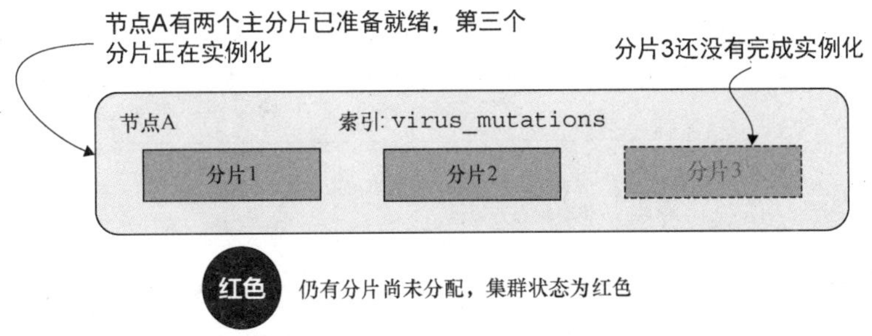

图 3-9 引擎尚未准备就绪，状态为红色，因为分片还没有完全实例化

一旦节点 A 启动，根据设置，会在该节点上为 `virus_mutations` 索引创建 3 个分片（见图 3-10）。节点 A 默认加入一个新创建的单节点集群。由于 3 个分片都已经成功创建，因此索引和搜索操作可以立即开始。然而，副本尚未创建。副本是数据的拷贝，用于备份。在同一节点上创建它们并不是正确的做法（如果该节点崩溃，副本也会丢失）。

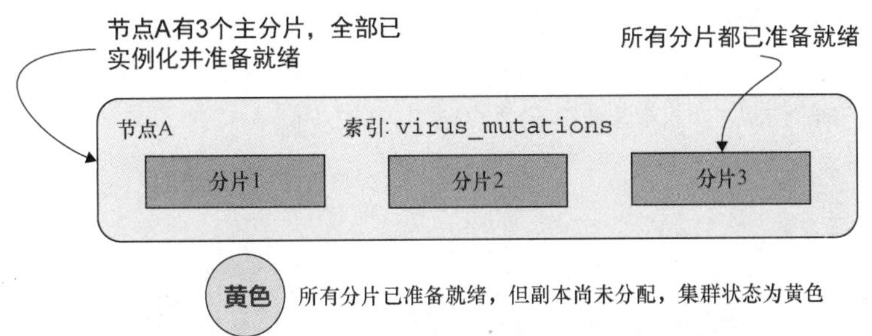

图 3-10 包含 3 个分片的节点加入一个单节点集群

由于副本尚未实例化，因此如果节点 A 出现任何问题，很可能会丢失数据。考虑到这一风险，集群的状态被设置为黄色。

当前所有分片都集中在一个节点上，如果该节点出于任何原因崩溃，我们将失去一切。为了避免数据丢失，我们决定启动第二个节点加入现有的集群。一旦新节点（节点 B）被创建并添加到集群中，Elasticsearch 可能会按照以下方式重新分配原有的 3 个分片。

（1）将分片 2 和分片 3 从节点 A 中移除。

（2）将分片 2 和分片 3 添加到节点 B。

这一操作通过调整分片将数据分布到了整个集群，如图 3-11 所示。

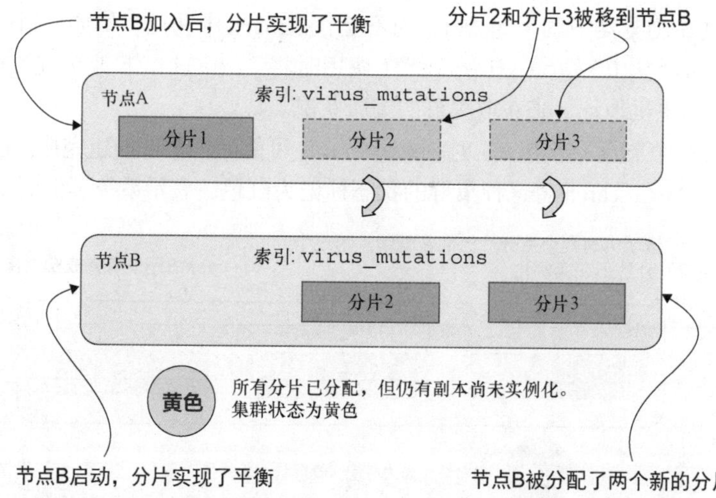

图 3-11 分片被平衡到新节点上，但副本尚未分配（黄色状态）

添加节点 B 后，分片被重新分配，实现了平衡。

注意 Elasticsearch 通过一个端点来公开集群的健康状况：`GET _cluster/health`。该端点可以获取集群的详细信息，包括集群名称、集群状态、分片和副本的数量等。

当新节点启动时，除了分配分片，还会实例化副本。每个分片都会创建一份拷贝，并且数据会从相应的分片复制到这些拷贝中。如前所述，副本不会与主分片位于同一节点上。副本 1 是分片 1 的拷贝，但它是在节点 B 上创建并可用的。类似地，副本 2 和副本 3 分别是位于节点 B 上的分片 2 和分片 3 的拷贝，但这些副本在节点 A 上可用（图 3-12）。

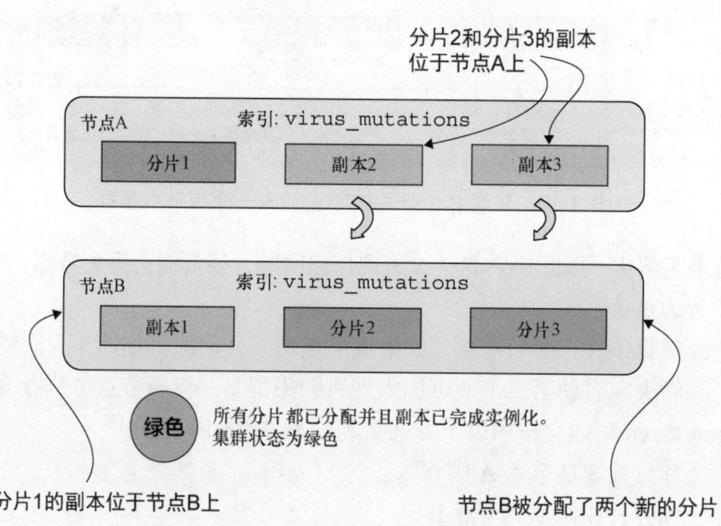

图 3-12 完美！所有分片和副本都已分配

分片和副本都已分配并准备就绪。集群的状态现在为绿色。

2. 重新平衡分片

硬件故障的风险始终存在。在我们的例子中，如果节点 A 崩溃会发生什么？如果节点 A 消失，Elasticsearch 通过将副本 1 提升为分片 1 来重新调整分片，因为副本 1 是分片 1 的拷贝（见图 3-13）。

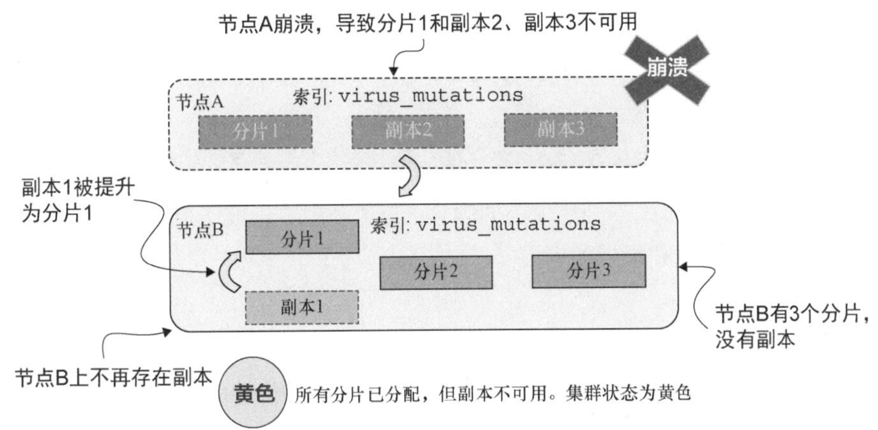

图 3-13 当节点崩溃时，副本会丢失（或被提升为分片）

现在节点 B 是集群中唯一的节点，它有 3 个分片。由于副本不再存在，集群的状态被设置为黄色。一旦 DevOps 团队恢复了节点 A，分片将被重新平衡和分配，副本也将被实例化，系统会尝试重新达到健康的绿色状态。注意，Elasticsearch 可以处理此类灾难，并且在需要时能够以最小的资源运行，以避免停机，这一切都是在后台完成的，我们无须担心任何操作上的难题。

3. 确定分片大小

一个常见的问题是如何确定分片的大小。这没有一个通用的答案。为了得到一个确切的结果，我们必须根据组织当前的数据需求和未来的需要进行测试。业界的最佳实践是将单个分片的大小控制在 50 GB 以内，但我也见过大小高达 400 GB 的分片。GitHub 的索引分布在 128 个分片上，每个分片 120 GB。我建议将分片大小控制在 25 GB～40 GB，同时考虑节点的堆内存。假如 `movies` 索引可能包含多达 500 GB 的数据，那么最好将这些数据分布在多个节点上的 10～20 个分片中。

在确定分片大小时，还有一个参数需要考虑，即堆内存。我们知道，节点的计算资源（如内存和磁盘空间）是有限的。每个 Elasticsearch 实例可以根据可用内存的大小来调整堆内存的使用量。我的建议是 1 GB 堆内存最多托管 20 个分片。默认情况下，Elasticsearch 实例化时使用 1 GB 内存，但可以通过编辑安装路径下 config 目录中的 jvm.options 文件来更改此设置。根据你的可用资源和需求，调整 JVM 的 `Xms` 和 `Xmx` 属性以设置堆内存。

重要的是，分片存储着数据，因此我们必须做一些准备工作来确定合适的大小。分片大小取决于索引存储的数据量（包括未来的需求）和可以为节点分配多少堆内存。在接入数据之前，每个组织都必须制定一个分片策略。平衡数据需求和最佳分片数量是至关重要的。

活动索引上的分片无法修改

一旦索引被创建并投入使用，分片数就无法更改。创建索引时，Elasticsearch 默认会为每个分片关联 1 个副本（7.*x* 版本之前，默认是 5 个分片和 1 个副本）。虽然分片数无法改变，但副本数可以在索引的生命周期中通过索引设置 API 来进行更改。根据路由算法，文档被存放到特定的分片中：

```
分片编号 = hash(文档 ID) % 主分片数
```

该算法直接依赖主分片数，因此在运行过程中更改主分片数将导致当前文档的位置发生变化并使其损坏。这反过来会影响倒排索引和检索过程。不过，还有一种解决方法——重新索引。通过重新索引，我们可以在必要时更改分片设置。我们将在第 5 章中详细学习重新索引的机制。

我们将在第 14 章中学习关于分片大小的内容。分片和副本构成了节点，而节点组成了集群。下面我们就来学习关于节点和集群的内容。

3.2.5　节点和集群

启动 Elasticsearch 时，它会启动一个称为节点的单个实例。每个节点托管一组分片和副本（Apache Lucene 的实例）。索引是一个用于存储数据的逻辑集合，它是跨越这些分片和副本创建的。图 3-14 展示了由一个单节点组成的集群。

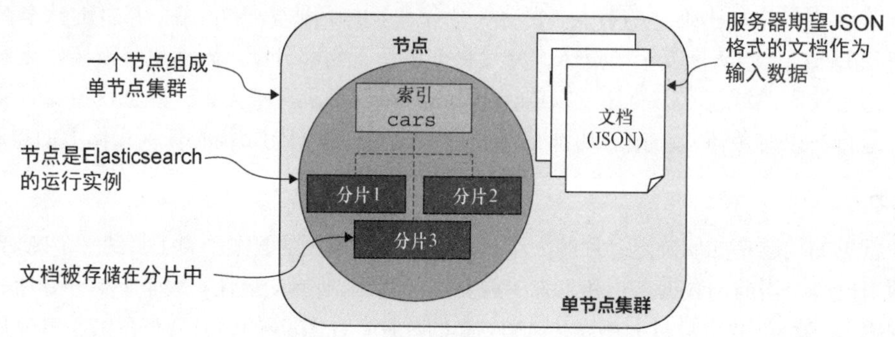

图 3-14　单节点 Elasticsearch 集群

虽然可以在同一台机器上启动多个节点，从而创建一个多节点集群，但不建议这样做。副本永远不会与其相应的分片创建在同一台机器上，因为这会导致数据没有备份，使集群处于不健康的黄色状态。要在同一台机器上再启动一个节点，只需要确保数据和日志路径不同（详情可查看本节后面的“在个人机器上新增节点”）。

1. 单节点集群

当首次启动一个节点时，Elasticsearch 会组成一个新的集群，通常称为单节点集群。尽管单节点集群可以用于开发目的，但这远未达到生产级别的设置。典型的生产环境拥有一个数据节点池，会根据数据和应用的搜索需求组成一个或多个集群。如果在同一网络中启动另一个节点，只要 cluster.name 属性指向原本的单节点集群，新启动的节点就会加入现有的集群。我们将在第 14 章中讨论生产级别的设置。

注意 在 elasticsearch.yml 属性文件中（位于<安装目录>/config 目录），有一个名为 cluster.name 的属性，它决定了集群的名称。这是一个重要的属性，因为所有具有相同名称的节点会一起加入组成一个集群。例如，如果我们期望有一个 100 个节点的集群，那么这 100 个节点都应该有相同的 cluster.name 属性。默认情况下，服务器默认的集群名称是 elasticsearch，但最好为集群配置一个唯一的名称。

集群可以通过纵向扩展（垂直扩展）或横向扩展（水平扩展）来扩大规模。当新节点启动时，只要 cluster.name 属性相同，它们就可以加入现有节点所在的集群。由此，一组节点可以组成一个多节点集群，如图 3-15 所示。

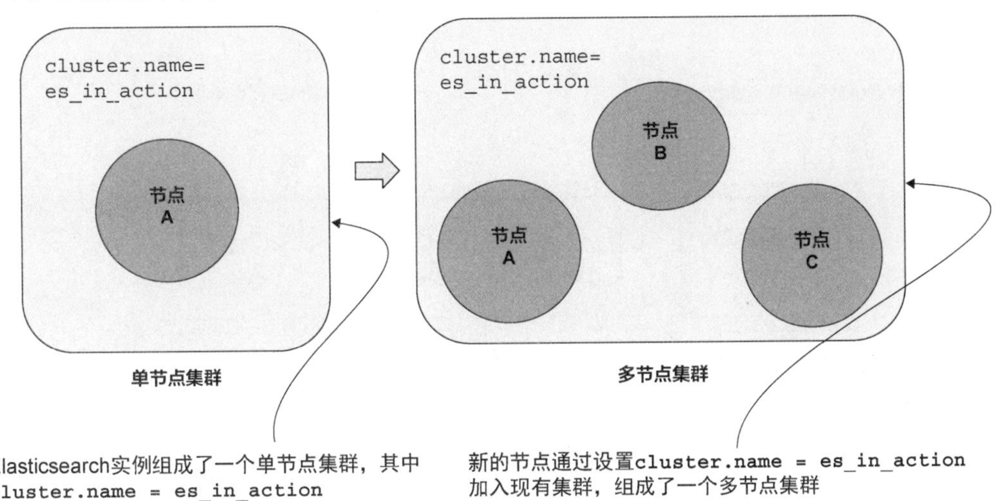

图 3-15 从单节点集群到多节点集群的演变过程

在集群中增加节点不仅可以提供冗余，提高系统的容错能力，还能带来巨大的性能提升。增加节点意味着有更多的空间来存放副本。记住，当索引处于运行状态时，分片数不能更改。那么，添加节点对分片有什么好处呢？通常，可以考虑将数据从现有索引重新索引到一个新索引中，而这个新索引在设置分片数时，可以将新增的节点考虑进去。

谨慎地管理节点的磁盘空间

为了提高读性能，我们可以添加副本，但这也带来了更高的内存和磁盘空间需求。尽管使用 Elasticsearch 处理 TB 甚至 PB 量级数据的情况并不少见，但我们必须谨慎考虑数据大小方面的需求。

例如，假设我们为索引分配采用 3 个分片、每个分片有 15 个副本的策略，每个分片大小为 50 GB，我们必须确保所有 15 个副本不仅有足够的容量来存储磁盘上的文档，还要有足够的堆内存。

- 一个索引的分片占用的磁盘空间：3 分片 × 50 GB/分片 = 150 GB。

- 每个分片的副本占用的磁盘空间：15 副本/分片 × 50 GB/副本 = 750 GB/分片。
- （3 个分片的副本占用的磁盘空间：3 分片 × 750 GB/分片 = 2250 GB。）
- 一个索引的分片和副本占用的总磁盘空间：150 GB + 2250 GB = 2400 GB。

采用 3 个分片、每个分片 15 个副本的策略，仅一个索引就需要高达 2400 GB 的空间。除了这些初始的磁盘空间，还需要额外的磁盘空间来保证服务器的平稳运行。因此，必须谨慎地评估容量需求。我们将在第 14 章和第 15 章中讨论如何为集群设置内存和磁盘空间。

2. 多节点集群

我们简单地将节点视为 Elasticsearch 服务器的一个实例。如前所述，当我们启动 Elasticsearch 应用时，本质上是在初始化一个节点。默认情况下，此节点加入一个单节点集群。我们可以根据数据需求创建任意数量节点的集群，还可以创建多个集群，如图 3-16 所示，但这取决于组织的使用场景。

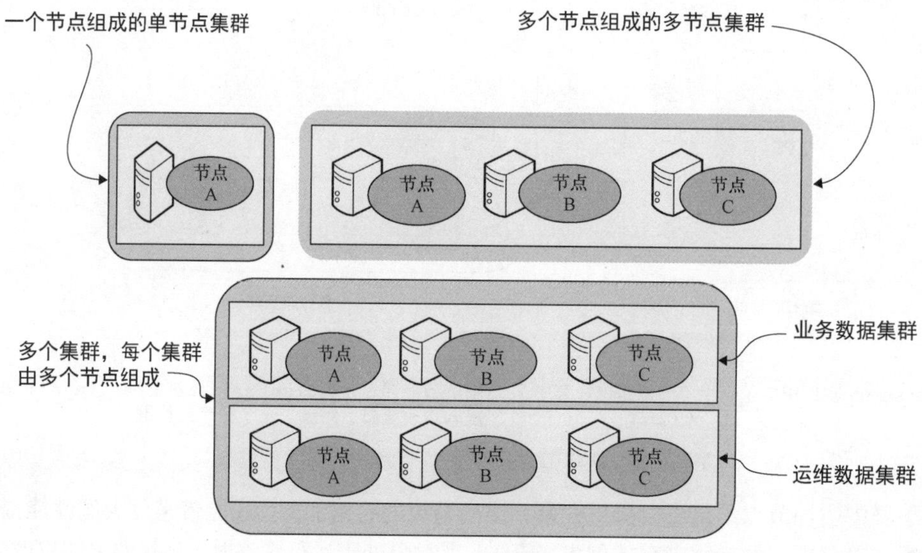

图 3-16 多种集群配置

一个组织可能有不同类型的数据，如业务相关数据（发票、订单、客户信息等）和运维信息（Web 服务器日志和数据库服务器日志、应用日志、应用指标等）。将所有类型的数据放到一个集群中并不罕见，但这可能不是最佳实践。更好的策略可能是为不同的数据形态创建多个集群，并为每个集群自定义配置。例如，关键业务数据集群可能运行在内存和磁盘空间配置更高的本地集群上，而应用监控数据集群的设置则略有不同。

在个人机器上新增节点

如果你在个人的笔记本电脑或台式计算机上运行节点，可以从同一安装文件夹中实例化其他节点。通过传递指向相应的目录的两个额外的参数（path.data 和 path.logs 选项）来重新运行 shell 脚本，如下所示：

```
$>cd <INSTALL_DIR>/bin
$>./elasticsearch -Epath.data=../data2 -Epath.logs=../log2
```

该命令使用给定的数据文件夹和日志文件夹启动一个额外的节点。如果现在执行 GET _cat/nodes 命令，列表中应该会出现第二个节点。

有时，每个节点需要承担特定的职责。有些节点可能需要处理与数据相关的活动，如索引和缓存，而其他节点可能需要协调客户端的请求和响应。有些任务还可能包括节点间通信和集群级管理。为了实现这些职责，Elasticsearch 为节点设置了一组角色，当节点被分配某个角色时，就会承担相应的职责。下面我们就讨论一下节点角色。

3. 节点角色

每个节点都扮演着多个角色，如协调节点、数据节点和主节点。Elasticsearch 的开发者一直在持续改进节点，因此你可能会看到新的角色出现。表 3-2 列出了可以分类的节点角色和职责。

表 3-2 节点角色和职责

角色	职责描述
主节点	主要负责管理集群
数据节点	负责文档的持久化和检索
摄取节点	负责在索引前通过摄取管道对数据进行转换
机器学习节点	处理机器学习任务和请求
转换节点	处理转换请求
协调节点	默认角色，负责处理传入的客户端请求

Elasticsearch 包含以下节点角色。

- 主节点（master node）——参与高层级的操作，如创建和删除索引、节点操作，以及其他与集群管理相关的工作。这些管理操作是轻量级进程，因此，一个主节点就足以管理整个集群。如果这个主节点崩溃，集群会选举出一个新的主节点接替。主节点不参与文档的 CRUD 操作，但它知道文档的位置。
- 数据节点（data node）——索引、搜索、删除及其他与文档相关的操作都是在数据节点上进行的。这些节点托管已索引的文档。一旦收到索引请求，数据节点就会立即行动，通过调用 Lucene 段上的写入器将文档保存到索引中。可以想象，它们在 CRUD 操作期间需要频繁与磁盘进行交互，因此它们是磁盘 I/O 密集型操作和内存密集型操作。

注意 在部署冷热分离架构的 Elasticsearch 集群时，会使用数据节点角色的特定变体：data_hot、data_cold、data_warm 和 data_frozen 角色。我们将在第 14 章中详细讨论这些角色。

- 摄取节点（ingest node）——在索引之前处理摄取操作，如转换和丰富。通过管道操作摄取的文档（例如处理的 Word 或 PDF 文档）可以在索引之前进行额外的处理。
- 机器学习节点（machine learning node）——顾名思义，执行机器学习算法并检测异常。它是商业许可证的一部分，因此必须购买 X-Pack 许可证才能启用节点的机器学习功能。
- 转换节点（transform node）——最新添加到列表中的角色。转换节点用于生成数据的聚合摘要。它通过执行转换 API 调用来根据现有索引创建（转换）新索引。
- 协调节点（coordinating node）——尽管节点的角色是由用户有意（或默认）分配的，但有一个特殊角色是所有节点都会自动承担的，不管用户是否干预，这就是协调节点。顾名思义，协调节点负责从头到尾处理客户端请求。当向 Elasticsearch 发出请求时，其中一个节点会收到请求并承担协调节点的角色。收到请求后，协调节点要求集群中的其他节点处理该请求。它会等待各节点的响应，然后收集和整理结果，并将最终结果返回给客户端。它本质上充当了工作管理员的角色，将传入的请求分发给适当的节点并响应客户端。

4. 配置角色

在开发模式下启动 Elasticsearch 时，该节点默认设置为主节点、数据节点和摄取节点（并且每个节点默认都是协调节点——没有特殊的标志用于启用或禁用协调节点）。我们可以根据需要配置这些角色，例如，在一个由 20 个节点组成的集群中，可以将 3 个节点作为主节点，15 个节点作为数据节点，2 个节点作为摄取节点。

要在节点上配置角色，只需要调整 elasticsearch.yml 配置文件中的 `node.roles` 设置。该设置接受一个角色列表，例如，`node.roles: [master]`设置将节点配置为主节点。可以设置多个节点角色，如下面的例子所示：

```
node.roles: [master, data, ingest, ml]
```

该节点有 4 个角色：主节点、数据节点、摄取节点和机器学习节点

记住，协调节点是提供给所有节点的默认角色。虽然示例中设置了 4 个角色（主节点、数据节点、摄取节点和机器学习节点），但该节点仍然继承了一个协调节点角色。

我们可以通过简单地省略任何 `node.roles` 值来专门为节点分配协调节点角色。在下面的代码片段中，我们只为节点分配了协调节点角色，这意味着该节点不会参与除协调请求之外的任何活动：

```
nodes.roles: [ ]
```

角色数组为空表示把节点设置为协调节点

将节点设置为专用协调节点有其好处，它们可以作为负载均衡器，处理请求并汇总结果集。但是，如果将大量节点仅作为协调节点来使用，那么风险就会大于好处。

在之前的讨论中，我提到过 Elasticsearch 将分析过的全文字段存储在一个称为倒排索引的高级数据结构中。如果有一种数据结构是任何搜索引擎（不仅仅是 Elasticsearch）都高度依赖的，那就是倒排索引。现在是时候来研究倒排索引的内部工作原理，以巩固我们对文本分析过程、存储和检索的理解了。

3.3　倒排索引

如果你查看任何一本书的末尾，通常会找到一个索引，将关键词映射到它们所在的页面。这其实就是倒排索引的一种物理表现形式。就像在书中根据关键词对应的页码来快速定位内容一样，Elasticsearch 也会通过查询倒排索引来寻找搜索词和文档之间的关联。当引擎找到这些搜索词对应的文档 ID 时，它会通过查询服务器返回整个文档。Elasticsearch 在索引阶段对每个全文字段使用倒排索引，其数据结构如图 3-17 所示。

在高层级上，倒排索引是一种类似字典的数据结构，其中包含单词及其出现的文档列表。这种倒排索引是在全文搜索阶段快速检索文档的关键。对于每个包含全文字段的文档，服务器都会创建一个相应的倒排索引。

图 3-17　倒排索引的数据结构

注意　BKD（block *k*-dimensional）树是用于存储非文本字段（如数值和地理形状）的特殊数据结构。

我们已经学习了一些关于倒排索引的理论知识，现在通过一个简单的例子来了解其工作原理。假设有两个文档，它们都有一个 greeting 文本字段：

```
//文档 1
{
  "greeting":"Hello, WORLD"
}
//文档 2
{
  "greeting":"Hello, Mate"
}
```

在 Elasticsearch 中，分析过程是一个由分析器模块完成的复杂功能。分析器模块进一步由字符过滤器（character filter）、分词器（tokenizer）和词元过滤器（token filter）组成。当第一个文档被索引时，例如在 greeting 字段（文本字段）中，就会创建一个倒排索引。每个全文字段都由一个倒排索引支持。greeting 的值“Hello, World”经过分析、分词和归一化，最终转换为两个单词——“hello”和“world”。但是在此过程中还有一些步骤。

来看一下整个过程（图 3-18）。输入行<h2>Hello WORLD</h2>被去除了不需要的字符，如 HTML 标记。清理后的数据根据空格被拆分成词元（很可能是单个单词），从而生成 Hello WORLD。最后，应用词元过滤器，使句子能够转换为词元：[hello] [world]。默认情况下，Elasticsearch 使用标准分析器将词元转换为小写。注意，标点符号（逗号）在这个过程中也被删除了。

在经过这些步骤后，就为该字段创建了一个倒排索引。它主要用于全文搜索功能。本质上，它是一个哈希映射，单词作为键，指向这些单词出现的文档。它由一组唯一的单词和这些单词在索引中所有文档中出现的频率组成。

回顾一下我们的例子。由于文档 1（“Hello, WORLD”）已被索引和分析，因此创建了一个倒排索引，其中包含了词元（单个单词）及它们所在的文档，如表 3-3 所示。

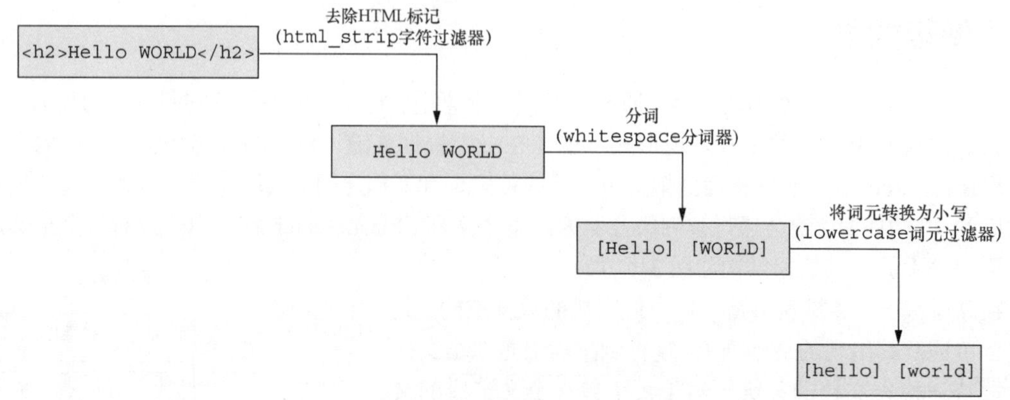

图 3-18 Elasticsearch 处理文本的文本分析过程

表 3-3 “Hello, WORLD”文档的分词结果

单词	频率	文档 ID
hello	1	1
world	1	1

单词“hello”和“world”连同这些词所在的文档 ID（当然就是文档 ID 1）一起添加到倒排索引中。在倒排索引中还记录了这些单词在所有文档中出现的频率。

当文档 2（“Hello, Mate”）被索引时，数据结构会被更新（如表 3-4 所示）。

表 3-4 “Hello, Mate”文档的分词结果

单词	频率	文档 ID
hello	2	1,2
world	1	1
mate	1	2

在更新单词“hello”的倒排索引时，会追加文档 2 的文档 ID，同时增加该单词的出现频率。所有来自新文档的词元在被追加到数据结构之前，都会与倒排索引中的键进行匹配（如本例中的“mate”），如果该词元是首次出现，则会作为新记录添加。

现在这些文档已经创建了倒排索引，当搜索“hello”时，Elasticsearch 会先查询这个倒排索引。倒排索引指出单词“hello”出现在文档 ID 为 1 和文档 ID 为 2 的文档中，因此相关的文档将被获取并返回给客户端。

我们在这里过度简化了倒排索引，但这没关系，因为我们的目的是对这种数据结构有一个基本的了解。例如，如果我们现在搜索“hello mate”，文档 1 和文档 2 都会被返回，但文档 2 可能比文档 1 有更高的相关性分数，因为文档 2 的内容与查询更匹配。

虽然倒排索引针对更快的信息检索做了优化，但它也增加了分析的复杂性并且需要更多的空间。随着索引活动的增加，倒排索引也在不断增长，从而消耗计算资源和堆内存。我们不会直接操作这种底层数据结构，但理解其基本原理还是很有帮助的。

倒排索引还有助于推断相关性分数，它提供了词项的频率，这是计算相关性分数的一个重要因素。我们一直在使用相关性（relevancy）这个术语，现在是时候了解什么是相关性，以及像 Elasticsearch 这样的搜索引擎使用什么算法为用户获取相关的结果。下面我们就来讨论与相关性有关的概念。

3.4 相关性

现代搜索引擎不仅根据查询条件返回结果，还会分析并返回最相关的结果。如果你是一名开发者或 DevOps 工程师，你很可能使用过 Stack Overflow 来搜索技术问题的答案。在 Stack Overflow 上搜索从未让我失望（至少在大多数情况下），得到的查询结果非常接近我想要的答案。结果按相关性排序，最相关的结果排在顶部，最不相关的结果排在底部。查询结果很少会不满足要求——如果结果是杂乱无章的，你可能就不会再使用 Stack Overflow 了。

3.4.1 相关性分数

Stack Overflow 应用一组相关性算法来搜索和排序返回给用户的结果。同样，Elasticsearch 在返回全文查询的结果时，也会根据相关性分数（relevancy score）进行排序。

相关性是一个正浮点数，用于决定搜索结果的排名。Elasticsearch 默认使用最佳匹配 25（Best Match 25，BM25）相关性算法来计算返回结果的分数，以确保客户端能获得相关的结果。这是之前使用的词频-逆文档频率（TF-IDF）相似性算法的高级版本（更多关于相关性算法的信息参见 3.4.2 节）。

举个例子，如果我们在书名中搜索“Java”，在书名中多次出现“Java”的文档比在书名中只出现一次或根本没有“Java”的文档更相关。参考图 3-19 中的示例结果，这些结果是 Elasticsearch 根据搜索书名中的关键词“Java”检索得到的（完整示例在本书配套资源中）。

```
GET books/_search
{
  "_source": "title",
  "query": {
    "match": {
      "title": "Java"
    }
  }
}
```

```
"hits" : {
    …
    "max_score" : 0.33537668,

    "hits" : [{
        "_score" : 0.33537668,
        "_source" : {  "title" : "Effective
Java" }
      },
      {
        "_score" : 0.30060259,
        "_source" : { "title" : "Head First
Java" }
      },
      {
        "_score" : 0.18531466,
        "_source" : { "title" : "Test-Driven:
TDD and Acceptance TDD for Java Developers"}
      }…]
    }
```

图 3-19 在书名搜索中“Java”的相关结果

第一个结果显示的相关性分数（0.33537668）比第二个和第三个结果更高。所有书名都包含单词“Java”，因此为了计算相关性分数，Elasticsearch 使用了字段长度归一化（field-length norm）算法：第一个书名中的搜索词（“Effective Java”，包含 2 个单词）比第二个书名中的搜索词（“Head First Java”，包含 3 个单词）更相关。max_score 是所有可用分数中最高的，通常是第一个文档的分数。

相关性分数是根据所采用的相似性算法生成的。在这个例子中，Elasticsearch 默认应用了 BM25 算法来确定得分。这个算法依赖于词频、逆文档频率和字段长度，但 Elasticsearch 提供了更多的灵活性：除了 BM25，它还提供了一些其他的算法。这些算法被封装在 similarity 模块中，用于对匹配的文档进行排名。下面我们就来看一下其中的一些相似性算法。

3.4.2 相关性（相似性）算法

Elasticsearch 使用了几种相关性算法，默认是 BM25。BM25 和 TF-IDF 都是 Elasticsearch 中用于对文档进行打分和排序的相关性算法。它们在计算词项权重和文档分数的方式上有所不同。

- TF-IDF，即词频 - 逆文档频率。TF-IDF 算法是一种传统的加权算法，它根据词频（term frequency，TF）和逆文档频率（inverse document frequency，IDF）为文档中的每个词项分配一个权重。TF 表示一个词项在文档中出现的次数，而 IDF 则是衡量一个词项在整个文档集中的出现频率。根据 TF-IDF 算法，在某个特定文档中出现频率较高，但在整个文档集中出现频率较低的词，应该被视为更相关。
- BM25，即最佳匹配 25。BM25 算法是对 TF-IDF 算法的改进。它对基本算法做了两个重要修改：一是使用非线性函数来处理词频，以防止高度重复的词项获得过高的分数；二是引入文档长度归一化因子来抵消对长文档的偏好。在 TF-IDF 算法中，较长的文档更有可能具有更高的词频，这意味着它们可能会获得过高的分数。BM25 算法的工作就是避免这种偏见。

BM25 和 TF-IDF 都是在 Elasticsearch 中使用的相关性算法。BM25 因其具有词频饱和度和文档长度归一化的特性被认为是对 TF-IDF 的改进。因此，BM25 被认为能够更准确地返回相关的搜索结果。

Elasticsearch 提供了 similarity 模块，如果默认算法不满足要求，它允许我们应用最合适的算法。

相似性算法是通过映射 API 应用于每个字段的。因为 Elasticsearch 很灵活，它还允许我们根据需求定制算法。（这是一项高级功能，所以很遗憾，本书中没有详细讨论它。）表 3-5 列出了 Elasticsearch 开箱即用的相似性算法。

表 3-5 Elasticsearch 开箱即用的相似性算法

相似性算法	类型	描述
Okapi BM25（默认）	BM25	一种增强的 TF-IDF 算法，除了考虑词频和逆文档频率，还考虑了字段长度
随机性差异（divergence from randomness，DFR）	DFR	使用 Amati 和 Rijsbergen 开发的 DFR 框架，旨在通过测量实际词频分布和预期随机分布之间的差异来提高搜索相关性。在对搜索结果进行排名时，那些在相关文档中出现频率高于随机分布的词项会被赋予更高的权重

续表

相似性算法	类型	描述
独立性差异（divergence from independence，DFI）	DFI	DFR 家族中的一个特定模型，它测量实际词频分布与独立分布之间的差异。DFI 通过比较观察到的词频与随机、无关词频中的预期值，来为文档分配更高的分数
LM Dirichlet	LMDirichlet	根据文档的语言模型生成查询词项的概率来计算文档的相关性
LM Jelinek-Mercer	LMJelinek-Mercer	与不考虑数据稀疏性的模型相比，提供了更好的搜索相关性
自定义脚本	scripted	允许通过自定义脚本来计算相关性分数
布尔相似性	boolean	除非满足查询条件，否则不考虑排名因素

接下来，我们将简要介绍 BM25 算法，它是下一代增强型 TF-IDF 算法。

1. Okapi BM25 算法

与相关性分数相关的 3 个主要因素是词频（TF）、逆文档频率（IDF）和字段长度归一化。让我们简要地看一下这些因素，并了解它们是如何影响相关性的。

词频表示搜索词在当前文档的字段中出现的次数。如果在书名字段中搜索一个词，则该词出现的次数由词频变量表示。词频越高，则分数越高。

例如，假设我们在 3 个文档的书名字段中搜索单词“Java”。在索引时，我们创建了包含词项、该词在该字段（在文档中）中出现的次数和文档 ID 这几个信息的倒排索引。我们可以根据这些数据创建一张表，如表 3-6 所示。

表 3-6 搜索关键词“Java”的词频

书名	词频	文档 ID
Mastering Java: Learning Core Java and Enterprise Java With Examples	3	25
Effective Java	1	13
Head First Java	1	39

“Java”在 ID 为 25 的文档中出现了 3 次，在另外 2 个文档中各出现了 1 次。因为搜索词在第一个文档（ID 为 25）中出现的次数更多，所以将该文档视为首选是合理的。记住，词频越高，相关性就越大。

尽管词频（TF）看起来已经能够很好地指明搜索结果中最相关的文档，但通常还不够。另一个因素是*逆文档频率*（IDF）。当 IDF 与 TF 结合使用时，可以产生更优的分数。

文档频率表示搜索词在整个文档集（即整个索引）中出现的次数。如果一个词的文档频率很高，我们可以推断出这个搜索词在索引中很常见。如果一个词在索引中的所有文档中多次出现，那么它就是一个常见词，因此相关性就没那么强。

出现频率高的词通常不重要，例如“a”“an”“the”“it”等词在自然语言中很常见，因此可以忽略不计。文档频率的倒数（逆文档频率）为整个索引中不常见的词提供了更高的权重。因此，文档频率越高，相关性就越低，反之亦然。表 3-7 展示了词频与相关性之间的关系。

表 3-7 词频与相关性之间的关系

词频	相关性
高词频	高相关性
高文档频率	低相关性

停用词

像“the”“a”“it”“an”“but”“if”“for”和“and”这样的词被称为停用词，可以通过使用停用词过滤插件来删除。standard 分析器默认没有启用 stopwords 参数（stopwords 过滤器默认被设置为_none_），因此这些词会被分析。但是，如果需求是忽略这些词，我们可以通过将 stopwords 参数设置为_english_来启用停用词过滤器，如下所示：

```
PUT index_with_stopwords
{
  "settings": {
    "analysis": {
      "analyzer": {
        "standard_with_stopwords_enabled": {
          "type": "standard",
          "stopwords": "_english_"
        }
      }
    }
  }
}
```

我们将在第 7 章中学习如何自定义分析器。

在 5.0 版本之前，Elasticsearch 使用 TF-IDF 相似性算法来计算分数和排名结果。后来 TF-IDF 算法被弃用，取而代之的是 BM25 算法。TF-IDF 算法没有考虑字段长度，导致相关性分数出现倾斜。例如，你认为下列哪个文档与搜索条件更相关？

- 一个包含 100 个词的字段，其中搜索词出现了 5 次。
- 一个包含 10 个词的字段，其中搜索词出现了 3 次。

从逻辑上来看，第二个文档显然更相关，因为它在更短的长度内包含了更多的搜索词。Elasticsearch 通过为 TF-IDF 增加一个额外的参数——字段长度来改进其相似性算法。

*字段长度归一化*根据字段的长度计算分数：在短字段中多次出现的搜索词更相关。“Java”一词在一篇很长的摘要中只出现了一次，可能并不代表这是一个有用的搜索结果；而如表 3-8 所示，同一个词在书名字段（词数更少）中出现两次或更多次，则表明这本书是关于 Java 编程语言的。

表 3-8 比较不同字段以获取相似性

单词	字段长度	频率	是否相关
Java	长度为 100 个单词的摘要字段	1	否
Java	长度为 5 个单词的书名字段	2	是

在大多数情况下，BM25 算法就足够了。然而，如果需要将 BM25 替换为另一种算法，可以

使用索引 API 进行配置。让我们来了解一下如何根据需要配置算法。

2. 配置相似性算法

如果默认的 BM25 算法不满足需求，Elasticsearch 允许我们使用其他相似性算法。BM25 和 boolean 这两种相似性算法可以开箱即用，无须进一步设置。在创建模式定义时，我们可以使用索引设置 API 为各个字段设置相似性算法，如图 3-20 所示。

注意 使用相似性算法是一个高级话题。虽然我建议你阅读本节内容，但你可以跳过本节，等到想要进一步了解的时候再回来查看。

```
PUT index_with_different_similarities
{
  "mappings": {
    "properties": {
      "title":{
        "type": "text",
        "similarity": "BM25"
      },
      "author":{
        "type": "text",
        "similarity": "boolean"
      }
    }
  }
}
```

创建一个包含两个字段的索引
title字段显式定义为使用BM25（默认）相似性算法
author字段定义为使用boolean相似性算法

图 3-20 为字段设置不同的相似性算法

在图 3-20 中，我们创建了一个名为 index_with_different_similarities 的索引，其模式包含两个字段，即 title 和 author。重要的一点是，这两个字段分别指定了不同的算法：title 与 BM25 算法关联，而 author 设置为 boolean 算法。

每个相似性函数都有附加的参数，我们可以调整它们来反映精确的搜索结果。例如，尽管 BM25 函数默认设置了最优参数，但我们可以使用索引设置 API 来轻松地修改该函数。如果需要，我们可以更改 BM25 中的两个参数——k1 和 b，如表 3-9 所述。

表 3-9 BM25 相似性函数的可用参数

参数	默认值	描述
k1	1.2	非线性词频饱和变量
b	0.75	基于文档长度的 TF 归一化因子

来看一个例子。图 3-21 展示了一个具有自定义相似性函数的索引，其中核心的 BM25 函数根据我们自定义的 k1 和 b 设置进行了调整。

在这里，我们正在创建一个自定义的相似性类型——一个经过调整的 BM25 版本，可以在其他地方重复使用。（它更像一个数据类型函数，预先定义并准备好附加到属性上。）一旦创建了这个相似性函数，我们就可以在设置字段时使用它，如图 3-22 所示。

```
PUT my_bm25_index
{
  "settings": {
    "index":{
      "similarity":{
        "custom_BM25":{
          "type":"BM25",
          "k1":"1.1",
          "b":"0.85"
        }
      }
    }
  }
}
```

配置一个使用特定BM25参数的索引
创建了一个自定义的相似性函数，其中修改了BM25算法
根据我们的需求设置k1和b的值

图 3-21 为 BM25 相似性函数设置自定义参数

```
PUT books/_mapping
{
  "properties":{
    "synopsis":{
      "type":"text",
      "similarity":"custom_BM25"
    }
  }
}
```

创建一个索引，其中包含字段及其类型
创建synopsis字段时使用修改后的BM25相似性算法

图 3-22 索引中的一个字段使用了自定义的 BM25 相似性函数

我们创建一个映射定义，将自定义相似性函数 `custom_BM25` 分配给 `synopsis` 字段。当对这个字段的结果进行排名时，Elasticsearch 会使用提供的自定义相似性函数来计算分数。

> **相似性算法是野兽**
>
> 信息检索是一个庞大而复杂的课题。涉及结果打分和排序的算法都是高级且复杂的。虽然 Elasticsearch 提供了一些即插即用的相似性算法，但在使用它们时，你可能需要更深入的理解。一旦你调整了这些打分函数的配置参数，一定要确保自己已经测试并尝试了所有可能的组合。

你可能会好奇，Elasticsearch 是如何在几分之一秒内检索出文档的？它又是如何知道文档位于众多分片中的哪个位置的呢？关键就在于下面讨论的路由算法。

3.5 路由算法

每个文档都有一个永久的归属地，即它必须属于一个特定的主分片。在索引时，Elasticsearch 使用*路由算法*（routing algorithm）将文档分发到底层的分片中。

*路由*是将文档分配到特定分片的过程，每个文档仅存储在一个主分片中。检索相同的文档很容易，因为可以使用相同的路由函数来找到该文档所属的分片。

路由算法是一个简单的公式，Elasticsearch 在索引或搜索期间使用它来推断文档的分片：

```
分片编号 = hash(ID) % 主分片数
```

路由函数的输出是一个分片编号，它是通过对文档 ID 进行哈希运算，然后将哈希值与主分片数取模得到的。hash 函数期望一个唯一 ID，通常是文档 ID 或用户提供的自定义 ID。文档是均匀分布的，因此分片过载的可能性很小。

注意，该公式直接依赖于主分片数。这意味着一旦创建了索引，就无法更改主分片数。如果可以更改设置（例如，将主分片数从 2 更改为 4），路由函数对现有记录就会失效，数据将无法找到。这就是为什么 Elasticsearch 不允许在索引设置好后更改分片的原因。

如果我们没有预料到数据增长，而分片又因数据激增而耗尽，那该怎么办？并非毫无办法。还有一种解决方法——重新索引数据。重新索引实际上是创建一个具有适当设置的新索引，并将数据从旧索引复制到新索引中。

副本分片可以在索引运行期间更改

尽管在索引运行期间无法更改主分片数，但如果需要，可以更改副本数。记住，路由函数是主分片数的函数，而不是副本数的函数。如果需要更改主分片数，就必须关闭索引（关闭的索引会阻止所有读写操作），然后更改主分片数，再重新打开索引；或者，创建一个具有新分片集合的新索引，并将数据从旧索引重新索引到新索引中。

Elasticsearch 的主要目标之一是实现引擎的可扩展性。在 3.6 节中我们将从高层级来审视 Elasticsearch 的可扩展性：进行扩展、垂直扩展和水平扩展的工作原理，以及重新索引过程。我在这里不深入讨论扩展解决方案的细节，因为我将在第 14 章中重新讨论这些内容。

3.6 扩展

当 Shay Banon 和他的团队从零开始重写 Elasticsearch 时，他们的目标之一就是确保服务器能够轻松扩展。也就是说，如果数据增加或查询负载升高，添加额外的节点应该可以解决问题。当然，还有其他解决方案，例如垂直扩展、性能调优等。根据需求，有两种主要的扩展方式，即水平扩展和垂直扩展。Elasticsearch 支持这两种扩展方式。

3.6.1 纵向扩展（垂直扩展）

在垂直扩展的场景中，我们不会从云提供商那里购买额外的虚拟机，而是对现有机器添加计算资源，如额外的内存、CPU 和 I/O。例如，我们可以增加 CPU 核心数、加倍内存等。

还有一种方式可以提高集群的性能。由于现在有了空间，我们可以在机器上安装更多节点，从而在单台（高配置）机器上创建多个节点。

记住，垂直扩展需要关闭集群，因此应用可能会停机，除非我们依靠传统的灾难恢复（disaster recovery，DR）模型。这就需要启用辅助系统或备份系统，在主系统进行维护时继续为客户端提供服务。

然而，这种扩展方式存在潜在风险。如果整台机器由于紧急情况或硬件故障崩溃，数据可能会丢失，因为托管数据的所有节点都在同一台机器上。当然，我们有备份，因此可以恢复，但过程会非常痛苦。副本虽然托管在不同的节点，但都在同一台机器上，这是在自找麻烦。

3.6.2 横向扩展（水平扩展）

我们还可以对环境进行水平扩展。与为现有机器添加额外的 RAM 和内存不同，我们可以投入一些新的机器（可能是资源配置相对较低的虚拟机，而不是垂直扩展时使用的高配置机器），来组成一个水平扩展的集群。

这些新的虚拟机将作为新节点启动，从而加入现有的 Elasticsearch 集群。一旦新节点加入集群，Elasticsearch 作为一个分布式架构的引擎，会立即将数据分发到它们上面。创建虚拟机很容易，特别是使用现代的基础设施即代码（infrastructure as code，IaC）工具，如 Terraform、Ansible、Chef 等，因此这种方法往往受到许多 DevOps 工程团队的青睐。

本章到这里结束。本章介绍了 Elasticsearch 的基础知识，包括其组成部分、底层模块和搜索概念。我们将在接下来的两章中更多地讨论相关概念和基础知识，并提供示例。

3.7 小结

- Elasticsearch 需要引入数据以进行索引。数据源可以包括简单的文件、数据库、实时数据流、推文等。
- 在索引过程中，数据会经历一个严格的分析阶段，其间会创建倒排索引这样的高级数据结构。
- 数据通过搜索 API（以及用于单个文档检索的文档 API）进行检索或搜索。
- 传入的数据必须包装在 JSON 文档中。因为 JSON 文档是基本的数据承载实体，所以它会被持久化到分片和副本中。
- 分片和副本是 Apache Lucene 的实例，负责持久化、检索和分发文档。
- Elasticsearch 应用启动时，将作为一个单节点集群应用运行。添加节点可以扩展集群，使其成为一个多节点集群。
- 为了更快地检索信息和持久化数据，Elasticsearch 提供了像倒排索引这样的高级数据结构用于结构化数据（如文本信息），以及像 BKD 树这样的高级数据结构用于非结构化数据（如日期和数值）。
- 相关性是附加在检索到的文档结果上的正浮点数。它定义了文档与搜索条件的匹配程度。
- Elasticsearch 使用 Okapi BM25 相关性算法，这是 TF-IDF 相似性算法的增强版本。
- 可以根据需求和可用资源对 Elasticsearch 进行垂直扩展或水平扩展。垂直扩展是增强现有的机器（添加更多内存、CPU、I/O 等），而水平扩展是启动更多的虚拟机，允许它们加入集群并分担负载。

第 4 章　映射

本章内容

- 字段数据类型
- 隐式映射和显式映射
- 核心数据类型
- 高级数据类型
- 创建/访问映射 API

数据就像彩虹，有各种“颜色”。业务数据有各种形态和形式，表现为文本信息、日期、数值、内部对象、布尔值、地理位置、IP 地址等。在 Elasticsearch 中，将数据建模并索引为 JSON 文档，每个文档由多个字段组成，每个字段包含特定类型的数据。例如，一个电影文档可能由片名和摘要（以文本数据表示）、上映日期（以日期表示）和票房（以浮点数表示）组成。

在第 2 章中，当我们索引样本文档时，并没有关注字段的数据类型。Elasticsearch 通过查看每个字段及其包含的信息的类型来隐式地推断出这些字段的类型。与关系数据库不同，Elasticsearch 无须我们进行任何前期工作就可以创建模式。在数据库中，必须在检索或持久化数据之前定义并开发表模式。但是我们在不为数据模型定义模式的情况下，可以向 Elasticsearch 写入文档。这种无模式的特性能够帮助开发人员快速上手 Elasticsearch。但是，最佳实践是预先开发模式，而不是让 Elasticsearch 自动定义，除非我们的需求不需要模式。

Elasticsearch 期望我们在索引数据时提供一些线索，告诉它应该如何处理字段。这些线索可以由我们在创建索引时以模式定义的形式提供，也可以由引擎在我们允许的情况下隐式推导出来。创建模式定义的过程称为映射（mapping）。

映射使 Elasticsearch 能够理解数据的形态，以便可以在索引字段之前应用一组预定义的规则。Elasticsearch 还会参考映射规则手册，以便对文本字段应用全文规则。结构化字段（如数值或日期等精确值）有一组单独的指令，使其除了可用于常规搜索，还能用于聚合、排序和过滤功能。

本章将介绍映射模式的使用方法、探索映射的过程，并研究如何使用映射 API 来定义数据类型。Elasticsearch 索引的数据具有明确的形态和形式。精心定义的数据可以让 Elasticsearch 完成完美的分析，从而为用户提供精确的结果。本章将讨论 Elasticsearch 中的数据处理方式，以及映射模式如何帮助我们避免障碍并获得准确的搜索结果。

100 米短跑还是 400 米栏？

本章包含了许多围绕核心数据类型和高级数据类型的实践示例。虽然我建议按顺序阅读这些内容，但如果你刚开始使用 Elasticsearch 并希望专注于初学者的部分，可以先跳过 4.6 节，等更有信心时再回来阅读。

如果你只想快速入门，可以阅读完 4.5 节后随时跳到第 5 章。

4.1 概述

映射是定义和开发模式定义的过程，模式定义代表了文档的数据字段及其关联的数据类型。映射告诉引擎正在索引的数据的形态和形式。因为 Elasticsearch 是一个面向文档的数据库，所以它期望每个索引有一个映射定义。每个字段都会根据映射规则进行处理。例如，字符串字段被视为文本字段，数值字段被存储为整数，日期字段被索引为日期以允许日期相关的操作，等等。准确无误的映射使 Elasticsearch 能够完美地分析数据，提供搜索相关的功能、排序、过滤和聚合。

注意 为了简化编码练习，我在本书配套资源的 kibana_scripts 文件夹中创建了 ch04_mapping.txt 文件。可以将该文件的内容原封不动地复制到 Kibana，在阅读本章内容的同时，通过运行各个代码片段来完成示例练习。

4.1.1 映射定义

每个文档都由一组表示业务数据的字段组成，每个字段都与一种或多种特定的数据类型相关联。映射定义（mapping definition）是文档中字段及其数据类型的模式。每个字段根据数据类型以特定的方式存储和索引。这有助于 Elasticsearch 支持包括全文查询、模糊查询、词项查询和地理查询在内的多种搜索查询。

在编程语言中，我们用特定的数据类型（字符串、日期、数值、对象等）来表示数据。在编译期间让系统获知变量的类型是一种常见的做法。在关系数据库中，我们通过适当的字段定义来定义表模式以持久化记录，在开始数据库持久化操作之前，必须先定义模式。

Elasticsearch 在索引文档时能够理解字段的数据类型，并将字段存储到适当的数据结构中（例如，文本字段使用倒排索引，数值字段使用 BKD 树），以便进行数据检索。精确定义数据类型的被索引到的数据可以产生准确的搜索结果，有助于对数据进行排序和聚合。

图 4-1 展示了索引的映射模式的结构。正如所见，索引由一个 `mapping` 对象组成，该对象包含了封装在 `properties` 对象中的各个字段及其类型。

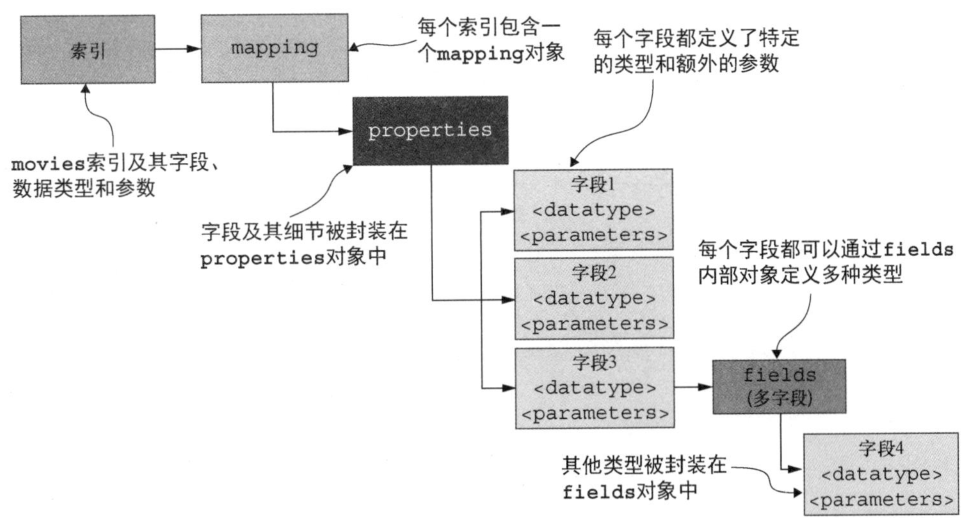

图 4-1 映射模式的结构

4.1.2 首次索引文档

来看一看如果在没有预先创建模式的情况下索引一个文档会发生什么。假设我们想要索引一个电影文档，如代码清单 4-1 所示。

代码清单 4-1 将 ID 为 1 的文档索引到 movies 索引中

```
PUT movies/_doc/1
{
  "title":"Godfather",
  "rating":4.9,
  "release_year":"1972/08/01"
}
```

片名（title）

电影评分（rating）

电影上映年份（注意日期格式）（release_year）

这是第一个发送到 Elasticsearch 进行索引的文档。我们在文档摄取之前并没有为这个文档数据创建索引（movies）或模式。当这个文档到达引擎时，会发生以下情况。

（1）自动创建一个默认设置的新索引 movies。

（2）使用从该文档的字段中推断出的数据类型（稍后讨论）为 movies 索引创建一个新的模式。例如，title 被设置为 text 和 keyword 类型，rating 被设置为 float 类型，release_year 被设置为 date 类型。

（3）文档被索引并存储在 Elasticsearch 数据存储中。

（4）后续的文档在进行索引时不再需要经历前面的步骤，因为 Elasticsearch 会参考新创建的模式进行索引。

Elasticsearch 在完成这些步骤时，会在后台做一些准备工作来创建包含字段名称和附加信息的模式定义。可以使用映射 API 来动态获取 Elasticsearch 创建的模式定义。GET 命令的响应如图 4-2 所示。

```
...
"properties" : {
  "rating" : {"type" : "float"},
  "release_year" : {
    "type" : "date",
    "format" : "yyyy/MM/dd HH:mm:ss||yyyy/MM/dd||epoch_millis"
  },
  "title" : {
    "type" : "text",
    "fields" : {
      "keyword" : {
        "type" : "keyword",
        "ignore_above" : 256
      }
    }
  }
}
```

GET movies/_mapping

由于rating的值是4.9（浮点数），因此类型被确定为float

由于release_year的值是年份格式（ISO格式），因此类型被确定为date

由于title是文本信息，因此被指定为text数据类型

fields对象表示为同一个title字段定义第二种数据类型（多种数据类型）

图 4-2　从文档值推断出的 **movies** 索引映射

Elasticsearch 使用动态映射（dynamic mapping）来推断字段的数据类型，当首次索引文档时，它会查看字段的值并从中推导出这些类型。每个字段都被定义了一个特定的数据类型：rating 字段被声明为 float 类型，release_year 被声明为 date 类型，等等。Elasticsearch 动态地根据 title 字段的字符串值（"Godfather"）确定其类型为 text。因为该字段被标记为 text 类型，所以所有与全文相关的查询都可以在该字段上进行。

单个字段也可以由表示多种数据类型的其他字段组成。除了将 title 字段创建为 text 类型，Elasticsearch 还做了一些额外的工作：使用 fileds 对象为 title 字段创建了一个额外的 keyword 类型，从而使 title 成为一个多类型字段。不过，必须使用 title.keyword 来访问它。

多类型字段可以关联多种数据类型。在我们的示例中，默认情况下，title 字段同时映射到 text 类型和 keyword 类型。keyword 类型的字段用于精确值搜索。具有这种数据类型的字段不会经历分析阶段，它们不会被分词、同义化或词干化，因此保持不变。更多关于多类型字段的内容参见 4.7 节。

keyword 类型的字段的分析

声明为 keyword 数据类型的字段使用一种称为 noop（无操作）的特殊分析器，在索引过程中不会对 keyword 数据进行任何处理。这个 keyword 分析器会将整个字段作为一个大的词元输出。

默认情况下，keyword 类型的字段不会被归一化，因为 keyword 类型上的 normalizer 属性被设置为 null。但我们可以通过设置 german_normalizer、uppercase 等过滤器来自定义并启用 keyword 数据类型上的 normalizer。这样做表明我们希望 keyword 类型的字段在索引之前进行归一化处理。

Elasticsearch 根据字段的值推断映射的过程称为动态映射（更多内容将在 4.2 节中介绍）。虽然动态映射智能且方便，但也要注意，它可能会让模式定义出错。Elasticsearch 只能根据文档的字段值做出一定程度的推断。它可能会做出错误的假设，导致错误的索引模式，从而产生不正确的搜索结果。

我们已经了解到，如果模式在索引首个文档时不存在，Elasticsearch 会动态地推断和确定字段的数据类型，并创建模式。下面我们就来讨论 Elasticsearch 确定类型的方法及动态映射的缺点。

4.2 动态映射

当我们首次索引文档时，映射和索引都会自动创建。就算我们不提前提供模式，引擎也不会报错——Elasticsearch 在这一点上是宽容的。我们可以在不告知引擎任何关于字段数据类型的信息的情况下索引一个文档。考虑一个由几个字段组成的电影文档，如图 4-3 所示。

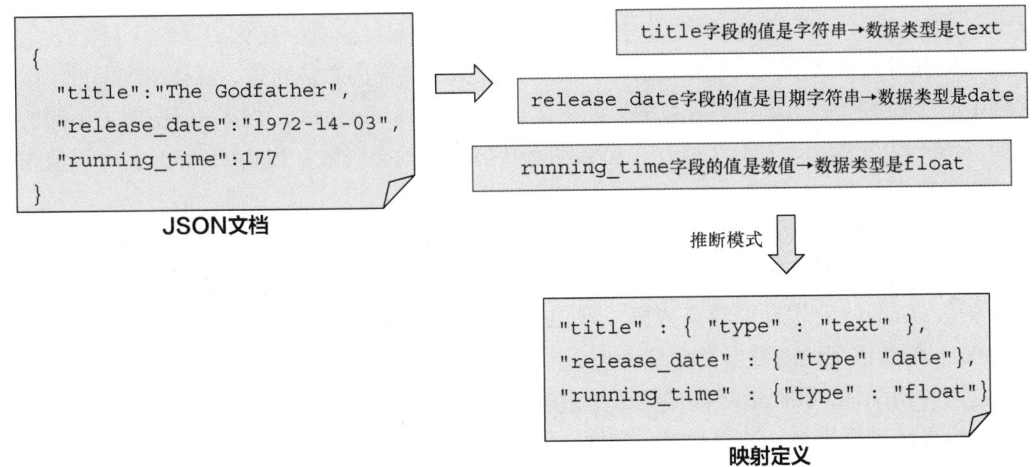

图 4-3 动态推断索引模式

Elasticsearch 会根据这个文档中的字段和值自动推断数据类型。

- `title` 字段的值是字符串，因此 Elasticsearch 将该字段映射为 `text` 数据类型。
- `release_date` 字段的值是字符串，但该值符合 ISO 8601 日期格式，因此被映射为 `date` 数据类型。
- `rating` 字段的值是数值，因此 Elasticsearch 将其映射为 `float` 数据类型。

由于我们没有明确创建映射，而是让 Elasticsearch 动态推断模式，因此这种类型的映射被称为动态映射。这个功能在应用开发或测试环境中非常方便。

Elasticsearch 是如何知道 `rating` 字段的数据类型是 `float` 的？更进一步，Elasticsearch 是如何推断出任何类型的？下面我们就来看一下 Elasticsearch 推断类型的机制和规则。

4.2.1 推断类型的机制

Elasticsearch 分析字段的值并根据这些值猜测相应的数据类型。例如，当解析传入的 JSON 对象时，`rating` 值为 4.9，在编程语言中类似于浮点数。这种“猜测”相当直接，因此 Elasticsearch 将 `rating` 字段标记为 `float` 数据类型。

虽然推断数值类型可能很容易，但 `release_year` 字段的类型又该如何确定呢？将该字段的值与 `yyyy/MM/dd` 或 `yyyy-MM-dd` 这两种默认日期格式进行比较，如果匹配成功，它将被分配为 `date` 数据类型。

> **动态映射中的日期格式**
>
> 如果 JSON 文档中的值以 `yyyy-MM-dd` 或 `yyyy/MM/dd` 格式提供，Elasticsearch 可以推断该字段是 `date` 类型，尽管后者并非 ISO 日期格式。然而，这种灵活性仅适用于动态映射的情况。
>
> 如果我们显式地将一个字段声明为 `date` 类型（使用显式映射，在 4.3 节中会详细介绍），那么除非我们提供自定义格式，否则该字段默认遵循 `strict_date_optional_time` 格式。该格式符合 ISO 日期格式 `yyyy-MM-dd` 或 `yyyy-MM-ddTHH:mm:ss`。

这种猜测对大多数情况来说是足够的，但如果数据略微偏离默认轨道，就会出现问题。以电影文档中的 `release_year` 字段为例，如果文档中 `release_year` 字段的值使用了不同的格式（如 `ddMMyyyy` 或 `dd/MM/yyyy`），那么动态映射规则就会失效。Elasticsearch 会将该值视为 `text` 类型而不是 `date` 类型。

类似地，让我们尝试索引另一个文档，其中 `rating` 字段设置为 4（我们打算提供小数表示的评分）。Elasticsearch 确定该字段是 `long` 数据类型，因为该值符合 `long` 数据类型的规则。尽管我们希望 `rating` 字段存储浮点数据，但 Elasticsearch 未能确定适当的类型。看到值（`4`）后，Elasticsearch 推断该字段的数据类型是 `long`。

在这两种情况下，我们最终都得到了错误的数据类型模式。类型错误可能会导致应用出现问题，使字段无法进行排序、过滤和聚合数据。但这已经是 Elasticsearch 在使用动态映射功能时能做到的最好结果了。

> **根据自己的数据提前创建模式**
>
> 虽然 Elasticsearch 足够聪明，能够根据文档推导出映射信息，使我们不必担心模式，但也有可能出现问题，导致最终得到错误的模式定义。错误的模式往往会带来麻烦。
>
> 由于我们通常对自己的领域有深入的了解，并且对数据模型非常熟悉，因此我的建议是不要让 Elasticsearch 自动创建模式，尤其是在生产环境中。相反，最好提前创建模式，通常是通过使用映射模板在组织内制定映射策略（第 6 章中将介绍映射模板）。当然，如果使用场景涉及没有标准格式的数据，那么动态映射会非常有用。

到目前为止，我们已经讨论了动态映射，尽管这个功能很有吸引力，但它确实存在一些局限性，下面我们就讨论这些局限性。

4.2.2 动态映射的局限性

让 Elasticsearch 推断文档模式存在一些局限性。Elasticsearch 可能会误解文档的字段值，从而推断出错误的映射，这会导致字段无法进行适当的搜索、排序和聚合。让我们来看看 Elasticsearch 是如何错误地确定数据类型，从而导致制定出不准确和错误的映射规则的。

1. 推断错误的映射

假设我们打算提供一个带有数值数据的字段，但数据将被包装成字符串（如`"3.14"`，注意引号）。遗憾的是，Elasticsearch 会错误地处理这种数据：在这个例子中，它会将数据类型视为 `text`，而不是 `float` 或 `double`。

修改第 3 章中的 `student` 文档，添加一个表示学生年龄的字段。这听起来像是一个数值，但我们通过将值用引号括起来，将其作为 `text` 类型的字段进行索引，如代码清单 4-2 所示。

代码清单 4-2 为 student 文档添加一个使用文本值的 age 字段

```
PUT students_temp/_doc/1
{
  "name":"John",
  "age":"12"
}
PUT students_temp/_doc/2
{
  "name":"William",
  "age":"14"
}
```

（第一个文档；age 变量的值被设置为字符串（带引号）；第二个文档）

注意，`age` 字段的值被引号括起，因此 Elasticsearch 将其视为 `text` 类型的字段（尽管它包含数字）。索引这两个文档之后，我们可以编写一个搜索查询，按年龄升序或降序对学生进行排序（见图 4-4）。响应表明该操作不被允许，让我们看看为什么。

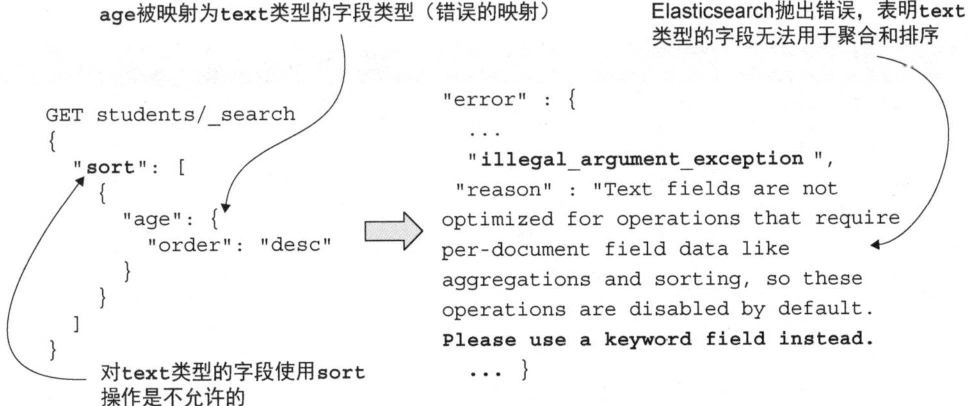

图 4-4 对 text 类型的字段进行排序操作会导致错误

由于 student 文档的 age 字段被索引为 text 类型的字段（在动态映射过程中，所有字符串字段默认都会被映射为 text 类型的字段），因此 Elasticsearch 无法在排序操作中使用该字段。在默认情况下，text 类型的字段不支持排序功能。

如果尝试对 text 类型的字段进行排序，Elasticsearch 会抛出错误消息，指明该字段未针对排序做过优化。如果想改变这种行为并对 text 类型的字段进行排序，可以在定义模式时将 fielddata 设置为 true：

```
PUT students_with_fielddata_setting
{
  "mappings": {
    "properties": {
      "age": {
        "type": "text",
        "fielddata": true
      }
    }
  }
}
```

这里有一个建议：字段数据存储在集群堆内存的*字段数据缓存*（field data cache）中。启用 fielddata 会导致昂贵的计算，这可能会引发集群的性能问题。我建议使用 keyword 类型的字段，而不是启用 fielddata。

2. 使用 keyword 类型修复排序问题

幸运的是，Elasticsearch 默认可以将任何字段创建为多字段，并以 keyword 作为第二种类型。利用这个默认功能，age 字段被标记为多字段，从而创建了数据类型为 keyword 的 age.keyword。要对学生进行排序，只需要将字段名从 age 更改为 age.keyword 即可，如代码清单 4-3 所示。

代码清单 4-3 修改 sort 查询根据 age.keyword 进行排序

```
GET students_temp/_search        <-- 使用_search API 获取所有文档
{
  "sort": [                      <-- 排序功能
    {
      "age.keyword": {           <-- 字段名是 age.keyword
        "order": "asc"           <-- 对数据进行升序排序
      }
    }
  ]
}
```

该查询按年龄升序对所有学生进行排序。查询成功执行，因为 age.keyword 是一个 keyword 类型的字段，所以可以对其应用排序功能。默认情况下，按 Elasticsearch 创建的第二种数据类型

(age.keyword)进行排序。

> **注意**　在这个例子中，age.keyword 是 Elasticsearch 在动态映射过程中隐式推断出的默认字段名称。相比之下，当我们显式定义映射模式时，可以完全控制字段的创建、命名和类型。

将一个字段视为 text 类型而不是 keyword 类型会对引擎产生不必要的影响，因为数据会被分析并拆分为词元。

3. 推断错误的日期格式

如果提供的日期格式不符合 Elasticsearch 的默认格式（yyyy-MM-dd 或 yyyy/MM/dd），则可能会错误地确定日期格式。如果以英国的 dd-MM-yyyy 格式或美国的 MM-dd-yyyy 格式发布日期，则该日期将被视为 text 类型。不能对非日期数据类型的字段进行日期运算，这些字段也无法用于排序、过滤和聚合。

> **注意**　JSON 中没有日期类型，因此需要由使用数据的应用来解码值并确定它是否为日期。在使用 Elasticsearch 时，我们以字符串格式提供这些字段的数据，例如"release_date": "2021-07-28"。

使用动态映射功能时需要注意的是，Elasticsearch 可能会产生错误的映射。根据字段的值准备模式并不总适用。因此，一般的建议是根据数据模型需求来设计模式，而不是依赖引擎的推断。

为了克服这些限制，我们可以选择另一种方式——显式映射，即在索引过程开始之前定义并创建模式。下面我就来讨论显式映射。

4.3　显式映射

4.2 节中介绍了 Elasticsearch 的无模式动态映射。Elasticsearch 足够智能，可以根据文档推导出映射信息，但最终可能得到错误的模式定义。幸运的是，Elasticsearch 提供了指定映射定义的方法。

下面是两种显式创建（或更新）模式的方法。图 4-5 展示了使用这两种 API 创建和更新 movies 索引的方法。

- 索引 API——在创建索引时，可以使用 create index API（而不是_mapping API）来创建模式定义。create index API 需要一个包含所需模式定义的 JSON 文档作为请求。新索引及其映射定义将同时创建。
- 映射 API——随着数据模型不断成熟，有时需要使用新的属性来更新模式定义。Elasticsearch 提供了一个_mapping 端点来完成此操作，允许添加字段及其数据类型。

下面我就以处理员工数据为例详细介绍这两种方法。

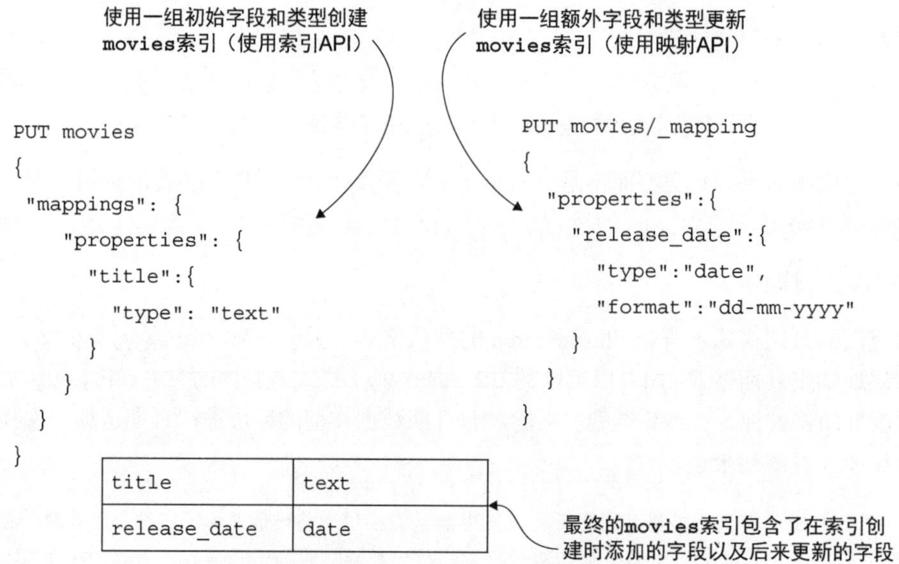

图 4-5 使用索引和映射 API 创建和更新模式

4.3.1 使用索引 API 定义映射

在创建索引时创建映射定义相对简单，只需发送一个 PUT 请求，在请求路径中指定索引名称，然后在请求体中传递一个 mappings 对象，其中包含所有必要的字段和详细设置（见图 4-6）。

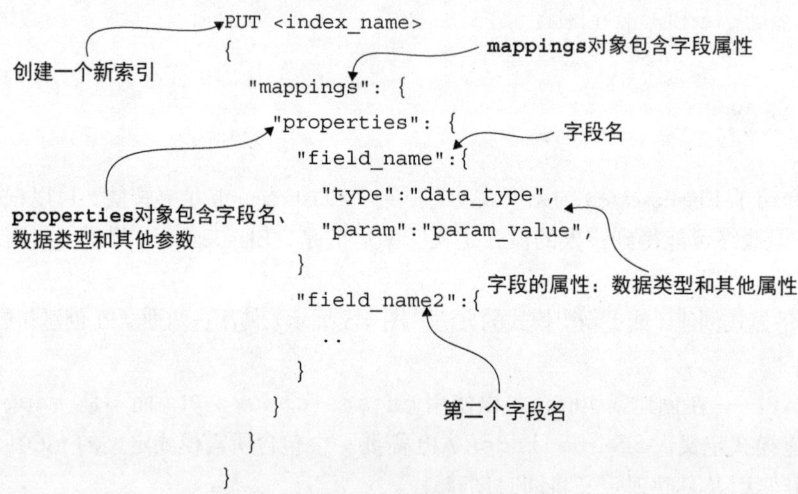

图 4-6 在索引创建期间创建映射定义

现在我们已经了解了使用映射 API 创建模式的理论知识，接下来我们通过为员工数据模型定义一个映射模式来实践一下，如代码清单 4-4 所示。员工信息通过 name、age、email 和 address

等字段进行建模。我们通过在 HTTP PUT 方法上调用映射 API，将包含这些字段的文档索引到 employees 索引中。请求体封装了字段的属性。

代码清单 4-4 预先创建模式

```
PUT employees
{
  "mappings": {
    "properties": {
      "name":{ "type": "text"},
      "age": {"type": "integer"},
      "email": {"type": "keyword"},
      "address":{
        "properties": {
          "street":{ "type":"text" },
          "country":{ "type":"text" }
        }
      }
    }
  }
}
```

email 字段是keyword类型

name 字段是 text 数据类型

age 字段是数值类型

内部对象中的 address 对象，其中包含更多字段

内部对象 properties

一旦脚本准备就绪，就可以在 Kibana 的 Dev Tools 中执行此命令。在代码编辑器的右侧窗格中会收到成功的响应，表明索引已被创建。现在我们拥有了一个 employees 索引，其中包含了预期的模式映射。在这个示例中，我们向 Elasticsearch 指定了字段的类型，从而控制了索引的模式。

你是否注意到代码清单 4-4 中的 address 字段？它是一个 object 类型的字段，由额外的字段 street 和 country 组成。尽管我们说 address 字段是封装了其他数据字段的 object，但它的类型并未被显式地标记为 object。这是因为 Elasticsearch 默认会把任何内部对象推断为 object 数据类型，所以这里没有明确指定它。此外，address 中包装的子字段 properties 对象可以用于定义内部对象的其他属性。

现在我们的 employees 索引已经投入生产，假设我们有了一个新需求：管理层希望我们扩展模型以包含更多属性，如部门、电话号码等。为了满足这一需求，我们必须使用映射 API 在活动的索引上添加这些字段。下面我们就简要介绍一下这个主题。

4.3.2 使用映射 API 更新模式

随着项目的成熟，数据模型无疑也会发生变化。继续以 employees 文档为例，添加 joining_date 和 phone_number 属性：

```
{
  "name":"John Smith",
  "joining_date":"01-05-2021",
  "phone_number":"01234567899"
  ...
}
```

joining_date 是 date 类型的，因为我们希望进行与日期相关的操作，例如按 joining_

date 对员工进行排序。phone_number 应该按原样存储（我们不希望对数据进行分词，在接下来的几节中会详细讨论），因此 keyword 数据类型适合它。要向现有的 employees 模式定义中添加这些额外的字段，可以在现有索引上调用_mapping 端点，在请求对象中声明新的字段，如代码清单 4-5 所示。

代码清单 4-5 使用额外字段更新现有索引

```
PUT employees/_mapping          ← _mapping 端点用于更新现有索引
{
  "properties":{
    "joining_date":{            ← joining_date 是 date 类型
      "type":"date",
      "format":"dd-MM-yyyy"     ← 期望的日期格式
    },
    "phone_number":{
      "type":"keyword"          ← phone_number 按原样存储
    }
  }
}
```

如果仔细查看请求体，就会发现 properties 对象被定义在根层级。这与之前使用索引 API 创建模式的方法不同，那时 properties 对象被包装在根层级的 mappings 对象中。

更新空索引

我们也可以使用相同的原理在空索引上更新模式。空索引（empty index）是在没有模式映射的情况下创建的（例如，执行 PUT books 命令会创建一个空的 books 索引）。

与在代码清单 4-5 中通过调用_mapping 端点并提供所需的模式定义来更新索引的方式类似，我们可以对空索引使用相同的方法。代码清单 4-6 使用额外的字段更新了 departments 索引的模式。

代码清单 4-6 更新空索引的映射模式

```
PUT departments                 ← 首先创建一个空索引

PUT departments/_mapping        ← 使用映射 API 更新空索引
{
  "properties":{
    "name":{
      "type":"text"             ← 将 name 字段声明为 text 类型
    }
  }
}
```

到目前为止，我们所看到的都是向模式中添加新字段的情况。想更改现有字段的数据类型怎么办呢？假设我们想将一个字段的类型从 text 改为 keyword。我们能像添加字段那样轻松地更新映射吗？简单来说是不可以。Elasticsearch 不允许改变或修改现有字段的数据类型。正如接下来要讨论的那样，我们需要做更多的工作。

4.3.3 不允许修改现有字段

一旦索引进入活动状态（已创建数据字段并投入使用），对现有字段的任何修改都是被禁止的。例如，如果一个字段被定义为 keyword 数据类型并被索引，就不能将其更改为其他数据类型（如从 keyword 改为 text）。这样做是有充分理由的。数据是根据现有的模式定义进行索引和存储的。如果数据类型被修改了，那么在该字段上的搜索将失败，从而导致错误的搜索体验。为了避免搜索失败，Elasticsearch 不允许修改现有字段。

那么，有什么替代方案吗？业务需求会发生变化，技术需求也是如此。如何在一个活动的索引上修复数据类型（可能已经错误地创建了）？

可以使用*重新索引*（reindexing）。重新索引将源数据从旧索引迁移到一个新索引（新索引可以使用更新后的模式定义），其具体思路如下。

（1）用更新后的模式定义创建一个新索引。

（2）使用重新索引 API 将数据从旧索引复制到新索引。一旦重新索引完成，具有新模式的新索引就可以使用了，并且可以进行读写操作。

（3）当新索引准备就绪后，将应用切换到新索引。

（4）确认新索引工作正常后，就可以移除旧索引。

重新索引是一个功能强大的操作，我们将在第 5 章中详细讨论，这里我们先快速了解一下重新索引 API 的使用方式。假设我们希望将数据从一个现有（source）索引迁移到一个目标（dest）索引。我们发出一个重新索引调用，如代码清单 4-7 所示。

注意 这些索引尚不存在。此代码清单仅供参考。

代码清单 4-7 使用重新索引 API 在索引间迁移数据

```
POST _reindex
{
  "source": {"index": "orders"},
  "dest": {"index": "orders_new"}
}
```

新索引 orders_new 使用更改后的模式创建，然后旧索引 orders 中的数据被迁移到这个新创建的带有更新后的声明的索引中。

注意 如果应用与现有索引紧密耦合，迁移到新索引可能需要更改代码或配置。避免这种情况的理想方法是使用别名。别名是为索引指定的替代名称。别名可以帮助我们在索引之间无缝切换，实现零停机。我们将在第 6 章中讨论别名。

有时，在索引文档时数据类型会出现错误。例如，一个 float 类型的 rating 字段可能会收到一个被引号包裹的字符串值，即"rating": "4.9"，而非"rating": 4.9。幸运的是，当 Elasticsearch 遇到与数据类型不匹配的值时，它是宽容的。它会通过提取值并将其存储在原始数据类型中来继续索引文档。下面我们就讨论这种机制。

4.3.4 类型强制转换

有时，JSON 文档中的值与模式定义的类型不一致。例如，一个定义为整数类型的字段可能会被索引为字符串值。Elasticsearch 会尝试转换这些不一致的类型，以避免索引问题。这个过程被称为类型强制转换（type coercion）。例如，假设我们将汽车的 age 字段定义为整数类型：

```
"age":{"type":"short"}
```

理想情况下，我们应该使用整数值来索引带有 age 字段的文档。然而，用户可能会不小心将 age 的值设置为字符串类型（"2"），并发起索引请求，如代码清单 4-8 所示。

代码清单 4-8　为数值字段设置字符串值

```
PUT cars/_doc/1
{
  "make":"BMW",
  "model":"X3",
  "age":"2"     <-- 将整数作为字符串输入
}
```

Elasticsearch 在索引该文档时不会出现错误。虽然 age 字段应该包含一个整数，但 Elasticsearch 通过对类型进行强制转换避免了错误。强制转换只在字段的解析值与预期的数据类型匹配时才有效。在这个例子中，解析"2"得到的结果是 2，2 是一个数字。

到目前为止，我们讨论了很多关于映射和数据类型的内容，但并没有过多地关注数据类型本身。使用适当的数据类型设计模式对优化搜索体验至关重要。我们需要理解数据类型、数据类型的特征和使用这些数据类型的时机。与数据库或编程语言不同，Elasticsearch 提供了丰富的数据类型，几乎可以满足各种数据形态和形式。下面我们就详细介绍数据类型。

4.4 数据类型

与编程语言中变量的数据类型类似，文档中的字段也有与之关联的特定数据类型。Elasticsearch 提供了丰富的数据类型，包括简单类型、复杂类型和专用类型。这个类型的列表还在不断增加，应加以关注。

Elasticsearch 提供了 20 多种不同的数据类型，我们可以根据具体需求选择适当的数据类型。数据类型可以大致分为以下几类。

- 简单类型（simple type）——表示字符串（文本信息）、日期、数值和其他基本数据类型变体的常见数据类型。简单类型有 text、boolean、long、date、double 和 binary 等。
- 复杂类型（complex type）——通过组合额外的类型创建，类似于编程语言中的对象构造，其中对象可以包含内部对象。复杂类型可以被扁平化或嵌套，以根据需求创建更复杂的数据结构。复杂类型有 object、nested、flattened 和 join 等。
- 专用类型（specialized type）——主要用于专门的情况，如地理位置和 IP 地址。专用类型有 geo_shape、geo_point 和 ip，以及 date_range 和 ip_range 等范围类型。

注意 Elasticsearch 的官方文档中提供了所有可用的类型。

根据具体的业务需求和数据特点，文档中的每个字段可以关联一个或多个数据类型。表 4-1 中列出了一些常用的数据类型及示例。

表 4-1 常见数据类型及示例

类型	描述	示例
`text`	表示文本信息（如字符串值）；非结构化文本	电影名、博客文章、书评、日志消息
`integer`、`long`、`short`、`byte`	表示一个数值	感染病例数、取消的航班数、售出的产品数、图书排名
`float`、`double`	表示一个浮点数	学生的平均绩点、销售额的移动平均值、评审者的平均评分、温度
`boolean`	表示一个二元选择：真或假	这部电影是一部热门影片吗？这名学生通过考试了吗？
`keyword`	表示结构化文本：不能被拆分或分析的文本	错误码、电子邮件地址、电话号码、社会保险号
`object`	表示一个 JSON 对象	（JSON 格式的）员工详细信息、推文、电影对象
`nested`	表示一个对象数组	员工地址、电子邮件的路由数据、电影的技术人员

可以想象，这不是数据类型的完整列表。本书基于 Elasticsearch 8.6 编写，在这个版本中，Elasticsearch 定义了将近 40 种数据类型。为了优化搜索查询，Elasticsearch 在某些情况下会非常精细地定义类型。例如，文本类型被进一步细分为更具体的类型，如 `search_as_you_type`、`match_only_text`、`completion`、`token_count` 等。

Elasticsearch 还尝试将数据类型按“家族”进行归类，以优化空间和性能。例如，关键词家族包括 `keyword`、`wildcard` 和 `constant_keyword` 数据类型。这只是当前的“家族”归类，期待未来会有更多。

单个字段包含多种数据类型

在 Java 和 C#等编程语言中，我们无法为一个变量定义两种不同的类型。然而，在 Elasticsearch 中没有这样的限制。当涉及用多种数据类型表示一个字段时，Elasticsearch 非常灵活，允许我们按照自己想要的方式设计模式。

例如，我们可能希望一本书的作者既是 `text` 类型又是 `keyword` 类型。每个字段都有特定的特征，`keyword` 不会被分析，这意味着字段会按原样存储。我们还可以有更多的类型，例如，除了 `text` 和 `keyword` 两种类型，`author` 字段还可以被声明为 `completion` 类型。

在接下来的几节中，我们将回顾这些数据类型、它们的特征和用法。但在详细研究数据类型之前，我们需要了解如何创建映射定义。在 4.3 节中，我们深入探讨了映射功能的使用，现在让我们简单看一下创建映射定义的机制，因为这是学习后面几节内容的先决条件。

开发映射模式

在索引一个电影文档（代码清单 4-1）时，Elasticsearch 会动态创建模式（图 4-2），通过分析字段的值来推断类型。现在，我们希望创建自己的模式定义。Elasticsearch 使用索引 API 来创建这些定义，让我们通过一个例子来了解一下。

假设我们要创建一个包含 name 和 age 两个字段的学生，数据类型分别是 text 和 byte（4.5 节将介绍这些数据类型）。我们可以预先使用这些映射定义创建 students 索引，从而控制模式的创建。下图清晰地展示了这一点，左侧展示了如何创建映射定义，右侧展示了如何获取已创建的定义。

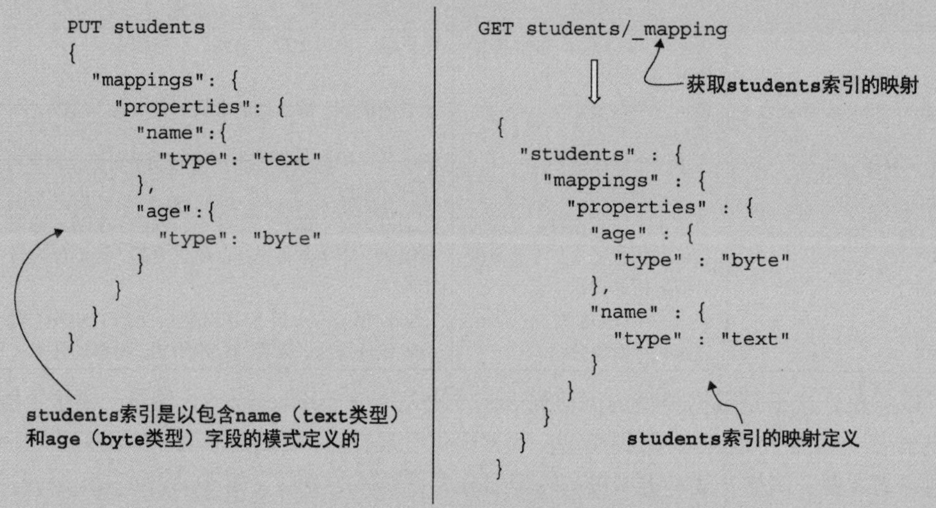

```
PUT students
{
  "mappings": {
    "properties": {
      "name":{
        "type": "text"
      },
      "age":{
        "type": "byte"
      }
    }
  }
}
```

students索引是以包含name（text类型）和age（byte类型）字段的模式定义的

```
GET students/_mapping
```

获取students索引的映射

```
{
  "students" : {
    "mappings" : {
      "properties" : {
        "age" : {
          "type" : "byte"
        },
        "name" : {
          "type" : "text"
        }
      }
    }
  }
}
```

students索引的映射定义

映射定义（左）和获取模式（右）

我们通过发送一个包含 mappings 对象的请求来创建索引，该对象中包含了一组字段属性。创建完成后，我们可以通过调用索引的_mapping 端点来检查模式的定义（如图右侧所示）。

现在我们已经了解了如何创建模式，接下来可以深入研究核心数据类型了。

4.5 核心数据类型

Elasticsearch 提供了一组核心数据类型来表示数据，核心数据类型包括 text、keyword、date、long 和 boolean。在理解高级类型之前，我们需要对核心数据类型有基本的了解。在本节中，我们将通过一些示例来介绍一下核心的基本数据类型。

注意 受篇幅限制，未在本书中展示的代码示例可以从本书配套资源中获取。

4.5.1 文本数据类型

如果说搜索引擎必须擅长处理一种数据类型，那就是全文（full-text）数据类型。在搜索引擎术语中，人类可读的文本，也称为全文或非结构化文本，是现代搜索引擎的核心所在。在当今的数字世界中，我们消费着大量的文本信息，包括新闻、推文、博客文章、研究论文等。Elasticsearch 定义了一个专门用于处理全文数据的数据类型——text 数据类型。

任何标记为 text 数据类型的字段在持久化之前都会经过分析。在分析过程中，分析器将文本数据加工（丰富、增强和转换）成多种形式，并将它们存储在内部数据结构中以便访问。

正如我们在前面的示例中所看到的，设置类型很简单。在映射定义中使用这个语法："field name": {"type": "text"}。我们在 4.2.2 节中已经展示过一个例子，所以这里不再赘述。接下来看一下 Elasticsearch 在索引期间是如何处理 text 类型的字段的。

1. 分析文本类型的字段

Elasticsearch 支持两种类型的文本数据——结构化文本和非结构化文本。非结构化文本是全文数据，通常用人类可读的语言（汉语、英语、葡萄牙语等）书写。在非结构化文本上进行高效和有效的搜索使搜索引擎脱颖而出。

非结构化文本会经历一个分析过程，其中包括将文本拆分成词元、过滤特定字符、将单词还原为词根（即词干提取）、添加同义词，以及应用其他自然语言处理规则。我们将在第 7 章中专门讨论文本分析，现在先快速看一个 Elasticsearch 处理全文的例子。以下文本是用户对一部电影的评论：

```
"The movie was sick!!! Hilarious :) :) and WITTY ;) a KiLLer 👍"
```

当这个文档被索引时，它会根据分析器进行分析。分析器是用于对传入的文本进行分词和归一化处理的文本分析模块。默认情况下，Elasticsearch 使用标准分析器（standard analyzer），对评论进行分析时会涉及以下步骤（图 4-7）。

（1）使用字符过滤器去除标签、标点符号和特殊字符。经过这一步处理后的评论如下：

```
The movie was sick Hilarious and WITTY a KiLLer 👍
```

（2）使用分词器将句子拆分成词元：

```
[the, movie, was, sick, Hilarious, and, WITTY, a, KiLLer, 👍]
```

（3）使用词元过滤器将词元改为小写：

```
[the, movie, was, sick, hilarious, and, witty, a, killer, 👍]
```

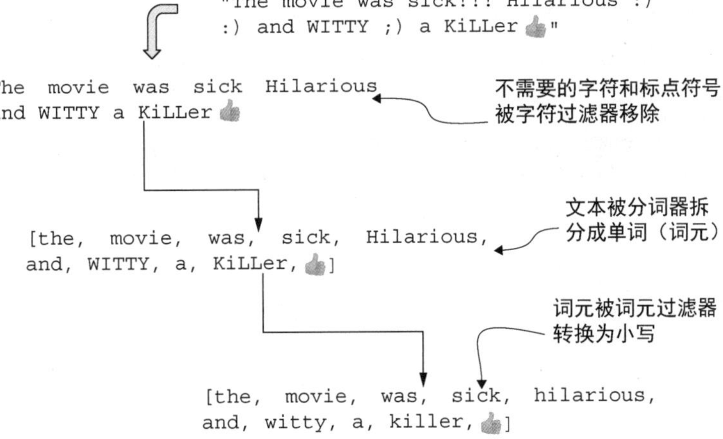

图 4-7 使用标准分析器模块在索引过程中处理全文字段

这些步骤可能会有所不同，具体取决于选择的分析器。例如，如果选择英语分析器，词元会被还原为词根（词干提取）：

```
[movi,sick,hilari, witti, killer, 👍]
```

注意到词干提取后的单词movi、hilari和witti了吗？虽然它们并不是真正的英语单词，但这种“拼写错误”并不重要，只要派生词能与这些词干匹配即可。

注意 我们可以使用 Elasticsearch 公开的_analyze API 来测试文本的分析过程。这个 API 帮助我们理解分析器的内部工作原理，并支持为各种语言需求构建复杂和自定义的分析器模块。

欢迎尝试在文本数据上运行分析器。

词干提取

词干提取是将单词还原为词根的过程。例如，fighter、fight 和 fought 都可以还原为一个词——fight。同样，movies 可以还原为 movi，hilarious 可以还原为 hilari，就像前面的例子一样。

词干提取器与语言相关。例如，如果文档选择的语言是法语，那么可以使用法语词干提取器。在 Elasticsearch 中，词干提取器是作为词元过滤器的一部分在文本分析阶段被整合到分析器模块中的。

在对同一字段执行搜索查询时，会重新触发相同的过程。在第 7 章中我将专门介绍全文分析，并讨论分析器的复杂性，以及 Elasticsearch 管理全文数据的方法。

我们前面提到过，Elasticsearch 对数据类型的定义非常精细，例如将 text 类型的字段进一步分类为更具体的类型，如 search_as_you_type、match_only_text、completion、token_count 等。在接下来几节中，我们将简单观察一下这些专用的文本类型，以了解 Elasticsearch 对全文处理的重视和付出的努力。

2. token_count 数据类型

token_count 是 text 数据类型的一种专用形式，它定义了一个字段，用于记录该字段中的词元数量。例如，如果我们将一本书的 title 字段定义为 token_count 类型，就可以根据 title 中的词元数来检索所有书。如代码清单 4-9 所示，我们通过创建一个包含 title 字段的索引来创建映射。

代码清单 4-9 使用 token_count 数据类型索引 title 字段

```
PUT tech_books
{
  "mappings": {
    "properties": {
      "title": {                      字段名
        "type": "token_count",        title 的数据类型是 token_count
        "analyzer": "standard"        提供的分析器
      }
    }
  }
}
```

正如所见，title 被定义为 token_count 类型。因为需要提供分析器，所以我们在 title 字段上设置了标准分析器。现在，让我们索引 3 本技术书——本书和我未来撰写的书，然后根据 title 的 token_count 功能搜索它们，如代码清单 4-10 所示。

代码清单 4-10 索引 3 个新文档到 tech_books 索引中

```
PUT tech_books/_doc/1
{
  "title":"Elasticsearch in Action"
}

PUT tech_books/_doc/2
{
  "title":"Elasticsearch for Java Developers"
}

PUT tech_books/_doc/3
{
  "title":"Elastic Stack in Action"
}
```

现在 tech_books 索引已经包含了几本书，让我们来使用 token_count 类型。代码清单 4-11 中的 range 查询获取书名超过 3 个单词（gt 是大于的缩写）但少于或等于 5 个单词（lte 是小于等于的缩写）的书。

代码清单 4-11 使用 range 查询获取 title 包含特定数量单词的书

```
GET tech_books/_search
{
  "query": {
   "range": {
     "title": {
       "gt": 3,
       "lte": 5
     }
   }
  }
}
```

range 查询根据 title 中的单词数量获取书。它检索到了 *Elasticsearch for Java Developers*（4 个词元）和 *Elastic Stack in Action*（4 个词元），但忽略了 *Elasticsearch in Action*（3 个词元）。

我们还可以将 title 字段同时作为 text 类型和 token_count 类型来使用，因为 Elasticsearch 允许将单个字段声明为多种数据类型（多字段，将在 4.7 节中详细讨论）。使用这种技术创建一个新索引（tech_books2），如代码清单 4-12 所示。

代码清单 4-12 将 token_count 作为 text 类型的字段的附加数据类型

```
PUT tech_books2
{
```

```
"mappings": {                      title 字段被定义为
  "properties": {                  text 数据类型
    "title": {   <--                                  title 字段被声明为
      "type": "text",                                 具有多种数据类型
      "fields": {    <--
        "word_count": {      <-- word_count 是附加字段
          "type": "token_count",      <-- word_count 的类型
          "analyzer": "standard"      <-- 必须指定分析器
        }
      }
    }
  }
}
}
```

由于 word_count 字段是 title 字段的内部属性，因此可以使用 term 查询（一种在数值、日期、布尔值等结构化数据上执行的查询），如代码清单 4-13 所示。

代码清单 4-13 搜索 title 为 4 个单词的书

```
GET tech_books/_search
{
  "query": {
    "term": {      <-- 使用 term 查询
     "title.word_count": {      <-- 字段名
        "value": 4
      }
    }
  }
}
```

我们使用<外部字段>.<内部字段>作为 word_count 字段的名称，因此通过 title.word_count 可以访问到该字段。

除了 token_count，text 类型还有其他子类型，如 search_as_you_type 和 completion。出于篇幅原因，本书不会讨论它们。让我们继续学习常见的数据类型，接下来是 keyword。

4.5.2 关键词数据类型

关键词家族的数据类型包括 keyword、constant_keyword 和 wildcard。让我们来看看这些类型。

1. keyword 类型

结构化数据，如 PIN 码、银行账户和电话号码，不需要进行部分匹配搜索或者生成相关结果。结果往往只提供两种输出：如果匹配就返回结果，否则不返回结果。这类查询不关心文档的匹配程度，所以不期望结果有相关性分数。在 Elasticsearch 中，这种结构化数据被表示为 keyword 数据类型。

keyword 数据类型保持字段不变。字段不会被分词或分析。keyword 类型的字段的优点在于可以用于数据聚合、范围查询及对数据的过滤和排序操作。要设置 keyword 类型，可使用以下格式：

```
"field_name":{ "type": "keyword" }
```

例如，代码清单 4-14 创建了一个 keyword 数据类型的 email 字段。

代码清单 4-14 将 faculty 文档的 email 字段定义为 keyword 类型

```
PUT faculty
{
  "mappings": {
    "properties": {        | 定义 email 字段
      "email": {        <--
        "type": "keyword"    <--
      }                      | 将 email 声明为 keyword 类型
    }
  }
}
```

我们也可以将数值声明为 keyword 类型。例如，将 credit_card_number 声明为 keyword 类型而不是 long 等数值类型，以提高访问效率。无法在这种数据上构建 range 查询。经验法则是，如果数值字段不是用在 range 查询中，建议将其声明为 keyword 类型，因为这样可以加快检索速度。

注意 本书配套资源中提供了演示 keyword 数据类型的示例代码。

2. constant_keyword 类型

当文档语料库预期具有相同值时，无论数量如何，constant_keyword 类型都非常有用。假设英国在 2031 年进行人口普查，显然每个公民的普查文档的 country 字段都默认是"United Kingdom"。当将这些文档写入 census 索引时，没有必要为每个文档都设置 country 字段。代码清单 4-15 中的映射模式定义了一个索引 census，其中有一个名为 country 的字段，类型为 constant_keyword。

代码清单 4-15 使用 constant_keyword 的 census 索引

```
PUT census
{
  "mappings": {
    "properties": {
      "country":{
        "type": "constant_keyword",
        "value":"United Kingdom"
      }
    }
  }
}
```

注意，在声明映射定义时，我们将这个字段的默认值设置为"United Kingdom"。现在我们为 John Doe 索引一个文档，只包含他的名字（没有 country 字段）：

```
PUT census/_doc/1
{
  "name":"John Doe"
}
```

当我们搜索英国的所有居民时，尽管 John 的文档在索引时没有设置该字段，但我们仍然收到了返回 John 文档的正向结果：

```
GET census/_search
{
  "query": {
    "term": {
      "country": {
        "value": "United Kingdom"
      }
    }
  }
}
```

constant_keyword 类型的字段在该索引的每个文档中都具有完全相同的值。

3. wildcard 类型

wildcard 数据类型是属于关键词家族的另一种专用数据类型。它支持使用通配符和正则表达式搜索数据。我们可以通过在映射定义中声明"type":"wildcard"来将字段定义为 wildcard 类型。然后，通过发出 wildcard 查询来查询该字段，如代码清单 4-16 所示。

注意 在执行这个查询之前，一个包含"description":"Null Pointer exception as object is null"的文档已被索引。

代码清单 4-16 带有通配符的 wildcard 查询

```
GET errors/_search
{
  "query": {
    "wildcard": {        <-- 使用 wildcard 查询
      "description": {
        "value": "*obj*"   <-- 使用通配符搜索
      }
    }
  }
}
```

关键词类型的字段高效且性能良好，因此适当使用它们可以提高索引和搜索查询的性能。

4.5.3 日期数据类型

Elasticsearch 提供了 date 数据类型来支持基于日期的索引和搜索操作。日期字段被视为结构化数据，因此可以在排序、过滤和聚合中使用。

如果字符串值符合 ISO 8601 日期标准，Elasticsearch 会解析该值并推断其为日期。也就是说，日期值的预期格式是 yyyy-MM-dd 或 yyyy-MM-ddTHH:mm:ss（包含时间部分）。

JSON 没有日期类型，因此文档中的日期以字符串形式表示。Elasticsearch 会解析这些字符串，并以适当的方式建立索引。例如，像"article_date":"2021-05-01"或"article_date":

"2021-05-01T15:45:50"这样的值会被视为日期并索引为 date 类型，因为该值符合 ISO 8601 日期标准。

与其他数据类型一样，我们可以在映射定义期间创建一个 date 类型的字段。代码清单 4-17 为航班文档创建了一个 departure_date_time 字段。

代码清单 4-17 创建包含 date 类型的索引

```
PUT flights
{
  "mappings": {
    "properties": {
      "departure_date_time":{
        "type": "date"
      }
    }
  }
}
```

在索引航班文档时，设置"departure_date_time":"2021-08-06"（或带有时间部分的"2021-08-06T05:30:00"）将按预期用日期索引该文档。

注意 当索引中不存在日期字段的映射定义时，如果日期格式为 yyyy-MM-dd（ISO 日期格式）或 yyyy/MM/dd（非 ISO 日期格式），Elasticsearch 会成功解析文档。然而，一旦我们为日期创建了映射定义，那么传入文档的日期格式就必须符合我们在映射定义中指定的格式。

我们可以根据实际需求更改日期的格式。除了使用默认的 ISO 格式（yyyy-MM-dd），我们还可以在创建字段时为该字段指定自定义的日期格式：

```
PUT flights
{
  "mappings": {
    "properties": {
      "departure_date_time":{
        "type": "date",
        "format": "dd-MM-yyyy||dd-MM-yy"    <-- 日期可以使用以下两种格式之一
      }
    }
  }
}
```

传入的文档现在可以将 departure_date_time 字段设置为

```
"departure_date_time" :"06-08-2021"
```

或

```
"departure_date_time" :"06-08-21"
```

除了以字符串形式提供日期，还可以使用数值格式——自纪元（1970 年 1 月 1 日）以来的秒数或毫秒数。以下映射定义设置了 3 种不同格式的日期：

```
{
  ...
  "properties": {
    "string_date":{ "type": "date", "format": "dd-MM-yyyy" },
    "millis_date":{ "type": "date", "format": "epoch_millis" },
    "seconds_date":{ "type": "date", "format": "epoch_second"}
  }
}
```

给定的日期在内部被转换为自纪元以来以毫秒为单位存储的 long 值，相当于 epoch_millis。

我们可以使用 range 查询来指定日期。例如，以下代码片段检索给定日期上午 5:00 至 5:30 之间计划的航班：

```
"range": {                              <-- range 查询获取两个日期之间的文档
  "departure_date_time": {
    "gte": "2021-08-06T05:00:00",     <-- 时间范围在上午 5:00 至 5:30 之间文档
    "lte": "2021-08-06T05:30:00"
    }
}
```

最后，我们可以通过声明所需的格式，在单个字段上接受多种日期格式：

```
"departure_date_time":{
  "type": "date",
  "format": "dd-MM-yyyy||dd/MM/yyyy||yyyy-MM-dd||yyyy/MM/dd"   <-- 在字段上设置 4 种不同的格式
}
```

在本章中无法涵盖所有的内容，我们可参考 Elasticsearch 关于 date 数据类型的文档以获取更多信息，也可参考本书的配套资源以获取完整的示例。

4.5.4 数值数据类型

Elasticsearch 提供了几种数值数据类型来处理整数数据和浮点数数据。表 4-2 列出了这些数值数据类型。

表 4-2 数值数据类型

分类	数据类型	描述
整数类型	byte	有符号 8 位整数
	short	有符号 16 位整数
	integer	有符号 32 位整数
	long	有符号 64 位整数
	unsigned_long	无符号 64 位整数
浮点类型	float	32 位单精度浮点数
	double	64 位双精度浮点数
	half_float	16 位半精度浮点数
	scaled_float	由长整型（long）支持的浮点数

我们将字段及其数据类型声明为"field_name":{ "type": "short"}。以下代码片段

展示了如何创建包含数值字段的映射模式：

```
"age":{
  "type": "short"
},
"grade":{
  "type": "half_float"
},
"roll_number":{
  "type": "long"
}
```

这个示例创建了 3 个字段，分别使用 3 种不同的数值数据类型。

4.5.5 布尔数据类型

布尔数据类型表示一个字段的二元值：`true` 或 `false`。在下面的例子中，我们将一个字段的类型声明为 `boolean`：

```
PUT blockbusters
{
  "mappings": {
    "properties": {
       "blockbuster":{
        "type": "boolean"
      }
    }
  }
}
```

然后，我们可以索引几部电影——《阿凡达》（*Avatar*，2009）是一部卖座大片，而《黑客帝国：矩阵重启》（*The Matrix Resurrections*，2021）则是一部票房惨淡的电影：

```
PUT blockbusters/_doc/1
{
  "title":"Avatar",
  "blockbuster":true
}

PUT blockbusters/_doc/2
{
  "title":"The Matrix Resurrections",
  "blockbuster":"false"
}
```

除了将字段设置为 JSON 的 `boolean` 类型（`true` 或 `false`），该字段还接受“字符串化”的布尔值，如`"true"`和`"false"`，例如上述示例中的第二个示例所示。

我们可以使用 `term` 查询（布尔值被归为结构化数据）来获取结果。例如，以下查询可以获取作为热门影片的 *Avatar*：

```
GET blockbusters/_search
{
```

```
  "query": {
    "term": {
      "blockbuster": {
        "value": "true"
      }
    }
  }
}
```

我们也可以提供一个空字符串作为 false 值，如"blockbuster":""。

4.5.6 范围数据类型

范围数据类型表示字段的上限和下限。例如，如果想为疫苗试验选择一组志愿者，可以根据年龄 25～50 岁或 51～70 岁、收入水平、城市居民等类别对志愿者进行分组。Elasticsearch 提供了范围数据类型来支持对范围数据的搜索查询。范围由运算符定义，如用于上限的 lte（小于或等于）和 lt（小于），以及用于下限的 gte（大于或等于）和 gt（大于）。

Elasticsearch 提供了多种范围数据类型，包括 date_range、integer_range、float_range、ip_range 等。下面我们就来看一下 date_range 类型的实际应用。

date_range 类型示例

date_range 数据类型可以帮助为字段索引一个日期范围。然后我们可以使用 range 查询来根据日期的上限和下限来匹配条件。

使用 date_range 类型的示例如代码清单 4-18 所示。Venkat Subramaniam 是一位屡获殊荣的作者，他开设了从编程到设计再到测试等诸多领域的培训课程。我们使用他的一些培训课程和日期作为示例，创建一个 trainings 索引，其中包含两个字段——培训课程名称（text 类型）和培训日期（date_range 类型）。

代码清单 4-18 包含 date_range 类型的索引

```
PUT trainings
{
  "mappings": {
    "properties": {          培训课程名称
      "name":{
        "type": "text"
      },
      "training_dates":{
        "type": "date_range"     training_dates 字段被声明为 date_range 类型
      }
    }
  }
}
```

现在，索引已经就绪，让我们用 Venkat 的培训课程和日期索引一些文档：

```
PUT trainings/_doc/1
{
```

```
  "name":"Functional Programming in Java",
  "training_dates":{
    "gte":"2021-08-07",
    "lte":"2021-08-10"
  }
}

PUT trainings/_doc/2
{
  "name":"Programming Kotlin",
  "training_dates":{
    "gte":"2021-08-09",
    "lte":"2021-08-12"
  }
}

PUT trainings/_doc/3
{
  "name":"Reactive Programming",
  "training_dates":{
    "gte":"2021-08-17",
    "lte":"2021-08-20"
  }
}
```

date_range 类型的字段需要两个值——上限和下限。它们通常由 gte（大于或等于）、lt（小于）等缩写来表示。

数据准备好之后，我们发出一个搜索请求，查找 Venkat 在两个日期之间的课程，如代码清单 4-19 所示。

代码清单 4-19 搜索两个日期之间的课程

```
GET trainings/_search
{
  "query": {                         使用 range 查询搜索
    "range": {
      "training_dates": {            搜索在这两个日期之间的课程
        "gt": "2021-08-10",
        "lt": "2021-08-12"
      }
    }
  }
}
```

根据查询响应（为简洁起见，省略了结果），我们了解到 Venkat 将在这两个日期之间开设一场“Programming Kotlin”培训（第二个文档与日期匹配）。date_range 让搜索日期范围变得很容易。除了 date_range，我们还可以创建其他范围类型，包括 ip_range、float_range、double_range、integer_range 等。

4.5.7 IP 地址数据类型

Elasticsearch 提供了一种特定的数据类型来支持 IP 地址——ip 数据类型。该数据类型支持 IPv4

和 IPv6 的 IP 地址。可以使用"field":{"type":"ip"}创建一个 ip 类型的字段，示例如下：

```
PUT networks
{
  "mappings": {
    "properties": {
      "router_ip":{ "type": "ip" }   <—— 字段的数据类型是 ip
    }
  }
}
```

索引文档非常简单：

```
PUT networks/_doc/1
{
  "router_ip":"35.177.57.111"   <—— 使用 IP 地址索引一个文档
}
```

最后，我们可以使用_search 端点来搜索与查询匹配的 IP 地址。下面的查询在 networks 索引中搜索数据，以获得匹配的 IP 地址：

```
GET networks/_search
{
  "query":{                  针对 IP 地址的词项级搜索
    "term": {           <—
      "router_ip": { "value": "35.177.0.0/16" }   <—— 在该范围内搜索 IP 地址
    }
  }
}
```

前面回顾了核心数据类型。Elasticsearch 为我们能想到的几乎所有使用场景都提供了丰富的数据类型。一些核心数据类型直观易用，而其他类型，如 object、nested、join、completion 和 search_as_you_type，则需要特别注意。下面我们就探讨其中的一些高级数据类型。

4.6 高级数据类型

我们已经了解了表示数据字段的核心数据类型和常见数据类型，其中一些可以归类为高级类型，包括一些专用类型。在本节中，我们将通过几个示例来介绍这些类型。

注意 涵盖所有的数据类型会使本书变得臃肿，而且我也不太喜欢过长的章节。因此，我做了审慎的选择，决定只包含最重要和最有用的高级数据类型。本书的配套资源中包含了这里介绍的类型和那些被省略的类型的示例。

4.6.1 geo_point 数据类型

随着智能手机和智能设备的出现，位置服务和附近地点搜索变得十分常见。我们中的大多数人都曾使用过智能设备来寻找最近餐馆的位置或者在节假日聚会时利用 GPS 导航到朋友家。Elasticsearch 有一种专用的数据类型来获取地点的位置。

位置数据以 geo_point 数据类型表示，代表经度和纬度。我们可以用它来精确定位餐厅、学校、高尔夫球场等地址。我们来看看它的实际应用。

代码清单 4-20 中展示了 restaurants 索引的模式定义：餐厅包含 name 和 address 字段。唯一值得注意的是，address 字段被定义为 geo_point 数据类型。

代码清单 4-20　在映射模式中将字段声明为 geo_point 类型

```
PUT restaurants
{
  "mappings": {
    "properties": {
      "name":{
        "type": "text"
      },
      "address":{
        "type": "geo_point"
      }
    }
  }
}
```

让我们索引一个样本餐厅（虚构的伦敦餐厅 Sticky Fingers），以经度和纬度给出地址，如代码清单 4-21 所示。

代码清单 4-21　以经度和纬度给出地址

```
PUT restaurants/_doc/1
{
  "name":"Sticky Fingers",
  "address":{        <—— 地址以经度和纬度对的形式给出
    "lon":"0.1278",
    "lat":"51.5074"
  }
}
```

餐厅的地址以经度（lon）和纬度（lat）对的形式给出。还有其他方式可以提供这些输入，我们稍后会看到。我们先来获取位置周边的餐厅。

我们可以使用 geo_bounding_box 查询来搜索关于地理地址的数据以获取餐厅信息，如代码清单 4-22 所示。该查询接受 top_left 和 bottom_right 地理点（以 lon 和 lat 对的形式给出）作为输入，围绕我们感兴趣的点创建一个方框，如图 4-8 所示。

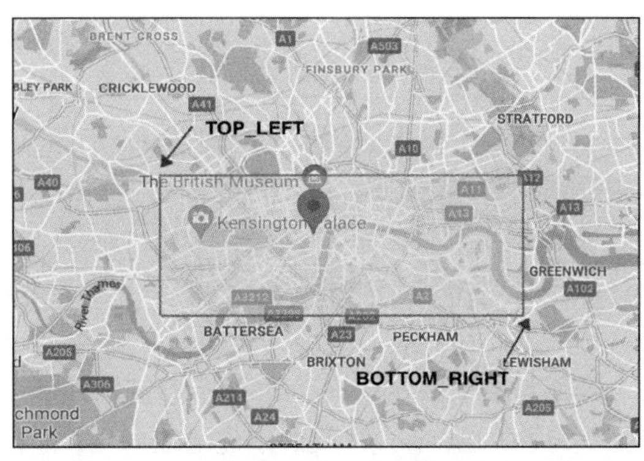

图 4-8　伦敦市中心某位置周围的地理边界框

代码清单 4-22　获取某个地理位置周围的餐厅

```
GET restaurants/_search
{
```

```
    "query": {
      "geo_bounding_box":{
        "address":{     ⊲— 方框的左上角
          "top_left":{
            "lon":"0",
            "lat":"52"
          },
          "bottom_right":{     ⊲— 方框的右下角
            "lon":"1",
            "lat":"50"
          }
        }
      }
    }
  }
```

该查询获取了 Sticky Fingers 餐馆，因为它落在由这两个地理点表示的地理边界框内。

注意　在使用 geo_bounding_box 搜索地址时，一个常见的错误是向查询提供不正确的输入（top_left 和 bottom_right）。要确保输入的经度和纬度能够形成边界框。

之前我曾提到，除了经度和纬度，还可以用其他格式来提供位置信息，包括数组或字符串。表 4-3 列出了这些格式。

表 4-3　与位置信息相关的格式

格式	解释	示例
数组	以数组形式表示的地理点。注意地理点输入的顺序：它接受 lon 和 lat，而不是相反的顺序（与字符串格式不同，见下一行）	"address":[0.12,51.5]
字符串	以 lat 和 lon 输入的字符串数据形式表示的地理点	"address":"51.5,0.12"
地理哈希	通过对经度坐标和纬度坐标进行哈希运算生成的编码字符串。该字母数字字符串指向地球上的一个位置	u10j4
点	地图上的一个精确位置，也称为熟知文本（well-known text，WKT），是表示几何数据的标准方式	POINT(51.5,-0.12)

在本节中，我们初步接触并使用了地理查询，尽管我们之前并不了解它们。我将在第 12 章中详细介绍这个主题。

4.6.2　object 数据类型

数据往往具有层级结构。例如，一个 email 对象可能包含 subject 等顶级字段，还有一个内部对象 attachments 用于存储附件信息，而 attachments 对象可能又包含文件名、类型等属性。JSON 允许我们创建层级对象，即包装在其他对象中的对象。Elasticsearch 用一种特殊的数据类型来表示对象的层级结构，即 object 类型。

顶级的 subject 和 to 字段的数据类型分别是 text 和 keyword。因为 attachments 本身是一个对象，所以它的数据类型是 object。attachments 对象中的两个属性 filename 和 filetype 可以设置为 text 类型的字段。有了这些信息，我们就可以创建一个映射定义，如代码清单 4-23 所示。

代码清单 4-23 包含 object 数据类型的模式定义

```
PUT emails
{
  "mappings": {
    "properties": {   <— emails 索引的顶级属性
      "to":{
        "type": "keyword"
      },
      "subject":{
        "type": "text"
      },
      "attachments":{   <— 由二级属性组成的内部对象
        "properties": {
          "filename":{
            "type":"text"
          },
          "filetype":{
            "type":"text"
          }
        }
      }
    }
  }
}
```

值得注意的是 attachments 属性。该字段的类型是 object，因为它封装了另外两个字段。在 attachments 内部对象中定义的两个字段与在顶层声明的 subject 和 to 字段没有区别，只是它们位于下一层级。

一旦命令执行成功，我们就可以通过调用 GET emails/_mapping 命令来检查模式，响应结果如代码清单 4-24 所示。

代码清单 4-24 GET emails/_mapping 的响应结果

```
{
  "emails" : {
    "mappings" : {
      "properties" : {   <— attachments 是一个包含其他字段的内部对象
        "attachments" : {   <— object 类型默认是隐藏的
          "properties" : {
            "filename" : {
              "type" : "text",   <— 和预期一样，显示了字段的类型
              . . .
}
```

响应包含 subject、to 和 attachments 作为顶级字段（为简洁起见，并未显示所有属性）。attachments 对象又具有一些字段，这些字段被封装为带有字段及其定义的属性。当我们获取映射时（GET emails/_mapping），所有其他字段都会显示其关联的数据类型，而 attachments 不会：默认情况下，Elasticsearch 会把内部对象推断为 object 类型。

接下来，我们索引一个文档，如代码清单 4-25 所示。

代码清单 4-25 索引一个电子邮件文档

```
PUT emails/_doc/1
{
  "to:":"johndoe@johndoe.com",
  "subject":"Testing Object Type",
  "attachments":{
    "filename":"file1.txt",
    "filetype":"confidential"
  }
}
```

现在我们已经为 emails 索引准备好了一个文档，可以对内部对象字段发出一个简单的搜索查询来获取相关文档（并证明我们的想法），如代码清单 4-26 所示。

代码清单 4-26 搜索包含附件的电子邮件

```
GET emails/_search
{
  "query": {
    "match": {
      "attachments.filename": "file1.txt"
    }
  }
}
```

这个查询成功返回了我们存储的文档，因为文件名与我们的文档相匹配。注意，我们在 keyword 类型的字段上使用 term 查询，是因为我们希望匹配精确的字段的值（file1.txt）。

虽然 object 类型相当直接，但它有一个局限性：内部对象被扁平化，而不是作为单独的文档存储。这样做的缺点是，数组中索引的对象之间的关系会丢失。为了更好地理解这个局限性，我们来看一个具体的例子。

object 类型的局限性

在之前的电子邮件示例中，attachments 字段被声明为 object 类型。虽然我们只为邮件创建了一个 attachment 对象，但实际上我们完全可以添加多个附件（电子邮件通常会有多个附件），如代码清单 4-27 所示。

代码清单 4-27 索引一个包含多个附件的文档

```
PUT emails/_doc/2
{
  "to:":"mrs.doe@johndoe.com",
  "subject":"Multi attachments test",
  "attachments":[{
    "filename":"file2.txt",
    "filetype":"confidential"
  },{
    "filename":"file3.txt",
    "filetype":"private"
  }]
}
```

默认情况下，attachments 字段是 object 类型的：一个由附件文件数组组成的内部对象。注意，文件 file2.txt 的分类是 confidential，而 file3.txt 的分类是 private（见表 4-4）。

表 4-4 附件名和分类

附件名	文件分类
file2.txt	confidential
file3.txt	private

我们的电子邮件文档已被索引，ID 为 2，并包含几个附件。让我们来处理一个简单的搜索需求：匹配文件名为 file2.txt 且分类为 private 的文档。查看表 4-4 中的数据，该查询不应该返回任何结果，因为 file2.txt 的分类是 confidential，不是 private。让我们查询并检查结果。

为此，我们需要使用一种称为复合查询（compound query）的高级查询，它将各种叶子查询组合起来，创建一个复杂查询。其中一种复合查询就是 bool 查询。在不详细说明 bool 查询是如何构造的情况下，我们先来看看它的实际运用。我们将在 bool 查询中使用另外两个查询子句。

- 第一个 must 子句使用 term 查询来匹配所有具有特定附件名的文档。
- 第二个 must 子句检查文件的分类是否为 private。

这个 bool 查询如代码清单 4-28 所示。

代码清单 4-28 包含 term 查询的高级 bool 查询

```
GET emails/_search
{
  "query": {
    "bool": {
      "must": [
        {"term": { "attachments.filename.keyword": "file2.txt"}},
        {"term": { "attachments.filetype.keyword": "private" }}
      ]
    }
  }
}
```

bool 查询搜索匹配的文件名和文件分类

must 子句定义了必须满足的条件

将查询定义为 bool 查询

当执行这个查询时，它返回以下文档：

```
"hits" : [[
{
  ...
  "_source" : {
    "to:" : "mrs.doe@johndoe.com",
    "subject" : "Multi attachments test",
    "attachments" : [
    {
      "filename" : "file2.txt",
      "filetype" : "confidential"
    },
    ..
   ]
```

```
  }
}]
```

但是，这个结果并不正确。实际上，并不存在文件名为 file2.txt 且分类为 private 的文档（可以重新查看表 4-4 进行确认）。这个问题揭示了 object 数据类型的局限性——它无法维护内部对象之间的关系。

理想情况下，值 file2.txt 和 private 存储在不同的对象中，因此搜索不应将它们视为单个实体。原因在于内部对象不作为单独的文档存储——它们被扁平化了：

```
{
  ...
  "attachments.filename" :["file1.txt","file2.txt","file3.txt"]
  "attachments.filetype":["private","confidential"]
}
```

正如所见，filename 被收集为数组并存储在 attachments.filename 字段中，filetype 被收集为数组并存储在 attachments.filetype 字段中。遗憾的是，由于它们以这种方式存储，因此它们之间的关系丢失了。我们无法确定 file1.txt 是 private 还是 confidential，因为数组不保存该状态。

这就是当我们将对象数组索引到一个字段中并尝试将这些对象作为单独文档来搜索时所面临的局限性。好消息是，一种称为 nested 的数据类型解决了这个问题，下面我们就来讨论 nested 数据类型。

4.6.3 nested 数据类型

之前的例子表明，搜索查询没有维护单个文档的完整性。我们可以通过引入 nested 数据类型来解决这个问题。nested 类型是一种专用的 object 类型形式，它维护了文档中对象数组之间的关系。

继续关于电子邮件和附件的示例，我们将 attachments 字段定义为 nested 数据类型，而不是让 Elasticsearch 将其推断为 object 类型。这需要通过声明 attachments 字段为 nested 数据类型来创建模式，如代码清单 4-29 所示。

代码清单 4-29 映射 nested 类型的模式定义

```
PUT emails_nested
{
  "mappings": {
    "properties": {
      "attachments": {
        "type": "nested",        <- 将 attachments 字段声明为 nested 类型
        "properties": {
          "filename": {          <- 将 filename 字段声明为 keyword 类型以避免分词
            "type": "keyword"
          },
          "filetype": {
            "type": "text"       <- 将该字段保留为 text 类型
          }
```

```
          }
        }
      }
    }
  }
```

除了将 attachments 字段创建为 nested 类型，我们还将 filename 声明为 keyword 类型。filename 字段的值会被分词，例如 file1.txt 被拆分成 file1 和 txt。因此，搜索查询可能与 txt 和 confidential 或 txt 和 private 匹配，因为这两条记录都有 txt 作为公共的词元。为了避免这种情况，我们可以将 filename 作为 keyword 类型的字段。通过代码清单 4-28，也可以看到我们在搜索查询中使用了 attachments.filename.keyword 这种方法。

回到手头的问题。我们已经有了模式定义，需要做的就是索引一个文档，如代码清单 4-30 所示。

代码清单 4-30 使用 nested 属性索引文档

```
PUT emails_nested/_doc/1
{
  "attachments" : [    <— 提供几个对象作为附件
    {
      "filename" : "file1.txt",
      "filetype" :  "confidential"
    }
    {
      "filename" : "file2.txt",
      "filetype" :  "private"
    }
  ]
}
```

一旦该文档成功索引，拼图的最后一块就是搜索。代码清单 4-31 展示了用于获取文档的搜索查询。搜索条件是带有附件的电子邮件，其中文件名和文件分类分别为 file1.txt 和 private。因为这种组合不存在，所以结果一定为空，这与使用 object 类型的情况不同，使用 object 类型时，数据是跨文档搜索的，会导致假阳性结果。

代码清单 4-31 获取匹配文件名和分类的结果

```
GET emails_nested/_search
{
  "query": {
    "nested": {    <— 使用 nested 查询搜索 nested 字段中的数据
      "path": "attachments",    <— 指向 nested 字段的路径
      "query": {
        "bool": {
          "must": [    <— 搜索子句：必须匹配 file1.txt 和 private
            { "match": { "attachments.filename": "file1.txt" }},
            { "match": { "attachments.filetype":  "private" }}
          ]
        }
      }
    }
  }
}
```

该查询搜索名为 file1.txt 且分类为 private 的文件，这样的文件并不存在。这个查询没有返回任何文档，这正是我们所期望的。file1.txt 的分类是 confidential，不是 private，因此它不匹配。当 nested 类型表示一个内部对象的数组时，每个单独的对象都被存储和索引为一个隐藏的文档。

nested 数据类型擅长维护关联和关系。如果需要创建对象数组，而每个对象都必须被视为一个单独的对象，那么 nested 数据类型可能是好的选择。

Elasticsearch 没有数组类型

虽然我们正在讨论数组，但有趣的是，在 Elasticsearch 中并没有 array 数据类型。不过，我们可以为任何字段设置多个值，从而将该字段表示为数组。例如，对于一个具有单个 name 字段的文档，可以简单地通过向该字段添加一个数据值列表，将单个值更改为数组，例如，将"name": "John Doe"改为"name": ["John Smith", "John Doe"]。

当我们在动态映射期间以数组形式提供值时，Elasticsearch 是如何推断数据类型的呢？此时，数据类型是根据数组中第一个元素的类型推断的。例如，"John Smith"是一个字符串，因此推断 name 是 text 类型的，尽管它被表示为一个数组。

在创建数组时需要考虑的一个重要问题是，不能在一个数组中混合不同的类型。例如，我们不能像"name": ["John Smith", 13, "Neverland"]这样声明 name 字段。这是非法的，因为该字段包含了多种类型。

4.6.4 flattened 数据类型

到目前为止，我们已经看过从 JSON 文档中解析的索引字段。每个字段在分析和存储时都被视为独立的个体。然而，有时我们可能不需要将所有子字段都作为单独的字段索引，从而避免昂贵的分析过程。想想聊天系统上的聊天消息流、足球比赛直播期间的实时评论，或者医生对患者病症的记录，我们可以将这类数据作为一个大的数据块加载，而不是显式地声明每个字段（或动态推断）。Elasticsearch 为此提供了一种名为 flattened 的特殊数据类型。

flattened 类型的字段以一个或多个子字段的形式保存信息，每个子字段的值都被索引为 keyword。这些值都不被视为 text 类型的字段，因此它们不会经过文本分析过程。

这里以医生在诊疗期间对患者病症进行记录作为例子。映射包含两个字段，即患者姓名和医生的记录。这个映射的关键在于将 doctor_notes 字段声明为 flattened 类型，如代码清单 4-32 所示。

代码清单 4-32 创建一个 flattened 类型的映射

```
PUT consultations
{
  "mappings": {
    "properties": {
      "patient_name":{
```

```
        "type": "text"          该字段可以包含任意
      },                         数量的子字段
      "doctor_notes":{      <-
        "type": "flattened" <-  将字段声明为 flattened 类型
      }
    }
  }
}
```

关键是，任何声明为 flattened 的字段（及其子字段）都不会被分析，所有值都被索引为 keyword。让我们创建一个包含医生记录的患者诊疗文档并索引它，如代码清单 4-33 所示。

代码清单 4-33 索引包含医生记录的患者诊疗文档

```
PUT consultations/_doc/1
{                                    flattened 字段可以包含
  "patient_name":"John Doe",         任意数量的子字段
  "doctor_notes":{               <-
    "temperature":103,
    "symptoms":["chills","fever","headache"],          所有这些字段都被索引为 keyword
    "history":"none",
    "medication":["Antibiotics","Paracetamol"]
  }
}
```

正如所见，doctor_notes 包含了大量信息，但我们在映射定义中并没有创建这些内部字段。由于 doctor_notes 是 flattened 类型，因此所有值都按原样被索引为 keyword。

最后，我们可以使用医生记录中的任何关键词来搜索这个索引，如代码清单 4-34 所示。

代码清单 4-34 搜索 flattened 数据类型字段

```
GET consultations/_search
{
  "query": {
    "match": {
      "doctor_notes": "Paracetamol"     <-- 搜索患者的药方
    }
  }
}
```

搜索"Paracetamol"（对乙酰氨基酚）会返回 John Doe 的诊疗文档。你可以尝试更改 match 查询来检索任意字段，例如 doctor_notes:chills（症状发冷），或编写一个与代码清单 4-35 所示类似的复杂的查询。

代码清单 4-35 对 flattened 数据类型进行高级查询

```
GET consultations/_search
{
  "query": {
    "bool": {
      "must": [
        {"match": {"doctor_notes": "headache"}},
```

```
          {"match": {"doctor_notes": "Antibiotics"}}
        ],
        "must_not": [
          {"term": {"doctor_notes": {"value": "diabetes"}}}
        ]
      }
    }
  }
```

在这个查询中，我们检查头痛（headaches）和抗生素（Antibiotics），但病人不应该是糖尿病患者（diabetes），这个查询返回了 John Doe，因为他没有糖尿病但有头痛症状并正在服用抗生素。

flattened 数据类型非常有用，特别是在我们预期有许多字段，但提前为所有字段设置映射定义并不可行时。记住，flattened 类型的字段的子字段始终是 keyword 类型。

4.6.5 join 数据类型

如果你来自关系数据库领域，一定知道数据之间的关系——通过连接（join）来实现父子关系。而被 Elasticsearch 索引的每个文档都是独立的，与索引中的其他文档没有任何关系。Elasticsearch 对数据做了去规范化处理，以在索引和搜索操作的过程中获得更高的速度和性能。尽管我们要谨慎地维护和管理 Elasticsearch 中的关系，但如果有需要，join 数据类型可以用于创建父子关系。

让我们以医生与患者之间的关系（一对多）为例来学习 join 数据类型：一名医生可以有多名患者，而每名患者都被分配给一名医生。要使用 join 数据类型来处理父子关系，需要创建一个 join 类型的字段，并通过一个 relations 对象来添加关系信息（在本例中是医生 - 患者关系）。代码清单 4-36 中准备了包含模式定义的 doctors 索引。

代码清单 4-36 doctors 索引的模式定义映射

```
PUT doctors
{
  "mappings": {
    "properties": {
      "relationship":{      <—— 将属性声明为 join 类型
        "type": "join",
        "relations":{
          "doctor":"patient"     <—— 关系的名称
        }
      }
    }
  }
}
```

代码清单 4-36 中的查询有两个重要的注意事项。

- 我们声明了 join 类型的一个 relationship 属性。
- 我们声明了一个 relations 属性，并给出了关系的名称（在本例中，只有一个 doctor:patient 关系）。

模式准备就绪并建立了索引，让我们索引两种类型的文档：一种代表医生（父文档），另一种代表两名患者（子文档）。代码清单 4-37 展示的是医生文档，关系被命名为 doctor。

代码清单 4-37 索引医生文档

```
PUT doctors/_doc/1
{
  "name":"Dr. Mary Montgomery",
  "relationship":{
    "name":"doctor"      <-- relationship 属性必须是所列出的关系
  }                          （在 relations 属性中设置）之一
}
```

relationship 对象将该文档的类型声明为 doctor。name 属性必须是映射模式中声明的父值（doctor）。现在 Mary Montgomery 医生已经准备好了，下一步是将两名患者与她关联起来，如代码清单 4-38 所示。

代码清单 4-38 为医生创建两名患者

```
PUT doctors/_doc/2?routing=mary   <-- 文档必须设置路由标志
{
  "name":"John Doe",                 我们在该对象中定义了 relationship 的类型
  "relationship":{               <--
    "name":"patient",            <-- 该文档代表一名患者
    "parent":1                   <-- 该患者的父文档（doctor）ID 为 1
  }
}

PUT doctors/_doc/3?routing=mary
{
  "name":"Mrs. Doe",
  "relationship":{
    "name":"patient",
    "parent":1
  }
}
```

relationship 对象应该将值设置为 patient（还记得模式中 relations 属性的父子部分吗？），parent 应该指定为关联医生的文档 ID（示例中 ID 为 1）。

在处理父子关系时，还需要了解一件事。父文档及其相关的子文档会被索引到同一分片中，以避免跨分片搜索带来的额外开销。由于文档是共存的，因此需要在 URL 中使用强制性的 routing 参数。（路由是用于确定文档所在分片的函数，第 5 章中将介绍路由算法。）

最后，是时候搜索属于 ID 为 1 的医生的患者了。代码清单 4-39 中的查询会搜索与 Montgomery 医生关联的所有患者。

代码清单 4-39 获取 Montgomery 医生的患者

```
GET doctors/_search
{
  "query": {
    "parent_id":{
```

```
        "type":"patient",
        "id":1
      }
    }
  }
```

为了获取属于某位医生的患者，这里使用了一个名为 parent_id 的搜索查询，它需要指定子类型（patient）和父文档的 ID（Montgomery 医生的文档 ID 为 1）。这个查询返回了 Montgomery 医生的患者，即 Doe 先生和 Doe 夫人。

注意 在 Elasticsearch 中实现父子关系会对性能产生影响。正如我们在第 1 章中讨论的那样，如果考虑文档间的关系，那么 Elasticsearch 可能不是正确的工具，因此请谨慎使用这一功能。

4.6.6 search_as_you_type 数据类型

当我们在搜索栏中输入单词和短语时，大多数搜索引擎会提供建议。这个功能有多种名称，如即时搜索（search as you type）、输入提示（typeahead）、自动补全（autocomplete）或建议（suggestion）等。Elasticsearch 提供了一种方便的数据类型 search_as_you_type 来支持此功能。在后台，Elasticsearch 会非常努力地确保被标记为 search_as_you_type 类型的字段在索引时生成 *n*-gram，我们将在本节中看到它的实际应用。

假设我们被要求在 books 索引上支持输入提示查询：当用户在搜索栏中逐字输入书名时，搜索引擎应该能够根据他们输入的字母来建议图书。首先，我们需要创建一个包含 search_as_you_type 类型的字段的模式，如代码清单 4-40 所示。

代码清单 4-40 包含 search_as_you_type 类型的映射模式

```
PUT tech_books4
{
  "mappings": {
    "properties": {
      "title": {
        "type": "search_as_you_type"    <— title 字段支持输入提示功能
      }
    }
  }
}
```

值得注意的是，在这个模式定义中，title 被声明为 search_as_you_type 数据类型。让我们索引一些不同书名的文档（这里加上我未来希望出版的书名），如代码清单 4-41 所示。

代码清单 4-41 索引几本书

```
PUT tech_books4/_doc/1
{
  "title":"Elasticsearch in Action"
}

PUT tech_books4/_doc/2
{
  "title":"Elasticsearch for Java Developers"
```

```
}

PUT tech_books4/_doc/3
{
  "title":"Elastic Stack in Action"
}
```

由于 `title` 字段的数据类型是 `search_as_you_type`，因此 Elasticsearch 会为其创建一组称为 *n*-gram 的子字段，用于部分匹配用户的搜索内容。`_index_prefix` 会生成 edge *n*-gram，对于单词 *Elastic*，会生成`[e, el, ela, elas, elast, elasti, elastic]`。2-gram 是一个 shingle 词元过滤器，它为书名 *Elasticsearch in Action* 生成两个词元`["elasticsearch in"]`和`["in action"]`。类似地，3-gram 也是一个 shingle 词元过滤器，对于书名 *Elasticsearch for Java Developers*，它会生成这些词元：`["elasticsearch for java"]`和`["for java developers"]`。（这些示例的源代码可以在本书的配套资源中找到。）

除了这些 *n*-gram，根字段（`title`）也会使用给定分析器或默认分析器进行索引。所有其他的 *n*-gram 都是通过使用各种 shingle 词元过滤器生成的，如表 4-5 所示。

表 4-5 引擎自动创建的子字段

字段	解释	示例
title	title 字段使用选择的分析器进行索引，如果没有选择，则使用默认分析器	如果使用标准分析器，title 将根据标准分析器的规则进行分词和归一化处理
title._2gram	title 字段的分析器使用一个自定义的 shingle 词元过滤器。该过滤器的 shingle 大小设置为 2	为给定文本生成 2 个词元。例如，title 为 “Elasticsearch in Action” 的 2-gram 是 ["elasticsearch in"]和["in action"]
title._3gram	title 字段的分析器使用一个自定义的 shingle 词元过滤器。该过滤器的 shingle 大小设置为 3	为给定文本生成 3 个词元。例如，title 为 “Elasticsearch for Java developers” 的 3-gram 是["elasticsearch for java"]和["for java developers"]
title._index_prefix	title._3gram 的分析器与一个 edge *n*-gram 词元过滤器一起应用	为字段 title._3grams 生成 edge *n*-gram。例如，_index_prefix 为单词 “Elastic” 生成以下 edge *n*-gram：[e, el, ela, elas, elast, elasti, elastic]

由于这些字段是预先创建的，因此在搜索这些字段时应该能返回输入提示的建议，因为 *n*-gram 可以有效地产生这些建议。接下来让我们按照代码清单 4-42 中展示的方式来创建搜索查询。

代码清单 4-42 搜索 `search_as_you_type` 及其子字段

```
GET tech_books4/_search
{
  "query": {
    "multi_match": {
      "query": "in",
      "type": "bool_prefix",
      "fields": ["title","title._2gram","title._3gram"]
    }
  }
}
```

如代码清单 4-42 中的查询所示，我们创建了一个 multi_match 查询（类型为 bool_prefix），因为搜索是在主字段及其子字段（title 及 title 的子字段_2gram、_3gram 等）中进行的。该查询应该能返回图书 *Elasticsearch in Action* 和 *Elastic Stack in Action*。这里使用 multi_match 查询，是因为我们要在多个字段（title、title._2gram 和 title._3gram）中搜索值。

n-gram、edge n-gram 和 shingle

第一次听说 *n*-gram、edge *n*-gram 和 shingle，这些概念可能会让你感到困惑。我在这里先简单解释一下，第 7 章中会详细介绍。

n-gram 是一个给定长度的单词序列，可以有 2-gram、3-gram 等。例如，对于单词 action，3-gram（长度为 3 的 *n*-gram）是["act", "cti", "tio", "ion"]，2-gram（长度为 2）是["ac", "ct", "ti", "io", "on"]，以此类推。

edge *n*-gram 是字母级的 *n*-gram，其中 *n*-gram 的起点锚定在单词的开头。单词“action”的 edge *n*-gram 是["a", "ac", "act", "acti", "actio", "action"]。

shingle 是词元级的 *n*-gram。例如，句子“Elasticsearch in Action”产生的 shingle 是["Elasticsearch", "Elasticsearch in", "Elasticsearch in Action", "in", "in Action", "Action"]。

有时我们可能希望一个字段可以声明为多种数据类型。例如，电影片名可以同时是 text 和 completion 数据类型。幸运的是，Elasticsearch 允许为单个字段声明多种数据类型。让我们看看如何创建多类型字段。

4.7 拥有多种数据类型的字段

我们已经了解到，文档中的每个字段都与一种数据类型相关联。不过，Elasticsearch 非常灵活，它也允许我们定义拥有多种数据类型的字段。例如，根据我们的需求，电子邮件数据中的 subject 字段可以是 text、keyword 或 completion 类型。我们可以使用主字段定义内部的 fields 对象在模式定义中创建多个类型。它的语法如下：

```
"my_field1":{
  "type": "text",          <-- 声明 my_field1 的类型
  "fields": {              <-- 定义一个 fields 对象来包含更多类型
   "kw":{ "type":"keyword" }   <-- 声明一个额外的 kw 字段
  }
}
```

my_field1 会被索引为 text 类型和 keyword 类型。当我们希望将其用作 text 时，可以在查询中提供字段 my_field1。当我们将其作为 keyword 进行搜索时，则使用 my_field1.kw（注意使用点号表示法）作为字段名称。

代码清单 4-43 中的模式定义为单个 subject 字段创建了多种数据类型（text、keyword 和 completion）。

代码清单 4-43 多类型字段的模式定义

```
PUT emails_multi_type
{
  "mappings": {
    "properties": {
      "subject":{
        "type": "text",                          <-- subject 是 text 类型
        "fields": {
          "kw":{ "type":"keyword" },             <-- subject 也是 keyword 类型
          "comp":{ "type":"completion" }         <-- subject 还是 completion 类型
        }
      }
    }
  }
}
```

subject 字段关联了 3 种类型，即 text、keyword 和 completion。要访问这些类型，我们需要使用 subject.kw 格式来访问 keyword 类型的字段，或使用 subject.comp 来访问 completion 类型的字段。

我们在本章中学习了很多关于映射概念的知识。现在让我们总结一下，并期待第 5 章的内容，它将涉及如何处理文档。

4.8 小结

- 每个文档都由带有值的字段组成，每个字段都有一种数据类型。Elasticsearch 提供了丰富的数据类型来表示这些值。
- Elasticsearch 在索引和搜索数据时会遵循一组规则。这些规则称为映射规则，让 Elasticsearch 知道如何处理各种数据形态。
- 映射规则可以通过动态的映射过程或显式的映射过程来生成。
- 映射是一种预先创建字段模式定义的机制。在索引文档时，Elasticsearch 会参考这些模式定义，以便对数据进行分析和存储，从而加快检索速度。
- Elasticsearch 还有一个默认的映射功能：我们可以让 Elasticsearch 自动推断映射，而不是由用户显式提供。Elasticsearch 根据首次遇到字段的情况来确定模式。
- 尽管动态映射很方便，尤其是在开发阶段，但是，如果我们对数据模型有更多了解，最好还是预先创建好映射。
- Elasticsearch 为文本、布尔值、数值、日期等提供了广泛的数据类型，甚至还有 join、completion、geo_point、nested 等复杂的字段类型。

第 5 章　处理文档

本章内容

- 索引、检索和重新索引文档
- 操纵响应和调整响应
- 使用 API 和查询方法更新和删除文档
- 使用脚本更新文档
- 批量索引文档

现在是时候开始学习和了解 Elasticsearch 中的文档操作了。我们可以根据需求对文档进行索引、获取、更新或删除。我们可以从数据库和文件等存储中或者从实时数据流中将数据加载到 Elasticsearch 中。同样，我们也可以更新或修改 Elasticsearch 中已有的数据。如果需要，我们甚至可以删除和清空文档。例如，我们可能有一个产品目录数据库，需要将其导入 Elasticsearch 以实现产品的搜索功能。

Elasticsearch 提供了一组用于处理文档的 API。

- 索引（indexing）API——用于将文档索引到 Elasticsearch 中。
- 读取（read）API 和搜索（search）API——允许客户端获取/搜索文档。
- 更新（update）API——编辑和修改文档字段。
- 删除（delete）API——从存储中删除文档。

Elasticsearch 将这些 API 分为单文档 API 和多文档 API 两类。顾名思义，单文档 API 通过适当的端点对文档逐一进行索引、获取、修改和删除操作。这些 API 在处理如电子商务应用生成的订单或来自一组 Twitter（现 X 公司）账号的推文等事件时非常有用。我们使用单文档 API 来单独操作这些文档。

多文档 API 则是为了批量处理文档。例如，我们可能需要从包含数百万条记录的数据库中将产品目录导入 Elasticsearch。为此，Elasticsearch 提供了批量（`_bulk`）端点 API，以帮助批量导入数据。

Elasticsearch 还公开了高级查询 API 来处理文档。如果需要，我们可以通过编写复杂的查询来删除和更新匹配特定条件的多个文档，也可以使用复杂的搜索查询来查找、更新或删除文档，还可以使用重新索引 API 将数据从一个索引迁移到另一个索引。重新索引帮助我们在不影响生产环境运行的情况下迁移数据，但我们必须考虑性能影响。

在本章中，我们将讨论单文档 API 和多文档 API 及各种文档操作。使用 Elasticsearch 的第一步是将一些数据导入引擎。让我们先来看看索引文档 API 和索引文档的机制。

注意 本章示例中使用的电影数据集可以在本书配套资源中找到。

5.1 索引文档

就像将记录插入关系数据库一样，我们也将数据（以文档形式）添加到 Elasticsearch 中。这些文档存储在一个称为*索引*（index）的逻辑桶中。将文档持久化到这些索引中的行为被称为*索引*（indexing）。因此，当我们听到“索引”这个术语时，意味着将文档存储或持久化到 Elasticsearch 中。

文本分析

文档在存储到 Elasticsearch 之前会经历一个称为文本分析的过程。分析过程会处理原始数据，使其适合各种搜索和分析功能。文本分析让搜索引擎具有了提供相关性搜索和全文搜索的功能。第 7 章将深入讨论文本分析。

如本章开头所述，Elasticsearch 提供了索引单个文档和多个文档的 API。下面我们就详细了解一下这些文档 API。

5.1.1 文档 API

我们使用 HTTP 上的 RESTful API 与 Elasticsearch 进行通信。单文档 API 用于完成基本的 CRUD（创建、读取、更新和删除）操作，还有一些 API 专门用于处理多个文档，而不是针对单个文档。在本章中我们将讨论这两种类型，但现在让我们关注如何使用单文档 API 来索引文档。首先，有一个重要的概念需要理解——文档标识符。

1. 文档标识符

被索引的每个文档都会有一个标识符（ID），通常由用户指定。例如，可以给电影《教父》（*The Godfather*）一个 ID（`id=1`），给电影《肖申克的救赎》（*The Shawshank Redemption*）另一个 ID（`id=2`）。与关系数据库中的主键类似，ID 在文档的整个生命周期内与文档相关联（除非故意更改）。

有时客户端（用户）不需要为文档提供 ID。想象一下，一辆自动驾驶汽车向服务器发送成千上万条警报和心跳消息，并非每条消息都需要一个顺序的 ID，它可以有一个随机的唯一 ID。在这种情况下，系统会为被索引的文档生成一个随机的全局唯一标识符（universally unique identifier，UUID）。

文档 API 允许我们在有或没有 ID 的情况下索引文档。但是使用 HTTP 方法，如 `POST` 和 `PUT` 时，存在一些细微的差异。

- 如果客户端提供了文档 ID，则使用 HTTP PUT 方法调用文档 API 来索引文档。
- 如果客户端没有提供文档 ID，则在索引时使用 HTTP POST 方法。在这种情况下，一旦文档被索引，它就会继承系统生成的 ID。

让我们来看看使用这两种方法索引文档的过程。

2. 索引带有标识符的文档（PUT）

当文档有 ID 时，我们可以使用单文档索引（_doc）API 和 HTTP PUT 方法来索引该文档。这种方法的语法如下：

```
PUT <index_name>/_doc/<identifier>
```

这里，<index_name>是存放文档的索引名称，而_doc 是在索引文档时必须设置的端点。<identifier>是文档的标识符（类似于数据库中的主键），在使用 HTTP PUT 方法时，它是一个必需的路径参数。

让我们使用 API 索引一个电影文档。进入 Kibana，编写并执行代码清单 5-1 中的查询。

代码清单 5-1 将一个新文档索引到 movies 索引中

```
PUT movies/_doc/1          <-- 文档索引的 URL
{                          <-- 请求体
  "title":"The Godfather",
  "synopsis":"The aging patriarch of an organized crime dynasty transfers
  ➥ control of his clandestine empire to his reluctant son"
}
```

PUT movies/_doc/1 是调用文档索引 API 的 RESTful 方法。这个请求包含一个由 JSON 文档表示的请求体（电影数据）。结果如图 5-1 所示。

```
PUT movies/_doc/1
{
  "title":"The Godfather",
  "synopsis":"The aging patriarch
   of an organized crime .."
}
```

向服务器发出请求，索引一个ID为1的电影文档。请求体是一个JSON文档

```
{
  "_index" : "movies",
  "_type" : "_doc",
  "_id" : "1",
  "_version" : 1,
  "result" : "created",
  "_shards" : {
    "total" : 4,
    "successful" : 1,
    "failed" : 0
  },
  "_seq_no" : 0,
  "_primary_term" : 1
}
```

来自服务器的响应，表示该电影文档已被成功索引

图 5-1 通过 ID 索引文档

URL 的各个部分如表 5-1 所示。

表 5-1 **PUT** URL 的组成部分

附件名	文件分类
PUT	这个 HTTP 方法表明我们要求服务器创建一个新的资源。PUT 方法通常用于向资源 URL 发送一些数据，以便服务器在其存储中创建新的资源
movies	我们希望电影文档持久化的索引名称服务调用的端点
_doc	在早期的 Elasticsearch 版本（5.*x* 之前）中，URL 中包含一个类型（类似 movies/movie/1）。现在文档类型已被废弃，并在 URL 中改为通用端点_doc（变为 movies/_doc/1）
1	表示资源 ID（电影文档的 ID）的路径参数

cURL 格式的请求

Kibana 简化了 URL，使其看起来更美观。在后台，它通过向请求添加服务器的详细信息来扩展 URL。这是可能的，因为每个 Kibana 实例都默认连接到 Elasticsearch 服务器（kibana.yml 配置文件中定义了服务器的详细信息）。cURL 格式的 URL 如下：

```
curl -XPUT "http://localhost:9200/movies/_doc/1"
-H 'Content-Type: application/json'
-d'{  "title":"The Godfather",  "synopsis":"The aging patriarch .."}')
```

可以从 Kibana 的 Dev Tools 中获取 cURL 命令——只需单击扳手图标，然后选择“Copy as cURL”将请求复制为 URL，如图所示。

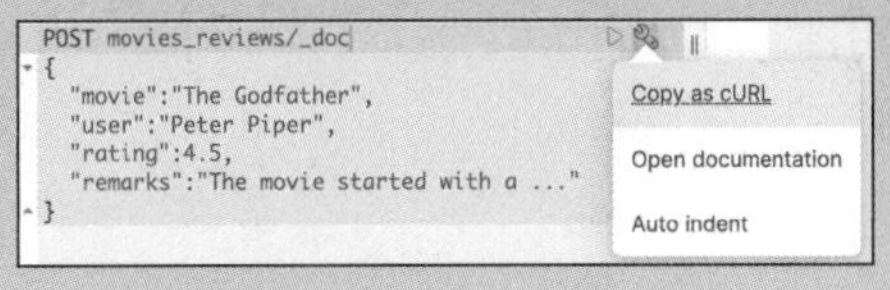

将查询导出为 cURL

提示 顺便提醒一下，选择“Auto indent”选项可以让代码按照 JSON 格式自动缩进。

执行上述脚本后，我们期望响应会出现在 Kibana 右侧窗格中（见图 5-2）。让我们简要分析一下。这个响应是一个包含几个属性的 JSON 文档，其中 result 属性表示操作的动作；created 表示我们成功地在 Elasticsearch 存储中索引了一个新文档；_index、_type 和_id 属性来自我们的传入请求，并被分配给该文档；_version 表示该文档的当前版本，值为 1 表示文档的第一个版本，如果我们修改文档并重新索引，该数值会递增。稍后我们会查看_shards 信息，但在这里它只是表明文档已成功存储。

如果你感到好奇，可以重新执行相同的命令并检查响应。你会注意到 result 属性变成了 updated，同时版本号也增加了。每次执行请求时，版本号都会增加。

当我们首次尝试插入文档时，服务器中还没有 movies 这个索引（如果索引已经存在，应确保通过执行 DELETE movies 命令将其删除）。当服务器首次看到该文档时，它意识到索引还不存在，于是为我们创建了一个 movies 索引，从而确保文档能够顺利索引。这个索引的模式也是不存在的，不过服务器通过分析第一个传入的文档推导出模式。我们在第 4 章中介绍过映射定义，如有需要，可阅读 4.1.1 节。

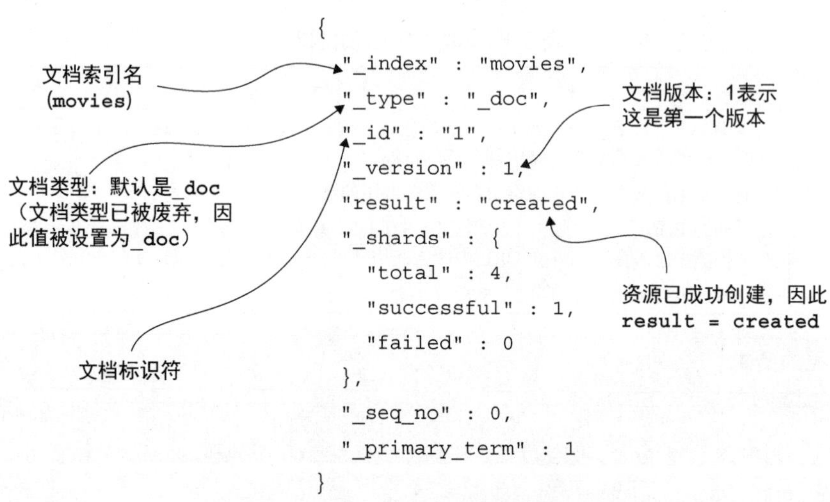

图 5-2　文档成功索引时服务器的响应

我们刚刚索引了一个带有 ID 的文档。然而，并非所有文档都需要或应该有一个与业务相关的 ID。例如，为电影文档分配一个 ID 很有意义，但对于交通管理系统接收的交通信号灯警报，就没必要指定特定的 ID。同样，Twitter（现 X）的推文流、板球比赛的评论消息等也不需要 ID——随机 ID 就足够了。

索引没有 ID 的文档与索引带有 ID 的文档的过程基本相同，唯一的区别是 HTTP 方法从 PUT 变为 POST。下面我们就来看一下实际操作。

3. 索引没有标识符的文档（POST）

索引一个带有 ID 的文档时，我们使用 HTTP PUT 方法在 Elasticsearch 中创建资源，但并非每个业务模型都需要带有 ID 的数据文档（例如，股票价格变动或推文就不需要 ID）。在这种情况下，我们可以让 Elasticsearch 生成随机 ID。要索引这些文档，我们使用 POST 方法，而不是像之前那样使用 PUT 方法。

HTTP POST 方法遵循与 PUT 类似的格式，但 URL 参数中不提供 ID，如代码清单 5-2 所示。

代码清单 5-2　使用 POST 方法索引一个没有 ID 的文档

```
POST myindex/_doc                         ◁── URL 没有附加 ID
{
  "title":"Elasticsearch in Action"       ◁── 请求体是一个 JSON 文档
}
```

我们在索引上调用_doc 端点，不带 ID 但带有请求体。这个 POST 请求告诉 Elasticsearch 在索引过程中需要为文档分配新生成的随机 ID。

> **注意**　POST 方法不需要用户提供文档 ID。相反，它在文档持久化时会自动生成一个随机创建的 ID。我们也可以使用带有 ID 的 POST 方法。例如，POST myindex/_doc/1 就是一个有效的调用。然而，没有 ID 的 PUT 方法是无效的，也就是说，调用 PUT myindex/_doc 会抛出错误。

让我们以用户发布电影评论为例。每条电影评论都作为一个 JSON 文档，从 Kibana 发送到 Elasticsearch，而这些请求不包含文档 ID，如代码清单 5-3 所示。

代码清单 5-3 索引一条没有 ID 的电影评论

```
POST movies_reviews/_doc        <-- 这个 URL 没有 ID
{
  "movie":"The Godfather",
  "user":"Peter Piper",
  "rating":4.5,
  "remarks":"The movie started with a ..."
}
```

一旦服务器执行索引请求，响应就会发送回 Kibana 控制台。图 5-3 说明了这个过程。

```
{
  "_index" : "movies_reviews",
  "_type" : "_doc",
  "_id" : " 53NyfXoBW8A1B2amKR5j",
  "_version" : 1,
  "result" : "created",
  "_shards" : {
    "total" : 4,
    "successful" : 1,
    "failed" : 0
  },
  "_seq_no" : 0,
  "_primary_term" : 1
}
```


图 5-3 服务器创建并为文档分配一个随机自动生成的 ID

在响应中，_id 字段是随机生成的数据，而其余信息与代码清单 5-1 中展示的 PUT 请求相同。你可能想知道在索引文档时如何决定是使用 PUT 还是使用 POST。下面的“何时使用 PUT 或 POST”提供了答案。

何时使用 PUT 或 POST

如果想控制 ID 或者已经知道了文档的 ID，可以使用 PUT 方法来索引文档。文档可以是领域对象，并且遵循预定义的身份策略（如主键）。使用 ID 检索文档可能是考虑使用哪种方式的一个原因。如果知道文档 ID，可以使用文档 API 来获取文档（稍后会讨论检索）。例如，为一个电影文档提供一个 ID：

```
PUT movies/_doc/1

{
  "movie":"The Godfather",
}
```

另外，对于来自流数据或时间序列事件的文档使用 ID 是没有意义的（想象一下来自定价服务器的实时报价、股票价格波动、云服务的系统警报、推文或自动驾驶汽车的心跳信息）。对于这些事件和消息，使用随机生成的 UUID 就足够了。但是，由于 ID 是随机生成的，我们可能需要编写搜索查询来检索文档，而不是像对 PUT 那样简单地使用 ID 来检索它们。

总之，对于没有业务标识符的文档，使用 HTTP POST 方法进行索引。例如，我们不为电影评论文档提供 ID：

```
POST movies_reviews/_doc
{
  "review":"The Godfather movie is a masterpiece..",
}
```

在索引文档时，文档索引 API 不关心文档是否存在。如果是首次索引，文档将按预期创建和存储。如果再次索引相同的文档，即使内容与之前的文档完全不同，它也会被保存。Elasticsearch 是否会阻止覆盖文档内容的操作？让我们一探究竟。

4. 使用_create 避免覆盖文档

让我们稍微改变一下方向，看看执行代码清单 5-4 中的查询会发生什么。

代码清单 5-4　索引错误的文档内容

```
PUT movies/_doc/1
{
  "tweet":"Elasticsearch in Action 2e is here!"      <-- 不是电影，而是一条推文
}
```

在这个例子中，我们正在将一条推文索引到 movies 索引中，文档 ID 为 1。等一下，我们的存储中不是已经有了一个 ID 为 1 的电影文档（*The Godfather*）了吗？是的，确实如此。Elasticsearch 无法控制此类覆盖操作。这个责任转移到了应用或用户身上。

为了避免依赖用户的判断失误而导致意外覆盖造成的错误数据，Elasticsearch 提供了_create 端点。这个端点解决了覆盖的问题。在索引文档时，我们可以使用_create 端点而不是_doc 端点，以避免覆盖现有文档。让我们看看实际操作。

5. _create API

让我们索引一个 ID 为 100 的电影文档，但这次使用_create 端点。代码清单 5-5 展示了该操作的调用。

代码清单 5-5　使用_create 端点索引一部新电影

```
PUT movies/_create/100
{
  "title":"Mission: Impossible",
  "director":"Brian De Palma"
}
```

我们已经索引了一部新电影《碟中谍》（*Mission: Impossible*），这次使用的是_create 端点而不是_doc 端点。这两种方法的根本区别在于，_create 方法不允许我们用相同的 ID 重新索

引文档，而_doc 则不介意。

接下来，让我们尝试通过发送一条推文消息来更改电影文档的内容。查询如代码清单 5-6 所示。

代码清单 5-6 添加和更新字段

```
PUT movies/_create/100
{
  "tweet":"A movie with popcorn is so cool!"     <—— 尝试用推文覆盖已索引的电影
}
```

我们（可能是无意中）试图覆盖这个电影文档的内容。不过，Elasticsearch 检测到了这种情况，并抛出了一个版本冲突的错误：

```
{
"type" : "version_conflict_engine_exception",
"reason":"[100]:version conflict,document already exists(current version[1])"
}
```

Elasticsearch 不允许数据被覆盖。这是_create API 提示文档因为该版本已经存在无法更新的方式。

注意 尽管_create 端点不允许我们更新文档，但如果需要的话，我们可以将_create 端点替换为_doc 来完成更新。

本节的要点是，如果需要保护文档不被意外覆盖，就应该使用_create API。

禁用索引自动创建

默认情况下，如果索引不存在，Elasticsearch 会自动创建所需的索引。如果想限制此功能，需要将 action.auto_create_index 标志设置为 false。这可以通过以下两种方式完成。

- 在 elasticsearch.yml 配置文件中将此标志设置为 false。
- 通过调用_cluster/settings 端点显式设置标志：

```
PUT _cluster/settings
{
  "persistent": {
    "action.auto_create_index": "false"
  }
}
```

例如，如果 action.auto_create_index 设置为 false，则调用 PUT my_new_index/_doc/1 将会失败。如果你已经手动创建了索引（很可能带有预定义的设置和映射模式），并且不需要按需创建索引，那么你可能希望这样做。5.1.2 节中将详细讨论索引操作。

现在我们已经了解了如何持久化文档，接下来我们研究一下 Elasticsearch 是如何存储它们的。下面我们就重点关注一下索引过程的工作原理。

5.1.2 索引机制

在 3.2.3 节中我们简要了解了索引的工作原理。在本节中我们将深入讨论文档索引时涉及的机制（见图 5-4）。我们已经知道，分片本质上是 Lucene 实例，负责存储与索引逻辑关联的物理数据。

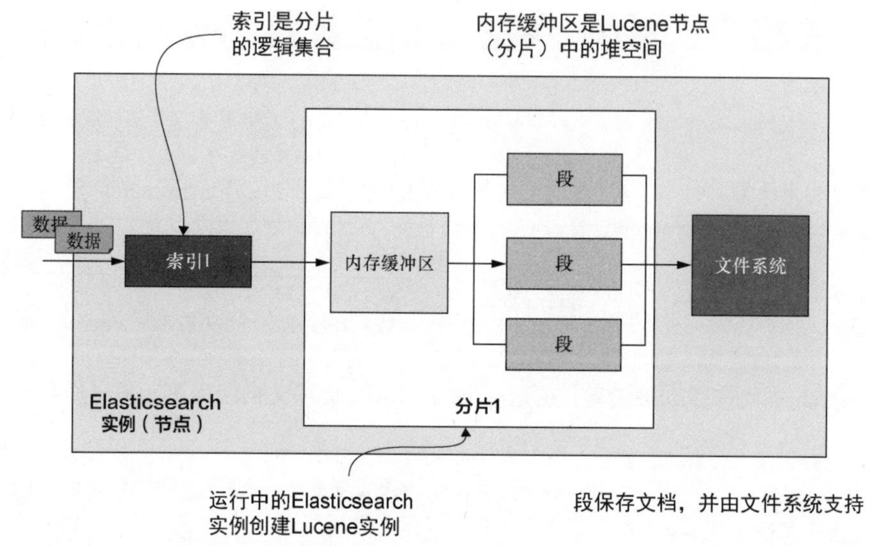

图 5-4 索引文档的机制

当我们索引一个文档时，引擎根据路由算法（在 3.5 节中讨论过）决定文档将被存储在哪个分片中。每个分片都有堆内存，当文档被索引时，会先进入分片的内存缓冲区中。文档保留在这个内存缓冲区中，直到刷新发生。Lucene 的调度器每秒发出一次刷新，收集内存缓冲区中所有可用的文档，然后用这些文档创建一个新段。段由文档数据和倒排索引组成。数据首先写入文件系统缓存，然后提交到物理磁盘。

由于 I/O 操作成本高昂，Lucene 在将数据写入磁盘时会避免频繁地进行 I/O 操作。因此，它会等待刷新间隔（1 s），之后将文档打包并推送到段中。一旦文档被移动到段中，它们就可以被用于搜索。

Apache Lucene 是一个在处理数据写入和读取时非常智能的库。在将文档推送到新段后（在刷新操作期间），它会等待直到生成 3 个段。它采用三段合并模式来合并这些段以创建新段：每当有 3 个段准备就绪时，Lucene 就会通过合并它们来实例化一个新段。然后再等待另外 3 个段被创建，以便创建另一个新段，如此往复。每合并 3 个段就会创建出一个新段，如图 5-5 所示。

在 1 s 的刷新间隔内，Lucene 会创建一个新段来存储内存缓冲区中收集到的所有文档。分片（Lucene 实例）的堆内存决定了在将文档刷新到文件存储之前，内存缓冲区中可以容纳多少文档。实际上，Lucene 将段视为不可变资源。也就是说，一旦使用缓冲区中的可用文档创建了一个段，新文档就不会进入这个现有的段中。相反，它们会被移动到一个新段中。同样，对段中文档的删除不会立即执行，而是先标记文档待以后批量移除。Lucene 采用这种策略来保证高性能和吞吐量。

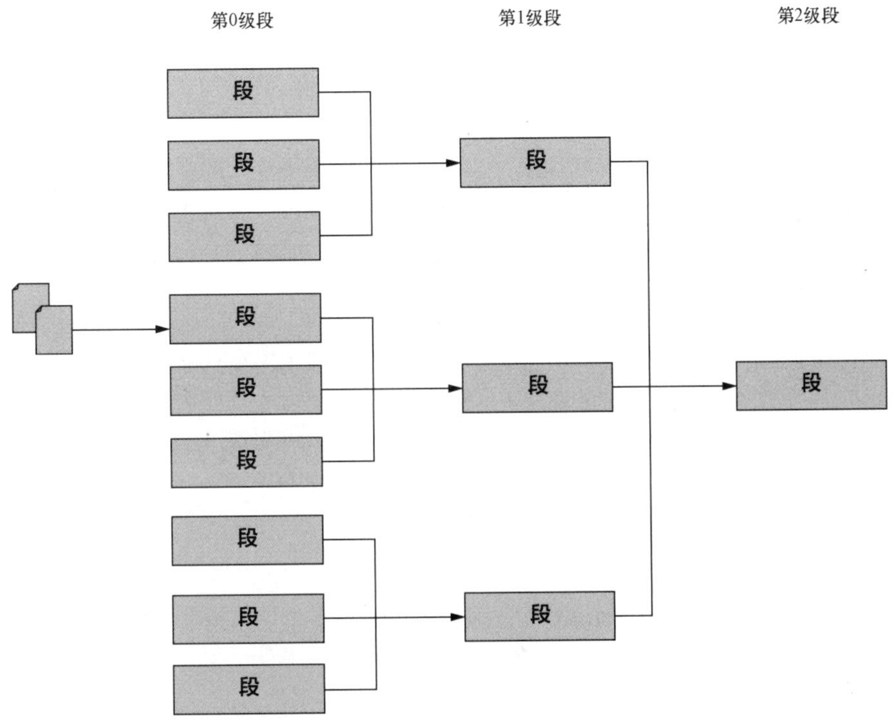

图 5-5 Apache Lucene 中段合并的示意

5.1.3 自定义刷新过程

已索引的文档会一直保存在内存中，直到刷新周期开始。这意味着在下一个刷新周期之前，有未提交（非持久化）的文档。服务器故障可能会导致数据丢失。随着刷新周期的加长，数据丢失的风险也会增加（1 s 的刷新周期比 1 min 的刷新周期丢失数据的风险更低）。但缩短刷新周期会导致更多的 I/O 操作，可能会造成性能瓶颈，因此必须找到最优的刷新策略。

Elasticsearch 是一个最终一致（eventually consistent）的应用，这意味着文档最终会被写入持久化存储中。在刷新过程中，文档作为段被移动到文件系统中，因此可以被搜索到。刷新过程是昂贵的，特别是当引擎受到大量索引请求的冲击时。

1. 配置刷新周期

好消息是我们可以配置这个刷新设置。我们可以通过使用`_settings`端点来调整索引级别的设置，例如将默认的 1 s 刷新间隔重置为 60 s，如代码清单 5-7 所示。

代码清单 5-7 设置自定义的刷新间隔

```
PUT movies/_settings
{
```

```
    "index":{
      "refresh_interval":"60s"
    }
}
```

这是一个动态设置，意味着我们可以随时更改活动索引上的刷新设置。要完全关闭刷新操作，应将这个值设置为-1。如果刷新操作关闭，内存缓冲区将累积传入的文档。这种情况的一个使用场景可能是我们正在将大量文档从数据库迁移到 Elasticsearch，并且不希望数据在迁移完成前就能被搜索到。要手动重新启用索引的刷新，我们只需发出 `POST <index>/_refresh` 命令。

2. 客户端刷新控制

我们还可以通过设置 `refresh` 请求参数，从客户端控制文档 CRUD 操作的刷新操作。文档 API（`index`、`delete`、`update` 和 `bulk`）都可以接受 `refresh` 作为一个请求参数。例如，以下代码片段建议引擎在文档索引后立即开始刷新，而不是等待刷新间隔过期：

```
PUT movies/_doc/1?refresh
```

`refresh` 请求参数可以有以下 3 个值。

- `refresh=false`（默认值）——告诉引擎不强制执行刷新操作，而是应用默认设置（1 s）。引擎仅在预定义的刷新间隔过后才使文档可供搜索。也可以不提供请求参数，效果与此是一样的。

  示例：`PUT movies/_doc/1?refresh=false`
- `refresh=true`（或空字符串）——强制执行刷新操作，使文档立即可供搜索。如果刷新间隔设置为 60 s，但在索引 1000 个文档时设置了 `refresh=true`，那么这 1000 个文档应该立即可供搜索，而不需要等待 60 s 的刷新周期。

  示例：`PUT movies/_doc/1?refresh=true`
- `refresh=wait_for`——这是一个阻塞请求，强制让客户端等待刷新操作启动并完成后才返回结果。例如，如果刷新间隔是 60 s，请求将被阻塞 60 s，直到刷新执行完毕。不过，它也可以通过调用 `POST <index>/_refresh` 端点来手动启动。

  示例：`PUT movies/_doc/1?refresh=wait_for`

我们还需要了解检索文档的机制。Elasticsearch 提供了 `GET` API 用于读取文档，这与之前看到的索引 API 类似。下面我们就来看一下从 Elasticsearch 存储中读取文档的机制。

5.2 检索文档

Elasticsearch 提供了以下两种用于检索文档的 API。

- 单文档 API，给定 ID，返回一个文档。
- 多文档 API，给定 ID 数组，返回多个文档。

如果文档不可用，我们会收到一个 JSON 响应，表明未找到该文档。接下来看看如何使用这两种 API 来检索文档。

5.2.1　使用单文档 API

Elasticsearch 公开了一个 RESTful API，用于给定文档 ID 获取文档，类似于我们在 5.1.1 节中讨论的索引 API。获取单个文档的 API 定义是：

```
GET <index_name>/_doc/<id>
```

GET 是一个 HTTP 方法，表示我们正在获取资源。URL 表示资源的端点，在这个例子中，它由 index_name（索引名称）、_doc 和文档 ID 组成。

索引文档和获取文档之间的区别就是使用的 HTTP 方法不同：索引文档用 PUT/POST，而获取文档用 GET。URL 保持不变，这遵循 RESTful 服务的最佳实践。

让我们检索之前索引的 ID 为 1 的电影文档。在 Kibana 控制台上执行 GET movies/_doc/1 命令可以获取之前已索引的文档。JSON 响应如图 5-6 所示。

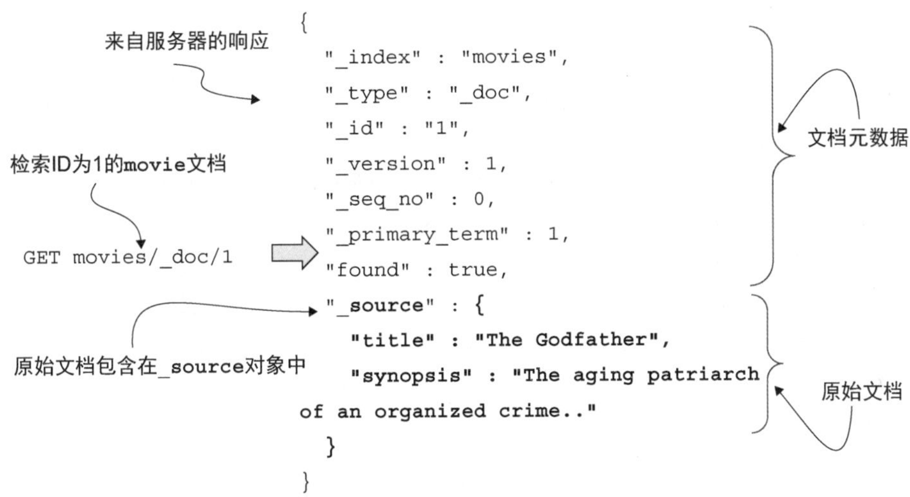

图 5-6　使用 GET API 调用来检索文档

响应包含元数据和原始文档两部分。元数据包括_id、_type、_version 等。原始文档包含在_source 属性中。如果我们知道文档 ID，获取文档就是这么简单。

该文档可能在存储中不存在。如果找不到文档，我们会收到一个响应，其中 found 属性设置为 false。例如，试图查找 ID 为 999 的文档（这个文档在我们的系统中不存在）会返回以下响应：

```
{
  "_index" : "movies",
  "_type" : "_doc",
  "_id" : "999",
  "found" : false
}
```

在获取文档之前，可以先检查这个文档是否存在。可以使用读取 API，但是把 HTTP 方法改为 HEAD，并使用相同的资源 URL。例如，代码清单 5-8 中的查询检查 ID 为 1 的电影是否存在。

代码清单 5-8 检查文档是否存在

```
HEAD movies/_doc/1
```

如果文档存在，该查询将返回 200 OK。如果文档在存储中不存在，则向客户端返回 404 Not Found 错误，如图 5-7 所示。

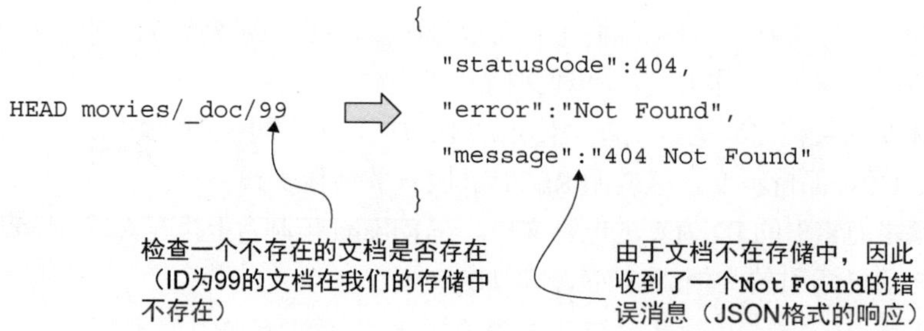

图 5-7 获取不存在的文档会返回“Not Found”消息

我们可以向服务器发送一个 HEAD 请求，在请求文档之前确定它是否存在。这确实会产生额外的往返服务器的开销。根据 HEAD 请求的响应，我们可能（或可能不）需要发送另一个请求来获取实际的对象。相反，我们可以直接使用 GET 请求，如果文档存在则返回文档；如果文档不存在则返回 Not Found 消息。当然，选择权在我们。

到目前为止，我们只从单个索引中获取了单个文档。那么如何满足从同一个索引或多个索引中获取多个带有 ID 的文档的需求呢？例如，如何从 movies 索引中获取 ID 为 1 和 2 的两个文档呢？我们可以使用名为_mget 的多文档 API，下面就看一下这个主题。

5.2.2 检索多个文档

在 5.2.1 节中，我们使用单文档 API 一次获取一个文档。然而，我们可能有以下需求。

- 给定文档 ID，从一个索引中检索多个文档。
- 给定文档 ID，从多个索引中检索多个文档。

Elasticsearch 提供了多文档 API（_mget）来满足这些需求。例如，要根据给定 ID 获取文档列表，可以使用_mget API，如代码清单 5-9 所示。

代码清单 5-9 一次性获取多个文档

```
GET movies/_mget
 {
  "ids" : ["1", "12", "19", "34"]
}
```

图 5-8 展示了从多个索引中获取多个文档的请求格式。正如所见，_mget 端点接受一个 JSON 格式的请求对象。请求中的 docs 键期望一个由文档_index 和_id 对组成的数组，我们可以用它来从多个索引中获取文档。代码清单 5-10 中展示了从 3 个不同的索引中获取文档的代码。

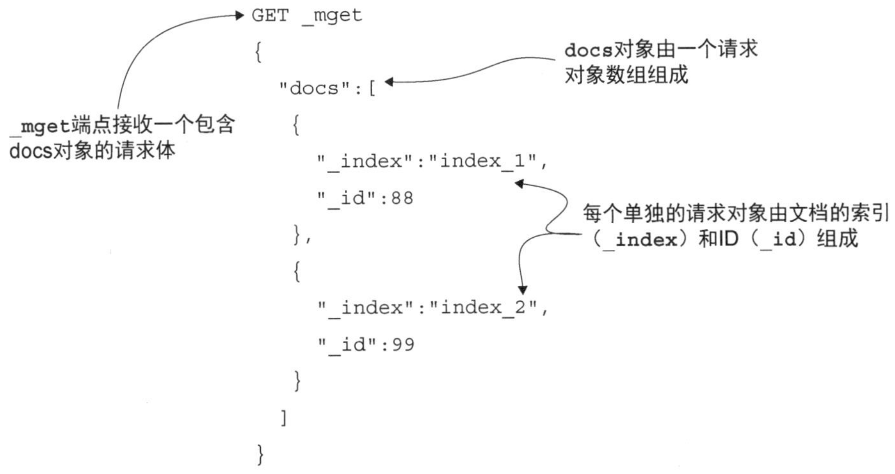

图 5-8 使用_mget API 获取多个文档

代码清单 5-10 从 3 个不同的索引中获取文档

```
GET _mget                                        <-- _mget 请求的 URL
{                                                    中未包含索引信息
  "docs":[
    {
      "_index":"classic_movies",           <-- 这里提供了第一个索引
      "_id":11
    },
    {
      "_index":"international_movies",     <-- 第二个索引
      "_id":22
    },
    {
      "_index":"top100_movies",            <-- 第三个索引
      "_id":33
    }
  ]
}
```

这个请求的目的是从 3 个不同的索引中获取 3 份文档，这 3 个索引分别是 classic_movies、international_movies 和 top100_movies。注意，如果指定的索引不存在，我们将会收到一个 index_not_found_exception 异常。

我们可以根据需要提供任意数量的索引，但这个 API 有一个缺点：必须为每个文档 ID 构建一个单独的_index/_id 对。遗憾的是，Elasticsearch 目前还不支持在_id 属性中传入一个 ID 数组。我们期待 Elastic 的开发者在不久的将来能够实现这一功能。

5.2.3 ids 查询

在 5.2.2 节中我们讨论了如何使用_mget API 来获取多个文档。不过，还有一种获取多个文档的方式，即使用 ids 查询。这个简单的搜索查询接受一组文档 ID 作为参数，并返回相应的文档。ids 查询是搜索 API 的一部分。第 8 章到第 10 章中将详细介绍这个 API，这里先演示一下这个查询的实际效果，如代码清单 5-11 所示。

代码清单 5-11 使用 ids 查询获取多个文档

```
GET classic_movies/_search
{
  "query": {
    "ids": {
      "values": [1,2,3,4]
    }
  }
}
```

我们还可以通过在 URL 中添加索引来从多个索引中获取文档。下面是一个例子：

```
GET classic_movies,international_movies/_search
{
  # 请求体
}
```

以上总结了从单个或多个索引中检索多个文档的方法。下面，让我们将重点转移到响应上。注意，我们的响应（见图 5-6）中除了原始文档，还包含了元数据。如果我们只想获取没有元数据的原始文档，怎么办？或者，如果我们希望在返回客户端时隐藏原始文档中的某些敏感信息，又该怎么做？我们可以根据需求来操纵响应，下面我们就来讨论操纵响应的具体内容。

5.3 操纵响应

返回给客户端的响应可能包含大量信息，但客户端未必对所有这些信息都感兴趣。有时还可能有一些敏感信息，不应作为响应在源数据中暴露。此外，发送大量数据作为响应（例如，如果源数据有 500 个属性）也是对带宽一种的浪费！在将响应发送给客户端之前，有一些方法可以操纵响应。先获取没有元数据的文档的源数据。

5.3.1 从响应中移除元数据

通常，响应对象由元数据和原始文档（源数据）组成。响应中值得注意的属性是_source 属性，它包含了原始输入文档。我们可以通过如下查询获取不含元数据的源数据（原始文档）：

```
GET <index_name>/_source/<id>
```

注意，_doc 端点被替换为_source，请求中其他部分保持不变。让我们使用_source 端点来获取电影文档，如代码清单 5-12 所示。

代码清单 5-12 获取不含元数据的原始文档

```
GET movies/_source/1
```

如图 5-9 中的响应所示，我们索引的文档被返回，不包含任何额外信息。没有像_version、_id

或_index 这样的元数据字段，只有原始文档。

GET movies/_source/1
{
"title" : "The Godfather",
"synopsis" : "The aging patriarch .."
}
_source端点允许我们只获取原始文档而不包含元数据
只返回原始文档，元数据被抑制

图 5-9 _source 端点返回不包含元数据的原始文档

如果想要获取元数据而不是原始文档呢？当然也可以做到。接下来看看如何抑制源数据。

5.3.2 抑制源数据

有时，一个文档可能包含数百个字段。例如，一条完整的推文（来自 Twitter API）不仅包括推文本身，还包括数十个属性，如推文内容、作者、时间戳、对话、附件等。当我们从 Elasticsearch 中检索数据时，有时可能完全不想看到源数据——希望完全抑制源数据，只返回与响应相关的元数据。在这种情况下，我们可以在查询的请求参数中将_source 字段设置为 false，如代码清单 5-13 所示。

代码清单 5-13 抑制源数据

```
GET movies/_doc/1?_source=false
```

这个查询的响应如图 5-10 所示。该命令将_source 标志设置为 false，指示服务器不返回原始文档。从响应中可以看出，只返回了元数据，而不是原始文档。不获取原始文档还可以节省带宽。

GET movies/_doc/1?_source=false
{
"_index" : "movies",
"_type" : "_doc",
"_id" : "1",
"_version" : 1,
"_seq_no" : 0,
"_primary_term" : 1,
"found" : true
}
将_source设置为false，不返回原始文档
文档元数据被返回，而源数据被抑制

图 5-10 只返回元数据

现在我们已经知道了如何避免获取整个文档，但如何只返回文档中选择的（包含或排除）字段呢？例如，我们可能只希望返回电影的 title 和 rating，但不包括 synopsis。我们如何自定义返回列表中包含或排除哪些字段呢？下面我们就来看一下如何做到这一点。

5.3.3　包含或排除字段

除了抑制_source 字段，我们还可以在检索文档时包含或排除字段。这是通过使用_source_includes 和_source_excludes 参数来实现的，类似于之前使用的_source 参数。我们可以为_source_includes 属性提供一个逗号分隔的字段列表，来指定我们希望返回的字段。同样，我们可以使用_source_excludes 从响应中排除字段，这并不令人意外。

在这个例子中，我们可能需要扩展电影文档，因为当前的文档只有两个字段。让我们为第三部电影（*The Shawshank Redemption*）添加一些额外的字段，如代码清单 5-14 所示。

代码清单 5-14　包含更多属性的新电影文档

```
PUT movies/_doc/3                                  ← 索引一个新文档
{
  "title":"The Shawshank Redemption",
  "synopsis":"Two imprisoned men bond ..",
  "rating":9.3,                                    ← 新字段：rating 属性
  "certificate":"15",                              ← 新字段：certificate 属性
  "genre":"drama",
  "actors":["Morgan Freeman","Tim Robbins"]
}
```

一旦这个文档被索引，我们就可以试验哪些字段应该在响应中返回，哪些不应该返回。

1. 使用**_source_includes** 包含字段

要包含自定义的字段列表，可以在_source_includes 参数后附加逗号分隔的字段。假设我们想从 movies 索引中获取 title、rating 和 genre 字段，并抑制其他字段，可以执行代码清单 5-15 中的命令。

代码清单 5-15　选择性地包含少量字段

```
GET movies/_doc/3?_source_includes=title,rating,genre
```

返回的文档将仅包含这 3 个字段，过滤掉其余部分：

```
{
  ...
  "_source" : {
    "rating" : 9.3,
    "genre" : "drama",
    "title" : "The Shawshank Redemption"
  }
}
```

这个响应包含了原始文档信息（在_source 对象下）和相关的元数据。我们还可以使用_source 端点而不是_doc 端点来重新执行查询，这样可以消除元数据，并获取包含自定义字段的文档，如代码清单 5-16 所示。

代码清单 5-16　仅返回指定字段，且不包含元数据

```
GET movies/_source/3?_source_includes=title,rating,genre
```

同样，我们可以使用_source_excludes 参数在返回响应时排除某些字段。

2. 使用_source_excludes 排除字段

我们可以使用_source_excludes 参数排除在响应中不想返回的字段。这是一个 URL 路径参数，接受逗号分隔的字段列表。响应将包含所有文档字段，但排除_source_excludes 参数中指定的字段，如代码清单 5-17 所示。

代码清单 5-17　在响应中排除字段

```
GET movies/_source/3?_source_excludes=actors,synopsis
```

此处，actors 和 synopsis 字段被排除在了响应之外。如果我们想包含一些字段，同时也明确排除一些字段，该怎么办？Elasticsearch 查询能支持这种功能吗？当然可以。我们可以要求 Elasticsearch 满足这些需求，正如接下来所讨论的那样。

3. 包含字段和排除字段

我们可以混合搭配我们想要的返回属性，因为 Elasticsearch 允许我们精细地控制响应。为了演示，我们创建一个新的电影文档，其中包含不同网站的评分（amazon、metacritic 和 rotten_tomatoes），如代码清单 5-18 所示。

代码清单 5-18　包含评分的新电影文档

```
PUT movies/_doc/13
{
  "title":"Avatar",
  "rating":9.3,
  "rating_amazon":4.5,
  "rating_rotten_tomatoes":80,
  "rating_metacritic":90
}
```

我们如何返回除 amazon 之外的所有评分？这就是设置_source_includes 和_source_excludes 参数的强大之处。具体操作如代码清单 5-19 所示。

代码清单 5-19　选择性地忽略某些字段

```
GET movies/_source/13?_source_includes=rating*&_source_excludes=rating_amazon
```

查询和响应如图 5-11 所示。在这个查询中，我们启用了通配符字段_source_includes=rating*，以获取所有以 rating 为前缀的属性（如 rating、rating_amazon、rating_metacritic、rating_rotten_tomatoes）。同时，_source_excludes 参数会抑制字段（例如，_source_excludes=rating_amazon）。结果文档应包含所有除亚马逊之外的评分。

到目前为止，我们已经了解了如何创建和读取文档，包括操纵响应。现在，我们来了解一下更新文档的机制。在实际应用中，我们经常需要更新已存在的文档，如修改某个字段的值或添加新的字段。为了满足这些需求，Elasticsearch 提供了一组更新 API，下面我们就来详细讨论这些 API。

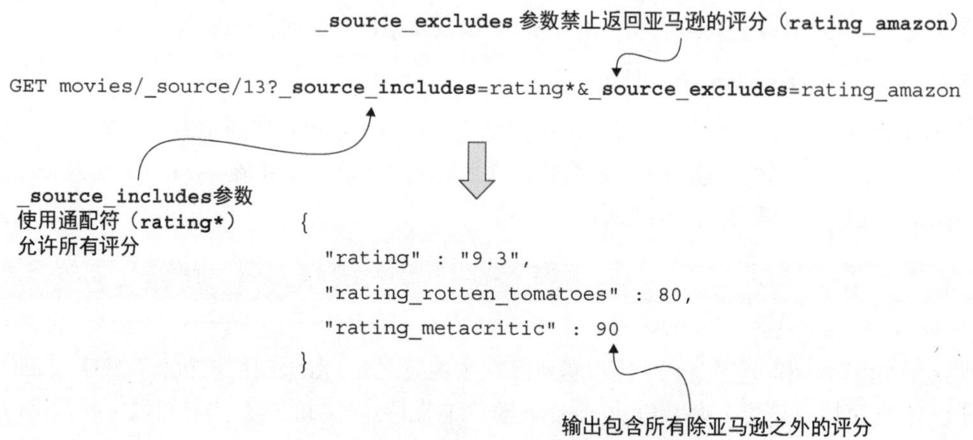

图 5-11 调整返回结果中包含和排除的属性

5.4 更新文档

已索引的文档有时需要通过修改值或添加字段来更新，或者需要替换整个文档。与索引文档类似，Elasticsearch 提供了两种类型的更新查询，一种针对单个文档，另一种针对多个文档。

- `_update` API 用于更新单个文档。
- `_update_by_query` 允许同时修改多个文档。

在看一些示例之前，我们需要了解更新文档时涉及的机制。

5.4.1 文档更新机制

当更新文档时，Elasticsearch 需要完成几个步骤。图 5-12 说明了这个过程：Elasticsearch 先获取文档，对其进行修改，然后重新索引它。本质上，Elasticsearch 用一个新文档替换了旧文档。在后台，Elasticsearch 会为更新创建一个新文档。在此更新期间，一旦更新操作完成，Elasticsearch 就会递增文档的版本。当文档的新版本（带有修改后的值或新字段）准备就绪时，Elasticsearch 就会将旧版本标记为删除。

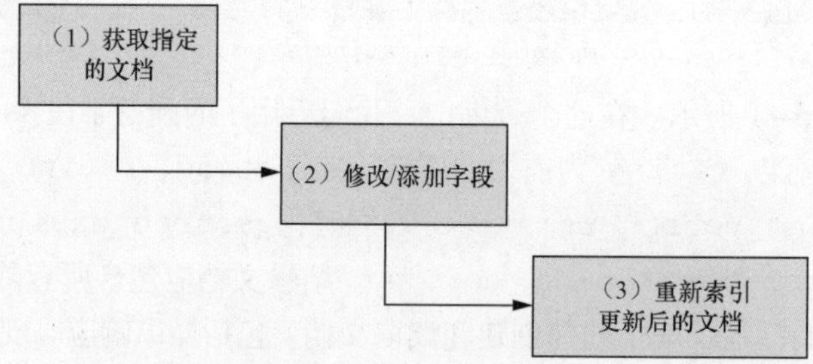

图 5-12 更新或修改文档需要经过 3 个步骤

我们可以通过逐一调用文档的 `GET`、`UPDATE` 和 `POST` 方法来实现相同的更新操作。实际上，这正是 Elasticsearch 所做的。可以想象，这是 3 个不同的服务器调用，每次调用都会导致客户端与服务器之间的往返通信。Elasticsearch 通过巧妙地在同一分片上完成这组操作来避免这种往返通信，从而节省了客户端和服务器之间的网络流量。通过使用_update API，Elasticsearch 避免了多余的网络调用，减少了带宽消耗，并降低了潜在的编码错误风险。

5.4.2 _update API

当我们计划更新文档时，通常会关注以下一种或多种场景：

- 向现有文档添加更多字段；
- 修改现有字段的值；
- 替换整个文档。

所有这些操作都可以使用_update API 来完成，其格式很简单：

```
POST <index_name>/_update/<id>
```

在使用_update API 管理资源时，我们按照 RESTful API 约定使用 POST 方法。文档 ID 与索引名称一起在 URL 中提供，以构成完整的 URL。

注意 之前的更新 URL 使用了_update 端点，不过我们也可以使用 POST <index_name>/_doc/<id>/_update。由于文档类型已被废弃并在 Elasticsearch 8.0 版本中移除，因此建议避免使用_doc 端点来更新文档。

现在我们已经了解了_update API 的基础知识，让我们用两个额外的属性（actors 和 director）来更新我们的电影文档（*The Godfather*）。

1. 添加新字段

要添加新字段来修改文档，需要将包含新字段的请求体传递给_update API。API 要求新字段包装在 doc 对象中。代码清单 5-20 中使用了两个额外的字段来修改电影文档。需要注意，假设索引隐式地设置了动态映射（dynamic=true）。

代码清单 5-20 使用_update API 向文档添加字段

```
POST movies/_update/1
{
  "doc": {
    "actors":["Marlon Brando","Al Pacino","James Caan"],
    "director":"Francis Ford Coppola"
  }
}
```

这个查询为电影文档添加了 actors 和 director 字段。如果我们获取了该文档（GET movies/_doc/1），则返回文档中会包含这些新字段。

2. 修改现有字段

有时我们可能需要更改现有字段。这并不复杂，我们只需像之前的查询那样，在 doc 对象中为字段提供新的值即可。例如，要重命名 title 字段，我们可以编写代码清单 5-21 中的查询。

代码清单 5-21 更新现有文档的 title 字段

```
POST movies/_update/1
{
  "doc": {
    "title":"The Godfather (Original)"
  }
}
```

当需要更新数组中的元素时（如在 actors 字段的列表中添加新演员），我们必须同时提供新值和旧值。例如，假设我们想在 *The Godfather* 文档的 actors 字段中添加一位演员（Robert Duvall），可以使用代码清单 5-22 中的查询实现这一操作。

代码清单 5-22 使用额外信息更新现有字段

```
POST movies/_update/1                      <-- 更新 ID 为 1 的文档
{
  "doc": {                                 <-- 更新内容必须包含在 doc 对象中
    "actors":["Marlon Brando",
              "Al Pacino",
              "James Caan",
              "Robert Duvall"]             <-- 旧值和新值一起
  }
}
```

该查询更新了 actors 字段以添加 Robert Duvall。注意，我们在数组中同时提供了现有演员和新演员。如果我们在 actors 数组中只包含 Robert Duvall，那么 Elasticsearch 将会用他的名字替换整个列表。

在 5.4.1 节和 5.4.2 节中，我们了解了如何修改现有文档。有时，我们需要根据条件来修改文档。我们可以使用脚本来实现这一点，下面我们就来讨论脚本更新。

5.4.3 脚本更新

我们一直在使用更新 API 来修改文档，包括添加字段或更新现有字段。除了逐个字段进行更新，我们还可以使用脚本来执行更新。脚本更新允许我们根据条件来更新文档，例如，如果某部电影的票房超过某个阈值，就将其标记为热门影片。

脚本是使用相同的_update 端点在请求体中提供的，更新内容包装在一个以 source 为键的 script 对象中。我们借助上下文变量 ctx 将更新作为值提供给这个 source 键，通过调用 ctx._source.<field>来获取原始文档的属性。

1. 使用脚本更新数组

让我们通过向现有数组中添加一位演员来更新电影文档。这次，我们不使用代码清单 5-22 中展示的方法，即将所有现有演员连同新演员一起附加到 actors 字段上。相反，我们只需使用脚本更新 actors 字段来添加一位演员，如代码清单 5-23 所示。

代码清单 5-23 通过脚本向 **actors** 列表中添加一位演员

```
POST movies/_update/1
{
  "script": {
    "source": "ctx._source.actors.add('Diane Keaton')"    <-- 添加的演员
  }
}
```

ctx._source.actors 获取 actors 数组，并在该数组上调用 add 方法，将新值（Diane Keaton）插入列表。同样，我们也可以使用脚本更新从列表中删除一个值，尽管这样做有点儿复杂。

2. 从数组中移除元素

使用脚本从数组中移除一个元素需要我们提供该元素的索引。remove 方法接受一个整数，指向我们想要移除的演员的索引。要获取演员的索引，可以在相应的数组对象上调用 indexOf 方法。让我们来实际操作一下，从列表中移除 Diane Keaton，如代码清单 5-24 所示。

代码清单 5-24 从 **actors** 列表中移除一位演员

```
POST movies/_update/1
{
 "script":{
   "source":
     "ctx._source.actors.remove(ctx._source.actors.indexOf('Diane Keaton'))" <--
   }                                                      remove 方法需要演员
}                                                         的整数位置索引
```

ctx._source.actors.indexOf('Diane Keaton') 返回元素在 actors 数组中的索引。这对 remove 方法来说是必需的。

3. 添加新字段

我们还可以使用代码清单 5-25 中的脚本向文档中添加一个新字段。在这里，我们添加了一个新字段 imdb_user_rating，并将值设置为 9.2。

代码清单 5-25 使用脚本添加一个新字段并设置相应的值

```
POST movies/_update/1
{
  "script": {
    "source": "ctx._source.imdb_user_rating = 9.2"
  }
}
```

注意 要向数组中添加一个新值（如代码清单 5-23 所示），需要在数组上调用 add 方法：ctx._source.<array_object>.add('value')。

4. 移除字段

移除字段也是一项简单的工作。代码清单 5-26 展示了如何从电影文档中移除一个字段（imdb_user_rating）。

代码清单 5-26 从源文档中移除一个字段

```
POST movies/_update/1
{
  "script": {
    "source": "ctx._source.remove('imdb_user_rating')"
  }
}
```

注意 如果我们尝试移除一个不存在的字段，我们不会收到错误消息提示我们正在尝试移除一个在模式中不存在的字段。相反，我们会得到一个响应，表明文档已更新且字段已增加（我认为这是一个误导性的反馈结果）。

5. 添加多个字段

我们可以编写一个脚本来一次性添加多个字段，如代码清单 5-27 所示。

代码清单 5-27 使用脚本添加多个字段

```
POST movies/_update/1
{
  "script": {
    "source": """
    ctx._source.runtime_in_minutes = 175;
    ctx._source.metacritic_rating= 100;
    ctx._source.tomatometer = 97;
    ctx._source.boxoffice_gross_in_millions = 134.8;
    """
  }
}
```

代码清单 5-27 中值得注意的是，多行更新是在三引号块中进行的。每个键值对用分号（;）分隔。

6. 添加带有条件的更新脚本

我们还可以在脚本块中实现更复杂的逻辑。假设我们想在票房超过 1.5 亿美元时将一部电影标记为热门影片。（这个规则是我编造的，实际上，还涉及其他因素，如预算、明星、投资回报率等，才能使一部电影成为热门影片。）为此，我们创建一个带有条件的脚本来检查电影的票房，如果票房超过阈值，就将该电影标记为热门影片。在代码清单 5-28 中，我们编写了一个简单的 `if/else` 语句，根据票房相应地设置 `blockbuster` 标志。

代码清单 5-28 使用 `if/else` 块有条件地更新文档

```
POST movies/_update/1
{
  "script": {
    "source": """
    if(ctx._source.boxoffice_gross_in_millions > 150)
      {ctx._source.blockbuster = true}
     else
      {ctx._source.blockbuster = false}
```

```
    """
  }
}
```

if 子句检查 boxoffice_gross_in_millions 字段的值。然后它会自动创建一个新的 blockbuster 字段（我们的模式中还没有这个字段），并根据条件的结果将标志设置为 true 或 false。

到目前为止，我们一直在使用脚本处理简单的示例。但脚本让我们可以做更多的事情——从简单的更新到对数据集进行复杂的条件修改。深入理解脚本的细节超出了本书的范畴，但建议学习一些相关的概念，因此接下来简要讨论一下脚本的结构。

7. 脚本的结构

让我们简要了解一下脚本的结构。如图 5-13 所示，脚本包含 3 个部分：源（source）、语言（lang）和参数（params）。

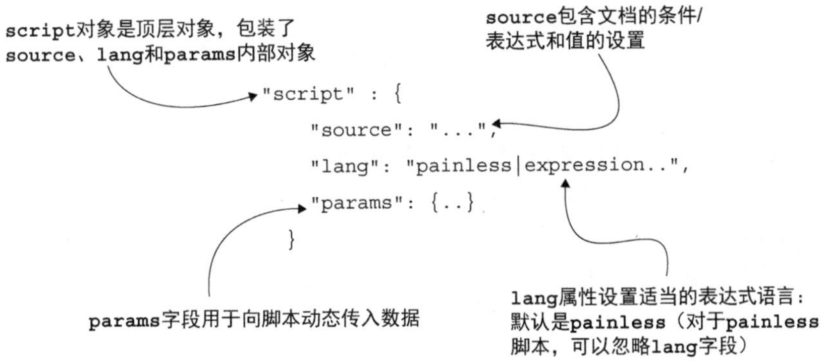

图 5-13　脚本的结构

source 字段是提供逻辑的地方，而 params 字段包含脚本期望的参数，用竖线（或称管道）字符分隔。我们还可以提供脚本所用的语言，例如 painless、expression、moustache 或 java 中的一种，其中 painless 是默认值。接下来，我们看一下如何通过 params 属性传递值来更新文档。

8. 向脚本传递数据

代码清单 5-28 中的代码有一个问题：在脚本中硬编码了票房的阈值（总收入为 1.5 亿美元）。其实，我们可以使用 params 属性在脚本中设置阈值。重新审视一下脚本，这次通过 params 将票房收入的阈值传递给脚本逻辑，如代码清单 5-29 所示。

代码清单 5-29　动态向脚本传递参数

```
POST movies/_update/1
{
  "script": {
    "source": """          ← 业务逻辑写在这里
 if(ctx._source.boxoffice_gross_in_millions >
     params.gross_earnings_threshold)          ← 与 params 中的值进行比较
```

```
    {ctx._source.blockbuster = true}
  else
    {ctx._source.blockbuster = false}
  """,
      "params": {
        "gross_earnings_threshold":150
      }
    }
}
```

提供参数值

这个脚本与代码清单 5-28 中的版本相比有两个显著的变化。

- if 子句现在与从 params 对象读取的值（params.gross_earnings_threshold）进行比较。
- 通过 params 块将 gross_earnings_threshold 设置为 150。

当执行脚本时，Elasticsearch 会检查 params 对象，并用 params 对象中的值替换该属性。如果想要改变设置 blockbuster 标志的票房（也许 params.gross_earnings_threshold 需要更新为 5 亿美元），只需在 params 标志中传递新值。

注意到脚本中硬编码的 params 值了吗？也许你会想，为什么我们在脚本的 params 对象中硬编码 gross_earnings_threshold 的值。实际上，脚本的功能远比我们在这里看到的要多。脚本在首次执行时会被编译。脚本的编译会带来性能开销，因此在 Elasticsearch 中被认为是一项昂贵的操作。然而，与动态参数（使用 params 对象）相关联的脚本可以避免这种编译开销，因为脚本只在首次被编译，之后每次调用时都会用变量（params）的值进行更新。这是一个显著的优势，因此通常的做法是通过 params 对象向脚本提供动态变量（参见代码清单 5-29）。

9. 脚本语言

本章中开发的脚本源自 Elasticsearch 的特殊脚本语言，称为 Painless，用于解析逻辑并执行脚本。Elasticsearch 脚本的默认语言是 Painless（我们之前在代码中没有明确指定语言）。我们可以使用 lang 参数指定其他脚本语言（如 Mustache、Expression，甚至 Java）。无论使用哪种语言，都必须遵循这种固定模式：

```
"script": {
    "lang": "painless|mustache|expression|java",
    "source": "...",
    "params": { ... }
}
```

到目前为止，我们已经学会使用_update API 调用或使用脚本来更新单个文档。那么如何更新一批符合特定条件的文档呢？这正是下面我们要学习的内容。

5.4.4 替换文档

假设我们需要用一个新文档替换现有文档。这很简单，我们可以使用与 5.1.1 节索引新文档时相同的 PUT 请求。让我们在 movies 索引中插入一个新的电影名（*Avatar*），但将其与现有文档（ID=1）关联，如代码清单 5-30 所示。

代码清单 5-30 替换文档的内容

```
PUT movies/_doc/1
{
  "title":"Avatar"
}
```

执行该命令后，现有的电影 *The Godfather* 被新的数据属性（Avatar）替代。

注意 如果我们打算用其他内容替换现有内容，就要使用相同 ID 的_doc API，并提供新的请求体。但是，如果我们不想替换文档，就必须使用_create 端点（在 5.1.1 节中讨论过）。

有时，当我们试图更新一个不存在的文档时，我们希望 Elasticsearch 将其索引为新文档，而不是抛出错误。这就是更新插入操作的目的。

5.4.5 更新插入

更新插入（upsert）是更新（update）和插入（insert）的缩写，它是一种操作，要么更新文档（如果存在），要么根据提供的数据索引一个新文档（文档如果不存在）。图 5-14 展示了这个操作。

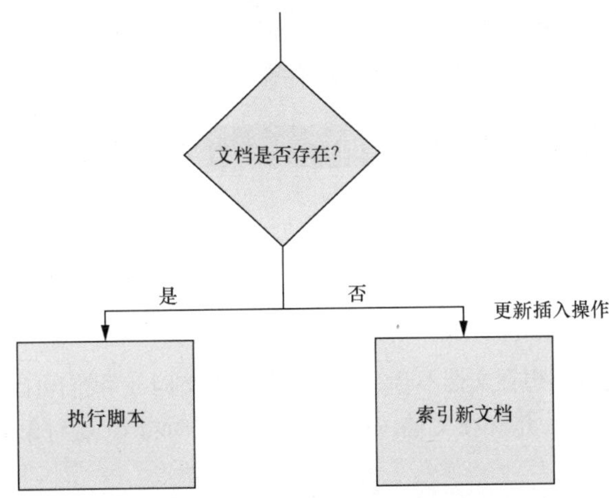

图 5-14 更新插入的操作流程

假设我们想更新电影 *Top Gun* 的 gross_earnings。此时我们的存储中还没有这部电影。我们可以编写一个查询来更新 gross_earnings 字段，并用这个更新创建一个新文档。

该查询有两个部分：一个 script 块和一个 upsert 块。script 部分是更新现有文档字段的地方，而 upsert 块包含新的电影文档信息，如代码清单 5-31 所示。

代码清单 5-31 更新插入示例

```
POST movies/_update/5
{
```

```
  "script": {
    "source": "ctx._source.gross_earnings = '357.1m'"
  },
  "upsert": {
    "title":"Top Gun",
    "gross_earnings":"357.5m"
  }
}
```

当我们执行这个查询时，我们期望脚本运行并更新 ID 为 5 的文档的 gross_earnings 字段（如果文档存在）。如果该文档不在索引中会发生什么？这就是 upsert 块发挥作用的地方。

JSON 请求的第二部分很有趣：upsert 块包含构成新文档的字段。因为存储中没有该 ID 的文档，所以 upsert 块会用指定的字段创建一个新文档。因此，更新插入操作为我们提供了更新现有文档或在首次索引时创建新文档的功能。

如果我们第二次执行代码清单 5-31 中的查询，script 部分将被执行，并将 gross_earnings 字段从原始文档中的 357.5m 更改为 357.1m。这是因为文档已经存在。

5.4.6　将更新视为更新插入

在 5.4.2 节中，我们通过_update API 使用 doc 对象对文档进行了部分更新。在代码清单 5-32 中，我们为一部电影添加一个字段 runtime_in_minutes。如果文档 11 存在，这个字段会按预期更新；否则，会抛出一个错误，指出文档不存在。

代码清单 5-32　更新一个不存在的字段（会抛出错误）

```
POST movies/_update/11
{
  "doc": {
    "runtime_in_minutes":110
  }
}
```

为了避免错误（也许我们想在文档不存在时创建一个新文档），我们可以使用 doc_as_upsert 标志。将此标志设置为 true 允许在文档（ID=11）不存在时将 doc 对象的内容存储为新文档，如代码清单 5-33 所示。

代码清单 5-33　当字段不存在时更新文档

```
POST movies/_update/11
{
  "doc": {
    "runtime_in_minutes":110
  },
  "doc_as_upsert":true
}
```

这一次，如果我们的存储中没有 ID 为 11 的文档，那也没关系，引擎不会抛出错误；相反，它会创建一个新的 ID 为 11 的文档，并从 doc 对象中提取字段（在本例中为 runtime_in_minutes）。

5.4.7 通过查询更新

有时我们希望更新满足搜索条件的一组文档，例如将所有评分高于 4 星的电影标记为热门电影。我们可以执行查询来搜索这组文档，并使用_update_by_query 端点对它们应用更新。例如，我们将所有电影中匹配 Al Pacino 的演员名更新为 Oscar Winner Al Pacino，如代码清单 5-34 所示。

代码清单 5-34 使用 query 方法更新文档

```
POST movies/_update_by_query        <-- 搜索文档并更新集合
{
  "query": {                         <-- 搜索查询：搜索所有 Al Pacino 出演的电影
    "match": {
      "actors": "Al Pacino"
    }
  },                                 对匹配的文档应用以下脚本逻辑
  "script": {                        <--
    "source": """
    ctx._source.actors.add('Oscar Winner Al Pacino');
    ctx._source.actors.remove(ctx._source.actors.indexOf('Al Pacino'))
    """,
    "lang": "painless"
  }
}
```

在代码清单 5-34 中，首先执行 match 查询（在第 10 章中我们将讨论 match 查询，可以将其理解为一种用于获取匹配给定条件的文档的查询类型）来获取演员 Al Pacino 出演的所有电影。当 match 查询返回结果后，脚本会执行，将 Al Pacino 改为 Oscar Winner Al Pacino。由于需要移除旧的名字，因此我们还在脚本中调用了一个 remove 操作。

_update_by_query 是一种根据条件来更新多个文档的便捷机制。但是，使用这种方法时，后台会进行许多操作，阅读“_update_by_query 的机制”了解更多信息。

_update_by_query 的机制

Elasticsearch 首先解析输入的查询，并确定包含可能匹配查询的文档的分片。对于这些分片中的每一个，Elasticsearch 会执行查询并找到所有匹配的文档。

Elasticsearch 将在每个匹配的文档上运行我们提供的脚本。在更新文档之前，Elasticsearch 会检查当前文档的版本是否与在查询阶段找到时的版本一致。如果一致，则进行更新；如果不一致（也许文档在此期间因其他操作而更新了），Elasticsearch 会重试该操作。然后，每个文档将在内存中更新并重新索引，将旧文档标记为已删除，同时将新文档添加到索引中。

当更新某个特定文档失败时，失败信息会被记录，但其余文档仍会按照脚本进行更新。更新过程中发生的任何冲突都可以根据预先配置的设置重试特定次数或完全忽略。一旦更新操作完成并且索引被刷新，更改就可以被搜索到。

_update_by_query 操作返回的响应包括处理的文档总数、版本冲突数、成功更新的文档数和失败的文档数。可以想象，_update_by_query 操作是一个资源密集型操作，因此需要仔细考虑它

对集群性能的影响。如果操作消耗过多资源，可以让 Elasticsearch 分批处理更新。批量大小和节流限制是可以配置的。

我们现在已经了解了更新文档的机制，是时候讨论删除操作了，特别是如何同时删除单个文档或多个文档。下面我们就专门讨论多种删除文档的方法。

5.5 删除文档

想要删除文档，有两种方法：通过 ID 删除或通过查询删除。使用前一种方法可以删除单个文档，使用后一种方法则可以一次性删除多个文档。通过查询删除时，可以设置过滤条件（例如，删除 status 字段为 unpublished 的文档或上个月的文档）。我们来看一下这两种方法的实际操作。

5.5.1 通过 ID 删除

我们可以通过在索引文档 API 上调用 HTTP DELETE 方法从 Elasticsearch 中删除单个文档：

```
DELETE <index_name>/_doc/<id>
```

此处的 URL 与我们用于索引和检索文档的 URL 相同。根据要删除的文档的 ID，我们通过指定索引、_doc 端点和文档 ID 来构造 URL。例如，我们可以调用代码清单 5-35 中的查询从 movies 索引中删除 ID 为 1 的文档。

代码清单 5-35 从索引中删除一个电影文档

```
DELETE movies/_doc/1
```

从服务器收到的响应表明文档已成功删除：

```
{
  ...
  "_id" : "1",
  "_version" : 2,
  "result" : "deleted"
}
```

响应返回一个 result 属性，值设为 deleted，通知客户端对象已成功删除。如果文档未被删除（例如，它不在我们的存储中），我们会收到一个 result 值设为 not_found 的响应（状态码为 404）。有趣的是，如果删除操作成功，Elasticsearch 会递增_version 标志的值。

5.5.2 通过查询删除

正如我们刚才看到的，删除单个文档很简单。如果我们想根据某个条件删除多个文档，可以使用_delete_by_query（类似于 5.4.7 节中的_update_by_query）。例如，如果想删除所有由 James Cameron 执导的电影，可以编写代码清单 5-36 所示的查询。

代码清单 5-36 根据条件删除电影

```
POST movies/_delete_by_query
{
  "query":{
    "match":{
      "director":"James Cameron"
    }
  }
}
```

在这里，我们使用 James Cameron 执导的所有电影作为搜索条件，在请求体中创建查询。匹配条件的文档将被标记并删除。

这个 POST 的请求体使用了一种特殊的语法，称为 Query DSL（领域特定语言），它允许我们传入各种属性，如 term、range 和 match（代码清单 5-36 中的属性），类似于基本的搜索查询。我们将在后面的章节中学习更多关于搜索查询的内容，但现在要注意，_delete_by_query 是一个功能强大的端点，能够处理复杂的删除条件。下面再看几个例子。

5.5.3 通过 range 查询删除

有时我们可能希望删除某个范围内（如评分在 3.5 到 4.5 之间的电影、在两个日期之间取消的航班等）的记录。我们可以使用 range 查询为这类需求的值的范围设置条件。代码清单 5-37 中使用_delete_by_query 删除票房在 3.5 亿美元到 4 亿美元之间的电影。

代码清单 5-37 根据票房范围删除电影

```
POST movies/_delete_by_query
{
  "query": {
    "range": {
      "gross_earnings_in_millions": {
        "gt": 350,
        "lt": 400
      }
    }
  }
}
```

这里，_delete_by_query 接受一个带有匹配条件的 range 查询：查找票房在 3.5 亿美元到 4 亿美元之间的文档。正如我们所期望的那样，所有匹配的文档都被删除了。

我们还可以构造复杂的查询。例如，代码清单 5-38 展示了一个查询，目的是删除由 Steven Spielberg 执导的、评分在 9 到 9.5 之间且票房收入少于 1 亿美元的电影。代码清单 5-38 中使用 bool 查询作为请求。

注意 对于代码清单 5-38 中的查询，你需要从本书的配套资源中索引电影数据集。

代码清单 5-38 根据复杂查询条件删除电影

```
POST movies/_delete_by_query
{
```

```
  "query": {
    "bool": {
      "must": [{     ⟵ 匹配由 Spielberg 执导的电影
          "match": {
            "director": "Steven Spielberg"
          }
        }
      ],
      "must_not": [{     ⟵ 评分应大于 9 但小于 9.5
        "range": {
          "imdb_rating": {
            "gte": 9,
            "lte": 9.5
          }
        }
      }
      ],
      "filter": [{     ⟵ 票房不应低于 1 亿美元
          "range": {
            "gross_earnings_in_millions": {
              "lt": 100
            }
          }
        }
      ]
    }
  }
}
```

该查询使用了一种称为 bool 查询的复杂查询逻辑，它组合了多个较小的查询以实现复杂的搜索需求。第 11 章将专门介绍 bool 查询，并深入探讨如何构建复杂查询。

5.5.4 删除所有文档

注意 删除操作是不可逆的！在向 Elasticsearch 发送删除查询时务必谨慎。

可以使用 match_all 查询从索引中删除整个文档集，如代码清单 5-39 所示。

代码清单 5-39 一次性删除所有文档

```
POST movies/_delete_by_query
{
  "query": {
    "match_all": {}
  }
}
```

这段代码执行了一个 match_all 查询。它匹配所有文档并同时删除它们。这是一个破坏性操作，因此在删除整个文档集时要小心！我们还可以通过发出 DELETE movies 命令来删除整个索引，但记住，这些都是不可逆的命令。

到目前为止，我们一直是在单个索引上删除文档。我们还可以通过在 API URL 中提供以逗号分隔的索引列表来删除多个索引中的文档。示例格式如下：

```
POST <index_1>,<index_2>,<index_3>/_delete_by_query
```

代码清单 5-40 展示了如何删除多个与电影相关的索引中的所有文档。注意，我们可以使用 GET _cat/indices 列出所有索引。

代码清单 5-40 从 3 个不同的电影索引中删除文档

```
POST old_movies,classics,movie_reviews/_delete_by_query
{
  "query": {
    "match_all": {}
  }
}
```

再次提醒，执行 delete 查询时要格外小心，因为可能会丢失整个数据集！除非希望清除整个数据集，否则在生产环境中执行删除操作时务必谨慎。

到目前为止，我们一直在单独索引文档，但在现实世界中，通常需要同时索引大量文档。我们可能需要从 CSV 文件中读取 100 000 部电影，或者从第三方服务中获取 500 000 种货币汇率并将其索引到引擎中。虽然我们通常可以使用像 Logstash 这样的 ETL（提取 – 转换 – 加载）工具来提取、丰富和导入数据，但 Elasticsearch 提供了一个批量（_bulk）API 来批量索引消息。下面我们就来讨论_bulk API。

5.6 批量处理文档

到目前为止，我们一直使用 Kibana 单独索引文档。使用这种方法索引单个或少量文档很简单。这在开发过程中很好，但在生产环境中很少这样做。对于较大的数据集（例如，从数据库中提取大量记录时），这种方法会变得烦琐且容易出错。

幸运的是，Elasticsearch 提供了_bulk API 来同时索引大量数据集。我们还可以使用_bulk API 来操纵文档，包括删除它们。

_bulk API 接受一个 POST 请求，可以同时执行 index、create、delete 和 update 操作。使用_bulk API 可以避免多次访问服务器，从而节省带宽。_bulk API 有一种特殊的格式，你可能会觉得有点奇怪，但并不难理解。让我们先看看这种格式。

5.6.1 _bulk API 的格式

_bulk API 由一种特定的语法组成，通过 POST 方法调用该 API（见图 5-15）。请求体中每个要处理的文档都由两行内容组成。第一行指示要对文档执行的操作，如 index、create、delete 或 update。第二行描述文档的内容，稍后将详细介绍。

选择操作后，需要为这个操作提供一个包含元数据的值。元数据通常是文档的索引名和文档 ID。例如，movies 索引中 ID 为 100 的文档的元数据是"_index":"movies","_id": "100"。

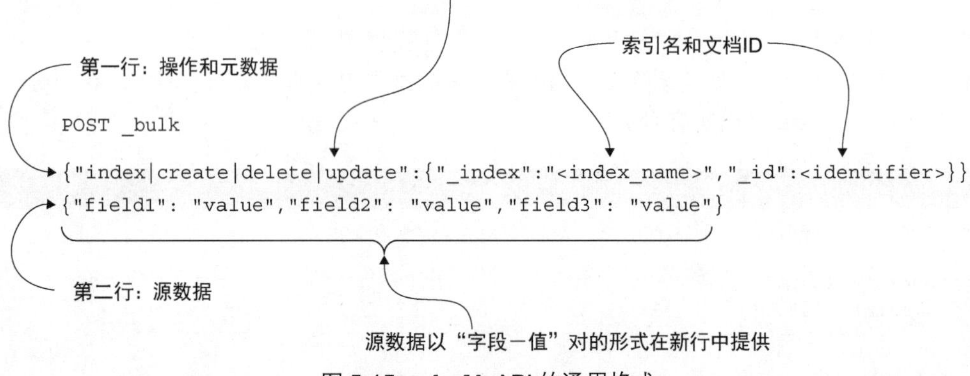

图 5-15　**_bulk** API 的通用格式

图 5-15 中的第二行是文档的源数据，这是我们想要存储的文档内容。文档以 JSON 格式编写，用新行添加到请求中。元数据行和源数据行都使用 JSON 表示，并以换行符（`\n`）分隔，即换行符分隔的 JSON（newline-delimited JSON，NDJSON）——一种便于逐条处理记录的存储格式）。

注意　附加到`_bulk` API 的请求必须严格遵循 NDJSON 格式，否则文档将不会被批量索引。每行必须以换行符结束，因为批量请求对换行符敏感。确保文档格式为 NDJSON。

有了这个概念，让我们创建一个批量请求来索引电影文档《碟中谍》（*Mission: Impossible*）。

5.6.2　批量索引文档

代码清单 5-41 展示了使用`_bulk` API 批量索引文档的例子。

代码清单 5-41　批量索引实践

```
POST _bulk    ⇽ _bulk API 的 URL
{"index":{"_index":"movies","_id":"100"}} ⇽ 我们想要“索引”这个文档
{"title": "Mission: Impossible","release_date": "1996-07-05"}    ⇽ 源文档
```

图 5-16 展示了相同的请求，并附有注解。

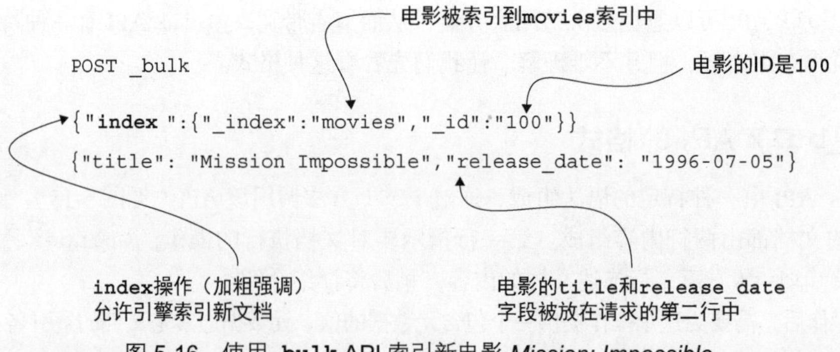

图 5-16　使用**_bulk** API 索引新电影 *Mission: Impossible*

如果我们执行这个查询，一个 ID 为 100 的文档会被索引到 movies 索引中，其中包含第二行中给出的字段。也就是说，电影 *Mission: Impossible* 被索引到我们的存储中。这两行构成了一个请求——我们必须为每个需要操作的文档编写两行代码。

我们还可以简化元数据行。例如，我们可以将索引名附加到 URL 上，如代码清单 5-42 所示。

代码清单 5-42 在_bulk API 的请求 URL 中嵌入索引名

```
POST movies/_bulk                          ◁ URL 包含了索引
{"index":{"_id":"100"}}                    ◁ _index 字段已被移除
{"title": "Mission Impossible","release_date": "1996-07-05"}
```

如果希望为电影使用系统生成的随机 ID，也可以去掉_id 字段。代码清单 5-43 展示了这种方法。

代码清单 5-43 让系统生成文档 ID

```
POST movies/_bulk
{"index":{}}                               ◁ _index 和_id 都被移除了
{"title": "Mission Impossible","release_date": "1996-07-05"}
```

系统为该文档分配了一个随机的 UUID 作为 ID。

既然我们可以使用文档索引 API（PUT movies/_doc/100）来索引相同的文档，为什么还需要遵循这种批量方法，这是一个合理的问题，但我们还没有完全发挥_bulk API 的强大功能。假设我们需要将 Tom Cruise 出演的电影索引到 movies 索引中。请求如代码清单 5-44 所示。

代码清单 5-44 批量索引 Tom Cruise 出演的电影

```
POST movies/_bulk
{"index":{}}
{"title": "Mission Impossible","release_date": "1996-07-05"}
{"index":{}}
{"title": "Mission Impossible II","release_date": "2000-05-24"}
{"index":{}}
{"title": "Mission Impossible III","release_date": "2006-05-03"}
{"index":{}}
{"title": "Mission Impossible - Ghost Protocol","release_date": "2011-12-26"}
```

因为我们在 URL 中附加了索引名称（POST movies/_bulk），并且不关心预定义的 ID，所以请求成功地索引了 Tom Cruise 的 4 部电影。

5.6.3 批量请求处理多个索引和操作

刚刚我们只索引了 *Mission: Impossible* 系列电影，我们还可以在同一个请求中索引其他索引。值得注意的是，_bulk API 能够同时处理多个索引——在一个请求中不仅可以包含电影，还可以包含书、航班、日志等各种类型的数据。代码清单 5-45 中包含了一组相互独立的请求。

代码清单 5-45 包含混合请求的批量请求

```
POST _bulk
{"index":{"_index":"books"}}                          ← 索引一本书
{"title": "Elasticsearch in Action"}
{"create":{"_index":"flights", "_id":"101"}}          ← 创建一个航班
{"title": "London to Bucharest"}
{"index":{"_index":"pets"}}                           ← 索引一只宠物到 pets 索引中
{"name": "Milly","age_months": 18}
{"delete":{"_index":"movies", "_id":"101"}}           ← 删除一部电影
{ "update":{"_index":"movies", "_id":"1"}}            ← 更新一部电影名
{ "doc" : {"title" : "The Godfather (Original)"}}
```

这个批量请求包含了使用_bulk API 时几乎所有可能的操作。让我们深入了解这些单个操作。

1. create 操作

我们可以用 create 操作来替换 index 操作，这样在索引文档时如果文档不存在我们就不会替换它（详见 5.1.1 节）。代码清单 5-46 展示了 create 操作的实际应用。

代码清单 5-46 包含 create 操作的_bulk API

```
POST _bulk
{"create":{"_index":"movies","_id":"101"}}     ← 避免意外覆盖
{"title": "Mission Impossible II","release_date": "2000-05-24"}
```

2. update 操作

更新文档遵循类似的模式，但我们必须将要更新的字段包装在一个 doc 对象中，正如我们在 5.4.2 节中学到的。代码清单 5-47 中使用额外字段（director 和 actors）更新 ID 为 200 的电影《尖峰时刻》(*Rush Hour*)。

代码清单 5-47 批量更新电影 *Rush Hour*

```
POST _bulk
{"update":{"_index":"movies","_id":"200"}}
{"doc": {"director":"Brett Ratner", "actors":["Jackie Chan","Chris Tucker"]}}
```

3. delete 操作

让我们使用_bulk API 来删除一个文档。格式略有不同，如代码清单 5-48 所示。

代码清单 5-48 包含 delete 操作的_bulk API

```
POST _bulk
{"delete":{"_index":"movie_reviews","_id":"111"}}
```

正如所见，这个操作不需要第二行。查询会从 movie_reviews 索引中删除 ID 为 111 的电影评论。记住，在执行 delete 查询时如果不够谨慎，可能会丢失整个数据集。

5.6.4 使用 cURL 执行批量请求

到目前为止，我们一直在使用 Kibana 通过_bulk API 对文档完成操作。我们也可以使用 cURL

来完成这些操作。事实上，如果需要处理大量的记录，使用 cURL 可能是更好的选择。

要使用 cURL，我们需要创建一个包含所有数据的 JSON 文件，并使用--data-binary 标志将该文件传递给 cURL。代码清单 5-49 中使用的数据可以在本书的配套资源中的 movie_bulk_data.json 文件中找到，你可以将该文件传递给 cURL。

代码清单 5-49 使用 cURL 完成批量数据操作

```
curl -H "Content-Type: application/x-ndjson"
  -XPOST localhost:9200/_bulk
  --data-binary "@movie_bulk_data.json"
```

localhost 是在我们的本地机器上运行的 Elasticsearch 实例的地址。

注意 确保在--data-binary 标志后提供文件名，并在文件名前加上@前缀。

现在我们已经知道如何处理批量请求了。然而，有时我们还希望将文档从一个索引移动到另一个索引（例如，从 blockbuster_movies 移动到 classic_movies）。_bulk API 可能不适合在索引之间移动（或迁移）数据。Elasticsearch 提供了一个受欢迎的功能——重新索引（_reindex）API。下面我们就详细讨论这一点。

5.7 重新索引文档

根据我们的应用和业务需求，我们可能需要不时地将文档从一个索引移动到另一个索引。当因为映射模式变更或设置变更而需要将旧索引迁移到新索引时尤其如此。我们可以使用_reindex API 来满足这类需求，其格式如下：

```
POST _reindex
{
  "source": {"index": "<source_index>"},
  "dest": {"index": "<destination_index>"}
}
```

什么时候需要使用重新索引呢？假设我们想更新 movies 索引的模式，但如果直接应用这些修改，可能会破坏现有索引。在这种情况下，我们的做法是创建一个新索引（例如带有更新后的模式的 movies_new 索引），然后将数据从旧的 movies 索引迁移到新索引。代码清单 5-50 中的查询切实地做到了这一点。

代码清单 5-50 使用_reindex API 在索引之间迁移数据

```
POST _reindex
{
  "source": {"index": "movies"},
  "dest": {"index": "movies_new"}
}
```

该查询获取 movies 索引的快照，并将记录推送到新索引中。数据如预期那样在两个索引之间完成了迁移。

重新索引的一个重要的使用场景是，在生产环境中借助别名实现零停机迁移。我们将在第 6 章中详细讨论这一点。

本章很长，涵盖了许多内容。我们先总结一下，然后进入第 6 章，详细讨论索引操作。

5.8 小结

- Elasticsearch 提供了一组用于处理文档的 API。可以使用这些 API 来完成对单个文档的 CRUD（创建、读取、更新和删除）操作。
- 文档存储在分片的内存缓冲区中，并在刷新过程中推送到段中。Lucene 采用在刷新期间创建新段的策略。然后它会将 3 个段累积合并成一个新段，这个过程会不断重复。
- 带有标识符（ID）的文档在索引时使用 HTTP `PUT` 操作（例如 `PUT <index>/_doc/<ID>`），而没有 ID 的文档则使用 `POST` 方法。
- 在索引过程中，Elasticsearch 生成随机的唯一标识符（UUID）并分配给文档。
- 为了避免覆盖文档，可以使用`_create` API，该 API 在文档已经存在的情况下会抛出错误。
- Elasticsearch 提供了两个对文档进行批量操作的 API。
  - `_mget`：该 API 让我们可以给定 ID，一次性获取多个文档。
  - `_bulk`：该 API 执行文档操作，如在一次调用中索引、删除和更新多个文档。
- 可以调整查询调用返回的源数据和元数据。具体来说，可以通过设置`_source _includes`和`_source_excludes`属性来自定义返回文档的源数据来包含或排除特定字段。
- `_update` API 允许我们通过更新字段和添加字段来修改现有文档。预期的更新内容被包装在一个 `doc` 对象中，作为请求体传递。
- 可以通过构建`_update_by_query`查询来修改多个文档。
- 脚本更新允许我们根据条件来修改文档。如果请求体中提到的条件语句评估为 `true`，则执行相应的脚本。
- 可以使用 HTTP `DELETE` 删除单个文档，或者通过运行`_delete_by_query`方法删除多个文档。
- 在索引之间迁移数据是通过重新索引 API 完成的。`_reindex` API 调用需要指定源索引和目标索引来进行数据转移。

第 6 章 索引操作

本章内容

- 基本的索引操作
- 索引模板化
- 索引状态管理和索引监控
- 索引生命周期管理（ILM）

在前几章中，我们使用索引时并未深入研究其复杂的细节。虽然这对快速上手 Elasticsearch 是足够的，但远非最佳实践。使用适当的设置配置索引不仅能让 Elasticsearch 高效运行，还能提高其弹性。一个设计良好的索引组织策略能够打造出经得起时间考验的搜索引擎，进而为用户提供更流畅的使用体验。

要构建一个健康、高效的 Elasticsearch 集群，需要深入了解索引的底层操作。深入理解索引管理的机制有助于构建一个具有弹性且结构合理的搜索系统。本章将专门讨论索引操作，并详细介绍索引机制、索引 API 和内部工作原理。

本章首先介绍索引的配置。索引有 3 组配置：*设置*、*映射*和*别名*。每种配置都以不同的方式修改索引。例如，我们可以使用设置来调整分片数和副本数，并更改其他索引属性，分片和副本保证了数据的扩展性和高可用性；映射为数据定义了一个有效的模式，以便高效地索引和查询数据；别名（索引的替代名称）使我们能够轻松地跨多个索引进行查询，并且可以在零停机时间的情况下重新索引数据。本章的前面部分将详细介绍所有这些配置。

尽管可以手动创建索引，但这种方法往往效率低下、容易出错且过程烦琐。因此，组织应该制定一种利用索引模板来创建索引的策略。通过索引模板，我们可以用预定义的配置创建索引；理解模板机制让我们能够开发用于高级操作（如滚动）的索引。6.6 节将详细介绍这些模板及模板化过程。

随着数据量的增长，索引也会不断扩大，如果不加以控制，可能会导致系统无响应。Elasticsearch 提供了一种创建生命周期策略的方式，可以帮助我们高效地管理和监控索引。当索引变旧或达到一定大小时，可以将其滚动到新索引，从而防止出现不可避免的异常。

类似地，那些为了应对未来数据增长而预先创建的大型索引，可以在预设的时间后自动退役。

但是，索引生命周期管理是一个较为高级的主题，它既富有挑战性又十分有趣。6.9 节中将介绍索引生命周期管理的各种选项。本章还将深入讲解索引管理、索引监控和索引生命周期的相关内容。

6.1 概述

让我们快速回顾一下索引是什么：索引是由分片（主分片和副本分片）组成的数据的逻辑集合。具有相似属性的 JSON 格式文档（如员工信息、订单数据、登录审计数据、按地区分类的新闻等）被存储在各自对应的索引中。任何由分片组成的索引都分布在集群中的各个节点上。新创建的索引默认与一定数量的分片、副本和其他属性相关联。

可以通过自定义配置来管理索引。在开发索引时，可以完成许多操作，如创建索引、关闭索引、缩小索引、克隆索引、冻结索引、删除索引等。理解这些操作就能够构建出一个高效的数据存储和搜索检索系统。让我们从创建索引和实例化过程中涉及的操作开始。

6.2 创建索引

在前几章中，当我们首次索引文档时，Elasticsearch 会隐式地创建索引，这是创建索引的方法之一。另一种方法是显式地创建索引，通过这种方法创建索引，可以更好地控制自定义索引。让我们来看看这两种方法。

- 隐式（自动）创建——当首次索引文档时，如果索引不存在，Elasticsearch 会使用默认设置隐式地创建它。这种创建索引的方法通常效果不错，但在生产环境中应用时需要格外小心，因为不正确或未优化的索引会给运行中的系统带来意想不到的后果。
  使用这种方法创建映射模式时，Elasticsearch 使用动态映射来推断字段类型。但是，产生的映射定义并不总是完美的，例如，非 ISO 日期格式（`dd-MM-yyyy` 或 `MM-dd-yyyy`）的数据被推断为 `text` 类型的字段，而不是 `date` 类型的字段。
- 显式（手动）创建——选择这种方法让我们可以控制索引创建，以便根据需要自定义索引。我们可以使用数据架构师精心设计的映射模式来配置索引，根据当前和预期的存储需求分配分片等。
  Elasticsearch 提供了一组索引创建 API，帮助我们创建具有个性化配置的索引。我们可以在预先创建索引时利用这些 API，使索引针对存储和数据检索进行优化。这些 API 提供了极大的灵活性，例如，我们可以创建具有适当大小的分片、合适的映射定义、多个别名等功能的单个索引。

注意 要禁用自动索引创建，可以通过集群设置 API 将 `action.auto_create_index` 标志设为 `false`，或者在 config/elasticsearch.yml 配置文件中设置这个属性。默认情况下，这个标志设置为 `true`。我们稍后将会使用这个功能。

6.2.1 隐式创建索引（自动创建）

当我们首次索引文档时，Elasticsearch 不会抱怨索引不存在；相反，它会愉快地为我们创建一个索引。当以这种方式创建索引时，Elasticsearch 使用默认设置，例如，将主分片和副本分片的数量设置为 1。为了演示，我们使用文档 API 快速索引一个包含 car 信息的文档，如代码清单 6-1 所示。（在第 3 章中我们已经创建了 cars 索引，在本章中我们将删除并重新创建它，以便重新开始。）

代码清单 6-1 索引首个 car 文档

```
DELETE cars          ◁ 删除 cars 索引，以便我们从头开始

PUT cars/_doc/1      ◁ 索引此前不存在，但在首次索引文档时被创建。
{                       通过索引一个文档，我们隐式地创建了 cars 索引
  "make":"Maserati",
  "model":"GranTurismo Sport",
  "speed_mph":186
}
```

由于这是将要存储在 cars 索引中的第一个文档，因此当我们向 Elasticsearch 发送这个请求时，服务器会立即创建一个名为 cars 的索引，因为该索引在存储中不存在。索引使用默认的设置进行配置，文档 ID 为 1。我们可以通过调用 GET cars 命令来获取新创建的索引的详细信息，如图 6-1 所示。

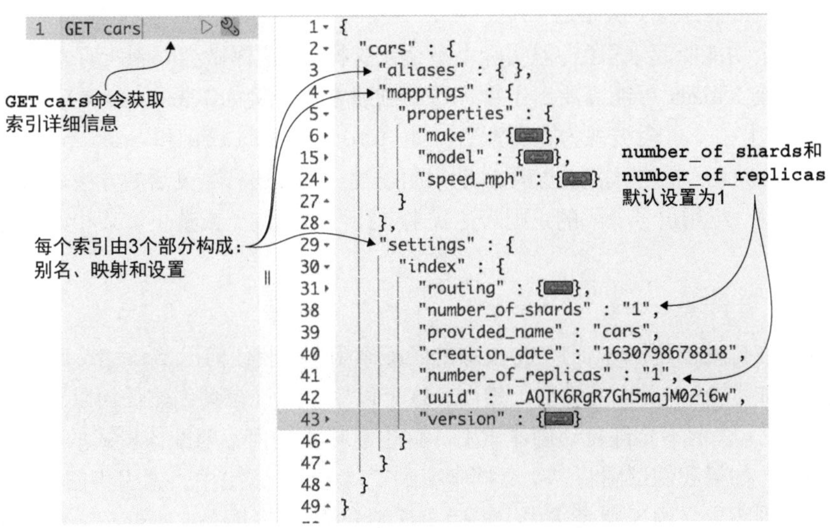

图 6-1 获取 **cars** 索引的详细信息

在这个响应中，我们需要注意几个关键点：每个索引都包含映射（mappings）、设置（settings）和别名（aliases）3 个部分。Elasticsearch 根据每个字段的值自动推断其数据类型，并创建映射模式。例如，由于 make 和 model 字段似乎包含文本信息，因此这些字段被创建为 text 类型的字段。此外，Elasticsearch 默认为索引分配了一个主分片和一个副本分片。

静态设置无法在活动索引上更改

并非所有的引擎默认设置（如 number_of_shards、number_of_replicas 等）都可以在活动索引上更改。例如，number_of_replicas 设置可以在活动索引上修改，但 number_of_shards 不能。要更改主分片的数量和其他静态设置，需要将该分片下线。

1. 禁用索引的自动创建功能

如前所述，Elasticsearch 允许通过将 action.auto_create_index 属性设置为 false（默认为 true）来阻止自动创建索引。我们可以使用集群设置 API 来修改这个集群范围的属性，从而调整该标志的值。代码清单 6-2 中禁用了这个功能。

代码清单 6-2 禁用索引的自动创建功能

```
PUT _cluster/settings          ← 更新整个集群的设置
{
  "persistent": {              ← 这些更改可以是永久或临时的
    "action.auto_create_index":false    ← 关闭自动创建
  }
}
```

persistent 属性表示设置将是永久的。相比之下，使用 transient 属性设置的更改只会持续到 Elasticsearch 服务器下次重启。

虽然禁用这个功能听起来很酷，但实际上不建议这样做。这样做会限制所有索引的自动创建，但 Elasticsearch 或 Kibana 可能需要出于管理目的创建索引，例如 Kibana 经常会创建隐藏索引。（在索引名前面加上一个点会被视为隐藏索引，如.user_profiles 和.admin 等。）

除了采用“一刀切”的方式完全禁用自动索引创建，其实还有更灵活的方法来调整这个属性。我们可以通过提供一组用逗号分隔的正则表达式来选择性地允许（或禁止）某些索引的自动创建。下面是一个示例：

```
action.auto_create_index: [".admin*, cars*, "*books*", "-x*","-y*","+z*"]
```

这个设置允许自动创建以 admin 为前缀的隐藏索引，以及任何以 cars 或 books 为前缀的索引和那些跟在加号（+）后面的索引。然而，这个设置不允许自动创建任何以 x 或 y 开头的索引，因为减号（-）表示不允许自动创建索引。这也意味着任何不匹配该模式的其他索引都不会自动创建。例如，如果我们试图将一个文档索引到 flights 索引中，索引将创建失败，因为索引名不匹配我们刚刚定义的正则表达式（稍后会详细介绍）。下面是 Elasticsearch 抛出的异常：

```
no such index [flights] and [action.auto_create_index]
([.admin*, cars*, *books*, -x*,-y*,+z*]) doesn't match
```

允许服务器创建索引有助于加速开发过程。但是，我们很少在不调整这些属性的情况下就进入生产环境。例如，我们可能决定采用每个索引有 10 个主分片和每个分片 2 个副本的策略，因此我们必须更改设置（设计一个只有一个主分片的搜索服务将是灾难性的）。此外，正如我们在

第 4 章中学到的，Elasticsearch 可能无法根据文档的字段值推断出正确的数据类型。错误的数据类型会在搜索操作中导致问题。

幸运的是，Elasticsearch 允许我们根据需要配置和显式创建索引，以满足我们的需求。在开发自定义索引之前，我们需要先了解索引配置。

2. 索引配置

无论索引是自动创建的还是显式创建的，都由包含映射、设置和别名的配置组成。我在第 4 章中介绍了映射，这里回顾一下映射，并介绍另外两种配置。

- 映射——映射是创建模式定义的过程。存储的数据通常包含多种与其字段相关联的数据类型，如 `text`、`keyword`、`long`、`date` 等。Elasticsearch 参考映射定义，在存储数据之前应用适当的规则来分析传入的数据，以便实现高效和有效的搜索。例如，以下代码段为 `cars_index_ with_sample_mapping` 索引设置了映射：

```
PUT cars_index_with_sample_mapping
{
  "mappings": {
    "properties": {
      "make":{
        "type": "text"
      }
    }
  }
}
```

  我们可以发出 `GET cars_index_with_sample_mapping/_mapping` 命令来获取刚刚创建的 `cars_index_with_sample_mapping` 索引的模式。

- 设置——每个索引都带有一组配置设置，如分片数和副本数、刷新频率、压缩编解码器等。动态设置（dynamic settings）可以在运行时对活动索引进行调整，静态设置（static settings）则应用于非运行模式下的索引。本书稍后将介绍这两种类型。代码清单 6-3 配置了索引的一些设置。

代码清单 6-3 使用自定义设置创建索引

```
PUT cars_index_with_sample_settings      <-- 创建索引
{
  "settings": {    <-- 应用设置
    "number_of_replicas": 3,
    "codec": "best_compression"
  }
}
```

  调用 `GET cars_index_with_sample_settings/_settings` 获取这个索引的设置。

- 别名——别名是为索引指定的替代名称。一个别名可以指向单个或多个索引。例如，`my_cars_aliases` 别名可以指向所有汽车索引。我们还可以像在单个索引上执行查询一样在别名上执行查询。代码清单 6-4 中展示了如何创建一个别名。

代码清单 6-4 创建带有别名的索引

```
PUT cars_index_with_sample_alias            ◁ 创建索引
{
  "aliases": {                              ◁ 声明 aliases 对象以配置别名
    "alias_for_cars_index_with_sample_alias": {}   ◁ 别名本身
  }
}
```

我们可以发出 `GET cars_index_with_sample_alias/_alias` 命令获取这个索引的别名。

当显式创建索引时，我们可以预先设置映射、设置和别名。这样，索引在创建时就已经具备了所有必需的配置。当然，我们也可以在运行时修改其中的一些配置（也可以调整关闭的索引，即调整那些非运行索引）。下面我们就来看一下如何在显式创建的索引上设置这些配置。

6.2.2 显式创建索引（手动创建）

隐式创建的索引很少能满足生产配置的要求。显式创建索引意味着我们需要设置自定义配置。我们可以指示 Elasticsearch 使用指定的映射、设置和别名来配置索引，而不是依赖默认值。

我们知道创建索引很简单：只需发出 `PUT <index_name>`命令。该命令会用默认配置创建一个新索引（类似于首次为文档建立索引时自动创建的索引）。例如，`PUT cars` 创建一个 `cars` 索引，执行 `GET cars` 命令会返回该索引。让我们看看如何用自定义配置来管理这些索引。

6.2.3 自定义索引设置

每个索引在创建时都可以使用默认或自定义的设置。我们还可以在索引仍在运行时更改某些设置。为此，Elasticsearch 公开`_settings` API 来更新活动索引上的设置。然而，正如我们提到的，并非所有属性都可以在活动索引上更改——只有动态属性可以更改。这就引出了对索引设置的两种类型（静态和动态）的简要讨论。

- *静态设置*——静态设置是在创建索引时应用的设置，在索引运行期间无法更改。这些属性包括分片数、压缩编解码器、启动时的数据检查等。如果想更改活动索引的静态设置，必须先关闭索引以重新应用设置，或者使用新设置重新创建索引。

  最好在创建索引时就设置好所需的静态设置，因为事后再应用这些设置需要关闭索引。话虽如此，仍有一些方法可以在不中断服务的情况下管理索引升级（重新索引是一种升级方式，我们在 5.7 节中曾讨论过重新索引功能）。
- *动态设置*——动态设置可以应用于活动（运行中）索引。例如，我们可以在活动索引上更改副本数、允许或禁止写入、刷新间隔等属性。

有少数设置同时属于这两个阵营，因此从长远来看，对每种类型都有一个高层次的理解会很有帮助。让我们看看如何使用一些静态设置来创建索引。

注意 你可以查阅官方文档 “Index modules”，了解更多关于 Elasticsearch 支持的静态设置和动态设置的信息。

我们想创建一个索引并应用以下属性：3 个主分片，每个主分片有 5 个副本，压缩编解码器，脚本字段的最大数量，以及刷新间隔。为了将这些设置应用于索引，我们使用一个 settings 对象，如代码清单 6-5 所示。

代码清单 6-5　使用自定义设置创建索引

```
PUT cars_with_custom_settings          <-- 使用自定义设置创建索引
{
  "settings":{                         <-- settings 对象包含所需的属性
    "number_of_shards":3,              <-- 将分片数设置为 3
    "number_of_replicas":5,            <-- 将副本数设置为 5
    "codec": "best_compression",       <-- 更改压缩方式，不使用默认值
    "max_script_fields":128,           <-- 增加脚本字段的最大数量，默认是 32
    "refresh_interval": "60s"          <-- 更改刷新间隔，默认是 1 s
  }
}
```

根据要求，我们指示 Elasticsearch 以我们认为必要的设置创建一个索引。执行 GET cars_with_custom_settings 命令获取索引的详细信息，反映我们刚刚设置的分片和副本等自定义设置。

如前所述，一旦索引处于活动状态，某些设置就无法更改（静态设置），而其他设置（动态设置）可以在活动索引上更改。如果尝试在活动索引上更改任何静态属性（例如，number_of_shards 属性），Elasticsearch 就会抛出一个异常，提示无法更新非动态设置。我们可以使用 _settings 端点来更新动态设置，如代码清单 6-6 所示。

代码清单 6-6　更新索引上的动态属性

```
PUT cars_with_custom_settings/_settings
{
  "settings": {
    "number_of_replicas": 2
  }
}
```

number_of_replicas 属性是动态的，因此无论索引是否处于活动状态，该属性都会立即生效。

注意　一旦索引开始运行，Elasticsearch 就不允许更改分片数。这有一个简单但合理的原因：文档所属的分片是由路由函数“文档所属的分片 = hash(文档 ID) % 主分片数”决定的，路由函数依赖分片的数量，修改主分片数（即更改 number_of_shards）会改变之前的路由函数，原有的已分配的文档可能会被认为是错误地放置或分配到分片中的。

如果想使用新的设置来重新配置索引，必须执行以下几个步骤。

（1）关闭当前索引（此时索引无法支持读/写操作）。

（2）使用新设置创建一个新索引。

（3）将数据从旧索引迁移到新索引（重新索引操作）。

（4）将别名重新指向新索引（假设该索引已有别名）。

在 5.7 节中我们已经看到了重新索引操作的实际应用，本节又讨论了如何在不中断服务的情况下重新索引数据。

获取索引的设置十分简单，只需发出一个 GET 请求即可，如代码清单 6-7 所示。

代码清单 6-7 获取索引的设置

```
GET cars_with_custom_settings/_settings
```

我们还可以通过使用逗号分隔的索引或通配符模式来获取多个索引的设置。代码清单 6-8 展示了如何完成此操作（完整代码可以在本书配套资源的文件中找到）。

代码清单 6-8 一次性获取多个索引的设置

```
GET cars1,cars2,cars3/_settings    <-- 获取多个索引的设置
GET cars*/_settings                <-- 获取匹配通配符（*）的索引的设置
```

我们还可以获取单个属性。例如，代码清单 6-9 展示了一个获取分片数的请求。

代码清单 6-9 获取单个属性

```
GET cars_with_custom_settings/_settings/index.number_of_shards
```

在这里，属性被包含在内部对象 index 中，因此我们必须在属性前面加上顶级对象，就像这样：index.<attribute_name>。

6.2.4 索引映射

除设置外，我们还可以在创建索引时提供字段映射，这就是我们为数据模型创建模式的方式。代码清单 6-10 展示了如何使用映射定义来创建一个包含 make、model 和 registration_year 属性的 car 类型索引（实际上是 cars_with_mappings 索引，但为简洁起见，可以假设该索引涵盖了 car 实体）。

代码清单 6-10 为 car 文档创建带有字段映射的索引

```
PUT cars_with_mappings
{
  "mappings": {                  <-- mappings 对象包含了各个属性
    "properties": {              <-- 这里声明了具有 car 数据类型的字段
      "make":{
        "type": "text"           <-- 将 make 字段声明为 text 类型
      },
      "model":{
        "type": "text"
      },
      "registration_year":{      <-- 将 registration_year 字段声明为 date 类型
        "type": "date",
        "format": "dd-MM-yyyy"   <-- 字段的自定义格式
      }
    }
```

```
  }
}
```

当然，我们也可以将设置和映射组合在一起。代码清单 6-11 展示了这种方法。

代码清单 6-11 创建一个同时包含设置和映射的索引

```
PUT cars_with_settings_and_mappings    <-- 同时包含设置和映射的索引
{
  "settings": {                         <-- 索引的设置
    "number_of_replicas": 3
  },
  "mappings": {                         <-- 映射模式定义
    "properties": {
      "make":{
        "type": "text"
      },
      "model":{
        "type": "text"
      },
      "registration_year":{
        "type": "date",
        "format": "dd-MM-yyyy"
      }
    }
  }
}
```

现在我们已经知道如何使用设置和映射来创建索引，拼图中的最后一块就是创建别名。

6.2.5 索引别名

别名是为索引提供的替代名称，适用于各种场景，如从多个索引（作为单个别名）搜索或聚合数据，或者在重新索引期间实现零停机时间。一旦我们创建了别名，就可以像使用索引一样，将其用于索引、查询和所有其他目的。别名在开发和生产环境中都非常实用。我们还可以将多个索引分组并分配一个别名，这样就可以对单个别名而不是对多个索引来编写查询。

要创建一个类似于我们在使用设置和映射配置时看到的索引（代码清单 6-11），可以在 `aliases` 对象中设置别名信息，如代码清单 6-12 所示。

代码清单 6-12 使用 aliases 对象创建别名

```
PUT cars_for_aliases                  <-- 创建一个带有别名的索引
{
  "aliases": {
    "my_new_cars_alias": {}           <-- 将别名指向该索引
  }
}
```

不过，除了使用索引 API，还有一种创建别名的方法——使用别名 API。Elasticsearch 公开了别名 API，其语法如下（注意加粗的`_alias` 端点）：

```
PUT|POST <index_name>/_alias/<alias_name>
```

让我们创建一个名为 my_cars_alias 的别名，指向 cars_for_aliases 索引，如代码清单 6-13 所示。

代码清单 6-13 使用_alias 端点创建别名

```
PUT cars_for_aliases/_alias/my_cars_alias
```

如图 6-2 所示，my_cars_alias 是 cars_for_aliases 索引的替代（第二）名称。到目前为止，在该索引上进行的所有查询操作都可以重定向到别名 my_cars_alias。例如，我们可以在该别名上索引文档或进行搜索。

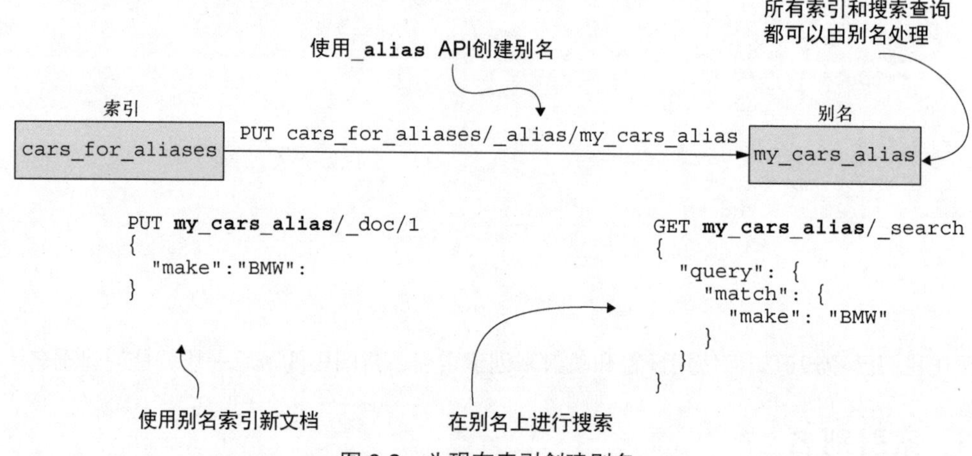

图 6-2 为现有索引创建别名

我们还可以创建单个别名来指向多个索引（见图 6-3），包括使用通配符提供的索引。代码清单 6-14 展示了创建别名 multi_cars_alias 的代码。该别名依次指向多个索引（cars1、cars2、cars3）。注意，其中一个索引必须是写入索引。

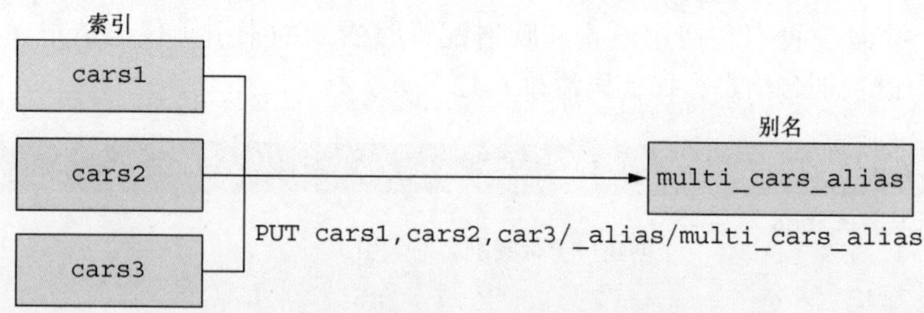

图 6-3 创建指向多个索引的别名

代码清单 6-14 创建单个别名指向多个索引

```
PUT cars1,cars2,cars3/_alias/multi_cars_alias
```

逗号分隔的索引列表

当创建指向多个索引的别名时，必须确保其中一个索引的 is_write_index 属性设置为 true。例如，以下代码片段在 cars3 索引上启用了 is_write_index：

```
PUT cars3/_alias/multi_cars_alias
{
  "is_write_index": true
}
```

类似地，我们可以使用通配符创建一个指向多个索引的别名（必须确保其中一个索引的 is_write_index 属性设置为 true），如代码清单 6-15 所示。

代码清单 6-15 使用通配符创建别名

```
PUT cars*/_alias/wildcard_cars_alias
```

所有以 cars 为前缀的索引

一旦创建了别名，获取索引（GET <index_name>）的详细信息将反映定义在该索引上的别名。GET cars 将返回该索引上创建的所有别名（以及所有映射和设置），如代码清单 6-16 所示。

代码清单 6-16 获取索引的别名、设置和映射

```
GET cars
```

现在我们已经了解了创建别名的方式，让我们看看如何获取别名的详细信息。与设置和映射类似，我们可以向_alias 端点发送 GET 请求来获取别名的详细信息，如代码清单 6-17 所示。

代码清单 6-17 获取单个索引上的别名

```
GET my_cars_alias/_alias
```

当然，我们也可以将同样的命令扩展到多个别名，如代码清单 6-18 所示。

代码清单 6-18 获取与多个索引关联的别名

```
GET all_cars_alias,my_cars_alias/_alias
```

1. 使用别名实现零停机时间迁移数据

在生产环境中，索引的配置可能需要使用新的属性进行更新，这可能是由新的业务需求或者技术改进（或修复 bug）而引起的。新的属性可能与索引中的现有数据不兼容，在这种情况下，可以创建一个具有新设置的索引，并将数据从旧索引迁移到全新的索引。

这听起来很好，但一个潜在的问题是，针对旧索引编写的查询（例如 GET cars/_search { .. }）需要更新，因为它们现在需要在新索引 cars_new 上执行。如果这些查询被硬编码在应用代码中，可能需要进行一次生产环境的热修复发布。

假设我们有一个名为 vintage_cars 的索引，其中包含有关老式汽车的数据，我们需要更新该索引。这时我们可以借助别名，设计一个基于别名的策略。执行以下步骤（如图 6-4 所示），就可以实现零停机时间迁移。

（1）创建一个名为 vintage_cars_alias 的别名，指向当前的 vintage_cars 索引。

（2）因为新的属性与现有索引不兼容，创建一个新索引 vintage_cars_new，并应用新的设置。

（3）将数据从旧索引 vintage_cars 复制（即重新索引）到新索引 vintage_cars_new。

（4）重新创建原先指向旧索引的别名 vintage_cars_alias，使其指向新索引。详细操作稍后介绍。因此，vintage_cars_alias 现在指向 vintage_cars_new。

（5）所有原本针对 vintage_cars_alias 执行的查询现在都会在新索引上进行。

（6）确认重新索引和发布正常运行后，删除旧索引 vintage_cars。

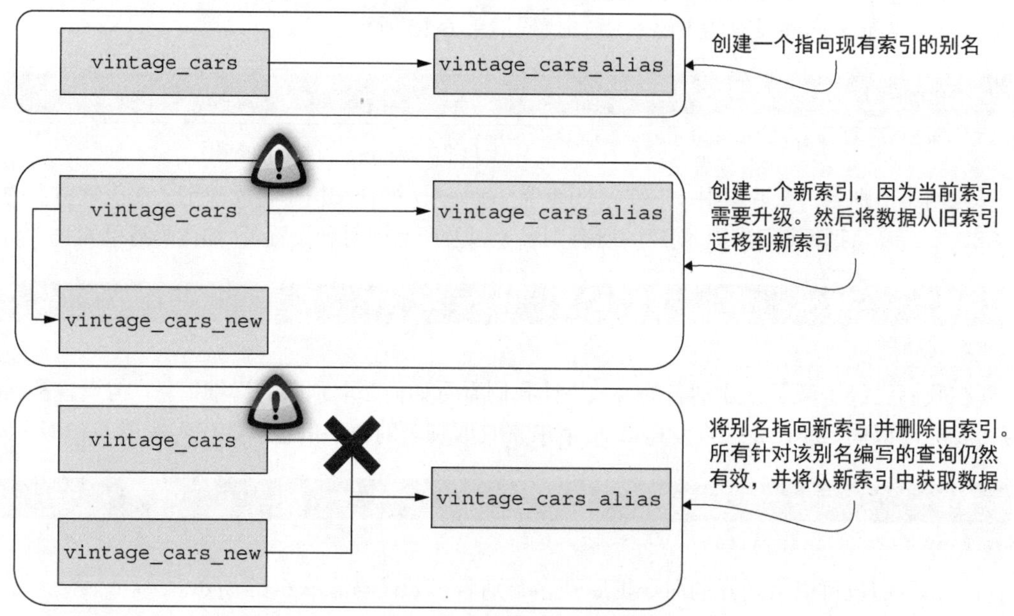

图 6-4 实现零停机时间迁移

现在，在别名上执行的查询将从新索引中获取数据，而无须重启应用程序。这样，就实现了数据的无缝迁移。

2. 使用_aliases API 执行多个别名操作

除了使用_alias API 处理别名，还可以使用另一个 API 来处理多个别名操作，即使用_aliases API。它可以组合多个动作，如添加和删除别名及删除索引。_alias API 用于创建单个别名，而_aliases API 可以在与别名相关的索引上创建多个操作。

代码清单 6-19 中对两个索引执行了两个不同的别名操作：它移除了指向旧索引的别名，并将同一个别名重新指向（通过 add 操作）新索引（查阅之前所讲，了解这样做的必要性）。

代码清单 6-19 执行多个别名操作

```
POST _aliases      ← 使用_aliases API 执行多个操作
{
  "actions": [     ← 列出各个操作
    {
```

```
      "remove": {    <—— 移除指向旧索引的别名
        "index": "vintage_cars",
        "alias": "vintage_cars_alias"
      }
    },
    {
      "add": {    <—— 添加指向新索引的别名
        "index": "vintage_cars_new",
        "alias": "vintage_cars_alias"
      }
    }
  ]
}
```

我们移除最初为 vintage_cars 索引创建的别名 vintage_cars_alias，然后将它重新分配给 vintage_cars_new 索引。

通过_aliases API，我们不仅可以在新索引完成数据迁移后删除指向现有索引的别名，还能将该别名重新指向新索引。此外，我们还可以使用_aliases API 的 indices 参数通过设置一个索引列表来为多个索引同时创建别名。代码清单 6-20 展示了具体的操作方法。

代码清单 6-20 创建指向多个索引的别名

```
POST _aliases
{
  "actions": [
    {
      "add": {
        "indices": ["vintage_cars","power_cars","rare_cars","luxury_cars"],
        "alias": "high_end_cars_alias"
      }
    }
  ]
}
```

这里，actions 创建了一个名为 high_end_cars_alias 的别名，指向 4 个汽车索引（vintage_cars、power_cars、rare_cars 和 luxury_cars）。现在，我们已经掌握了创建和设置索引别名的技巧，下面我们就来看看如何读取索引。

6.3 读取索引

到目前为止，我们所看到的索引都是公开索引，公开索引通常由用户或应用创建用以存储数据。下面我们先讨论公开索引，再讨论另一种类型的索引——隐藏索引。

6.3.1 读取公开索引

如前所述，我们可以通过简单地发出 GET 命令（如 GET cars）来获取索引的详细信息。响应以 JSON 对象的形式提供映射、设置和别名，响应还可以返回多个索引的详细信息。假设我们希望响应返回 cars1、cars2 和 cars3 这 3 个索引的详细信息，代码清单 6-21 展示了具体的方法。

代码清单 6-21 获取多个索引的配置

```
GET cars1,cars2,cars3   ← 获取 3 个索引的详细信息
```

注意 如果索引之间有空格，Kibana 会报错。例如，GET cars1, cars2 会失败，因为逗号后有一个空格。请确保多个索引仅用逗号分隔。

这个命令会返回所有 3 个索引的相关信息，但是提供一长串逗号分隔的索引列表并不一定受开发者的欢迎。相反，如果索引有一定的模式，我们可以使用通配符。例如，代码清单 6-22 中的命令会获取所有以字母“ca”开头的索引的详细信息。

代码清单 6-22 使用通配符获取多个索引的配置

```
GET ca*   ← 返回所有以 ca 为前缀的索引的详细信息
```

我们也可以使用逗号分隔的通配符来获取指定索引的配置。例如，代码清单 6-23 中的代码获取所有以“mov”和“stu”（分别代表 movies 和 students）为前缀的索引的详细信息。

代码清单 6-23 获取指定索引的配置

```
GET mov*,stu*
```

虽然所有 GET 命令都能获取指定索引的别名、映射和设置，但还有一种方法可以返回这些信息。假设我们想获取指定索引的单个配置，可以使用相关的 API 来实现这一点，如代码清单 6-24 所示。

代码清单 6-24 获取索引的单个配置

```
GET cars/_settings   ← 从_settings 端点获取设置
GET cars/_mapping    ← 从_mapping 端点获取映射
GET cars/_alias      ← 从_alias 端点获取别名
```

这些 GET 命令返回公开索引的指定配置。接下来，让我们看看如何检索隐藏索引的这些信息。

注意 要确定索引是否存在于集群中，可以使用命令 HEAD <index_name>。例如，执行 HEAD cars 命令，如果索引存在，则返回表示成功的状态码 200；如果索引不存在，则返回提示错误的状态码 404。

6.3.2 读取隐藏索引

如前所述，有两种类型的索引，即到目前为止我们使用的正常（公开）索引和隐藏索引。类似于计算机文件系统中以点开头的隐藏文件夹（.etc、.git、.bash 等），隐藏索引通常被保留用于系统管理，它们存储 Kibana 的配置和 Elasticsearch 的健康状况等。例如，我们可以通过执行命令 PUT .old_cars 来创建一个隐藏索引（注意索引名称前面的点）。

注意 尽管我们可以通过模仿公开索引的方式来使用隐藏索引进行操作（因为 Elasticsearch 在 8.0 版本及更早版本中没有相关的检查和平衡机制），但这在未来的版本中将会改变。所有隐藏索引将被保留用于系统相关工作。考虑到这一变化，建议在为业务相关数据创建隐藏索引时要格外谨慎。

GET _all 或 GET *调用会获取所有索引，包括隐藏索引。例如，图 6-5 中展示了发出 GET _all 命令的结果：它返回了完整的索引列表，包括隐藏索引（名称前带点的索引）。

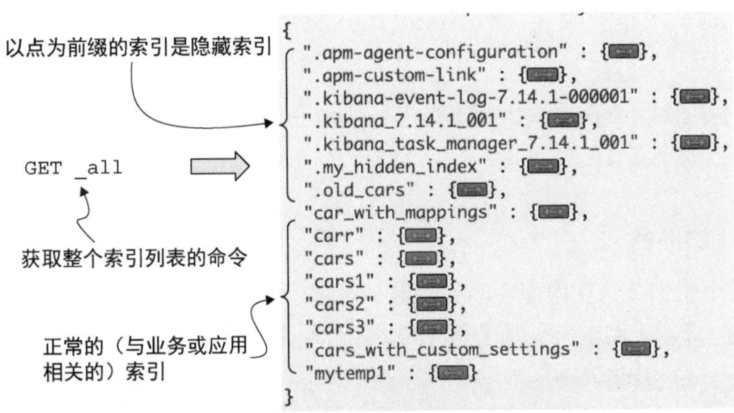

图 6-5 获取所有公开索引和隐藏索引

现在我们已经知道了如何创建和读取索引，如果需要，我们可以对索引执行删除操作。下面我们就详细讨论删除索引。

6.4 删除索引

删除现有索引非常简单：对索引执行 DELETE 操作（如 DELETE <index_name>）就会永久删除该索引。例如，发出 DELETE cars 命令会在该命令发出时删除 cars 索引，这意味着该索引中的所有文档都将永远消失，包括任何设置、映射模式和别名。

6.4.1 删除多个索引

我们还可以删除多个索引。在 DELETE 命令后附加一个逗号分隔的索引列表就可以同时删除它们，如代码清单 6-25 所示。

代码清单 6-25 删除多个索引

```
DELETE cars,movies,order
```

我们也可以使用通配符模式删除索引：DELETE *。然而，如果我们还想删除隐藏索引，就必须使用_all 端点：DELETE _all。注意，在尝试使用通配符或_all 删除索引时，必须将action.destructive_requires_name 属性设置为 false：

```
PUT _cluster/settings
{
 "transient": {
   "action.destructive_requires_name":false
 }
}
```

action.destructive_requires_name 属性默认设置为 true，所以尝试使用通配符或_all 删除索引时，可能会收到"Wildcard expressions or all indices are not allowed"错误。

警告 意外删除索引可能导致永久性的数据丢失。当使用 DELETE API 时，建议谨慎操作，因为意外调用可能会使系统不稳定。

6.4.2 仅删除别名

除了删除整个索引（这在内部会删除映射、设置、别名和数据），还有一种方式可以只删除别名。我们使用_alias API 来实现这个目的，如代码清单 6-26 所示。

代码清单 6-26 显式删除别名

```
DELETE cars/_alias/cars_alias    <-- 删除 cars_alias
```

删除索引是一个破坏性任务，因为数据将被永久删除。无须多说，在发出这个操作之前，一定要确保真的要删除该索引及其所有的配置和数据。下面我们来看一些破坏性较小的操作——关闭索引和打开索引。

6.5 关闭索引和打开索引

根据不同的使用场景，我们可以关闭索引或打开索引，当索引被关闭时，它会暂停进一步的索引或搜索操作。让我们来看看关闭索引的选项。

6.5.1 关闭索引

"关闭"索引就是字面上的意思：该索引将停止所有业务，任何对它的操作都将停止。这意味着无法进行文档索引，也无法进行搜索和分析查询。

注意 由于关闭的索引无法用于业务操作，因此在关闭索引之前必须非常小心。如果索引被关闭但在代码中仍被引用，可能会导致系统崩溃。这就是依赖别名而非真实索引的一个好理由！

关闭索引 API（_close）用于关闭索引。语法是 POST <index_name>/_close。例如，代码清单 6-27 关闭了 cars 索引（直到再次打开），因此对 cars 进行的任何操作都会导致错误。

代码清单 6-27 无限期关闭 **cars** 索引

```
POST cars/_close
```

这段代码关闭了索引的业务，不再允许对其进行任何读/写操作。

1. 关闭所有索引或关闭多个索引

我们可以使用逗号分隔的索引列表（包括通配符）来关闭多个索引，如代码清单 6-28 所示。

代码清单 6-28 关闭多个索引

```
POST cars1,*mov*,students*/_close
```

如果我们想停止集群中所有正在运行的索引操作，可以使用_all 或*发起一个关闭索引的 API 调用（_close），如代码清单 6-29 所示（确保 action.destructive_requires_name 属性设置为 false，以避免“Wildcard expressions or all indices are not allowed”错误）。

代码清单 6-29 关闭所有索引

```
POST */_close
```

关闭集群中的所有索引

2. 避免系统不稳定

可以想象，关闭（或打开）所有索引可能会导致系统不稳定。这是一种超级管理员级别的操作，如果在没有充分考虑的情况下执行，可能会造成灾难性的后果，甚至导致系统崩溃或无法恢复。关闭索引会阻止所有的读/写操作，这样可以最大程度地减少维护集群分片的开销。同时，系统会清理相关资源，回收已关闭索引所占用的内存。

能否禁用关闭索引的功能？能，如果永远不想关闭任何索引，就可以禁用关闭索引功能。通过禁用这个功能，使得索引永远保持运行状态（除非删除它们）。要实现这一点，我们需要将设置中的 cluster.indices.close.enable 属性设置为 false（默认为 true），如代码清单 6-30 所示。

代码清单 6-30 禁用关闭索引功能

```
PUT _cluster/settings
{
  "persistent": {
    "cluster.indices.close.enable":false
  }
}
```

6.5.2 打开索引

打开索引会重新启动分片的业务，一旦它们准备就绪，就可以进行索引和搜索操作。我们可以通过简单调用_open API 来打开一个已关闭的索引，如代码清单 6-31 所示。

代码清单 6-31 将索引重新投入运行

```
POST cars/_open
```

一旦命令成功执行，cars 索引会立即变为可用状态。与_close API 类似，_open API 也可以在多个索引上调用，包括使用通配符指定索引。

到目前为止，我们已经学习了几种索引操作，并且能够创建带有自定义映射和设置的索引，但这些操作都是单独进行的。虽然这种方法在开发阶段很有效，但在生产环境中并不理想——重复创建一组索引可能很烦琐。此外，我们也不希望工程师创建分片数或副本数不合适的索引，因为这可能会导致集群不稳定。在这种情况下，索引模板就能派上用场了。

在制定全面的索引策略时，通常需要更严格的控制和统一的业务标准。为此，Elasticsearch 提供了索引模板功能，帮助我们按照组织的策略来开发索引。我们可以使用索引模板功能大规模应用配置，下面就来讨论索引模板。

6.6 索引模板

在不同的索引中复制相同的设置，尤其是逐个进行时，不仅耗时而且容易出错。如果我们预先定义一个带有模式的索引模板，当索引名与模板匹配时，它将隐式地采用这个模式。这样，任何新索引都将遵循相同的设置，并在整个组织中保持一致，而 DevOps 团队也不需要反复向组织中的各个团队推广最佳设置。

索引模板的一个使用场景是根据不同的环境创建一组模式。例如，开发环境的索引可能有 3 个分片和 2 个副本，而生产环境的索引则有 10 个分片，每个分片有 5 个副本。

通过索引模板化，我们可以创建包含预定义模式和配置的模板。我们可以在这个模板中包含一组映射、设置和别名，并指定索引名。然后，当我们创建新索引时，如果索引名与模式名匹配，就会应用这个模板。此外，我们还可以基于 glob（全局命令）模式创建模板，如通配符、前缀等。

注意 在计算机软件中，glob 模式经常被用来表示文件扩展名（*.txt、*.cmd、*.bat 等）。

从 7.8 版本开始，Elasticsearch 对模板功能进行了升级，新版本更加抽象，复用性也大大提高。（如果你对之前版本的索引模板感兴趣，可查阅官方文档了解详情。）索引模板分为两类：可组合索引模板（composable index template，或简称为索引模板）和组件模板（component template）。顾名思义，可组合索引模板由零个或多个组件模板组成。索引模板也可以独立存在，不与任何组件模板关联。这种独立的索引模板可以包含所有必要的模板功能（如映射、设置和别名）。它们在使用模式创建索引时可用作独立的模板。

尽管组件模板本身是一个模板，但如果不与索引模板关联，它并没有太大用处。不过，一个组件模板可以同时与多个索引模板相关联。通常，我们会开发一个组件模板（例如，指定开发环境的编解码器），然后通过可组合索引模板将其同时应用到多个索引上，如图 6-6 所示。

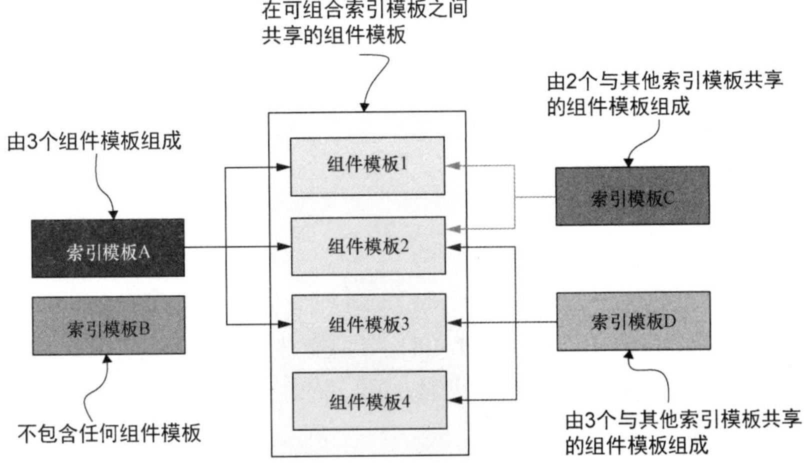

图 6-6 可组合索引模板由组件模板组成

在图 6-6 中，索引模板 A、C 和 D 之间共享组件模板（例如，组件模板 2 被这 3 个索引模板共同使用）。索引模板 B 是一个独立的模板，没有组件模板。

我们可以创建不包含任何组件模板的索引模板。这就引出了创建模板时的一些规则。

- 使用显式配置创建的索引优先于索引或组件模板中定义的配置。换句话说，如果在创建索引时使用了显式设置，就不要指望它们会被模板覆盖。
- 旧版模板的优先级低于可组合模板。

6.6.1 创建可组合（索引）模板

可以使用_index_template 端点来创建索引模板，并在该模板中提供所需的映射、设置和别名作为索引模式。假设我们的需求是为汽车创建一个用带有通配符的模式表示为*cars*的模板，如代码清单 6-32 所示。这个模板包含特定的属性和设置，如 created_by 和 created_at 属性，以及分片数和副本数。任何与该模板匹配的新索引在创建时都会继承模板中定义的这些配置。例如，如果模板中定义了这些配置，那么 new_cars、sports_cars 和 vintage_cars 这些索引都会具有 created_by 和 created_at 属性，并且分片数为 1，副本数为 3。

代码清单 6-32 创建索引模板

```
PUT _index_template/cars_template
{
  "index_patterns": ["*cars*"],
  "priority": 1,
  "template": {
    "mappings": {
      "properties":{
        "created_at":{
          "type":"date"
        },
```

```
            "created_by":{
              "type":"text"
            }
          }
        },
        "settings": {
          "number_of_shards": 1,
          "number_of_replicas": 3
        }
      }
    }
```

执行这个命令时（可能会收到一个弃用警告——暂时忽略它），Elasticsearch 会创建一个索引模式为*cars*的模板。当我们创建一个新索引时，如果新索引的名称（例如 vintage_cars）匹配这个模式（*cars*），则该索引将使用模板中定义的配置创建。当索引匹配指定的模式时，模板中的配置会自动被应用。

模板优先级

索引模板具有优先级（priority），这是在创建模板时定义的一个正整数。priority 越大，优先级就越高。当在两个不同的模板中有类似或相同的设置时，优先级就很有用。如果一个索引匹配多个索引模板，将使用优先级更高的那个。例如，在下面代码中，cars_template_feb21 覆盖了 cars_template_mar21：

```
POST _index_template/cars_template_mar21
{
  "index_patterns": ["*cars*"],
  "priority": 20,          <-- 低优先级模板
  "template": { ... }
}
POST _index_template/cars_template_feb21
{
  "index_patterns": ["*cars*"],
  "priority": 30,          <-- 匹配模板，且优先级更高
  "template": { ... }
}
```

当正在创建的索引与多个模板匹配时，Elasticsearch 会应用所有匹配模板的设置，但优先级较高的模板的设置会覆盖其他模板的设置。在前面的例子中，如果 cars_template_mar21 模板定义了 best_compression 编码器，它会被 cars_template_feb21 模板中定义的默认编码器覆盖，因为 cars_template_feb21 模板的优先级更高。

现在我们已经对索引模板有了更多的了解，下面我们就来看一下可复用的组件模板。

6.6.2　创建组件模板

如果你有 DevOps 背景，你可能曾经遇到过这样的需求：为每个环境创建具有预设配置的索引。与其手动应用每个配置，不如为每个环境创建一个组件模板，这样会更加高效。

组件模板只不过是一个可复用的配置块，可以用它来创建更多的索引模板。不过，组件模板

只有在与索引模板关联时才能发挥作用。组件模板通过_component_template 端点公开。让我们来看看如何将它们组合在一起。

假设我们需要为开发环境创建一个模板，该模板应包含 3 个主分片，并且每个分片有 3 个副本。第一步需要声明并执行一个包含该配置的组件模板，如代码清单 6-33 所示。

代码清单 6-33　创建一个组件模板

```
POST _component_template/dev_settings_component_template
{
  "template":{
    "settings":{
      "number_of_shards":3,
      "number_of_replicas":3
    }
  }
}
```

在代码清单 6-33 中，我们使用_component_template 端点来创建模板。请求体中的 template 对象包含了模板信息。执行后，dev_settings_component_template 就可以在任意索引模板中使用了。需要注意的是，这个模板并没有定义索引模式，它只是一个用于配置某些属性的代码块。

接下来，我们用相同的方法创建另一个模板，不过这次我们将定义一个映射模式，如代码清单 6-34 所示。

代码清单 6-34　包含映射模式的组件模板

```
POST _component_template/dev_mapping_component_template
{
  "template": {
    "mappings": {
      "properties": {
        "created_by": {
          "type": "text"
        },
        "version": {
          "type": "float"
        }
      }
    }
  }
}
```

dev_mapping_component_template 包含一个预定义的映射模式，其中有 created_by 和 version 两个属性。

现在我们有了两个组件模板，下一步就是使用它们。我们可以让一个索引模板（如 cars）使用它们，如代码清单 6-35 所示。

代码清单 6-35　由组件模板组成的索引模板

```
POST _index_template/composed_cars_template
{
```

```
    "index_patterns": ["*cars*"],
    "priority": 200,
    "composed_of": ["dev_settings_component_template",
                    "dev_mapping_component_template"]
}
```

用粗体展示的 composed_of 属性是我们想要应用的所有组件模板的集合。在这个例子中，我们选择了设置组件模板和映射组件模板。

脚本执行后，我们创建一个索引名包含“cars”的新索引（如 vintage_cars、my_cars_old、cars_sold_in_feb 等）时，该索引将使用来自两个组件模板的配置进行创建。例如，要在生产环境中创建类似的模式，可以创建一个使用 prod_*版本组件模板的可组合模板。

到目前为止，我们已经学习了索引的 CRUD 操作，并且学会了使用模板来创建索引。不过，我们无法了解索引的性能。Elasticsearch 提供了有关已索引、已删除和已查询数据的统计信息，下面我们就来讨论这些统计信息。

6.7 监控和管理索引

Elasticsearch 提供了详细的统计信息，涵盖了进入索引的数据和删除的数据。Elasticsearch 提供了 API 来生成报告，如索引包含的文档数、已删除的文档、合并和刷新统计等。在本节中，我们将了解这些用于获取统计信息的 API。

6.7.1 索引的统计信息

每个索引都会生成各种统计信息，包括文档总数、已删除的文档数、分片内存使用情况、获取和搜索请求的相关数据等。可以使用_stats API 来检索主分片和副本分片的索引统计信息。

代码清单 6-36 展示了通过调用_stats 端点来获取 cars 索引统计信息的方式。图 6-7 展示了该调用返回的统计信息。

代码清单 6-36 获取索引的统计信息

```
GET cars/_stats
```

响应包含一个 total 属性，它是与该索引相关的分片（主分片和副本）总数。

响应包含两个块。

- _all 块，包含所有索引的综合统计信息。
- indices 块，包含单个索引的统计信息（该集群中的每个索引）。

这些块包含两个统计信息桶：primaries 桶只包含主分片相关的统计信息，而 total 桶表示主分片和副本分片的统计信息。Elasticsearch 返回了十几项统计信息（见图 6-8），我们可以在响应的 primaries 桶和 total 桶中找到这些数据。表 6-1 描述了其中的一些统计信息。

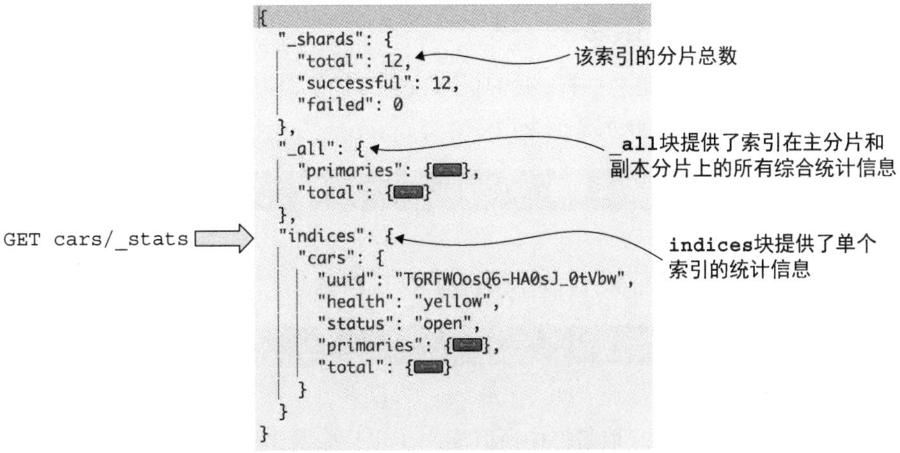

```
{
  "_shards": {
    "total": 12,
    "successful": 12,
    "failed": 0
  },
  "_all": {
    "primaries": {…},
    "total": {…}
  },
  "indices": {
    "cars": {
      "uuid": "T6RFWOosQ6-HA0sJ_0tVbw",
      "health": "yellow",
      "status": "open",
      "primaries": {…},
      "total": {…}
    }
  }
}
```

GET cars/_stats

该索引的分片总数

_all块提供了索引在主分片和副本分片上的所有综合统计信息

indices块提供了单个索引的统计信息

图 6-7 **cars** 索引的统计信息

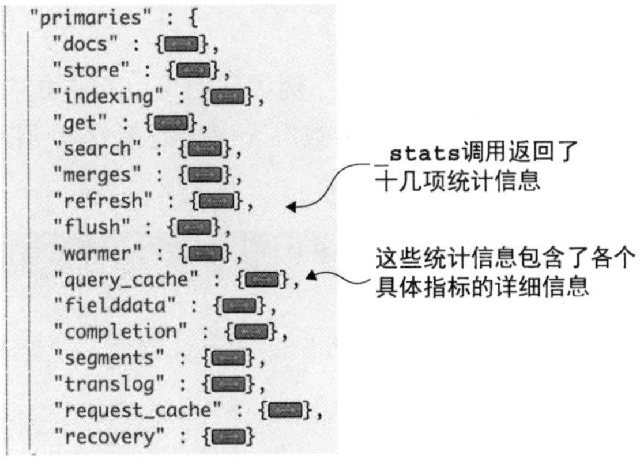

```
"primaries" : {
  "docs" : {…},
  "store" : {…},
  "indexing" : {…},
  "get" : {…},
  "search" : {…},
  "merges" : {…},
  "refresh" : {…},
  "flush" : {…},
  "warmer" : {…},
  "query_cache" : {…},
  "fielddata" : {…},
  "completion" : {…},
  "segments" : {…},
  "translog" : {…},
  "request_cache" : {…},
  "recovery" : {…}
```

_stats调用返回了十几项统计信息

这些统计信息包含了各个具体指标的详细信息

图 6-8 索引的多项统计信息

表 6-1 通过调用**_stats** 端点获取的索引统计信息（为简洁起见，列表已简化）

统计信息	描述
docs	索引中的文档数和已删除的文档数
store	索引的大小（以字节为单位）
get	索引上的 GET 操作次数
search	搜索操作（包括查询、滚动和建议）的相关信息
refresh	刷新操作的次数

还有更多统计信息，如索引、合并、自动补全、字段数据、段等，但由于篇幅所限，这里未一一列出。如需了解 Elasticsearch 索引统计 API 提供的完整统计信息，可查询 Elasticsearch 官方文档中的“Index stats API”。

6.7.2 多个索引的统计信息

就像获取单个索引的统计信息一样，我们也可以通过提供以逗号分隔的索引名来获取多个索引的统计信息。代码清单 6-37 展示了这个命令。

代码清单 6-37 获取多个索引的统计信息

```
GET cars1,cars2,cars3/_stats
```

我们还可以使用通配符匹配索引，如代码清单 6-38 所示。

代码清单 6-38 使用通配符获取统计信息

```
GET cars*/_stats
```

代码清单 6-39 展示了如何获取集群中所有索引（包括隐藏索引）的统计信息。

代码清单 6-39 获取集群中所有索引的统计信息

```
GET */_stats
```

我们可能不需要总是查找所有的统计信息，例如我们可以只查找有关段的某些统计信息，如存储字段内存和词项内存、文件大小、文档数等。代码清单 6-40 展示了如何获取段的统计信息。

代码清单 6-40 段统计信息

```
GET cars/_stats/segments
```

执行该命令将返回如下数据：

```
"segments" : {
        "count" : 1,
        "memory_in_bytes" : 1564,
        "terms_memory_in_bytes" : 736,
        "stored_fields_memory_in_bytes" : 488,
        "term_vectors_memory_in_bytes" : 0,
        "norms_memory_in_bytes" : 64,
        "points_memory_in_bytes" : 0,
        "doc_values_memory_in_bytes" : 276,
        "index_writer_memory_in_bytes" : 0,
        "version_map_memory_in_bytes" : 0,
        "fixed_bit_set_memory_in_bytes" : 0,
        "max_unsafe_auto_id_timestamp" : -1,
        "file_sizes" : { }
      }
```

Elasticsearch 还提供了一个索引段 API，可以用来查看段的底层详细信息。调用 `GET cars/_segments` 可以提供 Apache Lucene 管理的段的详细视图，如段列表、段包含的文档数（包括已删除的文档数）、磁盘空间、段是否可搜索等（见图 6-9）。还可以通过调用 `GET_segments`

来获取整个索引的段信息。

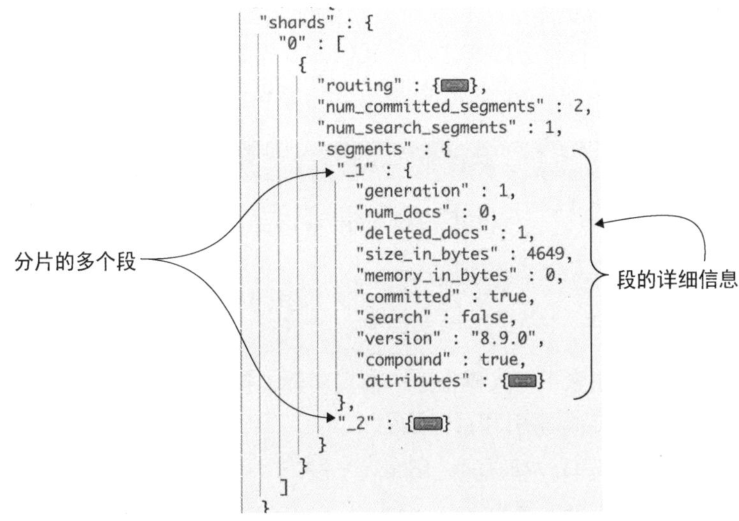

"shards" : {
"0" : [
{
"routing" : {},
"num_committed_segments" : 2,
"num_search_segments" : 1,
"segments" : {
"_1" : {
"generation" : 1,
"num_docs" : 0,
"deleted_docs" : 1,
"size_in_bytes" : 4649,
"memory_in_bytes" : 0,
"committed" : true,
"search" : false,
"version" : "8.9.0",
"compound" : true,
"attributes" : {}
},
"_2" : {}
}
}
]
}
分片的多个段
段的详细信息

图 6-9　分片中每个段的详细信息

有时为了节省空间或减少基础设施的负担，我们可能需要管理过大的索引，尤其是那些大部分时间处于闲置状态的索引。我们可以使用一些高级技巧来完成这些操作，下面就详细讨论这些高级操作。

6.8　高级操作

我们之前已经学习了索引的 CRUD 操作，如创建、读取和删除索引。除了这些基本操作，我们还可以执行一些高级操作，如拆分索引以添加更多分片，或者通过缩小索引或定期（如每天）滚动来减小索引规模。

6.8.1　拆分索引

有时索引会因为数据过载而面临风险。为了避免数据丢失的风险或减轻搜索查询响应变慢的问题，可以将数据重新分配到额外的分片上。增加索引的分片可以优化磁盘空间并均匀分布文档。

例如，如果一个有 5 个主分片的索引（`cars`）过载，我们可以将该索引拆分成一个有更多主分片（如 15 个主分片）的新索引。将索引从小规模扩展到较大规模称为拆分（split）索引。拆分本质上是创建一个具有更多分片的新索引，然后将数据从旧索引复制到新索引中。

Elasticsearch 提供了`_split` API 用于拆分索引。虽然有一些规则，如新索引可以创建多少个分片，但我们先看看如何拆分一个索引。

假设 `all_cars` 索引最初创建时有两个分片，由于数据呈指数级增长，该索引现在已经过载。为了降低查询变慢和性能下降的风险，我们想要创建一个具有更多空间的新索引。为此，我们可以将索引拆分成一个拥有更多空间和额外主分片的新索引。

在对 all_cars 索引执行拆分操作之前，我们需要先禁用它的索引功能，也就是说，需要将索引改为只读模式。代码清单 6-41 中通过调用_settings API 来实现这一点。

代码清单 6-41　将索引设置为只读模式

```
PUT all_cars/_settings          <-- 使用_settings API
{
  "settings":{
    "index.blocks.write":"true"   <-- 关闭索引的写入操作
  }
}
```

现在我们已经完成了关闭索引写入操作这一前置步骤，接下来就可以调用_split API 来拆分索引。该 API 需要我们指定源索引和目标索引：

```
POST <source_index>/_split/<target_index>
```

现在，让我们将索引拆分成一个新索引（all_cars_new），如代码清单 6-42 所示。

代码清单 6-42　拆分 all_cars 索引

```
POST all_cars/_split/all_cars_new     <-- _split 需要指定源索引和目标索引
{
  "settings": {
    "index.number_of_shards": 12      <-- 设置新索引的分片数
  }
}
```

这个请求将启动拆分过程。拆分操作是同步的，这意味着客户端的请求会等待响应，直到这一过程完成。拆分完成后，新索引（all_cars_new）不仅会包含所有原有数据，而且由于增加了分片数，还会拥有更大的空间。

如前所述，拆分操作需要遵守一些特定的规则和条件。我们来了解一下其中的几个关键点。

- 在执行拆分操作之前目标索引不能存在。在进行拆分时，除了我们在请求对象中提供的配置（如代码清单 6-42 所示），源索引的拷贝将会完整传输到目标索引中。
- 目标索引的分片数必须是源索引的分片数的倍数。例如，如果源索引有 3 个主分片，那么目标索引的分片数可以定义为 3 的倍数（如 3、6、9 等）。
- 目标索引的主分片数不能少于源索引的主分片数。记住，拆分操作的目的是为索引提供更多空间。
- 由于拆分后的分片仍位于原先的节点上，因此要确保处理索引拆分的节点拥有足够的可用磁盘空间来容纳现有索引的第二份拷贝。

在拆分操作过程中，所有配置（设置、映射和别名）都会从源索引复制到新创建的目标索引中。然后，Elasticsearch 会将源索引段的硬链接转移到目标索引。最后，由于文档的存储位置发生了变化，系统会对所有文档进行重新哈希处理。

目标索引的分片数必须是源索引的分片数的倍数

目标索引的主分片数必须是源索引的主分片数的倍数。为了观察不符合这一规则时会发生什么，我们可以尝试将 index.number_of_shards 设置为一个非倍数的数值（如 14，它不是源索引主分片数 3 的倍数），如下面的查询所示：

```
POST all_cars/_split/all_cars_new
{
  "settings": {
    "index.number_of_shards": 14
  }
}
```

遗憾的是，这个查询会抛出异常，因为我们违反了前面列出的第二条规则。以下是异常消息：

```
"reason" : "the number of source shards [3] must be a factor of [14]"
```

拆分索引可以通过增加主分片数来调整集群规模。在这个过程中，配置会从源分片复制到目标分片。如果只需要增加分片数，以便数据可以分布在新创建的索引上，那么拆分就是最好的方式。另外，应记住，在执行拆分操作之前，目标索引不能存在。现在我们已经了解了如何拆分索引，下面我们来看看缩小索引。

6.8.2 缩小索引

拆分索引通过增加额外的分片来扩展索引，以获得更多空间，而缩小索引则相反：它减少分片的数量。缩小（shrink）可以将分散在多个分片中的文档合并到更少的分片中。这对于以下情况非常有用。

- 我们在节假日期间创建了一个或多个索引，数据分散在众多分片中。现在假期结束，我们希望减少分片数。
- 为了提高读取速度（搜索吞吐量），我们增加了数据节点。一旦需求减少，就没有理由继续让所有这些节点保持活动状态。

假设我们有一个索引 all_cars 分布在 50 个分片上，现在希望将分片数调整为个位数，例如 5 个。缩小操作与拆分操作类似，第一步是确保 all_cars 索引是只读的，因此我们将 index.blocks.write 属性设置为 true。此外，缩小操作还要求每个分片（可以是主分片或副本分片）的拷贝都必须位于同一节点上，也就是说，该节点需要拥有索引的完整数据。因此，我们将 index.routing.allocation.require._name 属性设置为 node1，让索引中每个分片的拷贝都分配到节点名为 node1 的单个节点上。代码清单 6-43 展示了在缩小索引前所需的前置步骤。

代码清单 6-43 缩小索引的前置步骤

```
PUT all_cars/_settings
{
```

```
    "settings": {
      "index.blocks.write": true,
      "index.routing.allocation.require._name": "node1"
    }
  }
```

源索引已经完全就绪，我们可以执行缩小操作了。命令的格式是：PUT <source_index>/_shrink/<target_index>。让我们发出代码清单 6-44 中的缩小命令来缩小 all_cars 索引。

代码清单 6-44 缩小索引

```
PUT all_cars/_shrink/all_cars_new        <-- 缩小源索引
{
  "settings":{
    "index.blocks.write":null,            <-- 移除只读指令
    "index.routing.allocation.require._name":null,   <-- 将节点名称设置为 null（不限制允许分配分片的节点）
    "index.number_of_shards":1,           <-- 减少分片数
    "index.number_of_replicas":5
  }
}
```

代码清单 6-44 中有几处需要特别说明。源索引设置了两个属性：只读模式和分配索引的节点名。如果我们不重置这些设置，它们将被带到新的目标索引中。在代码清单 6-44 中，我们将这些属性设置为 null，这样在创建目标索引时就不会施加这些限制；此外，我们还为新创建的目标索引设置了分片数和副本数，并为目标索引创建一个硬链接，指向源索引的文件段。

注意 记住，分片数必须小于（或等于）源索引的分片数（毕竟，我们是在缩小索引）。而且，正如你可能已经想到的，目标索引的分片数必须是源索引的分片数的因数。

顺便说一下，我们还可以从源索引中删除所有副本，使缩小操作更易于管理。我们只需将 index.number_of_replicas 属性设置为 0 即可。记住，number_of_replicas 属性是动态的，这意味着它可以在活动索引上进行调整。

在缩小索引之前，必须完成以下操作。

- 源索引必须关闭索引功能（设为只读）。
- 目标索引在执行缩小操作之前不能存在。
- 所有索引分片（可以是主分片或副本分片）的拷贝必须位于同一节点上。为了实现这一点，必须在索引上设置 index.routing.allocation.require.<node_name>属性来指定节点名。
- 目标索引的分片数必须是源索引分片数的因数。示例中的 all_cars 索引有 50 个分片，因此只能缩小到 25、10、5 或 2 个分片。
- 目标索引所在的节点必须满足磁盘空间要求。

当我们有大量分片但数据分布稀疏时，可以使用缩小操作。顾名思义，其目的是减少分片数。随着数据的增长，拆分索引或缩小索引是管理索引的一种很好的方式。还有一种高级操作是

借助滚动机制来按照指定的模式创建索引。

6.8.3 滚动更新索引别名

随着时间的推移，索引会不断积累数据。正如之前所看到的，我们可以通过拆分索引来处理新增的数据。然而，拆分只是简单地将数据重新调整到更多分片中。Elasticsearch 还提供了一种滚动（rollover）机制，可以自动将当前索引滚动到一个全新的空索引中。

与拆分操作不同，文档在滚动过程中不会被复制到新索引。旧索引会转为只读状态，而新文档从此刻起将被索引到滚动后的新索引。例如，如果我们有一个索引 app-000001，执行滚动会创建一个新索引 app-000002；如果我们再次执行滚动，则会创建一个新索引 app-000003，以此类推。

滚动操作常用于处理时间序列数据。时间序列数据，即按特定周期（如每天、每周或每月）生成的数据，通常存储在为特定周期创建的索引中。例如，应用日志是根据日期创建的，如 logs-18-sept-21、logs-19-sept-21 等。

当你看到实际操作时，会更容易理解。假设我们有一个汽车相关的索引 cars_2021-000001。Elasticsearch 完成以下两个步骤来滚动这个索引。

- Elasticsearch 创建一个指向索引（本例中为 cars_2021-000001）的别名。在创建别名之前，我们必须通过设置 is_write_index 为 true 来确保索引是可写的。这样做的目的是确保别名至少有一个可写的后备索引。
- Elasticsearch 使用_rollover API 在别名上执行滚动命令。这将创建出一个新的滚动索引（如 cars_2021-000002）。

注意 末尾的后缀（如 000001）是一个正整数，Elasticsearch 希望创建的索引带有这个后缀。Elasticsearch 只能从一个正整数开始递增，起始数字是多少并不重要。

只要我们提供一个正整数，Elasticsearch 就会递增该数字并向前滚动。例如，如果我们提供 my-index-04 或 my-index-0004，下一个滚动的索引将是 my-index-000005。Elasticsearch 会自动用 0 填充后缀。

下面我们就详细看一下这两个步骤。

1. 为滚动操作创建别名

在进行滚动操作之前，我们需要做的第一件事是创建一个指向要滚动的索引的别名。我们可以对索引的别名或数据流的别名使用_rollover API。例如，代码清单 6-45 中使用_aliases API 为索引 cars_2021-000001 创建了一个别名 latest_cars_a（确保你已预先创建了这个索引）。

代码清单 6-45 为现有索引创建别名

```
POST _aliases           <-- 使用_aliases API 来调用 add 操作
{
  "actions": [   <-- 一组操作
```

```
    {
      "add": {                                  ◁— add 操作
        "index": "cars_2021-000001",            ◁— 我们希望为 cars 滚动数据创建的索引
        "alias": "latest_cars_a",               ◁— 为 cars 索引创建别名
        "is_write_index": true                  ◁— 使索引可写
      }
    }
  ]
}
```

_aliases API 请求体需要定义带有索引和别名的 add 操作。它使用 POST 命令创建别名 latest_cars_a，指向现有索引 cars_2021-000001。

需要注意的一个要点是：别名必须指向一个可写的索引，因此我们在代码清单 6-45 中将 is_write_index 设置为 true。如果别名指向多个索引，必须至少有一个是可写的。接下来的步骤是滚动索引。

2. 发起滚动操作

现在我们已经创建了一个别名，下一步是调用_rollover API 端点。Elasticsearch 为此定义了一个_rollover API。调用过程如代码清单 6-46 所示。

代码清单 6-46　滚动索引

```
POST latest_cars_a/_rollover
```

_rollover 端点是对别名进行调用的，而不是索引。调用成功后，Elasticsearch 会创建一个新索引 cars_2021-000002（*-000001 递增 1）。代码清单 6-47 展示了该调用的响应。

代码清单 6-47　_rollover 调用的响应

```
{
  "acknowledged" : true,
  "shards_acknowledged" : true,
  "old_index" : "latest_cars-000001",    ◁— 旧索引名
  "new_index" : "latest_cars-000002",    ◁— 新索引名
  "rolled_over" : true,
  "dry_run" : false,
  "conditions" : { }
}
```

如该响应所示，Elasticsearch 创建了一个新索引 latest_cars-000002 作为滚动索引。旧索引被设为只读模式，以便在新创建的滚动索引上进行文档索引。

注意　虽然_rollover API 是应用于别名的，但实际上被滚动的是这个别名背后的索引。

在后台，对别名调用_rollover 会做以下几件事。

- 创建一个新索引（cars_2021-000002），其配置与旧索引相同（名称前缀保持不变，但后缀递增）。
- 重新映射别名，使其指向新生成的索引（在这个例子中是 cars_2021-000002）。我们

的查询不会受到影响，因为所有查询都是针对别名（而不是物理索引）编写的。

- 将当前索引的 is_write_index 属性改为 false，并将新创建的滚动索引的 is_write_index 属性设置为 true，以确保只有新索引是可写的。

如果我们重新执行代码清单 6-46 中的命令，Elasticsearch 会创建一个新索引 cars_2021-000003，并且别名也会被调整为指向这个新索引。当我们需要将数据滚动到新索引时，只需对别名调用_rollover 就足够了。

命名约定

让我们了解一下在滚动索引时使用的命名约定。_rollover API 有两种格式，一种是我们只提供要滚动的别名，由系统决定滚动后的索引名：

```
POST <index_alias>/_rollover
```

另一种是我们也提供滚动后的索引名：

```
POST <index_alias>/_rollover/<target_index_name>
```

如第二种格式所示，指定目标索引名称允许_rollover API 使用给定的参数作为新索引的名称。但是，第一种格式（不提供索引名）遵循一个特殊的命名约定：<index_name>-00000N。连字符后的数字始终是 6 位数，不足的位用 0 填充。如果我们的索引遵循这种格式，进行滚动时会创建一个前缀相同但后缀自动递增的新索引：<index_name>-00000N + 1。递增从原始索引的数字开始，例如，my_cars-000034 会递增为 my_cars-000035。

你可能会想，什么时候需要滚动索引？这取决于你自己。当你觉得索引变得拥挤，或者需要（重新）移动旧数据时，可以调用滚动操作。但要先问自己以下几个问题。

- 当分片大小超过特定阈值时，是否可以自动滚动索引？
- 是否可以为每天的日志创建一个新索引？

尽管我们在本节中已经了解了滚动机制，但要解决这些问题，可以使用一个相对较新的功能——索引生命周期管理（index lifecycle management，ILM）。下面我们就来详细讨论索引生命周期管理。

6.9 索引生命周期管理

随着时间的推移，数据持续涌入，索引的规模预计会不断增长。有些时候，索引的写入频率过高，导致节点的磁盘空间耗尽；而在其他时候，大多数分片又是稀疏填充的。如果能够在前一种情况下自动滚动索引，而在后一种情况下自动缩小索引，不是更理想吗？

注意 索引生命周期管理是一个高级话题，在刚开始使用 Elasticsearch 时，你可能不需要它。如果是这样，你可以先跳过本节，等到需要了解 Elasticsearch 如何处理时间序列数据和如何根据某些条件“自动”（实际上是基于定义的策略）滚动、冻结或删除索引时再回来学习。

我们还需要考虑时间序列数据。以每天写入文件的日志为例。这些日志随后会被导出到带有日期后缀的索引中，例如 my-app-log-2021-10-24.log。当一天结束进入新一天时，相应的索引也应该被滚动，例如从 my-app-log-2021-10-24.log 到 my-app-log-2021-10-25.log（日期按天递增），如图 6-10 所示。

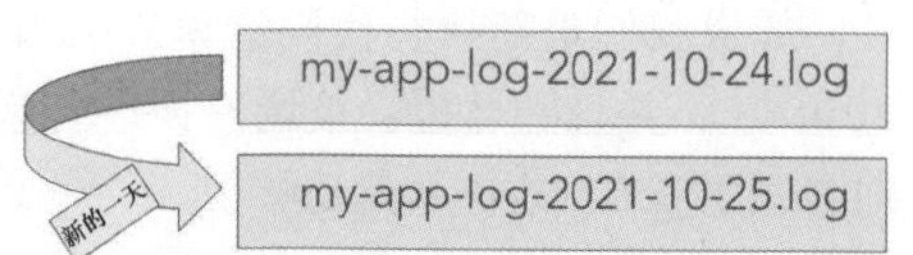

图 6-10　新的一天滚动到新索引

我们可以编写一个预定的作业来为我们完成这项工作。但幸运的是，Elastic 发布了一个名为*索引生命周期管理*（index lifecycle management，ILM）的新功能。顾名思义，ILM 是基于生命周期策略来管理索引的。策略是一系列规则的定义，当这些规则的条件被满足时，Elasticsearch 引擎会自动执行相应的规则。例如，我们可以定义基于以下情况将当前索引滚动到新索引的规则：

- 索引达到一定大小（例如 40 GB）；
- 索引中的文档达到一定数量（例如 10 000 个）；
- 日期更新。

在开始编写策略之前，让我们先来看看索引的生命周期，即索引根据不同的标准和条件所经历的各个阶段。

6.9.1　索引生命周期

索引有热阶段、温阶段、冷阶段、冻结阶段和删除阶段 5 个生命周期阶段，如图 6-11 所示。

- *热阶段*（hot phase）——索引处于完全运行模式。索引可用于读和写，因此可以为了进行索引和查询启用索引。
- *温阶段*（warm phase）——索引处于只读模式。索引操作被关闭，但索引保持打开状态以供查询，因此它可以服务于搜索和聚合查询。
- *冷阶段*（cold phase）——索引处于只读模式。与温阶段类似，索引操作被关闭但索引保持打开状态以供查询，不过预期查询不会太频繁。当索引处于这个阶段时，搜索查询的响应时间可能会变慢。
- *冻结阶段*（frozen phase）——类似于冷阶段，索引操作被关闭但允许查询。不过，查询会变得更加不频繁甚至罕见。当索引处于这个阶段时，用户可能会注意到查询的响应时间变得更长。
- *删除阶段*（delete phase）——这是索引的最终阶段，在这个阶段中索引被永久删除。此时，所有数据都会被清除，相关资源也会被释放。通常，我们会在删除索引前创建一个快照，以便日后需要时可以从快照恢复数据。

从热阶段过渡到其他任何阶段都是可选的。也就是说，索引一旦在热阶段创建，可以一直保持在该阶段或过渡到其他 4 个阶段中的任何一个。在 6.9.2 节和 6.9.3 节中，我们将查看一些设置索引生命周期策略以便系统可以自动管理索引的例子。

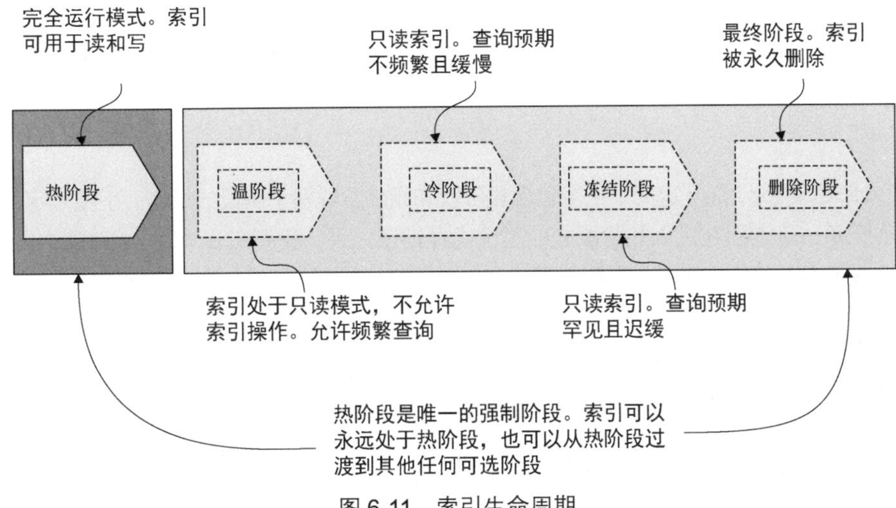

图 6-11　索引生命周期

6.9.2　手动管理索引生命周期

到目前为止，我们都是在需要时按需创建或删除索引的（手动干预），我们还无法根据某些条件（如索引的大小超过特定阈值，或者索引的存在时间超过一定天数等）自动进行索引的删除、滚动或缩小操作。ILM 可以帮我们实现这个功能。

Elasticsearch 通过`_ilm`端点公开了一个用于操作索引生命周期策略的 API，其格式为`_ilm/policy/<index_policy_name>`。使用这个 API 的过程可以分为两个步骤：首先定义一个生命周期策略，然后将该策略与指定的索引关联起来以便执行。

1. 步骤 1：定义索引生命周期策略

第一步是定义一个索引生命周期策略，我们在其中提供所需的阶段并设置这些阶段的相关操作。代码清单 6-48 给出了一个例子。

代码清单 6-48　创建包含热阶段和删除阶段的策略

```
PUT _ilm/policy/hot_delete_policy          <-- ILM API
{
  "policy": {                              <-- 定义策略及其阶段
    "phases": {
      "hot": {                             <-- 定义第一个阶段（热阶段）
        "min_age": "1d",                   <-- 设置进入热阶段前的最小运行时间
        "actions": {                       <-- 定义必须完成的操作
          "set_priority": {                <-- 设置优先级
            "priority": 250
          }
        }
      },
      "delete": {                          <-- 定义删除阶段
        "actions": {
```

```
            "delete" : { }
          }
        }
      }
    }
  }
```

hot_delete_policy 定义了一个包含热阶段和删除阶段两个阶段的策略。下面是定义的内容。

- 热阶段——索引在进入热阶段之前至少已经运行一天。我们在 actions 对象中定义的块中设置了索引的优先级（在本例中是 250）。优先级较高的索引在节点恢复期间会被优先考虑。
- 删除阶段——一旦热阶段完成所有操作，索引就会被删除。由于在删除阶段没有设置 min_age，因此删除操作会在热阶段结束后立即触发。

如何将这个策略应用到索引上呢？这就是我们接下来要讨论的内容。

2. 步骤 2：将索引生命周期策略与索引关联起来

现在我们已经定义了策略，下一步是将索引与之关联。为了演示这个过程，我们创建一个新索引，并将代码清单 6-48 中定义的策略与该索引进行关联，如代码清单 6-49 所示。

代码清单 6-49　创建索引并带有一个关联的索引生命周期策略

```
PUT hot_delete_policy_index
{
  "settings": {                                    ◁ 使用 settings 对象设置属性
    "index.lifecycle.name":"hot_delete_policy"     ◁ 关联的策略名
  }
}
```

这段代码创建了 hot_delete_policy_index 索引，并在索引上设置了一个属性 index.lifecycle.name。现在索引与生命周期策略相关联，因为 index.lifecycle.name 指向了之前在代码清单 6-48 中创建的策略 hot_delete_policy。这意味着索引将根据策略定义进行阶段过渡。索引被创建后，会在运行一天后进入热阶段（策略中定义了 min_age 为 1d）。一旦热阶段完成，索引就会过渡到下一阶段，在本例中是删除阶段。这是一个简单明了的阶段，索引会被自动删除。

> **注意**　代码清单 6-48 中定义的 hot_delete_policy 策略会在索引运行一天后删除索引。注意，如果你在生产环境中应用这个策略，可能会发现在删除阶段结束后没有任何可用的索引（因为删除阶段会清除所有内容）。

总而言之，当索引生命周期策略应用于某个索引时，该索引会按照策略定义的各个阶段进行过渡，并在每个阶段执行特定的操作。我们可以定义一个详细的策略，例如，索引创建后立即进入热阶段，45 天后进入温阶段，3 个月后进入冷阶段，最后在 1 年后进入删除阶段删除索引。

假设我们希望根据条件（例如每个月或特定大小）进行索引过渡。幸运的是，Elasticsearch 提供了自动的有条件的索引生命周期滚动机制。

6.9.3 带有滚动机制的索引生命周期

在本节中，我们将在时间序列索引上设置条件，当满足这些条件时进行滚动。假设我们希望索引在以下条件下进行滚动：

- 每到新的一天时；
- 当文档数达到 10 000 时；
- 当索引大小达到 10 GB 时。

代码清单 6-50 中定义了一个简单的索引生命周期策略，该策略声明了一个热阶段，在这个阶段中，当满足上述条件时，分片会执行滚动操作。

代码清单 6-50 热阶段的简单策略定义

```
PUT _ilm/policy/hot_simple_policy
{
  "policy": {
    "phases": {
      "hot": {
        "min_age": "0ms",
        "actions": {
          "rollover": {
            "max_age": "1d",
            "max_docs": 10000,
            "max_size": "10gb"
          }
        }
      }
    }
  }
}
```

声明热阶段

索引立即进入这个阶段

如果满足任何一个条件，索引就会滚动

在这个策略中，我们声明了一个阶段——热阶段，当 rollover 属性中声明的任何条件满足时（例如，文档数达到 10 000、索引大小超过 10 GB 或索引已存在一天），将执行滚动操作。因为我们将最小时间 min_age 声明为 0ms，所以索引一创建就会立即进入热阶段，并进入该阶段的 rollover 准备状态。

下一步是创建一个索引模板并将生命周期策略与之关联。代码清单 6-51 中声明了一个带有索引模式 mysql-*的索引模板。

代码清单 6-51 在模板中关联索引生命周期策略

```
PUT _index_template/mysql_logs_template
{
  "index_patterns": ["mysql-*"],
  "template":{
    "settings":{
      "index.lifecycle.name":"hot_simple_policy",
      "index.lifecycle.rollover_alias":"mysql-logs-alias"
    }
  }
}
```

匹配所有 MySQL 索引的索引模式

关联策略

关联别名

在代码清单 6-51 中，需要注意两个关键点。首先，我们必须将先前定义的索引策略通过 index.lifecycle.name 设置与这个索引模板关联起来。其次，由于我们的策略定义中包含了一个带有滚动操作的热阶段，因此在创建这个索引模板时，我们必须提供 index.lifecycle.rollover_alias 名称。

最后一步是创建一个索引，该索引需要匹配我们在索引模板中定义的索引模式，并且使用数字作为后缀，这样才能正确地生成滚动索引。注意，我们必须定义一个别名，并且将 is_write_index 设置为 true 来声明当前索引是可写的，如代码清单 6-52 所示。

代码清单 6-52 为别名设置可写索引

```
PUT mysql-index-000001          <-- 创建符合指定格式的索引
{
  "aliases": {
    "mysql-logs-alias": {       <-- 启用别名
      "is_write_index":true     <-- 确保后备索引可写
    }
  }
}
```

一旦创建了索引，策略就会生效。在这个示例中，因为 min_age 设置为 0ms，所以索引会立即进入热阶段，并进入该阶段的 rollover 准备状态。索引会停留在这个阶段，直到满足其中一个条件（时间、索引大小或文档数）。条件一旦满足，Elasticsearch 就会执行滚动操作，并创建一个新索引 mysql-index-000002（注意索引后缀）。别名会自动重新映射到这个新索引。[①]然后 mysql-index-000002 会滚动到 mysql-index-000003 索引（如果满足其中一个条件），依此继续。

策略扫描间隔

默认情况下，每 10 min 扫描一次策略。若要更改这个扫描周期，我们需要使用_cluster 端点更新集群设置。

当我们在开发中尝试索引生命周期策略时，一个常见的问题是没有任何阶段被执行。例如，尽管我们将阶段的时间（min_age、max_age）设置为以毫秒为单位，但没有任何阶段被执行。如果我们不知道扫描间隔，可能会认为索引生命周期策略没有被调用，但实际上这些策略正在等待被扫描。

我们可以通过调用_cluster/settings 端点并设置适当的周期来重置扫描周期。例如，以下代码片段将轮询间隔重置为 1s：

```
PUT _cluster/settings
{
  "persistent": {
    "indices.lifecycle.poll_interval":"1s"
  }
}
```

① 我们用索引的“年龄”表示索引自创建后的运行时间。如果执行了滚动操作，Elasticsearch 会根据滚动操作的时间更新索引的“年龄”；如果未执行滚动操作，索引的“年龄”还是从创建索引时计算。——译者注

我们已经掌握了如何使用索引生命周期策略来实现索引滚动，接下来我们来编写一个包含多个阶段的策略脚本，如代码清单 6-53 所示。

代码清单 6-53 创建高级的索引生命周期策略

```
PUT _ilm/policy/hot_warm_delete_policy
{
  "policy": {
    "phases": {
      "hot": {
        "min_age": "1d",          ⊲— 索引的“年龄”超过 1 天进入热阶段
        "actions": {
          "rollover": {          ⊲— 满足任一条件时进行滚动
            "max_size": "40gb",
            "max_age": "6d"
          },
          "set_priority": {      ⊲— 设置优先级（附加操作）
            "priority": 50
          }
        }
      },
      "warm": {
        "min_age": "7d",          ⊲— 索引的“年龄”超过 7 天进入温阶段
        "actions": {
          "shrink": {              ⊲— 缩小索引
            "number_of_shards": 1
          }
        }
      },
      "delete": {     ⊲— 删除阶段
        "min_age": "30d",              ⊲— 索引的“年龄”超过 30 天再进入此阶段
        "actions": {
          "delete": {}
        }
      }
    }
  }
}
```

这个策略由热阶段、温阶段和删除阶段组成。让我们看看在这些阶段中发生了什么，执行了哪些操作。

- 热阶段——索引的“年龄”超过 1 天进入此阶段，因为 min_age 属性设置为 1d。进入热阶段后索引会进入 rollover 准备状态，并等待条件被满足：最大大小为 40 GB（"max_size": "40gb"）或索引的“年龄”满 6 天（"max_age": "6d"）。一旦满足其中一个条件，索引就会执行滚动操作生成一个新索引，并根据滚动操作的时间更新索引的“年龄”。
- 温阶段——索引的“年龄”超过 7 天（"min_age":"7d"）才能进入温阶段，然后再执行温阶段中的操作。索引会被缩小到一个分片（"number_of_shards": 1）。
- 删除阶段——索引的“年龄”超过 30 天（"min_age": "30d"）才会进入删除阶段。

索引会被永久删除。要当心这个阶段，因为删除操作是不可逆的！我的建议是在永久删除数据之前对数据进行备份。

本章到此结束。本章我们深入学习了索引操作和索引生命周期管理（ILM）。在第 7 章中，我们将详细探讨文本分析。

6.10 小结

- Elasticsearch 提供了索引 API 来创建、读取、删除和更新索引。
- 每个索引都有 3 组配置：别名、设置和映射。
- 可以隐式或显式创建索引。
  - 隐式创建在索引不存在且文档首次被索引时触发。隐式创建的索引会应用默认配置（如一个副本和一个分片）。
  - 显式创建发生在使用索引 API 以自定义的一组配置创建索引时。
- 索引模板让我们可以根据匹配的名称在索引创建过程中应用预先定义的配置。
- 索引可以通过缩小或拆分机制来调整大小。缩小减少分片数，而拆分增加更多主分片。
- 索引可以根据需要有条件地进行滚动。
- 索引生命周期管理（ILM）帮助索引在热阶段、温阶段、冷阶段、冻结阶段和删除阶段这些生命周期阶段之间进行过渡。在热阶段，索引完全运行并开放搜索和索引；而在温阶段和冷阶段，索引是只读的。

第 7 章　文本分析

本章内容

- 文本分析概述
- 分析器的结构
- 内置分析器
- 开发自定义分析器
- 理解分词器
- 学习字符过滤器和词元过滤器

Elasticsearch 在后台对输入的文本数据进行了大量的准备工作，使数据能够高效地存储和搜索。简而言之，Elasticsearch 清理文本字段，将文本数据拆分成单独的词元，并在存储到倒排索引之前对这些词元进行一系列处理。当进行搜索查询时，Elasticsearch 将查询字符串与存储的词元进行匹配，把匹配的结果检索出来并进行打分。这个将文本拆分成单独的词元并存储在内部存储结构中的过程称为文本分析（text analysis）。

文本分析的目的不仅是快速高效地返回搜索结果，更重要的是检索出相关的结果。这项工作是通过分析器来完成的：利用内置的软件组件根据各种规则检查输入的文本。例如，如果用户搜索"K8s"，应该能够检索到关于 Kubernetes 的书。同样，如果搜索语句包含表情符号，如☕（咖啡），搜索引擎应该能够提取与咖啡相关的结果。通过恰当地对分析器进行配置，搜索引擎能够满足这些及更多的搜索条件。

在本章中，我们将详细讨论文本提取和分析的机制。我们先看一种常见的分析器——`standard` 分析器。这是一种默认分析器，可以让我们轻松处理英语文本，它通过空格和标点符号对单词进行分词，并将最终的词元转换为小写。它还提供自定义功能，例如，如果想停止索引一组预定义的值（也许是常用词，如"a""an""the""and""if"等，或脏话），我们可以自定义分析器来实现。除了使用 `standard` 分析器，本章后面还会介绍其他内置的分析器，如 `keyword` 分析器、`simple` 分析器、`stop` 分析器、`whitespace` 分析器、`pattern` 分析器等。我们还会涉及特定语言的分析器，包括英语分析器、德语分析器、西班牙语分析器、法语分析器、印地语分析器等。先从文本分析概述开始。

7.1 概述

Elasticsearch 既可以存储结构化数据，也可以存储非结构化数据。正如我们在前几章中看到的，处理结构化数据很简单。根据给定的查询匹配文档并返回结果，例如，通过电子邮件地址检索客户信息，查找指定日期之间取消的航班，获取上季度的销售数据，获取指定日期分配给某位外科医生的患者列表等。结果是明确的：如果查询与文档匹配，则返回结果；如果不匹配，则不会返回结果。

相比之下，查询非结构化数据则需要考虑两个方面：一是确定文档是否匹配查询条件，二是评估文档与查询的相关程度（即文档匹配查询的程度）。例如，在书名中搜索“Elasticsearch”应该能获取到《Elasticsearch 实战》(*Elasticsearch in Action*）和我写过的其他书，但不应该返回其他无关的电影。

在搜索时使用分析器

在数据被索引时和查询时，文本会被分析。就像字段在索引期间被分析一样，搜索查询也会经历相同的过程。在搜索时通常使用相同的分析器，但是有时使用不同的分析器能更好地满足我们的需求。7.5 节中将讨论如何为索引和搜索指定所需的分析器。

7.1.1 查询非结构化数据

非结构化数据是一种难以用传统的表或数据库来有效组织的信息。它通常包含文本，但也可能包括日期、数字等内容。非结构化数据的例子包括电子邮件、文档、照片、社交媒体帖子等。

假设搜索引擎包含阿尔伯特·爱因斯坦的这句名言：

```
"quote": "Imagination is more important than knowledge"
```

用户可以查询单个单词或词组（例如“imagination”和“knowledge”等）获得正向结果。表 7-1 中展示了在这种情况下用户可以搜索的一组搜索关键词和预期结果。

表 7-1　可能的搜索查询和预期结果

搜索词	结果	解释
“imagination”“knowledge”	匹配	精确匹配单个关键词，因此会返回正向结果
“imagination knowledge”“knowledge important”	匹配	组合关键词也能匹配文档，因此会返回结果

然而，搜索其他条件可能不会返回结果。例如，如表 7-2 所示，如果用户搜索“passion”“importance”“passionate wisdom”“curious cognizance”或类似的词项，默认设置下引擎无法返回匹配的结果。虽然对于这句名言，“passion”和“cognizance”是同义词（类似地，默认设置可能会忽略缩写）。我们可以通过调整分析器来支持同义词、词干处理、拼写错误检查等功能，这将在本章后面讨论。

表 7-2　可能无结果的搜索词

搜索词	结果	解释
“imagine”“passion”“curious”“importance”“cognizance”“wisdom”“passionate wisdom”“extra importance”	不匹配	同义词和替代名称不会产生正向结果
“impartant”“knowlege”“imaginaton”	不匹配	拼写错误可能导致匹配效果差或不匹配
Imp、KNWL、IMGN	不匹配	缩写不会返回正向结果

一定要意识到，用户在使用搜索引擎时会采用各种各样的组合方式：同义词、缩写词、首字母缩写词、表情符号、俚语等。一个优秀的搜索引擎应该能够应对多样化的搜索条件，并获取相关的答案，这样才能在竞争中脱颖而出。

7.1.2　分析器来拯救

要打造一个总能满足用户需求的智能搜索引擎，我们需要在数据索引阶段为引擎提供额外支持。这是通过使用名为分析器（analyzer）的软件模块进行文本分析来实现的。为了能够应对各种查询，我们必须在索引阶段为搜索引擎准备好它所处理的数据。

> **只有 `text` 类型的字段会被分析，其他字段不会！**
>
> Elasticsearch 只会对 `text` 类型的字段进行分析，然后将其存入相应的倒排索引中，对其他数据类型不会进行文本分析。Elasticsearch 在执行搜索查询时也使用相同的原则来分析查询中的 `text` 类型的字段。

用户通常不会输入精确的搜索字符串，他们可能会省略一些常用词、颠倒顺序、拼写错误等。像 Elasticsearch 这样的搜索引擎的强大之处在于它不仅可以搜索单个词，还可以搜索同义词、缩写、词根等。我们可以根据需求附加不同的分析器，包括标准分析器、语言分析器和自定义分析器等。

分析器通过在索引过程中分析数据并根据需求进行调整，使 Elasticsearch 能够应对多种不同类型的搜索查询。分析器由多个辅助文本分析的组件构成。

7.2　分析器模块

分析器是一个软件模块，具有两个功能：分词（tokenization）和归一化（normalization）。Elasticsearch 使用这些模块分析 `text` 类型的字段，并将其存储在倒排索引中以进行查询匹配。在深入研究分析器的结构之前，让我们先从宏观层面了解一下这些概念。

7.2.1　分词

顾名思义，分词是将句子按照特定规则拆分成单个单词的过程。例如，我们可以指定在分隔符（如空格、字母、模式或其他条件）处拆分句子。

完成该过程的是一个称为分词器（tokenizer）的组件，它的唯一作用就是按照特定规则将句子拆分成称为词元（token）的单个单词。`whitespace` 分词器在分词过程中常被使用，它通过空格分隔句子中的每个单词，并去除任何标点符号和其他非字符元素。

单词也可以基于非字母字符、冒号或其他自定义分隔符进行拆分。例如，电影评论中的“The movie was sick!!! Hilarious :):)”可以拆分为单个单词：“The”“movie”“was”“sick”“Hilarious”等（注意单词还没有转换为小写）。同样，“pickled-peppers”可以被分词为“pickled”和“peppers”，“K8s”可以被分词为“K”和“s”，等等。

虽然这有助于搜索单词（单个或组合），但在回答诸如同义词、复数形式和之前提到的其他元素的查询时，它的作用是有限的。归一化将分析从这里推进到下一阶段。

7.2.2　归一化

在*归一化*过程中，词元（单词）会通过词干提取、同义词处理和停用词处理等进行加工、转换、修改和丰富。这些功能被添加到分析过程中，以确保数据以适合搜索的方式存储。

其中一个功能是*词干提取*（stemming），在这个过程中，单词被还原（词干化）为其词根。例如，author 是 authors、authoring 和 authored 的词根。除了词干提取，还会在将词语加入倒排索引之前，寻找并处理合适的同义词。例如，author 有 wordsmith、novelist 和 writer 等同义词。此外，每个文档中都会包含 a、an、and、is、but 和 the 这样的一些词，它们被称为*停用词*，因为这些词在查找相关文档时并不起作用。

分词和归一化都由分析器模块完成。分析器使用过滤器和分词器来完成这一过程。让我们解析一下分析器模块，看看它由什么组成。

7.2.3　分析器的结构

分词和归一化由字符过滤器、分词器和词元过滤器 3 个软件组件完成，这些组件本质上作为一个分析器模块协同工作。如图 7-1 所示，一个分析器模块由一组过滤器和一个分词器组成。过滤器作用于原始文本（字符过滤器）和分词后的文本（词元过滤器）。分词器的工作是将句子拆分为单个单词（词元）。

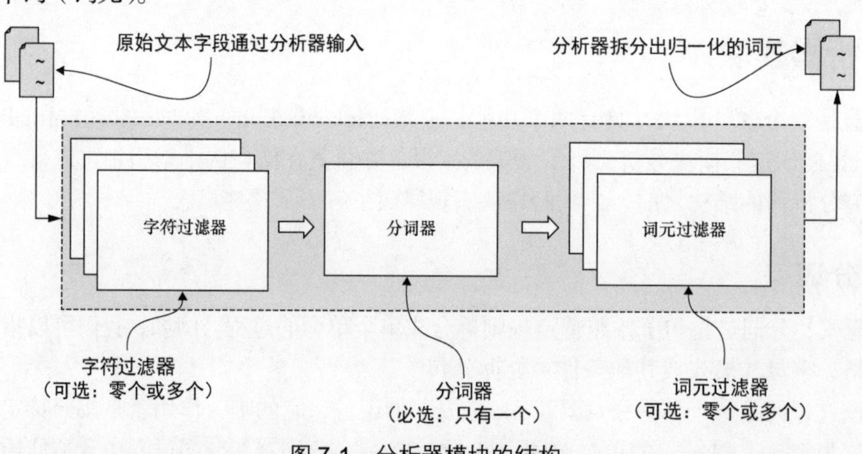

图 7-1　分析器模块的结构

所有 text 类型的字段都要经过这条管道。原始文本由字符过滤器清理，然后将清理后的文本传递给分词器。分词器将文本拆分为词元（单个单词），这些词元随后通过词元过滤器，在那里被修改、丰富和增强，最终的词元存储在相应的倒排索引中。搜索查询也以相同的方式进行分析。

图 7-2 展示了分析过程的一个示例。我们在第 3 章中看到过这张图（图 3-18），为了完整性在这里重新展示。

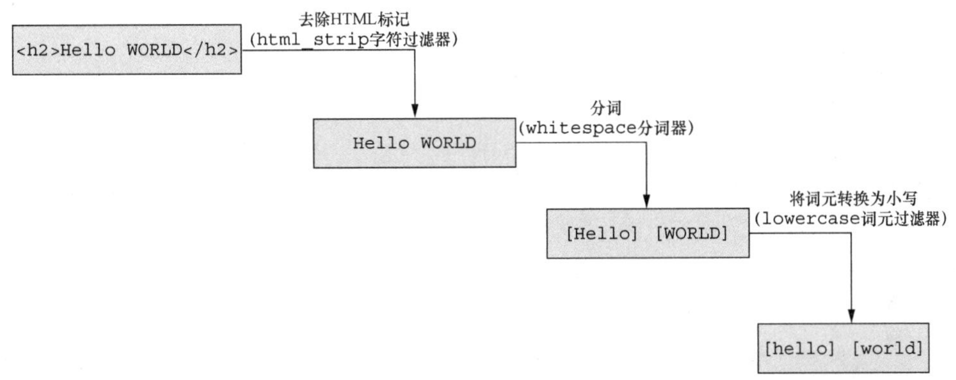

图 7-2　文本分析的实际示例

正如前面提到的，分析器由 3 个底层模块组成。

- 字符过滤器——应用于字符层级。文本的每个字符都会经过字符过滤器。字符过滤器的工作是从文本字符串中删除不需要的字符。例如，这个过程可以从输入文本中清除 HTML 标记，如<h1>、<href>和<src>。此外，字符过滤器还可以实现文本替换（例如，将希腊字母替换为对应的英语单词），或者使用正则表达式（regular expression，也写为 regex）匹配文本并进行替换（例如，根据正则表达式匹配电子邮件并提取组织的域名）。字符过滤器是可选的，分析器可以不包含字符过滤器。Elasticsearch 提供了 3 个开箱即用的字符过滤器，即 html_strip 字符过滤器、mapping 字符过滤器和 pattern_replace 字符过滤器。
- 分词器——使用分隔符（如空格、标点符号或单词边界）将 text 类型的字段拆分成单词。每个分析器必须有且仅有一个分词器。Elasticsearch 提供了一些分词器，用于将输入的文本拆分为单个词元，随后通过词元过滤器进行进一步的归一化处理。Elasticsearch 默认使用 standard 分词器，它根据语法和标点符号来拆分单词。
- 词元过滤器——对分词器产生的词元进行进一步处理。例如，词元过滤器可以更改大小写、创建同义词、提取词根（词干提取）、生成 *n*-gram 和 shingle 等。词元过滤器是可选的。分析器模块可以关联零个、一个或多个词元过滤器。Elasticsearch 提供了许多开箱即用的词元过滤器。

字符过滤器和词元过滤器是可选的，但分词器是必需的。我们将在本章后面详细了解这些组件，在此之前，我们先来看看有什么 API 可以帮助我们测试分析器，以确保它们在投入生产环境之前能够正常工作。

7.2.4 测试分析器

你可能会好奇 Elasticsearch 是如何拆分文本、修改文本并进行处理的。毕竟，提前了解文本是如何被拆分和处理的，有助于选择适当的分析器，并在需要时进行定制。

Elasticsearch 公开了一个专门用于测试文本分析过程的_analyze 端点，帮助我们详细理解这个过程。这个方便的 API 让我们可以测试引擎在索引过程中是如何处理文本的。下面我们就通过一个例子来更好地理解它的使用方法。

_analyze 端点

_analyze 端点是一个非常有用的工具。它可以帮助我们理解搜索引擎是如何对待和索引文本的，同时也能解释为什么某些搜索查询可能无法得到预期的结果。在将代码部署到生产环境之前，我们可以使用_analyze 端点来测试分析器是否能按预期处理我们的文本。

假设我们想确定 Elasticsearch 在索引时会如何处理文本“James Bond 007”，我们可以执行代码清单 7-1 中的查询。

代码清单 7-1 使用_analyze 端点测试分析器

```
GET /_analyze
{
  "text": "James Bond 007"
}
```

执行这个查询会产生图 7-3 所示的一组词元。查询的输出展示了分析器如何处理 text 字段。在这个例子中，text 字段被拆分成 3 个词元（james、bond 和 007），并且全部转换为小写。由于我们没有在代码中指定分析器，因此默认使用的是 standard 分析器。每个词元都有一个类型，字符串的类型为 ALPHANUM、数字的类型为 NUM 等。词元的位置也会被保存，如图 7-3 中的结果所示。这就引出了下一个话题：在_analyze 测试期间显式指定分析器。

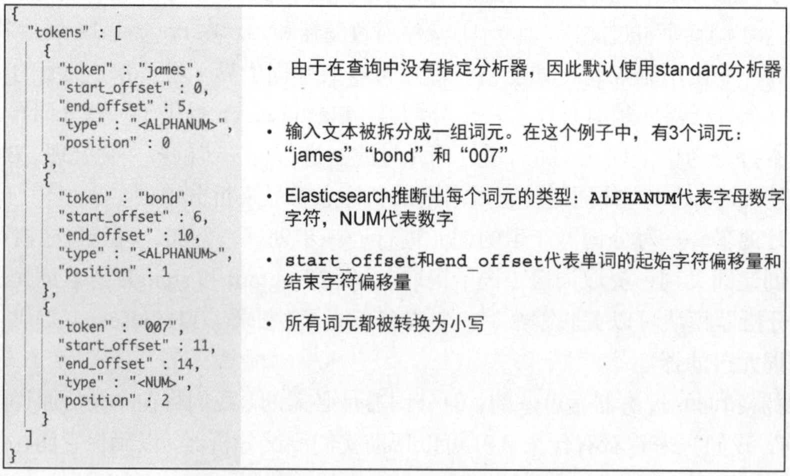

```
{
  "tokens" : [
    {
      "token" : "james",
      "start_offset" : 0,
      "end_offset" : 5,
      "type" : "<ALPHANUM>",
      "position" : 0
    },
    {
      "token" : "bond",
      "start_offset" : 6,
      "end_offset" : 10,
      "type" : "<ALPHANUM>",
      "position" : 1
    },
    {
      "token" : "007",
      "start_offset" : 11,
      "end_offset" : 14,
      "type" : "<NUM>",
      "position" : 2
    }
  ]
}
```

- 由于在查询中没有指定分析器，因此默认使用standard分析器
- 输入文本被拆分成一组词元。在这个例子中，有3个词元：“james”“bond”和“007”
- Elasticsearch推断出每个词元的类型：ALPHANUM代表字母数字字符，NUM代表数字
- start_offset和end_offset代表单词的起始字符偏移量和结束字符偏移量
- 所有词元都被转换为小写

图 7-3 调用_analyze 端点生成的词元

1. 显式指定分析器测试

在代码清单 7-1 中，我们没有指定分析器，因此引擎默认应用了 standard 分析器。然而，我们也可以显式启用一个分析器。代码清单 7-2 中启用了 simple 分析器。

代码清单 7-2 显式启用分析器

```
GET /_analyze
{
  "text": "James Bond 007",
  "analyzer": "simple"
}
```

simple 分析器（我们将在 7.3 节中学习各种类型的分析器）在遇到非字母字符时会截断文本。因此，这段代码只产生了 2 个词元："james" 和 "bond"（"007" 被截断），而不是之前使用 standard 分析器生成的 3 个词元。

如果感兴趣，你可以将分析器改为 english，输出的词元将变成"jame""bond" 和 "007"。值得注意的是，当采用 english 分析器时，"james" 被词干提取为 "jame"。（我们将在 7.3.7 节中讨论 english 分析器）。

2. 即时配置分析器

我们还可以使用_analyze API 混合搭配过滤器和分词器，这样做实际上相当于即时创建了一个自定义分析器（严格来说，我们并没有真正构建或开发这样一个新的分析器）。代码清单 7-3 中展示了一个按需自定义的分析器。

代码清单 7-3 创建自定义分析器

```
GET /_analyze
{
  "tokenizer": "path_hierarchy",
  "filter":["uppercase"],
  "text":"/Volumes/FILES/DEV"
}
```

这段代码使用了一个 path_hierarchy 分词器和 uppercase 词元过滤器，从给定的输入文本中生成了 3 个词元，即 "/VOLUMES""/VOLUMES/FILES" 和 "/VOLUMES/FILES/DEV"。path_hierarchy 分词器根据路径分隔符拆分文本，因此生成的 3 个词元实际上反映了文件系统层级结构中的 3 个目录。

在本节中我们讨论了分析器模块。Elasticsearch 提供了多种内置分析器，接下来我们就来详细了解这些内置分析器。

7.3 内置分析器

Elasticsearch 提供了 8 种开箱即用的分析器，可以在文本分析阶段使用。这些内置分析器通常能够满足基本需求，但如果需要创建一个自定义分析器，我们可以通过实例化包含所需组件的新分析器模块来实现。表 7-3 中列出了 Elasticsearch 的内置分析器。

表 7-3　内置分析器

分析器	描述
standard	默认分析器，根据语法、标点符号和空格对输入文本进行分词。输出词元会被转换为小写
simple	在任何非字母字符（如空格、连字符和数字）处拆分输入文本。与 standard 分析器相同，simple 分析器也将输出词元转换为小写
stop	默认启用了英语停用词的 simple 分析器
whitespace	根据空格分隔符对输入文本进行分词
keyword	不会改变输入文本。字段的值按原样存储
language	顾名思义，用于处理人类语言。Elasticsearch 提供了英语、西班牙语、法语、俄语、印地语等数十种不同语言的分析器
pattern	根据正则表达式拆分词元。默认情况下，根据非单词字符将句子拆分成词元
fingerprint	对词元进行排序并移除重复项，然后将这些词元连接在一起生成单个词元

standard 分析器是默认分析器，在文本分析中被广泛使用。我们将在 7.3.1 节中通过一个例子来了解 standard 分析器，之后再依次了解其他分析器。

注意　Elasticsearch 允许通过混合搭配过滤器和分词器来创建自定义分析器。逐一介绍每种分析器会显得过于冗长且不切实际，在本章中我会尽可能多地提供示例。要了解某个特定组件的详细信息，或者想知道如何将它集成到应用中，可查阅官方文档。我还在本书的源代码中包含了更多示例，可以用它们来实验各种分析器。

7.3.1　standard 分析器

standard 分析器是 Elasticsearch 中使用的默认分析器。它的工作是根据空格、标点符号和语法对句子进行分词。假设我们想创建一个包含奇怪组合的零食和饮料的索引。我们以下面这一段提到咖啡和爆米花的文本为例：

```
Hot cup of ☕ and a 🍿 is a Weird Combo :(!!
```

可以将该文本索引到 weird_combos 索引中：

```
POST weird_combos/_doc
{
  "text": "Hot cup of ☕ and a 🍿 is a Weird Combo :(!!"
}
```

文本经过分词处理，生成的词元列表如下（以下是简化后的形式）：

```
["hot", "cup", "of", "☕", "and", "a", """🍿""", "is", "a", "weird", "combo"]
```

正如我们在输出中看到的，词元被转换为小写。standard 分词器移除了结尾的哭脸和感叹号，但表情符号则像文本信息一样被保留。这是 standard 分析器的默认行为，它根据空格对单词进行分词，并移除标点符号等非字母字符。图 7-4 展示了这段示例输入文本在经过分析器处理时的工作过程。

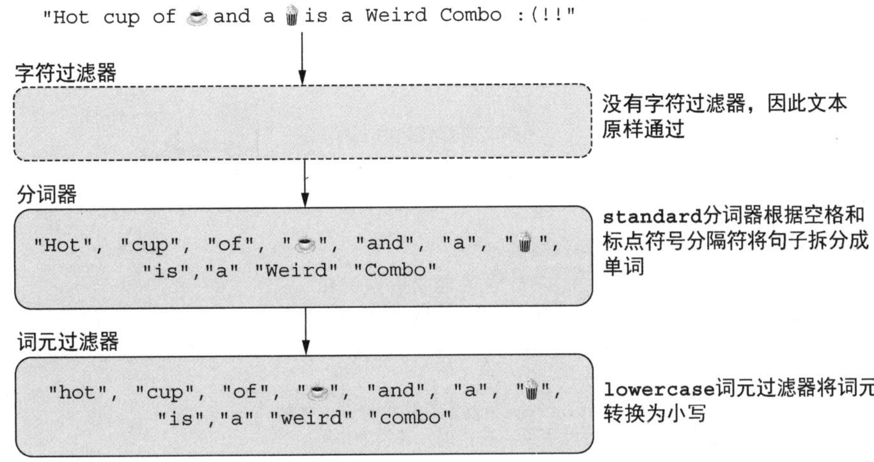

图 7-4　**standard** 分析器（默认分析器）的工作过程

接下来看看如何在正式为文本建立索引之前，使用_analyze API 来预览分析结果。（再强调一次，如果我们没有显式指定分析器，Elasticsearch 默认使用 standard 分析器）：

```
GET _analyze
{
  "text": "Hot cup of ☕ and a 🍿 is a Weird Combo :(!!"
}
```

这个 GET 命令的输出如下（除了第一个词元，其余的词元为简洁起见已被省略）：

```
{
  "tokens" : [
    {
      "token" : "hot",
      "start_offset" : 0,
      "end_offset" : 3,
      "type" : "<ALPHANUM>",
      "position" : 0
    },
    { "token" : "cup", ... },
    { "token" : "of", ... },
    { "token" : "☕", ... },
    { "token" : "and", ... },
    { "token" : "a", ... },
    { "token" : """🍿""", ... },
    { "token" : "is", ... },
    { "token" : "a", ... },
    { "token" : "weird", ... },
    { "token" : "combo", ... }
  ]
}
```

lowercase 词元过滤器将单词转换为小写

停用词没有被移除，因为 stop 词元过滤器默认是禁用的

咖啡表情符号按原样索引，宽度为一个字符

爆米花表情符号按原样索引，宽度为两个字符

哭脸和感叹号被 standard 分词器移除

standard 分词器的一个特点是根据空格和非字母字符（主要是标点符号）来拆分单词。拆分后的词元会经过 lowercase 词元过滤器。图 7-5 中展示了在 Dev Tools 中这个 GET 命令的简化输出。

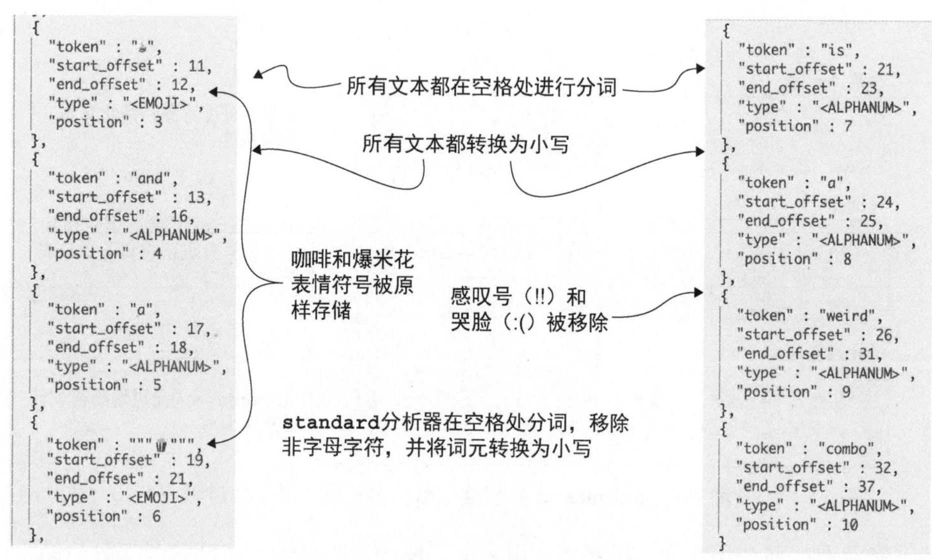

图 7-5　**standard** 分析器输出的词元

正如所见，“咖啡”和“爆米花”表情符号的词元被原样存储，而非字母字符“:(”和“!!”被移除。“咖啡”词元的宽度为一个字符（检查偏移量），而“爆米花”词元的宽度为两个字符。

> **内置分析器的组件**
>
> 如前所述，每个内置分析器都有一组预定义的组件，如字符过滤器、分词器和词元过滤器。例如，fingerprint 分析器由 standard 分词器和几个词元过滤器（fingerprint 词元过滤器、lowercase 词元过滤器、asciifolding 词元过滤器和 stop 词元过滤器）组成，但没有字符过滤器。要完全掌握每个分析器的结构其实并不容易，除非长期使用并记住它们！因此我的建议是，如果想了解分析器的细节，随时查阅官方文档页面上的定义。

1. 测试 standard 分析器

我们可以在文本分析测试阶段通过在代码中添加 analyzer 属性来添加指定的分析器。代码清单 7-4 中展示了这一点。

代码清单 7-4　通过显式调用测试 standard 分析器

```
GET _analyze
{
  "analyzer": "standard",
  "text": "Hot cup of ☕ and a 🍿 is a Weird Combo :(!!"
}
```

指定分析器（这里其实没必要，因为 standard 分析器是默认分析器）

这段代码产生的结果如图 7-5 所示。如果想使用不同的分析器测试 text 字段，可以将 analyzer 的值替换为所选的分析器，例如"analyzer": "whitespace"。输出表明文本已被分词并转换为小写。

图 7-6 中展示了 standard 分析器及其内部组件和结构。它由 standard 分词器和 lowercase 词元过滤器及 stop 词元过滤器组成。standard 分析器没有定义字符过滤器。记住，分析器由零个或多个字符过滤器、至少一个分词器和零个或多个词元过滤器组成。

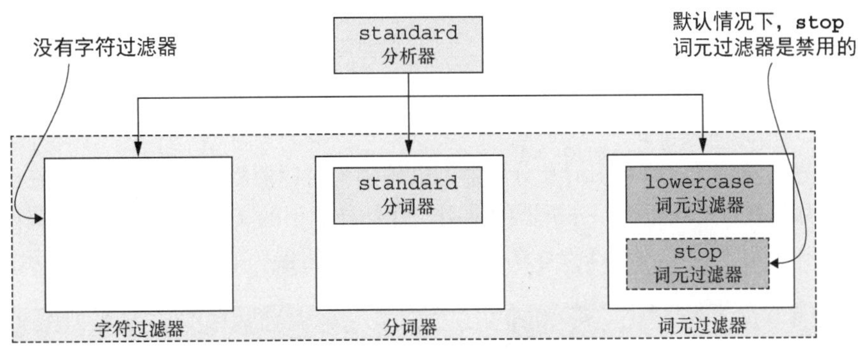

图 7-6 **standard** 分析器的结构

虽然 standard 分析器关联了 stop 词元过滤器（见图 7-6），但默认情况下，该词元过滤器是禁用的。正如接下来我们要讨论的那样，我们可以通过配置 standard 分析器的属性来启用这个停用词过滤器。

2. 配置 standard 分析器

Elasticsearch 允许我们在 standard 分析器上配置一些参数，如停用词过滤器、停用词路径和最大词元长度，从而自定义分析器。配置这些属性的方法是通过索引设置。创建索引时，可以通过 settings 属性配置分析器：

```
PUT <my_index>
{
  "settings": {              ← 通过 analysis 对象设置分析器
    "analysis": {
      "analyzer": {          ← 与该索引关联的分析器
        ...
      }
    }
  }
}
```

接下来介绍自定义分析器的机制。

3. 配置停用词

来看一个在 standard 分析器上启用英语停用词过滤器的例子。我们可以通过在创建索引时添加过滤器来做到这一点，如代码清单 7-5 所示。

代码清单 7-5 启用英语停用词过滤器的 standard 分析器

```
PUT my_index_with_stopwords
{
  "settings": {
    "analysis": {
      "analyzer": {                          ◁ 为索引设置分析器
        "standard_with_stopwords":{          ◁ 命名分析器
          "type":"standard",                 ◁ standard 分析器类型
          "stopwords":"_english_"            ◁ 启用英语停用词过滤器
        }
      }
    }
  }
}
```

正如我们之前看到的，standard 分析器上的停用词过滤器默认是禁用的。现在已经创建了一个配置了停用词的 standard 分析器的索引，任何被索引的文本都会经过这个修改后的分析器。我们可以在索引上调用_analyze 端点来测试这个分析器，如代码清单 7-6 所示。

代码清单 7-6 测试启用了停用词过滤器的 standard 分析器

```
POST my_index_with_stopwords/_analyze          ◁ 在索引上调用_analyze API
{
  "text": ["Hot cup of ☕ and a 🍿 is a Weird Combo :(!!"],
  "analyzer": "standard_with_stopwords"        ◁ 在代码清单 7-5 中创建的分析器
}
```

这个调用的输出显示，常见的（英语）停用词“of”“a”和“is”被删除了：

```
["hot", "cup", "☕", "🍿" ,"weird", "combo"]
```

我们可以更改选择的语言的停用词。例如，代码清单 7-7 中展示了使用印地语停用词和 standard 分析器的索引。

代码清单 7-7 启用印地语停用词过滤器的 standard 分析器

```
PUT my_index_with_stopwords_hindi
{
  "settings": {
    "analysis": {
      "analyzer": {
        "standard_with_stopwords_hindi":{
          "type":"standard",
          "stopwords":"_hindi_"
        }
      }
    }
  }
}
```

我们可以使用 standard_with_stopwords_hindi 分析器来测试文本：

```
POST my_index_with_stopwords_hindi/_analyze
{
```

```
  "text": ["आप क्या कर रहे हो?"],
  "analyzer": "standard_with_stopwords_hindi"
}
```

这个例子中的印地语句子翻译过来是“你在做什么？”。

这段代码的输出如下：

```
{
  "tokens": [
    {
      "token": "क्या",
      "start_offset": 3,
      "end_offset": 7,
      "type": "<ALPHANUM>",
      "position": 1
    }
  ]
}
```

输出的唯一词元是क्या（第二个词），因为其余的词都是停用词。（它们在印地语中很常见。）

4. 基于文件管理停用词

在前面的例子中，我们通过指定现有的过滤器，告诉分析器使用哪种语言（英语或印地语）的停用词。如果内置的停用词过滤器无法满足要求，可以通过一个自定义文件来提供停用词。

假设我们不希望用户在应用中输入脏话，我们可以创建一个包含所有脏话黑名单的文件，并将该文件的路径作为参数添加到 standard 分析器中。文件路径必须是相对于 Elasticsearch 安装目录中的 config 文件夹的。创建一个带有停用词文件的分析器的索引，如代码清单 7-8 所示。

代码清单 7-8 创建带有自定义停用词文件的分析器的索引

```
PUT index_with_swear_stopwords
{
  "settings": {
    "analysis": {
      "analyzer": {
        "swearwords_analyzer":{
          "type":"standard",
          "stopwords_path":"swearwords.txt"
        }
      }
    }
  }
}
```

命名分析器，以便在索引/测试时引用

使用 standard 分析器

文件位置必须是相对于 config 文件夹的

stopwords_path 参数在 Elasticsearch 的 config 文件夹中查找指定的文件（在这个例子中是 swearwords.txt）。代码清单 7-9 中展示了在 config 文件夹中创建的这个文件。确保在$ELASTICSEARCH_HOME/config 目录中创建了一个 swearwords.txt 文件。注意，每个列入黑名单的单词都要单独占一行。

代码清单 7-9 swearwords.txt 文件中的脏话黑名单

```
damn
bugger
bloody hell
what the hell
sucks
```

在创建好文件并设置好索引之后，我们就可以开始使用这个包含自定义脏话的分析器了，如代码清单 7-10 所示。

代码清单 7-10 使用带有自定义脏话停用词过滤器的分析器

```
POST index_with_swear_stopwords/_analyze
{
  "text": ["Damn, that sucks!"],
  "analyzer": "swearwords_analyzer"
}
```

Elasticsearch 会在索引过程中过滤掉第一个和最后一个词，因为它们在脏话黑名单上。我们可以配置的下一个属性是词元长度：词元的输出长度应为多少。

5. 配置词元长度

我们可以配置最大词元长度，以根据需求对词元进行拆分。例如，代码清单 7-11 中创建了一个带有 standard 分析器的索引。分析器的最大词元长度被配置为 7 个字符。如果我们提供一个 13 个字符长度的单词，它将被拆分成 2 个词元，长度分别为 7 个字符和 6 个字符（例如，“Elasticsearch”将变成“Elastic”和“search”）。

代码清单 7-11 创建一个自定义词元长度的分析器

```
PUT my_index_with_max_token_length
{
  "settings": {
    "analysis": {
      "analyzer": {
        "standard_max_token_length":{
          "type":"standard",
          "max_token_length":7
        }
      }
    }
  }
}
```

到目前为止，我们一直在使用 standard 分析器。接下来要介绍 simple 分析器，它的唯一功能是在非字母字符处拆分文本。下面我们就来讨论一下使用 simple 分析器的细节。

7.3.2 simple 分析器

standard 分析器在遇到空格或标点符号时将文本拆分成词元，而 simple 分析器在遇到非字母字符（如数字、空格、撇号或连字符）时对句子进行分词。simple 分析器使用 lowercase 分词器来实现这一点，该分词器不与任何字符过滤器或词元过滤器相关联，如图 7-7 所示。

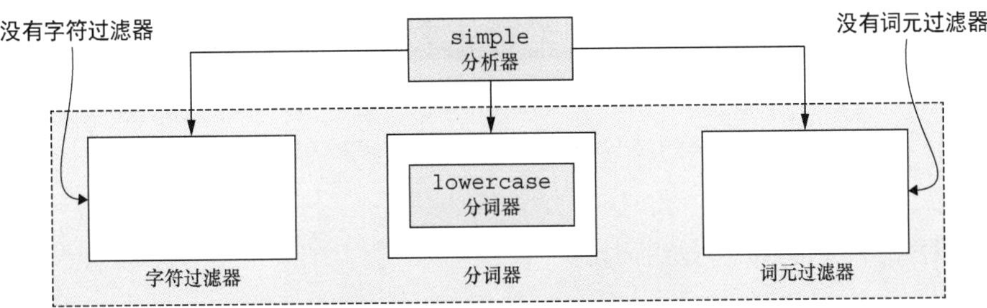

图 7-7　**simple** 分析器的结构

来看一个例子。假设我们索引“Lukša's K8s in Action”文本，使用 `simple` 分析器分析这段文本，如代码清单 7-12 所示。

代码清单 7-12　使用 simple 分析器分析文本

```
POST _analyze
{
  "text": ["Lukša's K8s in Action"],
  "analyzer": "simple"
}
```

这段代码的输出结果如下：

```
["lukša","s","k","s","in","action"]
```

当遇到撇号或数字时，词元被拆分（“Lukša's”变成“Lukša”和“s”，“K8s”变成“k”和“s”），并且生成的词元被转换为小写。

`simple` 分析器不能进行太多配置，如果想添加过滤器（字符或词元），最简单的方法是创建一个带有所需过滤器和 `lowercase` 分词器的自定义分析器（`simple` 分析器只有一个 `lowercase` 分词器）。我们将在 7.4 节中讨论自定义分析器。

7.3.3　whitespace 分析器

顾名思义，`whitespace` 分析器在遇到空格时将文本拆分成词元。这个分析器没有字符过滤器或词元过滤器，只有一个 `whitespace` 分词器，如图 7-8 所示。代码清单 7-13 中展示了使用 `whitespace` 分词器的方式。

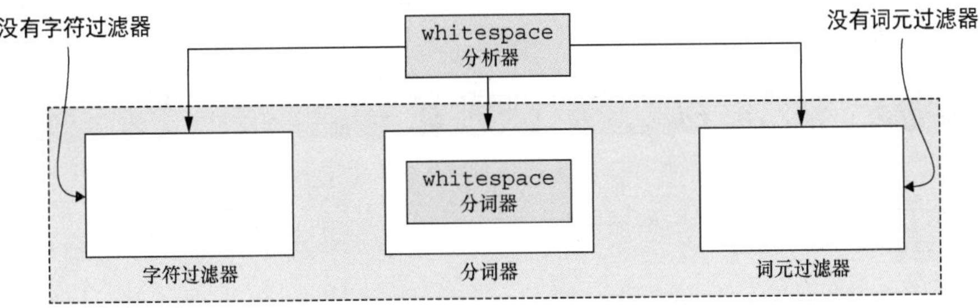

图 7-8　**whitespace** 分析器的结构

代码清单 7-13 **whitespace** 分词器的实际应用

```
POST _analyze
{
  "text":"Peter_Piper picked a peck of PICKLED-peppers!!",
  "analyzer": "whitespace"
}
```

运行这段代码，会得到以下这组词元：

```
["Peter_Piper", "picked", "a", "peck", "of", "PICKLED-peppers!!"]
```

注意结果中的两点：首先，文本仅在空格处进行了分词，而不是在连字符、下划线或标点符号处进行分词；其次，大小写被保留，字符和单词的大小写保持不变。

如前所述，与 simple 分析器类似，whitespace 分析器没有公开可配置的参数。如果想修改分析器的行为，可能需要创建一个修改过的自定义版本。我们会在 7.4 节中介绍自定义分析器。

7.3.4 keyword 分析器

顾名思义，keyword 分析器在存储文本时不进行任何修改或分词处理。也就是说，keyword 分析器不会对文本进行分词，文本也不会通过过滤器或分词器做进一步分析。相反，它将文本作为代表 keyword 类型的字符串存储。keyword 分析器由一个 noop（无操作）分词器组成，没有字符过滤器，也没有词元过滤器，如图 7-9 所示。

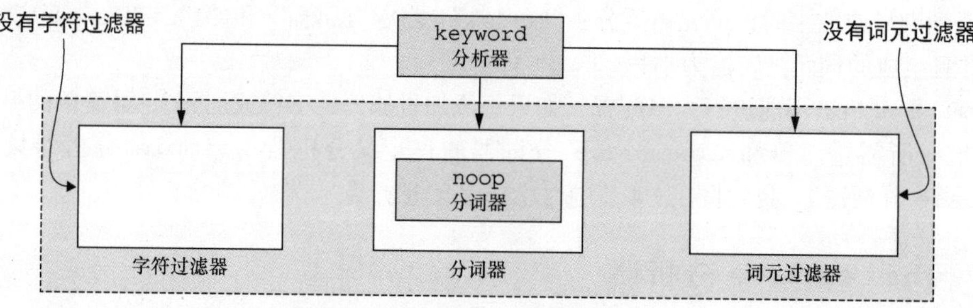

图 7-9 **keyword** 分析器的结构

经过 keyword 分析器处理的文本被转换并存储为关键词。例如，如果将“Elasticsearch in Action”传递给 keyword 分析器（如代码清单 7-14 所示），整个文本字符串将按原样存储，不像前面的分析器那样将文本拆分成词元。

代码清单 7-14 使用 **keyword** 分析器

```
POST _analyze
{
  "text":"Elasticsearch in Action",
  "analyzer": "keyword"
}
```

这段代码的输出如下：

```
"tokens" : [{
  "token" : "Elasticsearch in Action",
  "start_offset" : 0,
  "end_offset" : 23,
  "type" : "word",
  "position" : 0
}]
```

正如所见，使用 keyword 分析器处理文本只生成一个词元。此外，keyword 分析器也不会进行小写转换。如果使用 keyword 分析器来处理文本，搜索的方式会有所不同。搜索单个词将无法匹配整个文本字符串，必须提供精确匹配。在代码清单 7-14 所示的例子中，必须提供与原始句子完全相同的词组"Elasticsearch in Action"。

7.3.5 fingerprint 分析器

fingerprint 分析器移除重复的单词和扩展字符，并按字母顺序对单词进行排序以创建单个词元。它由一个 standard 分词器和 4 个词元过滤器（lowercase 词元过滤器、asciifolding 词元过滤器、stop 词元过滤器和 fingerprint 词元过滤器）组成，如图 7-10 所示。

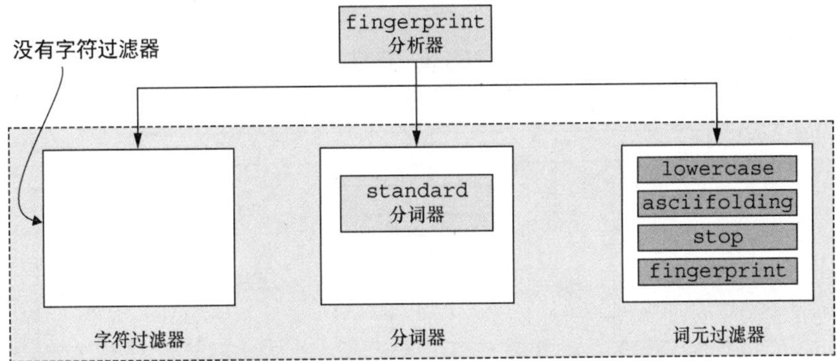

图 7-10 **fingerprint** 分析器的结构

例如，我们分析一下代码清单 7-15 中展示的文本，这段文本描述了多萨（dosa）——印度南部地区的一种咸味煎饼。这段代码使用 fingerprint 分析器来分析这道菜的描述。

代码清单 7-15 使用 fingerprint 分析器分析文本

```
POST _analyze
{
  "text": "A dosa is a thin pancake or crepe originating from South India.
  ➥ It is made from a fermented batter consisting of lentils and rice.",
  "analyzer": "fingerprint"
}
```

这段代码的输出如下：

```
"tokens" : [{
  "token" : "a and batter consisting crepe dosa fermented from india is it
```

```
➥ lentils made of or originating pancake rice south thin",
  "start_offset" : 0,
  "end_offset" : 130,
  "type" : "fingerprint",
  "position" : 0
}]
```

仔细观察响应，会发现输出只包含一个词元。所有单词都被转换成小写并重新排序，重复出现的单词（“a”“of”“from”）被移除，最终这组单词被拼接成单个词元。当需要对文本进行去重、排序和拼接操作时，`fingerprint` 分析器是理想的选择。

7.3.6 pattern 分析器

有时需要根据特定模式来对文本进行分词和分析，例如，移除电话号码的前 *n* 个数字，或者移除信用卡号码中每 4 位数字之间的连字符。Elasticsearch 提供了 `pattern` 分析器来满足这种需求。

默认的 `pattern` 分析器根据非单词字符将句子拆分成词元。这个模式在内部表示为`\W+`。`pattern` 分析器由 `pattern` 分词器、`lowercase` 词元过滤器和 `stop` 词元过滤器组成，如图 7-11 所示。

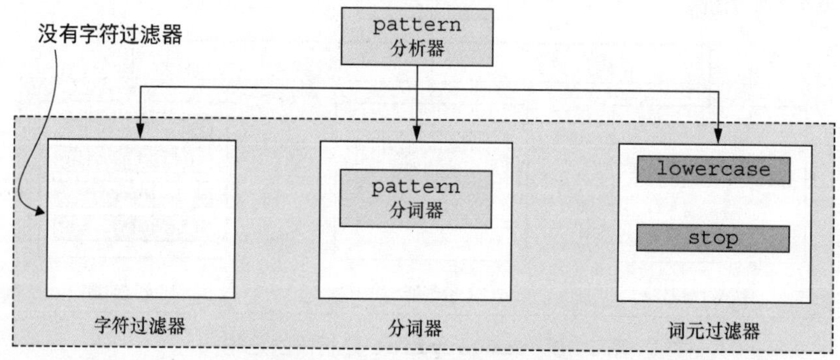

图 7-11 **pattern** 分析器的结构

由于默认分析器（`standard` 分析器）只对非字母分隔符起作用，我们需要配置分析器以提供其他所需的模式。模式（pattern）指的是在配置分析器时以字符串的形式提供的 Java 正则表达式。

注意 要了解有关 Java 正则表达式的更多信息，可查看 Java 官方文档中关于 Pattern 的部分。

假设我们有一个授权电子商务支付的应用，该应用接收来自不同渠道的支付授权请求。信用卡号是 16 位数字，格式如 1234-5678-9000-0000。我们想要根据连字符（-）对卡号进行分词，将卡号拆分成 4 个单独的词元。为此，我们可以创建一个模式，使用连字符作为分隔符将字段拆分成词元。

要配置 `pattern` 分析器，我们必须创建一个索引，在索引的 `settings` 对象中将 `pattern_analyzer` 设置为分析器。代码清单 7-16 中展示了该配置。

代码清单 7-16 根据连字符拆分词元的 pattern 分析器

```
PUT index_with_dash_pattern_analyzer      <-- 创建带有分析器设置的索引
{
  "settings": {
    "analysis": {
      "analyzer": {                        <-- 在 settings 的 analyzer 对象中定义分析器
        "pattern_analyzer": {
          "type": "pattern",               <-- 指定分析器的类型为 pattern
          "pattern": "[-]",                <-- 表示连字符的正则表达式
          "lowercase": true                <-- 附加一个 lowercase 词元过滤器
        }
      }
    }
  }
}
```

在这段代码中，我们创建了一个带有 pattern 分析器设置的索引。pattern 属性定义了正则表达式，它遵循 Java 的正则表达式语法。在这个例子中，我们将连字符设置为分隔符，因此文本在遇到该字符时会被分词。现在索引已经创建，让我们使用代码清单 7-17 所示的代码测试一下这个分析器。

代码清单 7-17 测试 pattern 分析器

```
POST index_with_dash_pattern_analyzer/_analyze
{
  "text": "1234-5678-9000-0000",
  "analyzer": "pattern_analyzer"
}
```

这个命令的输出包含 4 个词元，即["1234","5678","9000","0000"]。

文本可以根据各种模式进行分词。我建议你尝试各种正则表达式模式，以充分利用 pattern 分析器的优势。

7.3.7 语言分析器

Elasticsearch 为多种语言提供了语言分析器，包括阿拉伯语、亚美尼亚语、巴斯克语、孟加拉语、保加利亚语、加泰罗尼亚语、捷克语、荷兰语、英语、芬兰语、法语、加利西亚语、德语、印地语、匈牙利语、印度尼西亚语、爱尔兰语、意大利语、拉脱维亚语、立陶宛语、挪威语、葡萄牙语、罗马尼亚语、俄语、索拉尼语、西班牙语、瑞典语和土耳其语。我们可以配置这些开箱即用的语言分析器，添加停用词过滤器，以避免索引语言中不必要的（或常见的）词汇。代码清单 7-18 中展示了 3 种语言分析器（英语语言分析器、德语语言分析器和印地语语言分析器）的实际应用。

代码清单 7-18 英语语言分析器、德语语言分析器和印地语语言分析器的实际应用

```
POST _analyze
{
  "text": "She sells Sea Shells on the Sea Shore",
  "analyzer": "english"
}
```

使用英语语言分析器（english 分析器）。输出为["she", "sell", "sea", "shell", "sea", "shore"]

```
POST _analyze
{
  "text": "Guten Morgen",
  "analyzer": "german"
}
```

使用德语语言分析器（german 分析器）。输出为["gut","morg"]

```
POST _analyze
{
  "text": "नमस्ते कैसी हो तुम",
  "analyzer": "hindi"
}
```

使用印地语语言分析器（hindi 分析器）。输出为["नमस्ते", "कैसी", "तुम"]

我们可以使用一些额外的参数配置语言分析器，以提供我们自己的停用词列表或要求分析器排除词干提取操作。例如，english 分析器使用的 stop 词元过滤器将少量单词归类为停用词。我们可以根据需求覆盖这个列表。例如，如果只想覆盖 a、an、is、and 和 for，我们可以按照代码清单 7-19 所示配置我们的停用词。

代码清单 7-19 在 english 分析器上配置自定义停用词

```
PUT index_with_custom_english_analyzer          ◁── 创建带有分析器设置的索引
{
  "settings": {
    "analysis": {
      "analyzer": {
        "index_with_custom_english_analyzer":{   ◁── 提供自定义名称
          "type":"english",                      ◁── 分析器的类型是 english
          "stopwords":["a","an","is","and","for"] ◁── 提供停用词集合
        }
      }
    }
  }
}
```

我们创建了一个索引，其中包含一个 english 分析器和一组自定义的停用词。使用这个分析器处理文本时，这些停用词会被识别并处理，代码清单 7-20 中展示了这一点。

代码清单 7-20 测试 english 分析器的自定义停用词

```
POST index_with_custom_english_analyzer/_analyze
{
  "text":"A dog is for a life",
  "analyzer":"index_with_custom_english_analyzer"
}
```

这段代码只输出两个词元，即“dog”和“life”。单词 a、is 和 for 被移除了，因为它们与我们指定的停用词匹配。

语言分析器还有一个它们总是渴望实现的功能——词干提取。词干提取是一种将单词还原为其词根形式的机制。例如，单词 author 的任何形式（authors、authoring、authored 等）都会被还原为单词 author。代码清单 7-21 中展示了这种行为。

代码清单 7-21 将 author 的所有形式还原为 author 关键词

```
POST index_with_custom_english_analyzer/_analyze
{
  "text":"author authors authoring authored",
  "analyzer":"english"
}
```

这段代码产生 4 个词元（基于 whitespace 分词器），全部都是“author”，因为任何形式的“author”的词根都是“author”！

但有时，词干提取会过度处理。如果将“authorization”或“authority”添加到代码清单 7-21 的单词列表中，它们也会被提取词干并索引为“author”！显然，当搜索“authority”或“authorization”时，将无法找到相关答案，因为这些词由于词干提取而未能进入倒排索引。

其实我们还有解决办法。我们可以配置 english 分析器，让它忽略某些不需要经过分析器处理的单词（如这个例子中的“authorization”和“authority”）。我们可以使用 stem_exclusion 属性来配置要从词干提取中排除的单词。我们可以通过创建一个包含自定义设置的索引并将配置传递给 stem_exclusion 参数来实现这一点，如代码清单 7-22 所示。

代码清单 7-22 创建包含自定义词干排除词的索引

```
PUT index_with_stem_exclusion_english_analyzer
{
  "settings": {
    "analysis": {
      "analyzer": {
        "stem_exclusion_english_analyzer":{
          "type":"english",
          "stem_exclusion":["authority","authorization"]
        }
      }
    }
  }
}
```

使用这些设置创建索引后，下一步就是测试索引请求。代码清单 7-23 中使用 english 分析器测试了一段文本。

代码清单 7-23 词干排除的实际应用

```
POST index_with_stem_exclusion_english_analyzer/_analyze
{
  "text": "No one can challenge my authority without my authorization",
  "analyzer": "stem_exclusion_english_analyzer"
}
```

这段代码创建的词元包括我们常见的词元，外加两个未经处理的单词“authority”和“authorization”。这两个单词将与其他经过“词干提取”的单词一同输出。

我们还可以进一步自定义语言分析器。我们将在 7.4 节中讨论自定义分析器。

尽管大多数分析器能够满足我们的常见需求，但有时我们还需要针对额外的需求进行文本分析。例如，我们可能希望从输入文本中移除 HTML 标记这样的特殊字符，或者移除某些特定的停用词。删除 HTML 标记的工作由 `html_strip` 字符过滤器负责，但遗憾的是，并非所有分析器都具备这个功能。在这种情况下，我们可以通过配置所需的功能来自定义分析器，例如我们可以添加一个新的字符过滤器（如 `html_strip` 字符过滤器），或者启用 `stop` 词元过滤器。让我们看看如何配置 `standard` 分析器以满足高级需求。

7.4 自定义分析器

Elasticsearch 在分析器方面提供了极大的灵活性：如果现有的分析器无法满足需求，我们可以创建自己的自定义分析器。这些自定义分析器可以混合搭配 Elasticsearch 组件库中大量的现有组件。

通常的做法是，在创建索引时在 `settings` 中定义一个自定义分析器，其中包含所需的过滤器和分词器。我们可以提供任意数量的字符过滤器和词元过滤器，但只能有一个分词器，如图 7-12 所示。

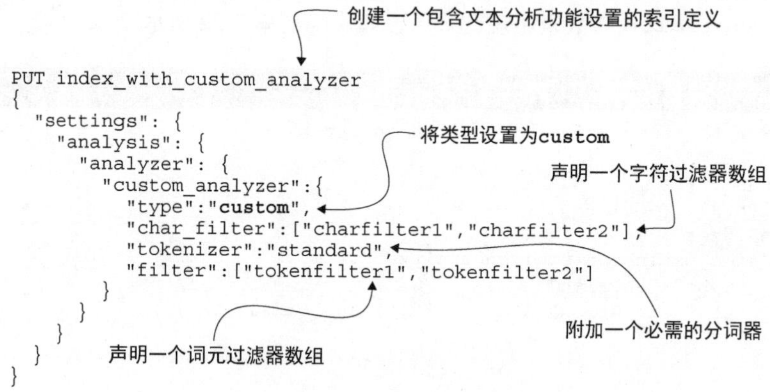

图 7-12　自定义分析器的结构

如图 7-12 所示，我们通过将类型设置为 `custom` 来在索引上定义自定义分析器。这个自定义分析器由 3 部分组成：一部分是由 `char_filter` 对象表示的字符过滤器数组，一部分是由 `filter` 属性表示的词元过滤器数组，还有一部分是一个 `standard` 分词器。

注意　我个人认为，Elasticsearch 的开发者应该将 `filter` 对象命名为 `token_filter`，这样可以与 `char_filter` 保持一致。另外，使用复数形式（`char_filters` 和 `token_filters`）更有意义，因为它们期望的是一个过滤器的数组！

我们从现成的分词器列表中选择一个分词器，并结合了我们自定义的配置。来看一个例子，代码清单 7-24 中展示了开发自定义分析器的代码，它包含以下内容：

- 一个 `html_strip` 字符过滤器，从输入文本中移除 HTML 字符；
- 一个 `standard` 分词器，根据空格和标点符号对文本进行分词；
- 一个 `uppercase` 词元过滤器，将词元转换为大写。

代码清单 7-24　包含过滤器和分词器的自定义分析器

```
PUT index_with_custom_analyzer
{
  "settings": {
    "analysis": {
      "analyzer": {
        "custom_analyzer":{        <-- 指定自定义分析器
          "type":"custom",         <-- 类型必须设置为 custom，这样 Elasticsearch 才知道这是自定义分析器
          "char_filter":["html_strip"],   <-- 字符过滤器数组
          "tokenizer":"standard",  <-- 声明一个分词器（本例中为 standard）
          "filter":["uppercase"]   <-- 将输入的词元转换为大写的词元过滤器
        }
      }
    }
  }
}
```

我们可以使用以下代码片段测试这个分析器：

```
POST index_with_custom_analyzer/_analyze
{
  "text": "<H1>HELLO, WoRLD</H1>",
  "analyzer": "custom_analyzer"
}
```

这段代码生成两个词元，即["HELLO", "WORLD"]。html_strip 字符过滤器在 standard 分词器根据空格分隔符将字段拆分成词元之前，移除了 HTML 标记 H1。这些词元经过 uppercase 词元过滤器时被转换为大写。

自定义分析器可以满足一系列需求，但我们还可以实现更高级的功能。

高级自定义

尽管分析器组件的默认配置在大多数情况下都能正常工作，但有时我们也需要修改默认配置以满足需求。例如，我们可能想要使用 mapping 字符过滤器将字符 & 映射到单词“and”，将字符“<”和“>”分别映射到“小于”和“大于”。

假设我们的需求是开发一个自定义分析器，用于解析文本中的希腊字母并生成希腊字母列表。我们创建一个包含这些分析设置的索引，如代码清单 7-25 所示。

代码清单 7-25　使用自定义分析器提取希腊字母

```
PUT index_with_parse_greek_letters_custom_analyzer
{
  "settings": {
    "analysis": {
      "analyzer": {
        "greek_letter_custom_analyzer":{     <-- 创建一个自定义的希腊字母解析分析器
          "type":"custom",
          "char_filter":["greek_symbol_mapper"],   <-- 该自定义分析器包含一个自定义的字符过滤器
```

```
          "tokenizer":"standard",                  ◁── 创建 standard 分词器对文本进行分词
          "filter":["lowercase", "greek_keep_words"]  ◁── 提供两个词元过滤器，greek_
        }                                                  keep_words 在下面定义
      },                                        定义希腊字母并将
      "char_filter": {                          其映射到英语单词
        "greek_symbol_mapper":{
          "type":"mapping",
          "mappings":[                          ◁── 实际映射：符号和
            "α => alpha",                            对应值的列表
            "β => Beta",
            "γ => Gamma"
          ]
        }
      },                                        我们不想索引所有字段的值，
      "filter": {                               只索引与保留词匹配的单词
        "greek_keep_words":{                    ◁──
          "type":"keep",
          "keep_words":["alpha", "beta", "gamma"]  ◁── 保留词，所有其他
        }                                              单词都将被丢弃
      }
    }
  }
}
```

这段代码虽然看起来有点儿复杂，但其实很容易理解。在第一部分中，我们定义了一个自定义分析器，并提供了一个过滤器列表（包括字符过滤器和词元过滤器，如果需要的话）和一个分词器。可以把这部分看作分析器定义的入口点。

代码的第二部分定义了先前声明的过滤器。例如，greek_symbol_mapper 在 char_filter 块中被重新定义，它使用 mapping 作为过滤器类型，并指定了一系列映射规则。同样地，在 filter 块中，我们定义了 keep_words 过滤器。这个过滤器的作用是移除所有不在 keep_words 列表中的词。

现在我们对一个测试样本进行分析。代码清单 7-26 中的句子应该经过测试分析阶段。

代码清单 7-26 从正常文本中解析希腊字母

```
POST index_with_parse_greek_letters_custom_analyzer/_analyze
{
  "text": "α and β are roots of a quadratic equation. γ isn't",
  "analyzer": "greek_letter_custom_analyzer"
}
```

希腊字母（例如 α、β 和 γ）由自定义分析器（greek_letter_custom_analyzer）处理，输出结果如下：

```
"alpha","beta","gamma"
```

其余单词，如 roots、quadratic 和 equation，都被移除了。

到目前为止，我们已经详细研究了分析器，包括内置分析器和自定义分析器。我们不仅可以在字段层级配置分析器，还可以在索引或查询层级进行配置。此外，如果需要的话，我们还可以为搜索查询指定不同的分析器。下面我们就来讨论这些内容。

7.5 指定分析器

分析器可以在索引层级、字段层级和查询层级上指定。在索引层级声明分析器为所有文本字段提供一个索引范围的默认通用分析器。然而，如果在字段层级需要进一步自定义，我们也可以在该层级启用不同的分析器。此外，我们还可以在搜索时选择使用与索引时不同的分析器。让我们来看一看这些选项。

7.5.1 为索引指定分析器

有时我们可能需要为不同的字段设置不同的分析器，例如，将姓名字段与 simple 分析器关联，将信用卡号字段与 pattern 分析器关联。幸运的是，Elasticsearch 允许我们根据需要为各个字段设置不同的分析器。同样，我们可以为每个索引设置一个默认分析器，在映射过程中没有显式指定分析器的字段会继承这个索引层级的分析器。

1. 字段层级分析器

我们可以在创建索引的映射定义时在字段层级指定所需的分析器。代码清单 7-27 中展示了如何在创建索引时实现这一点。

代码清单 7-27 在索引创建过程中设置字段层级分析器

```
PUT authors_with_field_level_analyzers
{
  "mappings": {
    "properties": {
      "name":{
        "type": "text"                    ← 使用 standard 分析器
      },
      "about":{
        "type": "text",
        "analyzer": "english"             ← 显式设置 english 分析器
      },
      "description":{
        "type": "text",
        "fields": {
          "my":{
            "type": "text",
            "analyzer": "fingerprint"     ← 在多字段上使用 fingerprint 分析器
          }
        }
      }
    }
  }
}
```

about 和 description 字段被指定了不同的分析器，而 name 字段隐式继承了 standard 分析器。

2. 索引层级分析器

我们还可以在索引层级设置我们选择的默认分析器。代码清单 7-28 中展示了这一点。

代码清单 7-28 创建带有默认分析器的索引

```
PUT authors_with_default_analyzer
{
  "settings": {
    "analysis": {
      "analyzer": {
        "default":{          <-- 设置该属性将设置索引的默认分析器
          "type":"keyword"
        }
      }
    }
  }
}
```

实际上，我们使用 keyword 分析器取代了默认的 standard 分析器。我们可以在索引上调用_analyze 端点来测试这个分析器，如代码清单 7-29 所示。

代码清单 7-29 测试默认分析器

```
PUT authors_with_default_analyzer/_analyze
{
  "text":"John Doe"
}
```

这段代码输出了单个词元“John Doe”，没有进行小写转换或分词，表明 keyword 分析器已经对其进行了分析。尝试使用 standard 分析器运行的同样代码，你会注意到不同之处。

在索引时我们可以在索引层级或字段层级设置分析器。然而，我们也可以在查询过程中使用不同的分析器。下面我们就来看看在查询过程中使用不同分析器的原因和方法。

7.5.2 为搜索指定分析器

Elasticsearch 允许在查询时指定与索引时不同的分析器。在本节中，我们将介绍如何设置查询时使用的分析器，以及 Elasticsearch 在选择不同层级定义的分析器时遵循的规则。

1. 在查询中设置分析器

我们还没有深入研究搜索，因此如果对代码清单 7-30 感到有些困惑，也不必担心，我们会在接下来的几章中讨论搜索。

代码清单 7-30 在搜索查询中设置分析器

```
GET authors_index_for_search_analyzer/_search
{
  "query": {
    "match": {          <-- 查询所有符合给定条件的作者
      "author_name": {
        "query": "M Konda",
        "analyzer": "simple"     <-- 显式指定分析器，通常与该字段被索引时使用的分析器不同
      }
    }
```

```
    }
  }
```

在搜索作者时，我们显式指定了分析器（author_name 字段可能使用了与被索引时不同类型的分析器）。

2. 在字段层级设置分析器

第二种方式是在字段层级设置专门用于搜索的分析器。就像在字段上设置索引时使用的分析器一样，我们可以在字段上添加 search_analyzer 属性来指定搜索分析器，如代码清单 7-31 所示。

代码清单 7-31 在字段层级设置搜索分析器

```
PUT authors_index_with_both_analyzers_field_level
{
  "mappings": {
    "properties": {
      "author_name":{
        "type": "text",
        "analyzer": "stop",
        "search_analyzer": "simple"
      }
    }
  }
}
```

author_name 字段在索引时设置了 stop 分析器，在搜索时设置了 simple 分析器。

3. 在索引层级设置默认分析器

我们还可以为搜索查询设置默认分析器，就像我们在索引时所做的一样，在创建索引时在索引上设置所需的分析器，如代码清单 7-32 所示。

代码清单 7-32 为搜索和索引设置默认分析器

```
PUT authors_index_with_default_analyzer
{
  "settings": {
    "analysis": {
      "analyzer": {
        "default_search":{      <-- 使用 default_search 属性
          "type":"simple"           设置索引的默认搜索分析器
        },
        "default":{          <-- 索引的默认分析器
          "type":"standard"
        }
      }
    }
  }
}
```

我们同时为索引和搜索设置了默认分析器。我们是否可以在索引时而不是在查询运行时在字段层级设置搜索分析器呢？代码清单 7-33 中正好展示了这一点：它在创建索引时在字段层级为索引和搜索设置了不同的分析器。

代码清单 7-33 在创建索引时指定索引分析器和搜索分析器

```
PUT authors_index_with_both_analyzers_field_level
{
  "mappings": {
    "properties": {
      "author_name":{
        "type": "text",
        "analyzer": "standard",
        "search_analyzer": "simple"
      }
    }
  }
}
```

author_name 字段在索引时使用 standard 分析器，在搜索时使用 simple 分析器。

4. 优先顺序

Elasticsearch 在搜索时会根据以下优先顺序使用分析器（优先级从高到低）。

（1）在搜索时定义的分析器。

（2）在定义索引映射时通过在字段上设置 search_analyzer 属性定义的分析器。

（3）在索引层级通过设置 default_search 属性定义的分析器。

（4）在字段或索引上设置的索引分析器。

现在我们已经了解了内置分析器，以及如何创建自定义分析器，是时候详细了解分析器的各个组件了。在 7.6 节至 7.8 节中，我们将回顾一下构成分析器的 3 大组件，即分词器、字符过滤器和词元过滤器。我们先从字符过滤器开始。

7.6 字符过滤器

当用户搜索答案时，他们通常不会使用标点符号或特殊字符进行搜索。例如，用户更有可能搜索“cant find my keys”（无标点符号），而不是“can’t find my keys !!!”。同样，用户也不会搜索“<h1>Where is my cheese?</h1>”（带有 HTML 标记）这样的字符串。我们也不希望用户使用 XML 标记搜索，如“<operation>callMe</operation>”。搜索条件不应被不必要的字符污染。我们也不希望用户使用符号进行搜索，例如不希望用“α”代替“alpha”或用“β”代替“beta”进行搜索。

基于这些假设，我们可以使用字符过滤器来分析和清理输入文本。字符过滤器的作用是从输入文本中清除不需要的字符。尽管字符过滤器是可选的，但如果使用，它们将成为分析器模块的第一个组件。

一个分析器可以有零个或多个字符过滤器。字符过滤器完成以下特定功能。

- 从输入文本中移除不需要的字符。例如，如果输入文本包含 HTML 标记，如“<h1>Where is my cheese?</h1>”，那么需求就是删除<h1>和</h1>标记。

- 在输入文本中添加或替换额外的字符。例如，如果输入文本包含“0”和“1”，我们可能希望将它们分别替换为“false”和“true”。或者，如果输入文本包含字符“β”，我们可以将其映射到单词“beta”并索引该字段。

我们可以使用 3 种字符过滤器来构建分析器，即 html_strip 字符过滤器、mapping 字符过滤器和 pattern 字符过滤器。我们之前已经看到了它们的实际应用，在本节中，我们将简要复习它们的语义。

7.6.1 html_strip 字符过滤器

顾名思义，html_strip 字符过滤器的作用是从输入文本中去除不需要的 HTML 标记。例如，当一个值为<h1>Where is my cheese?</h1>的输入文本由 html_strip 字符过滤器处理时，<h1>和</h1>标记将被清除，只留下“Where is my cheese?”。我们可以使用_analyze API 测试 html_strip 字符过滤器，如代码清单 7-34 所示。

代码清单 7-34 html_strip 字符过滤器的实际应用

```
POST _analyze
{
  "text":"<h1>Where is my cheese?</h1>",
  "tokenizer": "standard",
  "char_filter": ["html_strip"]
}
```

该分析器从输入文本中去除 HTML 标记，并生成词元“Where”“is”“my”和“cheese”。不过，在某些情况下，我们可能需要避免处理输入文本中的特定 HTML 标记。例如，业务需求可能是要从以下输入中去除<h1>标记，但保留<pre>（预格式化）标记：

```
<h1>Where is my cheese?</h1>
<pre>We are human beings who look out for cheese constantly!</pre>
```

我们可以配置 html_strip 过滤器，添加一个 escaped_tags 数组，其中包含不需要解析的 HTML 标记列表。第一步是创建一个带有所需自定义分析器的索引，如代码清单 7-35 所示。

代码清单 7-35 使用额外字符过滤器配置的自定义分析器

```
PUT index_with_html_strip_filter
{
  "settings": {
    "analysis": {
      "analyzer": {
        "custom_html_strip_filter_analyzer":{
          "tokenizer":"keyword",
          "char_filter":["my_html_strip_filter"]    <-- 声明一个自定义字符过滤器
        }
      },
      "char_filter": {
        "my_html_strip_filter":{
          "type":"html_strip",
          "escaped_tags":["h1"]    <-- escaped_tags 属性忽略输入文本中的<h1>标记的解析
```

```
          }
        }
      }
    }
  }
```

该索引有一个包含 html_strip 字符过滤器的自定义分析器。在这个例子中，html_strip 被扩展以使用 escaped_tags 选项，该选项指定<h1>标记应保持不变。为了测试这一点，我们可以运行代码清单 7-36 所示的代码。

代码清单 7-36 测试自定义分析器

```
POST index_with_html_strip_filter/_analyze
{
  "text": "<h1>Hello,</h1> <h2>World!</h2>",
  "analyzer": "custom_html_strip_filter_analyzer"
}
```

这段代码保留了<h1>标记，并去除了<h2>标记，产生的输出为"<h1>Hello,</h1>World!"。

7.6.2 mapping 字符过滤器

mapping 字符过滤器的唯一工作是匹配一个键并用一个值替换它。在代码清单 7-25 中将希腊字母转换为英语单词的示例中，mapping 字符过滤器解析了符号并将它们替换为单词：将 α 替换为 alpha，将 β 替换为 beta 等。

我们测试一下 mapping 字符过滤器。在代码清单 7-37 中，“UK”会被 mapping 字符过滤器解析并替换为“United Kingdom”。

代码清单 7-37 mapping 字符过滤器的实际应用

```
POST _analyze
{
  "text": "I am from UK",
  "char_filter": [
    {
      "type": "mapping",
      "mappings": [
        "UK => United Kingdom"
      ]
    }
  ]
}
```

如果我们想创建一个配置了 mapping 字符过滤器的自定义分析器，可以按照之前的流程创建一个包含分析器设置和所需过滤器的索引。代码清单 7-38 中展示了如何自定义包含 mapping 字符过滤器的 keyword 分析器。

代码清单 7-38 包含 mapping 字符过滤器的 keyword 分析器

```
PUT index_with_mapping_char_filter
{
```

```
  "settings": {
    "analysis": {
      "analyzer": {
        "my_social_abbreviations_analyzer": {    <-- 包含mapping字符过滤器的自定义分析器
          "tokenizer": "keyword",
          "char_filter": [
            "my_social_abbreviations"    <-- 声明字符过滤器
          ]
        }
      },
      "char_filter": {
        "my_social_abbreviations": {    <-- 为定义的mapping字符过滤器添加映射规则
          "type": "mapping",    <-- 指定字符过滤器的类型，在本例中是mapping
          "mappings": [    <-- 在mappings对象中以名称-值对的形式提供一组映射
            "LOL => laughing out loud",
            "BRB => be right back",
            "OMG => oh my god"
          ]
        }
      }
    }
  }
}
```

我们已经创建了一个包含自定义分析器设置的索引，并在字符过滤器中提供了映射。现在我们可以使用_analyze API对其进行测试，如代码清单7-39所示。

代码清单 7-39 测试自定义分析器

```
POST index_with_mapping_char_filter/_analyze
{
  "text": "LOL",
  "analyzer": "my_social_abbreviations_analyzer"
}
```

输出的结果是"token":"laughing out loud"，这表明"LOL"被替换为了完整形式"laughing out loud"。

除了直接在定义中指定映射，我们还可以通过外部文件来提供映射关系。代码清单7-40中使用了一个从外部文件secret_organizations.txt加载映射的字符过滤器（如果config文件夹中没有这个文件，务必创建它）。该文件必须位于Elasticsearch的config目录（$ELASTICSEARCH_HOME/config）中，或者在配置时使用文件的绝对路径。

代码清单 7-40 通过文件加载外部映射

```
POST _analyze
{
  "text": "FBI and CIA are USA's security organizations",
  "char_filter": [
    {
      "type": "mapping",
      "mappings_path": "secret_organizations.txt"
    }
```

```
  ]
}
```

secret_organizations.txt 示例文件包含以下数据：

```
FBI=>Federal Bureau of Investigation
CIA=>Central Intelligence Agency
USA=>United States of America
```

7.6.3 pattern_replace 字符过滤器

顾名思义，pattern_replace 字符过滤器在字段匹配正则表达式时，将字符替换为新字符。代码清单 7-41 的代码模式与代码清单 7-38 中的相同，我们创建一个索引，其中包含一个与 pattern_replace 字符过滤器关联的分析器。

代码清单 7-41 使用 pattern_replace 字符过滤器

```
PUT index_with_pattern_replace_filter
{
  "settings": {
    "analysis": {
      "analyzer": {
        "my_pattern_replace_analyzer":{        <-- 包含 pattern_replace 字符过滤器的自定义分析器
          "tokenizer":"keyword",
          "char_filter":["pattern_replace_filter"]    <-- 声明 pattern_replace 字符过滤器
        }
      },
      "char_filter": {
        "pattern_replace_filter":{        <-- 通过配置选项扩展 pattern_replace 字符过滤器的定义
          "type":"pattern_replace",       <-- 指定该字符过滤器的类型（pattern_replace）
          "pattern":"_",                  <-- 指定要搜索和替换的模式
          "replacement":"-"               <-- 定义替换值
        }
      }
    }
  }
}
```

这段代码试图匹配并替换输入字段，将下划线（_）替换为连字符（-）。可以使用代码清单 7-42 中的代码测试这个分析器。

代码清单 7-42 测试自定义 pattern_replace 字符过滤器

```
POST index_with_pattern_replace_filter/_analyze
{
  "text": "Apple_Boy_Cat",
  "analyzer": "my_pattern_replace_analyzer"
}
```

输出结果是"Apple-Boy-Cat"，所有下划线都被替换为连字符。

输入文本已经清除了不需要的字符，但仍然需要根据分隔符、模式和其他条件将文本拆分成单个词元。这项工作由分词器完成，下面我们就来讨论分词器。

7.7 分词器

分词器的工作是根据特定条件创建词元。分词器将输入文本拆分成词元，这些词元通常是句子中的单个单词。Elasticsearch 提供了 10 多种分词器，每种分词器都根据各自定义的规则对字段进行分词。

注意 可以想象，在本书中讨论所有的分词器是不切实际的（而且也很枯燥）。因此我选择了几个重要且流行的分词器，以便你能够理解它们的概念和机制。示例代码可以在本书的配套资源中找到。

7.7.1 standard 分词器

standard 分词器根据单词边界（空格分隔符）和标点符号（逗号、连字符、冒号、分号等）将文本拆分成词元。以下代码使用_analyze API 在一个字段上执行分词器：

```
POST _analyze
{
  "text": "Hello,cruel world!",
  "tokenizer": "standard"
}
```

输出结果是 3 个词元，即“Hello”“cruel”和“world”。逗号和空格作为分隔符，将字段拆分成单独的词元。

standard 分析器只有一个可以自定义的属性 max_token_length。这个属性决定了生成的词元的最大长度（默认值为 255）。如果我们想修改这个属性，需要创建一个自定义分析器，并在其中配置一个自定义分词器，如代码清单 7-43 所示。

代码清单 7-43 包含自定义分词器的索引

```
PUT index_with_custom_standard_tokenizer
{
  "settings": {
    "analysis": {
      "analyzer": {
        "custom_token_length_analyzer": {      <-- 创建一个自定义分析器，并指向自定义分词器
          "tokenizer": "custom_token_length_tokenizer"
        }
      },
      "tokenizer": {
        "custom_token_length_tokenizer": {
          "type": "standard",
          "max_token_length": 2      <-- 将自定义分词器的 max_token_length 设置为 2
        }
      }
    }
  }
}
```

与我们在 7.6.1 节中创建的包含自定义字符过滤器的索引的方法类似，我们可以创建一个包含

standard 分词器的自定义分析器的索引，然后通过设置 max_token_length 属性来扩展分词器（在代码清单 7-43 中，长度设置为 2）。索引创建完成后，我们可以使用_analyze API 来测试这个字段，如代码清单 7-44 所示。

代码清单 7-44 测试分词器的词元大小

```
POST index_with_custom_standard_tokenizer/_analyze
{
  "text": "Bond",
  "analyzer": "custom_token_length_analyzer"
}
```

这段代码拆分出两个词元，即“Bo”和“nd”，满足要求的两个字符的词元大小。

7.7.2 ngram 分词器和 edge_ngram 分词器

在深入学习 ngram 分词器之前，先回顾一下 *n*-gram、edge *n*-gram 和 shingle。*n*-gram 是从给定单词中生成的特定大小的单词序列。以单词“coffee”为例，2 个字母的 *n*-gram（通常称为 bi-gram）是“co”“of”“ff”“fe”和“ee”。同样，3 个字母的 *n*-gram（通常称为 tri-gram）是“cof”“off”“ffe”和“fee”。正如所见，*n*-gram 是通过滑动字母窗口生成的。

edge *n*-gram 是字母级的 *n*-gram，其中 *n*-gram 的起点锚定在单词的开头。再次以“coffee”为例，edge *n*-gram 是“c”“co”“cof”“coff”“coffe”和“coffee”。图 7-13 中展示了这些 *n*-gram 和 edge *n*-gram。

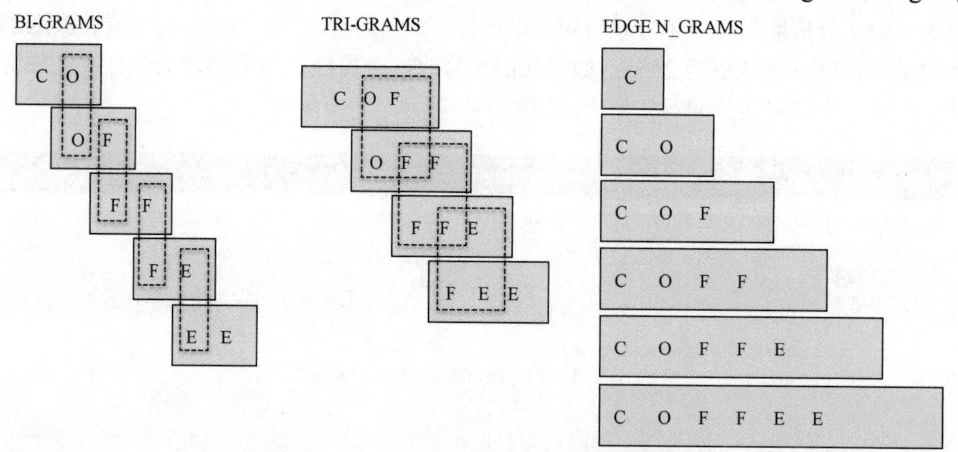

图 7-13 *n*-gram 和 edge *n*-gram 的图示

顾名思义，ngram 分词器和 edge_ngram 分词器的作用是生成 *n*-gram 和 edge *n*-gram。接下来，我们来看看它们的实际应用。

1. ngram 分词器

n-gram 通常用于纠正拼写错误和处理断词问题。默认情况下，ngram 分词器生成的 *n*-gram 最小长度为 1，最大长度为 2。例如，以下代码生成了单词“Bond”的 *n*-gram：

```
POST _analyze
{
  "text": "Bond",
  "tokenizer": "ngram"
}
```

输出是[B, Bo, o, on, n, nd, d]。每个 *n*-gram 由一个或两个字符组成，这是默认行为。我们可以通过指定配置来自定义 min_gram 和 max_gram 大小，如代码清单 7-45 所示。

代码清单 7-45　使用 ngram 分词器

```
PUT index_with_ngram_tokenizer
{
  "settings": {
    "analysis": {
      "analyzer": {
        "ngram_analyzer":{
          "tokenizer":"ngram_tokenizer"
        }
      },
      "tokenizer": {
        "ngram_tokenizer":{
          "type":"ngram",
          "min_gram":2,
          "max_gram":3,
          "token_chars":[
            "letter"
          ]
        }
      }
    }
  }
}
```

通过设置 ngram 分词器的 min_gram 和 max_gram 属性（分别设置为 2 和 3），我们可以配置索引生成指定长度的 *n*-gram。让我们使用代码清单 7-46 来测试一下这个功能。

代码清单 7-46　测试 ngram 分词器

```
POST index_with_ngram_tokenizer/_analyze
{
  "text": "bond",
  "analyzer": "ngram_analyzer"
}
```

这会生成以下 *n*-gram："bo""bon""on""ond" 和 "nd"。这些 *n*-gram 由 2 个或 3 个字符组成。

2. edge_ngram 分词器

同样，我们可以使用 edge_ngram 分词器来生成 edge *n*-gram。下面是创建包含 edge_ngram 分词器的分析器的代码：

```
..
"tokenizer": {
```

```
    "my_edge_ngram_tokenizer":{
      "type":"edge_ngram",
       "min_gram":2,
       "max_gram":6,
       "token_chars":["letter","digit"]
     }
  }
```

将 edge_ngram 分词器添加到自定义分析器后，我们可以通过_analyze API 来对该字段进行测试：

```
POST index_with_edge_ngram/_analyze
{
  "text": "bond",
  "analyzer": "edge_ngram_analyzer"
}
```

这个调用输出了这些 edge *n*-gram："b""bo""bon"和"bond"。注意，所有的单词都是以第一个字母为起点的。

7.7.3 其他分词器

如前所述，还有其他分词器，表 7-4 中简要描述了它们。读者可以在本书的配套资源中找到代码示例。

表 7-4　内置分词器

分词器	描述
pattern	根据正则表达式匹配将字段拆分成词元。默认模式是在遇到非单词字符时拆分单词
uax_url_email	解析字段并保留 URL 和电子邮件。URL 和电子邮件按原样返回，不进行任何分词
whitespace	在遇到空格时将文本拆分成词元
keyword	不对词元进行任何处理。该分词器按原样返回文本
lowercase	在遇到非字母字符时将文本拆分成词元，并将词元转换为小写
path_hierarchy	将层级结构的文本（如文件系统路径）按路径分隔符拆分成词元

分析器的最后一个组件是词元过滤器。它的工作是处理分词器拆分出的词元。下面我们就简要讨论词元过滤器。

7.8 词元过滤器

分词器生成的词元可能需要进一步丰富或增强，例如将词元转换为大写（或小写）、提供同义词、提取词干、移除撇号或其他标点符号等。词元过滤器会对词元完成这类转换。

Elasticsearch 提供了近 50 种词元过滤器，我们无法在此一一讨论只能看一下其中的一部分，可以查阅官方文档了解其余的词元过滤器。要测试词元过滤器很简单，只需将它添加到一个分词器上，然后在_analyze API 调用中使用它即可，如代码清单 7-47 所示。

代码清单 7-47 在分析器上添加词元过滤器

```
GET _analyze
{
  "tokenizer" : "standard",
  "filter" : ["uppercase","reverse"],
  "text" : "bond"
}
```

filter 字段接受一个词元过滤器数组。这里我们提供了 uppercase 词元过滤器和 reverse 词元过滤器，输出是“DNOB”（“bond”被大写并反转）。

我们也可以将词元过滤器添加到自定义分析器上，如代码清单 7-48 所示。

代码清单 7-48 包含词元过滤器的自定义分析器

```
PUT index_with_token_filters
{
  "settings": {
    "analysis": {
      "analyzer": {
        "token_filter_analyzer": {          <-- 定义一个自定义分析器
          "tokenizer": "standard",
          "filter": [ "uppercase","reverse"]    <-- 以过滤器数组形式提供多个词元过滤器
        }
      }
    }
  }
}
```

既然我们已经了解了如何添加词元过滤器，接下来看几个例子。

7.8.1 stemmer 词元过滤器

正如本章前面所解释的，词干提取将单词还原为词根（例如，“bark”是“barking”的词根）。Elasticsearch 提供了一个开箱即用的 stemmer 词元过滤器，可以将单词还原为其词根形式。代码清单 7-49 中展示了一个示例。

代码清单 7-49 使用 stemmer 词元过滤器

```
POST _analyze
{
  "tokenizer": "standard",
  "filter": ["stemmer"],
  "text": "barking is my life"
}
```

这段代码生成词元列表，即“bark”“is”“my”和“life”。原始单词“barking”被转换为“bark”。

7.8.2 shingle 词元过滤器

shingle 是在词元层级生成的单词 *n*-gram（与在字母层级生成的 *n*-gram 和 edge *n*-gram 不同）。例如，文本“james bond”生成的 shingle 是“james”“james bond”和“bond”。下面是一个 shingle 词元过滤器的例子：

```
POST _analyze
{
  "tokenizer": "standard",
  "filter": ["shingle"],
  "text": "java python go"
}
```

结果是[java, java python, python, python go, go]。默认情况下，该词元过滤器会生成一个单词和两个单词的 *n*-gram。如果想修改这个默认设置，我们可以创建一个自定义分析器，并在其中使用自定义的 shingle 词元过滤器，如代码清单 7-50 所示。

代码清单 7-50　创建带有 shingle 词元过滤器的自定义分析器

```
PUT index_with_shingle
{
  "settings": {
    "analysis": {
      "analyzer": {
        "shingles_analyzer":{
          "tokenizer":"standard",
          "filter":["shingles_filter"]      <-- 创建包含 shingle 词元过滤器的自定义分析器
        }
      },
      "filter": {
        "shingles_filter":{      <-- shingle 词元过滤器的属性（例如最小和最大 shingle 大小）
          "type":"shingle",
          "min_shingle_size":2,
          "max_shingle_size":3,
          "output_unigrams":false      <-- 不输出原始输入的词元
        }
      }
    }
  }
}
```

调用代码清单 7-51 中的代码处理文本会生成 2 个或 3 个单词的组合。

代码清单 7-51　运行 shingle 分析器

```
POST index_with_shingle/_analyze
{
  "text": "java python go",
  "analyzer": "shingles_analyzer"
}
```

分析器返回[java python, java python go, python go]，这是因为我们配置 shingle 词元过滤器只生成 2 个和 3 个单词的 shingle。原始输入的词元（如“java”和“python”等）不会出现在输出中，因为我们在词元过滤器中禁止了它们的输出。

7.8.3　synonym 词元过滤器

我们之前简单接触过同义词，但没有深入讨论。同义词（synonym）是指具有相同含义的不同单词。例如，无论用户搜索“football”还是“soccer”（后者是美国对足球的称呼），都应该指的是足球。synonym 词元过滤器的作用是创建一组同义词，以便在搜索时为用户提供更丰富的体验。

要使用同义词功能，Elasticsearch 需要我们提供一组单词及其对应的同义词，通过配置分析器包含 synonym 词元过滤器来实现。我们在索引的设置中创建 synonym 词元过滤器，如代码清单 7-52 所示。

代码清单 7-52 创建包含 synonym 词元过滤器的索引

```
PUT index_with_synonyms
{
  "settings": {
    "analysis": {
      "filter": {
        "synonyms_filter":{
          "type":"synonym",
          "synonyms":[ "soccer => football"]
        }
      }
    }
  }
}
```

在这里，我们创建了一个同义词列表（soccer 被视为 football 的替代名称），并将其与 synonym 类型关联。一旦索引配置好 synonym 词元过滤器，我们就可以测试 text 字段了：

```
POST index_with_synonyms/_analyze
{
  "text": "What's soccer?",
  "tokenizer": "standard",
  "filter": ["synonyms_filter"]
}
```

这会生成两个词元，即“What's”和“football”。单词 soccer 被同义词替换了。

除了像代码清单 7-52 中那样直接硬编码同义词，我们还可以通过文件系统中的文件来提供同义词。具体做法是在 synonyms_path 变量中指定文件路径，如代码清单 7-53 所示。

代码清单 7-53 从文件加载同义词

```
PUT index_with_synonyms_from_file_analyzer
{
  "settings": {
    "analysis": {
      "analyzer": {
        "synonyms_analyzer":{
          "type":"standard",
          "filter":["synonyms_from_file_filter"]
        }
      },
      "filter": {
        "synonyms_from_file_filter":{
          "type":"synonym",
          "synonyms_path":"synonyms.txt"      <-- 同义词文件的相对路径
        }
      }
    }
```

```
  }
}
```

确保在$ELASTICSEARCH_HOME/config 目录下创建一个名为 synonyms.txt 的文件，其内容如代码清单 7-54 所示。

代码清单 7-54 包含一组同义词的 synonyms.txt 文件

```
important=>imperative
beautiful=>gorgeous
```

我们可以使用相对路径或绝对路径来引用该文件，相对路径指向 Elasticsearch 安装目录的 config 文件夹。我们可以调用`_analyze` API 来测试该分析器，如代码清单 7-55 所示。

代码清单 7-55 测试同义词

```
POST index_with_synonyms_from_file_analyzer/_analyze
{
  "text": "important",
  "tokenizer": "standard",
  "filter": ["synonyms_from_file_filter"]
}
```

在响应中我们得到了词元"imperative"，证明同义词是从我们放在 config 文件夹中的 synonyms.txt 文件中读取的。我们也可以在 Elasticsearch 运行时向该文件添加更多值并进行测试。

本章到此结束！本章为第 8 章将要介绍的搜索功能奠定了基础。我们已经掌握了深入讨论搜索功能所需的全部背景知识。

7.9 小结

- Elasticsearch 通过文本分析过程分析文本字段。文本分析可以使用内置分析器或自定义分析器来完成。非文本字段不会被分析。
- 文本分析包括分词和归一化两个阶段。分词将输入文本拆分成单个单词（词元），而归一化对这些词元进行增强（例如同义词替换、词干提取或移除词元）。
- Elasticsearch 使用称为分析器的软件模块完成文本分析。分析器由字符过滤器、分词器和词元过滤器组成。
- 如果在索引和搜索中没有显式指定分析器，Elasticsearch 默认使用 `standard` 分析器。`standard` 分析器不使用字符过滤器，而是使用 `standard` 分词器和两个词元过滤器（`lowercase` 词元过滤器和 `stop` 词元过滤器），尽管 `stop` 词元过滤器默认是关闭的。
- 每个分析器必须有一个（且只有一个）分词器，但可以有零个或多个字符过滤器或词元过滤器。
- 字符过滤器的作用是去除输入文本中不需要的字符。分词器处理经过字符过滤器处理的字段（或原始字段，因为字符过滤器是可选的）。词元过滤器作用于分词器输出的词元。
- Elasticsearch 提供了几种开箱即用的分析器。我们可以将现有的分词器与字符过滤器或词元过滤器混合搭配，以创建满足我们需求的自定义分析器。

第 8 章　搜索简介

本章内容

- 搜索的基础知识
- 搜索方法的类型
- Query DSL 语法简介
- 常见的搜索功能

是时候进入搜索的世界了。到目前为止，我们已经了解了如何给 Elasticsearch 填充数据，并在第 7 章中讨论了 `text` 类型的字段分析的机制。我们已经尝试过使用一组查询来搜索数据，但还未深入研究搜索或者搜索变体的细节。第 8 章到第 12 章将专门讨论搜索。

搜索是 Elasticsearch 的核心功能，可以高效、准确地回应用户的查询。一旦数据被索引并可用于搜索，用户就可以提出各种问题。例如，假设我们虚构的在线书店的网站搜索是基于 Elasticsearch 构建的，我们可以预期会收到许多用户的查询。这些查询可以是根据书名来找书这样的简单查询，也可以是使用多个条件来找书的复杂查询，例如，条件可以是特定的版本、出版日期在一范围内、精装本、评分高于 4.5（满分为 5 分）、价格低于某个金额等。UI 可以支持各种小部件，如下拉列表、滑块、复选框等，以进一步过滤搜索。

本章介绍搜索和在搜索时可以使用的基本功能。我们首先讨论搜索机制，即搜索请求是如何被处理的，以及响应是如何被创建并发送到客户端的；然后探讨搜索的基本原理，即搜索 API 和执行搜索查询的上下文；接着对请求和响应进行剖析，以深入了解它们的组成部分。

本章还介绍不同的搜索类型，包括 URI 搜索和 Query DSL，以及为什么我们更倾向于使用 Query DSL 而不是 URI 搜索方法。最后，研究一些通用的搜索功能，如高亮显示、分页、解释和操纵响应字段。

8.1 概述

Elasticsearch 既支持简单的搜索功能，也支持包括地理空间查询在内的多个条件的高级搜索。广义上讲，Elasticsearch 处理两种类型的搜索——结构化搜索（structured search）和非结构化搜索（unstructured search）。我们在前几章中已经讨论过这两种类型，本节主要是回顾，如果你已经熟悉这些内容，可以跳过本节。

结构化搜索返回的结果不包含*相关性分数*（relevance score），Elasticsearch 只获取完全匹配的文档，因此不必担心它们是否近似匹配或者匹配的程度如何。搜索设定日期范围内的航班或特定促销期间的畅销书等都属于此类搜索。当进行这类搜索时，Elasticsearch 会检查匹配是否成功，例如，在设定日期范围内是否有航班、是否有畅销书。只有“是”与“否”，没有“可能”这一类别。这种结构化搜索是通过 Elasticsearch 中的*词项级查询*（term-level query）来实现的。

但在非结构化搜索中，Elasticsearch 会检索与查询密切相关的结果。结果是根据它们与查询条件的相关性来打分的：高度相关的结果分数更高，因此会排在列表的顶部。在 `text` 类型的字段上搜索会产生相关结果，Elasticsearch 提供了*全文搜索*（full-text search）来搜索非结构化数据。

我们使用 RESTful API 与 Elasticsearch 引擎进行通信来执行查询。搜索查询是使用称为*查询领域特定语言*（query domain-specific language，Query DSL）的特殊的查询语法或者称为 *URI 搜索*（URI search）的 URL 标准编写的。当发起一个查询时，集群中任何可用节点都会接收这个请求并处理它。响应以 JSON 对象的形式返回，对象中包含了一个由各个文档组成的结果数组。

如果在 `text` 类型的字段上执行查询，每个结果都会返回一个相关性分数，分数越高，相关性越大（意味着结果文档非常匹配）。结果根据分数的降序排列，分数最高的结果排在最顶部。

并非每个响应结果都是准确的。就像我们在 Google 上搜索时有时可能得到不正确或不相关的结果一样，Elasticsearch 可能不会返回 100%相关的结果。这是因为 Elasticsearch 采用了两种内部策略，即精确率和召回率，这两者会影响结果的相关性。

精确率（precision）是指检索到的相关文档占所有检索到的文档的比例，而*召回率*（recall）是指检索到的相关文档占所有相关文档的比例。我们将在第 10 章中详细讨论精确率和召回率。

许多功能与我们选择的查询类型（如全文查询、词项级查询、地理空间查询等）无关，是搜索共有的。我们将在本章中讨论这些搜索功能，并在接下来的几章中讨论它们在搜索和聚合中的应用。下面我们就来了解一下搜索的工作原理：Elasticsearch 如何处理搜索查询来检索匹配的结果。

8.2 搜索的工作原理

当用户在 Elasticsearch 中调用搜索查询时，后台会发生很多事情。我们之前已经简单提到过工作原理，现在重新回顾一下。图 8-1 展示了 Elasticsearch 引擎如何在后台进行搜索。

当收到用户或客户端的搜索请求时，引擎会将此请求转发到集群中的一个可用节点。默认情况下，集群中的每个节点都被分配了*协调*（coordinator）角色，因此每个节点都有资格按照轮询的方式来接收客户的请求。一旦请求到达协调节点，它就会确定那些包含相关文档分片的节点。

在图 8-1 中，节点 A 是接收客户端请求的协调节点。它被选为协调节点仅仅是为了演示的目的。一旦被选为（协调）活动角色，它就会选择一个包含有一组分片和副本的*复制组*（replication group），这些分片和副本分布在集群中包含相关数据的各个节点上。记住，一个索引由多个分片组成，每个分片都可以在其他节点上单独存在。在图 8-1 所示的例子中，索引包含 4 个分片（分片 1、分片 2、分片 3 和分片 4），它们分别位于节点 A 到节点 D 上。

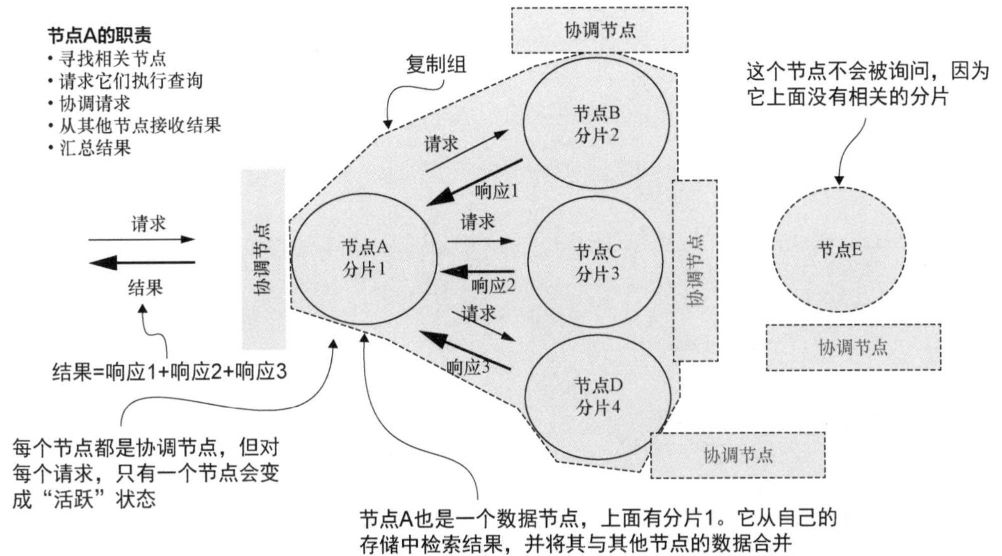

图 8-1　一次典型的搜索请求，以及搜索的工作原理

节点 A 构造查询请求并发送给其他节点，要求它们进行搜索。收到请求后，各节点在其分片上完成搜索请求。然后，提取排名最靠前的一组结果，并将这些结果返回活动协调节点。活动协调节点随后会将这些数据进行合并和排序，最后将结果发送给客户端。

如果协调节点同时也是一个数据节点，它也会从自己的存储中获取结果。并非每个收到请求的节点都一定是数据节点。同样，不是每个节点都会成为这次搜索查询中复制组的一部分。现在，让我们花点儿时间将一些电影数据加载到 Elasticsearch 引擎中。

8.3　电影样本数据

让我们为本章创建一些电影测试数据和字段映射。因为我们不希望 Elasticsearch 推断字段类型，所以在创建索引时，我们为每个字段提供了相关的数据类型作为映射（特别是 `release_date` 和 `duration` 字段，它们不能是 `text` 类型的字段）。代码清单 8-1 展示了 `movies` 索引的映射（如果这个索引已经存在，为了本章的演示，可以执行 `DELETE movies` 删除它）。

代码清单 8-1　movies 索引的映射模式

```
PUT movies                    ← movies 索引
{                                           ← 映射模式
  "mappings": {
    "properties": {           ← 字段及其类型
      "title": {
```

```
          "type": "text",
          "fields": {          <—— 多字段结构
            "original": {
              "type": "keyword"
            }
          }
        },
        "synopsis": {
          "type": "text"
        },
        "actors": {
          "type": "text"
        },
        "director": {
          "type": "text"
        },
        "rating": {
          "type": "half_float"
        },
        "release_date": {
          "type": "date",
          "format": "dd-MM-yyyy"
        },
        "certificate": {
          "type": "keyword"
        },
        "genre": {
          "type": "text"
        }
      }
    }
  }
```

表 8-1 中展示了这个映射中的几个值得注意的字段。其他字段都比较简单易懂。

表 8-1 **movies** 的部分字段及其对应的数据类型

字段	类型
title	text 和 keyword
release_date	date，格式为 dd-MM-yyyy
certificate	keyword

对 movies 索引进行映射后，下一个任务是使用_bulk API 来索引样本数据。代码清单 8-2 中展示了这个 API 在处理样本数据时的情况。

代码清单 8-2 使用_bulk API 索引样本电影数据

```
PUT _bulk    <—— _bulk API
{"index":{"_index":"movies","_id":"1"}}    <—— 索引文档的 ID 为 1
{"title":"The Shawshank Redemption","genre":"Drama",..}    <—— 文档本身
{"index":{"_index":"movies","_id":"2"}}    <—— 索引文档的 ID 为 2
{"title":"The Godfather","genre":"Crime, Drama","...}
{"index":{"_index":"movies","_id":"3"}}
```

为了简洁起见，这里仅展示脚本的部分内容，完整的脚本可以在本书的配套资源中找到。

注意 为了防止索引过多导致样本数据产生混淆，我们在第 8 章和第 9 章中使用相同的电影数据。

掌握了搜索机制并准备好了样本数据后，让我们转向搜索的基础知识。

8.4 搜索的基础知识

现在我们已经了解了搜索的内部工作原理，接下来看一下搜索 API 和调用引擎进行搜索查询的方法。Elasticsearch 公开了一个_search 端点与其通信来执行搜索查询。让我们仔细看一下这个端点。

8.4.1 _search 端点

Elasticsearch 提供 RESTful API 用于查询数据，具体来说是一个_search 端点。我们使用 GET/POST 方法调用这个端点，通过请求的参数或者请求体传递查询参数。我们构造的查询取决于要搜索的数据类型。访问_search 端点有以下两种方法。

- URI 搜索。我们将搜索查询作为参数，与端点一起传递给查询。例如，GET movies/_search?q=title:Godfather 会获取所有片名中含有“Godfather”的电影，例如《教父》（*The Godfather*）三部曲。
- Query DSL。Elasticsearch 实现了用于搜索的 DSL。搜索条件被包装在 JSON 结构体中，与请求 URI 一同发送给服务器。我们可以根据需求提供单个查询或者组合多个查询。（Query DSL 同样也是向引擎发送聚合查询的方法。我们将在 8.7.3 节中进一步讨论聚合。）下面是一个具有相同需求的例子，即获取所有 title 字段中包含“Godfather”的电影：

```
GET movies/_search
{
  "query": {
     "match": {
       "title": "Godfather"
     }
  }
}
```

尽管这两种方法各有用处，但是 Query DSL 功能更加强大且特性丰富。Query DSL 是一种一流的查询方法，使用它编写复杂的查询条件比使用 URI 搜索方法更容易。在本章至第 12 章中，我们将看到各种调用，并会更多地使用 Query DSL 而不是 URI 搜索方法。

注意 在与 Elasticsearch 打交道时，Query DSL 就好比是一把瑞士军刀，它是首选的方法。Elasticsearch 团队专门开发了这种 DSL，以便与引擎配合工作。要向 Elasticsearch 询问的任何内容都可以使用 Query DSL 来检索。

如果不了解搜索查询及它们是如何编写的，不用担心，我将在本章中通过几个例子进行讲解，并在接下来的几章中详细讨论它们。

8.4.2 查询上下文和过滤上下文

我们需要讨论另一个基本概念——执行上下文。在内部，Elasticsearch 在运行搜索时使用执行上下文。执行上下文可以是过滤（filter）上下文，也可以是查询（query）上下文，所有发给 Elasticsearch 的查询都是在其中一种上下文中进行的。我们不能要求 Elasticsearch 应用特定类型的上下文——Elasticsearch 会根据查询自行决定并应用合适的上下文。例如，如果执行的是 match 查询，那么它应在查询上下文中执行，而 filter 查询则应在过滤上下文中执行。下面我们来执行几个查询，以便理解执行查询的上下文。

1. 查询上下文

我们使用 match 查询，通过匹配关键词与字段的值来搜索文档。代码清单 8-3 中展示的是一个简单的 match 查询，在 title 字段中搜索“Godfather”。

代码清单 8-3 match 查询在查询上下文中执行

```
GET movies/_search
{
  "query": {
    "match": {
      "title": "Godfather"
    }
  }
}
```

正如预期，这段代码返回了两部 *The Godfather* 电影。然而，如果我们仔细查看结果，会发现每部电影都有一个相关性分数。

```
"hits" : [{
 ...
 "_score" : 2.879596
 "_source" : {
   "title" : "The Godfather"
   ...
 }
},
{
   ...
   "_score" : 2.261362
   "_source" : {
     "title" : "The Godfather: Part II"
     ...
   }
 }]
```

输出的结果表明，此查询是在查询上下文中执行的，因为查询不仅确定了它是否匹配文档，还确定了文档的匹配程度。

为什么第二个结果的分数（2.261362）略低于第一个结果的分数（2.879596）？这是因为引擎的相关性算法在一个只有 2 个单词（“the”和“godfather”）的片名中找到了“Godfather”，

这个匹配的排名高于在一个有 4 个单词（“the”“godfather”“part”“II”）的片名中的匹配。

注意 全文搜索字段上的查询会在查询上下文中执行，因为它们应该与每个匹配的文档都有一个关联的分数。

虽然对于大部分使用场景，获取带有相关性分数的结果是没问题的，但有时我们并不需要知道文档的匹配程度，只需要知道是否匹配。这就是过滤上下文发挥作用的地方。

2. 过滤上下文

重写代码清单 8-3 中的查询，但这次我们将 `match` 查询包装在一个带有 `filter` 子句的 `bool` 查询中，如代码清单 8-4 所示。

代码清单 8-4 一个没有分数的 bool 查询

```
GET movies/_search
{
  "query": {
    "bool": {
      "filter": [{
          "match": {
            "title": "Godfather"
          }
        }
      ]
    }
  }
}
```

在这段代码中，结果没有分数（`score` 被设置为 0.0），因为我们的查询给了 Elasticsearch 一个提示，它必须在过滤上下文中执行。如果对文档的分数不感兴趣，我们可以通过将查询包装在 `filter` 子句中，要求 Elasticsearch 在过滤上下文中执行查询，就像在代码清单 8-4 中所做的一样。

在过滤上下文中执行查询的主要优点是，因为 Elasticsearch 不需要为返回的搜索结果计算分数，所以它可以节省一些计算周期。这些过滤查询更具幂等性，因此 Elasticsearch 会缓存它们以获得更好的性能。

复合查询

`bool` 查询是一种复合查询，它包含了多个子句（`must`、`must_not`、`should` 和 `filter`）来包装叶子查询。`must_not` 子句与 `must` 查询的意图相反。`filter` 和 `must_not` 子句都在过滤上下文中执行。我们也可以在 `bool` 查询中使用过滤上下文，还可以在 `constant_score`（名字已经暗示了其用途）查询中使用它。

`constant_score` 查询是另一种复合查询，可以在 `filter` 子句中附加一个查询。以下查询展示了这个操作：

```
GET movies/_search
{
```

```
    "query": {
      "constant_score": {
        "filter": {
          "match": {
            "title": "Godfather"
          }
        }
      }
    }
  }
```

我们将在第 11 章中讨论复合查询。

明白了执行上下文让我们离理解 Elasticsearch 引擎的内部工作原理更近了一步。过滤执行上下文有助于创建高性能的查询，因为不需要额外运行相关性算法。我们将在接下来的章节中看到展示这些上下文的示例。

现在我们已经对搜索（及已有的搜索数据）有了一个总体的了解，让我们来看看搜索请求的组成部分并对结果（搜索响应）进行剖析。

8.5 请求和响应的结构

在前几章中，我们简单了解了搜索请求和响应，但并没有过多关注属性的细节和解释。然而，理解请求和响应对象是非常重要的，这可以帮助我们正确地构造查询对象，并理解响应中各个属性的含义。在本节中，我们将深入研究请求和响应对象。

8.5.1 搜索请求

搜索查询可以使用 URI 搜索或者 Query DSL 来执行。正如我们之前所讨论的，本书主要关注 Query DSL，因为它更强大，表达能力更强。图 8-2 展示了搜索请求的结构。

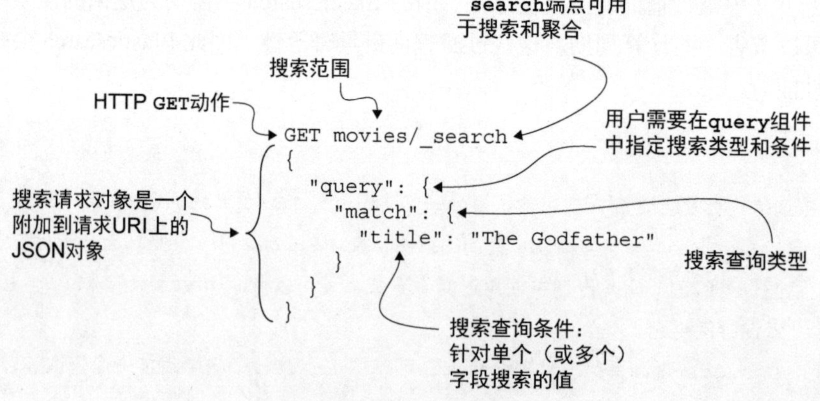

图 8-2　搜索请求的结构

GET 方法是 HTTP 动作，它表明了我们的意图：根据请求体的内容从服务器获取数据。有一种观点认为，在 RESTful 架构中，GET 方法不应该通过请求体发送参数，相反，如果要查询服务器，应该使用 POST 方法。但是，Elasticsearch 实现了接收请求体的 GET 方法请求，这样有利于构造查询参数。我们可以用 POST 替换 GET，因为 GET 和 POST 对资源的处理方式是一样的。

注意 关于是否应该在 GET 请求中携带请求体，互联网上有很多激烈的争论。Elasticsearch 选择使用带有请求体的 GET 方法。（如果你想了解这些观点，可以在互联网上搜索 "HTTP get with body"。）在本书中，我们对搜索请求和聚合查询使用带有请求体的 GET 方法，如果你不习惯使用带有请求体的 GET 方法，可以将 GET 替换为 POST。

在 GET（或 POST）请求中，搜索范围指定了进行搜索时引擎使用的索引或别名。我们也可以在此 URI 中包含多个索引、多个别名或者不指定具体的索引。若要指定多个索引（或别名），输入以逗号隔开的索引（或别名）名称。如果在搜索请求中不提供任何索引或者别名，那么搜索将会在集群中的所有索引上执行。例如，假设我们有一个包含 10 个索引的集群，执行一个像 GET _search {...}这样没有指定索引或别名的搜索查询，将在所有的 10 个索引中搜索所有匹配的文档。

搜索请求对象或请求体是一个包装了请求详细信息的 JSON 对象。请求详细信息包括 query 部分，也可以包含其他部分，如与分页相关的 size 和 from 属性、用于指定响应中应返回哪些源字段的列表、排序条件、高亮显示等。我们将在 8.8 节中讨论这些特性。

请求的主要组成部分是查询。查询的任务是构造需要回答的问题。它通过创建一个 query 对象来定义查询类型及所需的输入来做到这一点。可以从多种查询类型中选择，以满足各种搜索条件。我们将在接下来的几章中详细了解这些查询类型。

可以针对特定用例创建特定的查询，范围涵盖从 match 查询和词项级查询到地理形状这样的特殊查询。查询类型可以构建一个简单叶子查询来满足单一的搜索需求，或者利用复合查询来构建复杂的需求，通过逻辑子句来处理高级搜索。现在我们已经熟悉了搜索请求的结构，是时候对响应进行剖析了。

8.5.2 搜索响应

本书的前面部分已经介绍了搜索响应，但是并未涵盖细节。图 8-3 中展示了一个典型的响应。下面简单地讨论一下这些属性，以理解它们各自代表的含义。

took 属性以毫秒为单位，表示完成搜索请求所花的时间。这个时间是指从协调节点收到请求到它汇总完响应并发送回客户端之前的时间。这个时间不包括客户端到服务器的序列化/反序列化时间。

timed_out 属性是一个布尔标志，表示响应是否包含部分结果，即是否有任何分片未能在规定时间内响应。例如，假设我们有 3 个分片，其中一个未能返回结果，那么响应将只包含其中 2 个分片的结果，并会在后面的_shards 属性中表明失败分片状态。

_shards 属性提供了成功执行查询并返回结果的分片数量和失败的分片数量。total 字段表示预期搜索的分片总数，successful 字段表示已经返回数据的分片数。另外，failed 标志表示在执行搜索查询过程中失败的分片数，这个标志由 failed 属性表示。

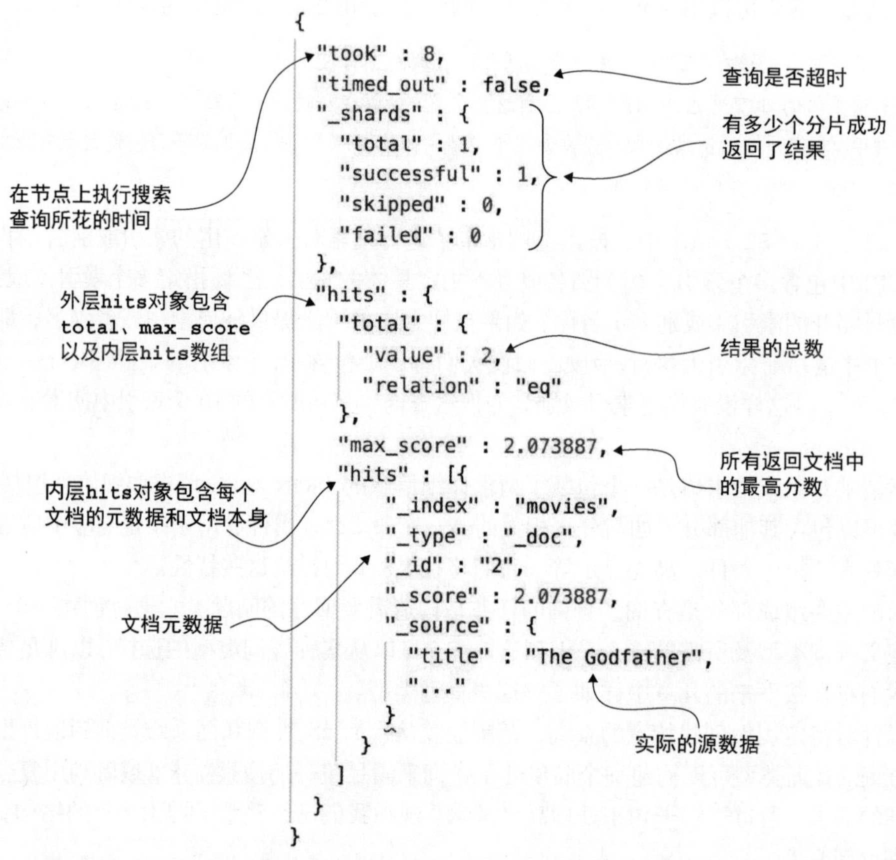

图 8-3　搜索响应的组成部分

hits 属性（称为外层 hits）包含了相关结果的信息。它包含了另一个 hits 字段（称为内层 hits）。外层 hits 对象包含了返回的结果、最高分数和全部结果。最高分数由 max_score 属性表示，指的是返回文档中的最高分数。内层 hits 对象包含了结果（实际的文档），这是一个包含了所有按相关性分数降序排列的文档数组。如果查询是在查询上下文中执行的，那么每个文档都会包含一个_score 属性。

我们之前提到过，可以为查询创建两种类型的请求：URI 搜索和 Query DSL。接下来的两节将详细讨论它们。

注意　如前所述，由于 Query DSL 的多功能性和特性，我们在本书中使用它作为搜索方法。但是，为了完整性，我们将在 8.6 节中简要讨论 URI 搜索。这样，如果你想创建跨功能的搜索查询，可以试着创建等效的 URI 搜索方法。

8.6 URI 搜索

URI 搜索方法是执行简单查询的一种简便的方法。我们通过传递所需的参数来调用_search 端点。以下语法展示了如何实现此搜索：

```
GET|POST <your_index_name>/_search?q=<name:value> AND|OR <name:value>
```

在索引（或多个索引）上调用_search 端点，查询的形式为 q=<name:value>。注意，查询是通过在_search 端点后面使用问号（?）分隔符追加的。我们通过这种方法，将查询参数以 name:value 对的形式附加到 URI 上。我们用这种方法发起一些搜索查询。

8.6.1 按片名搜索电影

假设我们想通过在片名字段中搜索一个词（如“Godfather”）来查找电影。我们可以在 movies 索引上使用_search 端点，并将查询参数 Godfather 作为 title 属性，如代码清单 8-5 所示。

代码清单 8-5 搜索查询以获取匹配“Godfather”的电影

```
GET movies/_search?q=title:Godfather
```

URI 由_search 端点和字母 q 所表示的查询组成。这个查询返回所有片名匹配“Godfather”这个词的电影（在响应中会得到两部电影，即 *The Godfather Part I* 和 *The Godfather Part II*）。

要搜索与多个词匹配的电影，我们可以将这些词作为搜索关键词，并在它们之间加入空格。代码清单 8-6 所示的查询将搜索所有匹配“Godfather”“Knight”和“Shawshank”的电影。

代码清单 8-6 根据多个词搜索电影

```
GET movies/_search?q=title:Godfather Knight Shawshank
```

这个查询返回 4 部电影的片名，即 *The Shawshank Redemption*、*The Dark Knight*、*The Godfather Part I* 和 *The Godfather Part II*。注意，默认情况下，Elasticsearch 在查询输入之间使用 OR 运算符，因此我们不需要指定 OR（它被认为是隐式存在的）。

如果我们检查相关性分数，会发现 *The Shawshank Redemption* 和 *The Dark Knight* 获得了相同的分数（3.085904），而 *The Godfather Part I* 的分数略高于 *The Godfather Part II*。我们可以通过传递 explain 标志要求 Elasticsearch 解释它是如何得出这一分数的。

```
GET movies/_search?q=title:Godfather Knight Shawshank&explain=true
```

我们将在 8.8.3 节中讨论 explain 标志。

cURL 格式

与代码清单 8-6 等效的 cURL 命令如下：

```
curl -XGET "http://localhost:9200/movies/_search?q=title:Godfather Knight Shawshank"
```

如图所示，你可以单击 Dev Tools 界面中运行按钮（三角形图标）旁边的扳手图标来自动生成一个 cURL 命令。

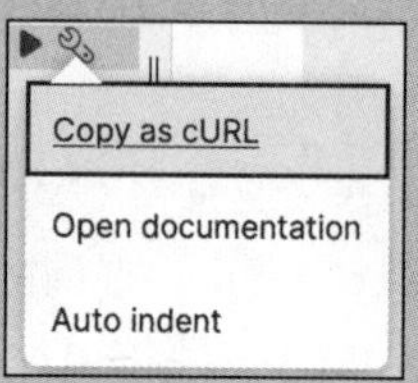

8.6.2 搜索特定的电影

要获取特定的电影，我们可以使用 AND 运算符组合条件。代码清单 8-7 中的查询返回一部匹配 title 和 actors 字段的电影，即 *The Dark Knight*。

代码清单 8-7　根据片名和演员获取电影

```
GET movies/_search?q=title:Knight AND actors:Bale
```

AND 运算符有助于缩小结果的范围。如果省略 AND 运算符，执行代码清单 8-8 中的查询，那么除了 *The Dark Knight*，我们还将获取另外两部电影，即 *The Godfather Part I* 和 *The Godfather Part II*。

代码清单 8-8　根据片名或演员获取电影

```
GET movies/_search?q=title:Godfather actors:Bale
```

在这里，我们搜索的是匹配“Godfather”的电影，或者匹配演员 Christian Bale 的电影。（记住，Elasticsearch 默认使用 OR 运算符。）要在多字段搜索中指定 AND 运算符，还可以在查询中追加 default_operator 参数，如代码清单 8-9 所示。

代码清单 8-9　将 default_operator 设置为 AND

```
GET movies/_search?q=title:Godfather actors:Bale&default_operator=AND
```

这个查询没有返回任何结果，因为没有任何一部 *Godfather* 电影是由 Christian Bale 参演的（至少到目前为止没有）。确保在 default_operator 参数前加上 &，如代码清单 8-9 所示。但是在 & 后面不应该有空格，因为 Kibana 不允许 & 和 default_operator 属性之间有空格。

8.6.3 附加参数

我们可以通过 URI 传递更多的参数，并在查询中添加多个条件。例如，我们可以设置两个属性（from 和 size）来获取分页结果（我们会在 8.8.1 节讨论分页）。我们也可以对结果进行排序，如根据 rating 字段按电影评分进行排序。同样，我们可以使用 explain 参数，让 Elasticsearch 解释它是如何计算评分的。我们编写一个包含所有这些需求和一些其他条件的查询，如代码清单 8-10 所示。

代码清单 8-10 通过附加参数来扩展查询

```
GET movies/_search?q=title:Godfather actors:
(Brando OR Pacino) rating:(>=9.0 AND <=9.5)&from=0&size=10
&explain=true&sort=rating&default_operator=AND
```

这个查询把各种参数组合在了一起，以下是其主要内容。我们搜索的是片名（title）含有“Godfather”、演员（actors）是 Marlon Brando 或者（OR）Al Pacino、评分（rating）在 9 和（AND）9.5 之间的电影。我们还添加了分页（from、size）和按评分（rating）排序，并要求 Elasticsearch 进行解释（explain）。我们检索到了两部电影（均为 *Godfather* 系列电影），尽管 Brando 没有出演 *The Godfather Part II*（因为在 actors 字段中指定了 Brando OR Pacino）。

你可能已经猜到，使用 URI 搜索方法编写查询是粗糙且容易出错的。理想情况下，应该使用 Query DSL 来编写查询。幸运的是，我们可以将 URI 搜索包装在 Query DSL 中，以充分发挥两者的优势。

8.6.4 使用 Query DSL 支持 URI 搜索

Query DSL 有一个 query_string 方法，允许包装一个 URI 搜索调用（我们将在 8.7 节查看 Query DSL）。我们可以将 URI 查询参数设置在请求体的 query_string 字段中，以根据多个片名关键词来搜索电影，如代码清单 8-11 所示。

代码清单 8-11 使用包装在 Query DSL 中的 URI 方法

```
GET movies/_search
{
  "query": {
    "query_string": {
      "default_field": "title",
      "query": "Knight Redemption Lord Pulp",
      "default_operator": "OR"
    }
  }
}
```

query_string 等同于我们之前在 URI 搜索方法中使用的 q 参数。尽管它比 URI 搜索方法要好很多，但是 query_string 方法在语法上比较严格，也有一些不太容易处理的特性。除非有充分的理由，否则应该使用 Query DSL 编写查询，而不是使用 query_string。我们可以使用 query_string 进行快速测试，但如果依赖它进行复杂和深入的查询，可能会带来麻烦。

是时候探险强大的 Query DSL 了。因为 Query DSL 对搜索来说就像一把瑞士军刀，所以值得专门用一节来介绍它。

8.7 Query DSL

Elasticsearch 团队开发了一种专门用于搜索的、通用的语言和语法，称为 Query DSL。它是一种复杂、强大且富有表达力的语言，可以创建从基本到复杂的多种查询，以及嵌套和更复杂的查询。它还可以扩展用于分析查询。它是一种基于 JSON 的查询语言，可以用于构建搜索和分析的查询。Query DSL 的语法和格式如下：

```
GET books/_search      ◁— 在 books 索引上调用_search 端点
{
  "query": {      ◁— 所有的查询都被包装在这个对象中
    "match": {      ◁— 查询类型
      ...      ◁— 查询条件被包含在这里
    }
  }
}
```

我们在调用_search 端点时，将 query 对象作为请求体传入。query 对象包含了创建所需条件的逻辑。

8.7.1 查询样例

我们已经使用 Query DSL 格式编写了一些查询。为了完整性，现在我们编写一个 multi_search 查询，在 synopsis 和 title 两个字段中搜索关键词“Lord”，如代码清单 8-12 所示。

代码清单 8-12 Query DSL 查询样例

```
GET movies/_search
{
  "query": {
    "multi_match": {
      "query": "Lord",
      "fields": ["synopsis","title"]
    }
  }
}
```

GET movies/_search 是客户端向 Elasticsearch 服务器发出的简化的搜索请求。完整的请求看起来像下面这样：

```
GET http://localhost:9200/movies/_search
```

当然，我的 Elasticsearch 服务器在本地运行，所以 localhost 是服务器的地址。这个请求需要一个包含查询的 JSON 格式的请求体。

8.7.2 通过 cURL 调用 Query DSL

相同的查询也可以通过 cURL 进行调用。代码清单 8-13 中展示了这种调用方式。

代码清单 8-13 通过 cURL 调用 Query DSL

```
curl -XGET "http://localhost:9200/movies/_search" -H
'Content-Type: application/json' -d'
{
  "query": {
```

```
    "multi_match": {
      "query": "Lord",
      "fields": ["synopsis","title"]
    }
  }
}'
```

查询作为-d 参数的一个参数值提供。注意，当通过 cURL 发送请求时，整个查询（从-d 开始）都被包含在单引号中。

8.7.3 使用 Query DSL 进行聚合

尽管我们还没有介绍 Elasticsearch 的分析部分，但这里有一个快速的入门。在 Query DSL 中，我们使用类似的格式来进行聚合（分析），即使用 aggs（aggregations 的缩写）对象代替 query 对象。代码清单 8-14 中展示了这种格式。

代码清单 8-14 用 Query DSL 格式编写的聚合查询

```
GET movies/_search
{
  "size": 0,
  "aggs": {
    "average_movie_rating": {
      "avg": {
        "field": "rating"
      }
    }
  }
}
```

此查询使用一个名为 avg（average 的缩写）的指标聚合来获取所有电影的平均评分。现在我们已经了解了 Query DSL 的整体形式，下面我们就来更深入地看看之前提及的叶子查询和复合查询。

8.7.4 叶子查询和复合查询

Query DSL 支持叶子查询和复合查询。搜索查询的内容可以是简单或复杂的查询条件。

叶子查询（leaf query）很简单，没有子句。这类查询根据特定的条件获取结果（例如获取高评分电影、特定年份上映的电影、电影票房等）。

通过叶子查询，可以针对特定字段的条件找到结果。代码清单 8-15 中展示了一个示例。（不用担心查询的内容，我们会在接下来的几章中深入讨论这类查询。）

代码清单 8-15 匹配短语的叶子查询

```
GET movies/_search
{
  "query": {
    "match_phrase": {
```

```
      "synopsis": "A meek hobbit from the shire and eight companions"
    }
  }
}
```

叶子查询不能同时使用多个 query 子句。例如，它们并不是被设计用于搜索匹配某个片名但不（not）匹配特定演员，且（and）在特定年份上映，并且（and）评分不低于某个数值的电影。使用叶子查询无法满足通过逻辑组合多个子句来处理复杂查询的高级要求，于是就引入了复合查询。

复合查询（compound query）允许使用逻辑运算符组合叶子查询甚至其他复合查询来创建复杂的查询。例如，布尔（bool）查询是一种常见的复合查询，支持包括 must、must_not、should 和 filter 等子句。我们可以使用复合查询来编写相当复杂的查询，就像代码清单 8-16 中的例子一样。

代码清单 8-16 复合查询

```
GET movies/_search
{
  "query": {
    "bool": {
      "must": [{"match": {"title": "Godfather"}}],
      "must_not": [{"range": {"rating": {"lt": 9.0}}}],
      "should": [{"match": {"actors": "Pacino"}}],
      "filter": [{"match": {"actors": "Brando"}}]
    }
  }
}
```

这个复合查询通过逻辑运算符连接了几个叶子查询。它获取了所有片名必须（must）匹配 “Godfather”，且（and）评分不（must not）低于 9 的电影。查询还应该（should）考虑演员 Pacino 的电影。最后，它还将演员 Brando 的电影以外的所有内容过滤掉。这听起来很复杂，但不用担心，我们会在后续的几章中使用复合查询进行高级查询。

叶子查询（还有高级查询）都被包装在搜索请求的 query 对象中。除了实现高级查询的逻辑（有时可能过于复杂），在编写复合查询时应该看不到显著的区别。

有几个通用的功能，例如排序、分页和高亮显示，任何类型的搜索查询都可以使用。它们并不仅限于 term 或者 match 层级的查询、复合查询或者叶子查询。下面我们就详细讨论这些功能。在搜索和聚合时，我们也会不时地使用这些功能。

8.8 搜索功能

Elasticsearch 提供了在查询和结果中添加功能的能力。我们可以通过要求 Elasticsearch 返回完整文档或仅返回特定字段来操纵响应中的源数据。除了根据文档的相关性分数进行排序，我们还可以根据一个或多个字段对文档进行排序。Elasticsearch 允许我们对结果进行分页，例如，我们可以指定每页包含 100 个文档，而不是 Elasticsearch 默认返回的 10 个文档。还有一个功能是可以在结果中高亮显示搜索匹配词。我们甚至可以使用分片路由功能，要求引擎只从特定的一组分片中获取结果。

此外，大多数搜索查询都支持一些通用的功能，而与使用何种查询类型（如词项级查询、全文查询、地理空间查询等）无关。有些功能对于特定类型的查询并不适用，例如，`text` 类型的字段不适合排序，所以排序只限于词项级查询。在本节中，我们将探索这些功能，详细了解它们的应用。

8.8.1 分页

通常情况下，查询会产生大量的结果，可能达到数百甚至上千条。将查询的所有结果同时返回可能引发问题，因为服务器端和客户端都需要足够的内存和处理能力来应对数据负载。

默认情况下，Elasticsearch 会返回前 10 条结果，但是我们可以通过在查询中设置 `size` 参数来改变这个数量。`size` 的最大值是 10 000，但我们也可以改变这个限制，稍后将讨论。在代码清单 8-17 中，查询的 `size` 被设置为 `20`，一次性返回前 20 个结果。

代码清单 8-17 查询以获取指定数量的结果

```
GET movies/_search
{
  "size": 20,
  "query": {
    "match_all": {}
  }
}
```

将 `size` 设置为 `20` 返回前 20 个结果。如果索引中有 100 万个文档，将 `size` 设置为 `10000` 就会检索到这么多文档。（暂且不考虑性能问题。）

重置 10 000 个文档大小的限制

通过设置 `size` 属性，能够获取的最大结果数量是 10 000。假设我们将 `size` 设为 `10001`，并执行以下查询我们会得到异常“The result window is too large, from + size must be less than or equal to: [10000] but was [10001].”：

```
GET movies/_search
{
  "size": 10001,
  "query": {
    "match_all": {}
  }
}
```

尽管 10 000 对大多数搜索已经足够，但如果我们需要获取超过这个数量的文档，就必须在索引上重置 `max_result_window` 的值。`max_result_window` 是一个动态设置，可以通过在活动索引上执行以下请求进行必要的更改：

```
PUT movies/_settings
{
  "max_result_window":20000      ← 设置最大返回结果数量为 20 000
}
```

尽管如此，在获取大数据集时，不建议使用这种搜索形式，最好使用 search_after 功能，我们将在本节后面讨论。Elasticsearch 提供了 scroll API 来获取大数据集，但我更建议使用 search_after 功能而非 scroll API。

除了可以批量获取结果的 size 参数，Elasticsearch 还有一个参数 from，可以用于指定结果的偏移量。作为偏移量，from 设置可以跳过给定数量的结果。例如，如果 from 设置为 200，那么前 200 条结果将被忽略，返回的结果将从第 201 条开始。代码清单 8-18 中展示了如何通过设置 size 和 from 属性对结果进行分页。

代码清单 8-18 使用 size 和 from 对结果进行分页

```
GET movies/_search
{
  "size": 100,      ← 每页获取 100 条结果
  "from": 3,        ← 从第四个文档开始获取结果，跳过前三个文档
  "query": {
    "match_all": {}
  }
}
```

在这个示例中，我们将 size 设置为 100，这样每页都会获取 100 个文档。另外，我们将从第四个文档（因为 from 被设置为 3）开始获取结果。

如果结果集太大（超过 10 000），我们需要使用 search_after 属性，而不是使用 size 和 from 属性进行分页。在第 9 章中，我们会看到这方面的示例（深度分页）。现在，让我们来看看另一种常见的搜索功能——高亮显示。

8.8.2 高亮显示

在浏览器中使用 Ctrl+F 搜索网页中的关键词时，结果会被高亮显示，以使其更加醒目。例如，在图 8-4 中，“dummy”这个词被高亮显示。在结果中高亮显示关键词的功能对用户具有吸引力，并且具有良好的视觉效果。

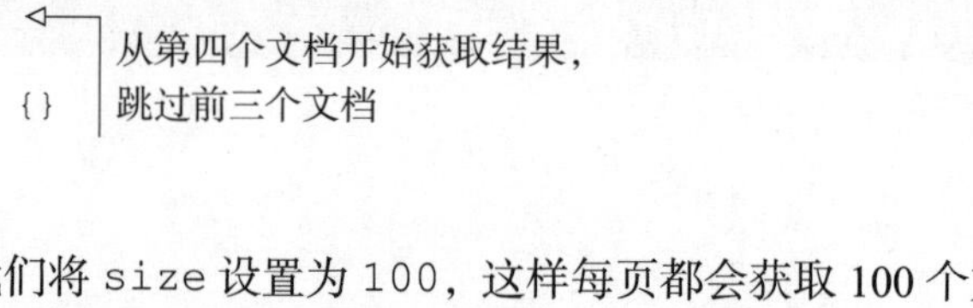

What is Lorem Ipsum?

Lorem Ipsum is simply dummy text of the printing and typesetting industry. Lorem Ipsum has been the industry's standard dummy text ever since the 1500s, when an unknown printer took a galley of type and scrambled it to make a type specimen book. It has

图 8-4 高亮显示文本的示例

在 Query DSL 中，我们可以在顶层 query 对象的同一层级添加一个 highlight 对象。

```
GET books/_search
{
  "query": { ... },
  "highlight": { ... }
}
```

highlight 对象需要一个 fields 块，在其中我们提供要在结果中高亮显示的各个字段。

```
GET books/_search
{
  "query": { ... },
  "highlight": {
    "fields": {
      "field1": {},
      "field2": {}
    }
  }
}
```

当服务器返回结果时，我们可以要求 Elasticsearch 使用其默认设置来高亮显示匹配文本，通过使用强调标签（<em>匹配内容</em>）将匹配的文本包围起来。代码清单 8-19 中的代码创建了一个 highlight 对象，指明了对结果的 title 字段中的文本进行高亮显示。

代码清单 8-19 高亮显示匹配的结果

```
GET movies/_search
{
  "_source": false,        <-- 抑制源数据被返回
  "query": {
    "term": {
      "title": {
        "value": "godfather"
      }
    }
  },"highlight": {         <-- 包括一个具有高亮显示字段的 highlight 对象
    "fields": {
      "title": {}          <-- 希望高亮显示的字段
    }
  }
}
```

下面这段代码使用<em>标签高亮显示了“Godfather”。我们在查询中将_source 设置为 false，因此在结果中源数据被抑制，没有被返回。

```
{
  ...
  "highlight" : { "title" : ["The <em>Godfather</em>"] }
},
{
  ...
  "highlight" : { "title" : ["The <em>Godfather</em> II"]}
}
```

在基于 HTML 的浏览器中，我们可以使用`<em>`标签来强调字体，也可以使用自定义标签。例如，下面这段代码创建了一对花括号（`{{`和`}}`）作为标签。

```
...
"highlight": {
    "pre_tags": "{{",
    "post_tags": "}}",
    "fields": {
      "title": {}
    }
  }
```

结果是`"The {{Godfather}}"`（用花括号表示高亮显示）。我们已经知道了如何高亮显示搜索结果，现在把注意力转向数据中的相关性分数。

8.8.3　解释相关性分数

Elasticsearch 提供了一种机制，可以准确地告诉我们引擎是如何计算相关性分数的。这是通过在`_search`端点上使用`explain`标志或使用`explain` API 实现的。`explain` API 也可以用于确定文档与查询匹配与否的原因。在本节中我们就来看一下这两种方法，以了解它们的共同点和细微差异。

1. explain 标志

你可能已经注意到，在之前的一些查询结果中有一个正数（一个相关性分数）。这些值是由引擎计算和设置的，但是我并没有解释它们是如何计算的。Elasticsearch 提供了一个`explain`标志，如果想了解相关性分数的计算过程，可以在查询的请求体中设置这个标志。将`explain`属性设置为`true`时，Elasticsearch 会返回结果，并详细说明它是如何得出相关性分数的。换句话说，它解释了引擎在后台执行的逻辑和计算。

代码清单 8-20 中展示了一个`match`查询。因为我们想知道相关性分数是如何计算的，所以将`explain`设置为`true`。

代码清单 8-20　要求引擎解释分数计算

```
GET movies/_search
{
  "explain": true,
  "_source": false,
  "query": {
    "match": {
      "title": "Lord"
    }
  }
}
```

`explain`属性和`query`对象在同一层级上进行设置。如图 8-5 所示，这个查询的结果非常有趣。

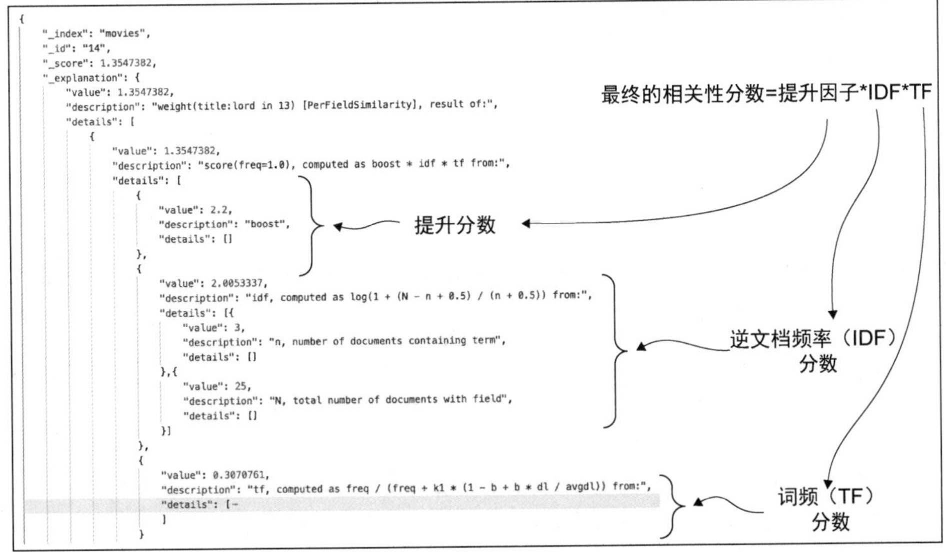

图 8-5　Elasticsearch 计算相关性分数原理的解释

相关性分数是由逆文档频率（IDF）、词频（TF）和提升因子（boost factor）这 3 部分的乘积计算得到的。Elasticsearch 详细解释了它是如何评估和测量这些组成部分的。例如，返回响应中的 description 字段显示，IDF 的计算公式为

```
log(1 + (N - n + 0.5) / (n + 0.5))
```

其中：

- n 是包含此词项的文档总数（在图 8-5 中有 3 个文档包含“lord”）；
- N 是文档的总数（图 8-5 显示索引中有 25 个文档）。

类似地，TF 的计算公式为

```
freq / (freq + k1 * (1 - b + b * dl / avgdl))
```

每个变量的计算过程在结果的 detail 部分也做了解释。建议你阅读这个部分，以检查引擎是如何应用这些公式来产生分数的。

注意　如果没有匹配呢？例如，如果用“Lords”替代“Lord”来执行搜索会怎么样？我们很快会发现结果是空的。你可以自己在代码中试试，看看结果如何。

2. _explain API

尽管我们通过 explain 属性理解了相关性分数的工作原理，但还有一个_explain API，它不仅提供分数计算的解释，还能解释为什么文档匹配（或不匹配）。代码清单 8-21 中的查询使用了_explain 端点，并以文档 ID 作为参数演示了这种方法。

代码清单 8-21 使用_explain 端点解释分数计算

```
GET movies/_explain/14
{
  "query":{
    "match": {
      "title": "Lord"
    }
  }
}
```

这个查询与代码清单 8-20 中的查询相同，但这次我们调用了_explain 端点来解释分数计算，而不是在_search 端点上设置 explain 标志。

最后，让我们将代码清单 8-21 中 match 属性中的“Lord”错拼为“Lords”，重新执行查询。正如预料，我们并没有得到相同的结果，只得到一个提示。

```
{
  "_index" : "movies",
  "_type" : "_doc",
  "_id" : "14",
  "matched" : false,
  "explanation" : {
    "value" : 0.0,
    "description" : "no matching term",
    "details" : [ ]
  }
}
```

正如 explanation 对象中的 description 所说，“Lords”与索引的数据不匹配。理解匹配（或不匹配）的原因有助于解决查询的状态问题（例如，在前面的例子中，我们知道匹配项并不存在于索引中）。如果使用 explain 标志重试代码清单 8-21 中的查询，可能无法从引擎中获取空数组之外的任何信息。

使用_search API 上的 explain 标志构建的搜索查询可以产生大量的结果。在我看来，在查询层级要求解释所有文档的分数是对计算资源的浪费，应该选择一个文档并使用_explain API 要求 Elasticsearch 提供解释。

8.8.4 排序

默认情况下，引擎返回的结果是根据相关性分数（_score）排序的，分数越高，在结果列表中的排名越靠前。然而，Elasticsearch 允许我们管理相关性分数的排序顺序（升序或降序），我们也可以根据其他字段来排序，包括根据多个字段排序。

1. 排序结果

要对结果进行排序，我们必须提供一个 sort 对象，此对象与 query 对象在同一层级。sort 对象由一个字段数组构成，其中每个字段都包含一些可调整的参数：

```
GET movies/_search
{
```

```
  "query": {
    "match": {
      "genre": "crime"
    }
  },
  "sort": [
     { "rating" :{ "order": "desc" } }
  ]
}
```

在这里，通过 match 查询搜索所有犯罪类型的电影，并根据电影评分进行排序。sort 对象定义了 rating 字段和期望的结果排序顺序（在本例中是降序）。

2．根据相关性分数排序

如果查询中没有指定排序顺序，那么默认情况下，带有相关性分数的文档会按_score 降序排序。例如，由于代码清单 8-22 中的查询没有指定排序顺序，因此结果按降序排序。

代码清单 8-22　默认按相关性分数的降序排序

```
GET movies/_search
{
  "size": 10,
  "query": {
    "match": {
      "title": "Godfather"
    }
  }
}
```

这相当于在查询中指定 sort 对象，如代码清单 8-23 所示。

代码清单 8-23　根据_score 排序

```
GET movies/_search
{
  "size": 10,
  "query": {
    "match": {
      "title": "Godfather"
    }
  },
  "sort": [        <-- 在 query 对象的同一层级设置 sort 对象来启用排序
    "_score"       <-- 由于没有指定排序顺序，结果默认按降序排序
  ]
}
```

要将排序顺序改为升序，使分数较低的文档出现在列表的顶部，只需简单地添加_score 字段来指定顺序。代码清单 8-24 中展示了如何做到这一点。

代码清单 8-24　按相关性分数对结果升序排序

```
GET movies/_search
{
```

```
  "size": 10,
  "query": {
    "match": {
      "title": "Godfather"
    }
  },
  "sort": [
    {"_score":{"order":"asc"}}
  ]
}
```

你可能已经猜到了如何根据_score 以外的文档字段进行排序。代码清单 8-25 中展示了如何根据 rating 从高到低进行排序。

代码清单 8-25 根据指定字段对结果排序

```
GET movies/_search
{
  "size": 10,
  "query": {
    "match": {
      "genre": "crime"
    }
  },
  "sort": [
    {"rating":{"order":"desc"}}
  ]
}
```

执行这个查询时，结果（为简洁起见做了省略）会被排序，评分最高的电影位于列表的顶部。如果仔细观察结果我们会发现，相关性分数被设置为 null，也就是说，当根据 rating 字段排序时，Elasticsearch 不会计算分数。然而，即使不根据_score 排序，我们也可以要求 Elasticsearch 计算分数。为此，我们可以使用 track_scores 布尔字段。代码清单 8-26 中展示了如何设置 track_scores 来让引擎计算相关性分数。

代码清单 8-26 在根据指定字段排序时启用计算相关性分数

```
GET movies/_search
{
  "track_scores":true,
  "size": 10,
  "query": {
    "match": {
      "genre": "crime"
    }
  },
  "sort": [
    {"rating":{"order":"asc"}}
  ]
}
```

代码清单 8-26 中用粗体展示的 track_scores 属性告诉引擎计算文档的相关性分数。但是，文档并不根据_score 属性排序，因为排序使用的是一个自定义字段。

我们也可以根据多个字段进行排序。根据 rating 和 release_date 字段进行排序的查询如代码清单 8-27 所示。

代码清单 8-27 根据多个字段以升序排序

```
GET movies/_search
{
  "size": 10,
  "query": {
    "match": {
      "genre": "crime"
    }
  },
  "sort": [
    {"rating":{"order":"asc"}},
    {"release_date":{"order":"asc"}}
  ]
}
```

根据多个字段排序时，排序的顺序非常重要！这个查询的结果先按 rating 字段升序排序，如果有多部电影的评分相同，则使用第二个字段 release_date 来打破平局，以便具有相同评分的结果按 release_date 升序排序。

注意 在第 12 章中将介绍地理排序（geosorting）。理解地理查询和对地理坐标点排序需要专门的一章。

8.8.5 操纵结果

你可能已经注意到，搜索查询会从_source 字段指定的原始文档中返回结果。在某些情况下，我们可能只想获取部分字段。例如，当用户搜索某种类型的评分时，我们可能只需要电影的片名和评分，或者我们可能不需要在引擎的响应中包含文档。Elasticsearch 允许操纵响应，无论是获取选定的字段还是抑制整个文档。

1. 抑制文档

要在搜索响应中抑制返回的文档，我们可以在查询中将_source 标志设置为 false，只返回包含元数据的响应，如代码清单 8-28 所示。

代码清单 8-28 抑制源数据

```
GET movies/_search
{
  "_source": false,      <-- 将_source 标志设置为 false
  "query": {                 从结果中删除源数据
    "match": {
      "certificate": "R"
    }
```

```
  }
}
```

可以看到，响应中并未包含原始文档：

```
"hits" : [
      {
        "_index" : "movies",
        "_type" : "_doc",
        "_id" : "1",
        "_score" : 0.58394784
      },
      {
        "_index" : "movies",
        "_type" : "_doc",
        "_id" : "2",
        "_score" : 0.58394784
      },
      ...
]
```

2. 获取选定的字段

我们可以只获取响应中的几个选定的字段，而不是整个文档。Elasticsearch 提供了一个 fields 对象来指示应该返回哪些字段。我们可以在 fields 对象中明确地定义要获取的字段。例如，下面的查询只会在响应中获取 title 和 rating 字段：

```
GET movies/_search
{
  "_source": false,
  "query": {
    "match": {
      "certificate": "R"
    }
  },
  "fields": [
    "title",
    "rating"
  ]
}
```

下面的代码片段展示了响应的内容。正如预期的，文档只返回了 title 和 rating 字段：

```
{
  "_index" : "movies",
  "_type" : "_doc",
  "_id" : "1",
  "_score" : 0.58394784,
  "fields" : {
    "rating" : [
      9.296875
    ],
    "title" : [
      "The Shawshank Redemption"
```

```
      ]
    }
  }
```

注意，每个字段都以数组的形式返回，而不是单个字段。因为它可能具有多个值，所以结果被表示为 JSON 数组（Elasticsearch 没有数组类型）。

我们还可以在字段的映射中使用通配符。例如，设置 title*可以获取 title、title.original、title_long_description、title_code，以及其他所有以 title 为前缀的字段。（在我们的映射中，除了 title 和 title.original，并未包含所有这些字段，你可以将它们添加到映射中，以体验通配符设置。）

3. 脚本字段

有时候，我们需要动态计算一个字段并将其添加到响应中。例如，假设我们希望如果一部电影的评分在返回的最高评分范围（如高于 9）内，就将其设置为高评分电影。当我们需要添加这种临时字段时，可以使用脚本功能。

要使用脚本功能，可以在查询的同一层级添加 script_fields 对象，其中包含新的动态字段的名称和填充这一字段的逻辑。通过根据电影的评分来创建一个新字段 top_rated_movie，如代码清单 8-29 所示。

代码清单 8-29 使用脚本字段添加新字段

```
GET movies/_search
{
  "_source": ["title*","synopsis", "rating"],
  "query": {
    "match": {
      "certificate": "R"
    }
  },
  "script_fields": {
    "top_rated_movie": {
      "script": {
        "lang": "painless",
        "source": "if (doc['rating'].value > 9.0) 'true'; else 'false'"
      }
    }
  }
}
```

脚本中包含了 source 元素，其中定义了填充新字段 top_rated_movie 的逻辑：如果电影的评分高于 9，就将其标记为高评分电影。为了完整起见，我们来看一下带有新 top_rated_movie 字段的输出（为简洁起见进行了编辑）：

```
"hits" : [{
  ...
  "_source" : {
    "rating" : "9.3",
```

```
      "synopsis" : "Two imprisoned men bond ...",
      "title" : "The Shawshank Redemption"
    },
    "fields" : {
      "top_rated_movie" : ["true"]
    }
  }
...
```

4. 过滤源数据

在本节开始时，我们将_source 标志设置为 false 以抑制在响应中返回文档。尽管我们已经展示了全有或全无的场景，但是还有一些使用场景，可以通过设置_source 选项来进一步调整响应。例如，代码清单 8-30 中将_source 设置为["title*", "synopsis", "rating"]，这样结果将返回 synopsis 和 rating 字段，以及所有以 title 为前缀的字段。

代码清单 8-30 使用_source 标志获取自定义字段

```
GET movies/_search
{
  "_source": ["title*","synopsis", "rating"],
  "query": {
    "match": {
      "certificate": "R"
    }
  }
}
```

我们可以通过设置 includes 和 excludes 列表来进一步控制_source 选项返回的字段，如代码清单 8-31 所示。

代码清单 8-31 使用 includes 和 excludes 过滤源

```
GET movies/_search
{
  "_source": {
    "includes": ["title*","synopsis","genre"],
    "excludes": ["title.original"]
  },
  "query": {
    "match": {
      "certificate": "R"
    }
  }
}
```

_source 对象需要两个数组：

- includes——在结果中需要返回的所有字段；
- excludes——必须从 includes 列表返回的字段中排除的字段。

在代码清单 8-31 中，我们期望查询返回所有 title 字段（title 和 title.original），以及 synopsis 和 genre 字段。不过，我们可以将 title.original 放入 excludes 数组中来抑制这一字段的返回。我们可以对 includes 和 excludes 数组进行调整，以便更精细地控制返回和抑制的字段。例如，如果我们在_source 对象中添加一个"excludes": ["synopsis", "actors"]数组，那么除了 synopsis 和 actors，其他所有字段都会被返回。

8.8.6 跨索引和数据流搜索

数据通常分布在多个索引和数据流中。幸运的是，Elasticsearch 允许我们在搜索请求中附加所需的索引，以便跨多个索引和数据流搜索数据。例如，如果在搜索请求中省略索引名，引擎将在所有索引中进行搜索：

```
GET _search
{
  "query": {
    "match": {
      "actors": "Pacino"
    }
  }
}
```

我们还可以使用 GET */_search 或者 GET _all/_search，它们等同于上面的查询。这些方式都会对集群中的所有索引进行搜索。

在多个索引中进行搜索时，我们可能希望在一个索引中找到的文档比在另一个索引中找到的同一文档拥有更高的优先级。换句话说，在跨多个索引进行搜索时，我们可能想要提升某些索引相对于其他索引的权重。为此，我们可以在 query 对象的同一层级附加一个 indices_boost 对象。我们可以在 indices_boost 对象中指定多个索引，并为其设置适当的提升分数。

为了演示，我们创建两个新的索引（movie_top 和 movie_new），并在它们中索引电影 *The Shawshank Redemption*（代码可以在本书的配套文件中找到）。现在在 3 个索引中都有了同一部电影，接下来让我们创建一个查询，要求提升来自 movies_top 索引中的文档的相关性分数，使 *The Shawshank Redemption* 在此索引中的搜索结果排名最靠前，如代码清单 8-32 所示。

代码清单 8-32 提升文档的相关性分数

```
GET movies*/_search
{
  "indices_boost": [
    { "movies": 0.1},        <-- 降低 indices_boost 到 0.1
    { "movies_new": 0},      <-- 降低 indices_boost 到 0
    { "movies_top": 2.0}     <-- 增加 indices_boost 到 2.0
  ],
  "query": {
    "match": {
      "title": "Redemption"
    }
  }
}
```

如果文档在 Query DSL 的 movies_top 中被找到，那么此查询会将文档的相关性分数加倍；而如果文档是从 movies 索引中获取的，那么此查询会将其分数降低到原始值的 10%（0.1）。我们将 movies_new 文档的 indices_boost 设置为 0，意味着将最终的分数设置为 0。例如，如果文档在 movies_top 中的原始分数是 0.2876821，那么新分数将是 0.5753642（0.2876821×2）。其他文档的分数也是根据 indices_boost 对象的设置来计算的。

本章的内容到此结束。现在我们对 Query DSL 和 URI 搜索功能有了更好的理解，在第 9 章中，我们将讨论词项级查询。

8.9 小结

- 搜索可以分为结构化搜索和非结构化搜索两种类型。
- 结构化数据适用于非文本字段，如数值字段和日期字段，或者是在索引时不被分析且产生二元结果（它们要么存在，要么不存在）的字段。
- 非结构化数据处理的是 text 类型的字段，这些字段预期会有一个相关性分数。引擎根据结果文档与条件的匹配程度来打分。
- 我们在结构化查询中使用词项级搜索，在非结构化数据中采用全文搜索。
- 每个搜索请求都由协调节点处理。协调节点负责请求其他节点来执行查询，收集返回的部分数据，对数据进行汇总，并把最终的结果响应给客户端。
- Elasticsearch 为查询和聚合公开了一个_search 端点。我们可以通过使用带参数的 URI 请求或者使用 Query DSL 构建完整的请求来调用_search 端点。
- Query DSL 是创建搜索查询的首选方法。可以使用 Query DSL 构建多种查询，包括高级查询。
- Query DSL 允许创建叶子查询和复合查询。叶子查询是只有单个条件的简单搜索查询。复合查询可以用于构建带有条件子句的高级查询。
- 大多数查询类型都支持通用的功能，包括分页、高亮显示、解释分数、操纵结果等。

第 9 章　词项级搜索

本章内容

- 理解词项级查询
- 词项级查询实战

词项级搜索（term-level search）旨在处理结构化数据，如数值、日期、IP 地址、枚举、关键词类型等。它可以帮助我们找到答案，但不考虑相关性。也就是说，它搜索完全匹配的结果，而不考虑文档与查询的匹配程度。词项级搜索与全文搜索的一个基本区别在于，词项级查询不进行文本分析。

本章将详细介绍词项级搜索，并通过示例讲解各种查询类型。让我们先从概述开始，再看具体的查询。

9.1 概述

词项级搜索是结构化的，查询只返回完全匹配的结果。它搜索结构化数据，如日期、数值和范围。在这类搜索中，我们不关心结果匹配的程度（文档与查询的匹配程度），只要查询与数据匹配就返回结果。因此，我们不期望词项级搜索的结果带有相关性分数。

词项级搜索类似于数据库的 `WHERE` 子句，只有是或不是两种结果。如果满足条件，则获取查询结果；否则，查询不会返回任何结果。

虽然文档带有与查询相关的分数，但这些分数并不重要。如果文档与查询匹配，就会被返回，并不考虑相关性。实际上，我们可以执行词项级查询，返回一个常数分数。服务器能够缓存这些查询，以便在重新执行同一个查询时提高性能。这些查询类似于传统的数据库搜索。

9.1.1 词项级查询不进行分析

词项级查询的一个重要特点是不进行分析和分词（与全文查询不同）。这个规则的例外是当我们使用归一化器（normalizer）时。词项（term）与倒排索引中存储的单词进行匹配时，不使用分析器（analyzer）来匹配索引模式。这意味着搜索词必须与倒排索引中索引的字段完全匹配。

例如，如果我们使用词项级查询在 `title` 字段中搜索“Java”，那么文档很可能不会匹配。这是因为在索引过程中，假设我们使用的是 `standard` 分析器，单词“Java”会被转换为小写（java），并插入书名的倒排索引中。引擎尝试将搜索词“Java”与倒排索引中的“java”进行匹配，由于词项级查询不进行分析，因此匹配失败。如果使用 `keyword` 类型（我们很快就会解释），就可以从查询（Java 的首字母大写）中得到相同的结果。

词项级查询适用于关键词搜索而不是 `text` 类型的字段搜索，因为在索引过程中，任何被标识为关键词的字段都会在未经分析的情况下直接添加到倒排索引中。与关键词一样，数字、布尔值、范围等也不进行分析，而是直接添加到各自的倒排索引中。

9.1.2　词项级查询示例

让我们看一个与电影 *The Godfather* 有关的简单例子。图 9-1 展示了文档索引和词项级搜索的过程。`standard` 分析器没有找到匹配项，因为“The Godfather”并不是作为单一的词元（token）存在于倒排索引中的（它被分析器拆分成了两个词元）。同样，在词项级查询中只使用“Godfather”作为搜索词也不会返回任何结果，因为“Godfather”与小写的“godfather”不匹配。

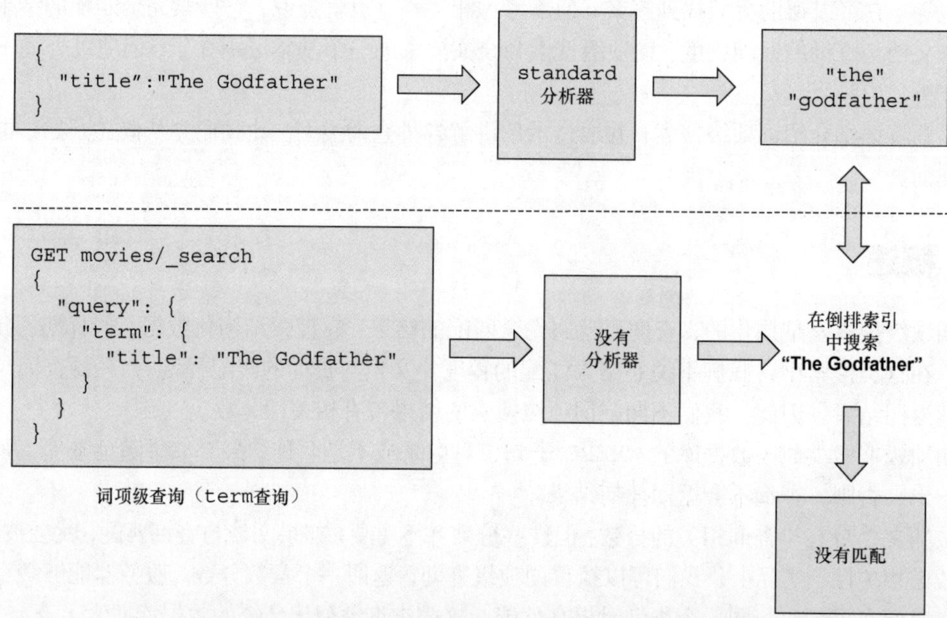

图 9-1　对电影 *The Godfather* 进行索引和词项级搜索

图 9-1 中包含文档索引和文档搜索两个过程。如果字段是 `text` 类型的字段，假设应用了 `standard` 分析器，在索引过程中，片名会被拆分成两个小写的词元`["the" "godfather"]`。

但在词项级搜索期间，搜索词是按原样传递的，不进行任何文本分析。如果词项级查询搜索“The Godfather”，引擎会尝试在倒排索引中查找完全相同的字符串“The Godfather”。

我们仍然可以在 text 类型的字段上执行词项级查询，尽管在长文本字段上并不推荐这样做。如果文本包含枚举类型的数据，如星期几、电影分级、性别等，可以使用词项级查询。如果正在索引的是性别，如男性（male）和女性（female），由于 standard 分析器在索引过程中的作用，词项级查询必须使用“male”和“female”才能成功返回结果。重点是，词项级查询用于搜索完全匹配的词。

Elasticsearch 支持多种词项级查询，包括 term 查询、terms 查询、ids 查询、fuzzy 查询、exists 查询和 range 查询等。在 9.2 节中，我们会讨论几个重要的查询，然后给出实际操作的例子。

注意 我们在第 8 章中索引了电影样本数据，接下来所有的查询都将基于这些数据来构建。为了完整性，本章的配套源代码提供了索引电影映射和样本数据的步骤。

9.2 term 查询

term 查询获取与给定字段完全匹配的文档。term 查询不分析字段，它直接与索引过程中存储在倒排索引中的原始值进行匹配。例如，在我们的电影数据集上，我们可以构建一个 term 查询来搜索 R 级的电影，如代码清单 9-1 所示。

代码清单 9-1 获取指定分级的电影

```
GET movies/_search
{
  "query": {
    "term": {          <-- term 查询的声明
      "certificate": "R"
    }
  }
}
```

查询的名称（在本例中是 term）表明我们要执行一次词项级搜索。该对象需要指定字段（此处指的是 certificate）和搜索的值。需要注意的是，certificate 字段是 keyword 数据类型，因此在索引过程中，“R”这个值没有被任何分析器处理（确切地说，没有被 keyword 分析器处理，keyword 分析器不会改变字母大小写），它被原样存储。

如果执行这个查询，会得到所有 R 级电影（在我们的样本数据集中有 14 部电影是 R 级的）。这些结果被包装在返回的 JSON 响应中。下面我们就来观察一下在 text 类型（而不是 keyword 类型）的字段上执行词项级查询的效果。

9.2.1 在 text 类型的字段上执行 term 查询

如果我们将查询的分级值从“R”更改为“r”，即将搜索条件改为小写（如"certificate":

"r")，会发生什么？出乎意料的是，这个查询没有得到任何结果。能猜到原因吗？

回想一下我们在第 7 章中提到的，Elasticsearch 在索引和搜索时会分析 text 类型的字段。certificate 字段是 keyword 类型的，因此该字段不会经历分析过程。这意味着它总是与倒排索引中的内容相同。当索引文档时，certificate 的值"R"不会被分词或经过过滤器处理，而是会原封不动地插入倒排索引中。

但对于搜索过程，term 查询也不进行分析。与 standard 分词器将查询字段分词为多个词元并将它们转换为小写不同，term 查询中的字段保持原样。如果我们搜索“R”，它被认为是大写的，因为在后台没有应用小写转换（通过 standard 分词器）。因此，当我们搜索小写格式的分级（如“r”）时，因为没有匹配项（被索引的是“R”，而不是“r”），所以没有结果。

这就引出了一个关于使用 term 查询的重要观点：在处理 text 类型的字段时，term 查询并不合适。尽管我们依然可以使用 term 查询来搜索 text 类型的字段，但这类查询实际上是为关键词、数值和日期等非文本字段设计的。当在查询上下文中执行时，term 查询依然会产生分数。

如果想在 text 类型的字段上使用 term 查询，应确保该 text 类型的字段像枚举或常量一样被索引。例如，一个具有 CREATED、CANCELLED 和 FULFILLED 状态的订单状态字段，尽管它是一个 text 类型的字段，但仍然适合使用 term 查询。

然而，如果 text 类型的字段中填充的是非枚举风格的值这种非结构化文本，在执行 term 查询时就不会获得期望的结果。让我们来看一个例子，了解在 text 字段上执行 term 查询时会发生什么。

9.2.2 term 查询示例

让我们看一看如果在一个名为 title 的 text 类型的字段上使用 term 查询会发生什么。代码清单 9-2 中使用 term 查询在电影片名中搜索“The Godfather”。（在我们的电影映射中，title 字段被显式设置为 text 类型的。）

代码清单 9-2　在 text 类型的字段上使用词项级查询

```
GET movies/_search
{
  "query": {
    "term": {
      "title": "The Godfather"
    }
  }
}
```

运行这段代码，我们没有得到任何结果（见图 9-1）。这是因为 title 字段是一个 text 类型的字段，所以它在搜索之前经过了分析处理并被存储在索引中。“The Godfather”被分解并以小写词元（因为默认使用 standard 分析器）的形式（如["the", "godfather"]）存储在倒排索引中。在 term 查询中，搜索查询不进行分析，它会将每个单词原样取出，并与倒排索引进行比较。在这种情况下，查询条件“The Godfather”与 title 字段的词元（“the”和“godfather”）不匹配。

使用“the godfather”重新执行查询也不会返回任何结果（尝试执行查询，像这样将片名改为小写）。term 查询试图匹配精确的值“the godfather”，但这个值在倒排索引中并不存在（片名已经被分词并存储为了两个单词，即“the”和“godfather”）。然而，搜索“godfather”会返回结果，因为在数据索引过程中，单词“godfather”被分析并插入倒排索引中，从而找到了匹配项。

结论是，应该在非文本字段上运行 term 查询。如果想用 term 查询搜索一个 text 类型的字段，应确保该 text 类型的字段包含的数据是枚举形式或常量形式的。

9.2.3 简化的词项级查询

代码清单 9-1 和代码清单 9-2 中的 term 查询是简化版本的。既然编写简化版本的查询很方便，我们不妨花点儿时间来看一下代码清单 9-1 中查询的原始完整版本，如代码清单 9-3 所示。

代码清单 9-3 查询的完整语法

```
GET movies/_search
{
  "query": {
    "term": {
      "certificate": {        <-- certificate 字段的值被包含在一个对象中
        "value": "R",         <-- certificate 的搜索条件
        "boost": 2            <-- 除了值，还可以提供像 boost 这样的参数
      }
    }
  }
}
```

certificate 字段期望一个带有 value 和其他参数的对象。在简化版本中，value 与字段处于同一层级，但在完整版本中，它位于字段的下一级。包含的对象还可以包含其他属性，如本例中的 boost。

虽然完整版本为查询添加了更多功能，但简化版本直接明了，在查询简单且无须进一步调整时被广泛使用。在本书中，除非需要使用其他参数，否则我们使用的都是简化版本的查询。

到目前为止，我们已经使用 term 查询在单个字段上搜索单词。term 查询会查找单个词的精确匹配，如"certificate":"R"。但是，如果想在单个字段中搜索多个值，该怎么办？例如，如何在 certificate 字段中同时搜索 R 级和 PG-13 级的电影？这就是 terms 查询发挥作用的地方。

9.3 terms 查询

顾名思义，terms（注意是复数）查询用于在单个字段中搜索多个条件。我们可以把字段中所有想搜索的可能的值都加进去。假设我们要搜索多种内容分级（如 PG-13 级或 R 级）的电影。我们可以使用 terms 查询来实现这个目的，如代码清单 9-4 所示。

代码清单 9-4 在字段中搜索多个搜索条件

```
GET movies/_search
{
  "query": {
    "terms": {                              <-- terms 查询期望一个搜索条件数组
      "certificate": ["PG-13","R"]          <-- 在一个字段中应用多个搜索条件
    }
  }
}
```

terms 查询期望得到一个搜索词列表，这些词会针对一个字段进行查询，作为数组传递给 terms 对象。数组中的值将被逐一用于搜索现有文档，以获取匹配项。每个词都会进行精确匹配。在这个示例中，我们在 certificate 字段中搜索所有 PG-13 级或 R 级的电影，结果文档汇总了所有 PG-13 级和 R 级的电影。

在数组中设置的词项数量是有限制的，最多为 65 536 个。可以使用索引的动态属性设置 index.max_terms_count 来更改这个限制（增加或减少）。代码清单 9-5 中的查询将 max_terms_count 设置为 10。

代码清单 9-5 重置词项的最大数量

```
PUT movies/_settings
{
  "index":{
    "max_terms_count":10
  }
}
```

这个设置限制用户在 terms 数组中设置不超过 10 个值。记住，这是索引上的一个动态设置，因此可以在一个活跃的索引上更改它。

terms 查询还有一个略微不同的版本——terms 查找查询。其想法是根据现有文档的值创建 terms 数组，而不是专门去设置它。下面我们就通过一个例子来讨论它。

9.3.1 terms 查询示例

到目前为止，我们已经在数组中提供了一系列的值来作为 terms 查询的搜索条件。terms 查找查询是 terms 查询的一种变体，它允许通过读取现有文档的字段值来设置词项。举一个例子最容易理解。

为了解释这个功能，我们需要暂时离开我们的电影数据集，创建一个带有合适模式的新索引，并索引一些文档。代码清单 9-6 创建了一个 classic_movies 索引，其中包含 title 和 director 两个属性。

代码清单 9-6 创建一个新索引

```
PUT classic_movies
{
  "mappings": {
```

```
    "properties": {
      "title": {                  <-- title字段是一个
        "type": "text"                text 类型的字段
      },
      "director": {               <-- 将director字段声明
        "type": "keyword"             为 keyword 类型
      }
    }
  }
}
```

除了将 director 字段声明为 keyword 类型的，以避免复杂性，这个索引没有什么特别之处。现在，让我们来索引几部电影，如代码清单 9-7 所示。

代码清单 9-7 索引 3 部电影

```
PUT classic_movies/_doc/1
{
  "title":"Jaws",
  "director":"Steven Spielberg"
}
PUT classic_movies/_doc/2
{
  "title":"Jaws II",
  "director":"Jeannot Szwarc"
}
PUT classic_movies/_doc/3
{
  "title":"Ready Player One",
  "director":"Steven Spielberg"
}
```

9.3.2 terms 查找查询

现在我们已经索引了 3 个文档，让我们继续讨论 terms 查找查询。假设我们想获取所有由 Spielberg 执导的电影。但是，我们不想构造一个 terms 查询并直接事先提供这些词项，而是想让 terms 查询从某个文档中获取词项的值。代码清单 9-8 实现了这一点。

代码清单 9-8 terms 查找搜索

```
GET classic_movies/_search
{
  "query": {
    "terms": {                       <-- terms 查询（有点儿小变化）
      "director": {                  <-- 我们感兴趣的搜索匹配的字段
        "index":"classic_movies",    <-- index 字段表明了文档所在索引的名称
        "id":"3",                    <-- 包含查询词项的文档 ID
        "path":"director"            <-- 当前文档中的搜索字段
      }
    }
  }
}
```

对这段代码需要稍作解释。我们创建了一个 terms 查询，其中 director 是我们想要在其中查找多个搜索词项的字段。在一般的 terms 查询中，我们需要提供一个包含名称列表的数组。但在这里，我们要求查询在另一个文档（即 id 值为 3 的文档）中查找 director 的值。

带有此 ID 的文档应当从 classic_movies 索引中获取，因为查询中的 index 字段提到了此 ID。当然，要从中获取值的字段是 director，正如 path 字段所声明的那样。执行这个查询会获取两部由 Spielberg 执导的电影。

terms 查找查询能够根据从其他文档中获取的值来构建查询，而不是在查询中传入的一组值。它在构造查询词项时提供了更大的灵活性：我们可以很容易地将这个索引与其他任何用于获取文档的索引互换。例如，假设有一个名为 movie_search_terms_index 的索引，其中包含搜索词项的多个文档（文档 1 包含 director 词项，文档 2 包含 actors 词项等）。我们可以在主查询中引用 movie_search_terms_index 中含有 director 词项的这个文档，并获取结果。这样，主查询可以保持不变，而查找文档可以根据需要进行更改。现在我们已经理解了 terms 查询，让我们继续学习一种根据一组 ID 来获取文档的查询——ids 查询。

9.4　ids 查询

有时候我们想从 Elasticsearch 中获取那些具有特定 ID 的文档。顾名思义，ids 查询根据给定的一组文档 ID 来获取匹配的文档。这种方式可以更简单地同时获取多个文档。代码清单 9-9 中展示了如何使用一组文档 ID 来检索文档。

代码清单 9-9　使用 ids 查询获取多个文档

```
GET movies/_search
{
  "query": {
    "ids": {                      <-- 查询名称
      "values": [10,4,6,8]        <-- 将文档 ID 作为数组提供
    }
  }
}
```

这个查询返回 4 个具有相应 ID 的文档。每个被索引的文档都有一个必填的_id 字段。

注意　元数据字段不允许包含在映射定义中。_id 字段和_source、_size、_routing 等其他字段都是元数据字段，因此不能成为索引映射的一部分。

我们也可以使用 terms 查询根据一组文档 ID 获取文档，而不是使用在代码清单 9-9 中使用的 ids 查询。代码清单 9-10 中展示了这种做法。

代码清单 9-10　使用 terms 查询根据一组 ID 获取文档

```
GET movies/_search
{
  "query": {
```

```
    "terms": {
      "_id":[10,4,6,8]
    }
  }
}
```

这里，我们使用 terms 查询，并将文档 ID 数组设置在_id 字段中作为搜索条件。现在来看另一种词项级查询——exists 查询。

9.5 exists 查询

有时候项目文档可能包含数百个字段。在响应中获取所有字段是对带宽的一种浪费，因此在尝试获取字段之前先确认字段是否存在是一个很好的预检查。如果给定字段存在，exist 查询可以获取含有此字段的文档。例如，如果我们执行代码清单 9-11 中的查询，会得到一个包含文档的响应，因为存在含有 title 字段的文档。

代码清单 9-11 执行 exists 查询来检查字段是否存在

```
GET movies/_search
{
  "query": {
    "exists": {          <-- 将查询类型定义为 exists
      "field": "title"   <-- 提供我们想要在文档中检查的字段
    }
  }
}
```

如果字段不存在，查询将返回一个空的 hits 数组（hits[]）。如果好奇，你可以尝试使用一个不存在的字段（如 title2）进行此查询，你会发现返回的是一个空数组。

exists 查询还有一个巧妙的使用场景：获取所有不包含特定字段（不存在该字段）的文档。例如，代码清单 9-12 检查所有未被归类为机密的文档（假设被归类为机密的文档中有一个名为 confidential 的字段被设置为 true）。

代码清单 9-12 查找非机密文档

```
PUT top_secret_files/_doc/1     <-- 添加两个文档，其中一个
{                                   带有 confidential 标志
  "code":"Flying Bird",
  "confidential":true
}

PUT top_secret_files/_doc/2
{
  "code":"Cold Rock"
}
GET top_secret_files/_search    <-- 获取不含 confidential
{                                   字段的文档的复合查询
  "query": {
    "bool": {
      "must_not": [{
```

```
            "exists": {
              "field": "confidential"
            }
          }
        ]
      }
    }
  }
```

我们向 top_secret_files 索引添加了两个文档，其中一个文档有额外的 confidential 字段。然后，我们在 bool 查询的 must_not 子句中编写一个 exists 查询，以获取所有未被归类为机密的文档。（我们将在第 11 章中讨论复合查询。）

有时候我们想要处理某个预定义范围内的数据，如获取上个月上映的电影、季度销售额、票房最高的电影等，这些查询被归类为 range 查询，下面我们就来了解一下 range 查询。

9.6 range 查询

我们常常需要获取在某个范围内的数据，如某段日期之间延误的航班、某一天的销售利润、班级中平均身高的学生等。Elasticsearch 提供了 range 查询来满足这类需求。

range 查询返回字段的值在指定范围内的文档。查询接受字段的值的下限和上限为参数。例如，要获取所有评分在 9.0 到 9.5 之间的电影，可以执行代码清单 9-13 中的 range 查询。

代码清单 9-13 获取评分在指定范围内的电影

```
GET movies/_search
{
  "query": {
    "range": {
      "rating": {
        "gte": 9.0,
        "lte": 9.5
      }
    }
  }
}
```

这个 range 查询获取指定评分范围内的电影。rating 字段是一个接受界限的对象，界限通过运算符来定义。表 9-1 中展示了可以用来指定范围的运算符。

表 9-1 range 查询中的运算符

运算符	含义
gt	大于
gte	大于等于
lt	小于
lte	小于等于

我们可以使用 range 查询来搜索一定范围内的日期或者数字。例如，要获取所有 1970 年之

后制作的电影，只需要如代码清单 9-14 所示组装查询。

代码清单 9-14 使用 range 查询获取 1970 年之后上映的电影

```
GET movies/_search
{
  "query": {
    "range": {
      "release_date": {
        "gte": "01-01-1970"
      }
    }
  },
  "sort": [
    {
      "release_date": {
        "order": "asc"
      }
    }
  ]
}
```

release_date 字段声明了一个 gte 运算符和一个搜索要求——本例中为 1970 年。注意，我们还在查询中使用 sort 属性按上映日期对电影进行升序排序。因此，返回的电影是按照从最老到最新的顺序排序过的。

因为我们正在讨论 range 查询，所以我们可以借此机会回顾一下 range 查询中的日期计算。

range 查询中的日期计算

Elasticsearch 在查询中支持复杂的日期计算。例如，我们可以要求引擎完成以下任务：

- 获取 2 天前（当前日期减去 2 天）的图书销售数据；
- 查找最近 10 分钟内（当前时间减去 10 分钟）的拒绝访问错误记录；
- 获取去年符合特定搜索条件的推文。

Elasticsearch 期望一个处理日期计算的日期数学表达式。表达式的第一部分称为锚定日期，后面跟着两根竖线（||），表示通过加或减一定数量的时间单位（分、秒、年、天等）来操纵锚定日期，然后是想从锚定日期加或者减的时间。

假设我们想获取 2 天前上映的电影。我们将锚定日期设定为 2023 年 5 月 22 日，然后减 2 天：

```
GET movies/_search
{
  "query": {
    "range": {
      "release_date": {
        "lte": "22-05-2023||-2d"    <-- 锚定日期后跟着||，然后减 2 天
      }
    }
  }
}
```

range 查询中的 lte 运算符接受一个用日期数学表达式表示的日期值。在这个例子中，锚定日期是 22-05-2023，我们从中减 2 天（-2d）。（Elasticsearch 有一个用于日期计算的字母词典：y 代表年，M 代表月，w 代表周，d 代表天，h 代表小时，m 代表分，s 代表秒，等等。）

Elasticsearch 允许我们使用一个关键词 now，而不是指定当前日期。now 关键词表示当前日期。例如，使用 now-1y 可以将日期设置为一年前。

```
GET movies/_search
{
  "query": {
    "range": {
      "release_date": {
         "gte": "now-1y"    <-- 获取所有去年上映的电影：当前日期（用 now 表示）减一年
      }
    }
  }
}
```

我们通过使用 now 并从中减一年来构建 release_date 表达式。

在 Elasticsearch 中有许多操纵日期的选项，建议查阅相关文档以了解更多信息。注意，Elasticsearch 不会缓存包含日期计算的查询，因此在 range 查询中使用日期计算会对性能产生影响。

下面我们就来讨论 wildcard 查询。如果我们只提供部分搜索条件，这些查询也不会让我们失望，因为我们可以使用通配符来构建表达式。

9.7 wildcard 查询

顾名思义，wildcard 查询允许我们搜索含有缺失字符、后缀或前缀的词语。例如，假设我们要搜索片名中以“father”或“god”结尾的电影的所有可能组合，即使片名缺失了一个字符，像“god?ather”这样。这正是可以使用 wildcard 查询的场景。如表 9-2 所示，wildcard 查询在搜索词中接受星号（*）或问号（?）。

表 9-2 通配符类型

字符	描述
*（星号）	匹配零个或多个字符
?（问号）	匹配单个字符

让我们搜索电影片名中包含以“god”开头的单词的文档，如代码清单 9-15 所示。

代码清单 9-15 wildcard 查询的实践应用

```
GET movies/_search
{
  "query": {
    "wildcard": {     <-- wildcard 查询类型
      "title": {
```

```
        "value": "god*"
      }
    }
  }
}
```

使用通配符搜索 value 字段

这个 wildcard 查询应该返回 3 部电影（*The Godfather*、*The Godfather II* 和 *City of God*）。当然，还有些电影（如 *Godzilla*、*God's Waiting List* 等）也可以被检索到，因为我们期望返回所有片名中含有“god”前缀的电影（这些电影不在我们的索引中，因此没有被返回，但如果它们在，查询也会返回它们）。

在 text 类型的字段上运行 wildcard 查询

代码清单 9-15 中的查询是在 title 字段上执行的，该字段是 text 类型的。因为词项级查询不进行分析，所以我们使用小写的“god”。此外，title 字段是用 standard 分析器索引的，默认会将单词变为小写形式。

如果想使用 keyword 类型的字段而不是 text 类型的字段，可以将 title 改为 title.original（在我们的电影映射中，title.original 字段被定义为 keyword 类型），并以“The God*”作为值来执行查询。然而，如果从“The God*”中省略“The”并执行查询，将不会得到任何结果。这是因为 title.original 是一个 keyword 类型的字段，在索引时值保持原样，不进行文本分析。

我们可以在单词的任何位置放置通配符来调整查询。例如，查询“g*d”可以从我们的数据中获取两部电影，即 *The Good, the Bad, and the Ugly* 和 *City of God*。如果想在返回的文档中找到给定查询条件的匹配项，可以使用高亮显示（在第 8 章中讨论过）。代码清单 9-16 中展示了这种方法。

代码清单 9-16 在单词中使用通配符进行搜索

```
GET movies/_search
{
  "_source": false,
  "query": {
    "wildcard": {
      "title": {
        "value": "g*d"
      }
    }
  },
  "highlight": {
    "fields": {
      "title": {}
    }
  }
}
```

在单词的字母之间使用通配符

高亮显示区域可以直观地展示结果

输出显示有两部电影匹配：

```
"title": [ "The <em>Good</em>, the Bad and the Ugly" ]
"title": [ "City of <em>God</em>"]
```

仅当我们只想匹配一个字符时，才使用?通配符。例如，"value": "go?ather"会搜索所有在通配符指定位置（第三个字符处）匹配的词。我们也可以组合多个?字符，例如“g???ather”。

代价高昂的查询

有些查询的实现方式会导致引擎执行这些查询的代价高昂。wildcard 查询就是其中之一，此外还包括 range 查询、prefix 查询、fuzzy 查询、regex 查询和 join 查询。偶尔使用这类查询可能不会对服务器性能产生影响，但是过度使用这些代价高昂的查询可能使集群不稳定，导致糟糕的用户体验。

Elasticsearch 允许我们自行决定是否在集群上执行代价高昂的查询。如果想要禁止在集群上执行这些查询，可以在集群设置中将 allow_expensive_queries 属性设置为 false：

```
PUT _cluster/settings
{
  "transient": {
    "search.allow_expensive_queries": "false"
  }
}
```

通过关闭 allow_expensive_queries，可以防止集群过载。

注意，如果将 allow_expensive_queries 设置为 false，wildcard 查询将不会被执行。此时如果尝试执行 wildcard 查询，将会抛出以下错误："reason" : "[wildcard] queries cannot be executed when 'search.allow_expensive_queries' is set to false."

wildcard 查询可以获取单词或者句子中缺失字符的结果。有时候我们希望查询含有特定前缀的词，这时 prefix 查询就可以派上用场了。

9.8 prefix 查询

我们可能想使用单词的开头（前缀）来查询单词，例如使用“Leo”来查询“Leonardo”，或者使用“Mar”来查询“Marlon Brando”“Mark Hamill”或“Martin Balsam”。我们可以使用 prefix 查询来获取匹配前缀的记录，如代码清单 9-17 所示。

代码清单 9-17 使用 prefix 查询

```
GET movies/_search
{
  "query": {
    "prefix": {                      <-- 指定使用 prefix 查询
      "actors.original": {
        "value": "Mar"               <-- 查询以“Mar”开头的单词
      }
    }
  }
}
```

当我们搜索前缀“Mar”时，这个查询会获取 3 部电影，演员的名字分别为 Marlon、Mark

和 Martin。注意，我们是在 actors.original 字段上运行前缀查询的，该字段是 keyword 类型的。

> **注意** prefix 查询的代价高昂，可能导致集群不稳定。查阅 9.7 节中的“代价高昂的查询”，了解如何防止集群过载，查阅 9.8.2 节，了解如何加快 prefix 查询的速度。

9.8.1 简化查询

正如我们在 9.2.3 节中讨论的，无须在字段层级添加包含值的对象，而是可以创建一个简化版本来使其更简洁，如代码清单 9-18 所示。

代码清单 9-18 简化 prefix 查询的用法

```
GET movies/_search
{
  "query": {
    "prefix": {
      "actors.original": "Leo"
    }
  }
}
```

因为我们希望在结果中找到匹配的字段，所以我们在查询中添加了高亮显示，如代码清单 9-19 所示。在 prefix 查询中添加 highlight 块可以突出显示一个或多个匹配的字段。

代码清单 9-19 带高亮显示的 prefix 搜索

```
GET movies/_search
{
  "_source": false,
  "query": {
    "prefix": {
      "actors.original": {
     "value": "Mar"
      }
    }
  },
  "highlight": {           <-- 在结果中高亮显示匹配的演员
    "fields": {
      "actors.original": {}
    }
  }
}
```

由于我们不希望源数据在响应中被返回（"_source": false），以下结果将高亮显示前缀与词匹配的部分：

```
"hits" : [{
   ..
  "highlight" : {
```

```
      "actors.original" : ["<em>Marlon Brando</em>"]
    }
  },
  {
    ..
    "highlight" : {
      "actors.original" : ["<em>Martin Balsam</em>"]
    }
  },
  {
    ..
    "highlight" : {
      "actors.original" : ["<em>Mark Hamill</em>"]
    }
}]
```

我们在 9.7 节中提到，执行 prefix 查询会带来计算压力。幸好有一种方法可以加速这种非常低效的查询。

9.8.2 加速 prefix 查询

prefix 查询执行缓慢的原因在于，引擎必须根据一个前缀（任何字母单词）来获取结果。有一种方法可以加快 prefix 查询的速度，即在字段上使用 index_prefixes 参数。

可以在创建映射模式时设置 index_prefixes。例如，代码清单 9-20 中的映射定义在我们为这个练习创建的新索引 boxoffice_hit_movies 的 title 字段（title 是 text 类型的）上设置了额外的参数 index_prefixes。

代码清单 9-20 带有 index_prefixes 参数的新索引

```
PUT boxoffice_hit_movies          <-- 创建一个只有一个属性 title 的新索引
{
  "mappings": {
    "properties": {
      "title":{
        "type": "text",
        "index_prefixes":{}       <-- 在 title 字段上设置 index_prefixes 参数
      }
    }
  }
}
```

唯一的 title 字段中包含了一个额外的属性 index_prefixes。这会告诉引擎，在索引过程中，应该创建预先构建好的前缀字段并保存这些值。例如，假设我们索引一个新文档：

```
PUT boxoffice_hit_movies/_doc/1
{
  "title":"Gladiator"
}
```

由于我们在代码清单 9-20 中为 title 字段设置了 index_prefixes，因此 Elasticsearch

默认会索引长度为 2～5 个字符的前缀。这样，当我们执行 prefix 查询时，Elasticsearch 就无须计算前缀，而是直接从存储中获取这些前缀。

我们还可以更改 Elasticsearch 在索引过程中创建的前缀的默认最小字符长度和最大字符长度。这是通过调整 index_prefixes 对象的大小来实现的，如代码清单 9-21 所示。

代码清单 9-21 自定义 index_prefixes 的长度

```
PUT boxoffice_hit_movies_custom_prefix_sizes
{
  "mappings": {
    "properties": {
      "title":{
        "type": "text",
        "index_prefixes":{
          "min_chars":4,      <-- 设置前缀的最小字符长度
          "max_chars":10      <-- 设置前缀的最大字符长度
        }
      }
    }
  }
}
```

在代码清单 9-21 中，我们要求引擎预先创建前缀，其最小字符长度和最大字符长度分别为 4 个字母和 10 个字母。注意，min_chars 必须大于 0，而 max_chars 应小于 20。通过这种方式，我们就可以自定义 Elasticsearch 在索引过程中应该预先创建的前缀。

9.9 fuzzy 查询

在搜索过程中，拼写错误是很常见的。我们可能在搜索单词时输错一个或几个字母，例如，想搜索“drama”电影却错写为“rama”电影。搜索可以纠正这个查询并返回“drama”电影，而不是失败且返回空结果。Elasticsearch 使用 fuzzy 查询来容忍拼写错误，这种查询背后的原理称为模糊匹配（fuzziness）。

模糊匹配是一种基于莱文斯坦距离算法（Levenshtein distance algorithm，也称 edit distance algorithm，即编辑距离算法）的搜索相似词项的过程。编辑距离是指为了获取相似单词而需要交换的字符数。例如，如果我们使用 fuzzy 查询并将 fuzziness（编辑距离）设置为 1，则搜索“cake”可以找到“take”“bake”“lake”“make”等词。代码清单 9-22 中的查询应该返回所有剧情电影（drama movie），因为对“rama”使用 fuzziness 为 1 会得到“drama”。

代码清单 9-22 fuzzy 查询的实践应用

```
GET movies/_search
{
  "query": {
    "fuzzy": {
      "genre": {
```

```
          "value": "rama",
          "fuzziness": 1
        }
      }
    },
    "highlight": {
      "fields": {
        "genre": {}
      }
    }
  }
```

在这个例子中，我们使用编辑距离为 1（一个字符）来获取相似词。你还可以尝试从单词中间去掉一个字符，如“dama”或“dram”；当 fuzziness 被设置为 1 时，这些查询也会得到期望的结果。

注意 与 wildcard 查询使用通配符（*或?）不同，fuzzy 查询不使用运算符。取而代之的是，它使用编辑距离算法来获取相似词。

如果再去掉一个字母（例如，设置 fuzziness 为 1 时查询"value": "ama"），那么代码清单 9-22 中的 fuzzy 查询将不会返回任何结果。因为我们缺失了两个字母，所以需要将编辑距离设置为 2 来解决这个问题，如代码清单 9-23 所示。

代码清单 9-23 在一个单词中缺失两个字母的 fuzzy 查询

```
GET movies/_search
{
  "query": {
    "fuzzy": {
      "genre": {
        "value": "ama",        <-- 一个缺失字母的单词
        "fuzziness": 2       <-- 将 fuzziness 设置为 2 可以容忍两个字母的替换/修改
      }
    }
  }
}
```

这种方法显得笨拙，因为我们不知道用户是输错了一个字母还是多个字母。为此，Elasticsearch 提供一个 fuzziness 的默认设置——AUTO 设置。如果没有提供 fuzziness 属性，就默认采用 AUTO 设置。如表 9-3 所示，AUTO 设置会根据单词的长度来确定编辑距离。除非明确知道具体的使用场景，否则建议使用 fuzziness 属性的默认设置 AUTO。

表 9-3 使用 fuzziness 的 AUTO 设置

单词的长度（字符）	fuzziness（编辑距离）	解释
0~2	0	如果单词少于 2 个字符，则不会应用 fuzziness。这意味着拼写错误的单词无法被纠正
3~5	1	如果单词的长度为 3~5 个字符，则编辑距离设置为 1
大于 5	2	如果单词的长度大于 5 个字符，则编辑距离设置为 2

让我们在这里告一段落。在本章中，我们学到了很多关于词项级搜索的知识。虽然词项级搜索有助于在结构化数据中找到答案，但搜索引擎的真正威力在于其搜索非结构化数据的能力。在 Elasticsearch 中，非结构化数据主要涉及全文搜索——搜索 `text` 类型的字段并返回带有相关性分数的结果。我们将在第 10 章中详细讨论全文搜索。

9.10 小结

- 词项级搜索是在结构化数据（如数字、关键词、布尔值、日期）上进行的。
- 词项级搜索只产生匹配和不匹配两种结果，不存在可能匹配的情况。
- 词项级查询不进行分析，这意味着当它应用于索引过程中经过文本分析的 `text` 类型的字段时，可能产生错误的结果或者没有结果。
- 有许多词项级搜索查询，包括 `term` 查询、`terms` 查询、`prefix` 查询、`range` 查询、`fuzzy` 查询等。
- `term` 查询用于在一个字段中搜索单个词项，而 `terms` 查询用于在同一个字段中搜索多个值。
- `range` 查询有助于在指定范围内搜索数据，如搜索上个月在伦敦发生的犯罪事件。
- `wildcard` 查询使用`*`和`?`通配符来获取结果。
- `prefix` 查询可以根据指定的前缀来检索结果（无须指定通配符）。由于在实时索引上执行前缀操作的代价高昂，因此我们可以要求 Elasticsearch 在索引时预先创建前缀，以避免在实时查询阶段进行查找。
- 模糊匹配使用编辑距离来获取外观相似的词。Elasticsearch 使用 `fuzzy` 查询来支持用户的拼写不一致的情况。

第 10 章　全文搜索

本章内容

- 全文搜索概述
- 运用 match 查询
- 了解 match_phrase 查询、multi_match 查询及其他查询
- 了解 query_string 查询和 simple_query_string 查询

在第 9 章中，我们学习了词项级搜索，这是用来搜索结构化数据的方式。尽管结构化数据的搜索非常重要，但现代搜索引擎的强大之处在于它可以高效、有效地搜索非结构化数据。Elasticsearch 正是这样一款现代搜索引擎，它在非结构化数据的相关性搜索方面走在前列。

Elasticsearch 通过全文搜索查询提供了搜索非结构化数据的能力。全文搜索的核心在于相关性：获取与用户搜索相关的文档。例如，在在线书店搜索“Java”这个词时，理应不会出现关于印度尼西亚的爪哇岛或该岛生产的湿法加工咖啡的详细信息。

在本章中我们将回顾利用全文搜索 API 搜索非结构化数据的方式。Elasticsearch 提供了一些全文查询的类型，包括 match、query_string 等。由于 match 查询是在处理全文时最常用的查询，因此本章会专门用大量篇幅来详细介绍各种 match 查询。此外，在本章中我们还将学习 query_string 查询，它等同于使用 URI 请求搜索，但带有与 Query DSL 相似的请求体。

10.1　概述

在亚马逊或 eBay 这类零售网站上搜索时，我们通常会看到与所寻找的内容相近的结果。如果结果不符合预期，我们会感到沮丧，并发誓再也不会访问那个网站或应用，对吧？用户的搜索体验对于保持顾客的满意度至关重要。

相关性是指搜索结果的贴切程度，以及它们与用户搜索内容相关的密切程度。Elasticsearch 通过采用复杂的相关性算法，能够快速准确地产生相关的搜索结果。

当谈到相关性时，我们通常先想到两个指标——精确率和召回率。相关性是通过这两个因素

来衡量的，因此在高层次上理解它们很重要（即便这不是决定性的）。

10.1.1 精确率

精确率（precision）是指相关文档在所有返回的文档中所占的百分比。当一个查询返回结果时，并非所有结果都与查询直接相关。结果中可能包含一些不相关的文档。

例如，假设我们正在搜索特定品牌（如 LG）的 4K 电视，我们得到了 10 个结果。这些结果并不都是相关的：有 2 个是 4K 摄像机，还有 2 个是投影仪（见图 10-1），因为 LG 也生产这些产品。

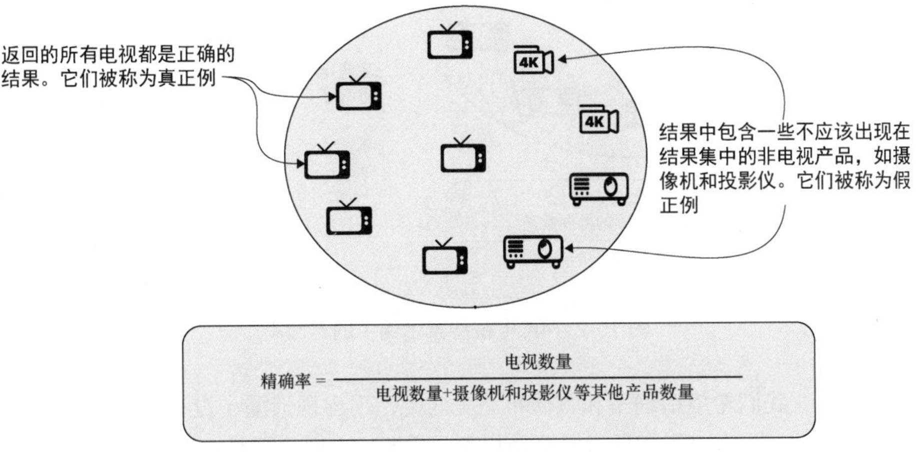

图 10-1 返回 4K 电视搜索结果示例中的精确率

如图 10-1 所示，结果由*真正例*（true positive，相关文档）和*假正例*（false positive，不相关文档）组成。精确率反映了检索到的文档中有多少是相关的。在这个例子中，我们知道 10 个结果文档中有 6 个是电视，因此 6 个文档相关，其余 4 个不相关，精确率的计算如下：

精确率 = 6 / 10 × 100% = 60%

这告诉我们，只有 60%的返回文档是相关的。出于各种原因，一些与查询不直接相关的文档（不相关文档）也出现在了结果中。

10.1.2 召回率

召回率（recall）是评价相关性的另一面。它衡量的是返回了多少相关的文档。例如，可能有一些相关的结果（电视）没有被作为结果集的一部分返回（也就是是遗漏了）。检索到的相关文档占所有相关文档的百分比被称为*召回率*（见图 10-2）。

如图 10-2 所示，有 3 台电视虽然满足搜索条件，但并未出现在返回结果中。这些被称为*假负例*（false negative）。另外，像摄像机和投影仪这样的产品确实是不相关的，它们没有被返回，这是符合预期的。这些是*真负例*（true negative）。在这个例子中，召回率的计算如下：

召回率 = 6 / (6+3) × 100% = 66.6%

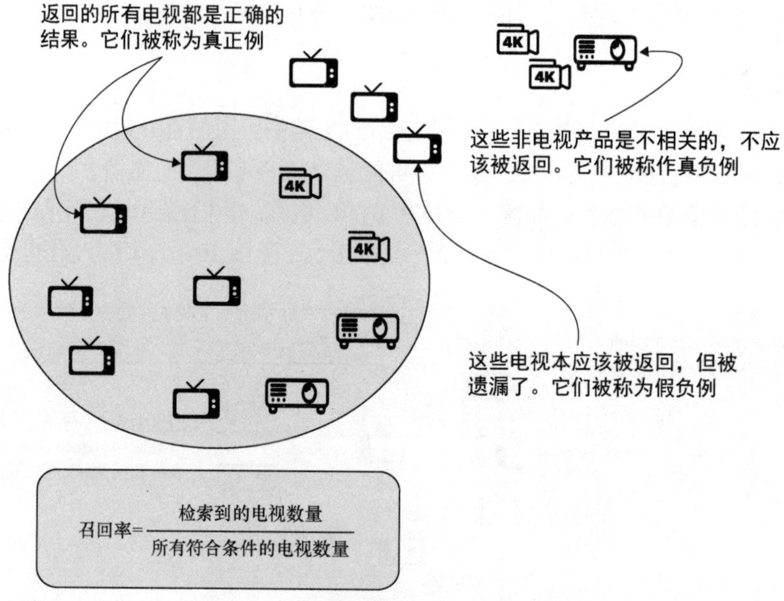

图 10-2 4K 电视搜索示例中的召回率

理想情况下，我们希望精确率和召回率完美匹配，不出现遗漏（没有相关文档被遗漏）。但这几乎是不可能的，因为这些衡量指标总是相互矛盾的。它们之间是成反比的：精确率（最佳匹配文档的数量）越高，召回率（返回的相关文档数量）越低。图 10-3 中展示了这两个因素之间的反比关系。

我们需要确保返回的结果在精确率和召回率的策略之间达到平衡。图 10-4 总结了精确率与召回率的计算公式。

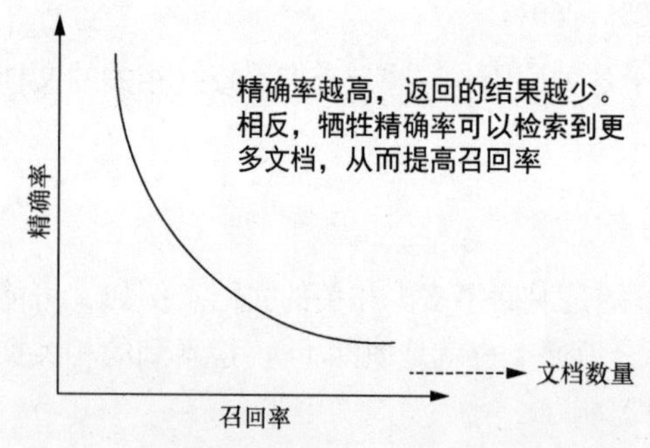

图 10-3 精确率和召回率之间总是相互矛盾的

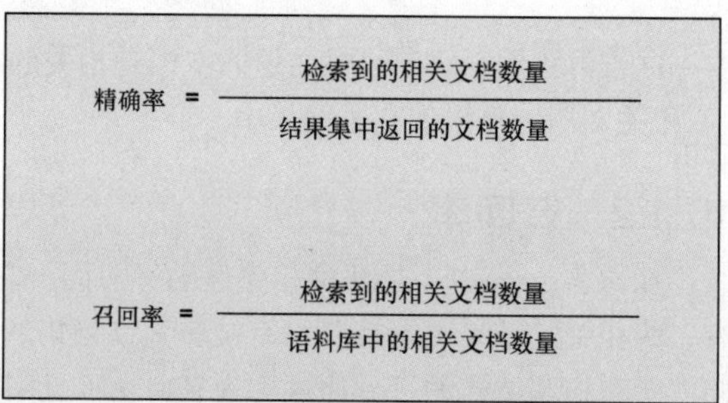

图 10-4 精确率和召回率的计算公式

在设计和执行查询时，我们可以针对精确率和召回率来调整结果。我们也可以利用 match 查询、过滤（filter）和加权（boost）来微调精确率和召回率，以求达到它们之间的最佳平衡。在本章中，我们不会直接调整这些参数，而是通过修改查询来观察结果的变化。

现在我们已经理解了相关性的概念及控制因素（精确率和召回率），本章的剩余部分将专注于全文查询的实操。我们先从获取一些样本数据开始。

10.2 样本数据

在本章中，我们以一个虚构的书店为例。我们通过调用_bulk API 将 50 本技术书索引到一个名为 books 的索引中。这部分样本数据的映射不做调整，因此我们可以直接索引这些书。图书数据及索引书的脚本可以从本书的配套资源中找到。

Elasticsearch 支持多种全文查询。鉴于每种查询类型均包含许多实现细节，为了使内容更连贯易懂，我们将对这些查询分节进行介绍。我们首先了解的查询是 match_all 查询，它可以返回所有文档。

10.3 match_all 查询

顾名思义，match_all 查询会获取索引中的所有文档。由于该查询预期会返回所有可用的文档，因此它是实现 100%召回率的理想选择。

10.3.1 构建 match_all 查询

我们使用一个不带任何参数的 match_all 对象来构建 match_all 查询。代码清单 10-1 中展示了如何构建一个 match_all 查询。

代码清单 10-1 使用 match_all 查询获取所有文档

```
GET books/_search
{
  "query": {
    "match_all": { }       <-- 不带参数的 match_all 查询
  }
}
```

该查询会返回 books 索引中所有可用的文档。值得注意的是，默认情况下，响应表明每本书的分数都是 1.0：

```
{
  "max_score" : 1.0,
  ...
  "hits" : [{
    "_index" : "books",
    "_type" : "_doc",
    "_id" : "2",
    "_score" : 1.0,
    "_source" : {
```

```
        "title" : "Effective Java",
          ...
        }
  },
  {
    ...
    "_score" : 1.0,
    "_source" : {
    "title" : "Java: A Beginner's Guide",
    ...
  },
...
}]
```

如果需要，可以通过简单地修改查询来提升分数。代码清单 10-2 中展示了具体的做法。

代码清单 10-2 使用预定义分数提升查询的权重

```
GET books/_search
{
  "query": {
    "match_all": {
      "boost": 2      <-- match_all 查询将返回的所有文档分数设置为 2
    }
  }
}
```

这个查询中添加了一个 boost 参数，这使得返回的所有文档都带有提升后的分数。

10.3.2 match_all 查询的简写形式

在代码清单 10-1 中，我们编写了一个包含查询请求体的 match_all 查询。然而，提供这个请求体是多余的。相同的查询可以重写成更简短的形式，具体如下：

```
GET books/_search
```

当没有提供查询请求体时，Elasticsearch 在后台会默认执行 boost 值为 1 的 match_all 查询。除非想要改变 boost 的值，否则可以在不带请求体的情况下调用搜索端点。

10.4 match_none 查询

match_all 查询会从一个或多个索引中返回所有结果，与之相反的查询 match_none 则不会返回任何结果。代码清单 10-3 中展示了 match_none 查询的语法。

代码清单 10-3 match_none 查询

```
GET books/_search
{
  "query": {
    "match_none": {}      <-- 查询不匹配任何结果
```

```
    }
  }
```

有时我们会希望基于应用的某些外部逻辑有条件地排除所有文档，在这种场景下，match_none 查询会更有用。例如，如果应用满足某个条件，我们可以在 bool 查询的 must 子句中插入一个 match_none 查询，以确保不返回任何文档。

假设我们的应用有一个功能，允许管理员在进行维护或升级时“锁定”电影数据库。在数据库锁定期间，我们希望所有的搜索查询都返回空结果，而不是抛出错误的结果。在这种情况下，我们可以根据应用的锁定条件插入一个 match_none 查询。下面代码片段中的 bool 查询演示了这一使用场景：

```
{
  "query": {
    "bool": {
      "must": [{
          "match_none": {}
        }
      ]
    }
  }
}
```

在特定条件下（如数据库正在升级），在查询中插入一个 match_none 意味着不返回结果。

下面我们就学习 match 查询。在使用 Elasticsearch 时，我们用到的查询大部分都是各种形式的 match 查询。

10.5 match 查询

match 查询是最常见和最强大的查询，适用于多种使用场景。它是一种全文搜索查询，用于返回匹配指定条件的文档。match 查询有许多不同的选项可供修改。

10.5.1 match 查询的格式

首先来看一下 match 查询的格式：

```
GET books/_search
{
  "query": {              查询类型是 match
    "match": {     <-
      "FIELD": "SEARCH TEXT"      <-  查询期望搜索条件以
    }                                 名称-值对的形式指定
  }
}
```

match 查询期望搜索条件以字段值的形式定义。该字段可以是文档中任意的 text 类型的字段，其字段值会被用来进行匹配。该值可以是一个词或多个词，并且可以是大写、小写或驼峰格式。

此外，我们也可以在 match 查询的完整格式中传递若干额外的参数。到目前为止，我们讨论的是 match 查询的简写形式。下面是一个完整格式的示例：

```
GET books/_search
{
  "query": {
    "match": {
      "FIELD": {
        "query":"<SEARCH TEXT>",
        "<parameter>":"<MY_PARAM>",
      }
    }
  }
}
```

声明 FIELD 作为一个包含额外参数的对象

query 属性包含了要搜索的文本

参数（如 analyzer、operator、prefix_length、fuzziness 等）需要设置值

我们可以通过在搜索 URI 中提供以逗号分隔的索引名来同时搜索多个索引。

```
GET new_books,classics,top_sellers, crime* /_search
{
  ...
}
```

在调用_search 端点时，可以提供任意数量的索引，包括通配符。

注意 如果在搜索请求中省略了索引，那么默认会对所有索引进行搜索。例如，GET _search { ... }会搜索集群中的所有索引。

10.5.2 使用 match 查询搜索

现在我们已经知道了 match 查询的格式，让我们来看一个示例。我们想搜索在 title 字段中包含“Java”的书。代码清单 10-4 中将 title 字段的值设置为单词“Java”来作为要搜索的文本。

代码清单 10-4 搜索在 title 字段中包含“Java“的书

```
GET books/_search
{
  "query": {
    "match": {
      "title": "Java"
    }
  }
}
```

match 查询的实际应用

设置搜索条件，在 title 字段中搜索单词“Java”

我们创建了一个 match 查询，在 title 字段中搜索一个单词。正如预期的那样，Elasticsearch 获取了所有 title 字段中匹配单词“Java”的文档。

10.5.3 分析 match 查询

在第 9 章中，我们了解到词项级查询不进行分析。但是，作用于 text 类型的字段的 match 查询会进行分析。处理 match 查询中搜索单词的分析器与索引过程中使用的是同一个（除非我们在搜索查询中明确指定了不同的分析器）。如果在索引文档时使用了 standard 分析器（默认分析器），那么搜索词在执行搜索前也会使用相同的 standard 分析器进行分析。

此外，standard 分析器也会对搜索词应用相同的 lowercase 词元过滤器（记住，在索引时已经使用了 lowercase 词元过滤器）。因此，如果提供大写的搜索关键词，它们会被转换成小写字母，然后在倒排索引中进行搜索。例如，如果我们将 title 的值改为大写，如"title": "JAVA"，然后重新执行这个查询，结果将与代码清单 10-4 中的搜索查询的结果相同；如果我们将 title 的值改为小写或者任何其他大小写方式（如 java、jaVA 等），查询仍然会返回相同的结果。

10.5.4 搜索多个单词

在代码清单 10-4 中，我们使用单个词（“Java”）作为 title 字段的搜索条件。我们可以扩展这个搜索条件，以便在一个字段中搜索多个词或句子。例如，我们可以在 title 字段中搜索词组“Java Complete Guide”，在 synopsis 字段中搜索“Concurrency and Multithreading”等。的确，搜索词组（如句子的一部分）比搜索单个词更常见。代码清单 10-5 中的查询就是这样做的。

代码清单 10-5 使用 match 查询搜索词组

```
GET books/_search
{
  "query": {
    "match": {
      "title": {
        "query": "Java Complete Guide"
      }
    }
  },
  "highlight": {
    "fields": {
      "title": {}
    }
  }
}
```

在这里，我们打算搜索一个具体的书名（“Java Complete Guide”）。也就是说，如果找到书名为“Java Complete Guide”的书就取出，否则不返回任何东西。执行这个查询，返回的文档比精确匹配搜索查询的文档要多。

这是因为 Elasticsearch 默认对该查询使用了 OR 布尔运算符，它会获取匹配任一搜索词的所有文档。这些单词被单独匹配，而不是作为一个短语进行匹配的：在这个例子中，Elasticsearch 先搜索“Java”并返回相关的文档，接着搜索“Complete”将结果添加到列表中，以此类推。查询会返回包含“Java”“Complete”或者“Guide”，也包括这些词的组合的文档作为结果。相同的搜索可以被重写（尽管 OR 运算符是多余的），如代码清单 10-6 所示。

代码清单 10-6 显式指定 OR 运算符

```
GET books/_search
{
  "query": {
    "match": {
```

```
        "title": {
          "query": "Java Complete Guide",
          "operator": "OR"       <—— 显式指定 OR 运算符
        }                            （尽管它是默认设置）
      }
    }
  }
```

要想修改这种行为，以找到书名中同时含有这 3 个单词的文档，需要启用 AND 运算符，如代码清单 10-7 所示。

代码清单 10-7 显式指定 AND 运算符

```
GET books/_search
{
  "query": {
    "match": {
      "title": {
        "query": "Java Complete Guide",
        "operator": "AND"       <—— 显式指定 AND 运算符
      }
    }
  }
}
```

该查询试图查找同时匹配这 3 个词的书（书名必须同时包含“Java”“Complete”和“Guide”）。然而，我们的数据集中并不包含名为 *Java Complete Guide* 的书，因此没有返回任何结果。

10.5.5 至少匹配几个单词

OR 运算符和 AND 运算符是相反的条件。OR 条件获取匹配任一搜索词的文档，而 AND 条件获取精确匹配所有词的文档。如果想要找到至少匹配给定集合中的几个词的文档，该怎么办？在前一个例子中，假设我们想让 3 个词中至少有 2 个匹配（如“Java”和“Guide”）。这时，minimum_should_match 属性就派上用场了。

minimum_should_match 属性指定应用于匹配文档的最小单词数。代码清单 10-8 中展示了它的实际应用。

代码清单 10-8 至少匹配 2 个单词

```
GET books/_search
{
  "query": {
    "match": {
      "title": {
        "query": "Java Complete Guide",
        "operator": "OR",
        "minimum_should_match": 2       <—— 设置应匹配的
      }                                     最小单词数
    }
  }
}
```

该查询至少匹配 2 个词（minimum_should_match 属性被设置为 2），并获取包含给定 3 个词中任意 2 个词组合的文档。这里的 OR 运算符是多余的，因为它是默认应用的。

注意 将代码清单 10-8 中的 minimum_should_match 属性的值设置为 3，其效果等同于把运算符改为 AND，即必须匹配 3 个单词。

10.5.6 使用 fuzziness 关键词纠正拼写错误

当我们搜索东西时，有时候会错误地输入搜索条件（我们都经历过这种情况），例如，我们本想搜索 Java 的书，却不小心输入了“Kava”作为搜索条件。我们知道自己的本意是要找 Java 的书，而 Elasticsearch 也明白这一点。

模糊匹配会对输入的字符串进行字符变换，使其与索引中可能存在的字符串相同。它采用莱文斯坦距离算法来纠正拼写错误。我们将在 10.10 节中展开介绍模糊匹配，现在先来看一看如何在 match 查询中使用它。

match 查询允许我们添加一个 fuzziness 参数来纠正拼写错误。我们可以将其设置为一个数值，可选值是 0、1 或 2，分别代表 0 个、1 个或 2 个字符的更改（插入、删除、修改）。除了设置这些值，我们还可以使用 AUTO 设置让引擎自行处理这些更改。代码清单 10-9 中展示了如何使用 fuzziness（值设为 1）来修正“Kava”拼写错误。

代码清单 10-9 使用 fuzziness 参数纠正拼写错误

```
GET books/_search
{
  "query": {
    "match": {
      "title": {
        "query": "Kava",
        "fuzziness": 1
      }
    }
  }
}
```

将 fuzziness 设为 1 可以把一个字母替换为所有其他组合

当搜索文本字符串“Java Complete Guide”时，我们使用一组单词来搜索一本（或多本）书，通常期望这些单词被单独处理（就像一组搜索词）。然而，有时我们想要搜索一个短语或句子，这时候，使用 match_phrase 查询就很有帮助。

10.6 match_phrase 查询

match_phrase（短语匹配）查询用于查找完全匹配给定短语的文档。其想法是在给定字段中按照指定顺序搜索短语（一组单词）。例如，如果在书的摘要中查找短语“book for every Java programmer”，则会按照该顺序搜索带有这些单词的文档。

在 10.5 节讨论 match 查询时，我们看到 match 查询可以将词单独拆分，并使用 AND/OR 运算符进行搜索。match_phrase 查询正好相反，它返回精确匹配搜索短语的结果。代码清单 10-10 中展示了 match_phrase 查询的实际应用。

代码清单 10-10　match_phrase 查询的实际应用

```
GET books/_search
{
  "query": {
    "match_phrase": {            <-- 指定使用 match_phrase 查询
      "synopsis": "book for every Java programmer"   <-- 指定要匹配的短语（一组单词）
    }
  }
}
```

match_phrase 查询需要指定一个短语。在这个例子中只返回一个文档，因为在 books 索引中只有一个文档的 synopsis 字段包含了这个短语。

如果在搜索短语中去掉一个或两个词会怎么样？例如，假设我们从“book for every Java programmer”这个短语中去掉“for”或“every”（或同时去掉这两个词），然后重新执行查询。遗憾的是，查询不会返回任何结果！这是因为 match_phrase 要求搜索短语中的单词必须一字不差地匹配整个短语。搜索“book Java programmer”不会返回任何结果。有一种解决这个问题的方法——使用 slop 参数。

slop 参数允许我们忽略短语中词语之间的单词数量。我们可以去掉中间的单词，但是必须让引擎知道要去掉多少个单词。这是通过设置 slop 参数的值来实现的。slop 属性是一个表示在 match_phrase 搜索时可以在一个短语中忽略的单词数量的整数值。例如，当 slop 的值为 1 时，表示短语中可以容忍一个词的缺失，当 slop 的值为 2 时，表示可以容忍两个词的缺失，以此类推。slop 的默认值是 0，这意味着如果提供的短语中有单词缺失，是不会被容忍的。

回到之前的例子，从给定的短语中去掉“for”，这样我们搜索的就是“book every Java programmer”，而不是“book for every Java programmer”。由于我们去掉了一个单词，因此需要将 slop 参数设置为 1。我们还需要在 synopsis 字段中提供两个额外的参数（query 和 slop 对象）来扩展查询，如代码清单 10-11 所示。

代码清单 10-11　带有 slop 的 match_phrase 查询，允许缺少一个单词

```
GET books/_search
{
  "query": {
    "match_phrase": {
      "synopsis": {          <-- 将这个字段扩展为包含一个带有额外参数的对象
        "query": "book every Java programmer",   <-- 短语缺少一个单词 for
        "slop": 1            <-- 将 slop 设置为 1，表示查询也会寻找缺少一个单词的短语
      }
    }
  }
}
```

如果想使用 slop 参数，就必须在字段对象中同时提供 query 和 slop，正如代码清单 10-11

所示（查询的完整格式）。由于 slop 被设置为 1，即使 synopsis 字段中的整个短语缺少了一个单词，查询也能匹配成功。这个查询返回匹配整个短语的书。关键点是，match_phrase 查询用于寻找一个精确的短语，但如果我们对搜索不够确定，可以使用 slop 参数来指明我们的查询应该容忍到什么程度。

match_phrase 查询还有一个小变体——match_phrase_prefix 查询。除了匹配一个精确的短语，我们还可以将最后一个词作为前缀进行匹配。下面我们就通过一个例子来讨论 match_phrase_prefix 查询。

10.7 match_phrase_prefix 查询

match_phrase_prefix 查询与 match_phrase 查询相似，它不仅匹配精确的短语，还将搜索短语的最后一个单词作为前缀与所有单词进行匹配。通过一个例子更容易理解。在代码清单 10-12 所示的示例中，在标签中搜索前缀“found”可以匹配“foundation”“founded”等词。

代码清单 10-12　使用 match_phrase_prefix 查询

```
GET books/_search
{
  "query": {
    "match_phrase_prefix": {      <-- 指定使用 match_phrase_prefix 查询
      "tags": {
        "query": "concepts and found"   <-- 指定要搜索的前缀
      }
    }
  },
  "highlight": {
    "fields": {
      "tags": {}
    }
  }
}
```

该查询会获取所有标签中匹配“found”的书。它在我们的 books 索引中可以匹配到“foundational”。

与 match_phrase 查询类似，match_phrase_prefix 查询中的单词顺序也很重要。同样可以利用 slop 参数。例如，要检索 tags 字段中包含短语“concepts and foundations”的书，可以通过添加 slop 关键词来允许缺少一个词，如代码清单 10-13 所示。

代码清单 10-13　使用带有 slop 的 match_phrase_prefix 查询

```
GET books/_search
{
  "query": {
    "match_phrase_prefix": {
      "tags": {
        "query": "concepts found",   <-- 该短语省略了一个单词（“and”），并包含一个前缀（“found”）
        "slop":1          <-- 将 slop 设置为 1，因为短语中缺少了一个单词
      }
    }
```

```
    }
  }
```

将 slop 关键词设置为 1，可以查询标签包含 concepts 和 found*的书，但会忽略“and”这个词。这个查询的结果应返回 *Kotlin Programming* 这本书，因为该查询匹配了这本书 tags 字段中的短语“Kotlin concepts and foundational APIs”。

到目前为止，我们已经在单个字段中查询了搜索条件。然而，如果我们想在 title、synopsis 和 tags 这些字段中搜索词语“Software Development”，就需要使用下面要讨论的 multi_match 查询。

10.8 multi_match 查询

顾名思义，multi_match（多字段匹配）查询可以在多个字段中进行搜索。例如，如果想在 title、synopsis 和 tags 字段中搜索单词“Java”，可以使用 multi_match 查询。代码清单 10-14 中展示了一个在这 3 个字段中搜索“Java”的查询。

代码清单 10-14 使用 multi_match 查询搜索多个字段

```
GET books/_search
{
  "_source": false,        ◁ 抑制源数据在结果中出现
  "query": {
    "multi_match": {       ◁ 指定 multi_match 查询
      "query": "Java",     ◁ 将搜索条件指定为单词“Java”
      "fields": [          ◁ 在数组中提供的多个字段上进行搜索
        "title",
        "synopsis",
        "tags"
      ]
    }
  },
  "highlight": {           ◁ 高亮显示在结果中返回的匹配项
    "fields": {
      "title": {},
      "tags": {}
    }
  }
}
```

multi_match 查询期望一个字段数组和搜索条件作为参数，我们可以通过合并各个字段的结果得到聚合结果。

10.8.1 最佳字段

搜索多个字段时，你可能会好奇文档的相关性分数是如何计算的。匹配到更多单词的字段会得到更高的分数。如果我们在多个字段中搜索“Java Collections”，一个匹配两个词的字段（如 synopsis）比只匹配一个词（或没有）的字段更相关。在这种情况下，包含这个 synopsis

字段的文档会得到更高的相关性分数。

匹配所有搜索条件的字段被称为最佳字段（best field）。在前面的例子中，如果 synopsis 包含了两个词，即“Java”和“Collections”，我们就可以说 synopsis 是最佳字段。多字段匹配在内部执行查询时使用了 best_fields 类型。该类型是 multi_match 查询的默认类型。当然，还有其他类型的字段。

让我们来重写代码清单 10-14 中的查询。这次，我们不使用 Elasticsearch 的默认设置（best_fields 类型），而是特地指定 type 字段，如代码清单 10-15 所示。

代码清单 10-15 显式指定 best_fields 类型

```
GET books/_search
{
  "_source": false,
  "query": {
    "multi_match": {
      "query": "Design Patterns",
      "type": "best_fields",        <-- 设置 multi_match 查询的类型为 best_fields
      "fields": ["title","synopsis"]
    }
  },
  "highlight": {                    <-- 抑制源数据但高亮显示
    "fields": {
      "tags": {},
      "title": {}
    }
  }
}
```

我们在 title 和 synopsis 字段中查询“Design Patterns”。这次，我们显式地指示 multi_match 查询使用 best_fields 类型。

> **注意** multi_match 查询的默认类型是 best_fields。best_fields 算法会给匹配单词最多的字段更高的排名。

观察响应和分数（见下面的代码片段），你会发现 *Head First Design Patterns* 这本书的分数是 6.9938974，而 *Head First Object-Oriented Analysis Design* 这本书的分数是 2.9220228：

```
"hits" : [{
  "_index" : "books",
  "_id" : "10",
  "_score" : 6.9938974,
  "highlight" : {
    "title" : [
      "Head First <em>Design</em> <em>Patterns</em>"
    ]
  }
},
{
  "_index" : "books",
```

```
    "_id" : "8",
    "_score" : 2.9220228,
    "highlight" : {
      "title" : [
        "Head First Object-Oriented Analysis <em>Design</em>"
      ]
    }
  }
...]
```

还有其他类型的多字段匹配查询，包括 cross_fields、most_fields、phrase 和 phrase_prefix。可以使用 type 参数将查询类型设置为在多个字段中搜索最佳匹配。然而，我们在这里不会深入讨论所有这些类型，更多有关信息可查阅 Elasticsearch 的官方文档。

Elasticsearch 是如何进行多字段匹配查询的呢？实际上，它在内部被重写为分离最大化查询（disjunction max query），即 dis_max 查询。下面我们就讨论 dis_max 查询。

10.8.2 dis_max 查询

在 10.8.1 节中，我们了解了 multi_match 查询，它可以在多个字段中搜索条件。为了在后台执行这种类型的查询，Elasticsearch 使用 dis_max 查询重写了 multi_match 查询。dis_max 查询将每个字段拆分成单独的 match 查询，如代码清单 10-16 所示。

代码清单 10-16 使用 dis_max 查询

```
GET books/_search
{
  "_source": false,
  "query": {
    "dis_max": {                  <-- 指定 dis_max 查询类型
      "queries": [                <-- 定义一组包含在 dis_max 查询块中的查询
        {"match": {"title": "Design Patterns"}},       <-- 指定一个 match 查询
        {"match": {"synopsis": "Design Patterns"}}]
    }
  }
}
```

在 dis_max 查询下，多个字段被拆分成两个 match 查询。该查询返回在各个字段上相关性分数（_score）较高的文档。

注意 dis_max 查询被归类为复合查询，一种包含其他查询的查询。我们将在第 11 章中讨论复合查询。

在某些情况下，multi_match 查询中字段的相关性分数是相同的。在这种情况下，分数会打平。为了打破平局，可以使用 tie_breaker。

10.8.3 tie_breaker

相关性分数是基于单个字段的分数，但如果分数相同，可以指定 tie_breaker 来打破平局。当使用 tie_breaker 时，Elasticsearch 计算整体分数的方式会略有不同。先来看一个例子。

代码清单 10-17 中的查询在 title 和 tags 这两个字段中查询两个词，代码中还添加了一个 tie_breaker 参数。

代码清单 10-17 带有 tie_breaker 的 multi_match 查询

```
GET books/_search
{
  "query": {
    "multi_match": {        ← 指定 multi_match 查询
      "query": "Design Patterns",        ← 查询“Design Patterns”
      "type": "best_fields",        ← 设置查询类型为 best_fields
      "fields": ["title","tags"],        ← 定义要搜索的字段集合
      "tie_breaker": 0.9        ← 设置 tie_breaker
    }
  }
}
```

当使用 best_fields 类型搜索“Design Patterns”，并指定多个字段（title 和 synopsis）时，我们可以提供一个 tie_breaker 值来解决任何平局的情况。当我们提供 tie_breaker 时，整体分数的计算方式如下：

$$整体分数 = 最佳匹配字段的分数 + 其他匹配字段的分数 \times tie\_breaker$$

在 10.8.2 节中，我们使用了 dis_max 查询。Elasticsearch 将所有 multi_match 查询转换为 dis_max 查询。例如，代码清单 10-17 中的 multi_match 查询可以重写为 dis_max 查询，如代码清单 10-18 所示。

代码清单 10-18 带有 tie_breaker 的 dis_max 查询

```
GET books/_search
{
  "_source": false,
  "query": {
    "dis_max": {
      "queries": [
        {"match": {"title": "Design Patterns"}},
        {"match": {"synopsis": "Design Patterns"}}],
        "tie_breaker": 0.5        ← 指定 tie_breaker
    }
  },
  "highlight": {
    "fields": {
      "title": {},
      "synopsis": {},
      "tags": {}
    }
  }
}
```

现在，multi_match 查询被改写为 dis_max 查询。这正是 Elasticsearch 在后台所做的工作。搜索多个字段时，有时我们希望给某个特定的字段增加权重（例如，在书名中找到的搜索词

比在冗长的 synopsis 或 tags 字段中出现的相同的搜索词更相关）。我们如何让 Elasticsearch 知道要给 title 字段额外的权重呢？正如下面要讲到的，我们可以提升单个字段的权重。

10.8.4　提升单个字段的权重

网站和应用通常会为用户提供一个搜索栏，以便他们搜索产品、书、评论等。当用户输入几个词时，这并不意味着他们只对在某个特定字段中搜索这些词感兴趣。例如，当我们在亚马逊网站上搜索“C# book”时，我们并没有要求亚马逊只在某个特定的类别（如书名或摘要）中搜索。我们只需要在文本框中输入字符串，然后让亚马逊自己找出结果。这就是我们可以使用单个字段提升来实现的！

在 multi_match 查询中，我们可以提升特定字段的权重。假设在搜索“C# Guide”时，我们认为在 title 中找到这个词比在 tags 中找到它更重要。在这种情况下，我们可以使用一个插入符号（^）和数字来提升字段的权重，如 title^2。代码清单 10-19 中展示了这种场景的完整查询。

代码清单 10-19　在 multi_match 查询中提升字段的分数

```
GET books/_search
{
  "query": {
    "multi_match": {
      "query": "C# Guide",
      "fields": ["title^2", "tags"]    <-- 将 title 字段的权重翻倍
    }
  }
}
```

在代码清单 10-19 中，我们将 title 字段的权重翻倍。因此，如果文本“C# Guide”出现在文档的 title 字段中，那么这个文档的分数将高于搜索文本出现在 tags 字段中的文档。

接下来，看一下 query_string 查询。这种查询类型可以帮助我们构建一个 URI 搜索，以便在 Query DSL 中模拟 Kibana 查询语言（KQL）。我们先回顾一下 query_string 查询的必要性，然后在 10.9 节中使用它。

查询字符串和 KQL

在第 8 章中，我们了解了 URI 搜索方法（Query DSL 之外的一种搜索查询方法）。我们通过将搜索查询及其参数传递给 URI 来创建请求，而不是在请求体中创建。我们也看到，尽管 URI 搜索方法很简单，但随着查询条件的复杂性增加，它变得很容易出错。

在 Kibana 的 Discover 标签页中，我们通常使用 KQL 结合运算符来创建搜索条件。例如，要搜索 2010 年后出版的 Bert 撰写的第 2 版的 Java 书，在 Discover 标签页的 KQL 输入框中编写相应的查询语句如下：

```
title:Java and author:Bert and edition:2 and release_date>=2000-01-01
```

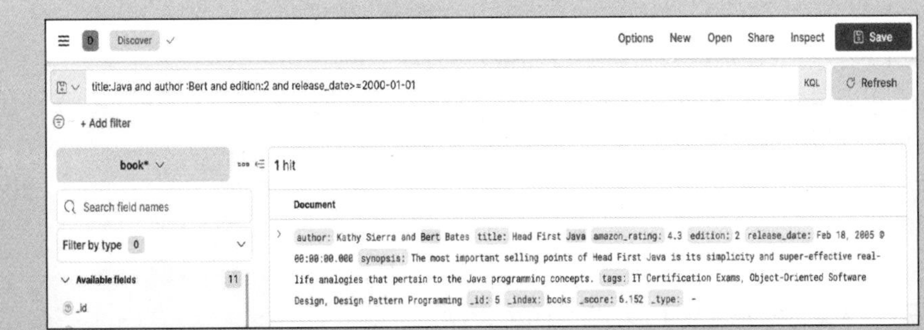

包含 KQL 查询的 Kibana 的 Discover 标签页

Elastic 引入了 KQL，以便通过 Kibana 在 Elasticsearch 索引中查询日志和指标。KQL 是一种灵活且直观的语言，支持广泛的搜索功能，包括字段级搜索、逻辑运算和复杂查询。我们可以使用通配符进行搜索，并且如示例查询所示，可以使用 AND、OR 和 NOT 等逻辑运算符来组合多个搜索查询。KQL 还提供了自动补全和语法高亮显示功能，使构造和理解查询变得更加容易。KQL 背后的原理是使用 URI 搜索 API。如果有一种方法能让我们使用 URI 类型的查询而不必考虑以 Query DSL 模式来构造查询，那就方便了。

好消息是，我们可以使用一种特殊的查询 query_string 来实现相同的 URI 搜索功能。这种查询类型允许我们在请求体中使用逻辑运算符来定义查询。

10.9 query_string 查询

query_string 类型允许使用 AND、OR 等运算符和>（大于）、<=（小于等于）、*（包含）等逻辑运算符来构造查询。通过例子很容易理解这一点，因此让我们直接看代码。

在 10.8.4 节的“查询字符串和 KQL”中，我们在 Kibana 的 Discover 标签页中使用了一个较长的查询来获取 Bert 的书：title:Java and author:Bert and edition:2 and release_date>=2000-01-01。我们可以通过编写一个 query_string 查询来实现这一点，如代码清单 10-20 所示。

代码清单 10-20 使用运算符创建 query_string 查询

```
GET books/_search
{
  "query": {
    "query_string": {      <-- 指定 query_string 查询
      "query": "author:Bert AND edition:2 AND release_date>=2000-01-01"   <-- 在查询中提供搜索条件
    }
  }
}
```

query_string 查询期望一个查询参数，我们在其中提供搜索条件。查询是以“名称 - 值”对的形式构造的，在这个例子中，author 是字段，而 Bert 是值。观察代码，注意以下几点：

- 搜索查询是使用 Query DSL 语法构建的（GET 请求包含一个请求体）。
- 搜索条件被写成使用运算符将字段连接起来。

查询就像用简单的英语提问一样容易。我们可以使用这些运算符（简单的英语）创建复杂的搜索条件，并提供给引擎以获取结果。

有时候我们不知道用户想要搜索哪些字段，他们可能希望查询聚焦在 title 字段，synopsis 字段或 tag 字段，或者所有这些字段。下面我们就来看一下指定字段的方法。

10.9.1 query_string 查询中的字段

在一个典型的搜索框中，用户在搜索时不需要指定字段。例如，让我们看看代码清单 10-21 中的查询。

代码清单 10-21 未指定字段的 query_string 查询

```
GET books/_search
{
  "query": {
    "query_string": {
      "query": "Patterns"     <-- 查询搜索词（未指定字段）
    }
  },
  "highlight": {     <-- 高亮显示响应
    "fields": {
      "title": {},
      "synopsis": {},
      "tags": {}
    }
  }
}
```

我们想在上面的查询中搜索关键词“Patterns”。该查询没有指定搜索哪个字段。这是一个泛查询，会在所有字段上执行。响应显示，一些结果在单个文档的不同字段上被高亮显示：

```
"highlight" : {
   "synopsis" : ["Head First Design <em>Patterns</em> is one of ..."],
     "title" : ["Head First Design <em>Patterns</em>"]
},
...
"highlight" : {
 "synopsis" : [ "create .. using modern application <em>patterns</em>"]
},
...
```

我们可以通过提供要搜索的字段来协助 Elasticsearch 执行搜索，而不是让引擎对所有可用的字段进行搜索查询。代码清单 10-22 中展示了如何做到这一点。

代码清单 10-22 在 query_string 查询中显式指定字段

```
GET books/_search
{
```

```
  "query": {
    "query_string": {
    "query": "Patterns",                  <-- 查询条件中未指定字段
      "fields": ["title","synopsis","tags"]   <-- 以字符串数组形式显式地声明字段
    }
  }
}
```

在这里，我们在 fields 参数的数组中显式指定了应该在哪些字段中搜索这个条件。如果在构造查询时我们对字段不确定，可以使用另一个参数 default_field，如代码清单 10-23 所示。

代码清单 10-23 带有默认字段的 query_string 查询

```
GET books/_search
{
  "query": {
    "query_string": {
      "query": "Patterns",
      "default_field": "title"     <-- 声明默认字段
    }
  }
}
```

如果查询中没有指定字段，那么搜索就在 title 字段上进行。这是因为 title 字段被声明为 default_field。

10.9.2 默认运算符

在代码清单 10-23 中，我们搜索了一个单词“Patterns”。如果我们扩大搜索范围，例如再加上“Design”这个词，我们可能会得到多本书（基于当前的数据集会得到两本书），而不只是我们想要的那本 *Head First Design Patterns*。原因是 Elasticsearch 在搜索时默认使用 OR 运算符。因此，它找到了 title 字段中包含“Design”或“Patterns”这两个词的书。

如果这不是我们的本意（例如，我们想要获取书名中精确包含“Design Patterns”这个短语的书），那么可以使用 AND 运算符。代码清单 10-24 中的 query_string 查询中有一个额外的参数 default_operator，我们可以在其中把运算符设置为 AND。

代码清单 10-24 带有 AND 运算符的 query_string 查询

```
GET books/_search
{
  "query": {
    "query_string": {
      "query": "Design Patterns",
      "default_field": "title",
      "default_operator": "AND"     <-- 将运算符从 OR 改为 AND
    }
  }
}
```

这个 query_string 查询声明使用 AND 运算符，因此我们希望“Design Patterns”被视为一个词。

10.9.3 带有短语的 query_string 查询

query_string 是否支持短语搜索？答案是肯定的。我们可以重写代码清单 10-24 中的查询，使用短语搜索而不是更改运算符。唯一需要注意的是，短语必须用引号括起来。这意味着，与短语相对应的引号必须被转义，例如，"query": "\"Design Patterns\""。代码清单 10-25 中的查询搜索了一个短语。

代码清单 10-25 搜索短语的 query_string 查询

```
GET books/_search
{
  "query": {
    "query_string": {
      "query": "\"making the code better\"",      ◁ 把句子用引号括起来使其成为短语查询
      "default_field": "synopsis"
    }
  }
}
```

这段代码在 synopsis 字段中搜索短语"making the code better"，并找到了 *Effective Java* 这本书。如果短语中缺少一个或两个词，也可以使用 slop 参数（在 10.6 节和第 8 章中讨论过）。例如，代码清单 10-26 中展示了如何通过设置 phrase_slop 参数来允许短语中缺少一个词（从短语中去掉了“the”），并仍然成功获得结果。

代码清单 10-26 带有短语和 phrase_slop 参数的 query_string 查询

```
GET books/_search
{
  "query": {
    "query_string": {
      "query": "\"making code better\"",      ◁ 从短语中删去了一个词
      "default_field": "synopsis",
      "phrase_slop": 1      ◁ 将 phrase_slop 设置为 1，以匹配缺少一个词的短语
    }
  }
}
```

这个查询中缺少了一个单词，但是 phrase_slop 的设置可以容忍这个遗漏，因此仍然得到了想要的结果。

在构建搜索服务时，我们必须考虑支持拼写错误。应用应该优雅地处理这些错误，识别拼写问题以改善和适应结果，而不是返回错误或空结果，这样可以提升用户的搜索体验。Elasticsearch 通过 fuzzy 查询提供了对处理拼写错误的支持。

10.10 模糊查询

可以通过在 query_string 查询中使用模糊查询来让 Elasticsearch 容忍拼写错误。我们只

需要在查询条件的后面添加一个波浪号（~）运算符即可。通过代码清单 10-27 中的例子可以更好地理解这一点。

代码清单 10-27 模糊的 query_string 查询

```
GET books/_search
{
  "query": {
    "query_string": {
      "query": "Pattenrs~",          <-- 使用拼写错误的“Pattenrs”
      "default_field": "title"           作为搜索词
    }
  }
}
```

通过使用~运算符设置后缀，我们让搜索引擎对查询进行模糊匹配。默认情况下，模糊查询使用的编辑距离是 2。编辑距离是指将一个字符串转换成另一个字符串所需的变动次数。例如，单词“cat”和“cap”只相差一个字母，因此，要把“cat”变成“cap”所需的编辑距离是 1。

在第 9 章中，我们学习了词项级上下文中的 fuzzy 查询，它利用了莱文斯坦距离算法。还有一种编辑距离算法是达梅劳–莱文斯坦距离算法（Damerau-Levenshtein distance algorithm），它被用于在全文上下文中支持 fuzzy 查询。它支持最多两个字符的插入、删除或替换，以及相邻字符的互换。

注意 莱文斯坦距离算法定义了将一个字符串转换成另一个字符串所需的最小变动次数。这些变动包括插入、删除和替换。达梅劳–莱文斯坦距离算法则更进一步，它除了包含莱文斯坦算法定义的所有变动，还考虑了相邻字符的互换（例如 TB > BT > BAT）。

默认情况下，query_string 查询中的编辑距离是 2，但如果需要，我们可以通过在波浪号后将其设置为 1 来减小它，如“Pattenrs~1”。在接下来的两节中，我们将看到一些更简单的查询。

10.11 简单的字符串查询

query_string 查询对语法要求严格，不容忍输入中的错误。例如，代码清单 10-28 中的查询会因为输入存在解析问题而抛出错误（这是有意为之的——我在输入条件中添加了一个引号）。

代码清单 10-28 含有非法引号字符的 query_string 查询

```
GET books/_search
{
  "query": {
    "query_string": {
      "query": "title:Java\""          <-- 含有语法错误的查询
    }                                    （缺少对应的引号）
  }
}
```

该查询无法被解析。Elasticsearch 会抛出一个声明违反了语法规则的异常（"reason": "Cannot parse 'title:Java\"': Lexical error at line 1, column 12. Encountered: <EOF> after : \"\""）。向用户抛出这个 JSON 解析异常证明用户违反了 query_string 查询的严格语法。然而，如果我们希望 Elasticsearch 忽略语法错误，继续执行任务，有一个替代方案是 simple_query_string 查询，下面我们就讨论这一查询。

10.12 simple_query_string 查询

顾名思义，simple_query_string 查询是 query_string 查询的一种变体，采用了简单、受限的语法。我们可以使用+、-、|、*和~等运算符来构造查询。例如，搜索“Java + Cay”会找到 Cay 写的 Java 书，如代码清单 10-29 所示。

代码清单 10-29 simple_query_string 查询

```
GET books/_search
{
  "query": {
    "simple_query_string": {     <- 指定查询类型为 simple_query_string
      "query": "Java + Cay"      <- 使用 AND 运算符搜索查询
    }
  }
}
```

查询中的+运算符允许查询在所有字段中搜索“Java”和“Cay”。如果我们想检查一组字段而不是所有字段，可以通过设置 fields 数组来指定字段。表 10-1 中描述了可以在 simple_query_string 中使用的运算符。

表 10-1 simple_query_string 查询中的运算符

运算符	描述
|	或（OR）
+	与（AND）
-	否定（NOT）
~	模糊查询
*	前缀查询
"	短语查询

与 query_string 查询不同，如果输入条件中存在语法错误，simple_query_string 查询不会响应错误。如果查询中存在语法错误，它采取的是一种更为温和的做法，即不返回任何结果，如代码清单 10-30 所示。

代码清单 10-30 即使有语法错误也不会产生问题

```
GET books/_search
{
```

```
  "query": {
    "simple_query_string": {       ◁  指定 simple_query_string 查询
      "query": "title:Java\""      ◁  有语法错误的查询
    }
  }
}
```

尽管我们使用不正确的语法（末尾多了一个引号）执行了相同的查询，但除了没有返回任何文档，也没有向用户返回任何错误。在这种情况下，simple_query_string 查询很有用。

本章到此结束！本章全面介绍了全文查询，也就是针对非结构化数据的查询。在第 11 章中，我们将详细介绍复合查询。复合查询是高级搜索查询，它可以包装叶子查询，如词项级查询和全文查询。

10.13　小结

- Elasticsearch 非常擅长使用全文查询来搜索非结构化数据。全文查询产生相关性，意味着匹配并返回的文档具有正的相关性分数。
- Elasticsearch 提供_search API 用于查询。
- 当根据相关性搜索全文时，各种 match 查询可适用于不同的使用场景。最常见的查询是 match 查询。
- match 查询会在 text 类型的字段中搜索查询条件，并使用相关性算法对文档打分。
- match_all 查询会搜索所有索引，并且不需要请求体。
- 要搜索一个短语，可以使用 match_phrase 查询或者它的变体 match_phrase_prefix。这两种查询都允许按指定的顺序搜索特定的单词。此外，如果短语中缺少单词，可以使用 slop 参数。
- 使用 multi_match 查询可以在多个字段中搜索用户指定的条件。
- query_string 查询使用了像 AND、OR 和 NOT 这样的逻辑运算符。不过，query_string 查询对语法要求严格，因此如果输入的语法有错误则会抛出异常。
- 如果希望 Elasticsearch 对查询字符串语法的要求不那么严格，可以选择使用 simple_query_string 查询而不是 query_string 查询。使用 simple_query_string 查询时，引擎会忽略所有的语法错误。

第 11 章　复合查询

本章内容

- 使用复合查询
- 布尔搜索查询
- 常数分数查询
- 提升查询
- 分离最大化查询
- 函数分数查询

在第 9 章和第 10 章中，我们介绍了词项级查询和全文查询。我们讨论了使用查询搜索结构化数据和非结构化数据，有些查询会产生相关性分数，而有些则在相关性分数无关紧要的过滤上下文中工作。大多数查询允许设置简单的搜索条件，并在有限的字段集上工作，例如查找某位作者写的书或者搜索畅销书。

除了提供复杂条件的查询，我们有时还需要根据某些特定条件提升分数，同时降低负向匹配结果的分数（例如，在培训计划期间出版的所有书可能会得到正向提升，与此同时，那些贵的书会受到抑制，即负向提升）。或者，我们可能想基于自定义的需求设置分数，而不是使用 Elasticsearch 内置的相关性算法。

到目前为止，我们使用的各种叶子查询都有其局限性，它们可以基于一个或几个条件进行搜索，但不能满足更复杂的需求，例如，搜索指定作者撰写的、在某段日期范围内出版的、被列为畅销书或者评分为 4.5 分（满分 5 分）且具有特定页数的书。此类高级查询需要使用高级搜索查询功能。我们将在本章中讨论这些复合查询。

复合查询（compound query）是 Elasticsearch 中用于查询复杂搜索条件的高级搜索结构。它们由单个叶子查询组成，这些叶子查询被包装在条件子句和其他结构中，提供诸如让用户使用预定义函数设定自定义分数、在提升正向搜索匹配的同时抑制负向子句、使用脚本计算分数等能力。复合查询允许我们使用单个叶子查询来构建完全成熟的各种类型的高级查询。

在本章中我们将研究复合查询所能满足的需求及其语义和用法。我们将研究布尔查询，其中多个叶子查询被组合在几个条件子句中来构建高级搜索查询，并使用 must、must_not、should 和 filter 等子句来把叶子查询组合成复合查询。我们还会讨论 boosting 查询，用于在出现正向匹配时提升查询的分数，同时降低负向匹配的分数。然后，我们将学习一种名为 constant_score 的预定义静态分数查询，它用于为返回结果设置一个静态分数。

我们会探讨函数分数查询，它可以通过一组函数来帮助设置用户自定义的打分算法，我们还将探讨使用脚本和权重来设置分数的方式，这些分数可以根据文档中其他字段的值和随机数来确定。但我们要先准备一些样本数据。

11.1 产品样本数据

在本章的示例中，我们使用的是一个包含电视、笔记本电脑、手机和冰箱等各类电气和电子产品的数据集。产品数据可以从本书的配套资源中获取。在本节中，我们将回顾映射和索引过程。

11.1.1 产品模式

构建 products 索引的第一步是创建一个定义字段及其数据类型的数据模式。代码清单 11-1 中展示了一个模式（完整的模式包含在本书配套资源的相应文件中）。

代码清单 11-1 定义 products 索引的模式

```
PUT products
{
  "mappings": {
    "properties": {
      "brand": {
        "type": "text",
        "fields": {
          "keyword": {
            "type": "keyword",
            "ignore_above": 256
          }
        }
      },
      "colour": {
        "type": "text",
        "fields": {
          "keyword": {
            "type": "keyword",
            "ignore_above": 256
          }
        }
      },
      "energy_rating": {
        "type": "text",
        "fields": {
          "keyword": {
```

```
              "type": "keyword",
              "ignore_above": 256
            }
          }
        },
        ...
        "user_ratings": {
          "type": "double"
        },
        "price": {
          "type": "double"
        }
      }
    }
  }
```

在 products 的定义中没有特别的地方，只是有两个属性（price 和 user_ratings）被定义为 double 类型，而其余属性被声明为 text 类型的字段。大多数字段被声明为多种数据类型（如 text 和 keyword），以便对数据（如能效等级或颜色等）进行词项级查询。

代码清单 11-1 中的映射创建了一个空的 products 索引，其中定义了我们将要索引的电子产品的相关模式。接下来，让我们来索引一组产品样本数据。

11.1.2 索引产品数据

现在模式已经就绪，让我们为 Elasticsearch 索引产品数据集。这些数据可以在本书配套资源中的 products.txt 文件中找到，将文件内容复制并粘贴到 Kibana 中。我们使用_bulk API 来索引这些数据。以下代码片段展示了部分数据样本：

```
PUT _bulk
{"index":{"_index":"products","_id":"1"}}
{"product": "TV", "brand": "Samsung", "model": "UE75TU7020", "size": "75",
"resolution": "4k", "type": "smart tv", "price": 799, "colour": "silver",
"energy_rating": "A+", "overview": "Settle in for an epic..",
"user_ratings": 4.5, "images": ""}
{"index":{"_index":"products","_id":"2"}}
{"product": "TV", "brand": "Samsung", "model": "QE65Q700TA", "size": "65",
"resolution": "8k", "type": "QLED", "price": 1799, "colour": "black",
"energy_rating": "A+", "overview": "This outstanding 65-inch ..",
"user_ratings": 5, "images": ""}
{"index":{"_index":"products","_id":"3"}}
...
```

现在我们已经索引了产品数据集，接下来讨论为什么需要复合查询，以及它们是如何帮助我们构建高级查询的。

11.2 复合查询

在第 9 章和第 10 章中，我们使用了叶子查询，这些查询作用于单个（独立的）字段。如果我们的需求是找出某段时间内的畅销书，可以使用叶子查询来获取这些结果。叶子查询可以帮助我们找到简单问题的答案，但不支持条件子句。然而，现实世界中很少有简单的查询需求。

大多数需求都要求构建带有多个子句和条件的复杂查询。例如，一个复杂的查询可能包括找到特定作者在某个时期出版的或某个版本的畅销书，或者返回除某个特定国家之外按不同地理区域分类的所有书，最后按销量从高到低进行排序。

这就是复合查询的优势所在：它们通过组合一个或多个叶子查询来帮助构建复杂的搜索查询。幸运的是，我们可以使用 Query DSL（在第 8 章中讨论过）来编写复合查询：使用相同的 `_search` 端点，搭配一个包含 `query` 对象的请求体。图 11-1 中展示了复合查询的语法。

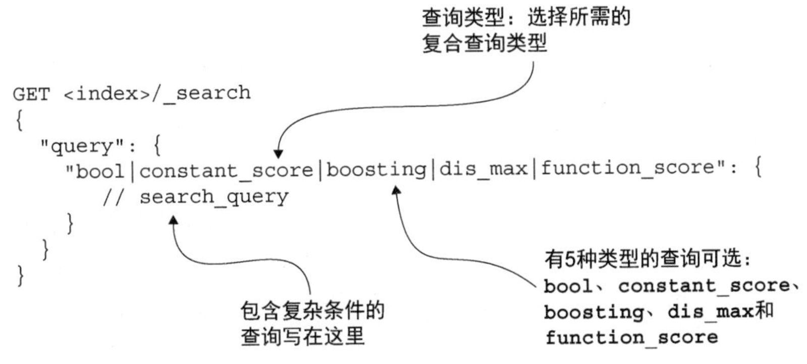

图 11-1　复合查询语法

复合查询的基本语法与其他查询没有区别，但 `query` 对象的内容由不同的部分组成，这取决于要使用的复合查询类型。

Elasticsearch 提供了 5 种查询来满足各种搜索需求，包括布尔查询、常数分数查询、提升查询、分离最大化查询和函数分数查询。表 11-1 中简要描述了这 5 种复合查询。例如，如果需求是使用条件子句来构建高级查询，那么可以使用布尔查询通过 `AND`、`OR` 和其他条件来包含多个叶子查询。相似地，如果需求是对所有结果设置一个静态分数，那么需要的是常数分数查询。在本章中，我们将在不同的使用场景中应用这 5 种类型的查询。

表 11-1　复合查询的类型

复合查询	描述
布尔（`bool`）查询	条件子句的组合，包装了单独的叶子查询（词项级查询和全文查询）。工作方式类似于 `AND`、`OR` 和 `NOT` 运算符 示例：`products = TV AND color = silver NOT rating < 4.5 AND brand = Samsung OR LG`
常数分数（`constant_score`）查询	包装一个 `filter` 查询为结果设置一个常数分数。也有助于提升分数 示例：搜索所有用户评分高于 5 的电视，但无论搜索引擎计算出来的分数如何，都为每个结果设置一个常数分数 5
提升（`boosting`）查询	提升正向匹配的分数，同时降低负向匹配的分数 示例：获取所有电视，但降低那些贵的电视的分数

续表

复合查询	描述
分离最大化（dis_max）查询	包装多个查询，以在多个字段中搜索多个单词（类似 multi_match 查询） 示例：在两个字段（如 overview 和 description）中搜索智能电视，并返回最佳匹配
函数分数（function_score）查询	用户定义的函数，用于为结果文档分配自定义的分数 示例：搜索产品，如果产品是 LG 品牌的电视，则将分数提升 3 倍（通过 script 或 weight 函数）

在这些类型中，bool 查询是最常用的复合查询，因为它灵活并支持多个条件子句。当讨论 bool 查询时，需要涵盖的内容很多，所以它值得专门用一节来进行讲解。

11.3 bool 查询

布尔（bool）查询是最流行和最灵活的复合查询，用于创建复杂的搜索数据的条件。顾名思义，它组合布尔子句，每个子句包含一个由词项级查询或全文查询构成的叶子查询。每个子句包含 must、must_not、should 或 filter 类型的子句，表 11-2 中对此做了简要说明。

表 11-2 布尔子句

子句	描述
must	一个 AND 查询，所有文档都必须匹配查询条件 示例：获取特定价格区间的电视（product = TV）
must_not	一个 NOT 查询，获取不匹配查询条件的文档 示例：获取特定价格区间的电视（product = TV），但有一个例外，如不是某种颜色
should	一个 OR 查询，文档中至少有一个必须匹配查询条件 示例：搜索无霜或者能效等级在 C 级以上的冰箱
filter	一个 filter 查询，文档必须匹配查询条件（类似于 must 子句），但是 filter 子句不对匹配结果进行打分 示例：获取特定价格区间的电视（product = TV），但返回的文档分数将为 0

由这些子句组成的复合查询可以包含多个叶子查询，甚至可以包含额外的复合查询。我们可以通过组合叶子查询和复合查询来创建高级、复杂的搜索查询。下面我们就来讨论一下 bool 查询的语法和结构。

11.3.1 bool 查询结构

如前所述，bool 查询是布尔子句的组合，用于生成统一的输出。图 11-2 中展示了一个包含空子句的 bool 查询的基本结构。

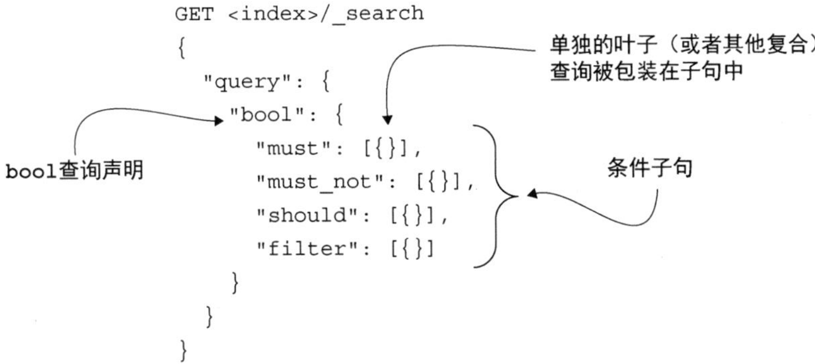

图 11-2 带有 4 个条件子句的 **bool** 查询示例的语法

可以看到，bool 查询是由一组在子句中定义的条件来配置的。bool 查询可以接受在子句中嵌入至少一个查询。每个子句可以以查询数组的形式包含一个或多个叶子查询或复合查询。如下面的代码片段所示，我们可以在任何子句（用斜体展示）内提供多个词项级查询和全文查询（用粗体展示）：

```
GET books/_search
{
  "query": {
    "bool": {
      "must": [
        { "match": {"FIELD": "TEXT"}},
{ "term": {"FIELD": {"value": "VALUE"}}}
      ],
      "must_not": [
        {"bool": { "must": [{}]}}}
      ]
      "should": [
         { "range": { "FIELD": {"gte": 10,"lte": 20}}},
{ "terms": { "FIELD": [ "VALUE1", "VALUE2" ]}}
      ]
    }
  }
}
```

这里有 3 个子句，每个子句包含 match、term、range 等叶子查询。must_not 子句中还包含了一个复合子句，其中可以使用同样的子句来进一步扩展查询条件。这些在子句中组合的单个查询让我们可以编写满足高级查询需求的搜索查询。

尽管你可能从理论上理解了之前的查询，但如果不亲自编写并执行这些查询，是无法完全领会它们的全部潜力的。让我们从头开始审视 bool 查询，每次构建一个子句，并随着查询的推进逐步完善它。让我们从 must 子句开始。

11.3.2 must 子句

当子句中定义的查询满足条件时，在 bool 查询的 must 子句中声明的条件将产生正向结果。也就是说，输出包含所有匹配 must 子句中条件的文档。

先探索一个简单的查询。假设我们的需求是在 products 索引中找到所有电视。为此，我们编写了一个带有 must 子句的 bool 查询。因为我们只查找电视，所以可以将搜索条件放在 match 查询中，以匹配电视产品。代码清单 11-2 中提供了这个查询。

代码清单 11-2 bool 查询中包含带有 match 查询的 must 子句

```
GET products/_search
{
  "query": {
    "bool": {        <-- bool 查询
      "must": [      <-- must 子句
        {
          "match": {                <-- match 查询搜索电视
            "product": "TV"         <-- 搜索条件
          }
        }
      ]
    }
  }
}
```

让我们来解析这个查询。query 对象中的 bool 声明表示这是一个 bool 查询。然后，bool 对象中包含了一个 must 子句，匹配给定的搜索词 TV。当我们执行这个查询时，会返回几台电视，正如预期的那样（为了简洁起见，这里省略了输出）。

match 查询是一种 bool 查询

到目前为止，我们使用的 match 查询都是一种布尔查询。例如，代码清单 11-2 中的 bool 查询可以重写为一个 match（全文）查询来获取电视。下面这个叶子查询返回的电视结果与之前的 bool 查询返回的一致：

```
GET books/_search
{
  "query": {
    "match": {
      "product": "TV"
    }
  }
}
```

尽管对于简单（单个）条件你可能会倾向于使用 match 查询，但实际情况往往更复杂；因此，你可能不得不依赖 bool 查询。

11.3.3 增强 must 子句

单纯地搜索电视并没有太多乐趣，不妨让查询变得更有趣一些。除了获取电视，让我们再添加一个条件：只获取特定价格区间的电视。我们需要组合两个查询才能达到这个目的。

根据这个需求，我们需要使用一个包含两个 match 查询的 must 子句：一个 match 查询匹配 product 字段，另一个 match 查询匹配 price 字段。记住，must 子句接受一个叶子查询数组。虽然 match 查询足以搜索产品类型，但我们可以向 bool 查询中添加一个 range 查询，以获取特定价格区间的所有电视，如代码清单 11-3 所示。

代码清单 11-3 查找特定价格区间的电视

```
GET products/_search
{
  "query": {
    "bool": {
      "must": [          <-- 包含两个单独叶子查询的 must 查询
        {
          "match": {     <-- match 查询搜索电视
            "product": "TV"
          }
        },
        {
          "range": {     <-- range 查询搜索价格区间
            "price": {
              "gte": 700,
              "lte": 800
            }
          }
        }
      ]
    }
  }
}
```

在这里，我们创建了两个叶子查询，在 match 查询和 range 查询之间使用条件 AND。这个查询的意思是：搜索电视，并获取价格在指定区间内的电视。结果只有一台电视，因为在我们的数据集中只有一台电视的价格（799 美元）在这个区间内。

当然，我们可以向查询中添加更多条件。例如，代码清单 11-4 中的查询搜索所有 4K 分辨率的银色或黑色电视。

代码清单 11-4 3 个叶子查询被包装在一个 must 子句中

```
GET products/_search
{
  "query": {
    "bool": {
      "must": [          <-- 包含 3 个叶子查询的 must 查询
        {
          "match": {     <-- match 查询搜索电视
            "product": "TV"
          }
        },
        {
          "term": {      <-- term 查询搜索 4K 分辨率的电视
            "resolution": "4K"
          }
```

```
          },
          {
            "terms": {
              "colour": [
                "silver",
                "black"
              ]
            }
          }
        ]
      }
    }
  }
```

terms 查询搜索银色或黑色的电视

可以想象，我们可以利用 bool 查询组合多个全文查询和词项级查询（或其他叶子查询）来针对复杂且烦琐的条件构建搜索解决方案——我们刚刚接触皮毛。可以使用其他子句构建更高级的查询。下面我们就来讨论 must_not 子句。

11.3.4 must_not 子句

与 must 子句相反的就是 must_not 查询子句。例如，在购物网站上，我们可能想要搜索具有特定细节的产品，并要求零售商忽略那些缺货的产品。图 11-3 中展示了一个例子（来自英国零售商 John Lewis）。

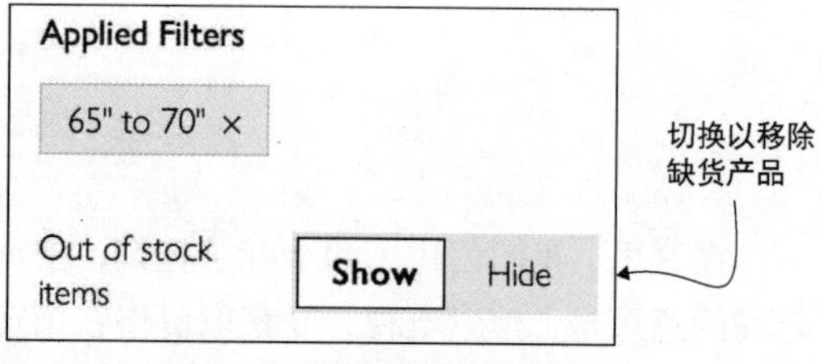

图 11-3 搜索时隐藏缺货产品

搜索引擎在显示搜索结果之前隐藏了所有的缺货商品。这正是must_not子句可以满足的功能。

与 must 子句一样，must_not 也接受一个叶子查询数组来构建高级搜索条件。该查询的唯一目的是过滤掉不满足指定条件的匹配项。理解这一点的最佳方式是给一个例子。代码清单 11-5 中的查询搜索除特定品牌（在本例中是 Samsung 或 Philips）以外的所有电视。

代码清单 11-5 使用 must_not 获取除特定品牌以外的电视

```
GET products/_search
{
 "query": {
   "bool": {
     "must_not": [
       {
         "terms": {
           "brand.keyword": [
             "Samsung",
             "Philips"
           ]
         }
       }
     ]
   }
```

包含 terms 查询的 must_not 子句

terms 查询搜索特定品牌

```
    }
  }
```

代码清单 11-5 展示了一个带有 must_not 子句的 bool 查询，其中包含一个 terms 查询。首先，如预期那样，terms 查询会获取 Samsung 或 Philips 的产品。由于这个 terms 查询在 must_not 子句中，因此它的效果是否定该查询的结果。也就是说，结果“必须不匹配子句中的查询所匹配的内容”。因此，正因为 terms 查询被包装在 must_not 子句中，得到的结果恰恰相反：它会获取所有不是由 Samsung 和 Philips 制造的产品。

这个查询的问题在于它获取了所有的产品（电视、冰箱、显示器等）。但是，我们的需求是只获取不是由 Samsung 和 Philips 制造的电视。我们应该修改查询，在获取电视的同时排除这些特定品牌。

在代码清单 11-5 中的 must_not 子句的基础上再添加一个 must 子句就对了。我们可以创建一个包含在 must 子句中的 term 查询来获取所有电视，然后使用 must_not 从结果中移除（过滤掉）特定品牌的电视。让我们更新查询来反映这一点，如代码清单 11-6 所示。

代码清单 11-6　过滤特定品牌

```
GET products/_search
{
 "query": {
   "bool": {
     "must_not": [          <-- must_not 子句
       {                        忽略一组品牌
         "terms": {
           "brand.keyword": [
             "Philips",
             "Samsung"
           ]
         }
       }
     ],
     "must": [              <-- must 子句查找
       {                        （匹配）电视
         "match": {
           "product": "TV"
         }
       }
     ]
   }
 }
}
```

这个查询中有两个查询子句，即 must 和 must_not，它们都被包含在一个 bool 复合查询中。现在我们搜索的是不属于 Samsung 和 Philips 这两个特定品牌的电视。我们可以在 must_not 子句中添加更多条件吗？可以，我们可以添加多个叶子查询来增强它，下面我们就来讨论如何增强 must_not 子句。

11.3.5 增强 must_not 子句

就像之前增强 must 子句的查询一样（参见 11.3.3 节），在 must_not 子句中加入多个查询条件也是轻而易举的。例如，除了获取不是由 Philips 和 Samsung 制造的产品，我们还可以只查询评分在 4.0 及以上的电视（must_not 查询使用一个 range 查询过滤掉用户评分低于 4.0 的电视），如代码清单 11-7 所示。

代码清单 11-7 增强 must_not 查询

```
GET products/_search
{
 "query": {
   "bool": {
     "must_not": [          ⊲ must_not 子句包含两个单独的查询
       {
        "terms": {          ⊲ term 查询匹配 brand 字段中给定的值
          "brand.keyword": [
            "Philips",
            "Samsung"
          ]
        }
      },
      {
        "range": {          ⊲ range 查询获取评分在 4.0 及以下的电视
          "user_ratings": {
            "lte": 4.0
          }
        }
      }
    ],
    "must": [               ⊲ must 子句中包含了 3 个叶子查询
      {
        "match": {
          "product": "TV"
        }
      },
      {
        "term": {
          "resolution": {
            "value": "4K"
          }
        }
      },
      {
        "range": {
          "price": {
            "gte": 500,
            "lte": 700
          }
        }
      }
    ]
   }
 }
}
```

尽管代码清单 11-7 中的查询很冗长，但解析它有助于理解其中的要点。这个 bool 查询由

must 和 must_not 两个子句组成。must 子句搜索所有价格为 500～700 美元的 4K 电视。然后，这个列表被输入 must_not 子句中，该子句有两个叶子查询，作用于 must 子句生成的电视列表。第一个叶子查询过滤掉所有 Philips 或 Samsung 品牌的电视（保留所有其他品牌的电视）；第二个叶子查询使用 range 查询进一步过滤此列表，去掉所有评分低于 4.0 的电视。

注意 must_not 子句不会影响返回结果的相关性分数。这是因为 must_not 查询是在过滤上下文中执行的。在过滤上下文中执行的查询不产生分数，它们只给出两种结果（是或否）。因此，由其他子句（如 must 和 should）生成的分数不会被 must_not 子句中声明的查询所修改。

到目前为止，我们已经研究了使用 must 子句和 must_not 子句来构建复合查询。这两个子句中的查询位于天平的两端：must 子句要求精确匹配条件，而 must_not 子句则相反，提供不匹配任何条件的结果。

我们的示例获取了所有匹配特定条件的电视，同时排除了某些品牌。假设我们想获取部分匹配的结果，例如获取超过 85 英寸或由特定公司制造的电视，bool 查询的第三种子句——should 子句支持这种类型的查询。

11.3.6 should 子句

简单来说，should 子句是一个 OR 子句，它根据 OR 条件评估搜索（而 must 子句则基于 AND 运算符）。观察代码清单 11-8 中的查询。

代码清单 11-8 使用包含几个条件的 should 查询来获取电视

```
GET products/_search
{
  "_source": ["product","brand", "overview","price"],
  "query": {
    "bool": {
      "should": [          <-- should 子句中包含两个单独的查询
        {
          "range": {       <-- 查询匹配特定价格区间的产品
            "price": {
              "gte": 500,
              "lte": 1000
            }
          }
        },
        {
          "match_phrase_prefix": {   <-- 查询 overview 字段中匹配特定短语的产品
            "overview": "4K Ultra HD"
          }
        }
      ]
    }
  }
}
```

在这个查询中，should 子句由两个查询组成，它们搜索价格为 500～1000 美元的产品，或在 overview 字段中包含“4K Ultra HD”短语的产品。得到的结果可能比预期的要多（记住是 OR 条件）：

```
{
  ...
  "_score" : 12.059638,
  "_source" : {
    "overview" : ".. 4K Ultra HD display ...",
    "product" : "TV",
    "price" : 799,
    "brand" : "Samsung"
  }
},
{
  ...
  "_score" : 11.199882,
  "_source" : {
    "overview" : ".. 4K Ultra HD ...",
    "product" : "TV",
    "price" : 639,
    "brand" : "Panasonic"
  }
},
{
  ...
  "_score" : 10.471219,
  "_source" : {
    "overview" : ".. 4K Ultra HD screen.. ",
    "product" : "TV",
    "price" : 1599,
    "brand" : "LG"
  }
}
...
```

返回的结果中包含了不在指定价格区间内的产品（例如，返回结果中的第三个产品价格是 1599 美元，远远超出我们要求的范围），它之所以被匹配到是因为符合了第二个条件，包含 4K Ultra HD。这表明 should 子句是基于 OR 条件执行的。

在使用 should 子句执行搜索时，不只是在查询中应用 OR 条件。虽然我们只执行了 should 查询，但通常它会与其他子句（如 must 和 must_not）一起组合使用。将 should 子句和 must 子句一起使用的好处是，匹配 should 子句查询的结果会获得提升了的分数。下面我们就通过一个例子来详细讨论这一点。

1. 通过 **should** 子句来提升分数

代码清单 11-8 中的查询包含一个 should 子句，它使用 OR 条件返回正向匹配的结果。当与 must 子句一起使用时，should 子句会增加相关性分数的权重。假设我们应用了一个匹配 LG 电视的 must 子句，如代码清单 11-9 所示。

代码清单 11-9 使用 must 查询获取电视

```
GET products/_search
{
```

```
  "_source": ["product","brand"],
  "query": {
    "bool": {
      "must": [          ⊲ must 子句包含两个
        {                   单独的 match 查询
          "match": {
            "product": "TV"
          }
        },
        {
          "match": {
            "brand": "LG"
          }
        }
      ]
    }
  }
}
```

除了结果中提到的_score（分数是 4.4325914），这个查询里没有太多值得分析的内容：

```
"hits" : [
  {
    "_index" : "products",
    "_id" : "5",
    "_score" : 4.4325914,
    "_ignored" : [
      "overview.keyword"
    ],
    "_source" : {
      "product" : "TV",
      "brand" : "LG"
    }
  }
]
```

现在，我们向这个查询添加一个 should 子句。代码清单 11-10 中展示了对分数的影响。

代码清单 11-10　添加 should 子句来提升分数

```
GET products/_search
{
  "_source": ["product","brand"],
  "query": {               must 子句搜索
    "bool": {              LG 电视
      "must": [     ⊲
        {
          "match": {
            "product": "TV"
          }
        },
        {
          "match": {
            "brand": "LG"
          }
        }                  should 子句检查电视结果的
      ],                   价格区间及匹配短语
      "should": [   ⊲
```

```
          {
            "range": {
              "price": {
                "gte": 500,
                "lte": 1000
              }
            }
          },
          {
            "match_phrase_prefix": {
              "overview": "4K Ultra HD"
            }
          }
        ]
      }
    }
  }
```

这个查询通过结合使用 must 子句和 should 子句，提升了匹配文档的分数。之前的分数 4.4325914 现在大幅提升到了 14.9038105。

```
"hits" : [
      {
        "_index" : "products",
        "_id" : "5",
        "_score" : 14.9038105,
        "_ignored" : [
          "overview.keyword"
        ],
        "_source" : {
          "product" : "TV",
          "brand" : "LG"
        }
      }
    ]
```

分数增加是因为查询在 must 子句中匹配成功，同时在 should 子句中也匹配上了。重点是，如果 should 子句中的查询匹配（加上 must 子句中的正向匹配），分数就会增加。既然如此，那它应该匹配多少个查询呢？在一个 should 子句中可以有多个叶子查询，不是吗？是所有的叶子查询都必须匹配，还是可以让 Elasticsearch 检查只要至少有一个叶子查询匹配就行了？这可以通过 minimum_should_match 属性来实现。

2. minimum_should_match 设置

同时执行 must 子句和 should 子句中的一组查询时，以下规则会被隐式地应用。

- 所有结果必须匹配 must 子句中声明的查询条件（如果 must 查询中的任意一个条件未能匹配，查询就不会返回正向搜索结果）。
- 结果无须匹配 should 子句中声明的条件。如果匹配，_score 会被提升；否则对分数没有影响。

不过，有时我们可能希望在向客户端发送结果之前，至少有一个 should 条件匹配。我们希望根据这些 should 查询的匹配来提升分数。这可以使用 minimum_should_match 属性来实现。

例如，当且仅当至少一个查询匹配时，我们才可以声明代码清单 11-10 中的查询是成功的。仅当在多个查询中至少有一个匹配的情况下，它才会返回正向结果（提升分数）。代码清单 11-11 中展示了这一点。

代码清单 11-11 使用 minimum_should_match 参数

```
GET products/_search
{
  "_source": ["product","brand","overview", "price","colour"],
  "query": {
    "bool": {
      "must": [{
          "match": {
            "product": "TV"
          }
        },
        {
          "match": {
            "brand": "LG"
          }
        }],
      "should": [{
          "range": {
            "price": {
              "gte": 500,
              "lte": 2000
            }
          }
        },
        {
          "match": {
            "colour": "silver"
          }
        },
        {
          "match_phrase_prefix": {
            "overview": "4K Ultra HD"
          }
        }],
      "minimum_should_match": 1    ◁ 在 should 子句中至少匹配一个叶子查询
    }
  }
}
```

在代码清单 11-11 中，我们将 minimum_should_match 设置为 1。这意味着查询会尝试匹配 should 子句中叶子查询定义的条件，但必须至少有一个查询是正向匹配的：如果产品是银色的，或者产品是 4K 超高清的，或者价格为 500～2000 美元。然而，如果 should 子句中的条件都不匹配，那么查询将失败，因为我们要求查询要满足 minimum_should_match 参数。

你可能已经猜到，一个 bool 查询可以只声明一个 should 子句，也就是说，不使用 must 子句。minimum_should_match 的默认值取决于 bool 查询是否同时包含 must 子句和 should 子句。如果 bool 查询同时包含一个 must 子句和一个 should 子句，那么 minimum_should_match 的默认值设置为 0；如果 bool 查询只包含一个 should 子句，则其默认值设置为 1（见表 11-3）。

表 11-3 **minimum_should_match** 属性的默认值

子句	**minimum_should_match** 的默认值
只有 should 子句（没有 must 子句）	1
should 子句和 must 子句同时存在	0

到目前为止，我们已经了解了 must、must_not 子句和 should 子句。must_not 在过滤上下文中执行，must 和 should 在查询上下文中执行。尽管我们在第 8 章中讨论过查询上下文与过滤上下文，但为了完整起见，我们在此重新回顾一下这些概念。在查询上下文中执行的查询将运行相应的相关性算法，因此我们可以期望得到与结果文档相关的相关性分数。在过滤上下文中执行的查询不会输出分数，并且由于不需要运行打分算法，因此性能较好。这引出了一个不使用相关性分数但是在过滤上下文中工作的子句——filter 子句。

11.3.7 filter 子句

filter 子句获取所有匹配条件的文档，类似于 must 子句。唯一的区别是 filter 子句在过滤上下文中执行，因此不会对结果进行打分。记住，在过滤上下文中执行查询会提升查询性能，因为它缓存了 Elasticsearch 返回的查询结果。代码清单 11-12 中展示了 filter 查询的实际应用。

代码清单 11-12 filter 子句

```
GET products/_search
{
  "query": {
    "bool": {
      "filter": [{          <-- 隐式地在过滤上下文中执行查询
          "term": {
            "product.keyword": "TV"
          },
          {
            "range": {
              "price": {
                "gte": 500,
                "lte": 1000
              }
            }
          }
        }
      ]
    }
  }
}
```

以下代码片段展示了这个查询的结果。注意，结果的分数是 0：

```
"hits" : [{
    ...
    "_score" : 0.0,
    "_source" : {
      "product" : "TV",
      "colour" : "silver",
      "brand" : "Samsung"
    }
  },
  {
    ...
    "_score" : 0.0,
    "_source" : {
      "product" : "TV",
      "colour" : "black",
      "brand" : "Samsung"
    }
  }
  ...
]
```

filter 子句不提供打分。由于输出不需要打分，因此 Elasticsearch 可以缓存查询/结果，这对应用的性能有益。

我们通常将 filter 子句与 must 子句结合使用。must 子句的结果通过 filter 子句进一步过滤，过滤掉不符合条件的数据。代码清单 11-13 中展示了这种方法。

代码清单 11-13 filter 子句结合 must 子句

```
GET products/_search
{
  "_source": ["brand","product","colour","price"],
  "query": {
    "bool": {
      "must": [{
          "match": {
            "brand": "LG"
          }
        }
      ],
      "filter": [{
          "range": {
            "price": {
              "gte": 500,
              "lte": 1000
            }
          }
        }
      ]
    }
  }
}
```

在这里，我们先获取所有 LG 品牌的产品（在我们的数据集中，有 1 台电视和 3 台冰箱是

LG 制造的），然后我们按价格过滤它们，只留下 2 台在价格区间内的冰箱（价格都是 900 美元）：

```
"hits" : [{
        ..
        "_score" : 2.6820748,
        "_source" : {
          "product" : "Fridge",
          "colour" : "Matte Black",
          "price" : 900,
          "brand" : "LG"
        }
      },{
        ..
        "_score" : 2.6820748,
        "_source" : {
          "product" : "Fridge",
          "colour" : "Matte Black",
          "price" : 900,
          "brand" : "LG"
        }
      }]
```

注意，返回的两个文档现在都带有分数，这意味着查询是在查询上下文中执行的。正如我们所讨论的，filter 查询与 must 查询相似，只是它不是在查询上下文中执行的（filter 查询是在过滤上下文中执行的）。因此，添加 filter 并不影响文档的打分。

到目前为止，我们介绍了包含单个子句和叶子查询的 bool 查询。可以组合所有这些子句来构建一个复杂的高级查询。下面我们就来看一看如何组合所有子句。

11.3.8 组合所有子句

让我们组合 must、must_not、should 和 filter 子句。需求是要找到 LG 制造的非银色的产品，它们要么是冰箱冷柜，要么能效等级为 A++，且在特定的价格区间内。

代码清单 11-14 中的查询使用 must 子句中的 match 查询来获取 LG 品牌的产品，使用 must_not 子句排除银色的产品，使用 should 子句查询冰箱冷柜或指定能效等级，最后使用一个 filter 子句来检查产品的价格，看它们是否在特定的价格区间内。

代码清单 11-14　组合所有子句

```
GET products/_search
{
  "query": {
    "bool": {
      "must": [{
          "match": {
            "brand": "LG"
          }
        }],
      "must_not": [{
          "term": {
```

```
          "colour": "silver"
        }
      }],
    "should": [{
        "match": {
          "energy_rating": "A++"
        }
      },
      {
        "term": {
          "type": "Fridge Freezer"
        }
      }],
    "filter": [{
        "range": {
          "price": {
            "gte": 500,
            "lte": 1000
          }
        }
      }
    ]
   }
  }
}
```

代码清单 11-14 中组合了 4 个子句，匹配 LG 品牌的产品（must 子句）但不包括银色的（must_not 子句）。如果产品的能效等级是 A++或者是冰箱冷柜（should 子句），那么更好。最后，通过价格过滤产品（filter 子句）。

随着需求复杂度的提高，可以通过添加更多的子句和叶子查询来增强这个查询。一个子句中可以包含的查询数量没有限制，完全取决于我们的决定。但是我们怎样才能知道，在众多的子句中有哪些叶子查询匹配到了结果，以及根据需求，是否有查询被漏掉了？知道哪一个具体的叶子查询得到了最终结果，有助于识别执行并产生结果的查询。我们可以通过为每个查询命名来实现这一点。

11.3.9 命名查询

我们可能会为一个复杂的查询构建数十个叶子查询，但是我们并不清楚在匹配获取最终结果时实际使用了其中的多少个查询。我们可以命名查询，这样 Elasticsearch 在输出结果时就会同时输出在查询匹配过程中使用的查询名称。来看一个例子。代码清单 11-15 中展示了一个包含所有子句和一些叶子查询的复杂查询。

代码清单 11-15 为每个查询命名的复杂查询

```
GET products/_search
{
  "_source": ["product", "brand"],
  "query": {
    "bool": {
```

```
        "must": [
          {
            "match": {
              "brand": {
                "query": "LG",
                "_name": "must_match_brand_query"    ◁ 为 must 子句中匹配品牌的查询命名
              }
            }
          }
        ],
        "must_not": [
          {
            "match": {
              "colour.keyword": {
                "query":"black",
                "_name":"must_not_colour_query"    ◁ 为不匹配特定颜色的查询命名
              }
            }
          }
        ],
        "should": [
          {
            "term": {
              "type.keyword": {
                "value": "Frost Free Fridge Freezer",
                "_name":"should_term_type_query"    ◁ 为 should 子句中匹配类型的查询命名
              }
            }
          },
          {
            "match": {
              "energy_rating": {
                "query": "A++",
                "_name":"should_match_energy_rating_query"    ◁ 为 should 子句中匹配能效等级的查询命名
              }
            }
          }
        ],
        "filter": [
          {
            "range": {
              "price": {
                "gte": 500,
                "lte": 1000,
                "_name":"filter_range_price_query"    ◁ 为 filter 子句中匹配价格区间的查询命名
              }
            }
          }
        ]
      }
    }
}
```

每个叶子查询都使用_name 属性进行标记，我们可以自由设置其值。一旦查询被执行，响应中的每个结果都会附加一个 matched_queries 对象。这个 matched_queries 对象中包含了获取文档所对应的查询的集合。

```
"hits" : [
      {
        ...
        "_source" : {
          "product" : "Fridge",
          "brand" : "LG"
        },
        "matched_queries" : [
          "filter_range_price_query",
          "should_match_energy_rating_query",
          "must_match_brand_query",
          "should_term_type_query"
        ]
      },
      {
        ...
        "_source" : {
          "product" : "Fridge",
          "brand" : "LG"
        },
        "matched_queries" : [
          "filter_range_price_query",
          "should_match_energy_rating_query",
          "must_match_brand_query",
          "should_term_type_query"
        ]
      }
    ]
```

结果是根据 matched_queries 块中提到的 4 个查询匹配的。命名查询的真正好处是可以去除与结果无关的冗余查询。这样，可以减小查询的规模，并集中精力调整那些与获取结果相关的查询。

至此，我们对 bool 查询的讨论就结束了，它是最重要和最复杂的组合查询之一。在接下来的几节中，我们将继续探讨其他的复合查询，从常数分数（constant_score）查询开始。

11.4 constant_score 查询

之前，我们讨论了 bool 子句中的 filter 查询。为了内容的完整性，让我们再次执行一个示例 filter 查询，以获取用户评分在 4 到 5 之间的产品，如代码清单 11-16 所示。

代码清单 11-16 在 bool 查询中声明 filter 子句

```
GET products/_search
{
  "query": {
    "bool": {
```

```
        "filter": [
          {
            "range": {
              "user_ratings": {
                "gte": 4,
                "lte": 5
              }
            }
          }
        ]
      }
    }
  }
```

这个查询返回所有满足用户评分条件的产品。唯一值得注意的是，这个查询是在过滤上下文中执行的，因此结果不会关联任何分数（0 分）。然而，有时我们可能需要设置一个非零分数，尤其是在我们想要提升某个特定搜索条件的分数时。这就需要使用一个新的查询类型 constant_score。

顾名思义，constant_score 包装一个 filter 查询，并产生具有预定义（提升的）分数的结果。代码清单 11-17 中的查询展示了这一点。

代码清单 11-17 生成一个静态分数的 constant_score 查询

```
GET products/_search
{
  "query": {
    "constant_score": {          <-- 声明 constant_score 查询
      "filter": {                <-- 包装一个 filter 查询
          "range": {
            "user_ratings": {
              "gte": 4,
              "lte": 5
            }
          }
      },
      "boost": 5.0               <-- 使用预定义分数来提升结果
    }
  }
}
```

代码清单 11-17 中的 constant_score 查询包装了一个 filter 查询。这个 constant_score 查询中还有一个属性 boost，这个属性使用给定的值来提升分数。因此，所有的结果文档都被标记为 5 分，而不是 0 分。

下面我们看一下 constant_score 的实际应用。代码清单 11-18 中展示了一个 bool 查询，我们将一个 constant_score 查询包含在一个 must 查询中，与一个 match 查询一起使用。

代码清单 11-18 带有常数分数的 bool 查询

```
GET products/_search
{
```

```
  "query": {
    "bool": {
      "must": [{                        <-- must 子句中包含两个查询：
          "match": {                    <-- match 查询和 constant_score 查询
            "product": "TV"                 match 查询
          }                                 搜索电视
        },
        {
          "constant_score": {               <-- 如果电视的颜色是黑色，constant_score
            "filter": {                         查询会将分数提升 3.5
              "term": {
                "colour": "black"
              }
            },
            "boost": 3.5
          }
        }
      ]
    }
  }
}
```

这个 bool 查询中的 must 子句包含两个查询：一个是 match 查询，另一个是 constant_score 查询。constant_score 查询根据颜色过滤所有电视，但有一个调整：它将所有黑色电视的分数都提升 3.5。在这里，我们要求 Elasticsearch 引擎在对结果进行打分时考虑我们的输入，方法是在 constant_score 下包装的 filter 查询中将 boost 设置为我们选择的值。

在本节中，我们讨论了使用 constant_score 查询为查询结果分配一个静态分数。但如果我们想让某些结果得到更高的分数，而其他结果排在结果页面底部呢？这正是提升（boosting）查询所做的，接下来将讨论它。

11.5 boosting 查询

有时候我们需要有倾向性的答案。例如，我们可能希望结果列表顶部是 LG 电视，而底部是 Sony 电视。这种对分数进行倾向性操纵使列表顶部是偏好条目的做法是通过 boosting 查询实现的。boosting 查询涉及两组查询：positive 部分，在这部分任意数量的查询产生正向匹配；negative 部分，在这部分匹配的查询通过负向提升来降低分数。

来看一个例子。我们想要搜索 LG 电视，但是如果价格超过 2500 美元，我们就使用 negative 查询中的负向提升指定的值来计算分数，从而将它们排到列表底部，如代码清单 11-19 所示。

代码清单 11-19 boosting 查询的实际应用

```
GET products/_search
{
  "size": 50,
  "_source": ["product", "price","colour"],
```

```
  "query": {
    "boosting": {             <-- boosting 查询的实际应用
      "positive": {           <-- boosting 查询的 positive 部分
        "term": {
          "product":"TV"
        }
      },
      "negative": {           <-- boosting 查询的 negative 部分
        "range": {
          "price": {
            "gte": 2500
          }
        }
      },
      "negative_boost": 0.5   <-- 负向提升
    }
  }
}
```

如代码清单 11-19 所示，boosting 查询有 positive 和 negative 两个部分。在 positive 部分，我们简单地创建了一个查询（在本例中是 term 查询）来获取电视。另外，我们不想要太贵的电视，所以我们通过降低 negative 查询部分中匹配的电视的分数，抑制贵的电视出现在结果中（将它们移到列表底部）。negative_boost 属性设置的值被用来重新计算 negative 部分中匹配项的分数。这会将 negative 部分的结果推到列表的底部。

代码清单 11-19 中的 boosting 查询很简单：它在 positive 和 negative 部分使用了叶子查询。但我们也可以使用其他复合查询来编写一个像 boosting 查询这样的复合查询。我们可以使用 bool、constant_score 或其他复合查询（包括顶层叶子查询）来声明 boosting 查询。代码清单 11-20 中的查询展示了这一点。

代码清单 11-20　在 boosting 查询中使用内嵌的 bool 查询

```
GET products/_search
{
  "size": 40,
  "_source": ["product", "price","colour","brand"],
  "query": {
    "boosting": {          <-- 声明一个 boosting 查询
      "positive": {
        "bool": {          <-- 在 bool 查询中定义了 boosting 查询的 positive
          "must": [            部分，其中有一个包含 match 查询的 must 子句
            {
              "match": {
                "product": "TV"
              }
            }
          ]
        }
      },
      "negative": {        <-- 使用内嵌的 bool 查询定义
        "bool": {              查询的 negative 部分
          "must": [
```

```
            {
              "match": {
                "brand": "Sony"
              }
            }
          ]
        }
      },
      "negative_boost": 0.5
    }
  }
}
```

当 negative 部分的查询成功匹配时，将 negative_boost 设置为 0.5

正如预期，这个 boosting 查询由 positive 和 negative 两部分构成，negative 部分的 negative_boost 值被设置为 0.5。查询的工作原理如下：它搜索电视（如 positive 部分所示），如果电视品牌是 Sony，那么它的分数将会乘以 0.5。尽管 Sony 电视可能非常优秀，但由于我们使用 negative_boost 设置来操纵它们的分数，它们会被放到结果列表的底部。

因此，boosting 查询通过使用负分数来降低某种类型文档的权重。我们可以通过基于负向查询和负向提升操纵分数来准备结果。现在让我们跳到另一种复合查询——分离最大化（dis_max）查询。

11.6 dis_max 查询

在第 10 章中，我们使用了 multi_match 查询，它可以在多个字段中搜索单词。要在 type 和 overview 两个字段中搜索智能电视，我们可以使用 multi_match 查询。代码清单 11-21 展示了相应的 multi_match 查询。

代码清单 11-21 使用 multi_match 查询搜索多个字段

```
GET products/_search
{
  "query": {
    "multi_match": {
      "query": "smart tv",
      "fields": ["type","overview"]
    }
  }
}
```

我们将 multi_match 查询放在 dis_max 查询的讨论范围内，是因为 multi_match 在后台使用了 dis_max 查询。dis_max 查询包装了多个查询，并期望至少有一个查询匹配成功。如果有多个查询匹配，dis_max 查询将返回相关性分数最高的文档。让我们重新回顾代码清单 11-21 中的查询，但这次使用 dis_max 在 type 和 overview 字段中搜索 “smart tv”，如代码清单 11-22 所示。

代码清单 11-22 dis_max 查询的实际应用

```
GET products/_search
{
  "_source": ["type","overview"],
```

```
  "query": {
    "dis_max": {              声明包含一组查询的 dis_max 查询
      "queries": [{           声明一组包含匹配条件的查询
        "match": {
          "type": "smart tv"
        }
      },
      {
        "match": {
          "overview": "smart tv"
        }
      }]
    }
  }
}
```

dis_max 查询是一个复合查询，它期望在 queries 对象中定义多个叶子查询。在代码清单 11-22 中，我们声明了两个 match 查询，在两个不同的字段（type 和 overview）中搜索多个单词。

当在多个字段中搜索多个词时，Elasticsearch 采用*最佳字段策略*（best-fields strategy），这一策略倾向于选择在给定字段中含有所有这些单词的文档。例如，假设我们在 overview 和 type 这两个字段中搜索“smart tv”。可以预见，在单个字段中含有“smart tv”这一短语的文档比 overview 字段只有“smart”和 type 字段只有“tv”的文档要更相关。

当在多个字段上执行 dis_max 查询时，我们还可以考虑来自其他匹配查询的分数。在这种情况下，我们使用 tie_breaker 属性来添加其他字段匹配的分数，而不仅仅是最佳字段的分数。代码清单 11-23 所示的查询中添加了 tie_breaker 属性。

代码清单 11-23 带有 tie_breaker 的 dis_max 查询

```
GET products/_search
{
  "_source": ["type","overview"],
  "query": {
    "dis_max": {
      "queries": [{
        "match": {
          "type": "smart tv"
        }
      },
      {
        "match": {
          "overview": "smart tv"
        }
      },
      {
        "match": {
          "product": "smart tv"
        }
      }],"tie_breaker": 0.5
    }
  }
}
```

tie_breaker 的值是一个在 0.0 到 1.0 之间的正浮点数（默认是 0.0）。在这种情况下，我们将非最佳字段的分数与 tie_breaker 相乘，并将结果加到每个匹配多个字段的文档的分数上。

在本章中，我们看到的最后一种复合查询是函数分数（function_score）查询。它通过使用预定义的函数，为根据需求给文档打分提供了更多的灵活性。

11.7 function_score 查询

有时候我们想根据内部需求为搜索查询返回的文档分配一个分数，例如为特定字段赋予权重，或者基于随机相关性分数显示赞助商的广告。函数分数（function_score）查询根据用户定义的函数来生成分数，这些函数包括随机函数、脚本函数或衰减函数（如高斯函数、线性函数等）。

在开始使用 function_score 查询之前，我们先执行代码清单 11-24 中的查询。这是一个简单的 term 查询，用来返回文档。

代码清单 11-24 使用标准的 term 查询搜索词项

```
GET products/_search
{
  "query": {
    "term": {
      "product": {
        "value": "TV"
      }
    }
  }
}
```

这个查询除了使用标准的 term 查询搜索电视，没有做太多其他事情，唯一需要注意的是，这个查询返回的顶部文档的分数是 1.6376086。

尽管这个查询是有意保持简单的，但有些查询需要进行大量处理才能计算出相关性分数。如果对 Elasticsearch 的 BM25 相关性算法（或任何自定义算法）计算出的分数不感兴趣，想根据自己的需求来生成一个分数，我们可以将查询包装在 function_score 结构体中，以根据用户定义的函数来生成分数。代码清单 11-25 中展示了这种方法。

代码清单 11-25 将 term 搜索包装在 function_score 中

```
GET products/_search
{
  "query": {
    "function_score": {     <-- function_score 包装一个查询
      "query": {                以生成用户定义的分数
        "term": {
          "product": "TV"
        }
      }
    }
  }
}
```

function_score 查询期望几个属性：查询、函数及分数应该如何应用到文档等。我们将通过本节中的实践示例来了解这些属性，而不只是从理论上学习它们。

用户定义的函数允许我们用自定义的分数来修改和替换原有的分数。我们可以通过插入一个函数，根据需求调整分数来实现这一点。例如，如果我们想要一个随机生成的分数，简单的 random_score 函数查询就可以实现这个目的；或者，我们可能想基于字段值和参数来计算分数，在这种情况下可以使用 script_score 函数查询。在本节中，我们还会看到其他一些函数，我们先从 random_score 函数开始。

11.7.1 random_score 函数

顾名思义，random_score 函数为结果文档构建一个随机生成的分数。我们可以执行代码清单 11-25 中的查询，将其包装在一个 function_score 查询中，但这次特地为查询分配了一个 random_score 函数，如代码清单 11-26 所示。

代码清单 11-26 random_score 函数中包装了 term 查询

```
GET products/_search
{
  "query": {
    "function_score": {     <-- function_score 中包含
      "query": {                了 term 查询和 random_score 函数
        "term": {
          "product": "TV"
        }
      },
      "random_score": {}     <-- random_score 函数为每次调用
    }                            生成和分配一个随机分数
  }
}
```

这个 function_score 查询由一个 term 查询和一个 random_score 函数组成。每次执行这个查询时，对于相同的返回文档我们会得到不同的分数。随机分数是随机的，无法复现。当重新执行查询时，分数会改变。

如果我们想要复现随机分数，无论我们执行同一个查询多少次，随机生成的分数总是相同的，该怎么办？为了达到这个目的，我们可以通过设置 seed 和 field 值来调整 random_score 函数。代码清单 11-27 中展示了带有使用 seed 初始化的 random_score 函数的查询。

代码清单 11-27 通过设置 seed 来调整 random_score 函数

```
GET products/_search
{
  "query": {
    "function_score": {
      "query": {
        "term": {
          "product": "TV"
```

```
        }
      },
      "random_score": {
        "seed": 10,
        "field":"user_ratings"
      }
    }
  }
}
```

使用 seed 初始化自定义的 random_score 函数

计算随机分数

正如所见，在这段代码中，random_score 函数是用一个 seed 值和 user_ratings 字段的值进行初始化的。如果多次执行这个查询，可以保证得到相同的（虽然是随机的）分数。用于确定随机分数的算法和机制超出了本书讨论的范围，如果你想进一步了解随机打分的机制，可查阅 Elasticsearch 的官方文档。

尽管 random_score 函数是生成随机分数的一种方式，但使用脚本函数生成静态分数也很有意思。下面我们就来看一下如何使用 script_score 函数。

11.7.2 script_score 函数

假设我们想根据字段的值（如产品的 user_ratings）将文档的分数提升 3 倍（将字段的值乘以 3）。在这种情况下，我们可以使用 script_score 函数根据文档中其他字段（如 user_ratings）的值来计算分数，如代码清单 11-28 所示。

代码清单 11-28　将字段的值与外部参数相乘

```
GET products/_search
{
  "query": {
    "function_score": {
      "query": {
        "term": {
          "product": "TV"
        }
      },
      "script_score": {
        "script": {
          "source": "_score * doc['user_ratings'].value * params['factor']",
          "params": {
            "factor": 3
          }
        }
      }
    }
  }
}
```

script_score 函数的核心是根据其定义的脚本来生成分数

script 对象

source 是定义逻辑的地方

将外部参数传递给脚本

script_score 函数生成一个分数，在这个例子中它根据一个简单的脚本计算得到分数：找到 user_ratings，并将其值与原始分数和因子（通过外部参数传递）相乘。如果需要，我们可以基于一个完整的脚本来构建一个复杂的查询。

脚本可以构建一个包含参数、字段值和数学函数的复杂场景（例如，平均用户评分的平方根与一个给定的 boosting 因子相乘）。然而，并非每个需求都需要如此复杂的脚本。如果需求只是使用字段的值，一个得到结果的简单方法是使用 field_value_factor 函数。

11.7.3 field_value_factor 函数

field_value_factor 函数可以在不编写复杂脚本的情况下，通过使用字段来实现打分。代码清单 11-29 展示了这一机制。

代码清单 11-29 不借助脚本从字段派生分数

```
GET products/_search
{
  "query": {
    "function_score": {
      "query": {
        "term": {
          "product": "TV"
        }
      },
      "field_value_factor": {
        "field": "user_ratings"
      }
    }
  }
}
```

field_value_factor 函数声明了字段（在本例中是 user_ratings）

这个查询声明 field_value_factor 函数作用于一个字段（在代码清单 11-29 中是 user_ratings）来产生一个新的相关性分数。

我们可以向 field_value_score 函数中添加属性。例如，我们可以使用一个 factor 属性来乘以分数，并应用一个数学函数（如平方根或对数计算）。代码清单 11-30 中展示了这一操作。

代码清单 11-30 field_value_factor 函数的附加属性

```
GET products/_search
{
  "query": {
    "function_score": {
      "query": {
        "term": {
          "product": "TV"
        }
      },
      "field_value_factor": {
        "field": "user_ratings",
        "factor": 2,
        "modifier": "square"
      }
    }
  }
}
```

这个查询从文档中获取 user_ratings 字段的值，然后将该值乘以系数 2，并计算平方。

11.7.4 组合函数分数

在前面几节中，我们单独讨论了各个函数，我们也可以组合多个函数来产生更好的分数。代码清单 11-31 中展示了一个 function_score 查询，它使用 weight 和 field_value_factor 两个函数来产生分数。

代码清单 11-31 使用两个函数产生一个综合分数

```
GET products/_search
{
  "query": {
    "function_score": {
      "query": {
        "term": {
          "product": "TV"
        }
      },
      "functions": [            <-- functions 对象是一个叶子函数的数组
        {
          "filter": {
            "term": {
              "brand": "LG"
            }
          },
          "weight": 3           <-- weight 函数
        },
        {
          "filter": {
            "range": {
              "user_ratings": {
                "gte": 4.5,
                "lte": 5
              }
            }
          },
          "field_value_factor": {      <-- field_value_factor 函数基于 user_ratings 字段
            "field": "user_ratings",
            "factor": 5,
            "modifier": "square"
          }
        }
      ],
      "score_mode": "avg",
      "boost_mode": "sum"
    }
  }
}
```

这个查询中的 functions 对象包含多个函数（如 weight 函数和 field_value_factor 函数），这些函数结合起来产生一个综合分数。weight 字段（权重函数）是一个正整数，这个数将用于后续的计算。用 term 查询获取电视的原始分数会通过以下方式进行补充。

- 如果品牌是 LG，通过权重 3 来增加分数。
- 如果用户评分为 4.5～5，则对 user_ratings 字段的值乘以系数 5，再进行平方运算。

匹配的函数越多，最终的分数就越高，该文档就越有可能出现在列表的顶部。

函数打分模式

注意到代码清单 11-31 结尾处的 score_mode 字段和 boost_mode 字段了吗？function_score 查询的这两个属性使我们能够从原始查询和单个或多个函数生成的分数中得到一个综合分数。

默认情况下，这些函数产生的分数将全部相乘，得到一个最终分数。然而，我们可以通过设置 function_score 查询中的 score_mode 属性来改变这种行为。score_mode 属性定义了如何计算各个分数。例如，如果查询的 score_mode 设置为 sum，那么各个函数产生的分数将全部相加。score_mode 属性可以设置为任何模式，如 multiply（默认）、sum、avg、max、min 或 first。

然后，根据 boost_mode 属性，这些函数的分数将与文档中查询（在这个例子中，是检索电视的 term 查询）的原始分数相加（或相乘、取平均值等）。boost_mode 属性可以设置为 multiply（默认）、min、max、replace、avg 或 sum。要了解更多关于函数分数的模式和机制的信息，可查阅 Elasticsearch 的官方文档。

本章到此结束！本章介绍了高级、有用且实用的复合查询。bool 查询是所有查询中的“瑞士军刀”，它可以帮助我们构建复杂的搜索查询。在第 12 章中，我们将介绍其他高级搜索，如地理位置搜索和连接查询。

11.8 小结

- 复合查询通过组合叶子查询来创建满足多个搜索条件的高级查询。
- bool 查询是最常用的复合查询，包含 4 种子句，即 must、must_not、should 和 filter。
- must_not 子句和 filter 子句中的查询不会对整体相关性分数产生贡献，而 must 子句和 should 子句中的查询总是会提升分数。
- boosting 查询提升 positive 子句的分数，同时抑制不匹配查询（negative 子句）的分数。
- 被 multi_match 查询使用的 dis_max 查询包装查询并单独执行它们。
- function_score 查询根据用户定义的函数设置一个自定义分数（如字段的值或权重，或者一个随机值）。

第 12 章　高级搜索

本章内容

- 地理数据类型
- 使用地理查询搜索位置和地址
- 使用 geo_shape 查询搜索二维形状
- 使用 span 查询处理底层位置词元
- percolator 查询等专用查询

在第 9 章和第 10 章中，我们介绍了使用词项级查询和全文查询来搜索数据，我们还了解了 bool 查询、boosting 查询等高级查询。为了在已经讨论过的内容的基础上继续深入，同时拓展查询的能力，本章将介绍几种专用查询。

我们首先研究针对地理位置的搜索。地理查询（geoquery）的常见使用场景包括搜索附近的餐厅订外卖、寻找去朋友家的路线、查找 10 公里范围内的热门学校等。Elasticsearch 为满足这类与位置相关的搜索提供了一流的支持。它还提供了几种地理空间查询，如 geo_bounding_box 查询、geo_distance 查询和 geo_shape 查询。

然后，我们将探讨如何使用形状查询（shape query）来搜索二维形状。设计工程师、游戏开发者等可以在二维形状索引中进行搜索。我们还将研究被称为 span 查询的底层位置查询。虽然全文查询和词项级查询可以帮助我们搜索数据，但是它们无法按特定顺序查找单词，也无法确定单词的位置和单词间的精确（或近似）距离等信息。这就是 span 查询的用武之地。

最后，我们将介绍一些专用查询，如 distance_feature 查询、percolator 查询、more_like_this 查询和 pinned 查询。distance_feature 查询会提升靠近某个特定地点的结果的优先级，例如，在搜索 10 公里范围内的学校时，会给那些附近有公园的学校更高的优先级。为了将自然获取的搜索结果添加到获得赞助的结果列表中，可以使用 pinned 查询。more_like_this 查询则用于查找外观相似的文档。我们讨论的最后一个专用查询是 percolator 查询，它可以在过去没有产生结果的查询现在有可用数据时通知用户。

我们先讨论地理空间查询的需求和支撑它们的数据类型。然后，我们将看一下 Elasticsearch 针对这些搜索条件提供的开箱即用的查询。

注意　与其他章不同，本章介绍了多种类型的查询，包括地理位置查询、形状查询、跨度查询和专用查询。由于这些查询有不同的特性，本书准备了多个数据集以满足它们的需求。因此本章的示例将在多个数据集（索引）之间进行切换。

12.1　位置搜索简介

在当今的互联网时代，在应用中实现基于位置的搜索已经成为一种常见的需求。基于位置的搜索能够根据接近程度获取场所或地点，如附近的餐厅、1 公里范围内待售的房屋等。我们还可以使用位置搜索来寻找前往感兴趣地点的路线。

好消息是，地理空间查询在 Elasticsearch 中是一等公民。专用的数据类型允许我们为索引地理空间数据定义模式，从而实现有针对性的搜索。支持地理空间数据的开箱即用数据类型有 `geo_point` 数据类型和 `geo_shape` 数据类型。

Elasticsearch 还提供了足以满足大多数使用场景的地理空间搜索查询，如 `bounding_box` 查询、`geo_distance` 查询和 `geo_shape` 查询。这些查询各自满足一组需求，在本节中我们将简要进行讨论，在本章后面将更详细地展开。

12.1.1　bounding_box 查询

有时候，我们想要找到周边区域（假设在一个正方形或矩形区域内）的一系列地点，如餐厅、学校或大学等。我们可以通过确定左上角和右下角的坐标来构造一个矩形，这样的矩形通常称为*地理矩形*（georectangle）。这些坐标由表示矩形顶点的一对经度和纬度测量值组成。

Elasticsearch 提供了 `bounding_box` 查询，允许我们在一个地理矩形内搜索想要的地址。这个查询会在由我们设定的坐标构造的地理矩形中获取兴趣点（作为查询条件）。例如，图 12-1 中

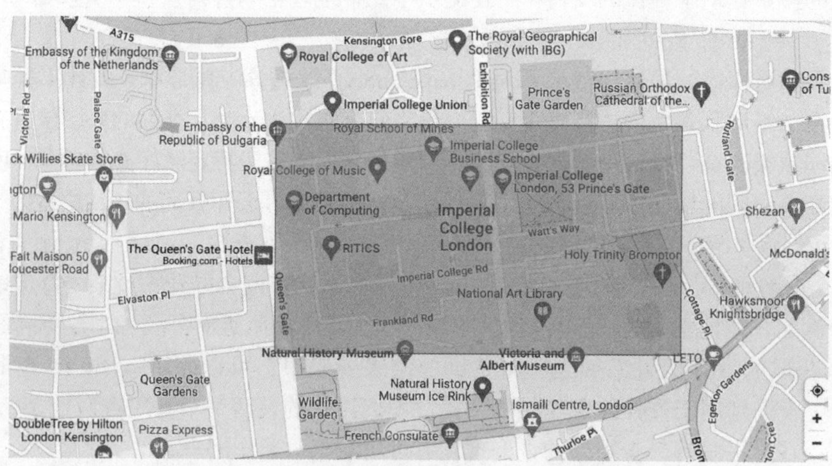

图 12-1　使用一组经度和纬度坐标构造的地理矩形

展示了位于伦敦市中心、被一个这样的地理矩形包围起来的地址。与这个矩形相交的地址将作为正向结果返回。我们稍后将详细介绍一些 `bounding_box` 查询。

12.1.2 geo_distance 查询

你可能在好莱坞电影中看到过这样的场景：美国联邦调查局（FBI）特工试图将逃犯锁定在一个以中心焦点为圆心绘制的圆形范围内。这正是 `geo_distance` 查询所做的事情！

Elasticsearch 提供了 `geo_distance` 查询，用来获取圆形包围区域内的地址信息。圆的中心是由经度和纬度定义的，距离作为圆的半径。在图 12-2 中有一个中心位置（如地图上的图钉所示），围绕着这个点有一个圆形区域，覆盖了我们正在寻找的地址。焦点（即中心位置）是地图上由经度和纬度决定的一个点。

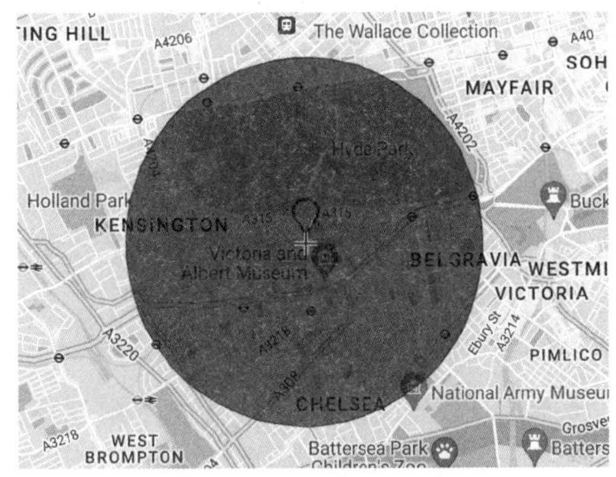

图 12-2 由 **geo_distance** 查询构造的圆形区域所包含的地址

12.1.3 geo_shape 查询

`geo_shape` 查询可以获取在一个几何构造的地理包络线内的地理坐标点（地址）列表。包络线可以是三角形或者多边形（但包络线必须是封闭的）。图 12-3 中展示了一个在地图上用 6 对坐标构建的六边形包络线（每对坐标是一个包含纬度和经度的地理坐标点）。`geo_shape` 查询会找到这个多边形内部的位置。

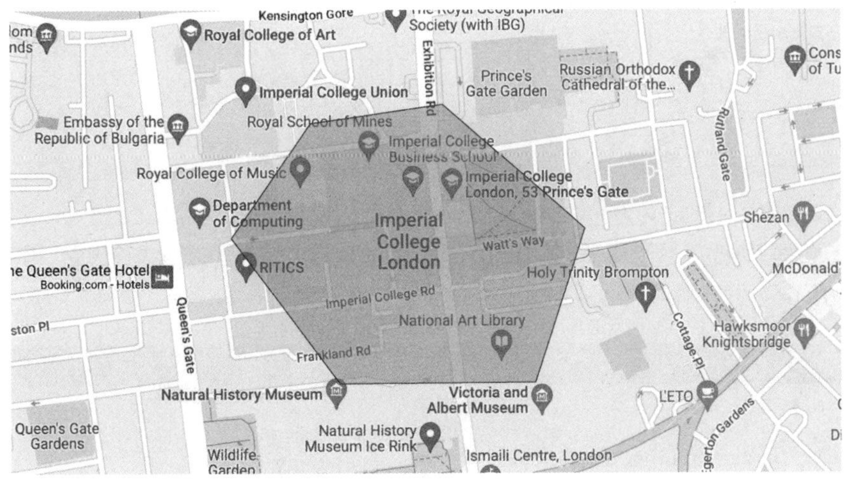

图 12-3 使用 **geo_shape** 查询在多边形区域内查找地址

在实践地理空间查询之前，我们需要先了解地理空间数据的映射模式：支持地理空间数据的数据类型和索引这些数据的方法。下面我们就先探讨 geo_point 类型，然后探讨 geo_shape 类型。

12.2 地理空间数据类型

就像 text 数据类型用于表示文本数据一样，Elasticsearch 提供了两种专用的数据类型来处理空间数据，即 geo_point 数据类型和 geo_shape 数据类型。geo_point 数据类型表示经度和纬度，适用于基于位置的查询。geo_shape 数据类型允许索引地理形状，如点、线、多边形等。让我们来看看这些地理空间数据类型。

12.2.1 geo_point 数据类型

地图上的一个位置通常由经度和纬度来表示。Elasticsearch 支持使用专用的 geo_point 数据类型来表示此类位置数据。我们在第 4 章中简单提到过 geo_point 数据类型，现在我们回顾一下如何在映射模式中将一个字段定义为 geo_point 数据类型的。一旦映射准备就绪，我们就可以开始索引文档了。代码清单 12-1 为 bus_stops 索引创建了一个包含几个字段的数据模式。

代码清单 12-1 创建包含 geo_point 的映射

```
PUT bus_stops
{
  "mappings": {
    "properties": {
      "name":{
        "type": "text"
      },
      "location":{
        "type": "geo_point"    <-- 将 location 属性定义为 geo_point 数据类型
      }
    }
  }
}
```

bus_stops 索引被定义为包含 name 和 location 两个属性。location 属性被表示为 geo_point 数据类型的，这意味着，在索引文档时应使用纬度值和经度值来设置它。代码清单 12-2 中的命令索引了伦敦桥站（London Bridge Station）公交车站。

代码清单 12-2 索引一个公交车站，将其位置定义为一个字符串

```
POST bus_stops/_doc
{
  "name":"London Bridge Station",
  "location":"51.07, 0.08"    <-- 将位置作为包含纬度值和经度值的字符串输入
}
```

如查询所示，location 字段包含了一个由逗号分隔的纬度值和经度值的字符串："51.07, 0.08"。提供这种字符串格式的坐标不是设置 location 字段的唯一方式，还可以使用其他格式输入地理坐标，如数组、著名文本（well-known-text，WKT）点或地理哈希。代码清单 12-3 中展示了使用不同格式索引 geo_point 数据类型的方法。

代码清单 12-3　用不同格式索引 geo_point 数据类型

```
POST bus_stops/_doc
{
  "text": "London Victoria Station",
  "location" : "POINT (0.14 51.49)"      ◁— 将 geo_point 以 WKT 点（经度，纬度）格式输入
}

POST bus_stops/_doc
{
  "text": "Leicester Square Station",
  "location" : {      ◁— 将 geo_point 以 location 对象格式输入
    "lon":-0.12,
    "lat":51.50
  }
}

POST bus_stops/_doc
{
  "text": "Westminster Station",
  "location" : [0.23, 51.54]      ◁— 将 geo_point 以数组（经度，纬度）格式输入
}

POST bus_stops/_doc
{
  "text": "Hyde Park Station",
  "location" : "gcpvh2bg7sff"      ◁— 将 geo_point 以地理哈希格式输入
}
```

这些查询使用多种格式对各个公交车站的位置进行了索引。我们可以使用一个包含纬度和经度的字符串（就像代码清单 12-2 中所示的一样），也可以使用一个对象、数组、地理哈希或者一个 WKT 格式的 POINT 形状（就像代码清单 12-3 中所示的一样）。

现在是时候学习 geo_shape 数据类型了。顾名思义，geo_shape 数据类型帮助索引和搜索使用特定形状（如多边形）的数据。让我们来看看如何为地理形状索引数据。

12.2.2　geo_shape 数据类型

与表示地图上某一点的 geo_point 数据类型一样，Elasticsearch 提供了 geo_shape 数据类型来表示形状，如点、点集、线和多边形。这些形状以一种名为 GeoJSON 的开放标准来表示，并以 JSON 格式编写。几何形状与 geo_shape 数据类型相对应。

我们来创建一个 cafes 索引的映射，里面包含几个字段，其中一个是 address 字段，它指向用 geo_shape 类型表示的咖啡馆位置，如代码清单 12-4 所示。

代码清单 12-4 创建包含 geo_shape 类型字段的映射

```
PUT cafes
{
  "mappings": {
    "properties": {
      "name":{
        "type": "text"
      },
      "address": {
        "type": "geo_shape"      <-- 设置 address 的类型为 geo_shape
      }
    }
  }
}
```

这段代码创建了一个名为 cafes 的索引，用于存放当地咖啡馆信息。值得注意的字段是 address，它被定义为 geo_shape 类型。这种类型现在期望以 GeoJSON 格式或 WKT 格式的形状作为输入。例如，要表示地图上的一个点，我们可以使用 GeoJSON 格式的 Point 或者 WKT 格式的 POINT 来输入该字段，如代码清单 12-5 所示。

代码清单 12-5 使用 WKT 和 GeoJSON 格式输入 geo_shape

```
PUT cafes/_doc/1                          <-- 以 GeoJSON 格式输入 address
{
  "name":"Costa Coffee",
  "address" : {
    "type" : "Point",                     <-- 将 address 的类型设置为 geo_shape
    "coordinates" : [0.17, 51.57]         <-- 表示点的坐标（经度，纬度）
  }
}

PUT /cafes/_doc/2                         <-- 以 WKT 格式输入 address
{
  "address" : "POINT (0.17 51.57)"        <-- 将 address 的类型设置为 WKT 格式的 POINT
}
```

这段代码展示了两种输入 geo_shape 字段的方法，即 GeoJSON 和 WKT。使用 GeoJSON 格式需要提供一个适当形状的 type 属性（"type":"Point"）和相应的坐标（"coordinates": [0.17, 51.57]），就像代码清单 12-5 中的第一个例子一样。代码清单 12-5 中的第二个例子展示了使用 WKT 格式创建一个点的方法（"address": "POINT (0.17 51.57)"）。

注意 使用字符串格式表示坐标与使用其他格式表示坐标存在着细微的差别。字符串格式期望的输入顺序是纬度值在前，经度值在后，中间用逗号隔开，例如"(51.57, 0.17)"；而对于 GeoJSON 格式和 WKT 格式，坐标的顺序是经度值在前，纬度值在后，例如"POINT (0.17 51.57)"。

我们可以使用这些格式来构建各种形状。表 12-1 中简要描述了其中的一部分。要详细了解这些概念和示例，可查阅 Elasticsearch 官方文档中关于如何索引和搜索文档的部分。

表 12-1 geo_shape 数据类型支持的形状

形状	描述	GeoJSON 表示	WKT 表示
点	由纬度值和经度值表示的点	Point	POINT
点集	由点组成的数组	MultiPoint	MULTIPOINT
多边形	封闭的多边形	Polygon	POLYGON
多边形集合	由多个多边形组成的列表	MultiPolygon	MULTIPOLYGON
线	连接两个或多个点的线	LineString	LINESTRING
线集合	多条线组成的数组	MultiLineString	MULTILINESTRING

现在我们已经知道如何使用 geo_point 字段和 geo_shape 字段索引地理数据，接下来可以准备搜索文档了。下面我们就来讨论这个话题。

12.3 地理空间查询

我们需要为本节中的示例索引伦敦餐厅的数据。数据可以从本书配套资源的 datasets 文件夹中找到。

要定位地理空间数据，我们接下来的任务是根据给定的地理条件来搜索文档。例如，你去喝咖啡的地方可以由经度和纬度表示，这在地图上被称为一个点（point）。

再举一个例子，我可以搜索离我家最近的餐厅，搜索结果会显示每家符合条件的餐厅，它们在地图上以点的形式表示。又或者，地图上的一片区域可以用一个形状来表示，这个形状可能代表一个国家也可能代表当地学校的操场。

Elasticsearch 提供了一组专门适用于这些使用场景的地理空间查询（如查找附近的地址或在给定区域内搜索所有感兴趣的地点）。我们将在本节中介绍以下查询。

- geo_bounding_box 查询——查找由地理坐标点构成的矩形中的文档，例如位于一个地理矩形内的所有餐厅。
- geo_distance 查询——查找距某个点指定距离内的地址，例如距伦敦桥 1 公里内的所有自动取款机。
- geo_shape 查询——查找由一组坐标构成的形状中的代表形状的地址，例如位于绿化带内的农田，其中农田和绿化带都通过各自的形状表示。

我们将在 12.4 节至 12.6 节中详细讨论针对地理坐标点和地理形状的查询。下面先从在 geo_point 字段上执行的查询开始。

12.4 geo_bounding_box 查询

搜索地址列表时，可以指定一个感兴趣的区域。这个区域可以表示为具有某个半径的圆形，也可以表示为由如矩形等形状围成的封闭区域，或者表示为从一个中心点（地标）延伸出的多边形。

Elasticsearch 提供了 geo_bounding_box 查询，让我们可以搜索这些区域中的位置。例如，如图 12-4 所示，我们可以使用经度和纬度来构造一个矩形，并搜索地址是否在这个区域内。

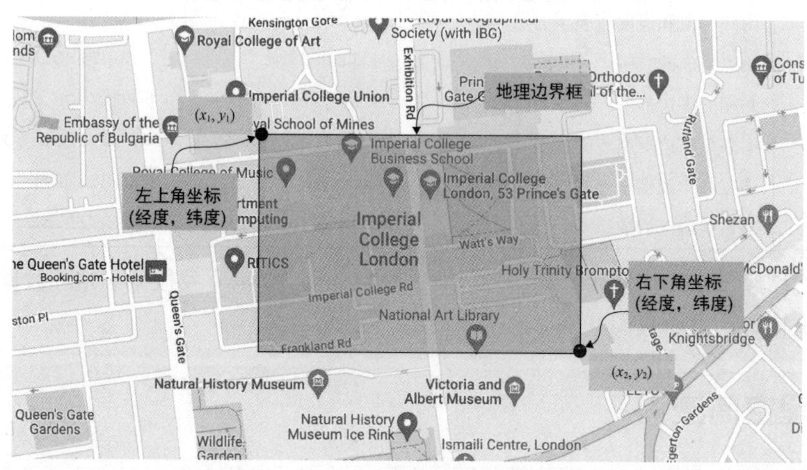

图 12-4 由经度和纬度构成的地理矩形

top_left 和 bottom_right 字段是构成地理矩形的经纬度坐标。一旦我们定义了一个地理矩形，就可以检查感兴趣的点（例如伦敦帝国理工学院）是否在这个矩形内。

在详细讨论 geo_bounding_box 查询之前，我们先写一个查询，然后剖析它。代码清单 12-6 中的查询会搜索所有位于由 top_left 和 bottom_right 坐标构成的矩形内的文档（位置）。

代码清单 12-6 在地理矩形内匹配餐厅位置

```
GET restaurants/_search
{
  "query": {
    "geo_bounding_box": {       ◁ 构造一个地理矩形
      "location": {             ◁ 设置文档的 geo_point 字段
        "top_left": {           ◁ 定义左上角点，由一对纬度/经度组成
          "lat": 52,
          "lon": 0.04
        },
        "bottom_right": {       ◁ 定义右下角点，由一对纬度/经度组成
          "lat": 49,
          "lon": 0.08
        }
      }
    }
  }
}
```

这个查询将搜索所有与由 top_left 和 bottom_right 两个坐标构成的地理矩形相交（在里面）的文档，如图 12-4 所示。用户可以提供这两个坐标，以便构造一个矩形形状。矩形内的餐厅会作为查询结果返回，其他的则会被丢弃。

注意 我们也可以用 top_right 和 bottom_left 表示矩形边界的顶点（与 top_left 和 bottom_right 相对）。我们还可以用名为 top、left、bottom 和 right 的坐标来进一步细分。

使用地理形状数据

我们在声明为 geo_point 数据类型的字段上执行了代码清单 12-6 中的 geo_bounding_box 查询。然而，如果文档中的字段被指定为 geo_shape 类型，我们还能使用同样的查询吗？我们在 12.2.2 节中了解到，地理空间数据也可以使用 geo_shape 数据类型来表示，还记得吗？

我们可以使用代码清单 12-6 中的查询来搜索地理形状数据，但必须切换 URL 指向正确的索引。例如，如果我们手头有 cafes 索引和地理形状数据，只需构造相同的 geo_bounding_box 查询，并将 URL 修改为指向地理形状索引（cafes）。

```
GET cafes/_search          ← 包含 geo_shape 数据类型字段的 cafes 索引
{
  "query": {
    "geo_bounding_box": {
      "address": {         ← address 字段被定义为 geo_shape 数据类型
        "top_left": {
          "lat": 52,
          "lon": 0.04
        },
        "bottom_right": {
          "lat": 49,
          "lon": 0.08
        }
      }
    }
  }
}
```

这个查询在由 top_left 和 bottom_right 参数构造的给定地理矩形中搜索咖啡馆。在这里，我们当调用 geo_bounding_box 查询时，在 URL（GET 请求）中使用了 cafes 索引。除了将地理坐标点索引 restaurants 替换为包含地理形状的索引 cafes，这两个查询没有任何区别。

在代码清单 12-6 中，我们以对象的形式提供了经度值和纬度值。然而，经度和纬度可以以多种格式设置，如作为数组或 WKT 值。例如，之前的 geo_bounding_box 查询以"lat"和"lon"对象的形式提供了 top_left 和 bottom_right 属性：

```
"top_left": {
  "lat": 52,
  "lon": 0.04
}
```

或者，我们可以将经度和纬度设置为一个数组。但这里有一个需要注意的问题：数组中的值必须反过来，应该先是经度 lon 后是纬度 lat（与之前示例中的先是纬度 lat 后是经度 lon 相反）。

注意 若想了解更多关于地理空间软件模块中经纬度顺序不一致性的信息，可查阅 Tom MacWright 的文章“lon lat lon lat”。

代码清单 12-7 中展示了相同的 geo_bounding_box 查询，但这一次以数组形式提供了经度和纬度（用粗体展示）。

代码清单 12-7 以数组格式指定地理坐标点的地理查询

```
GET restaurants/_search
{
  "query": {
    "bool": {
      "must": [
        {
          "match_all": {}
        }
      ],
      "filter": [
        {
          "geo_bounding_box": {
            "location": {
              "top_left": [0.04, 52],        <-- top_left 属性包含经度值和纬度值
              "bottom_right": [0.08, 49]     <-- bottom_right 属性包含经度值和纬度值
            }
          }
        }
      ]
    }
  }
}
```

我们将 top_left 和 bottom_right 属性定义为包含经度和纬度两个地理坐标点的数组。

我们也可以将经度和纬度作为向量对象提供。WKT 是用于在地图上表示向量对象的标准文本标记语言。例如，要用 WKT 表示一个点，可以写作 POINT(10, 20)，它表示地图上的一个点，其 x 坐标和 y 坐标分别为 10 和 20。Elasticsearch 支持使用 WKT 标记来执行 geo_bounding_box 查询，WKT 标记使用 BBOX 及其对应的值来表示。代码清单 12-8 中的查询展示了这一点。

代码清单 12-8 以 WKT 格式表示位置的地理查询

```
GET restaurants/_search
{
  "query": {
    "bool": {
      "must": [
        {
          "match_all": {}
        }
      ],
      "filter": [
        {
          "geo_bounding_box": {
            "location": {
              "wkt":"BBOX(0.04, 0.08, 52.00, 49.00)"    <-- 以 WKT 格式设置坐标
            }
          }
```

```
            }
          ]
        }
      }
    }
```

geo_bounding_box 过滤器的 location 字段接受以 BBOX 格式和相应的经度值及纬度值表示的坐标。BBOX 利用这对坐标创建了一个地理矩形，以形成左上角和右下角的点。

除了个人偏好，WKT 和数组格式之间没有任何区别。如果你正在开发使用 WKT 标准的地理数据应用，那么在 Elasticsearch 中使用 WKT 索引和搜索将更为合理。

在本节中，我们学习了如何使用 geo_bounding_box 查询在一个地理矩形内查找位置。有时候我们可能想在中心位置附近查找餐厅，例如查找距城市中心 10 公里内的所有餐厅。这时我们可以使用 geo_distance 查询。这个查询可以获取中心焦点周围圆形区域内的所有可用位置。下面我们就详细讨论 geo_distance 查询。

12.5 geo_distance 查询

要寻找一个中心点周边的地址列表时，geo_distance 查询非常有用。它的工作原理是以一个焦点为中心、以给定距离为半径画圈来划定一个区域。例如，如图 12-5 所示，要找 10 公里半径内的学校。

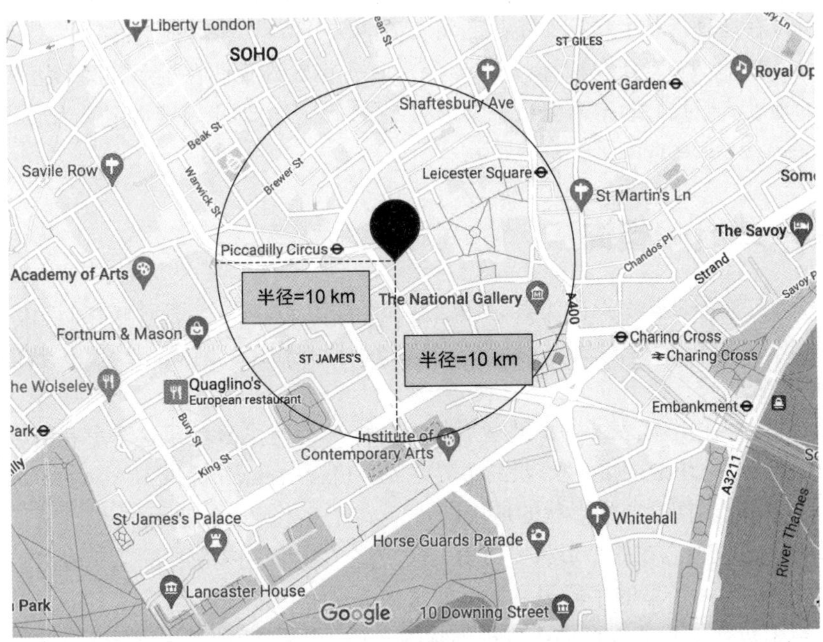

图 12-5 使用 geo_distance 查询返回学校

让我们来看看 geo_distance 查询的实际应用。代码清单 12-9 中定义了一个 geo_distance

查询，用于获取距给定中心点 175 公里内的所有餐厅。

代码清单 12-9　在指定半径内搜索餐厅

```
GET restaurants/_search
{
  "query": {
    "geo_distance": {           <-- 声明 geo_distance 查询
    "distance": "175 km",       <-- 设置搜索区域的邻近范围（距中心点的距离）
      "location": {             <-- 设置中心位置，定义为地图上的一个点
        "lat": 50.00,
        "lon": 0.10
      }
    }
  }
}
```

如代码清单 12-9 所示，geo_distance 查询期望两个属性，即提供了地理圆半径的 distance 和定义了地理圆中心点的 location。该查询返回距定义中心点 175 公里内的所有餐厅。

注意　distance 字段可以是以公里或英里表示的距离值，分别用 km 或 mi 表示。Elasticsearch 也支持将值写为"350 mi"或者"350mi"（去掉空格）。

不出所料，用于定义中心点的字段可以使用字符串、数组、WKT 和其他格式输入经度和纬度。查询也可以在地理形状上执行，不过我将实验的部分留给读者自己去探索。

geo_bounding_box 查询和 geo_distance 查询允许我们在矩形和圆形区域内搜索表示为点的位置的地址。但我们通常需要在一个形状（最好是多边形）内搜索定义为形状的地址，这时就要使用 geo_shape 查询了。

12.6　geo_shape 查询

并非所有的位置都是基于点的（具有纬度值和经度值的坐标）。有时候我们想确定形状是否在另一个形状的边界内部（或外部），或者它们是否与边界相交。例如，图 12-6 中展示了在伦敦地图上的一些地块。

在图 12-6 中，六边形代表了一个地理形状。地块 A 和地块 B 位于这个形状的边界内，地块 C 与六边形相交，而地块 D 在地理形状的边界之外。Elasticsearch 提供了 geo_shape 查询，在由坐标构建的包络线内搜索各种形状的地块。

geo_shape 查询可以在一个形状（如图 12-6 中的六边形）内检索表示为形状的位置或地址。我们通过向 envelope 类型的字段提供坐标值来构造这个六边形。

cafes 索引包含了几个以点形式表示形状的文档，让我们编写一个查询来看看如何检索这些数据。（如果感兴趣，你也可以索引一些其他形状的文档。）代码清单 12-10 中的查询会搜索 envelope 类型的字段中通过经度和纬度对定义的形状内的所有咖啡馆。

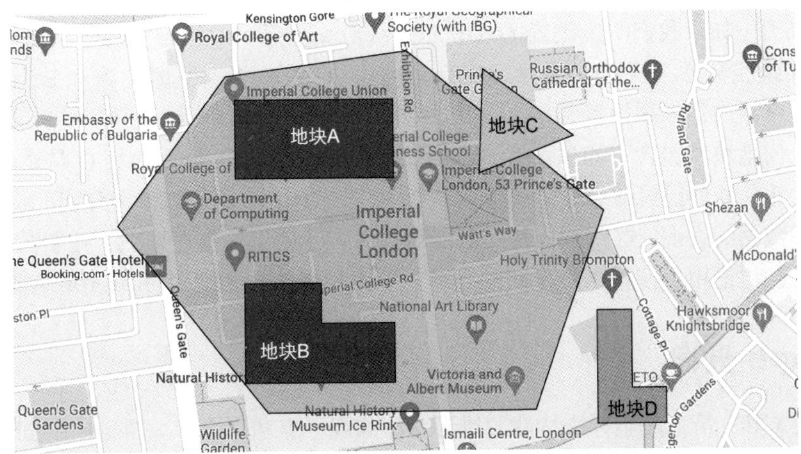

图 12-6　伦敦一个地区的农田地块

代码清单 12-10　搜索位于给定形状内的咖啡馆

```
GET cafes/_search
{
  "query": {
    "geo_shape": {
      "address": {
        "shape": {
          "type": "envelope",
          "coordinates": [
            [0.1,55],
            [1,45]
          ]
        },
        "relation": "within"
      }
    }
  }
}
```

定义一个 geo_shape 查询，它期望一个字段和一个形状

设置形状的属性类型，它期望一个使用坐标构建的包络线

定义包络线与结果地理形状之间的关系

这个查询会获取落在由给定的一对经度值和纬度值构成的包络线内的文档（咖啡馆）。在这种情况下，搜索返回了在包络线内找到的 Costa Coffee 咖啡馆。

我们还需要理解 relation 属性。relation 属性定义了要查找的文档与给定形状之间的关系。relation 的默认值是 intersects，这意味着查询返回与给定形状相交的文档。表 12-2 中描述了 relation 属性的可选值。

表 12-2　文档与包络线形状之间的关系

relation 的值	描述
intersects（默认值）	返回与给定几何形状相交的文档
within	匹配在给定几何图形边界之内的文档
contains	返回包含给定的几何形状的文档
disjoint	返回不在给定几何形状中的文档

在图 12-6 中，如果我们明确设置 relation=intersects，则预期的地块是 A、B 和 C（因为 C 与主包络线相交）；如果我们设置 relation=within，将返回地块 A 和 B，因为它们位于给定的有界包络线内；如果设置 relation=contains，则不会返回任何地块，因为给定的包络线没有被任何地块所包含；如果设置 relation=disjoint，返回地块 D 是显而易见的。

到目前为止，我们已经研究了地理空间查询——针对由 geo_point 字段和 geo_shape 字段表示的地理数据的查询。这些查询使我们能够针对各种使用场景在地图上搜索数据。现在，让我们转换话题，讨论用于搜索二维形状的查询。下面我们就来详细探讨 shape 查询。

12.7 shape 查询

我们使用 x 和 y 笛卡儿坐标来构建二维形状，如线、点和多边形。Elasticsearch 通过 shape 查询来提供对二维对象的索引和搜索。例如，土木工程师的蓝图数据、机械操作员的 CAD 设计等都符合这一标准。在本节中，我们将简要介绍对地理形状的索引和搜索。

当处理二维数据时，需要使用专门的 shape 数据类型。我们创建 shape 类型的字段来索引和搜索二维数据。通过以下示例更容易理解这一点。

代码清单 12-11 中的查询展示了 myshapes 索引的映射，其中有 name 和 myshape 两个属性。你可能已经注意到，myshape 属性被定义为 shape 数据类型。

代码清单 12-11 包含 shape 类型的索引映射

```
PUT myshapes
{
  "mappings": {
    "properties": {
      "name":{
        "type": "text"
      },
      "myshape":{
        "type": "shape"
      }
    }
  }
}
```

现在我们有了映射，下一步是索引具有不同形状的文档。代码清单 12-12 中的查询索引具有点和线形状的两个文档。

代码清单 12-12 索引点和线形状

```
PUT myshapes/_doc/1      <-- 索引一个点
{
  "name":"A point shape",
  "myshape":{
    "type":"point",
    "coordinates":[12,14]
  }
```

```
}

PUT myshapes/_doc/2                    ◁┐ 索引一条线
{
  "name":"A linestring shape",
  "myshape":{
    "type":"linestring",
    "coordinates":[[10,13],[13,16]]
  }
}
```

代码清单 12-12 将一个点和一条线（均为二维形状）写入 myshapes 索引中。图 12-7 展示了线和点这两个形状。

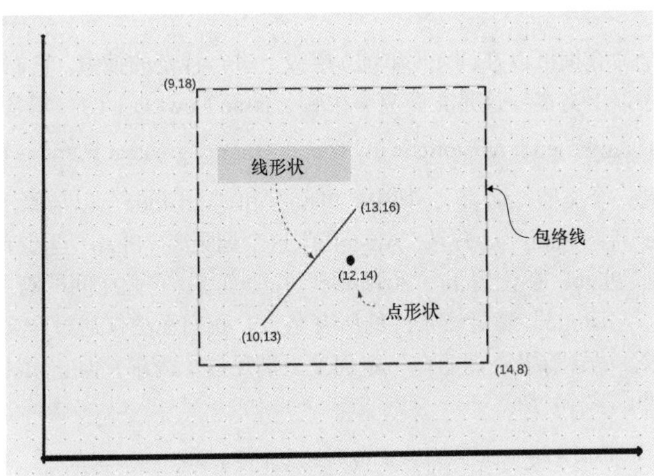

图 12-7 在有界包络线中搜索二维形状

我们可以搜索所有落在由包络线包围的地理形状内的文档。代码清单 12-13 中的查询展示了这个搜索的代码。

代码清单 12-13 在给定包络线内搜索所有形状

```
GET myshapes/_search
{
  "query": {                    指定 shape 查询
    "shape":{ ◁┘
      "myshape": {           ◁┘ 执行查询的字段
想要构造 ┌▷"shape": {
的形状   │  "type":"envelope",              ◁┐ 由给定坐标构造
         │  "coordinates":[[9,18],[14,8]]    │ 的包络线
        }
      }
    }
  }
}
```

代码清单 12-13 中的 shape 查询搜索包含在由给定坐标[9,18]和[14,8]创建的包络线中

的文档。（参见图 12-7，查看该查询创建的有界包络线及包含在其中的形状。）

正如代码清单 12-13 中的查询所示，我们可以使用所需的坐标创建一个多边形包络线（确保结束坐标能够闭合，因为 Elasticsearch 不支持开放的多边形）。记住，当使用二维笛卡儿坐标进行绘图和设计时，`shape` 查询是非常有用的。

下面我们跳到专用查询中一组完全不同的查询——`span` 查询。这些查询支持在文档中的特定位置搜索词项，这与普通的搜索查询不同，普通查询会忽略词元的位置。下面我们就通过执行一些查询更好地理解这一点。

12.8 span 查询

词项级查询和全文查询可以在词元（单词）层级上进行神奇的搜索。它们不关注词元（单词）的位置或顺序。考虑以下文本，这是艾萨克·牛顿（Issac Newton）的一句名言：

Plato is my friend. Aristotle is my friend. But my greatest friend is truth.

假设我们想找到一个文档（名言），其中“Plato”和“Aristotle”以与原句同样的顺序被提及（而不是先“Aristotle”后“Plato”），并且“Aristotle”这个词距离“Plato”至少有 4 个位置。图 12-8 中展示了这种关系：“Plato”在位置 1，“Aristotle”在位置 5，它们之间的跨度是 5。我们的需求是获取“Plato”和“Aristotle”满足该条件的所有名言。我们无法仅通过全文查询（或词项级查询）来满足这一需求。尽管前缀查询能在一定程度上满足这个需求，但它无法满足我们接下来要讨论的其他复杂条件。

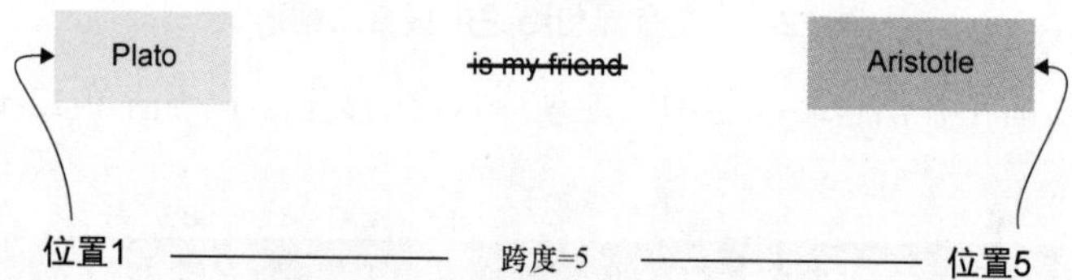

图 12-8 通过位置查询来查找名言

这个例子展示了 `span` 查询的用处。它们是底层查询，可以帮助我们根据位置找到包含指定词元的文档。在处理法律文件、研究论文或技术书时，如果需要包含单词的精确位置的句子，就可以使用 `span` 查询。有几种不同类型的 `span` 查询，包括 `span_first` 查询、`span_within` 查询、`span_near` 查询等，我们将在本节中简要介绍其中的几种。要了解更多信息，可查阅相关文档。

12.8.1 样本数据

开始使用 `span` 查询之前，我们先在 Elasticsearch 中准备一个 `quotes` 索引和一些文档，如代码清单 12-14 所示。

代码清单 12-14 在 Elasticsearch 中为 span 查询准备数据

```
PUT quotes                          ◁ 创建一个 quotes 索引，
{                                      包含几个属性
  "mappings": {
    "properties": {
      "author":{
        "type": "text"
      },
      "quote":{
        "type": "text"
      }
    }
  }
}

PUT quotes/_doc/1                   ◁ 索引牛顿的名言
{
  "author":"Isaac Newton",
  "quote":"Plato is my friend. Aristotle is my friend.
➥ But my greatest friend is the truth."
}
```

我们创建了一个 quotes 索引，其中包含 author 和 quote 两个属性，它们都是文本字段（"type": "text"）。我们还索引了艾萨克·牛顿的名言。现在我们已经准备好 quotes 索引，来看一下 span 查询的实际应用，先从 span_first 查询开始。

12.8.2 span_first 查询

假设我们想在前 n 个词元中找到一个特定的单词。例如，我们想知道“Aristotle”是否位于文档的前 5 个位置中（见图 12-9）。

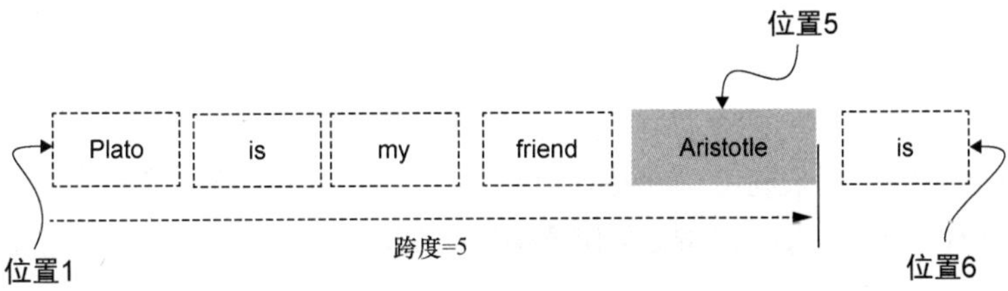

图 12-9 搜索前 n 个词元中包含某个词项的文档

从图 12-9 中可以推断，“Aristotle”在位置 5，因此位于前 5 个位置中。这种使用场景可以通过 span_first 查询来实现。在代码清单 12-15 中我们可以看到这个查询的实际应用。

代码清单 12-15 在前 5 个位置中搜索给定的词项

```
GET quotes/_search
{                                   在前 n 个跨度
  "query": {                          中获取文档
    "span_first": {                 ◁
      "match": {
```

```
        "span_term": {            <- 想搜索的词项
          "quote": "aristotle"
        }
      },
      "end": 5                    <- 在前 n 个位置中
    }                                寻找匹配词项
  }
}
```

span_first 查询期望一个 match 查询，我们在其中提供其他 span 查询。在这里，span_term 查询被包装在一个 span_first 查询中。尽管 span_term 查询等同于 term 查询，但它通常被包装在其他 span 查询块中。end 属性表示从字段开始处搜索匹配词项时允许的最大位置数（在此例中，end 是 5）。

注意 end 属性的名字有点儿令人困惑。它是在搜索匹配词项时允许的词元的结束位置。我认为 n_position_from_beginning 这个名称更合适。

在代码清单 12-15 中，我们在名言开始的前 5 个位置中搜索“Aristotle”（见图 12-9）。因为“Aristotle”的位置是第五个，所以包含该名言的文档被成功返回。如果将 end 属性改为小于 5 的任何值，查询将不会返回搜索项。如果 end 属性的值为大于 5 的任何值（6、7、10 等），查询都将成功返回。

12.8.3 span_near 查询

在 span_first 查询中，查询单词总是从起始位置（位置 1）开始计算。有时候，我们希望找到彼此更靠近的单词，而不只是它们是否位于前 *n* 个位置中。例如，继续以牛顿的名言为例，假设我们想确定单词“Plato”和“Aristotle”是相邻的，或者相距不超过 3 个或 4 个位置。如图 12-10 所示，如果我们搜索“Plato”和“Aristotle”相距 3 个位置的名言，会得到正向结果。

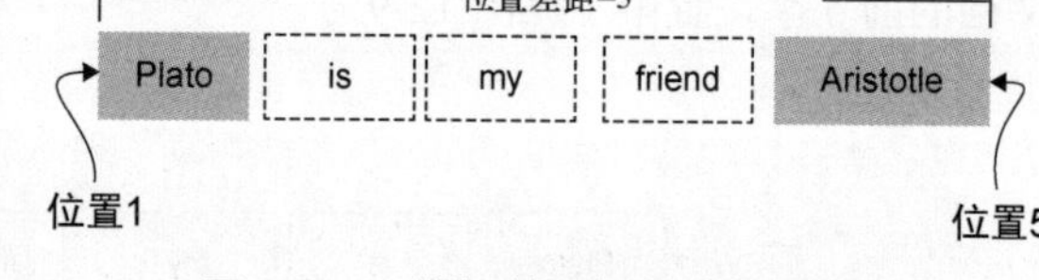

图 12-10 期望单词间隔特定的距离

除了按照这些单词之间的距离查找，我们可能还希望它们以我们期望的顺序存在。代码清单 12-16 中展示了一个用来确定“Plato”和“Aristotle”是否彼此靠近（大约相隔 3 个位置）的查询。

代码清单 12-16 搜索词项彼此靠近的文档

```
GET quotes/_search
{                                 包含两个子句的 span_near
  "query": {                      查询定义
    "span_near": {          <-
      "clauses": [          <-    子句由两个独立的 span_terms
        {                         组成，用于搜索单独的单词
          "span_term": {
            "quote": "plato"
          }
        },
        {
```

```
            "span_term": {
              "quote": "aristotle"
            }
          }
        ],
        "slop": 3,          <-- slop 属性指定单词之间允许的位置距离
        "in_order": true    <-- in_order 属性设置属性的顺序
      }
    }
  }
```

span_near 查询接受多个子句，我们还有 span_term 查询尝试匹配我们的词项。此外，因为我们知道这两个词相隔 3 个位置，所以我们可以通过 slop 属性的形式来指定这一距离。slop 属性定义了单词之间可接受的最大位置距离。例如，代码清单 12-16 中的查询指定这两个单词之间最多可以相隔 3 个位置。我们可以增加 slop（例如"slop":10）来减少严格的约束，从而提高查询成功的机会。然而，span 查询擅长在精确的位置找到精确的单词，因此应谨慎地增加 slop 属性的值。

除了使用 slop 属性，我们还可以定义单词的顺序。沿用相同的例子，如果单词的顺序无关紧要，即使我们发起的是“Aristotle”与“Plato”之间的 span_near 查询（而非“Plato”和“Aristotle”），同样可以获得正向结果。如果顺序很重要，我们可以为 in_order 标志设置一个布尔值。in_order 属性可以被设置为 true 或 false，当它被设置为 true 时，就像在代码清单 12-16 中那样，就要考虑单词索引的顺序。

12.8.4 span_within 查询

span 查询的下一个使用场景是我们想在两个单词之间找到一个单词。例如，假设我们想找到“Aristotle”在两个单词“friend”和“friend”之间的文档，如图 12-11 所示。

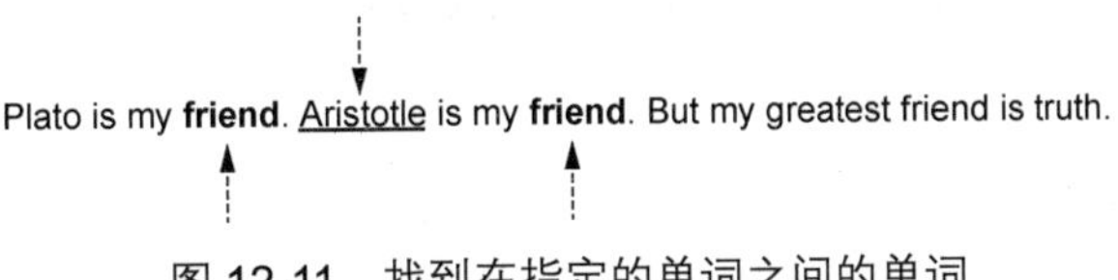

图 12-11　找到在指定的单词之间的单词

为此，我们可以使用 span_within 查询类型。我们看一下代码清单 12-17 中的查询，然后剖析它。

代码清单 12-17　在指定单词之间搜索一个单词

```
GET quotes/_search
{
  "query": {
    "span_within": {       <-- span_within 查询中包含两个块：little 和 big
      "little": {          <-- 定义搜索的单词
        "span_term": {
          "quote": "aristotle"
        }
      },
```

```
        "big": {          ◁┐包含 little 块
          "span_near": {   │
            "clauses": [
              {
                "span_term": {
                  "quote": "friend"
                }
              },
              {
                "span_term": {
                  "quote": "friend"
                }
              }
            ],
            "slop": 4,
            "in_order": true
          }
        }
      }
    }
  }
```

这个 span_within 查询由 little 和 big 两个块组成。搜索中的 little 块期望被 big 块包含。在这个查询中，我们想要找到“Aristotle”位于“friend”和“friend”两个词（在 big 块中定义）之间的文档。

还记得，big 块实际上就是一个 span_near 查询（我们在 12.8.3 节中讨论过这个查询）。big 块中可以包含的子句数量没有限制。例如，我们可以按代码清单 12-18 所示的方式扩展代码清单 12-17 中的查询，其中有 3 个子句，每个子句都查找单词“friend”。

代码清单 12-18 检查一个词是否位于一组词之间

```
GET quotes/_search
{
  "query": {
    "span_within": {
      "little": {
        "span_term": {
          "quote": "aristotle"
        }
      },
      "big": {
        "span_near": {
          "clauses": [
            {
              "span_term": {
                "quote": "friend"
              }
            },
            {
              "span_term": {
                "quote": "friend"
              }
```

```
          },
          {
            "span_term": {
              "quote": "friend"
            }
          }
        ],
        "slop": 10,         <- 增加 slop 属性的值
        "in_order": true
      }
    }
  }
}
}
```

这个查询现在尝试确定“Aristotle”是否位于一组单词（全是“friend”）之间，这组单词被定义在 big 块中。值得注意的变化是增加了 slop 的值。因此，span_within 查询可以帮助我们在一个查询中识别另一个查询。

12.8.5 span_or 查询

我们看到的最后一个 span 查询满足 OR 条件，返回匹配一个或多个输入条件的结果。Elasticsearch 提供了 span_or 查询来实现这一点。它可以从给定的子句集合中找到匹配一个或多个 span 查询的文档。例如，代码清单 12-19 中的查询会找到匹配“Plato”或“Aristotle”的文档，但会忽略单词“friends”（注意是复数形式，示例文档在 quote 字段中包含的是单词“friend”，而不是“friends”）。

代码清单 12-19 搜索任意匹配的单词

```
GET quotes/_search
{
  "query": {
    "span_or": {          <- 定义 span_or 查询
      "clauses": [        <- 列出多个子句
        {
          "span_term": {
            "quote": "plato"
          }
        },
        {
          "span_term": {
            "quote": "friends"
          }
        },
        {
          "span_term": {
            "quote": "aristotle"
          }
        }
      ]
```

```
      }
    }
  }
```

这个 span_or 查询获取了包含牛顿名言的文档，因为它匹配了“Plato”和“Aristotle”。注意，“friends”的查询并不匹配，但由于操作符是 OR，因此只要查询的单词中至少有一个是匹配的，查询就可以顺利地进行下去。尽管单词“friends”并不匹配，但是查询并未失败。

Elasticsearch 还有其他的 span 系查询，如 span_not 查询、span_containing 查询、span_multi_term 查询等，但遗憾的是，我们无法在这里讨论所有这些类型。建议读者查阅 Elasticsearch 参考手册中关于 span 查询的文档以更好地理解这些查询。

下面我们就来讨论专用查询，如 distance_feature、percolator 等。现在让我们把注意力转到这些内容上。

12.9 专用查询

除了目前为止我们见过的查询类型，Elasticsearch 还有几种专门用于提供特定功能的高级查询，例如，提升在指定位置提供冷饮的咖啡馆的分数（distance_feature 查询）、当商品有货时通知用户（percolate 查询）、查找相似的文档（more_like_this 查询）、增强文档的重要性（pinned 查询）等。我们将在本节中详细讨论这些专用查询。

12.9.1 distance_feature 查询

当搜索英国古典文学图书时，假设我们想添加一个子句来找到 1813 年出版的书。在返回所有经典文学著作的同时，我们期望找到《傲慢与偏见》（*Pride and Prejudice*，简・奥斯汀的经典作品），并将其置于列表顶部，因为它是在 1813 年出版的。排在列表顶部意味着要根据特定子句提升查询结果的相关性分数。在这种情况下，我们特别希望 1813 年出版的书被赋予更高的重要性。Elasticsearch 通过使用 distance_feature 查询可以实现这一功能。该查询会获取结果，如果结果距离一个起始日期（在本例中是 1813 年）更近，则它们会被标记为更高的相关性分数。

distance_feature 查询为地理位置提供了类似的支持。如果我们愿意，可以高亮显示距离某个特定地址更近的位置，并将它们提升到列表的顶部。假设我们想要找到所有供应炸鱼薯条的餐厅，但是位于列表顶端的应该是靠近伦敦桥博罗市场的餐厅。（博罗市场是初建于 13 世纪的世界知名的手工食品市场。）

对于这类使用场景，可以使用 distance_feature 查询来查找靠近某个起始位置或日期的结果。日期和位置是分别声明为 date（或 date_nanos）和 geo_point 数据类型的字段。更接近给定日期或位置的结果会得到更高的相关性分数。让我们通过一些例子来详细理解这个概念。

1. 使用地理位置提升附近大学的分数

假设我们正在搜索英国的大学。在搜索时，我们想要优先考虑距伦敦桥 10 公里内的大学。

我们会提升它们的分数。

为了尝试这种场景，我们为 universities 索引创建了一个映射，其中位置被声明为 geo_point 字段。代码清单 12-20 创建了映射并索引了 4 所大学，其中 2 所在伦敦，2 所在英国的其他地方。

代码清单 12-20 创建 universities 索引

```
PUT universities
{
  "mappings": {
    "properties": {
      "name":{
        "type": "text"
      },
      "location":{
        "type": "geo_point"
      }
    }
  }
}

PUT universities/_doc/1
{
  "name":"London School of Economics (LSE)",
  "location":[0.1165, 51.5144]
}

PUT universities/_doc/2
{
  "name":"Imperial College London",
  "location":[0.1749, 51.4988]
}

PUT universities/_doc/3
{
  "name":"University of Oxford",
  "location":[1.2544, 51.7548]
}

PUT universities/_doc/4
{
  "name":"University of Cambridge",
  "location":[0.1132, 52.2054]
}
```

现在索引和数据已经准备就绪，让我们来检索大学，并通过提升相关性分数使那些更靠近伦敦桥的大学排在列表的顶部。图 12-12 中的伦敦地图显示了这些大学距伦敦桥和骑士桥的大致距离。为此，我们使用了 distance_feature 查询，它不仅匹配查询条件，还会根据提供的额外参数来提升相关性分数。

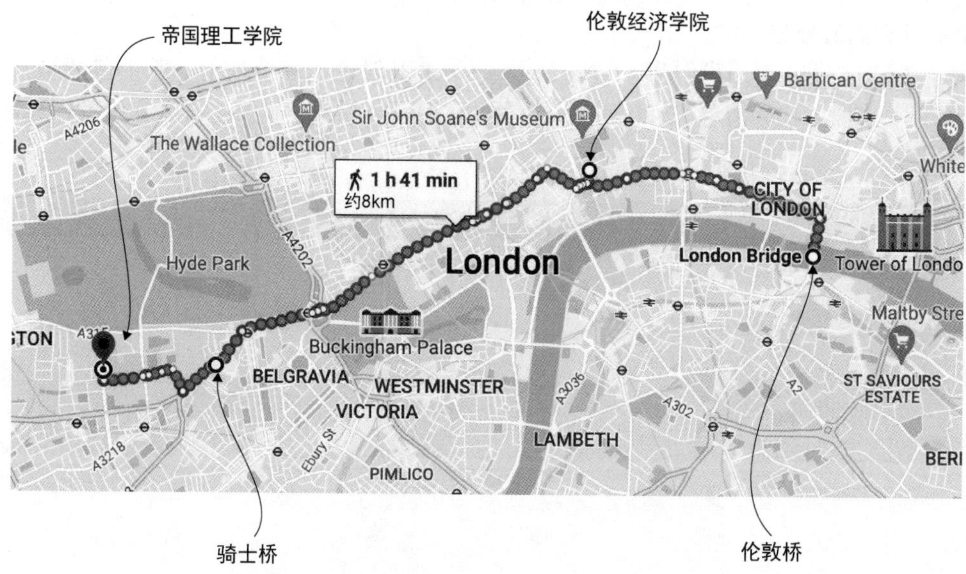

图 12-12 伦敦地图上显示了伦敦桥附近的大学

让我们先编写查询，然后深入探讨其细节。在 bool 查询中使用 distance_ feature 查询来获取大学信息，如代码清单 12-21 所示。

代码清单 12-21 提升伦敦桥附近大学的分数

```
GET universities/_search
{
  "query": {
    "distance_feature": {          <-- 声明 distance_feature 查询
      "field": "location",         <-- 搜索的位置
      "origin": [-0.0860, 51.5048],   <-- 焦点的位置
      "pivot": "10 km"             <-- 距焦点的距离
    }
  }
}
```

这个查询搜索所有大学，并返回两个结果，即伦敦经济学院（London School of Economics）和帝国理工学院（Imperial College London）。此外，如果有任何大学距焦点 (-0.0860, 51.5048)（代表伦敦桥的经度和纬度）10 公里以内，它将获得比其他大学更高的分数。

如代码清单 12-21 中定义，distance_feature 查询期望以下属性。

- field——文档中的 geo_point 字段。
- origin——计算距离的焦点（经度和纬度）。
- pivot——距焦点的距离。

在代码清单 12-21 中，伦敦经济学院比帝国理工学院更靠近伦敦桥，因此伦敦经济学院以更高的分数排在搜索结果的顶部。

2. 使用日期提升分数

在前一小节中，distance_feature 查询帮助我们搜索大学并提升那些更靠近特定地理位置的大学的分数。类似的需求也可以通过 distance_feature 来实现：如果结果接近某个日期就提升其分数。

假设我们想搜索所有 iPhone 机型的发布日期，并且将 2020 年 12 月 1 日前后 30 天内发布的 iPhone 机型排在列表顶部（这么做没有特别的原因，只是为了尝试这个概念）。我们可以编写一个与代码清单 12-21 中的查询类似的查询，只不过 field 属性是基于日期的。让我们先创建一个 iphones 映射并索引几款 iPhone 机型，如代码清单 12-22 所示。

代码清单 12-22 创建一个 iphones 索引并添加文档

```
PUT iphones
{
  "mappings": {
    "properties": {
      "name":{
        "type": "text"
      },
      "release_date":{
        "type": "date",
        "format": "dd-MM-yyyy"
      }
    }
  }
}

PUT iphones/_doc/1    <-- 索引一些文档
{
  "name":"iPhone",
  "release_date":"29-06-2007"
}
PUT iphones/_doc/2
{
  "name":"iPhone 12",
  "release_date":"23-10-2020"
}
PUT iphones/_doc/3
{
  "name":"iPhone 13",
  "release_date":"24-09-2021"
}
PUT iphones/_doc/4
{
  "name":"iPhone 12 mini",
  "release_date":"13-11-2020"
}
```

现在我们有了一个包含几款 iPhone 机型的索引，接下来编写一个查询来满足我们的需求：

获取所有 iPhone 机型，但优先显示在 2020 年 12 月 1 日前后 30 天发布的机型。代码清单 12-23 中的查询实现了这一点。

代码清单 12-23 获取 iPhone 机型并提升分数

```
GET iphones/_search
{
  "query": {
    "bool": {
      "must": [
        {
          "match": {
            "name": "12"
          }
        }
      ],
      "should": [
        {
          "distance_feature": {
            "field": "release_date",     ← 查询执行的字段
            "origin": "01-12-2020",      ← 定义基准日期
            "pivot": "30 d"              ← 基于天数提升分数
          }
        }
      ]
    }
  }
}
```

在这个查询中，我们在一个 bool 查询中包装了一个 distance_feature 查询，该 bool 查询包含一个 must 子句和一个 should 子句（我们在第 11 章中讨论过 bool 查询）。must 子句搜索 name 字段中包含“12”的所有文档，结果会从索引中返回 iPhone 12 和 iPhone 12 mini 文档。我们的需求是优先显示在 2020 年 12 月 1 日前后 30 天发布的手机。

为了满足这个需求，should 子句使用 distance_feature 查询来提升与基准日期最接近的匹配文档的分数。该查询从 iphones 索引中检索所有文档。任何在 2020 年 12 月 1 日（即基准日期）前后 30 天发布的 iPhone 机型都将以更高的相关性分数返回。

记住，should 子句返回的匹配结果会添加到总分中。所以，iPhone 12 mini 应该在列表顶部，因为这款 iPhone 机型的发布日期（"release_date": "13-11-2020"）更接近基准日期（"origin":"01-12-2020"）±30 天。为了内容的完整性，查询的结果如下：

```
"hits" : [
      {
        "_index" : "iphones",
        "_id" : "4",
        "_score" : 1.1876879,
        "_source" : {
          "name" : "iPhone 12 mini",
```

```
        "release_date" : "13-11-2020"
      }
    },
    {
      "_index" : "iphones",
      "_id" : "2",
      "_score" : 1.1217185,
      "_source" : {
        "name" : "iPhone 12",
        "release_date" : "23-10-2020"
      }
    }
  ]
```

iPhone 12 mini 的得分高于 iPhone 12，因为它在基准日期之前 17 天发布，而 iPhone 12 大约在基准日期前 5 周发布。

12.9.2 pinned 查询

当在喜欢的电商网站（如亚马逊网站）上进行搜索时，你可能会看到一些获得赞助的搜索结果出现在结果列表的顶部。假设我们想在应用中使用 Elasticsearch 来实现这样的功能。别担心，`pinned` 查询就能实现。

`pinned` 查询会将选定的文档添加到结果集中，以便它们出现在列表的顶部。`pinned` 查询通过使选定文档的相关性分数高于其他文档来实现这一点。代码清单 12-24 中的示例查询展示了这个功能。

代码清单 12-24 通过添加获得赞助的结果来修改搜索结果

```
GET iphones/_search
{
  "query": {                 指定 pinned 查询      分数高于其他结果
    "pinned":{ <-                                  的文档 ID 列表
      "ids":["1","3"],                          <-
进行查询 ->"organic":{
搜索        "match":{                  <-  match 查询
              "name":"iPhone 12"           搜索 iPhone 12
          }
        }
      }
    }
}
```

这个 `pinned` 查询包含几个可变部分。我们先来看 `organic` 块。`query` 块中包含了搜索查询，在本例中，我们在 `iphones` 索引中搜索 iPhone 12。理想情况下，这个查询应该返回 iPhone 12 和 iPhone 12 mini 文档。然而，输出结果中除了 iPhone 12 和 iPhone 12 mini，还包括了另外两个文档（iPhone 和 iPhone 13）。原因在于 `ids` 字段，该字段包含了必须添加到结果中并显示在列表顶部（即获得赞助的结果）的额外文档，从而人为地制造了更高的相关性分数。

pinned 查询将高优先级的文档添加到结果集中。这些文档在列表中的位置高于其他文档以创建获得赞助的结果。

你可能会好奇固定结果（pinned result）是否有分数：一个或多个固定结果是否可以优先级高于其他固定结果？很遗憾，答案是否定的。这些文档按照在查询中输入的 ID 顺序展示，例如 "ids":["1","3"]。

12.9.3　more_like_this 查询

你可能已经注意到，浏览 Netflix 或 Amazon Prime Video（或你喜欢的流媒体应用）时，它们会推荐“更多相似”的电影。例如，图 12-13 中展示了我浏览《帕丁顿熊 2》（*Paddington 2*）时的“更多相似”电影。

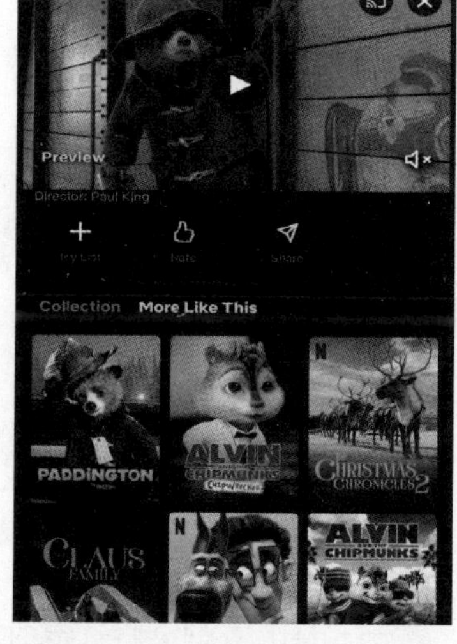

图 12-13　查看“更多相似”的电影

用户的一个需求是在文档中搜索“类似”或“相似”的内容，例如查找与牛顿的“Friends and Truth”相似的名言、研究关于新型冠状病毒感染（COVID-19）和严重急性呼吸系统综合征（SARS）的论文或者查询类似《教父》（*The Godfather*）这样的电影。让我们来看一个例子，以便更好地理解这种使用场景。

假设我们正在收集关于各种人物的档案列表。为了创建这些档案，我们将样本文档索引到 profiles 索引中，如代码清单 12-25 所示。

代码清单 12-25　索引样本档案

```
PUT profiles/_doc/1
{
  "name":"John Smith",
  "profile":"John Smith is a capable carpenter"
}

PUT profiles/_doc/2
{
  "name":"John Smith Patterson",
  "profile":"John Smith Patterson is a pretty plumber"
}

PUT profiles/_doc/3
{
  "name":"Smith Sotherby",
  "profile":"Smith Sotherby is a gentle painter"
}

PUT profiles/_doc/4
```

```
{
  "name":"Frances Sotherby",
  "profile":"Frances Sotherby is a gentleman"
}
```

这些文档没有什么令人惊讶的地方，它们只是一些普通人的档案。现在这些文档已经被索引，让我们来看看如何请求 Elasticsearch 获取与文本“gentle painter”或者“capable carpenter”相似的文档，或者甚至检索出与“Sotherby”名字相似的文档。这正是 more_like_this 查询可以帮助我们实现的功能。创建一个查询，用于搜索与“Sotherby”相似的档案，如代码清单 12-26 所示。

代码清单 12-26 搜索“更多相似”文档

```
GET profiles/_search
{
  "query": {                          定义 more_like_this 查询
    "more_like_this": {  <-
      "fields": ["name", "profile"],  <-  在字段中搜索给定输入
定义查询 ->"like": "Sotherby",
条件    "min_term_freq": 1,         <-  设置词频（默认是 2）
        "max_query_terms": 12,  <-  设置选择的词项数量
        "min_doc_freq":1  <-
    }
  }          设置最小文档频率
}
```

这个 more_like_this 查询在 like 参数中接受文本输入，而这个输入文本会与 fields 参数中包含的字段进行匹配。该查询接受一些调优参数，例如最小词项频率（min_term_freq）、最小文档频率（min_doc_freq）和查询应该选择的最大词项数量（max_query_terms）。如果想在显示相似文档时给用户更好的体验，more_like_this 查询就是正确的选择。

12.9.4 percolate 查询

根据给定的输入搜索文档简单直接。我们要做的就是，如果存在任何符合给定条件的匹配，就从索引中返回搜索结果。这满足了根据用户条件进行搜索的需求，这也是到目前为止我们在查询结果时所采取的做法。

Elasticsearch 还满足了另外的需求：用户在当前搜索中没有找到结果，但在将来出现结果时可以通知用户。例如，用户在我们的在线书店搜索 *Python in Action* 这本书，但是，我们没有现货。这位未被满足的用户离开了网站。然而，一两天后我们补充了新货品，这本书也被添加到库存中。现在，这本书重新出现在库存中，我们想通知那位用户让他能够购买这本书。

Elasticsearch 通过提供一个特殊的 percolate 查询来支持这种使用场景，该查询使用 percolator 字段类型。percolate 查询与常规的搜索查询机制正好相反，它不是对文档执行查询，而是根据给定的文档搜索查询。乍看之下这是一个奇怪的概念，但我们在本节中会揭开其神秘的面纱。图 12-14 中展示了常规查询和 percolate 查询之间的区别。

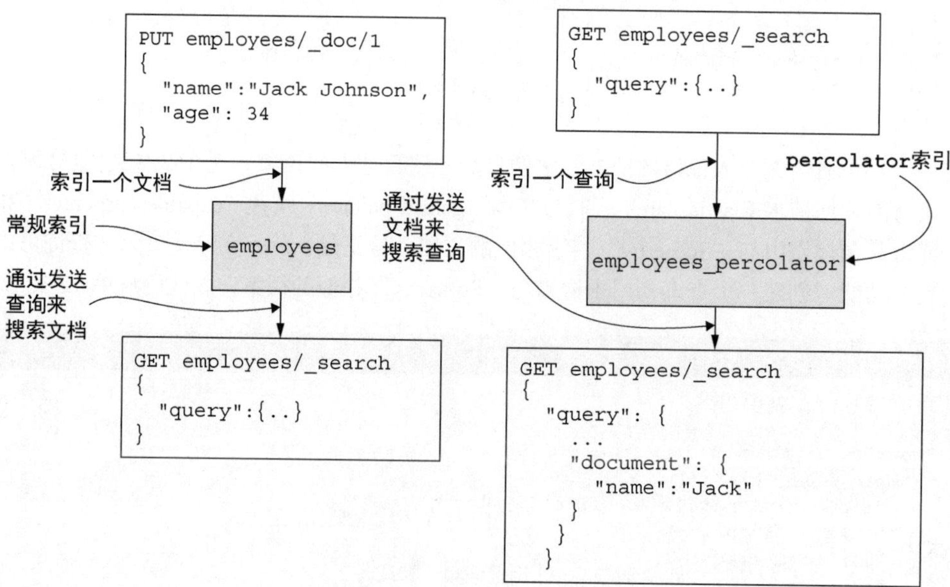

图 12-14 常规查询 vs **percolate** 查询

让我们先通过索引一些文档来看看 `percolate` 查询的实际效果。代码清单 12-27 中将 3 本技术书索引到 `tech_books` 索引中。注意，目前还没有包括 Python 的书。

代码清单 12-27 索引技术书

```
PUT tech_books/_doc/1
{
  "name":"Effective Java",
  "tags":["Java","Software engineering", "Programming"]
}

PUT tech_books/_doc/2
{
  "name":"Elasticsearch crash course",
  "tags":["Elasticsearch","Software engineering", "Programming"]
}

PUT tech_books/_doc/3
{
  "name":"Java Core Fundamentals",
  "tags":["Java","Software"]
}
```

现在我们已经为图书库存索引添加了数据,用户可以使用简单的 `match` 查询或 `term` 查询来搜索书。（这里省略了这些查询，因为我们已经掌握它们了。）然而，并非所有的用户查询都会产生结果，例如，搜索 *Python in Action* 的用户将找不到该书。代码清单 12-28 中展示了这一点。

代码清单 12-28 搜索一本不存在的书

```
GET tech_books/_search
{
  "query": {
    "match": {
      "name": "Python"
    }
  }
}
```

从用户的角度来看，搜索以一种令人失望的结果结束：没有返回他们想找的书。我们可以将查询提升到一个新的层次，即在缺货的 Python 书到货时通知用户。这正是可以利用 percolators 的地方。

正如将文档索引到索引中一样，percolator 可以为一组查询创建一个索引，并且期望这些查询被索引。我们需要为 percolator 索引定义一个模式。我们把它命名为 tech_books_percolator，如代码清单 12-29 所示。

代码清单 12-29 创建 **percolator** 索引

```
PUT tech_books_percolator
{
  "mappings": {
    "properties": {
      "query": {              <- 设置字段的名称为 query
        "type": "percolator"  <- 设置查询字段的数据类型为 percolator
      },
      "name": {               <- 设置 name 字段，使其与 tech_books 索引中出现的相同
        "type": "text"
      },
      "tags": {               <- 设置 tags 字段，使其与 tech_books 索引中出现的相同
        "type": "text"
      }
    }
  }
}
```

代码清单 12-29 中定义了用于保存 percolator 查询的索引。需要注意以下几点。

- 它包含一个 query 字段用来保存用户的（失败的）查询。
- query 字段的数据类型必须是 percolator。

这一模式的剩余部分借用了来自原 tech_books 索引中的字段定义。

就像我们使用 text、long、double、keyword 等数据类型定义字段一样，Elasticsearch 也提供了 percolator 类型。在代码清单 12-29 中，query 字段被定义为 percolator 类型的，它期望字段的值是一个查询，我们很快就会看到。

现在我们的 percolator 索引 tech_books_percolator 映射已经准备好了，下一步是保存查询。这些查询通常不会向用户返回结果（就像 Python 的例子）。

在实际应用中，一个没有产生结果的用户查询会被索引到这个 percolator 索引中。将

用户失败的查询整理到 percolator 索引中的过程可以在搜索应用内完成，但这部分内容超出了本书的讨论范围。想象一下，代码清单 12-29 中的查询没有获得结果，并且现在被发送到 percolator 索引中进行存储。代码清单 12-30 中展示了保存查询的方式。

代码清单 12-30　保存搜索书的查询

```
PUT tech_books_percolator/_doc/1
{
  "query" : {          ◁— 用户尝试搜索但未能获得
    "match":{              正向结果的相同查询
      "name":"Python"
    }
  }
}
```

代码清单 12-30 展示了索引一个查询的过程，这与索引一个常规文档不同。还记得在第 5 章和第 6 章中介绍的文档/索引操作，每次我们对文档进行索引时都会使用包含“名称－值”对的 JSON 格式文档。然而，在代码清单 12-30 中使用了一个 match 查询。

代码清单 12-30 中的查询被存储在 tech_books_percolator 索引中，文档 ID 为 1。可以想象，这个索引会随着失败的搜索的增加而不断增长。JSON 文档包含了那些没有获得正向结果的用户查询。

最后一步是，在库存更新时搜索 tech_books_percolator 索引。作为书店老板，我们会定期补充库存；下次收到新书时，我们假设其中包括了 Python 书。现在我们可以将它索引到 tech_books 索引中，以便用户搜索和购买，如代码清单 12-31 所示。

代码清单 12-31　补充库存（索引）一本 Python 书

```
PUT tech_books/_doc/4
{
  "name":"Python in Action",
  "tags":["Python","Software Programming"]
}
```

现在 Python 书已经被索引了，我们需要重新执行用户失败的查询。但是这次，我们不在 tech_books 索引上执行查询，而是在 tech_books_percolator 索引上来执行。在 percolator 索引上执行查询需要使用特殊语法，如代码清单 12-32 所示。

代码清单 12-32　在 percolator 索引中搜索查询

```
GET tech_books_percolator/_search
{
  "query": {                       指定 percolate 查询
    "percolate": {           ◁—
      "field": "query",      ◁— 设置字段名为 query
      "document": {                               ◁— 指定由索引到 tech_books
        "name":"Python in Action",                    中的原始的图书组成的文档
        "tags":["Python","Software Programming"]
      }
```

```
      }
    }
  }
```

percolate 查询期望两个输入，即一个值是 query 的 field 字段（这与代码清单 12-29 中定义的 percolator 映射中的属性一致）和一个文档，这个文档与我们在 tech_books 索引中索引的是同一文档。我们唯一要做的就是检查是否有任何查询与给定文档相匹配。幸运的是，*Python in Action* 是匹配的（我们之前已经将一个查询索引到了 percolator 索引中）。

根据代码清单 12-31 中定义的 Python 文档，我们可以从 tech_books_percolator 索引中返回一个查询。这样我们就可以通知用户他们要找的书已经重新上架了！注意，我们可以扩展 tech_books_percolator 索引中存储的查询，以包含特定的用户 ID。

理解 percolator 有些难度，但一旦明白了使用场景，实现起来就不难了。记住，用户对 percolator 索引数据进行的操作，必须始终通过自动、半自动或手动的方式来保持同步。

本章到此结束！在本章中我们讨论了高级查询，至此我们已经介绍完了 Elasticsearch 中的搜索部分。最后的部分是聚合数据，这也是第 13 章的主题。继续关注第 13 章，以进一步了解我们是如何运用各种数学和统计函数来分析数据，从而挖掘其中的价值的。

12.10 小结

- Elasticsearch 支持 geo_point 数据类型和 geo_shape 数据类型来处理地理数据。
- 地理空间查询使用由经度值和纬度值构成的坐标来获取位置和地址。
- geo_bounding_box 查询获取地理矩形内的地址，该地理矩形是使用一对经度值和纬度值作为左上角坐标和右下角坐标来构造的。
- geo_distance 查询根据一个给定的中心点和半径查找该圆形区域内的位置。
- geo_shape 查询根据给定坐标构成的包络线获取所有合适的位置。
- shape 查询在直角坐标系（笛卡儿平面）中搜索二维形状。
- span 查询是作用于单个词元或单词底层位置的高级查询。Elasticsearch 支持几种 span 查询，包括 span_first 查询、span_within 查询和 span_near 查询等。
- distance_feature 查询是一种专用查询，根据文档与给定焦点的接近程度来提升相关性分数，从而使这些文档具有更高的优先级。
- pinned 查询允许将附加的（甚至不匹配的）文档与原始结果集捆绑在一起，有可能产生获得赞助的搜索结果。
- more_like_this 查询用于查找相关的或者看起来相似的结果。
- percolate 查询允许在未来的某个日期通知用户他们曾经未找到结果的搜索。

第 13 章　聚合

本章内容

- 聚合基础
- 使用指标聚合
- 使用桶聚合对数据进行分类
- 在管道聚合中链接指标聚合和桶聚合

搜索和分析像一枚硬币的正反两面，Elasticsearch 在这两方面都提供了非常全面的支持及丰富的功能。Elasticsearch 是数据分析领域的领跑者，它通过提供丰富的查询和数据分析功能，使得组织能够实现对数据的深入洞察和智能分析。搜索旨在根据特定的条件查找结果，而分析则是帮助组织从中获取统计数据和指标。到目前为止，我们探讨了如何从给定的文档集中搜索文档。而在分析环节，我们会将视角拉远，从更高的层面审视数据，以得出相关的结论。

在本章中，我们将详细探讨 Elasticsearch 的聚合。Elasticsearch 提供了多种聚合方法，主要可以分为指标聚合、桶聚合和管道聚合三大类。指标聚合允许我们使用 `sum`、`min`、`max` 和 `avg` 等分析函数对数据进行计算。桶聚合则帮助我们将数据归类到不同的桶或区间内。管道聚合允许我们将聚合链接起来，例如利用指标聚合或桶聚合的结果创建新的聚合。

Elasticsearch 提供了许多开箱即用的聚合。在动手实践之前，我们先来熟悉一下每种聚合类型。需要注意的是，由于篇幅限制，我们无法逐一详细地介绍每种聚合。不过，相比于记录每个聚合的细节，更重要的是掌握聚合的概念并将其应用到几种常见的聚合中。即便如此，本书的源代码中还是尽可能多地涵盖了各种聚合示例，特别是那些在本章中未被讨论到的聚合。

13.1　概述

聚合让企业能够深入理解其积累的数据。它们有助于了解客户及其关系，评估产品性能，预测销售趋势，并回答有关应用的长期性能表现、安全威胁等方面的广泛问题。Elasticsearch 中的聚合主要分为 3 大类。

- 指标聚合（metric aggregation）——这类聚合生成的指标包括总和、平均值、最小值、最大值、排行（top hits）、众数等。它们包括一些常见的单值指标，通过回答类似“上个月所有产品销售的总额是多少？”“API 错误的最小数量是多少？”“最佳的聚合结果是什么?”这样的问题帮助理解大规模文档集中的数据。
- 桶聚合（bucket aggregation）——分桶是将数据收集到区间桶中的过程。这类聚合将数据划分到给定的集合，例如将汽车按照注册年份划分、将学生按不同年级划分等。histograms 聚合、ranges 聚合、terms 聚合、filters 聚合等都属于这类聚合。
- 管道聚合（pipeline aggregation）——这类聚合作用于其他聚合的输出来提供复杂的统计分析，如移动平均值、导数等。

在接下来的几节中，我们将结合示例讨论这些聚合。让我们先来看看用来进行聚合的语法和端点。

13.1.1 端点和语法

在使用过搜索查询之后，我们已经相当熟悉_search 端点了。好消息是，我们可以使用相同的_search 端点来执行聚合。不过，在请求体中使用了一个新对象 aggregations（简写为 aggs），而不是常见的对象 query。下面的代码片段展示了聚合查询的语法：

```
GET <index_name>/_search
{
  "aggregations|aggs": {
    "NAME": {
      "AGG_TYPE": {}
    }
  }
}
```

aggs 对象告诉 Elasticsearch 该查询调用是一种聚合类型。NAME 属性由用户提供，为聚合指定一个合适的名称。AGG_TYPE 是聚合的类型，可以是 sum、min、max、range、terms、histogram 等。

13.1.2 结合搜索和聚合

我们还可以将聚合与查询结合起来。例如，我们可以执行一个查询来获取结果，然后在该结果集上执行聚合。因为输入是查询的结果，所以这些聚合被称为作用域聚合（scoped aggregation）。作用域聚合的语法相比于之前的聚合查询的语法有所扩展：

```
GET <index_name>/_search
{
  "query": {
    "QUERY_TYPE": {
      "FIELD": "TEXT"
    }
  },
  "aggs": {
```

```
    "NAME": {
      "AGG_TYPE": {}
    }
  }
}
```

聚合的作用域是由查询的输出决定的。如果没有将查询与聚合请求相关联，那么默认聚合会作用于请求 URL 中定义的索引（或索引集）中的所有文档。

13.1.3 多重聚合和嵌套聚合

除了执行单独的聚合，我们还可以在给定的数据集上执行多个聚合。这个特性在需要对多个字段按照多种条件提取分析时非常有用。例如，我们可能想要创建一个 iPhone 14 机型每日销量的直方图，同时还想要对该月的总销量进行 sum 聚合。为此，我们可以使用 histogram 桶聚合和 sum 指标聚合。

此外，有时我们还需要嵌套聚合，例如，直方图中的分桶数据可能需要按日期进一步分类（分桶），或者找到每个桶的最小值和最大值。在这种情况下，每个顶层桶中的聚合数据会被传递到下一层桶中，以进行进一步的聚合。嵌套聚合可以使用更多的桶或者单值指标（sum、avg 等）来进一步分类。我们将在 13.3.2 节中结合示例了解嵌套聚合。

13.1.4 忽略结果

如果在查询中没有要求抑制源数据，那么搜索（或聚合）查询通常会在响应中返回源数据。我们在第 8 章中研究了如何操纵响应，我们使用适当的设置配置了_source、_source_includes 和_source_excludes 参数。

当处理聚合时，响应中的文档通常并不重要，因为我们更关注聚合结果而非源数据。遗憾的是，在正常情况下，即使只执行 aggregation 查询，源数据也会和聚合结果一起被返回。如果这不是我们的本意（通常在执行聚合时并不是），我们可以通过将 size 参数设置为 0 来调整查询。以下代码片段展示了这种方法：

```
GET tv_sales/_search
{
  "size": 0,        将 size 参数设置为 0
  "aggs": {
      <<你的查询在这里>>
      }
    }
  }
}
```

在本章中，我们在执行聚合查询时会始终使用这个便捷的参数（"size": 0）来抑制源数据。

如前所述，聚合大致可分为指标聚合、桶聚合和管道聚合。在 13.2 节中，我们将通过专门为指标计算定制的样本数据来了解指标聚合。在 13.3 节和 13.5 节，我们将讨论另外两类聚合。

13.2 指标聚合

指标聚合是在日常生活中常用的简单聚合。我们经常会用到以下聚合。

- 一个班级中学生的平均身高和体重是多少?
- 最低的对冲交易额是多少?
- 一本畅销书的总收入是多少?

Elasticsearch 提供了指标函数来计算大多数的单值指标和多值指标。你可能会好奇，什么是单值聚合和多值聚合?其实这个概念非常容易理解，它们的不同之处在于输出结果的数量。

单值指标聚合是对一组数据进行聚合，最终输出一个单一的统计值，如 min、max 或者 avg。这些聚合作用于输入文档来生成单值输出数据。而 stats 聚合和 extended_stats 聚合会产生多个值作为输出。例如，stats 聚合的输出包括同一组文档的 min、max、sum、avg 和其他一些值。

大多数指标聚合都是简单易懂的。例如，sum 聚合会计算所有给定值的总和，而 avg 聚合则会计算给定值的平均值。如果需要使用本章未讨论的指标聚合，可查阅 Elasticsearch 网站上的文档来了解它们的使用方法。

13.2.1 样本数据

在接下来的几节中，我们将讨论一些常用的聚合。在此之前，我们先往 Elasticsearch 中导入一些文档。代码清单 13-1 创建了一个新的索引 tv_sales，并使用电视销售清单来填充数据存储。样本数据集可以从本书的配套资源中找到。

代码清单 13-1 索引电视销售数据

```
PUT tv_sales/_bulk
{"index":{"_id":"1"}}
{"brand": "Samsung","name":"UHD TV","size_inches":65,"price_gbp":1400,
➥ "sales":17}
{"index":{"_id":"2"}}
{"brand":"Samsung","name":"UHD TV","size_inches":45,"price_gbp":1000,
➥ "sales":11}
{"index":{"_id":"3"}}
{"brand":"Samsung","name":"UHD TV","size_inches":23,"price_gbp":999,
➥ "sales":14}
{"index":{"_id":"4"}}
{"brand":"LG","name":"8K TV","size_inches":65,"price_gbp":1499,"sales":13}
{"index":{"_id":"5"}}
{"brand":"LG","name":"4K TV","size_inches":55,"price_gbp":1100,"sales":31}
{"index":{"_id":"6"}}
{"brand":"Philips","name":"8K TV","size_inches":65,"price_gbp":1800,
➥ "sales":23}
{"index":{"_id":"7"}}
{"name":"8K TV","size_inches":65,"price_gbp":2000,"sales":23}
{"index":{"_id":"9"}}
{"name":"8K TV","size_inches":65,"price_gbp":2000,"sales":23,
➥ "best_seller":true}
```

```
{"index":{"_id":"10"}}
{"name":"4K TV","size_inches":75,"price_gbp":2200,"sales":14,
➥ "best_seller":false}
```

这段代码将不同属性的文档索引到 tv_sales 索引中。需要特别注意 best_seller 字段，它仅在最后两条记录中被设置。现在我们已经有了一个样本数据集，让我们来执行一些常见的指标聚合。

13.2.2 value_count 指标

value_count 指标用于计算一组文档中某个字段的值的数量。value_count 不会删除重复值，因此即使字段有重复项，每个值也会被单独计数。例如，执行代码清单 13-2 中的查询将返回 best_seller 字段在我们的数据集的值的数量。

代码清单 13-2 查找字段出现的次数

```
GET tv_sales/_search
{
  "size": 0,
  "aggs": {
    "total-number-of-values": {     <- 命名聚合结果
      "value_count": {              <- 命名聚合（value_count）
        "field": "best_seller"      <- 在该字段上应用 value_count
      }
    }
  }
}
```

value_count 聚合是在 best_seller 字段上执行的。注意，默认情况下聚合不会在 text 类型的字段上执行。在我们的样本数据中，best_seller 字段是 boolean 数据类型，因此非常适合 value_count 指标聚合。执行代码清单 13-2 中的查询将输出以下结果：

```
"aggregations" : {
   " total-number-of-values " : {
     "value" : 2
   }
 }
```

best_seller 字段有两个值（对应两个文档）。注意，value_count 不会筛选唯一值，也就是说它不会剔除文档集中给定字段的重复值。

text 类型的字段上的聚合是未经优化的

text 类型的字段不支持排序、脚本和聚合。理想情况下，聚合应该在 number、keyword、boolean 等非文本类型的字段上执行。由于 text 类型的字段没有针对聚合进行优化，因此 Elasticsearch 默认会阻止在这些字段上创建聚合查询。如果你感到好奇，可以尝试在 name 这类 text 类型的字段上执行聚合，看看 Elasticsearch 会抛出什么异常：

```
  "root_cause" : [
  {
    "type" : "illegal_argument_exception",
    "reason" : "Text fields are not optimised for operations that require
    ➥ per-document field data like aggregations and sorting, so these
    ➥ operations are disabled by default. Please use a keyword field
    ➥ instead. Alternatively, set fielddata=true on [name] in order to
    ➥ load field data by uninverting the inverted index. Note that this
    ➥ can use significant memory."
  }
```

错误消息表明，默认情况下禁止在 text 类型的字段上执行聚合。因此，如果我们想要在 text 类型的字段上进行聚合，就需要在相应的字段上启用 fielddata。在定义映射时，我们可以设置 "fielddata": true：

```
PUT tv_sales_with_field_data
{
  "mappings": {
    "properties": {
      "name":{
        "type": "text",
        "fielddata": true
      }
    }
  }
}
```

注意，启用 fielddata 可能会导致性能问题，因为数据会被保存在节点的内存中。为了避免因启用 fielddata 而造成的性能问题，我们可以创建一个多字段数据类型，并将 keyword 作为第二类型。这种方式是可行的，因为 keyword 数据类型允许聚合。

在数据分析中，计算一组数字的平均值是常见的操作。不出所料，Elasticsearch 提供了一个实用的 avg 函数来计算平均值，这将是下面我们要讨论的主题。

13.2.3 avg 指标

计算一组数字的平均值是我们经常需要的一个基本统计功能。Elasticsearch 为计算平均值提供了开箱即用的 avg 指标聚合。例如，代码清单 13-3 中的查询使用 avg 来获取电视的平均价格。

代码清单 13-3 所有电视的平均价格

```
GET tv_sales/_search
{
  "size": 0,
  "aggs": {
    "tv_average_price": {      <-- 为聚合命名
      "avg": {                 <-- 计算平均价格
        "field": "price_gbp"   <-- 用于计算平均值的字段
      }
    }
```

```
  }
}
```

tv_average_price 是用户为这个平均值聚合自定义的名称。代码中的 avg 声明代表平均值函数。field 字段指定了我们想要执行单值 avg 指标的数据字段。当这个查询被执行后，我们会得到以下结果：

```
"aggregations" : {
  "tv_average_price" : {
    "value" : 1555.3333333333333
  }
}
```

引擎计算出了所有电视的平均价格，并将其返回给用户。在所有 6 份文档中，电视的平均价格约为 1555 英镑。

13.2.4　sum 指标

单值 sum 指标会把查询字段的值相加，得到一个最终的结果。例如，要找出所有售出电视的总金额，我们可以执行代码清单 13-4 中的查询。

代码清单 13-4　所有售出电视的总金额

```
GET tv_sales/_search
{
  "size": 0,
  "aggs": {
    "tv_total_price": {
      "sum": {
        "field": "price_gbp"
      }
    }
  }
}
```

执行查询时，sum 指标会将所有价格加起来并得出一个单一的数值，即 13 998 英镑。类似地，接下来我们来看看最小值指标函数和最大值指标函数。

13.2.5　min 指标和 max 指标

有时候，我们需要从一组值中找出最小值和最大值，如演讲者最少的会议或者与会人数最多的会议。Elasticsearch 通过 min 指标和 max 指标来展示数据集中的最小值和最大值。这些指标的含义很直观，但是为了内容的完整性，这里还是简单地介绍一下它们。

1. 最小值指标

假设我们想要找出库存中最便宜的电视，这显然就是使用 min 指标对数据值进行计算的一个合适场景。具体查询如代码清单 13-5 所示。

代码清单 13-5　最便宜的电视

```
GET tv_sales/_search
{
  "size": 0,
  "aggs": {
    "cheapest_tv_price": {     ← 计算最小值
      "min": {
        "field": "price_gbp"   ← 在该字段上应用 min 函数
      }
    }
  }
}
```

min 关键词获取的指标作用于 price_gbp 字段，以产生预期的结果：从所有文档中得到该字段的最小值。通过执行这个查询，我们找到了库存中价格最低（999 英镑）的电视。

2. 最大值指标

我们可以使用相似的逻辑找出最畅销的电视，即销量最高的电视，具体查询如代码清单 13-6 所示。

代码清单 13-6　最畅销的电视

```
GET tv_sales/_search
{
  "size": 0,
  "aggs": {
    "best_seller_tv_by_sales": {
      "max": {
        "field": "sales"
      }
    }
  }
}
```

当我们执行这个查询时，它返回了一款销售速度非常快（销量最高）的电视。结果显示，它是 LG 的 8K TV，销量为 48 台。

13.2.6　stats 指标

虽然前面的指标都是单值的（意味着它们只作用于单个字段），但是 stats 指标可以获取所有常见的统计函数。它是一个多值聚合，能够同时获取多个指标（avg、min、max、count 和 sum）。代码清单 13-7 中的查询将 stats 聚合应用于 price_gbp 字段。

代码清单 13-7　一次性获取所有常见的统计指标

```
GET tv_sales/_search
{
  "size": 0,
  "aggs": {
```

```
    "common_stats":{          stats 函数
      "stats": {          <-
        "field": "price_gbp"  <-   在该字段上应用 stats 函数
      }
    }
  }
}
```

一旦执行这个查询，将返回如下结果：

```
"aggregations" : {
  "common_stats" : {
    "count" : 6,
    "min" : 999.0,
    "max" : 1800.0,
    "avg" : 1299.6666666666667,
    "sum" : 7798.0
  }
}
```

stats 指标会同时返回所有 5 个指标值。如果希望在一个地方查看所有基本聚合，这会非常有用。

13.2.7　extended_stats 指标

尽管 stats 是一个实用的常见指标，但它并不提供方差、标准差和其他统计函数等高级分析功能。Elasticsearch 内置了一个 extended_stats 指标，它是 stats 的扩展版本，用于处理高级统计指标。

除了标准的统计指标，extended_stats 指标还提供了 3 个额外的统计指标，即平方和（sum_of_squares）、方差（variance）和标准差（standard_deviation）。代码清单 13-8 中展示了这一点。

代码清单 13-8　price_gbp 字段的高级（扩展）统计信息

```
GET tv_sales/_search
{
  "size": 0,
  "aggs": {                          应用 extended_stats 函数
    "additional_stats":{             获取高级统计指标
      "extended_stats": {      <-
        "field": "price_gbp"   <-    在该字段上应用
      }                              extended_stats 函数
    }
  }
}
```

我们在 price_gbp 字段上调用了 extended_stats 函数。这样做可以获得图 13-1 所示的所有统计数据。该查询不仅计算了 price_gbp 的许多高级统计信息，还计算了常见的指标（avg、min、max 等），以及各类方差和标准差。

```
"aggregations" : {
  "extended_stats" : {
    "count" : 6,
    "min" : 999.0,
    "max" : 1800.0,
    "avg" : 1299.6666666666667,
    "sum" : 7798.0,
    "sum_of_squares" : 1.0655002E7,
    "variance" : 86700.22222222232,
    "variance_population" : 86700.22222222232,
    "variance_sampling" : 104040.2666666668,
    "std_deviation" : 294.4490146395846,
    "std_deviation_population" : 294.4490146395846,
    "std_deviation_sampling" : 322.5527347065388,
    "std_deviation_bounds" : {
      "upper" : 1888.5646959458359,
      "lower" : 710.7686373874975,
      "upper_population" : 1888.5646959458359,
      "lower_population" : 710.7686373874975,
      "upper_sampling" : 1944.7721360797443,
      "lower_sampling" : 654.5611972535892
    }
  }
}
```

图 13-1 **price_gbp** 字段上的扩展统计信息

13.2.8 cardinality 指标

cardinality 指标返回给定文档集的唯一值。它是一个单值指标，可以从数据中获取不同值的出现次数。例如，代码清单 13-9 中的查询将得到 tv_sales 索引中不同电视品牌的数量。

代码清单 13-9 获取电视品牌的数量

```
GET tv_sales/_search
{
  "size": 0,
  "aggs": {
    "unique_tvs": {
      "cardinality": {        <-- cardinality 指标获取唯一值
        "field": "brand.keyword"    <-- 在 brand.keyword 字段上应用 cardinality
      }
    }
  }
}
```

由于我们的数据集中有 4 个不同的品牌（Samsung、LG、Philips 和 Panasonic），因此在 unique_tvs 聚合中查询结果的值是 4。

```
"aggregations" : {
  "unique_tvs" : {
    "value" : 4
  }
}
```

由于数据在 Elasticsearch 中是分布式存储的，因此尝试获取 cardinality 的精确计数可能会导致性能问题。要想获得精确计数，就必须检索数据并将其加载到内存缓存的哈希集合中。因为这是一个代价高昂的操作，所以 cardinality 采用近似计算的方式执行。因此，唯一值的计数可能不是精确的，但非常接近。

除了我们已经讨论过的指标聚合，Elasticsearch 还提供了其他聚合。在本章中逐一讨论它们是不现实的，因此推荐查阅 Elasticsearch 的文档，以了解那些在本书中没有涉及的内容。

接下来我们讨论的指标类型会为文档产生一组桶，而不是在所有文档上创建一个指标，它们被称为桶聚合，下面我们就来讨论这个话题。

13.3 桶聚合

数据分析中一个常见的需求是执行分组操作。Elasticsearch 将这些分组操作称为桶聚合。它们唯一的目的就是将数据归类到不同的组中，这些组通常称为桶（bucket）。

分桶是将数据收集到不同区间桶中的过程。例如：

- 根据年龄（21～30 岁，31～40 岁，41～50 岁等）对马拉松选手进行分组；
- 根据学校的检查评级（良好、优秀、卓越）对学校进行分类；
- 统计每个月或每年新建房屋的数量。

为了演示桶聚合，我们再次使用先前用过的图书数据集。从本书的配套资源中找到这个数据集，并对其进行索引。以下示例片段可以帮助我们快速回顾一下这个数据集（这不是完整的数据集）：

```
POST _bulk
{"index":{"_index":"books","_id":"1"}}
{"title": "Core Java Volume I â€" Fundamentals","author": "Cay S. Horstmann",
➥ "edition": 11, "synopsis": "Java reference book that offers a detailed
➥ explanation of various features of Core Java, including exception
➥ handling, interfaces, and lambda expressions. Significant highlights
➥ of the book include simple language, conciseness, and detailed
➥ examples.","amazon_rating": 4.6,"release_date": "2018-08-27",
➥ "tags": ["Programming Languages, Java Programming"]}
{"index":{"_index":"books","_id":"2"}}
{"title": "Effective Java","author": "Joshua Bloch", "edition": 3,"synopsis":
➥  "A must-have book for every Java programmer and Java aspirant,
➥ Effective Java makes up for an excellent complementary read with other
➥ Java books or learning material. The book offers 78 best practices to
➥ follow for making the code better.", "amazon_rating": 4.7,
➥ "release_date": "2017-12-27", "tags": ["Object Oriented Software Design"]}
```

现在我们已经在服务器中准备好了图书数据，接下来让我们执行一些常见的桶聚合。Elasticsearch 提供了 20 多种开箱即用的聚合，每种都有其各自的分桶策略。正如我之前所说的，在本书中逐一介绍所有的聚合将会非常枯燥且重复。但是一旦你理解了其中的概念，并且通过示例掌握了分桶的基本用法，就可以通过查阅官方文档来轻松应对其他聚合。让我们从一个常见的桶聚合——直方图开始。

13.3.1 直方图

直方图是一种简洁明了的柱状图，用于展示经过分组的数据。大多数分析软件工具都提供直方图的可视化和数据展示。Elasticsearch 开箱即用地支持了 histogram 桶聚合。

你可能使用过直方图，其中数据根据适当的间隔被划分成多个类别。Elasticsearch 中的直方图也不例外：它们基于预设的间隔为所有文档创建一组桶。

让我们以按照评分对书进行分类为例。我们希望得到每个评分类别（如 2～3 分、3～4 分、4～5 分、5 分）中书的数量。我们可以创建一个 histogram 聚合，并将 interval 设置为 1，这样书就会落入间隔为 1 的相应的评分桶内，如代码清单 13-10 所示。

代码清单 13-10 书的 histogram 聚合

```
GET books/_search
{
  "size": 0,
  "aggs": {
    "ratings_histogram": {          <-- 为聚合命名
      "histogram": {                <-- 将数据分类到桶中
        "field": "amazon_rating",   <-- 在该字段上应用聚合
        "interval": 1               <-- 指定桶间隔（一个单位）
      }
    }
  }
}
```

histogram 聚合需要指定执行桶聚合的字段和桶间隔。在代码清单 13-10 中，我们根据 amazon_rating 字段以 1 为间隔对书进行分组。这个查询会获取评分在 3～4 分、4～5 分、5 分等区间内的所有书。图 13-2 中展示了响应结果。

从执行该查询的结果可以看出，有 2 本书的评分落在 3～4 分这个桶内，44 本书的评分在 4～5 分这个桶内，4 本书的评分在 5 分这个桶内。图 13-2 表明，每个桶有 key 和 doc_count 两个字段。key 字段代表桶的分类，doc_count 字段表示落入该桶的文档数量。

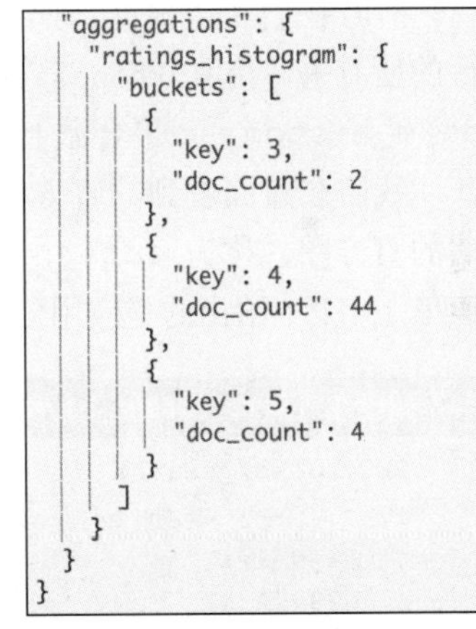

```
"aggregations": {
  "ratings_histogram": {
    "buckets": [
      {
        "key": 3,
        "doc_count": 2
      },
      {
        "key": 4,
        "doc_count": 44
      },
      {
        "key": 5,
        "doc_count": 4
      }
    ]
  }
}
```

图 13-2 以直方图的形式展示图书评分的聚合结果

使用 Kibana 进行 histogram 聚合

在代码清单 13-10 中，我们编写了一个聚合查询并在 Kibana 控制台中执行它。如图 13-2 所示，JSON 格式的结果在视觉效果上不太直观。我们可以在客户端收到聚合结果后，根据需要将其转化为可视化的图表。Kibana 提供了丰富的可视化图表用于聚合数据。虽然使用 Kibana 可视化图表超出了本章的讨论范畴，但下图展示了相同的数据在 Kibana 面板中直方图的表现形式，这一次的间隔设置为了 0.5。

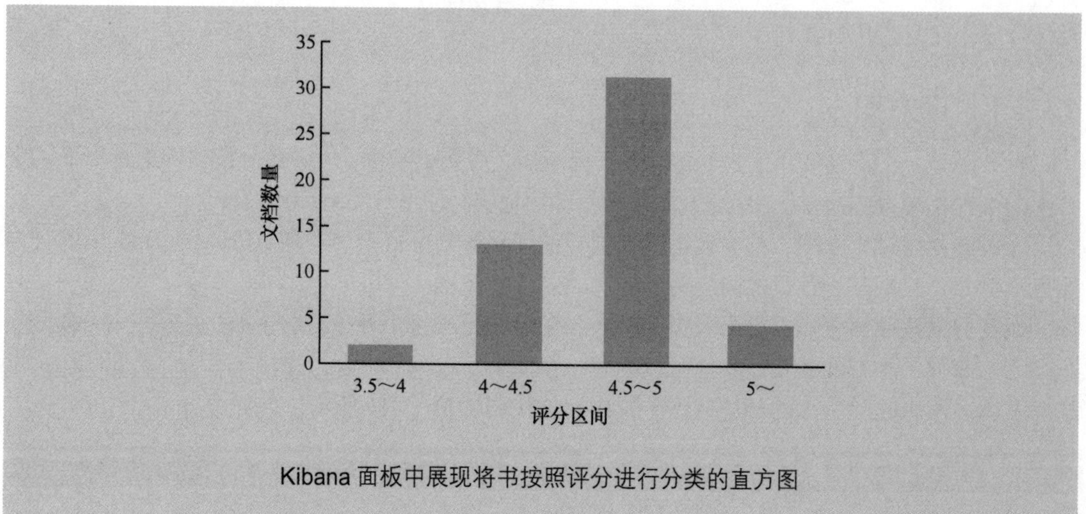

Kibana 面板中展现将书按照评分进行分类的直方图

正如所见，数据根据 0.5 的间隔被分类到不同的桶中，每个桶中都装入了属于该区间的文档。想要学习有关 Kibana 可视化图表的内容，可查阅官方文档。

1. 日期直方图

有时我们希望根据日期而不是数字来对数据进行分组。例如，我们可能想要找到每年发行的所有书、获取 iPhone 产品每周的销量、统计服务器每小时遭受的威胁攻击次数等。这就是 date_histogram 聚合派上用场的地方。

我们在前面看到的直方图分桶策略是基于数字间隔的，而 Elasticsearch 还提供了基于日期的直方图，称为 date_histogram。假设我们想根据书的发行日期对它们进行分类，代码清单 13-11 中给出的是应用分桶完成这一操作的查询。

代码清单 13-11 date_histogram 查询

```
GET books/_search
{
  "size":0,
  "aggs": {
    "release_year_histogram": {      声明直方图的类型
      "date_histogram": {            (date_histogram)
        "field": "release_date",     在该字段上应用聚合
        "calendar_interval": "year"  定义桶间隔
      }
    }
  }
}
```

date_histogram 聚合需要指定执行聚合的字段和桶间隔。在这个例子中，我们使用 release_date 作为日期字段，并将间隔设置为一年（year）。

注意　我们可以根据需求将桶的间隔值设置为年（year）、季度（quarter）、月（month）、周（week）、天（day）、小时（hour）、分钟（minute）、秒（second）或者毫秒（millisecond）。

执行代码清单 13-11 中的查询会为每年生成单独的桶，并显示每个桶中的文档数量。以下代码片段展示了大致结果：

```
...
{
  "key_as_string" : "2020-01-01T00:00:00.000Z",
  "key" : 1577836800000,
  "doc_count" : 5
},
{
  "key_as_string" : "2021-01-01T00:00:00.000Z",
  "key" : 1609459200000,
  "doc_count" : 6
 },
{
  "key_as_string" : "2022-01-01T00:00:00.000Z",
  "key" : 1640995200000,
  "doc_count" : 3
 }
...
```

每个键（表示为 key_as_string）代表了一个年份，如 2020 年、2021 年和 2022 年。结果显示，2020 年发行了 5 本书，2021 年发行了 8 本书，2022 年发行了 3 本书。

2. 设置日期直方图的间隔

在代码清单 13-11 中，我们将 calendar_interval 属性中的间隔设置为了 year。除了 calendar_interval，还有一种类型的间隔 fixed_interval。我们可以将间隔设置为日历间隔或固定间隔。

日历间隔（声明为 calendar_interval）是与日历相关的，这意味着每月的小时和天数会根据日历的设置进行调整。可接受的单位包括 year、quarter、month、week、day、hour、minute、second 和 millisecond。它们也可以分别表示为单个单位，如 1y、1q、1M、1w、1d、1h、1m、1s 和 1ms。例如，我们可以将代码清单 13-11 中的查询写成"calendar_interval": "1y"，而不是使用"year"。

注意，当使用 calendar_interval 设置间隔时，不能使用像 5y（5 年）或者 4q（4 个季度）这样的倍数。例如，将间隔设置为"calendar_interval": "4q"会导致解析器异常："The supplied interval [4q] can not be parsed as a calendar interval"。

固定间隔（fixed_interval）允许我们将时间间隔设置为固定数量的单位，如 365d（365 天）或 12h（12 小时）。当不需要考虑日历设置时，我们可以使用这些固定间隔。可接受的值包括天（d）、小时（h）、分钟（m）、秒（s）和毫秒（ms）。

由于 fixed_interval 不像 calendar_interval 那样了解日历，因此不支持年、季度、月等单位。这是因为这些属性依赖日历（每个月都有特定的天数）。例如，代码清单 13-12 中的查询按照 730 天的间隔对文档进行了分类。

代码清单 13-12 固定间隔为 730 天的直方图

```
GET books/_search
{
  "size":0,
  "aggs": {
    "release_date_histogram": {
      "date_histogram": {
        "field": "release_date",
        "fixed_interval": "730d"
      }
    }
  }
}
```

将固定间隔设置为 730 天

查询将 fixed_interval 设置为 730d。结果显示，所有书被精确地按照 730 天来进行分桶：

```
{
  "key_as_string" : "2017-12-20T00:00:00.000Z",
  "key" : 1513728000000,
  "doc_count" : 16
},
{
  "key_as_string" : "2019-12-20T00:00:00.000Z",
  "key" : 1576800000000,
  "doc_count" : 13
},
{
  "key_as_string" : "2021-12-19T00:00:00.000Z",
  "key" : 1639872000000,
  "doc_count" : 3
}
```

如果感兴趣，你可以使用"calendar_interval": "1y"和"fixed_interval": "365d"这两种不同的设置执行相同的查询。（如果想尝试这些设置，你可以在本书的配套资源中找到可执行的代码。）

注意 使用 fixed_interval 时，范围从第一个文档的可用日期开始。随后，fixed_interval 被添加到其中。例如，如果一个文档的 publish_date 是 2020 年 12 月 25 日，并且我们将间隔设置为"month"，那么范围将从 2020 年 12 月 25 日开始，然后依次延续至 2021 年 1 月 25 日、2021 年 2 月 25 日，以此类推。

13.3.2 子聚合

在 13.3.1 节中，我们讨论了将数据归类到日期桶中。除了创建具有相应范围的桶，我们可能还想在这些桶内聚合数据。例如，我们可能想计算每个桶中书的平均评分。

为了满足这样的需求，我们可以使用子聚合（sub-aggregation），即对桶中的数据进一步进行聚合。使用桶聚合时，在子层级上同时支持指标聚合和桶聚合。代码清单 13-13 中的查询获取每年发行的书和每个桶的平均评分。

代码清单 13-13 按年份分类的书的平均评分

```
GET books/_search
{
  "size":0,
  "aggs": {
    "release_date_histogram": {          <-- 将书按年份分类的桶直方图
      "date_histogram": {
        "field": "release_date",
        "calendar_interval": "1y"
      },
      "aggs": {                          <-- 为子聚合命名
        "avg_rating_per_bucket": {
          "avg": {                       <-- 对每个桶分别应用单值指标
            "field": "amazon_rating"
          }
        }
      }
    }
  }
}
```

这里有两个聚合块，一个嵌套在另一个内部。外层聚合（`release_date_histogram`）根据一年的日历间隔生成直方图形式的数据。这个聚合的结果会被传递给下一级聚合，即内层聚合（`avg_rating_per_bucket`）。内层聚合将每个桶视为一个单独的作用域，并对其中的数据分别执行平均值（`avg`）聚合。这将为每个桶中的书计算平均评分。图 13-3 中展示了执行该聚合的预期结果。

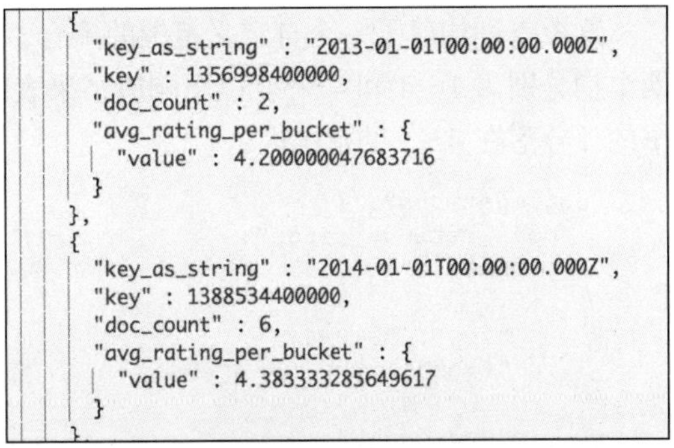

```
{
  "key_as_string" : "2013-01-01T00:00:00.000Z",
  "key" : 1356998400000,
  "doc_count" : 2,
  "avg_rating_per_bucket" : {
    "value" : 4.200000047683716
  }
},
{
  "key_as_string" : "2014-01-01T00:00:00.000Z",
  "key" : 1388534400000,
  "doc_count" : 6,
  "avg_rating_per_bucket" : {
    "value" : 4.383333285649617
  }
```

图 13-3 计算每个桶的平均评分（子聚合）

这里的键是每个桶中文档所对应的日历年份。这个查询值得关注的一点是，每个桶中还有一个额外的对象 `avg_rating_per_bucket`，其中包含了书的平均评分。

13.3.3 自定义 range 聚合

直方图会自动根据给定的间隔来划分数据范围。但有时我们想不按照严格的间隔对数据进行范围分类（例如，按年龄将人群划分为 18～21 岁、22～49 岁和 50 岁及以上 3 组）。标准化的间隔无法满足这种需求。我们需要的是一种自定义范围的方法，这就是 `range` 聚合的作用所在。

range 聚合可以根据用户自定义范围对文档进行聚合。让我们编写一个查询来看看 range 聚合的实际应用，这个查询的目的是获取高于 4 分和低于 4 分（即 4～5 分和 1～4 分）这两个评分类别中的书，如代码清单 13-14 所示。

代码清单 13-14 查询两个评分类别中的书

```
GET books/_search
{
  "size": 0,
  "aggs": {
    "book_ratings_range": {      声明 range 聚合
      "range": {
        "field": "amazon_rating",      在该字段上应用聚合
        "ranges": [      设置自定义的范围
          {
            "from": 1,
            "to": 4
          },
          {
            "from": 4,
            "to": 5
          }
        ]
      }
    }
  }
}
```

这个查询构建了一个自定义范围的聚合，范围由一个只包含两个桶的数组（ranges）定义，两个桶分别为 1～4 和 4～5。以下响应结果表明，有 2 本书的评分落在 1～4 的范围内，有 44 本书的评分落在 4～5 的范围内：

```
"aggregations": {
  "book_ratings_range": {
    "buckets": [
    {
      "key": "1.0-4.0",
      "from": 1,
      "to": 4,
      "doc_count": 2
    },
    {
      "key": "4.0-5.0",
      "from": 4,
      "to": 5,
      "doc_count": 44
    }
  ]
 }
}
```

range 聚合是 histogram 聚合的一种轻微的变体，很适合处理用户可能需要特殊或自定义范围的场景。当然，如果不需要自定义，而是希望使用系统提供的分类，那么直方图就很合适。

注意 range 聚合由 from 和 to 两个属性组成。在计算符合该范围的桶项时，from 值被包含在内，而 to 值被排除在外。

按照同样的原理，我们可以使用专用的 ip_range 聚合将 IP 地址划分到自定义范围内。代码清单 13-15 中展示了这一点。（注意，此代码仅用于演示目的，我并没有准备包含 localhost_ip_address 字段数据的 networks 索引。）

代码清单 13-15 将 IP 地址分成两类

```
GET networks/_search
{
  "aggs": {
    "my_ip_addresses_custom_range": {
      "ip_range": {
        "field": "localhost_ip_address",
        "ranges": [
          {
            "to": "192.168.0.10",
            "from": "192.168.0.20"
          },
  {
            "to": "192.168.0.20",
            "from": "192.168.0.100"
          }
        ]
      }
    }
  }
}
```

ip_rangae 桶将特定的 IP 归类到指定的桶中

在该字段上应用 range 聚合（必须是 ip 类型）

定义了期望被归类的自定义 IP 地址范围

从这个示例聚合中可以看出，我们可以根据自定义的范围对 IP 地址进行分类。该查询产生了两个范围：一个从 192.168.0.10 到 192.168.0.20，另一个从 192.168.0.20 到 192.168.0.100。

13.3.4 terms 聚合

当我们想要检索某个字段的聚合计数（如作者及其撰写的书的数量）时，可以使用 terms 聚合。terms 聚合会将每个词项出现的次数收集到桶中。例如，在代码清单 13-16 所示的查询中，terms 聚合会为每位作者创建一个桶，并统计他们撰写的书的数量。

代码清单 13-16 按作者聚合书的数量

```
GET books/_search?size=0
{
  "aggs": {
    "author_book_count": {
      "terms": {
        "field": "author.keyword"
      }
```

声明 terms 聚合类型

在该字段上应用聚合

```
    }
  }
}
```

这个查询使用 terms 聚合从 books 索引中获取作者名单及他们的撰写的书的数量。在下面的响应结果中，key 是作者，doc_count 显示了每位作者撰写的书的数量。

```
"buckets" : [
  {
    "key" : "Herbert Schildt",
    "doc_count" : 2
  },
  {
    "key" : "Mike McGrath",
    "doc_count" : 2
  },
  {
    "key" : "Terry Norton",
    "doc_count" : 2
  },
  {
    "key" : "Adam Scott",
    "doc_count" : 1
  }
...
]}
```

每个桶代表一位作者及其撰写的书的数量。默认情况下，terms 聚合只返回前 10 个聚合结果，但我们可以通过设置 size 参数来调整返回结果的数量大小，如代码清单 13-17 所示。

代码清单 13-17 设置自定义大小的 terms 查询

```
GET books/_search?size=0
{
  "aggs": {
    "author_book_count": {
      "terms": {
        "field": "author.keyword",
        "size": 25        <-- 设置聚合大小
      }
    }
  }
}
```

在这里，将 size 设置为 25 会获取 25 个聚合结果（25 位作者及其撰写的书的数量）。

13.3.5 multi-terms 聚合

multi_terms 聚合与 terms 聚合类似，但多了一个特性：它能够根据多个键对数据进行聚合。例如，我们不仅可以查找某位作者撰写的书的数量，还可以查找具有特定书名和作者的书的数量。代码清单 13-18 中的查询获取将作者和书名作为映射的聚合结果。

代码清单 13-18　将作者和书名作为映射来进行聚合

```
GET books/_search?size=0
{
  "aggs": {
    "author_title_map": {
      "multi_terms": {          ◁ 声明聚合类型
        "terms": [              ◁ 用于构建作者/书名映射的一组词项
          {
            "field": "author.keyword"
          },
          {
            "field": "title.keyword"
          }
        ]
      }
    }
  }
}
```

正如所见，multi_terms 接收一组词项作为输入。在这个例子中，我们期望 Elasticsearch 将作者和书名作为键来返回相应的书的数量。响应结果表明，我们成功获取到了这些信息：

```
{
  "key" : [
    "Adam Scott",
    "JavaScript Everywhere"
  ],
  "key_as_string" : "Adam Scott|JavaScript Everywhere",
  "doc_count" : 1
},
{
  "key" : [
    "Al Sweigart",
    "Automate The Boring Stuff With Python"
   ],
   "key_as_string" : "Al Sweigart|Automate The Boring Stuff With Python",
   "doc_count" : 1
},
...
```

这个响应结果展示了键的两种表示形式：一种是字段集合（包含 author 和 title 两个字段），另一种是字符串（key_as_string），它简单地使用管道（|）分隔符将字段连接起来。doc_count 则显示了索引中该键对应的文档（书）的数量。

在讨论第三种类型的聚合——管道聚合之前，我们需要先了解父聚合和兄弟聚合的概念。这些概念构成了管道聚合的基础。下面我们就先讨论父聚合和兄弟聚合，然后再讨论管道聚合。

13.4　父聚合和兄弟聚合

广义上讲，我们可以将管道聚合分为两种类型，即父聚合（parent aggregation）和兄弟聚合

(sibling aggregation)。这可能会有点令人困惑，因此我们先看看它们是什么，以及如何使用它们。

13.4.1 父聚合

父聚合作用于来自子聚合的输入来生成新桶，然后将这些新桶添加到现有的桶中。我们先看一下代码清单 13-19。

代码清单 13-19 父聚合

```
GET coffee_sales/_search
{
  "size": 0,
  "aggs": {
    "coffee_sales_by_day": {
      "date_histogram": {
        "field": "date",
        "calendar_interval": "1d"
      },
      "aggs": {
        "cappuccino_sales": {
          "sum": {
            "field": "sales.cappuccino"
          }
        }
      }
    }
  }
}
```

从图 13-4 中可以看出，cappuccino_sales 聚合是作为父聚合 coffee_sales_by_day 的子聚合创建的。它与 date_histogram 处于同一层级。

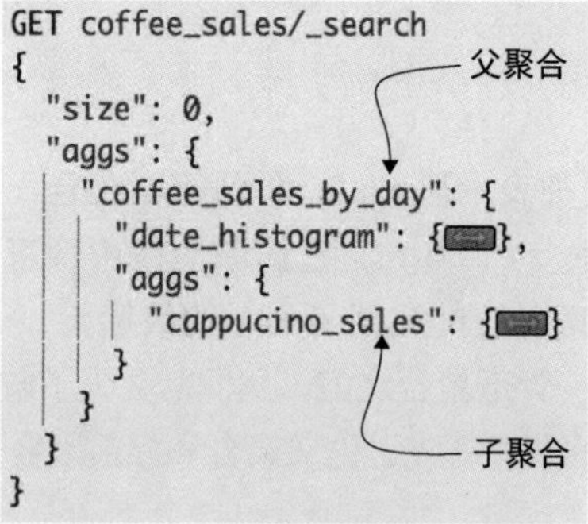

```
GET coffee_sales/_search
{
  "size": 0,
  "aggs": {
    "coffee_sales_by_day": {
      "date_histogram": {},
      "aggs": {
        "cappucino_sales": {}
      }
    }
  }
}
```


图 13-4 可视化展示父聚合

这种聚合会在现有的桶内生成新的子桶。从图 13-5 中可以看出，cappuccino_sales 聚合产生的新桶被包含在主 date_histogram 桶之内。

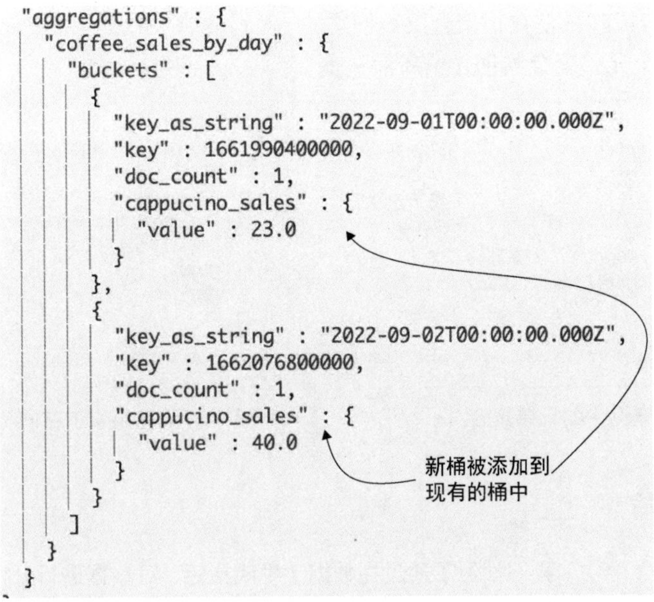

```
"aggregations" : {
  "coffee_sales_by_day" : {
    "buckets" : [
      {
        "key_as_string" : "2022-09-01T00:00:00.000Z",
        "key" : 1661990400000,
        "doc_count" : 1,
        "cappucino_sales" : {
          "value" : 23.0
        }
      },
      {
        "key_as_string" : "2022-09-02T00:00:00.000Z",
        "key" : 1662076800000,
        "doc_count" : 1,
        "cappucino_sales" : {
          "value" : 40.0
        }
      }
    ]
  }
}
```

新桶被添加到现有的桶中

图 13-5　在现有桶内创建新的子桶

13.4.2　兄弟聚合

兄弟聚合会在同一层级上产生一个新聚合。代码清单 13-20 中的查询创建了一个含有两个查询的聚合，它们在同一层级（因此，我称它们为兄弟）。

代码清单 13-20　兄弟聚合的实际应用

```
GET coffee_sales/_search
{
  "size": 0,
  "aggs": {
    "coffee_date_histogram": {
      "date_histogram": {
        "field": "date",
        "calendar_interval": "1d"
      }
    },
    "total_sale_of_americanos":{
      "sum": {
        "field": "sales.americano"
      }
    }
  }
}
```

coffee_date_histogram 聚合和 total_sale_of_americanos 聚合在同一层级上定义。如果将代码清单 13-20 中查询的聚合部分折叠起来，它们看起来如图 13-6 所示。

当我们执行兄弟查询时，会产生新桶。但与桶被创建并添加到现有的桶中的父聚合不同，在兄弟聚合中，新聚合或新桶是在根聚合层级创建的。代码清单 13-20 中的查询生成了图 13-7 所示的聚合结果，为每个兄弟聚合器创建了新桶。

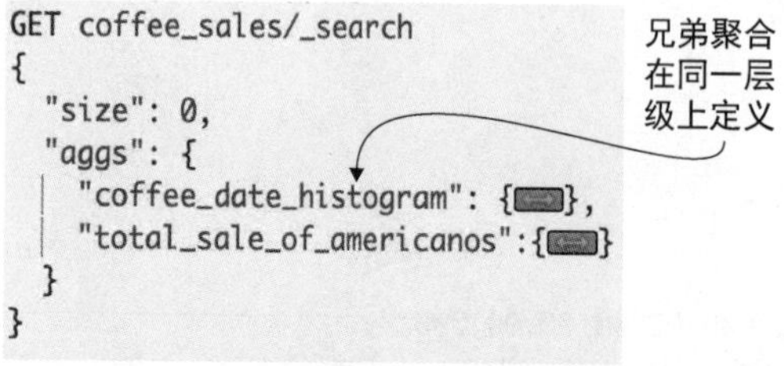

```
GET coffee_sales/_search
{
  "size": 0,
  "aggs": {
    "coffee_date_histogram": {...},
    "total_sale_of_americanos":{...}
  }
}
```

兄弟聚合在同一层级上定义

图 13-6 查询中的兄弟聚合

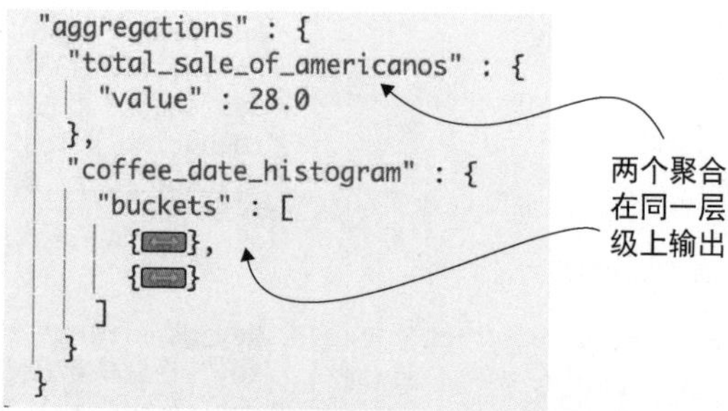

图 13-7 兄弟查询在同一层级输出聚合

13.5 管道聚合

在 13.2 节至 13.3 节中，我们学习了通过在数据上生成指标、对数据进行分桶或者两者结合的方式来创建聚合。但有时我们希望将多个聚合链接起来，以产生另一个指标层级或者桶。例如，我们希望找到聚合过程中产生的所有桶的最大值和最小值，或者计算数据滑动窗口的移动平均值，如在“网络星期一”大促期间每小时的平均销售额。指标聚合和桶聚合不允许我们对聚合进行链接。

Elasticsearch 提供了称为管道聚合的第三种聚合类型，允许进行聚合链接。这类聚合作用于其他聚合的输出，而不是直接作用于单个文档或文档字段。也就是说，我们通过使用桶或指标聚合的输出结果来创建管道聚合。在动手实践之前，让我们先了解一下管道聚合的类型、语法及其他细节。

13.5.1 管道聚合的类型

正如 13.4 节中所解释的那样，父聚合会作用于来自子聚合的输入来生成新桶或新聚合，然后将它们添加到现有的桶中，兄弟聚合则会在同一层级上产生新聚合。

13.5.2 样本数据

当我们在本节中执行一些示例时，将详细讨论父聚合和兄弟聚合这两种类型。我们将使用 `coffee_sales` 数据集来执行管道聚合。按照往常的流程，使用`_bulk` API 对数据进行索引，如代码清单 13-21 所示。样本数据可以从本书的配套资源中找到。

代码清单 13-21 使用`_bulk` API 索引数据

```
PUT coffee_sales/_bulk
{"index":{"_id":"1"}}
{"date":"2022-09-01","sales":{"cappuccino":23,"latte":12,"americano":9,
➥ "tea":7},"price":{"cappuccino":2.50,"latte":2.40,"americano":2.10,
```

```
➥ "tea":1.50}}
{"index":{"_id":"2"}}
{"date":"2022-09-02","sales":{"cappuccino":40,"latte":16,"americano":19,
➥ "tea":15},"price":{"cappuccino":2.50,"latte":2.40,"americano":2.10,
➥ "tea":1.50}}
```

执行这个查询会将两个销售文档索引到 coffee_sales 索引中。下一步是创建管道聚合，以便更深入地理解它们。

13.5.3 管道聚合的语法

正如前面提到的，管道聚合作用于来自其他聚合的输入。因此，在声明管道时，我们必须提供对那些提供输入的指标聚合或桶聚合的引用。在我们的例子中，我们可以将引用设置为 buckets_path，它由聚合名称和查询中适当的分隔符组成。buckets_path 变量是一种识别提供给管道查询的输入的机制。

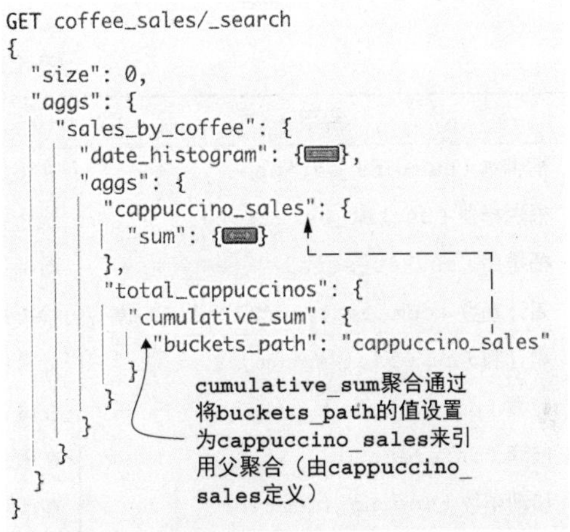

图 13-8 展示了父聚合 cappuccino_sales。正如 total_cappuccinos 定义的那样，管道聚合 cumulative_sum 通过 buckets_path 引用父聚合，buckets_path 被设置的值指向父聚合的名称。

```
GET coffee_sales/_search
{
  "size": 0,
  "aggs": {
    "sales_by_coffee": {
      "date_histogram": {…},
      "aggs": {
        "cappuccino_sales": {
          "sum": {…}
        },
        "total_cappuccinos": {
          "cumulative_sum": {
            "buckets_path": "cappuccino_sales"
          }
        }
      }
    }
  }
}
```

cumulative_sum聚合通过将buckets_path的值设置为cappuccino_sales来引用父聚合（由cappuccino_sales定义）

图 13-8 父管道聚合的 **buckets_path** 设置

如果参与的聚合是兄弟聚合，那么 buckets_path 的设置会变得更加复杂。图 13-9 中的 max_bucket 聚合是一个兄弟管道聚合（由 highest_cappuccino_sales_bucket 定义），它通过从 buckets_path 变量设置的其他聚合中获取输入来计算结果。在这个例子中，它由位于 sales_by_coffee 兄弟聚合下的名为 cappuccino_sales 的聚合提供输入。

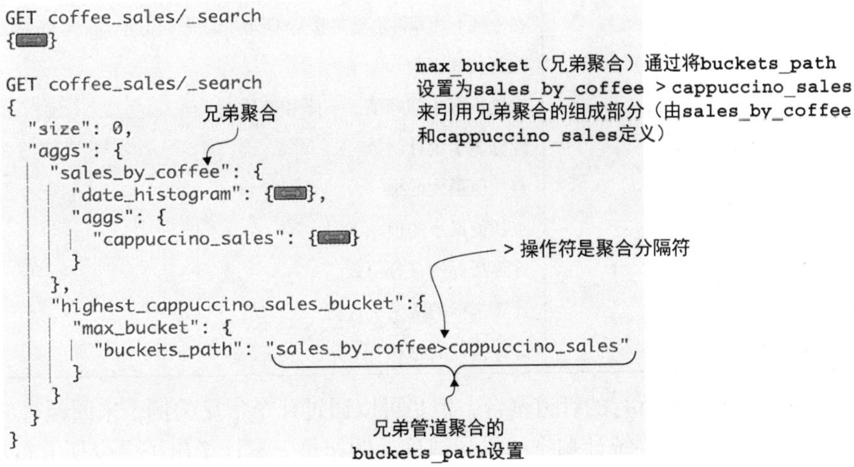

```
GET coffee_sales/_search
{…}

GET coffee_sales/_search
{
  "size": 0,
  "aggs": {
    "sales_by_coffee": {
      "date_histogram": {…},
      "aggs": {
        "cappuccino_sales": {…}
      }
    },
    "highest_cappuccino_sales_bucket":{
      "max_bucket": {
        "buckets_path": "sales_by_coffee>cappuccino_sales"
      }
    }
  }
}
```

兄弟聚合
max_bucket（兄弟聚合）通过将buckets_path设置为sales_by_coffee > cappuccino_sales来引用兄弟聚合的组成部分（由sales_by_coffee和cappuccino_sales定义）
> 操作符是聚合分隔符
兄弟管道聚合的buckets_path设置

图 13-9 兄弟管道聚合的 **buckets_path** 设置

在接下来的几节中我们将通过实践学习 buckets_path 或管道聚合。

13.5.4 可用的管道聚合

知道管道聚合是父聚合还是兄弟聚合可以帮助我们更容易地开发这些聚合。表 13-1 和表 13-2 中列出了管道聚合及其定义。

表 13-1 父管道聚合

名字	描述
桶脚本（buckets_script）	在多桶聚合上执行脚本
桶选择器（bucket_selector）	执行脚本在多桶聚合中选择当前桶的位置
桶排序（bucket_sort）	对桶进行排序
累计基数（cumulative_cardinality）	检查最近添加的唯一（累计基数）值
累计和（cumulative_sum）	计算指标的累计和
导数（derivative）	在直方图或日期直方图中计算指标的导数
推理（inference）	在预训练模型上进行推理
移动函数（moving_function）	在滑动窗口上执行自定义脚本
移动百分位数（moving_percentiles）	与 moving_function 类似，只不过计算的是百分位数
归一化（normalize）	计算给定桶的归一化值
序列差（serial_diff）	计算指标的时间序列差

表 13-2 兄弟管道聚合

名字	描述
平均值（avg_bucket）	计算指标的平均值
桶计数（bucket_count_ks_test）	在分桶上计算科尔莫戈罗夫–斯米尔诺夫（Kolmogorov-Smirnov）统计量
桶关联（bucket_correlation）	执行关联函数
变化点（change_point）	检测指标中的峰值、下降和变化点
扩展统计（extended_stats）	计算多个统计函数
最大桶（max_bucket）	查找值最大的桶
最小桶（min_bucket）	查找值最小的桶
百分位数桶（percentiles_bucket）	计算指标的百分位数
统计桶（stats_bucket）	计算指标的常见统计值
求和桶（sum_bucket）	计算指标的总和

我们无法在本节中查看所有的管道聚合，但是可以通过几个常见的例子来回顾管道聚合的基础知识。首先，假设我们想要统计咖啡的累计销量，例如每天累计卖出了多少杯卡布奇诺咖啡。我们想要的不是每天的销售数据，而是从运营的第一天开始，每天累计的卡布奇诺咖啡销售总量。

cumulative_sum 聚合是一个非常实用的父管道聚合，它能记录当天的总和，并追踪下一天的总和，以此类推。让我们看看它是如何工作的。

13.5.5 cumulative_sum 父管道聚合

为了统计已售咖啡的累计和，我们可以按日期计算每天的咖啡销量，然后将结果传递给 cumulative_sum 管道聚合。代码清单 13-22 获取了已售卡布奇诺咖啡的累计和。

代码清单 13-22 每天卡布奇诺咖啡的累计销量（总和）

```
GET coffee_sales/_search
{
  "size": 0,
  "aggs": {
    "sales_by_coffee": {
      "date_histogram": {
        "field": "date",
        "calendar_interval": "1d"
      },
      "aggs": {
        "cappuccino_sales": {
          "sum": {
            "field": "sales.cappuccino"
          }
        },
        "total_cappuccinos": {
          "cumulative_sum": {        <- 用于计算卡布奇诺咖啡累计销量的父管道聚合
            "buckets_path": "cappuccino_sales"
          }
        }
      }
    }
  }
}
```

sales_by_coffee 聚合是一个 date_histogram 聚合，它提供了所有的日期及落在这些日期范围（目前只有两个日期）内的文档。我们还有一个子聚合（cappuccino_sales）用于计算每个桶内卡布奇诺咖啡销量的总和。

代码清单 13-22 中的用粗体展示的部分是父管道聚合（total_cappuccinos）。它获取每天累计的卡布奇诺咖啡销量。之所以称为父管道聚合，是因为它被应用于其父聚合 sales_by_coffee 的作用域范围内。以下是该聚合的结果：

```
"aggregations" : {
    "sales_by_coffee" : {
      "buckets" : [
        {
          "key_as_string" : "2022-09-01T00:00:00.000Z",
          "key" : 1661990400000,
          "doc_count" : 1,
          "cappuccino_sales" : {
```

```
          "value" : 23.0
        },
        "total_cappuccinos" : {
          "value" : 23.0
        }
      },
      {
        "key_as_string" : "2022-09-02T00:00:00.000Z",
        "key" : 1662076800000,
        "doc_count" : 1,
        "cappuccino_sales" : {
          "value" : 40.0
        },
        "total_cappuccinos" : {
          "value" : 63.0
        }
      }
    ]
  }
}
```

让我们来看一下结果。由于查询顶层使用了 date_histogram 聚合，因此桶是按日期（查看 key_as_string）进行划分的。我们还创建了一个子聚合 cappuccino_sales，用于获取每天（每桶）售出的卡布奇诺咖啡数量。结果的最后部分是将卡布奇诺咖啡的累计总和（total_cappuccinos）添加到现有的桶中。注意，第二天卡布奇诺咖啡的累计销量是 63 杯（第一天 23 杯，第二天 40 杯）。

尽管卡布奇诺咖啡的累计销量在现有父桶的层级上，但如果要查找桶内咖啡销量的最大值或最小值，则需要在兄弟层级上进行。为此，我们需要在与主聚合相同的层级上创建一个聚合，这就是它被称为兄弟聚合的原因。假设我们想要找出哪一天卖出了最多的卡布奇诺咖啡，或者反过来，卖出了最少的卡布奇诺咖啡。为了实现这一点，我们需要使用管道聚合的 max_bucket 和 min_bucket 聚合，下面我们就来介绍这些内容。

13.5.6 **max_bucket** 和 **min_bucket** 兄弟管道聚合

Elasticsearch 提供了一个名为 max_bucket 的管道聚合，用于从其他聚合获取的桶集中获取值最大的那个桶。记住，管道聚合接受其他聚合的输入来计算自身的聚合结果。

1. **max_bucket** 聚合

代码清单 13-23 中的查询扩展了我们在 13.5.5 节中执行的聚合。它通过添加 max_bucket 函数来实现这一点。

代码清单 13-23 计算卡布奇诺咖啡销量的管道聚合

```
GET coffee_sales/_search
{
  "size": 0,
  "aggs": {
```

```
    "sales_by_coffee": {
      "date_histogram": {
        "field": "date",
        "calendar_interval": "1d"
      },
      "aggs": {
        "cappuccino_sales": {
          "sum": {
            "field": "sales.cappuccino"
          }
        }
      }
    },
    "highest_cappuccino_sales_bucket":{
      "max_bucket": {
        "buckets_path": "sales_by_coffee>cappuccino_sales"
      }
    }
  }
}
```

正如用粗体展示的代码所示，highest_cappuccino_sales_bucket 是我们为兄弟管道聚合自定义的名称。因为是在与 sales_by_coffee 聚合相同的层级声明的 max_bucket 聚合，所以它被称为兄弟聚合。这需要一个 buckets_path，它结合了 sales_by_coffee 和 cappuccino_sales 聚合。（这两个结果是对数据进行桶聚合和指标聚合产生的。）当这个查询被执行时，我们将得到以下响应：

```
"aggregations" : {
  "sales_by_coffee" : {
  "buckets" : [{
    "key_as_string" : "2022-09-01T00:00:00.000Z",
    "key" : 1661990400000,
    "doc_count" : 1,
    "cappuccino_sales" : {
    "value" : 23.0
  },{
    "key_as_string" : "2022-09-02T00:00:00.000Z",
    "key" : 1662076800000,
    "doc_count" : 1,
    "cappuccino_sales" : {
      "value" : 40.0
      }
    }]
  },
  "highest_cappuccino_sales_bucket" : {
    "value" : 40.0,
    "keys" : [
      "2022-09-02T00:00:00.000Z"
    ]
  }
 }
```

用粗体展示的部分包含了 highest_cappuccino_sales_bucket 信息。2022-09-02（2022 年 9 月 2 日）是售出卡布奇诺咖啡最多的日期。

2. min_bucket 聚合

我们还可以获取售出卡布奇诺咖啡最少的日期。为此，我们需要使用 min_bucket 管道聚合。用以下代码替换代码清单 13-23 中用粗体展示的代码：

```
..
"lowest_cappuccino_sales_bucket":{
  "min_bucket": {
    "buckets_path": "sales_by_coffee>cappuccino_sales"
  }
}
```

结果显示，2022 年 9 月 1 日卖出的卡布奇诺咖啡最少：

```
"lowest_cappuccino_sales_bucket" : {
  "value" : 23.0,
  "keys" : [
    "2022-09-01T00:00:00.000Z"
  ]
}
```

还有其他几种管道聚合。尽管在本章中无法讨论所有管道聚合，但本书的代码示例还是涵盖了大部分的聚合。当你使用某个特定的聚合时，可以查阅官方文档。

关于聚合的内容就到这里了。

13.6 小结

- 搜索是根据搜索条件在积累的数据中找到答案，而聚合则是从组织收集的数据中提炼出有价值的模式、见解和信息。
- Elasticsearch 允许对数据执行嵌套聚合和兄弟聚合。
- Elasticsearch 将聚合分为指标聚合、桶聚合和管道聚合 3 种类型。
- 指标聚合获取单值指标，如 avg、min、max 和 sum 等。
- 桶聚合根据分桶策略将数据分类到不同的桶中。通过分桶策略，我们可以要求 Elasticsearch 根据需要将数据拆分到桶中。
- 我们可以让 Elasticsearch 根据我们提供的间隔创建预定义的桶，也可以创建自定义的范围。
  - 如果年龄段的间隔是 10 岁，那么 Elasticsearch 会将数据按照 10 的步长进行拆分。
  - 如果我们想创建间隔不同的范围，如 10～30 或 30～100，可以创建自定义的范围。
- 管道聚合作用于其他指标聚合和桶聚合的输出来创建新聚合或新桶。

第 14 章　集群管理

本章内容

- 水平扩展集群
- 节点间通信
- 确定分片大小和副本大小
- 使用快照和恢复
- 高级配置
- 了解集群中的主节点角色

到目前为止，我们已经了解了 Elasticsearch 的内部工作原理，包括它出色的查询和其他功能。但我们还没有涉及高级配置，如节点之间如何通信，分片需要有多大，以及如何修改 Kibana 的端口。在本章中，我们将讨论这些管理功能，并将通过在搜索服务器上执行我们创建的查询来解决其中的一些问题。

Elasticsearch 的一个强大的功能是其能够扩展服务器以提供 PB 量级的数据。除了需要购置额外的节点，设置它并不复杂。在本章的前半部分，我们将介绍如何扩展集群，还会尝试调整分片大小，并了解为什么增加更多的副本可以改善读取性能。

然后，我们将讨论节点如何在内部进行通信并组成集群。在 14.2 节中，我们将了解网络设置及其重要性。

任何具有事务数据和配置数据的服务器都应该定期备份，以避免在意外的情况下丢失数据。Elasticsearch 提供了随时或定期对数据进行快照的功能，并可以根据需要恢复数据。我们将详细讨论高级的快照和恢复功能。

我们还将查看用于调整 Elasticsearch 属性的高级配置。我们将了解常用的 elasticsearch.yml 配置文件及其内容，并讨论如何更改网络设置，增加堆内存，以及在 `TRACE` 级别检查组件的日志。

最后，我们将探讨集群主节点的作用，以及集群如何根据法定人数进行决策等其他细节。我们将分析脑裂的场景，以了解一个健康的集群所需的候选主节点的最小数量。

将 Elasticsearch 应用到生产环境是一项复杂且需要专业知识的任务。Elasticsearch 有许多组成部分，掌握每个部分都是一项艰巨的任务，但这并非不可能。虽然 Elasticsearch 的大多数功能都是开箱即用的，但这还不足以直接将其应用于生产环境；在此之前，还必须处理好管理任务。许多配置项必须进行调整和优化才能让 Elasticsearch（或者 Elastic Stack）达到生产可用的状态。在一章中涵盖所有这些管理任务将是乏味且不现实的，但本章中已经包含了大多数开发者和管理员必须掌握的常见且重要的管理功能。对于本章没有涵盖的功能可以查阅相关文档进行深入学习。让我们从学习扩展集群开始。

14.1 扩展集群

Elasticsearch 集群可以根据使用场景、数据量和业务需求扩展到任意数量的节点，从单个节点到数百个节点不等。虽然我们在学习 Elasticsearch 时可能会在个人计算机上使用单节点集群，但在生产环境中，几乎不会使用单节点集群。

我们选择 Elasticsearch 的原因之一是它具备弹性和容错的能力。我们不希望在节点崩溃时丢失数据。幸运的是，Elasticsearch 能够应对硬件故障，并在硬件重新上线后尽快进行恢复。

对任何组织来说，选择集群大小都是一项重要的 IT 策略。多个变量、因素和输入数据将用于根据数据需求来规划 Elasticsearch 集群的大小。尽管我们可以向现有集群中添加资源（内存或新节点），但预估这些需求非常重要。

在本节中，我们将学习如何确定集群的大小和扩展集群。我们可以向现有集群中添加节点来提高读吞吐量或索引性能。当索引或读吞吐量的需求下降时，我们也可以通过删除节点来缩减集群规模。

14.1.1 向集群中添加节点

集群中的每个节点本质上都是在一台专用服务器上运行的一个 Elasticsearch 实例。可以在一台服务器上创建多个节点，但这样做违背了数据弹性的初衷，如果服务器崩溃，这台服务器上的所有节点将丢失。

注意 建议在专用的服务器上部署和运行 Elasticsearch，服务器的计算能力应根据需求来配备，而不是将其与其他应用（尤其是那些计算密集型应用）捆绑在一起。

首次启动 Elasticsearch 服务器时，会组成一个单节点集群。这种单节点集群（single-node cluster）是开发环境中用于测试和试用产品的典型设置。图 14-1 中展示了一个单节点集群。

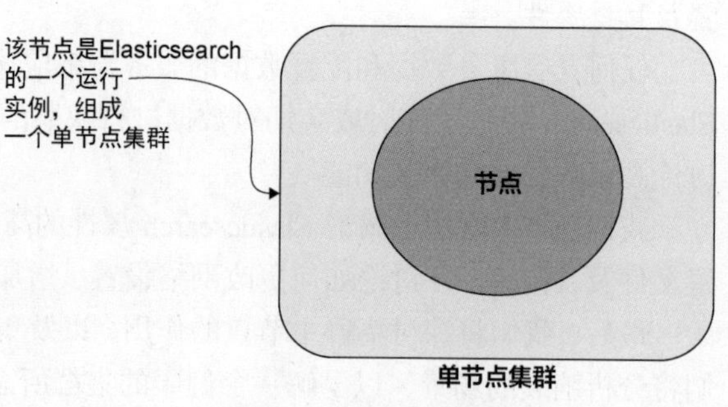

图 14-1 单节点集群

启动更多节点时（假设所有节点都使用相同的集群名称），它们会组成一个多节点集群（multi-node cluster）。让我们看看，随着节点数量的增加，如从 1 个节点到 3 个节点，分片是如何在集群中创建和分布的。

假设我们想创建一个名为 chats 的索引，该索引有一个分片和一个副本。为此，我们需要在创建索引时通过配置索引的设置来定义分片和副本的数量，如代码清单 14-1 所示。

代码清单 14-1　创建 chats 索引

```
PUT chats
{
  "settings": {
    "number_of_shards": 1,
    "number_of_replicas": 1
  }
}
```

这段脚本在单节点上创建了含有一个主分片的 chats 索引。Elasticsearch 不会在主分片所在的节点上创建该索引的副本。事实上，在主驱动器所在的同一位置创建备份驱动器是没有意义的。图 14-2 中展示了这一点（创建了一个分片，但没有创建副本）。

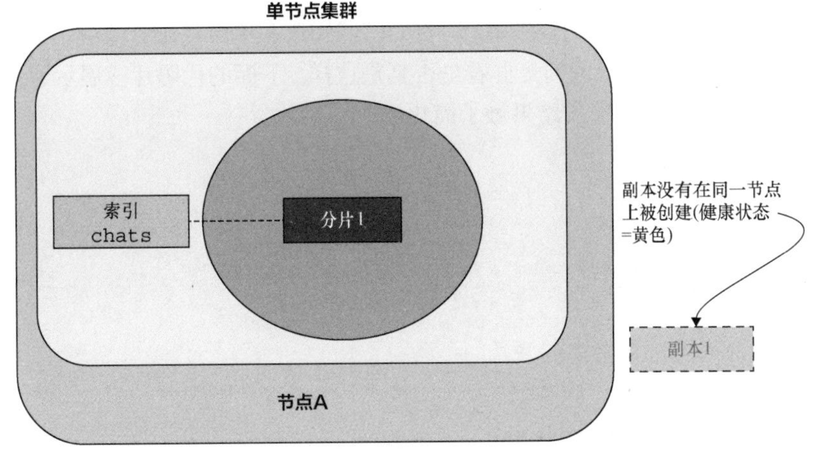

图 14-2　单节点集群，未创建副本

如果没有创建副本，集群就不会被视为处于健康状态。我们可以使用集群健康 API 来获取集群状态的概览。GET _cluster/health 请求获取集群的健康状况，并以 JSON 格式输出，详细说明了未分配的分片、集群的状态、节点的数量和数据节点的数量等信息。但是，我们所说的集群健康指的是什么？

14.1.2　集群健康

正如我们在第 3 章中讨论的，Elasticsearch 使用简单的交通信号灯系统来告知我们集群的状态：绿色（GREEN）、红色（RED）和黄色（YELLOW）。当我们首次在单节点服务器上创建索引时，其健康状态是黄色，因为副本尚未分配（除非我们故意将该节点上所有索引的 replicas 设置为 0，这是可能的但不是推荐的做法）。如有需要，可参考 3.2.4 节回顾分片交通信号灯健康系统。图 14-3 中重复了第 3 章的内容，根据分片的分配情况定义了集群的健康状况。

理解这一点后，我们可以要求 Elasticsearch 解释为什么集群处于不健康的状态（或者为什么分片未分配）。我们可以使用集群分配 API 查询服务器，以获取对分片当前状态的解释。例如，代码清单 14-2 中的查询获取关于 chats 索引的解释。

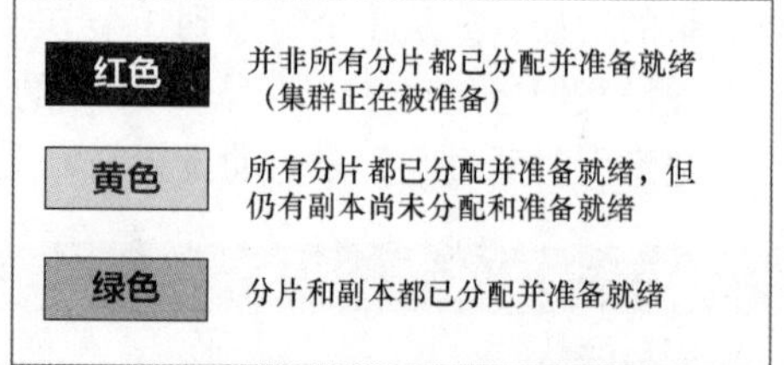

图 14-3 用交通信号灯板指示集群的健康状况

代码清单 14-2 向集群查询对分片故障的解释

```
GET _cluster/allocation/explain
{
  "index": "chats",
  "shard": 0,
  "primary": false
}
```

这个查询返回了该索引状态的详细解释。我们已经知道在单节点服务器中不会创建或分配副本，对吧？为了验证，我们可以问问集群看是否真是这样。下面的代码片段展示了代码清单 14-2 中的查询得到的响应，这里对输出结果做了简化。

```
{
  "index" : "chats",
  "shard" : 0,
  "primary" : false,
  "current_state" : "unassigned",
  "allocate_explanation" : "cannot allocate because
  ➥ allocation is not permitted to any of the nodes",
  "node_allocation_decisions" : [{
    ...
    "deciders" : [{
      "decider" : "same_shard",
       "explanation" : "a copy of this shard is already allocated to
       ➥ this node ..]"}
      ]
...
}
```

返回的响应中的 current_state 属性表明 chats 索引的分片 0 尚未分配（unassigned）。响应中解释说，该服务器之所以无法分配该分片的拷贝，是因为 same_shard 决策器的限制。（查看上面响应中 deciders 数组的值。）

集群中的节点在默认情况下必须充当不同的角色，如主节点（master）、摄取节点（ingest）、数据节点（data）、机器学习节点（ml）和转换节点（transform）等。我们可以通过在 elasticsearch.yml 文件中为 node.roles 属性设置适当的值来指定节点的角色。

我们可以将数据索引到 chats 索引中，并在这个单节点实例上执行搜索查询。由于没有副本，因此存在数据丢失和造成性能瓶颈的风险。为了降低这种风险，我们可以添加节点来扩展集群。

如果禁用了安全设置，添加一个新节点就很简单，只需在同一网络中的另一台机器上启动 Elasticsearch 并使用相同的 `cluster.name`（elasticsearch.yml 文件中的一个属性）。

> **警告**　从 8.0 版本开始，Elasticsearch 的安装默认启用了安全设置，也就是说 `xpack.security.enabled` 选项被设置为 `true`。当你首次启动 Elasticsearch 服务器时，它会生成所需的密钥和令牌，并指导你执行成功连接 Kibana 所需的步骤。如果你只是在本地机器上体验 Elasticsearch，可以选择禁用安全性设置，但是我强烈建议不要在生产环境中通过将 elasticsearch.yml 文件里的 `xpack.security.enabled` 属性设为 `false` 的方式来使用不安全的设置。这样做的风险非常高，会带来很大麻烦。

引入第二个节点可以帮助 Elasticsearch 在该节点上创建副本。如图 14-4 所示，当第二个节点启动并加入集群时，Elasticsearch 会立即创建副本 1，它是分片 1 的完整副本。分片 1 的内容会被立即同步到副本 1，一旦它们保持同步，后续任何对分片 1 的写操作都会被复制到副本 1。同样的原理也适用于多个分片和多个副本。

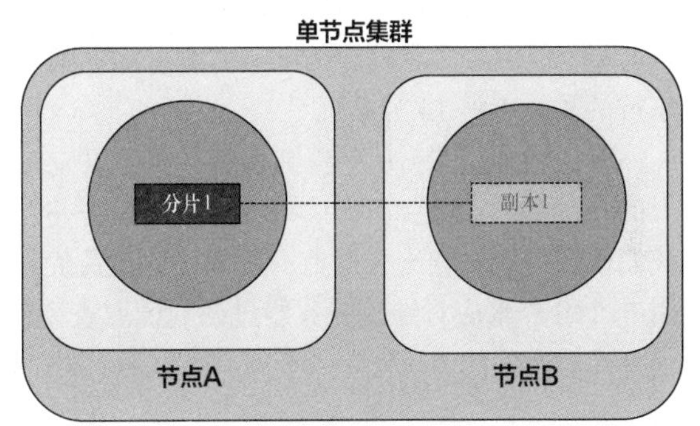

图 14-4　副本在第二个节点上被创建

如果向集群中添加更多的节点，Elasticsearch 会通过这些额外的节点优雅地扩展集群。它会在添加（或移除）节点时自动重新分配分片和副本。Elasticsearch 在后台透明地管理这一切，使普通用户或管理员不必担心节点之间的通信机制，以及分片及其数据分布的方法等。图 14-5 中说明了一个分片（分片 2）是如何移到新加入的第二个节点上（从而组成一个多节点集群）的，以及副本是如何创建的。

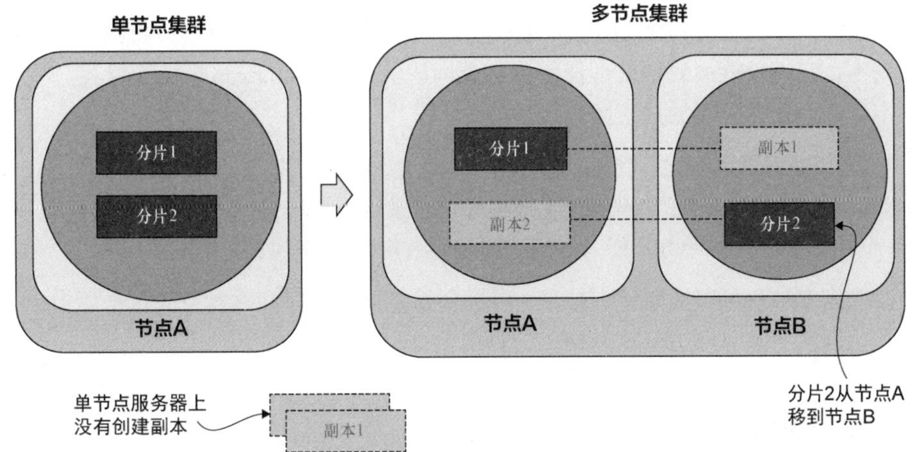

图 14-5　新加入的节点会获得从原先的单节点集群移过来的新分片

如果节点 A 崩溃，节点 B 上的副本 1 将立即被提升为分片 1，从而回到单节点集群的状态，直到再有一个节点重新上线。在必要时，我们可以在新节点上启动 Elasticsearch 服务器，继续为集群添加新节点。

14.1.3 提高读吞吐量

增加副本数量还能带来额外的性能优势。副本可以提高读吞吐量：在分片执行索引操作时，读取（查询）可以由副本来响应。如果一个应用是读取密集型的（应用的搜索查询量高于索引的数据量，典型的如电商应用），那么增加副本数量可以减轻应用的负载。

由于每个副本都是分片的完整拷贝，因此可以将应用的分片分为两类：*主分片*（primary shard）负责数据的处理，*副本分片*（replica shard）负责响应数据的读取。当来自客户端的查询请求到达时，协调节点将该请求转发到数据节点以获取答案。因此，为索引添加更多的副本有助于提高读吞吐量。但也要注意内存的影响：由于每个副本都是分片的完整拷贝，因此我们需要相应地规划集群的大小（见 14.3 节）。

为了增加副本（从而提高读吞吐量）以应对读取查询的性能瓶颈，一种策略是更新活动索引上的 `number_of_replicas` 设置。这是一个动态设置，即便索引处于活动状态和生产环境，我们依然可以对它进行调整。例如，假设我们在一个 5 个节点的集群中添加了 10 个节点，并使用 5 个分片来应对导致服务器过载的读取查询性能问题。如代码清单 14-3 所示，我们可以通过增加活动索引的 `number_of_replicas` 设置来增加副本数量。

代码清单 14-3 在活动索引上增加副本数量

```
PUT chats/_settings
{
  "number_of_replicas": 10
}
```

这些新增的副本是针对每个分片的，它们会在新增的节点上被创建，并将数据复制过去。有了更多的副本，它们就能高效地处理任何读取查询请求了。Elasticsearch 负责将客户端查询请求路由到副本，从而提升应用的搜索和查询性能。

注意 关于调整主分片数的快速回顾：一旦索引被创建并投入使用，就无法对其进行调整，因为 `number_of_shards` 是索引的静态属性。如果必须更改这个设置，就必须先关闭当前索引，然后创建一个新索引并指定新的分片数，最后将旧索引中的数据重新索引到新索引中。

增加读取副本虽然可以提高读吞吐量，但也会给集群的内存和磁盘空间带来压力。这是因为每个副本都会消耗与其对应主分片一样多的资源。

14.2 节点间通信

Elasticsearch 为我们隐藏了许多幕后的细节，从启动节点到创建集群、索引数据、备份和快照及查询等。添加新节点可以扩展集群的规模，让我们从一开始就得益于其所带来的弹性。在前几章中，我们介绍了大量的 API，这些 API 实现了客户端与服务器之间的通信。在这种情况下，预期的通信方式是基于 RESTful API 的 HTTP 接口。还有一种是节点间的通信，包括每个节点如何与其他节点对话、主节点如何做出集群范围的决策等。对此，Elasticsearch 使用了两种类型的通信方式。

- 基于 RESTful API 的 HTTP 接口，用于客户端与节点交互。（我们之前使用它来执行查询。）
- 传输层接口，用于节点之间的通信。

默认情况下，集群会在 9200 端口公开 HTTP（或 HTTPS）通信服务，但我们可以通过修改配置文件 elasticsearch.yml 来更改这个设置。另外，传输层被设置在 9300 端口，也就是说节点之间的通信发生在这个端口上。这两个接口都在各节点的配置文件中通过 `network` 属性进行设置，不过也可以根据实际需求对它们进行更改。

在一台机器上启动 Elasticsearch 时，它默认会绑定到本地主机（localhost）。如果需要，可以通过修改 `network.host` 和 `network.port`（以及用于节点间网络的 `transport.port`）将绑定地址改为指定的网络地址。

在一批计算机上更改这些设置是一件非常痛苦的事情，尤其是在需要设置一个包含数百个节点的集群的时候。因此一定要准备好自动化脚本来减轻这种烦恼。一种理想的做法是在一个中央文件夹中创建配置，并将 `ES_PATH_CONF` 变量指向这些设置。（也可以用 Ansible、Azure Pipelines、GitOps 等工具达到这个目的。）导出此变量可以让 Elasticsearch 从这个目录中选择配置。

回到设置网络属性的话题，我们可以在配置文件中使用特殊值来设置网络主机，而不是手动配置主机。将 `network.host` 属性设置为`_local_`可以让 Elasticsearch 自动设置其地址。这将环回地址（127.0.0.1）设置为网络主机。`_local_`特殊值是 `network.host` 属性的默认值。我的建议是保持不变。

还有一个可以将 `network.host` 属性设置为站点本地地址（192.168.0.1）的`_site_`值。我们可以在配置文件中设置 `network.host: [_local_,_site_]`来默认使用`_local_`和`_site_`这两个特殊值。

14.3 确定分片大小

谈论分片时，一个总是被提及的问题就是分片的大小。让我们详细研究一下分片的大小，特别是我们需要考虑的磁盘空间占用和其他因素，以便更好地理解这个话题。为了方便讨论，我们先关注一个 5 个节点的集群上只有 1 个索引的场景，然后再研究多索引情况下确定分片大小的问题。

14.3.1 设置单个索引

假设我们有一个 5 个节点的集群，其中有一个索引包含了 10 个主分片和 2 份拷贝。这意味着每个主分片有 2 个副本，因此主分片和副本的总数是 30。图 14-6 中展示了这个配置。

另外，我们还假设主分片中包含了数百万个文档，总共占用了 300 GB 磁盘空间。于是我们创建了一个 10 分片的索引，每个分片分配约 50 GB 磁盘空间。Elasticsearch 会将这 300 GB 的数据均匀分布到 10 个分片中，因此每个分片大约包含 30 GB 文档。我们还为每个分片设置了 2 个副本，所以总共有 20 个副本。

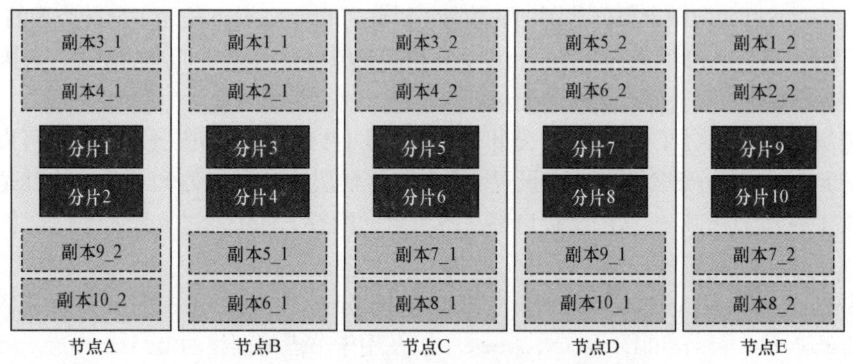

图 14-6 分布在多节点集群中的分片和副本

副本需要消耗与主分片相同的磁盘空间，因为它们是主分片的拷贝。因此，20 个副本会消耗 20 个 50 GB 的空间，即 1000 GB。别忘了加上分配给主分片的磁盘空间：10 个分片乘以 50 GB 就是 500 GB。我们至少需要 1500 GB（1.5 TB）的磁盘空间才能运行这个只有 1 个索引的集群。图 14-7 中展示了这一磁盘空间计算过程。

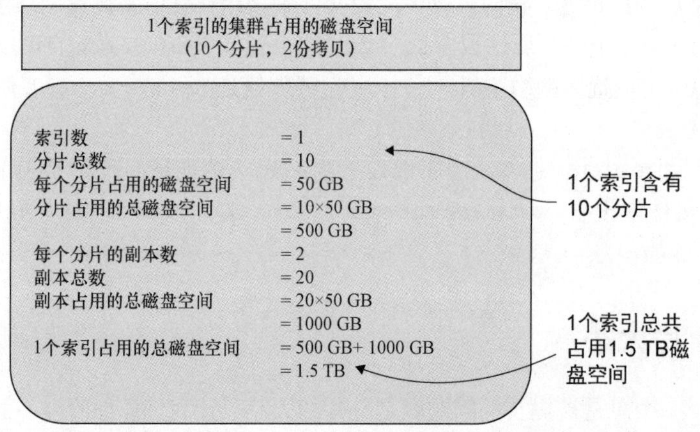

图 14-7 只有 1 个索引（含有 10 个分片和 2 份拷贝）的集群的磁盘空间使用量

集群由各个独立的节点组成。记住，这些节点还需要额外的磁盘空间来确保正常运行，包括系统索引、内存数据结构等。因此，除了为分片大小分配磁盘空间，还建议额外增加一些空间。我们正在构建一个 5 个节点的集群，如果每个节点配备 400 GB 磁盘空间，那么整个集群的空间就会达到 2000 GB。这对于当前的使用场景已经足够了。

14.3.2 设置多个索引

在 14.3.1 节的示例中，我们只需要管理一个索引，因此我们尝试根据这一个索引来计算存储成本。但在现实世界中，这种情况很少见。服务器上可以存在任意数量的索引，因此我们至少应该提前配置服务器，以便在将来创建多个索引。现在我们推算一下 5 个索引的存储成本，假设每个索引有 10 个分片和 2 份拷贝，图 14-8 中展示了这种情况需要的总磁盘空间。

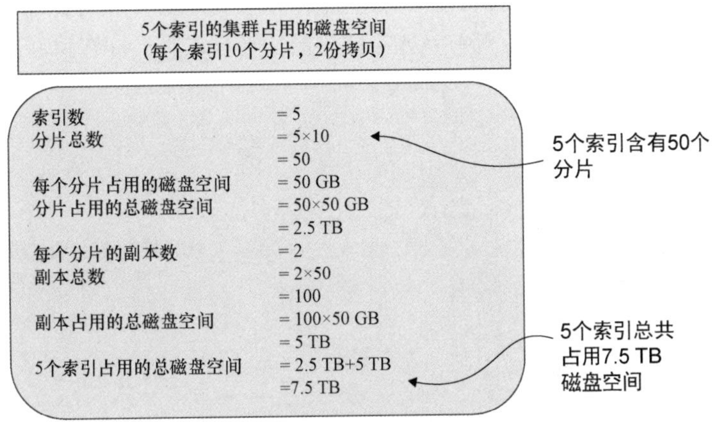

图 14-8 含有 5 个索引的集群的磁盘空间使用量呈指数级增长

可以看到，随着索引数量的增加，所需的磁盘空间会呈指数级增长。在 14.3.1 节的例子中，对于一个包含 10 个分片和 20 个副本的索引（图 14-7），我们配备了一个 5 个节点的集群来处理 2000 GB 的空间需求。在本节的例子中，涉及多个索引（图 14-8），我们需要一个能够处理大约 10 TB 空间的庞大集群。我们可以用两种方式解决空间扩展的问题，即垂直扩展或水平扩展。

1. 垂直扩展

一种解决方式是使用同一个集群满足 2 TB 存储需求，并增加额外的磁盘空间处理新的存储需求。例如，将每个服务器的磁盘空间增加到 2 TB（5 个节点即为 10 TB）。这样做属于垂直扩展。尽管在技术上没有问题，但可能需要暂时停止服务器来完成硬件升级。

2. 水平扩展

另一种（可能更可取的）解决方式是向集群中添加节点。例如，向服务器中再添加 20 个节点，总共 25 个节点。于是就组成了一个新的 25 个节点的集群，每个节点有 400 GB 的磁盘空间，总容量能够满足 10 TB 的存储需求。

没有一种解决方案是万能的，但是具有前瞻性的策略并采用经过实践检验的方法对大多数组织是行之有效的。确定分片大小是一项烦琐的工作，需要非常小心地合理设置分片的大小。

定期对索引或整个集群进行备份是一个主要的管理需求。此外，还需要在需要时恢复备份。Elasticsearch 提供了一种简洁的备份和恢复机制——快照。

14.4 快照

在生产环境中运行应用时，如果没有备份和恢复功能就会存在风险。集群中的数据应该存储在某个集群外部的持久化存储中。幸运的是，Elasticsearch 提供了简单的快照和恢复功能用于备份数据，并可以在需要时进行恢复。

快照可以帮助我们定期存储增量备份。我们可以将快照存储在一个存储库中，通常挂载在本地文件系统或云服务（如 AWS S3、微软 Azure 或谷歌云平台）上。如图 14-9 所示，管理员定期将集群快照备份到存储介质中，然后按需恢复。

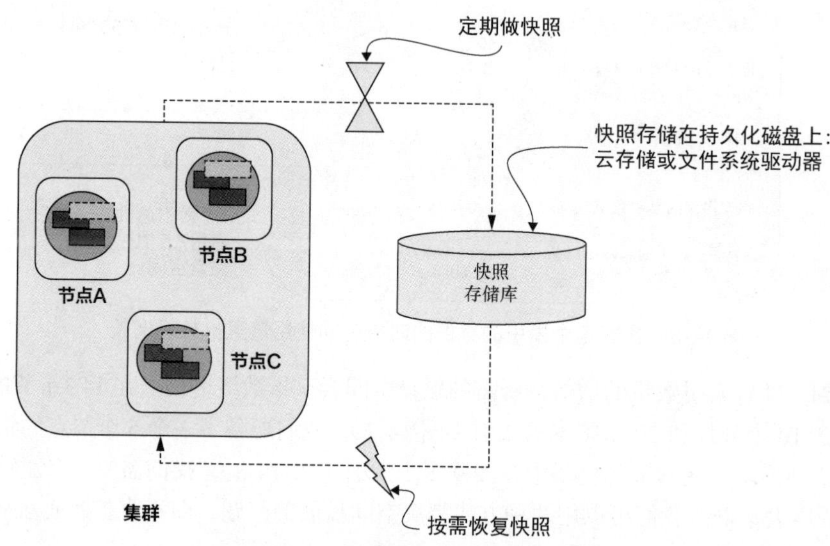

图 14-9 集群上的快照和恢复机制

定期对集群做快照是一项管理任务，理想情况下应该使用内部脚本或实用工具实现自动化。但在开始备份快照之前，必须确保快照存储库符合特定的类型并已经注册到集群中。本节将讨论设置存储库的机制，以及对数据做快照和将数据从存储库恢复到集群中的方法。

14.4.1 开始使用

在能够使用快照和恢复功能之前，我们需要完成几步操作。广义上讲，我们需要完成以下 3 个动作。

- *注册快照存储库。*将快照存储到持久化存储中，如文件系统、Hadoop 分布式文件系统（Hadoop Distributed File System，HDFS）或者像 AWS S3 桶这样的云存储。
- *对数据进行快照。*一旦在集群中注册了存储库，我们就可以对数据进行快照备份。
- *从存储中恢复。*当需要恢复数据时，我们可以简单地选择需要恢复的一个索引或一组索引，甚至整个集群，然后从之前注册的快照存储库启动恢复操作。

作为快照的一部分，所有索引、所有数据流和整个集群状态都会被备份。注意，在完成第一次快照备份后，后续的备份将是增量更新，而不是全量拷贝。我们可以通过以下两种方式来处理快照。

- 通过 RESTful API 来执行快照和恢复。

■ 使用 Kibana 提供的快照和恢复功能。

第一步是选择一个存储库类型并注册存储库。下面我们就讨论如何使用这两种方法来注册一个快照存储库。

14.4.2 注册快照存储库

为了简单起见，我们选择文件系统作为存储库类型：我们希望将快照存储在挂载在共享文件系统上的磁盘上。我们先在集群的所有主节点和数据节点上挂载有可用磁盘空间的文件系统。一旦服务器挂载了这个文件系统，我们就需要在配置文件中指定其位置告知 Elasticsearch。

编辑 elasticsearch.yml 配置文件，修改 `path.repo` 属性，将其指向挂载文件系统的位置。例如，如果挂载路径是/volumes/es_snapshots，那么 `path.repo` 应该为 `path.repo: /volumes/es_snapshots`。添加挂载路径后，我们需要重启相应的节点，以使这个挂载点在节点上可用。

1. 使用`_snapshot API`注册快照存储库

当节点重启并重新上线后，最后一步是调用快照存储库 API。代码清单 14-4 中展示了相关代码。

代码清单 14-4 注册基于文件系统的快照存储库

```
PUT _snapshot/es_cluster_snapshot_repository
{
  "type": "fs",
  "settings": {
    "location": "/volumes/es_snapshots"
  }
}
```

- 为提供给`_snapshot` API 端点的存储库命名
- 将存储库的类型设置为文件系统（"fs"）
- 指定存储库的位置为已挂载的文件系统

Elasticsearch 提供了`_snapshot` API 来进行与快照和恢复相关的操作。在代码清单 14-4 中，我们创建了一个名为 `es_cluster_snapshot_repository` 的快照存储库。请求体需要我们指定正在创建的存储库类型，以及设置存储库所需的属性。在这个例子中，我们将`"fs"`（表示文件系统）设置为存储库类型，并在 `settings` 对象中提供文件系统路径作为`"location"`。

由于我们已经在配置文件中添加了挂载点，并且重启了节点，因此代码清单 14-4 中的代码应该可以成功运行以注册我们的第一个快照存储库。执行 `GET _snapshot` 命令返回已注册的快照。

```
{
  "es_cluster_snapshot_repository" : {
    "type" : "fs",
    "settings" : {
      "location" : "/volumes/es_snapshots"
    }
  }
}
```

响应结果表明，目前有一个快照存储库已经注册并且可以存储我们的快照数据。

注意 如果在本地机器上运行 Elasticsearch，可以将一个临时文件夹设置为存储库的位置。例如，对于基于*nix 的操作系统，可以使用/tmp/es_snapshots，而对于 Windows 可以使用 c:\temp\es_ snapshots。

如前所述，我们还可以利用 Kibana 的控制台来使用快照和恢复功能。和使用 API 一样，我们也可以在 Kibana 中注册快照存储库。尽管使用 Kibana 的细节不在本书的讨论范围内，但我会提供一些指引，以便你能够在 Kibana 中使用快照和恢复功能。

2. 在 Kibana 上注册快照存储库

Kibana 对快照和恢复功能提供了完善的支持，包括注册快照存储库、创建快照和恢复快照。下面我们来看一看如何在 Kibana 上注册存储库。

前往 Kibana 控制台，单击左上角的菜单，展开“Management”菜单，可以看到“Dev Tools”下边有一个“Stack Management”导航链接（如图 14-10 所示）。单击“Stack Management”链接跳转到“Stack Management”页面，然后选择“Data”→“Snapshot and Restore”。打开的结果页面会提供当前的存储库、快照及其状态信息。

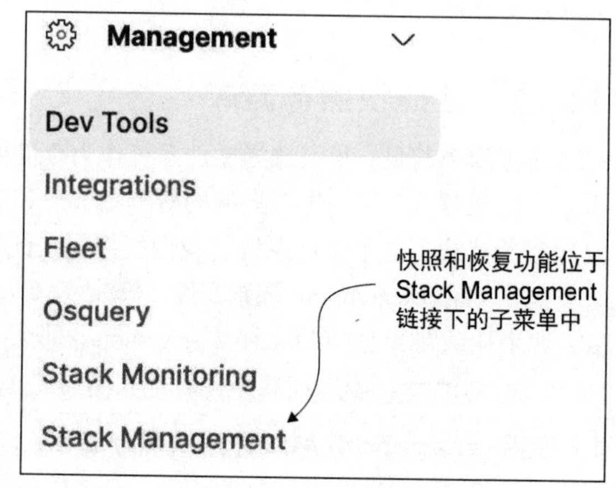

图 14-10　通过“Stack Management”页面访问快照功能

切换到“Repositories”标签页，单击“Register a Repository”，打开图 14-11 所示的页面。

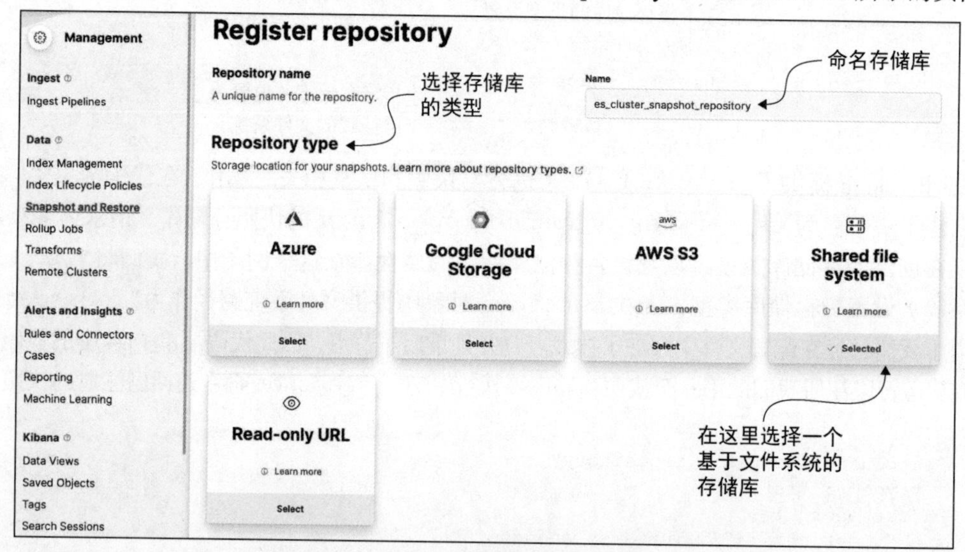

图 14-11　命名存储库并选择存储库的类型

为存储库命名是必须做的，接下来选择一种类型：共享文件系统（fs）、AWS S3、Azure 的 blob 存储等。在此，我们仍以选择本地文件系统作为存储库为例，单击“Shared file system”导航到下一页。在那里，输入文件系统的位置和其他要求的属性（如每秒快照和恢复的最大字节数和最小字节数、块大小等）。最后单击页面底部的“Register”按钮创建存储库。

14.4.3 创建快照

现在我们已经完成了注册快照存储库的过程，下一步就是创建快照，以便将数据备份到刚刚创建的存储库中。创建快照有几种方式。让我们先从最简单的手动方法——使用_snapshot API开始。创建示例如代码清单 14-5 所示。

代码清单 14-5 手动创建快照

```
PUT _snapshot/es_cluster_snapshot_repository/prod_snapshot_oct22
```

我们要求_snapshot API在es_cluster_snapshot_repository存储库下创建一个名为 prod_snapshot_oct22 的快照。这种一次性的手动快照会将所有数据（索引、数据流和集群信息）备份到存储库文件系统的磁盘快照中。

我们也可以仅对少数几个索引创建自定义快照，而不是像刚才那样备份所有数据。对代码清单 14-5 附加一个请求体，其中指定一组索引，即所有与电影和评论相关的索引，如代码清单 14-6 所示。

代码清单 14-6 针对特定索引创建快照

```
PUT _snapshot/es_cluster_snapshot_repository/custom_prod_snapshots
{
  "indices": ["*movies*","*reviews*"]    <-- 备份所有与电影和评论相关的索引
}
```

indices 属性接受一个表示我们要备份的特定索引集合的字符串或字符串数组。在这个示例中，我们使用通配符模式*movies*和*reviews*来备份所有名称匹配的索引。默认情况下，如果不指定要备份的内容，就会包括所有的索引和数据流（[*]）。如果想排除某些索引，可以使用带有减号的模式，如-*.old，这个模式将省略所有以.old结尾的索引。

我们还可以在 metadata 属性中附加用户自定义的属性。例如，在创建快照时，我们想记录用户请求的事件详情。代码清单 14-7 中展示了这一点。

代码清单 14-7 在快照中添加自定义的详情

```
PUT _snapshot/es_cluster_snapshot_repository/prod_snapshots_with_metadata
{
  "indices": ["*movies*","*reviews*", "-*.old"],    <-- 在快照中包含或排除这些索引
  "metadata":{    <-- 在 metadata 对象下定义一个自定义的信息块
    "reason":"user request",
    "incident_id":"ID12345",
    "user":"mkonda"
  }
}
```

作为快照过程的一部分，我们通过移除".old"索引来优化索引列表。我们还在元数据中添加了用户请求的相关信息，并且可以在这个对象中创建尽可能多的详细内容。在 Elasticsearch 的快照和恢复功能的生命周期中，最后一步就是恢复快照，下面我们就来讨论这个问题。

14.4.4 恢复快照

恢复快照相对来说简单直接。我们只需在_snapshot API 上调用_restore 端点即可，如代码清单 14-8 所示。

代码清单 14-8 从快照中恢复数据

```
PUT _snapshot/es_cluster_snapshot_repository/custom_prod_snapshots/_restore
```

_restore 端点将数据从存储库复制到集群中。当然，我们可以附加一个 JSON 对象来进一步指定我们想恢复的索引或数据流的详细信息。代码清单 14-9 中的查询提供了这一请求的示例。

代码清单 14-9 从快照中恢复索引

```
POST _snapshot/es_cluster_snapshot_repository/custom_prod_snapshots/_restore
{
  "indices":["new_movies"]    <-- 列出要从快照中恢复的索引
}
```

14.4.5 删除快照

不需要一直将快照保留在磁盘上。一个大多数组织遵循的策略是，根据用户的需求为单个索引创建快照。对于某个给定的索引，我们可能需要更新映射或者更改主分片。遗憾的是，只要索引处于活跃状态，就无法做到这一点。

最佳方法是创建一个具有合适分片和映射的新索引，然后对当前索引创建快照，接着从快照中将其恢复到新创建的索引，最后删除快照。图 14-12 中展示了这一过程。

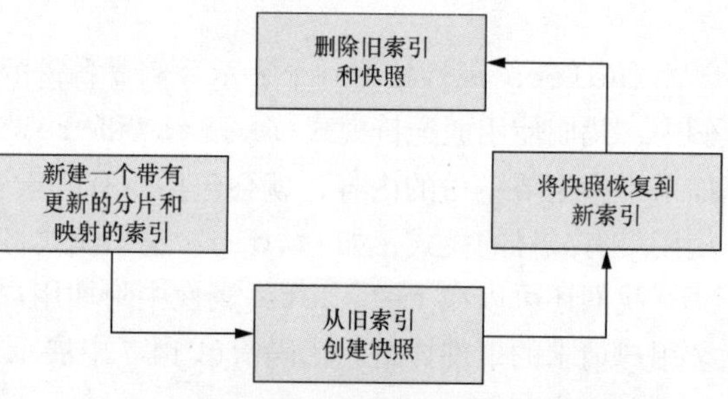

图 14-12 快照的生命周期，从创建到删除

可以利用快照和恢复功能将数据从旧索引迁移到新索引。使用完快照，就可以删除它们以释放存储空间。

删除快照相当简单：使用 HTTP DELETE 方法并提供快照 ID 即可。代码清单 14-10 中的命令删除了我们之前创建的快照。

代码清单 14-10 删除快照

```
DELETE _snapshot/es_cluster_snapshot_repository/custom_prod_snapshots
```

如果在快照创建过程中执行 HTTP DELETE 操作命令，Elasticsearch 会立即停止创建快照，然后删除快照，并从存储库中删除相关的内容。

14.4.6 自动化快照

我们刚刚了解了创建快照的方法，但这些都是临时性的快照——我们根据需求创建它们（例如，在迁移数据时，推出生产热修复版本等）。不过，我们可以利用快照生命周期管理（SLM）功能将这个过程自动化，以便定期备份和创建快照。Elasticsearch 提供了`_slm` API 来管理快照的生命周期，并创建按照预定义的时间表执行的生命周期策略。

为此，我们可以使用`_slm` API 来创建一个策略。该策略包含了要备份的索引、时间表（cron 作业）、保留的期限等信息。使用快照生命周期管理功能的前提是，必须事先注册一个快照存储库（参见 14.4.2 节）。

假设我们想在每天凌晨 0 点将所有的电影索引备份到指定的存储库中，并将这些快照保存一周。我们可以使用`_slm` API 编写一个策略并创建自动化作业，如代码清单 14-11 所示。

代码清单 14-11 创建一个预定快照的策略

```
PUT _slm/policy/prod_cluster_daily_backups
{
  "name":"<prod_daily_backups-{now/d}>",
  "schedule": "0 0 0 * * ?",
  "repository": "es_cluster_snapshot_repository",
  "config": {
    "indices":["*movies*", "*reviews*"],
    "include_global_state": false
  },
  "retention":{
    "expire_after":"7d"
  }
}
```

- `_slm` API 需要提供一个策略标识符
- 为快照指定唯一的名称
- 安排在每天凌晨 0 点执行的 cron 作业时间表
- 注册存储库
- 快照的索引
- 是否在快照中记录集群状态
- 保留一周（7 天）的快照

`_slm` API 会在集群中创建一个策略，并在时间表启动时自动执行。我们必须提供 3 个部分，即唯一的名称、时间表和之前注册用于存储快照的存储库。让我们详细地看看这 3 个部分。

唯一的名称（代码清单 14-11 中的`<prod_daily_backups-{now/d}>`）由包含日期计算的字符串构成。在这个例子中，如果在 2022 年 10 月 5 日执行这一快照策略，`<prod_daily_backups-{now/d}>`将被解析为 `prod_daily_backups-5.10.2022`，因为`{now/d}`表示当前日期。每当时间表启动时，都会根据当前日期生成一个新的唯一名称，如 `prod_daily_backups-6.10.2022`、`prod_daily_backups-7.10.2022`，以此类推。由于我们在名称中使用了日期计算，所以必须用尖括号（< >）将名称括起来，以便解析器能够正确解析。关于名称中日期计算的更多详情，可查阅 Elasticsearch 的官方文档“Date math support in index and index alias names”。

正如代码清单 14-11 所示，我们以 cron 作业的形式提供了一个时间表：`"schedule": 0 0 0 * * ?`。这个 cron 表达式指定该作业应该在每天凌晨 0 点准时执行。因此，我们可以预计快照过程将在每天凌晨 0 点启动。

在代码清单 14-11 中，`config` 块包含了我们要备份的索引和集群状态（在这个例子中，是所有与电影和评论相关的索引）。如果我们不设置 `config` 块，默认情况下，所有索引和数据流都将被包含在快照备份中。`include_global_state` 属性表示我们是否要将集群状态包含在快照中。在代码清单 14-11 中，我们选择忽略集群状态（`include_global_state` 被设置为 `false`），它不作为快照的一部分。

最后一部分是保留策略("retention":),它指定了我们希望在存储库中保留快照的时长。我们通过将 expire_after 属性设置为 7d，将当前快照的有效期设置为一周。

当我们执行这个查询后，自动快照功能就会一直生效，直到我们删除该策略。策略会根据时间表周期性地执行。这种方法是不需要人工干预备份整个集群的比较简单且首选的方法。

1．使用 Kibana 设置 SLM

我们也可以使用 Kibana 创建 SLM 策略。让我们简单看看操作步骤。

（1）在 Kibana 中，单击“Management”菜单中的“Snapshot and Restore”功能链接。

（2）选择“Policies”标签页，然后单击“Create Policy”按钮来新建一个策略。

（3）按照图 14-13 所示，填写页面上的详细内容。

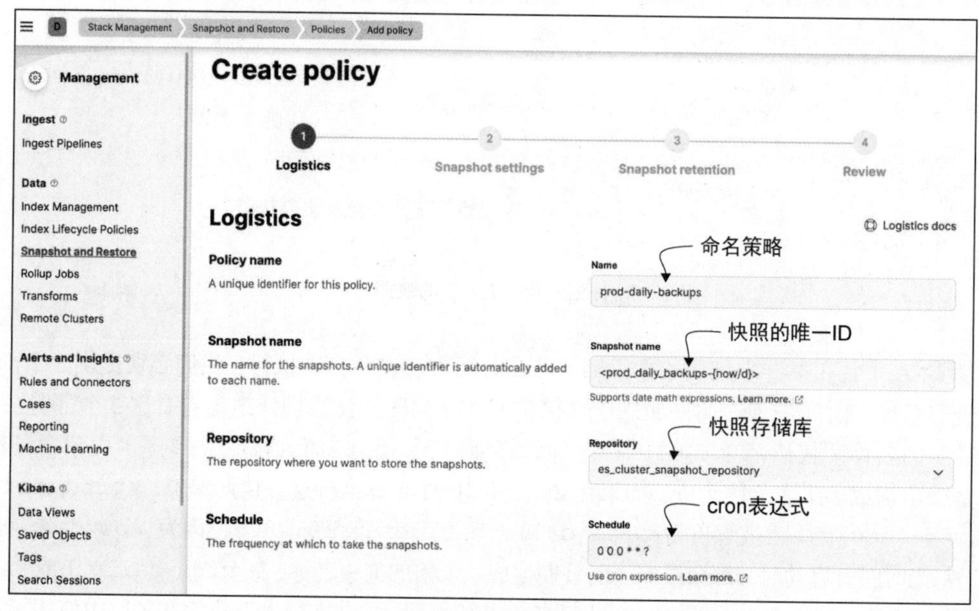

图 14-13　使用 Kibana 控制台创建 SLM 策略

（4）单击“Next”按钮导航到下一页。填写与代码清单 14-11 中 config 块相关的详细信息，包括任何特定（或所有）索引和数据流、全局集群状态（是否包含）等。图 14-14 中显示了快照设置的配置。

（5）单击“Next”按钮，然后填写保留策略的详细信息。有 3 个（全部可选）设置项用于根据保留策略来清理快照。如图 14-15 所示，我们要求快照管理器在一周（7 天）后删除此快照。我们还指定在我们的存储库中必须一直有至少 3 个快照可用，这样它们就永远不会被全部清除。minimum_count 设置确保即使这 3 个快照已超过 7 天，也永远不会被删除。类似地，maximum_count 设置确保即使快照未超过 7 天，也最多只保留给定数量的快照（在本例中为 6 个）。

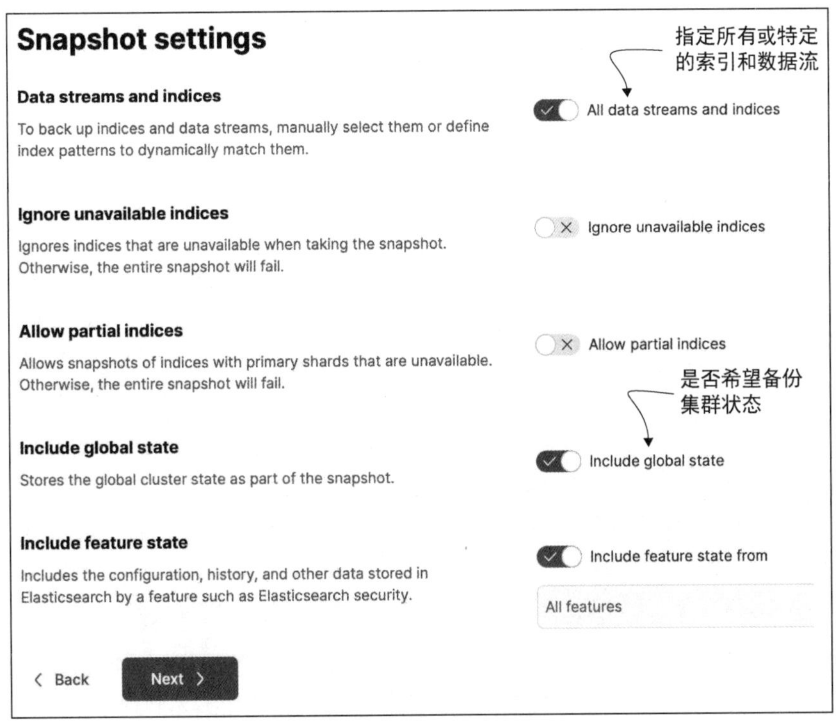

图 14-14 配置快照的设置

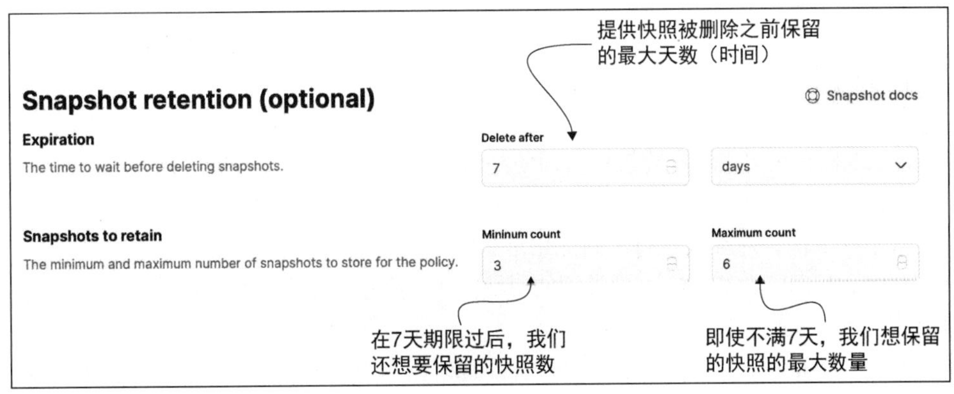

图 14-15 配置快照的保留设置

（6）检查这些选项，然后创建 SLM 策略。

2. 手动执行 SLM

我们不需要等到策略中设定的预定时间才启动快照操作。如果我们在策略中设定了每周做一次快照，但由于生产热修复而需要立即备份，我们就可以手动启动快照。代码清单 14-12 中展示了如何通过调用 API 的`_execute`端点来手动执行 SLM 策略。

代码清单 14-12 手动执行预定快照

```
POST _slm/policy/prod_cluster_daily_backups/_execute
```

执行这个命令可以立即启动之前创建的 `prod_cluster_daily_backups` 策略，无须等待到达其预定的时间。

可搜索快照（企业版功能）

在 7.12 版本中，Elasticsearch 引入了一项全新的功能——可搜索快照。这项功能能够让用户直接针对快照执行搜索查询。其思想是将备份作为某些查询的索引。由于快照可以写入低成本的归档存储中，因此我们不仅可以用它们来恢复数据，还可以将其高效地挂载为索引来执行搜索查询，这是一个巨大的优势。

我们知道，向集群中添加副本是提高读取性能的一种方式，但这也会带来相关的成本：副本会因为需要额外的空间而增加时间和金钱的成本。通过挂载快照（使用`_mount` API），快照也可以用于搜索，从而有效地替代了副本，这样几乎把成本降低了一半。

可搜索快照功能仅适用于 Elasticsearch 企业版，对于基础许可证不是免费的。因此，本书中没有涉及它们。如果你感兴趣，可以查阅官方文档，了解如何实现可搜索快照的详细信息。

Elasticsearch 遵循“约定优于配置”的范式，这使我们在设置或运行 Elasticsearch 和维护方面无须做出太多决策。但是，完全依赖默认配置运行系统会让我们陷入麻烦中。我们必须在需要的时候调整配置，以提供更多存储空间或提升性能。下面我们就来讨论高级设置，以及它们的含义和更改它们的方法。

14.5 高级配置

Elasticsearch 有很多设置和配置项，即使是经验丰富的工程师也可能会感到困惑。尽管它遵循约定优于配置（convention over configuration）的范式，并且大多数时候都使用默认设置，但在将应用投入生产之前，对配置进行定制优化是非常必要的。

在本节中，我们将介绍一些不同类别的属性，并讨论它们的重要性和调整它们的方法。我们可以修改 3 个配置文件。

- elasticsearch.yml——这是最常编辑的配置文件，可以在这个文件中设置集群名称、节点信息、数据路径和日志路径，以及网络和安全设置。
- log4j2.properties——可以在这个文件中设置 Elasticsearch 节点的日志级别。
- jvm.options——可以在这个文件中设置运行的节点的堆内存。

这些文件由 Elasticsearch 节点从 config 目录中读取，该目录位于 Elasticsearch 的安装目录下。对于二进制安装（通过 tar 或 zip 文件安装），默认的目录是$ES_HOME/config（`ES_HOME` 变量指向 Elasticsearch 的安装目录）。如果使用 Debian 或 RPM 等包管理器安装，则默认目录为 /etc/elasticsearch/config。

如果希望从其他目录访问配置文件，可以设置并导出一个名为 ES_PATH_CONF 的路径变量，使其指向新的配置文件位置。在本节中，我们将看一些管理员和开发者都需要了解的重要设置。

14.5.1　主配置文件

虽然 Elastic 团队开发的 Elasticsearch 可以使用默认配置运行（约定优于配置），但在将节点投入生产环境时，我们很难完全依赖默认配置。我们应该调整属性，以设置特定的网络信息、数据路径或日志路径、安全方面等。为此，我们可以修改 elasticsearch.yml 文件来设置运行应用所需的大多数属性。

在 14.2 节中讨论节点间通信时，我们简单地提到了网络属性。Elasticsearch 将网络属性公开为 network.*属性。我们可以使用这个属性来设置主机名和端口号。例如，我们可以通过设置 http.port: 9900 将 Elasticsearch 的端口号改为 9900，而不是使用默认的 9200 端口；我们还可以通过设置 transport.port 来更改节点内部通信的端口。

如果需要根据需求修改许多属性，可以查阅 Elasticsearch 的官方文档，了解这些属性的详细信息。

14.5.2　日志选项

Elasticsearch 是用 Java 开发的，和大多数 Java 应用一样，它也使用 Log4j 2 作为日志库。运行中的节点以 INFO 级别将日志信息输出到控制台和文件中（分别使用 Kibana 控制台和滚动文件追加器）。

Log4j 属性文件 log4j2.properties 包含一些系统变量（sys:es.logs.base_path、sys:es.logs.cluster_name 等），这些变量会在应用运行时被解析。因为 Elasticsearch 公开了这些属性，所以 Log4j 能够使用它们，这让 Log4j 可以设置它的日志文件目录位置、日志文件模式及其他属性。例如，sys:es.logs.base_path 指向 Elasticsearch 写入日志的路径，它解析为 $ES_HOME/logs 目录。

默认情况下，Elasticsearch 的大部分模块运行在 INFO 级别，但我们可以针对单个包来自定义设置。例如，我们可以编辑 log4j2.properties 文件，为 index 包添加一个日志器，如代码清单 14-13 所示。

代码清单 14-13　设置指定包的日志级别

```
logger.index.name = org.elasticsearch.index
logger.index.level = DEBUG
```

这样做允许 index 包在 DEBUG 级别输出日志。与其在某个特定节点上编辑该文件并重启节点（如果在创建集群之前没有这样做过，可能需要为每个节点重复操作一次），不如直接在集群级别为该包设置 DEBUG 日志级别，如代码清单 14-14 所示。

代码清单 14-14 全局设置临时日志级别

```
PUT _cluster/settings
{
  "transient": {                                          ← 临时设置
    "logger.org.elasticsearch.index":"DEBUG"              ← 设置 index 包的日志级别为 DEBUG
  }
}
```

正如代码清单 14-14 所示，我们在 `transient` 块中将 `index` 包的日志级别属性设置为了 `DEBUG`。`transient` 块表明该属性不是持久化的（只在集群运行期间可用）。如果我们重启集群或者集群发生崩溃，该设置将丢失，因为它没有被永久存储在磁盘上。

我们可以通过调用集群设置 API（`_cluster/settings`）来设置这个属性，如代码清单 14-14 所示。一旦设置了这个属性，任何后续在 `org.elasticsearch.index` 源码包中与索引相关的日志信息都将以 `DEBUG` 级别输出。

Elasticsearch 同样也提供了一种持久化存储集群属性的方式。要永久存储属性，可以使用 `persistent` 块。代码清单 14-15 中将 `transient` 块替换为 `persistent` 块。

代码清单 14-15 永久设置日志级别

```
PUT _cluster/settings
{
  "persistent": {
    "logger.org.elasticsearch.index":"DEBUG",
    "logger.org.elasticsearch.http":"TRACE"
  }
}
```

这段代码将 `org.elasticsearch.index` 包的日志级别设置为 `DEBUG`，将 `org.elasticsearch.http` 包的日志级别设置为 `TRACE`。由于这两个都是持久属性，日志器会根据这些设置在相应的包上写入详细的日志，并且这些属性在集群重启（或崩溃）后仍然存在。

使用 `persistent` 属性永久设置此类属性时务必小心。我建议在故障排查或调试期间启用 `DEBUG` 或 `TRACE` 日志级别；处理完生产环境中的问题后，应将日志级别重置为 `INFO`，以避免向磁盘写入大量请求。

14.5.3 Java 虚拟机选项

由于 Elasticsearch 是使用 Java 编程语言的，因此可以在 Java 虚拟机（JVM）层级进行许多优化调整。但很明显，在本书中讨论这个庞大的主题并不合适。不过，如果你对此感到好奇，并且想要深入理解 JVM 或在更底层进行性能微调，可以参考《Java 性能优化实践：JVM 调优策略、工具与技巧》（*Optimizing Java: Practical Techniques for Improved Performance Tuning*）或《Java 性能权威指南》（*Java Performance: The Definitive Guide*）等书。我强烈推荐这两本书，因为它们不仅介绍了基础知识，还包含了操作技巧和诀窍。

Elasticsearch 在/config 目录下提供了一个 jvm.options 文件，其中包含了 JVM 设置。但是，该文件仅用于参考（例如查看节点的内存设置），不应进行编辑。Elasticsearch 服务器会根据节点的可用内存自动为其设置堆内存大小。

警告 任何情况下都不要编辑 jvm.options 文件。这样做可能会破坏 Elasticsearch 的内部运行。

要升级内存或更改 JVM 设置，必须创建一个以.options 为文件扩展名的新文件，在其中提供适当的调优参数，并将文件放在二进制安装（通过 tar 或 zip 文件安装）的 config 文件夹下名为 jvm.options.d 的目录中。我们可以为自定义文件指定任何名称，但必须包含固定的.options 扩展名。

对于 RPM/Debian 包安装，此文件应位于/etc/elasticsearch/jvm.options.d/目录下。类似地，对于 Docker 安装，应当将选项文件挂载到/usr/share/elasticsearch/config 文件夹下。

我们可以在这个自定义的 JVM 选项文件中编辑设置。例如，要在名为 jvm_custom.options 的文件中增加堆内存，我们可以使用代码清单 14-16 中的代码实现。

代码清单 14-16 增加堆内存

```
-Xms4g
-Xmx8g
```

`-Xms` 标志设置初始堆内存，`-Xmx` 调整最大堆内存。一条不成文的规则是不允许`-Xms` 和`-Xmx` 的设置超过节点总内存的 50%，因为在底层运行的 Apache Lucene 要将剩余的一半内存用于分段、缓存和其他进程。

我们现在知道，Elasticsearch 是一个分布式集群，其中主节点控制着集群，而其他节点则完成它们各自的工作。在设计和开发主节点及其功能的过程中经过了非常周密的考虑，下面我们就来专门讨论集群主节点。

14.6 集群主节点

集群中的每个节点都可以被分配多个角色，如`master`（主节点）、`data`（数据节点）、`ingest`（摄取节点）、`ml`（机器学习节点）等。分配主节点角色表明该节点是一个候选主节点。在讨论主节点资格之前，让我们先来了解主节点的重要性。

14.6.1 主节点

主节点负责集群范围内的操作，如将分片分配给节点、索引管理和其他轻量级操作。主节点是一个关键的组件，负责保持集群的健康运行。它努力保持集群和节点的状态完整。一个集群只有一个主节点，它唯一的工作就是关注集群的运作——不多也不少。

候选主节点（master-eligible node）是被标记为`master` 角色的节点。将`master` 角色分配给一个节点并不意味着该节点就成为了集群主节点，但如果选定的主节点崩溃，那么这个节点离

成为主节点就近了一步。只要有机会，其他候选主节点也都会成为主节点，所以它们也都离成为主节点近了一步。

候选主节点有什么用处呢？每个候选主节点都可以行使自己的投票权来选择集群的主节点。在幕后，当我们首次启动节点以组成集群或者当主节点宕机时，首要步骤之一就是选举主节点。下面我们就来讨论集群中主节点的选举过程。

14.6.2 主节点选举

集群主节点是通过选举产生的！当集群首次组成或者当前主节点宕机时，就会举行一次选举来选出一个新的主节点。如果主节点因任何原因崩溃，候选主节点就会发起一次选举。成员们通过投票选出一个新的主节点。一旦当选，主节点就会接管集群管理的职责。

并非所有日子都是美好的日子，某些超出控制的情况可能会导致主节点宕机。候选主节点不断与主节点进行通信以确保主节点处于存活状态，并将各自的状态通知主节点。一旦主节点离线，候选主节点的首要工作就是发起选举并选出一个新的主节点。

一些属性（如 `cluster.election.duration` 和 `cluster.election.initial_timeout`）用于配置选举的频率和候选主节点在发起选举前需要等待的时长。例如，`initial_timeout` 属性是指候选主节点在发起选举前需要等待的时长，默认值设置为 500 ms。例如，假设候选主节点 A 在 500 ms 内没有收到来自主节点的心跳，那么它就会发起选举，因为它认为主节点已经崩溃。

除了选举主节点，候选主节点还会共同合作来推动集群的运作。尽管主节点是集群的主导者，但它需要得到候选主节点的支持和认可。正如我们接下来将看到的，主节点的工作是维护和管理集群状态。

14.6.3 集群状态

集群状态包含有关分片、副本、模式、映射、字段信息等所有元数据。这些详细信息作为全局状态存储在集群中，也被写入每个节点。主节点是唯一可以提交集群状态的节点。它有责任保持集群信息的实时更新。主节点采用分阶段的方式提交集群数据（类似于分布式架构中的两阶段提交事务）。

（1）主节点计算出集群的变更，将它们发布到各个节点，然后等待确认。

（2）每个节点收到集群的变更，但变更还未应用到节点的本地状态中。在接收到变更后，它们会向主节点发送一条确认消息。

（3）当主节点从候选主节点收到达到法定人数的确认后，它就会提交变更以更新集群状态（主节点不需要等待每个节点的确认，只需要候选主节点的确认）。

（4）在成功提交集群变更后，主节点会向各个节点广播一条最终消息，指示它们提交之前收到的集群变更。

（5）各个节点提交集群变更。

`cluster.publish.timeout` 属性设置了每批集群变更成功提交的时间限制（默认是 30 s）。这个时间从向节点发布第一个集群变更消息开始，直至提交集群状态。如果全局集群更新在默认的 30 s 内成功提交，主节点将等待该时间段结束后再开始下一批集群更新。然而，故事并没有就此结束。

如果集群更新在 30 s 内未能提交，可能是因为主节点已经宕机。在这种情况下，将会开始选举新的主节点。

即使全局集群更新已经提交，主节点仍然会等待尚未回复确认的节点。只有在收到所有确认之后，主节点才会将这次集群更新标记为成功。在这种情况下，主节点会持续关注这些节点，并等待由 `cluster.follower_lag.timeout` 属性设置的宽限期，默认为 90 s。如果节点在这 90 s 的宽限期内没有作出响应，那么它们会被标记为失败的节点，主节点会将它们从集群中移除。

正如你可能已经了解到的那样，Elasticsearch 的内部发生了很多事情。集群更新频繁发生，而主节点负责维护整个集群运转。在之前描述的集群更新场景中，主节点在提交状态之前会等待一组候选主节点（称为法定人数群组）的确认，而不是等待其他节点的回复。法定人数是指主节点有效运作所需候选主节点的最小数量，下面我们就来讨论法定人数。

14.6.4　法定人数

主节点负责维护和管理集群。然而，在集群状态更新和主节点选举时，它会咨询一个由候选主节点组成的法定人数群组。*法定人数*（quorum）是一个经过精心挑选的候选主节点的子集，是主节点有效控制集群所需的条件。它们是主节点就集群状态和其他问题达成共识所咨询的大多数节点。

虽然我们正在了解关于法定人数的知识，但好消息是，我们（用户/管理员）不需要考虑如何设定法定人数。集群会自动根据可用的候选主节点来设定法定人数。有一个简单的公式可以根据给定的一组候选主节点来计算所需候选主节点的最小数量（法定人数）：

$$\text{候选主节点的最小数量} = (\text{候选主节点总数} / 2) + 1$$

假设我们有一个 20 个节点的集群，其中 8 个节点被指定为候选主节点（节点角色设置为 `master`）。根据上述公式，这个集群需要精心挑选出 5 个（8 / 2 + 1 = 5）节点创建法定人数群组。这意味着我们至少需要 5 个候选主节点来组成一个法定人数群组。

一条经验法则是，在任何集群中，建议将候选主节点成员的最小数量设置为 3。设置最少 3 个候选主节点是管理集群的一种可靠的方式。在集群中至少有 3 个候选主节点还能够减轻脑裂问题，下面我们就来讨论脑裂问题。

14.6.5　脑裂问题

Elasticsearch 集群的健康状况在很大程度上取决于多个因素，如网络、内存、JVM 垃圾回收等。在某些情况下，集群可能会分裂成两个集群，一部分节点在一个集群中，而一部分节点在另一个集群中。例如，图 14-16 中展示了一个含有两个候选主节点的集群，其中一个节点（节点 A）被选举为主节点。只要处于正常状态，集群就是健康的，主节点会勤勉地履行其职责。

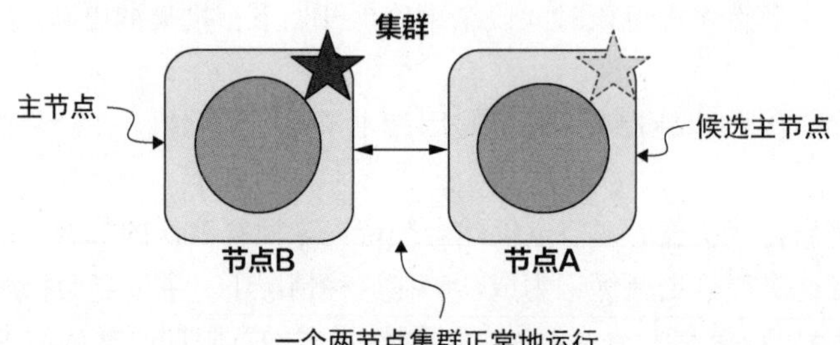

图 14-16　含有一个主节点的两节点集群

现在，我们遇到了一些麻烦。假设由于硬件问题，节点 B 宕机了。由于节点 A 是主节点，它会继续工作，使用一个节点处理查询请求：在我们等待另一个节点 B 启动加入集群期间，我们实际上是只剩下一个单节点集群。

这时候，情况可能会变得很棘手。假设在节点 B 重新启动的过程中，网络连接中断，使节点 B 无法感知到节点 A 的存在。这会导致节点 B 假设自己是主节点，因为它认为集群中没有主节点，尽管事实上节点 A 仍作为主节点在运行。这就引发了脑裂（split-brain）的情况（见图 14-17）。

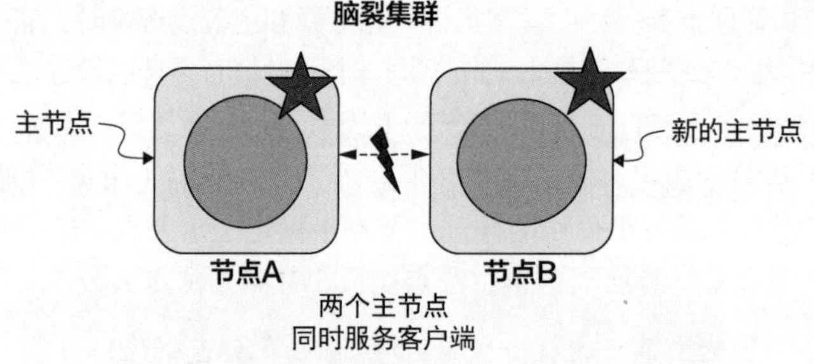

图 14-17　脑裂集群：拥有两个主节点的集群

由于网络问题，两个节点之间无法通信，因此它们各自愉快地作为集群的一部分工作。但因为两个节点都自认为是主节点，所以任何发送到其中一个节点的请求都只会由接收节点自己完成。然而，一个节点上的数据对另一个节点是不可见的，这就引发了数据不一致的问题。这正是集群中至少应该有 3 个候选主节点的原因之一。拥有 3 个这样的节点可以避免脑裂集群的形成。

14.6.6　专用主节点

因为一个节点可以被赋予多个角色，所以在一个 20 个节点的集群中看到所有节点都在履行所有角色并不令人惊讶。构建这种类型的集群架构并无大碍，但这种设置只适用于轻量级的集群需求。正如我们已经看到的，主节点是集群中的关键节点，负责维持集群的正常运转。

如果数据的索引或搜索以指数级增长，包括主节点在内的每个节点的性能都会受到影响。一个性能不佳的主节点会带来问题：集群操作运行变慢甚至可能停滞。出于这个原因，始终建议为主节点单独配置专用的机器。拥有专用主节点可以让集群运行顺畅，并降低数据丢失和应用停机的风险。

如前所述，一条经验法则是，在集群中至少应该有 3 个专用的候选主节点。在形成集群时，应确保将 `node.roles` 设置为 `master` 来指定专用主节点，如以下代码片段所示：

```
node.roles: [ master ]
```

这样一来，专用的 `master` 角色就不会因为进行数据相关的操作或摄取相关的操作而过载，可以完全专注于管理集群。

本章到此结束！我们在本章中探讨了 Elasticsearch 的管理部分。在第 15 章中，我们将研究性能调优。

14.7　小结

- Elasticsearch 通过向集群中添加新节点来实现水平扩展。只要新节点使用相同的集群名称和网络配置，它们就能够加入集群。
- 一种提高读吞吐量和性能的方式是向集群中添加副本。副本可以分担读取压力，从而快速处理数据查询。
- 节点间通过默认设置为 9300 的传输端口进行通信。这可以通过调整 elasticsearch.yml 文件中的 `transport.port` 属性来修改。
- HTTP 客户端通过 RESTful 接口在 `http.port`（默认为 9200）上与 Elasticsearch 进行通信。
- 一个节点可以包含多个索引，每个索引又可以包含多个分片。理想情况下，每个分片的大小不应超过 50 GB。
- 分片和副本会占用一定的空间，因此组织策略应该根据当前需求和未来使用情况确定适当的大小。
- 尽管添加副本可以改善客户端的读取性能和查询性能，但这也是有代价的。在为每个分片分配标准大小之前，必须确保进行适当的实验并观察峰值。
- Elasticsearch 允许使用快照和恢复功能备份和恢复数据。通过快照可以将集群备份到存储库中。
- 存储库可以是本地文件系统或基于云的对象存储，如 AWS S3。
- 快照可以包含索引、数据流、集群状态（如持久的或临时的）、索引模板、索引生命周期管理（ILM）策略等。
- 声明为`_slm`的快照生命周期管理（SLM）端点创建一个定义快照及其时间表和其他属性的策略。

- 通过调用_restore API 可以手动发起从快照中恢复数据。
- 使用 Kibana 丰富的界面可以定义快照和策略，并恢复它们。这些策略可以在“Stack Management”导航菜单下找到。
- Elasticsearch 通过其 elasticsearch.yml、jvm.options 和 log4j2.properties 文件公开了各种设置项。
- 通过编辑 elasticsearch.yml 文件可以调整许多属性，如更改集群名称、修改日志路径和数据路径、添加网络设置等。
- config/jvm.options 文件为节点定义了 JVM 相关的数据，绝不能编辑这个文件。
- 要自定义 JVM 选项的设置，需要创建一个以.options 结尾的新文件（如 custom_settings.options），并将其放在二进制安装（通过 tar 或 zip 文件安装）的 config 文件夹下名为 jvm.options.d 的目录中。
- 使用-Xms 和-Xmx 标志可以设置所需的堆内存，其中-Xms 设置初始堆内存，-Xmx 设置最大堆内存。根据经验法则，永远不要将堆大小设置为可用内存的 50%以上。
- 集群中的主节点是一个关键的节点，负责管理和维护与集群相关的操作，并更新分布式集群的状态。
- 主节点会向法定人数的节点咨询，以提交集群状态或选举新的主节点。
- 法定人数是集群精心挑选的候选主节点的最小数量，目的是在做出决策时能够缓解节点故障所带来的影响。
- 在组建集群时，应该提供至少 3 个候选主节点，以避免集群出现脑裂。

第 15 章　性能与故障排查

本章内容

- 理解搜索和索引速度慢的原因
- 调优和提升搜索与索引的性能
- 排查集群不稳定的原因

一旦 Elasticsearch 集群准备投入生产，可能会出现无数问题，从用户抱怨搜索速度慢到节点不稳定、网络问题、分片过多导致的困扰、内存问题等。保持集群的健康状态为绿色（健康）是至关重要的。持续监控集群的健康状况和性能是管理员的主要职责之一。

要排查集群不稳定的原因，需要对 Elasticsearch 的内部工作机制、网络概念、节点间通信、内存配置等方面有着良好的理解，还需要熟悉节点、集群、集群分配等许多 API 的使用。同样，调整配置以适应文档模型、设置合适的刷新时间等有助于优化集群以提升性能。

在本章中，我们将讨论常见的问题，如查询和摄取速度慢，并理解其背后的原因。由于 Elasticsearch 是一个复杂的分布式架构，因此可以从多个方面入手来寻求修复方法。我们将在本章中讨论最直接和常用的解决方案。

我们还将研究集群不稳定导致的问题，并利用集群健康、集群分配和节点 API 进行故障排查。然后，我们将讨论如何设置 Elasticsearch 的内存和磁盘使用阈值，以保持集群活跃和稳定地运行。我们先看看为什么搜索查询不能快速地产生结果，以及有哪些可用的故障排查选项。

注意　正如在第 14 章中提到的，与 Elasticsearch 的管理类似，性能调优是一个高级话题，需要专家级别的实操经验。在对应用进行性能优化之前，应先征询专家的建议，仔细阅读文档，并在实验环境中进行测试。本章将从全局视角展示性能优化领域。

15.1　搜索与速度问题

尽管 Elasticsearch 是一个近实时的搜索引擎，但我们必须谨慎地驯服这头野兽，以确保它在各种场景下都能按预期工作。随着时间的推移，如果 Elasticsearch 的架构设计没有考虑未来的数据需求，或者没有得到持续的维护，其性能可能会逐渐下降。服务器性能的下降会损害整个集群的健康状况，进而影响搜索查询和索引的性能。

Elasticsearch 用户最常报告的主要问题是搜索查询和索引速度慢。Elasticsearch 的一个独特卖点就是其极快的查询速度。然而，我们不能指望开箱即用的解决方案能满足所有需求。根据内存管理和硬件资源情况，我们可以通过合理配置节点、分片和副本等诸多要素，在准备基础设施及应用并将它们投入生产的过程中打造一个健康的集群。

很多时候，Elasticsearch 的设置并不适合当前的搜索场景。例如，有些应用的搜索请求非常频繁，而另一些应用则没有太多的搜索请求。

15.1.1 现代硬件

Elasticsearch 在底层使用 Lucene 来索引和存储数据。数据存储在文件系统中，尽管 Lucene 能够高效地完成这一任务，但是提供额外的帮助，如使用固态盘（solid state drive，SSD）替代硬盘驱动器（hard disk drive，HDD）、分配充足的内存、优化不频繁的数据合并等，都能显著提升性能。

每个节点由分片、副本和其他集群数据构成，这包括 Elasticsearch 维护的内部数据结构。由于 Elasticsearch 是用 Java 开发的，因此为其分配大量的堆内存有助于应用的平稳运行。堆（heap）是内存中的一个区域，新对象会被存储在年轻代空间中。当这个空间快满时，在年轻代垃圾收集器（garbage collector，GC）运行中幸存的对象都会被移到老年代空间。为 Elasticsearch 提供更大的堆内存可以避免年轻代空间被迅速填满，从而减少垃圾收集器的运行。

通常的经验法则是将至少一半的内存分配给应用作为堆内存。例如，如果机器配置了 16 GB RAM，应确保堆内存至少设置为 8 GB。我们可以通过配置.options 文件中的`-Xmx` 设置来完成（参见 14.5.3 节）。

此外，挂载本地存储磁盘可以在写入磁盘时获得更好的性能，优于使用基于网络的文件系统和基于网络的磁盘。总之，为每个节点配置本地卷是更好的策略。

记住，我们必须了解索引和分片的需求，以便分配初始内存。例如，根据我们计划在节点上保存的分片数和副本数，我们可能需要计算并提供相应的物理磁盘和内存。

合理的分片数有助于避免构建一个有太多小分片的集群。随着分片数的增加，节点之间的通信也会增加。因此，性能也依赖于网络容量和带宽。增加副本可以提高搜索查询的读吞吐量，但是副本过多会迅速消耗内存，并且大量副本也很难管理。

15.1.2 文档建模

Elasticsearch 是一个 NoSQL 数据库，与关系数据库中的数据是规范化的不同，Elasticsearch 中的数据是非规范化的。例如，当新增一条员工信息时，该记录将包含员工的完整信息。

Elasticsearch 中的每个文档都是独立的，因此不需要对数据进行连接操作。如果数据主要是父子关系的，那么可能需要重新考虑是否应该使用 Elasticsearch。嵌套操作和父子关系操作的速度较慢，并且从一开始就会降低性能。如果之前使用关系数据库，应确保你了解 NoSQL 数据的建模原则。

此外，我们还应该限制搜索多个字段，因为跨多个字段搜索查询会减慢查询的响应。可以将多个字段合并成一个字段，然后针对这个字段进行搜索。幸运的是，Elasticsearch 在字段上提供了 copy_to 属性，在这种场景下很有帮助。

来看一个例子。假设我们的图书文档中有两个字段（title 和 synopsis），它们被索引在 programming_books1 索引中。当编写查询在 title 字段和 synopsis 字段中搜索时，我们通常会针对这两个独立的字段进行搜索，如代码清单 15-1 所示。

代码清单 15-1　在多个字段中进行效率低下的搜索

```
PUT programming_books1/_doc/1          <-- 在发起搜索前先索引一个样本文档
{
  "title":"Elasticsearch in Action",
  "synopsis":"A straightforward, hands-on, example driven, action book"
}

GET programming_books1/_search         <-- 使用multi_match查询来搜索文档
{
  "query": {
    "multi_match": {                   <-- 执行multi_match查询搜索多个字段
      "query": "Elasticsearch hands-on example driven",
      "fields": ["title","synopsis"]   <-- 搜索的字段
    }
  }
}
```

这个查询在多个字段中搜索符合条件的数据。这是一个成本较高的查询，取决于字段数量和文档数量（设想在大量图书中搜索十几个字段）。我们可以通过在各个字段上使用 copy_to 属性来组合字段模式以减轻这种问题。

代码清单 15-2 创建了 programming_books2 索引的映射。值得注意的是，其中新增了一个单独的名为 title_synopsis 的字段，它是 text 数据类型的。

代码清单 15-2　使用 copy_to 属性改进模式定义

```
PUT programming_books2
{
  "mappings": {
    "properties": {
      "title":{
        "type": "text",
        "copy_to": "title_synopsis"    <-- 将title字段信息复制到title_synopsis字段
      },
      "synopsis":{
        "type": "text",
        "copy_to": "title_synopsis"    <-- 将synopsis字段信息复制到title_synopsis字段
      },
      "title_synopsis":{               <-- 将title_synopsis字段指定为text类型的字段
        "type": "text"
      }
```

```
      }
    }
  }
```

从代码清单 15-2 中的模式定义中我们可以发现，每个字段都添加了一个 copy_to 属性，该属性的值指向了第三个字段，也就是 title_synopsis。索引到 title 字段和 synopsis 字段的数据都会在后台复制到 title_synopsis 中。代码清单 15-3 中展示了将一个样本图书文档索引到 programming_books2 索引中。

代码清单 15-3 索引一个样本文档

```
PUT programming_books2/_doc/1
{
  "title":"Elasticsearch in Action",
  "synopsis":"A straightforward, hands-on, example-driven, action book"
}
```

我们用 title 和 synopsis 两个字段对这个图书文档进行了索引，而没有在文档中提到 title_synopsis 字段。它是如何被索引的呢？

在索引过程中，Elasticsearch 通过组合 title 字段和 synopsis 字段（还记得这些字段上的 copy_to 属性吗？）来填充第三个字段 title_synopsis。因此，一个名为 title_synopsis 的组合字段保存了组合成它的字段的完整数据。

由于我们利用 copy_to 功能改进了模式，因此我们能够把搜索查询从 multi_match 查询改写成一个简单的 match 查询，如代码清单 15-4 所示。

代码清单 15-4 在 title_synopsis 字段上执行 match 查询

```
GET programming_books2/_search
{
  "query": {
    "match": {
      "title_synopsis": {        <-- 指定 title_synopsis 字段为 match 查询的搜索字段
        "query": "Elasticsearch hands-on example driven",
        "operator": "OR"
      }
    }
  }
}
```

现在使用一个简单的 match 查询（与代码清单 15-1 中描述的昂贵的 multi_match 查询不同）来获取结果。由于在索引时已经完成了将数据复制到组合字段这项繁重的工作，因此搜索只需要简单地查询这个已经准备好的字段。

使用 multi_match 查询（或者第 10 章中讨论的 query_string 查询）在多个字段中搜索是一个昂贵的操作。我们转而使用 copy_to 属性来构造组合字段的方法。匹配几个字段而不是搜索几十个字段，是一个提高性能的好办法。

15.1.3 选择 **keyword** 类型而不是 **text** 类型

全文搜索会经过一个文本分析阶段：在结果被获取之前，它们会像索引过程一样被归一化和分词。这是一个计算密集型操作，我们可以在 keyword 类型的字段上避免这种操作。keyword 类型的字段不进行文本分析，因此在搜索时节省了时间和精力。

如果使用场景允许对关键词进行搜索，可以考虑将 text 类型的字段声明为 keyword 类型。例如，我们可以创建一本书，将其标题设置为 text 数据类型，同时利用多字段特性设置 keyword 类型的字段，如代码清单 15-5 所示。

代码清单 15-5 设置 keyword 类型的多字段

```
PUT programming_books3
{
  "mappings": {
    "properties": {
      "title":{
        "type": "text",
        "fields": {
          "raw":{
            "type":"keyword"      <-- 将title.raw字段定义为keyword类型
          }
        }
      }
    }
  }
}
```

除了将 title 字段声明为 text 类型，我们还在 title.raw 字段下将其声明为 keyword 类型。这样，当我们索引文档时，title 字段会同时以 text 类型（进行文本分析）和 keyword 类型（不进行文本分析）两种形式进行存储。搜索可以在 title.raw 字段（keyword 类型）上进行以避免分析。代码清单 15-6 中展示了这一点。我们还在执行查询之前索引了一个样本文档。

代码清单 15-6 使分析开销最小化的 match 查询

```
PUT programming_books3/_doc/1      <-- 索引一个样本图书文档
{
  "title":"Elasticsearch in Action"
}

GET programming_books3/_search     <-- 在keyword类型的字段上搜索
{
  "query": {
    "match": {
      "title.raw": "Elasticsearch in Action"
    }
  }
}
```

由于我们在 keyword 类型的字段上执行搜索，因此必须确保 title.raw 值的拼写与索引时完全一致。哪怕只有一个字母与原始的不同（例如，第一个字母是小写），也无法获取结果。使用小写的“elasticsearch”尝试同样的查询，不会得到任何结果。

还有一些其他的通用建议，如使用搜索过滤器、预先索引数据、避免使用通配符查询等。查阅官方文档可以获取详细信息。

较慢的搜索速度会影响与搜索相关的性能，而较慢的索引速度会影响应用的写操作部分。下面我们就来讨论索引速度问题。

15.2 索引速度问题

虽然在用户搜索数据时我们遇到的主要是搜索问题，但在数据索引过程中遇到的问题同样也不容忽视。在本节中，我们将讨论导致索引操作性能不佳的几个原因，以及提高索引性能的几点建议。

15.2.1 系统生成的 ID

当我们使用用户提供的 ID 时，Elasticsearch 需要完成一个额外的步骤：检查提供的 ID 是否在索引中已经存在。如果答案是否定的，则带有该 ID 的文档会继续进行索引。当我们有成千上万个文档需要索引时，这种不必要的网络调用会造成很大的负担。

然而，在某些情况下，我们无须关注文档的 ID，我们可以让 Elasticsearch 为文档创建随机生成的 ID。这样，接收到索引文档请求的节点会立即为文档创建并分配一个全局唯一的 ID。

如果组织可以接受随机 ID，那么使用随机 ID 而不是用户自定义的 ID 可以提升性能。但这也有一个缺点：在没有主键情况下的索引文档，可能会导致数据重复。

15.2.2 批量请求

通过单文档 API 索引文档（一次索引一个）的效率很低，尤其是在需要索引大量数据文档的情况下。幸运的是，Elasticsearch 提供了一个`_bulk` API，可以帮助批量索引文档。（我们在第 5 章中讨论过`_bulk` API。）由于批量大小没有一个固定的标准，因此我的建议是在集群上测试性能以找到最佳的大小。

例如，如果我们需要在夜间摄取大量数据，可以尝试提高刷新频率的设置，从磁盘使用性能的角度来看可能会有益处。在索引操作期间，特别是批量插入时，增加刷新时间是大多数管理员使用的另一种调优方法。下面我们就来了解如何增加刷新时间。

15.2.3 调整刷新频率

当一个文档被索引时，通常在不到 1 秒的时间内就能够被搜索到，在此期间底层会发生各种操作。最初，内存缓冲区中的文档被移到段（segment）中，然后存储在文件系统缓存中。最后它们被刷新到磁盘中。

索引上的所有操作在刷新时提交。如果有大量的文档需要索引，刷新可以确保它们被写入磁盘并且能够被搜索到。我们需要知道新索引的文档是否可以立即用于搜索。

如果暂停刷新，将排除任何最新索引的文档：它们无法被搜索到。这本质上是在尽量减少资源密集型的磁盘 I/O 操作。例如，如果我们将刷新操作暂停 1 分钟，可能就避免了 60 次磁盘同步。缺点是，在这段时间内的任何搜索查询都不会检索到在这 1 分钟内索引的新文档。

例如，如果我们的使用场景允许在规定的时间内暂停刷新，我们就可以通过调用索引上的设置来重置默认的刷新周期。代码清单 15-7 中展示了这一操作。

代码清单 15-7 自定义刷新设置

```
PUT programming_books3/_settings
{
  "index":{
    "refresh_interval":"1m"       <-- 为刷新周期设置一个自定义的值
  }                                   （这里是 1 分钟）
}
```

在这里，我们将刷新间隔设置为 1 分钟，因此在这 1 分钟内添加的任何书都将无法被搜索到。一种常见的做法是在索引前关闭刷新操作。代码清单 15-8 中展示了如何完全关闭刷新。

代码清单 15-8 禁用刷新

```
PUT programming_books3/_settings
{
  "index":{
    "refresh_interval":-1
  }
}
```

通过将 `refresh_interval` 设置为-1，我们实际上禁用了刷新操作。在禁用刷新后索引的任何文档都无法被搜索到。如果对这个设置的副作用感到好奇，可以尝试索引一个文档并进行搜索，如代码清单 15-9 所示。这个搜索应该不会产生任何结果。

代码清单 15-9 在禁用刷新的索引上进行搜索

```
PUT programming_books3/_doc/10        <-- 索引一个样本文档
{
  "title":"Elasticsearch for Java Developers",
  "synopsis":"Elasticsearch meets Java"
}

GET programming_books3/_search       <-- 当刷新被禁用时，搜索
{                                        不会返回任何结果
  "query": {
    "match": {
      "title": "Elasticsearch Java"
    }
  }
}
```

这里发生了几件事。我们将一个文档索引到同一个索引（programming_books3）中，然后搜索它。因为我们在代码清单 15-8 中禁用了刷新操作，所以 match 查询没有产生任何结果。

索引完成后，确保重新启用刷新。（如果刷新操作被禁用，那么在禁用期间索引的文档将不会被任何搜索查询获取。）我们可以调用代码清单 15-10 中的代码来强制对索引进行刷新。

代码清单 15-10 强制对索引进行刷新

```
POST programming_books3/_refresh
```

在索引操作结束时（或定期）调用_refresh 端点可以确保已索引的文档能够被搜索到。在处理批量请求时，还可以分配额外的线程。具体做法是在 elasticsearch.yml 文件中通过设置 thread_pool 属性来添加额外的写线程，如代码清单 15-11 所示。

代码清单 15-11 调整写线程的数量

```
thread_pool:
  write:
    size: 50
    queue_size: 5000
```

Elasticsearch 有许多线程池，我们可以根据需要进行更改或调整。例如，在代码清单 15-11 中，线程池的 write（索引）大小被设置为 50。这意味着有 50 个线程可以用来以多线程方式索引数据。queue_size 属性会把请求保存在一个队列中，直到有线程可以用来处理下一个请求为止。

我们可以调用 GET _nodes/thread_pool 命令获取当前的线程池。它获取在节点配置时创建的各种线程池。下面的代码片段展示了执行该命令时 search 和 write 线程池的大小：

```
# GET _nodes/thread_pool
"thread_pool": {
  ...
  "search": {
    "type": "fixed",
    "size": 7,
    "queue_size": 1000
  },
  "write": {
    "type": "fixed",
    "size": 4,
    "queue_size": 10000
  },
..
}
```

正如所见，Elasticsearch 根据我的计算机上可用的处理器数量，自动为搜索操作和写操作分别分配了 7 个线程和 4 个线程。这些设置是静态的，因此我们必须编辑配置文件并重启服务器才能使其生效。

除了前面的建议，还有一些其他的建议，如增加索引缓冲区的大小、在索引期间关闭副本、禁用交换分区等。你可以在 Elasticsearch 官方文档“Tune for indexing speed”中找到关于提高索引操作性能的建议列表。

15.3 集群不稳定问题

在使用 Elasticsearch 时，一个常见问题是集群的稳定性。保持集群的健康状况对于处理客户的请求非常重要。集群可能出现许多问题，在本节中，我们将讨论一些最常见的问题。

15.3.1 集群状态不是绿色

集群健康状况通过一个有效的、高层次的交通信号灯状态来表示。执行 `GET _cluster/health` 可以获取集群的实时状态，即红色（RED）、黄色（YELLOW）或绿色（GREEN）。管理员的主要职责是保持集群状态始终处于绿色。

如果状态是红色，则必须不惜一切代价对其进行处理，因为这意味着集群中的部分节点已经停止工作或者宕机。集群处于不健康状态（由红色状态指示）可能是由于多种问题，如硬件故障、网络中断、文件系统损坏等，这些问题最终导致集群节点丢失。在这种情况下，DevOps 工程师需要停下手中的所有工作，全力修复这一问题。

黄色状态意味着集群不健康，但运行风险仍在可控范围内。这可能是由于丢失了少数节点、有分片或者副本未被分配，或是其他问题。尽管集群目前仍可支撑业务运行，但如果不及时修复问题，它可能很快就变成红色状态。黄色状态意味着问题即将发生。

主节点与各个节点之间的定期心跳构成了集群的整体健康状况，主节点到集群内其他节点的心跳提供了一种发现断开连接或无响应节点的机制。同样，所有节点也会定期向主节点发送 `ping` 命令，以检查主节点是否处于活跃和运行状态。

当集群成员加入或离开时，主节点会采取适当的行动，如重新分配集群数据、跨集群复制、索引管理、重新分配分片等。当节点被认为不再适合当前的任务时，它们会被主节点从集群中移除。

一个稳定的主节点是维护集群健康的关键因素。如果有来自任何节点的 `ping` 探测返回了负向响应（这意味着主节点可能已经宕机！），节点不会等待下一次定时通信，而是立即发起选举。新的主节点会从候选主节点中迅速产生。

15.3.2 未分配的分片

当我们创建一个指定分片数的索引时，Elasticsearch 会制定一个策略，将这些分片合理地分配到现有的节点上。假设有 5 个节点和一个包含 10 个分片的索引，为了均衡分片的分配，每个节点将被分配 2 个分片。副本的均衡分配也遵循相似的原则，但副本永远不会被分配到其主分片所在的节点上。

在某些情况下，分片无法被分配。例如，如果我们在一个有 5 个节点的集群上新建了一个包含 10 个分片的索引，而这些分片中有一个分片或全部分片未被分配到这 5 个节点中的任何一个，集群就会因为存在未分配的分片而发出警告。

但是，这里讨论的是一种假设的情况，其中有一个分片或全部分片未被分配到任何节点。未分配的分片是生产环境中的一个事件。这通常是在一个（或几个）节点由于某种原因发生故障而导致分片重新平衡时发生的。未分配的分片会对新创建的索引（全新的索引）或者之前创建且当前正在使用的索引产生影响。

如果一个已存在的索引出现了未分配的分片（通常是在一个或几个节点宕机之后的重新平衡阶段），那么读操作（搜索）将会停止，因为那部分分片所包含的文档可能已经丢失。同样因为未分配分片的问题，写操作也会停止。如果未分配分片的问题发生在一个新创建的索引上，那么写操作会被暂停，直到分片分配问题得到解决。

Elasticsearch 提供了一个便捷的 `allocation` API 来检查分片的未分配情况。执行代码清单 15-12 中的命令可以获取 Elasticsearch 无法将分片分配到相关节点的详细解释。

代码清单 15-12　获取未分配分片的解释

```
GET _cluster/allocation/explain
```

由于我们在这个请求中没有指定任何分片，因此 Elasticsearch 会随机选取一个未分配的分片，并解释分配失败的原因。例如，在我的单节点开发集群上，调用这个命令会产生图 15-1 所示的响应。

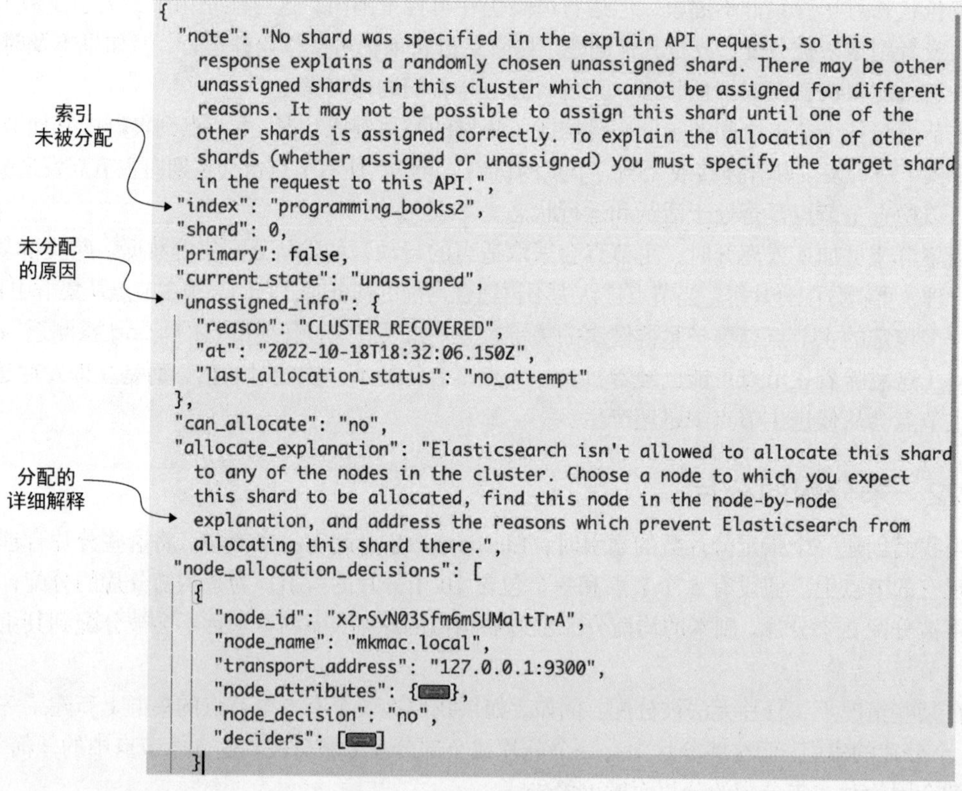

图 15-1　分片未分配的原因

在分配解释调用的输出中包含了大量信息。图 15-1 显示 `programming_books2` 索引未被分配（查看 current_state 属性）。allocate_explanation 属性解释了其原因，同时 node_allocation_decisions 中包含提供了确切解释的 deciders。下面的代码片段展示了这些 deciders：

```
"deciders": [{
  "decider": "same_shard",
  "decision": "NO",
  "explanation": "a copy of this shard is already
allocated to this node [[programming_books2][0],
    node[x2rSvN03Sfm6mSUMaltTrA],
[P], s[STARTED], a[id=eu1qh4I5THKRmD_7OcmWYw]]"
},
{
  "decider": "disk_threshold",
  "decision": "NO",
  "explanation": "the node is above the low watermark cluster
setting [cluster.routing.allocation.disk.watermark.low=85%],
having less than the minimum required [35gb] free space,
actual free: [24.9gb], actual used: [89.3%]"
}]
```

deciders 解释揭示了分配失败的原因。我们也可以通过提供索引和分片来使用相同的 API 获取单个未分配分片的详细信息，如代码清单 15-13 所示。

代码清单 15-13 获取单个未分配分片的解释

```
GET _cluster/allocation/explain
{
  "index": "programming_books2",
  "shard": 0,
  "primary": true,
  "current_node": "mkmac.local"
}
```

这个查询获取了给定索引的分配解释。根据这些解释，我们可以开始故障排查以解决未分配分片的问题，从而使集群恢复到绿色状态。

15.3.3 磁盘使用阈值

Elasticsearch 通过在集群上启用磁盘使用阈值来防止集群受到磁盘空间不足的影响。设置这些阈值是为了防止节点的磁盘空间耗尽，进而导致集群故障。供管理员根据情况使用的 3 种阈值为低磁盘水位线、高磁盘水位线和洪水阶段磁盘水位线。

1. 低磁盘水位线

低磁盘水位线（low-disk watermark）是一个 85%的警戒阈值，如果磁盘的已使用空间超过总量的 85%就会触发。如果某个节点的磁盘使用量超过这个阈值，Elasticsearch 将不会在该节点上分配任何新分片，直到该节点的磁盘使用量降到这个阈值以下。例如，如果我们为一个节点分配了 1 TB 的磁盘空间，而其中的 850 GB 已经被使用，这时 Elasticsearch 会发出警告，并采取措施防止因磁盘空间不足而导致的节点故障。水位线也可以是一个绝对值（如设置为 200 GB），而不是用百分比表示的磁盘空间阈值。

虽然这个水位线的阈值默认设置为 85%，但是我们可以在需要时使用集群 `settings` API 进行更改。代码清单 15-14 中展示了如何修改这一设置，此处将低磁盘空间水位线下调至 80%，比默认值略低。

代码清单 15-14　为集群设置低磁盘水位线

```
PUT _cluster/settings
{
  "transient": {
    "cluster.routing.allocation.disk.watermark.low":"80%"
  }
}
```

2. 高磁盘水位线

默认情况下，*高磁盘水位线*（high-disk watermark）的阈值被设置为 90%，它保护节点磁盘的已使用空间不超过磁盘总空间的 90%。当达到这个水位线时，Elasticsearch 会尽一切努力将分片从这个磁盘空间紧张的节点移到（重分配到）其他磁盘空间充足的节点上。

与低磁盘水位线类似，这也是一个动态设置，因此我们可以使用集群 `settings` API 来调整该阈值。在代码清单 15-15 中，我们将高磁盘水位线从默认的 90%下调至 85%，以确保在超过该阈值时能发出警报。注意，这里我们用另一种方式表示 85%，即 0.85。

代码清单 15-15　为集群设置高磁盘水位线

```
PUT _cluster/settings
{
  "transient": {
    "cluster.routing.allocation.disk.watermark.high":"0.85"
  }
}
```

3. 洪水阶段磁盘水位线

当超过高磁盘水位线时，Elasticsearch 还会等待另一个阈值，即*洪水阶段磁盘水位线*（flood-stage-disk watermark），之后将会进入紧急模式。默认的洪水阶段磁盘水位线是 95%：如果节点上磁盘的使用量高于 95%，Elasticsearch 就会发出警报，并将在该节点上有分片的所有索引都设置为不可写状态。一旦节点触发了洪水阶段磁盘水位线，该节点上的任何分片都会变为只读分片。

一旦磁盘空间可用并且磁盘的使用量不再超过水位线阈值，洪水阶段磁盘水位线就会被重置。与其他水位线一样，我们可以调整洪水阶段磁盘水位线的默认阈值来满足我们的需求。在代码清单 15-16 中，我们降低了洪水阶段磁盘水位线的阈值。

代码清单 15-16　为集群设置洪水阶段磁盘水位线

```
PUT _cluster/settings
{
```

```
  "transient": {
    "cluster.routing.allocation.disk.watermark.flood_stage":"90%"
  }
}
```

我们可以调用 `GET _cluster/settings` 来获取所有水位线的设置，以确保它们已在集群上设置好：

```
"transient": {
    "cluster": {
      "routing": {
        "allocation": {
          "disk": {
            "watermark": {
              "low": "80%",
              "flood_stage": "90%",
              "high": "85%"
            }
          }
        }
      }
    }
  }
...
```

我们也可以同时提供所有这些设置。这一问题留给读者自己去实验（或者查看本书的配套资源中的文件找答案）。

在分布式系统中，无响应的服务器调用始终是一个问题。用户有时不得不等待过长的时间，最终才发现自己的调用失败了，因为服务器返回的速度不够快，无法及时通知用户。为了避免这种错误情况，软件系统实现了断路器。Elasticsearch 也有断路器，下面我们就来讨论断路器。

15.4 断路器

在分布式架构和应用中，远程调用因服务无响应而失败是在所难免的，但这并不意味着我们应该对此视而不见。在微服务世界中，一个常见的问题是客户端等待的时间比平时更久，最后却往往只收到错误消息。幸运的是，断路器模式可以缓解这个问题。

断路器（circuit breaker）是一种在响应时间超过阈值时触发的降级机制，这种情况通常是由服务器端的问题（如内存不足、资源锁定等）造成的。这就像我们排队购买新款 iPhone，等了很长时间，但最后因为库存不足失望而归——不过店员送了你一张礼券。

Elasticsearch 也不例外。作为一个分布式应用，它因多种原因而抛出错误和异常在所难免。Elasticsearch 实现了断路器以应对阻碍客户端请求进度的问题。如果断路器被触发，它会向客户端抛出有意义的错误消息。

Elasticsearch 针对不同场景实现了 6 种断路器，其中包括一个全局的父级断路器。例如，如果当前正在处理的请求的总消耗导致了节点内存的总量增加，那么 `inflight-requests` 断路器就会介入来保护节点不至于崩溃。代码清单 15-17 中的查询通过节点 API 来获取设置在各个断路器上的当前内存限制。

代码清单 15-17 获取断路器的内存设置

```
GET _nodes/stats/breaker
```

当执行一个操作所需的内存不足时，Elasticsearch 会抛出错误（或动作），并触发断路器。客户端会立刻从这些断路器收到 "Out of Memory" 的错误。表 15-1 中列出了各种类型的断路器、它们的内存限制和相关属性。

表 15-1 断路器类型、描述和最小内存限制及属性

断路器类型	描述和最小内存限制	属性
父级（parent）	所有其他断路器可以使用的总内存。如果考虑实时内存（indices.breaker.total.use_real_memory=true），默认为 JVM 堆内存的 70%；否则为 JVM 堆内存的 95%	indices.breaker.total.limit
正在处理的请求（inflight requests）	所有正在处理的请求所使用的内存总量，不得超过指定的阈值。默认为 JVM 堆内存的 100%，但是它会从父级断路器获取实际的百分比	network.breaker.inflight_requests.limit
请求（request）	防止为了处理单个请求而超出堆内存。默认为 JVM 堆内存的 60%	indices.breaker.request.limit
字段数据（field data）	为了防止将字段加载到 fields 缓存时超出内存。默认为堆内存的 40%	indices.breaker.fielddata.limit
请求内存占用（accounting requests）	避免在请求完成后继续占用内存。默认为堆内存的 100%，即继承父级断路器的阈值	indices.breaker.accounting.limit
脚本编译（script compilation）	所有其他断路器都是关注内存，而这个断路器限制的是内联脚本在固定时间内的编译次数。默认为 150/5 min（5 min 内最多 150 次脚本编译）	script.max_compilations_rate

断路器的作用是防止一些频繁发生的操作占用过多的内存。这有助于维护集群的稳定。

15.5 结束语

因为在生产集群中可能会出现大量的问题，所以想在本章中涵盖所有性能和故障排查问题是不现实也不可能的。我们所探讨的这些问题只是冰山一角。大多数问题需要详细调查、分析应用性能、筛查日志、反复试错等。一个建议：保持冷静，以有条不紊的方式来维护一个健康稳定的集群。

同样，我还建议你对 Elasticsearch 集群进行全面的实践操作，以便从内到外彻底掌握它。在非生产环境下使用更大规模（面向未来）的数据集进行实验，不仅有助于熟悉基础设施层面，还可以深入了解搜索和文件 I/O 的性能指标。

官方文档、讨论论坛（如 Stack Overflow）和针对工程师的博客文章对管理和监控集群很有帮助。我们可以根据这些指导来调整内存配置，以达到最好的性能、最佳磁盘利用率和集群的平稳运行。

本章标志着我们学习、理解和使用 Elasticsearch 的旅程已经画上了句号。Elasticsearch 是一个复杂的系统，它需要专业的知识和全身心的专业技能来维护和运行生产环境。好消息是，Elastic 团队这些年来提供了大量详细的产品文档（尽管有时略显枯燥和复杂），这些文档在你感到困惑时能帮助你找到方向。当然，本书也是你的参考资料！

15.6 小结

- Elasticsearch 是一个复杂的搜索引擎，维护和管理集群的健康状况需要专业的知识。
- 当使用 Elasticsearch 搜索数据时，搜索速度变慢是客户抱怨的一个常见问题。配备现代化的硬件并分配合适的内存和计算资源有助于缓解速度问题。选择 `keyword` 数据类型和调整文档数据模型等选项也有助于加快搜索速度。
- 索引速度也是一个需要关注的问题，尤其是在系统大量摄取数据的情况下。如果允许，采取一些措施，如使用系统生成的文档 ID，可以加快索引过程。使用 `_bulk` API（而不是单文档 API）加载数据是提高数据摄取性能的可靠方法。
- 在索引过程中，可以暂时关闭或增加刷新间隔，等到索引完成后再将其打开。这样做虽然会导致文档不能立刻被搜索到，但是它可以通过降低 I/O 访问来提升索引的性能。
- 由于 Elasticsearch 的分布式特性，从集群到文件系统、节点通信、内存等许多方面都可能发生问题。保持集群健康是首要任务，管理员必须努力使集群状态保持绿色。严格遵循基于交通信号灯的集群健康管理系统有助于集群的平稳运行。
- 有时，分片会处于未分配的状态，进行故障排查以找到确切原因有助于我们在必要时重新连接节点或采取适当的措施。
- Elasticsearch 提供了可用磁盘空间的阈值，包括低磁盘水位线、高磁盘水位线和洪水阶段磁盘水位线。低磁盘水位线和高磁盘水位线允许 Elasticsearch 管理分片的重新分配，并警告管理员即将发生的集群问题。洪水阶段磁盘水位线是对节点磁盘空间不足问题的严重警告。当这种情况发生时，为了保持集群存活，Elasticsearch 会将在该节点上有分片的所有索引设置为只读状态，并且不允许在该节点的分片上进行任何索引操作。
- Elasticsearch 是一个对内存需求很高的应用，应当实施适当的控制措施以确保错误能够立刻被传达给客户端。它通过使用断路器来避免客户端等待时间过长。如果某个操作占用的内存超过预期，Elasticsearch 就会触发断路器。子断路器会从父级断路器继承内存阈值。

附录A 安装

使用任何产品的第一步都是下载并安装它。在附录 A 中，我们将下载、安装、配置并运行 Elasticsearch 和 Kibana。

默认情况下，Elasticsearch 8.x 版本启用了安全功能。为了简单起见，以及避免安全功能影响操作，我在本附录中禁用了此功能。但是，不要在生产环境中禁用安全功能。禁用安全功能可以通过编辑 config/elasticsearch.yml 文件，在文件末尾添加以下属性来实现：

```
xpack.security.enabled: false
```

A.1 安装 Elasticsearch

安装 Elasticsearch 非常简单。为了让用户可以按照自己的喜好（使用二进制包、包管理器、Docker 或者云服务）来安装产品，Elastic 的开发者付出了大量努力。本节将详细介绍这些安装方式。本书推荐的安装方式是下载二进制包进行安装，你也可以尝试其他选项。Elastic 的官方网站提供了详细的安装说明，如果你对本书中未提及的安装方法感兴趣，可以访问 Elastic 官方网站获取更多信息。

A.1.1 下载 Elasticsearch 二进制包

在个人计算机上部署 Elasticsearch 服务最简单的方式就是下载压缩包、解压并运行启动脚本。前往 Elasticsearch 的下载页面，根据你使用的操作系统下载对应的二进制包。官方网站提供了几乎所有操作系统对应的下载安装包，包括对 Docker 的支持。这里我以 Windows 和 macOS 系统为例进行演示，不过其他操作系统的安装说明也遵循相同的模式，并且简单明了。

注意 我采用从二进制包安装并在本地机器上运行的简单方式，但在真实环境中通常会有不同的部署方案。可能有独立的团队（可能是 DevOps）负责安装配置所需的环境，并为开发人员提供预配置的实例。软件可以部署在本地或者云端，这取决于你所在组织的 IT 基础设施策略。大多数云服务提供商（如 AWS 和 Azure）都提供了托管服务。Elastic 也提供了自己的托管云服务，可以在 AWS、Azure 或 Google Cloud 上部署软件。

按照这里的说明设置你自己的个人开发环境。选择适合的二进制包，将其下载到你的计算机中，可以下载到你选择的任何目录。例如，为了方便起见，我通常会将软件下载到<*my_home*>/DEV/platform 这个目录。在撰写本书时，Elasticsearch 的版本是 8.6，但要注意，Elastic 发布新版本相当快。

注意 Elasticsearch 的二进制包内捆绑了 Java JDK。这样做的好处是，即使你的计算机中未安装 Java（或者已安装的 Java 版本与 Elasticsearch 不兼容），Elasticsearch 也不会出错，Elasticsearch 使用自带的 Java JDK 运行。

下载了二进制包之后，下一步就是将其解压缩并安装到你本地机器的指定目录中。我将在 A.1.2 节和 A.1.3 节中分别介绍在 Windows 和 macOS 操作系统上安装 Elasticsearch 的步骤，你可以根据自己的需要选择对应的部分阅读，并跳过不需要的内容。

A.1.2 在 Windows 上安装 Elasticsearch

文件成功下载后，将 zip 文件解压到你的安装目录中。表 A-1 中解释了 Elasticsearch 遵循的目录结构。

表 A-1 Elasticsearch 遵循的目录结构

目录名	详情
bin	二进制目录下存放了启动服务器的脚本和其他许多工具。除了用于启动服务器的 elasticsearch.bat（或者 elasticsearch.sh，取决于操作系统），一般用不到其他可执行文件
config	用于存放服务器配置文件的目录，尤其是 elasticsearch.yml 文件。绝大多数属性是已经预先设置好的，以便服务器能够以合理的默认配置启动
plugins	用于存放插件的目录。可以使用这些额外的软件模块为 Elasticsearch 引入新功能，如创建新的文本分析器
modules	包含各种模块
logs	用于存放运行中的 Elasticsearch 实例输出的日志数据，包括服务器日志和垃圾回收日志
data	数据写入的目录，相当于一个持久化存储。所有文档都存储在计算机文件系统的这个目录中

解压完成后，以管理员身份打开命令提示符窗口。在命令提示符后输入更改目录命令（`cd`）切换到 Elasticsearch 的 bin 目录：

```
cmd>cd <INSTALL_DIR>\elasticsearch\bin
```

执行 elasticsearch.bat 启动服务器：

```
cmd> elasticsearch.bat
```

如果一切顺利，你应该能在控制台上看到类似“Server Started”的输出。这里，我将服务器作为单节点实例启动。一旦启动，它就会自动加入一个单节点集群（节点就是它自己）。默认情况下，可通过 https://localhost:9200 访问服务器（默认设置）。

打开浏览器，通过 https://localhost:9200 访问 Elasticsearch 服务器的首页。如果服务器运行正常，将会返回一个 JSON 响应，如图 A-1 所示。这个来自 Elasticsearch 的简单的“成功”消息表明服务器已经启动并且正常运行。

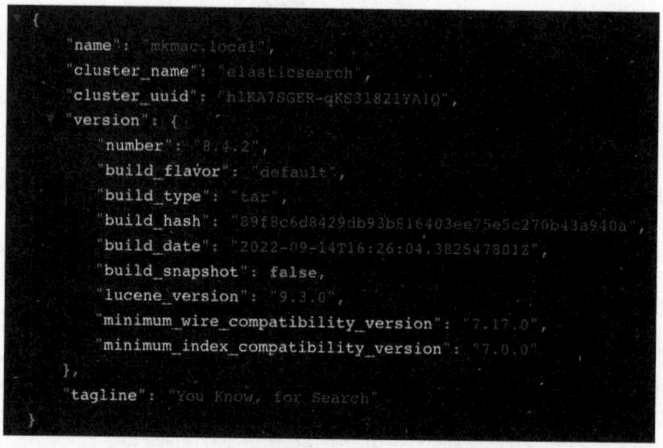

```
{
  "name": "mkmac.local",
  "cluster_name": "elasticsearch",
  "cluster_uuid": "h1KA7SGER-qKS31821YA1Q",
  "version": {
    "number": "8.4.2",
    "build_flavor": "default",
    "build_type": "tar",
    "build_hash": "89f8c6d8429db93b816403ee75e5c270b43a940a",
    "build_date": "2022-09-14T16:26:04.382547801Z",
    "build_snapshot": false,
    "lucene_version": "9.3.0",
    "minimum_wire_compatibility_version": "7.17.0",
    "minimum_index_compatibility_version": "7.0.0"
  },
  "tagline": "You Know, for Search"
}
```

图 A-1　Elasticsearch 服务器的首页

有几个属性可能需要关注。name 是实例的名称，默认是你的计算机的名称。可以通过调整配置来更改它（稍后会展示）。

第二个重要的属性是 cluster_name，它表示该节点加入的集群名称。同样，Elasticsearch 也提供了默认值，因此当前集群名称为默认的 elasticsearch。

A.1.3　在 macOS 上安装 Elasticsearch

下载 macOS 二进制包（tar.gz）并解压到你偏好的位置，例如/Users/<*username*>/DEV/platform。然后打开终端，切换到安装目录下的 bin 目录：

```
$>cd ~/DEV/platform/elasticsearch/bin
```

执行 elasticsearch 运行脚本：

```
$>./elasticsearch
```

这将以单节点集群模式启动 Elasticsearch 服务器。当控制台出现“Server Started”的消息时，表示服务器已经成功启动。服务器启动并运行后，可以在浏览器中访问 http://localhost:9200。

使用 cURL 访问服务器

除了通过浏览器访问 Elasticsearch 的 URL，还可以使用 cURL（命令行 URL 调用工具）与服务器进行交互。Unix 用户喜欢使用 cURL 来访问 HTTP URL。这是一个非常流行且实用的命令行工具，用于与服务器进行 HTTP 通信。大多数基于 Unix 的系统默认已安装了该工具，如果没有安装，你也可以从 cURL 的官方网站下载适用于 Windows 操作系统的二进制包。

打开一个新的终端窗口，输入以下内容将看到图 A-2 所示的响应：

```
$>curl http://localhost:9200
```

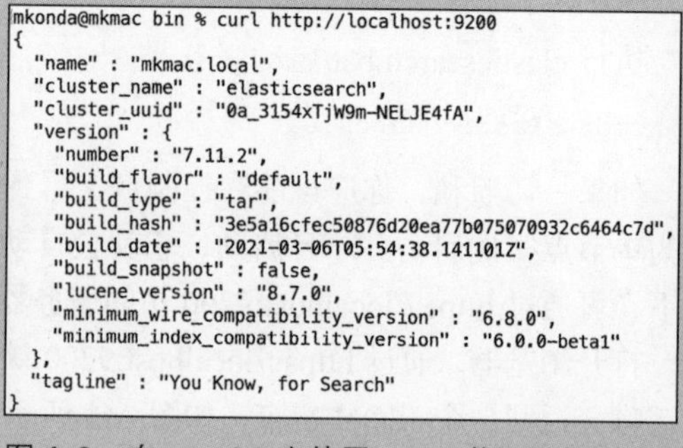

```
mkonda@mkmac bin % curl http://localhost:9200
{
  "name" : "mkmac.local",
  "cluster_name" : "elasticsearch",
  "cluster_uuid" : "0a_3154xTjW9m-NELJE4fA",
  "version" : {
    "number" : "7.11.2",
    "build_flavor" : "default",
    "build_type" : "tar",
    "build_hash" : "3e5a16cfec50876d20ea77b075070932c6464c7d",
    "build_date" : "2021-03-06T05:54:38.141101Z",
    "build_snapshot" : false,
    "lucene_version" : "8.7.0",
    "minimum_wire_compatibility_version" : "6.8.0",
    "minimum_index_compatibility_version" : "6.0.0-beta1"
  },
  "tagline" : "You Know, for Search"
}
```

图 A-2　在 macOS 上使用 cURL 获取服务器响应

响应结果表明 Elasticsearch 服务器运行状态良好（当然，当你在本地运行时，版本号可能会有所不同）。最重要的属性是 cluster_name，其默认值是"elasticsearch"。如果想启动一个新节点并加入该集群（elasticsearch），你只需要在配置文件中将 cluster_name 属性设置为与第一个服务器的 cluster_name 属性相同即可。

A.1.4 通过 Docker 安装 Elasticsearch

如果你选择使用 Docker 安装 Elasticsearch，有两种方法实现安装，具体如下。

1. 使用 Docker 镜像

Elastic 在 docker.elastic.co 镜像仓库中发布了其 Docker 镜像。你可以从 Elastic 的 Docker 仓库中拉取镜像：

```
docker pull docker.elastic.co/elasticsearch/elasticsearch:8.6.2
```

这会将镜像（基于 CentOS）拉取到你的本地机器。镜像下载完成后，你可以通过执行 docker run 命令来启动服务器：

```
docker run -p 9200:9200 -p 9300:9300 -e "discovery.type=single-node"
    docker.elastic.co/elasticsearch/elasticsearch:8.6.2
```

这条命令会以单节点模式启动服务器，并在本地主机的 9200 端口公开服务器。

这条命令执行成功后，你可以在浏览器中访问 http://localhost:9200（或发送 curl 命令）来收到服务器的正向响应。

2. 使用 docker-compose

在本书的配套资源文件的 docker 文件夹中包含了所需的 Docker 文件。将 elasticsearch-docker-8-6-2.yml 文件复制到本地机器，然后在终端执行以下命令：

```
docker-compose up -f elasticsearch-docker-8-6-2.yml
```

这条命令将启动包含 Elasticsearch 和 Kibana 服务的 Docker 容器。

A.1.5 使用_cat API 测试 Elasticsearch 服务器

Elasticsearch 是一个 RESTful Web 服务器，这意味着与它通信非常容易。Elasticsearch 公开了一个名为 cat（紧凑和对齐的文本）的特殊 API，可以通过_cat 端点进行访问。虽然 JSON 格式对计算机很友好，但对人类来说阅读这种格式的数据会非常不便。_cat API 不是为程序使用设计的，而是旨在生成以表格（列）格式输出的内容，以便于人类阅读。

你可以通过在浏览器中访问 http://localhost:9200/_cat 或执行以下 curl 命令来查找_cat API 提供的端点列表：

```
curl 'localhost:9200/_cat'
```

这样做会返回 30 多个端点（为了简洁起见，下面只展示了其中几个）：

```
/_cat/shards
/_cat/shards/{index}
/_cat/nodes
/_cat/indices
/_cat/indices/{index}
/_cat/count
/_cat/count/{index}
/_cat/health
/_cat/aliases
...
```

使用_cat API 可以确定集群的健康状况。访问 http://localhost:9200/_cat/health 或者执行以下 curl 命令：

```
curl 'localhost:9200/_cat/health'
```

/_cat/health 端点公开了集群的健康状况。这个查询的响应结果大致如下：

```
1615669944 21:12:24 elasticsearch yellow 1 1 1 1 0 0 1 0 - 50.0%
```

这是以列形式表示的数据，但是没有列标题来标识各个值的含义。你可以在查询末尾添加上 v（表示详细信息）来请求带有列标题的输出结果：

```
curl 'localhost:9200/_cat/health?v'
```

这将产生以下结果：

```
epoch      timestamp cluster       status node.total node.data shards pri
     relo init unassign pending_tasks max_task_wait_time active_shards_percent
1615669875 21:11:15  elasticsearch yellow     1           1       1   1
     0    0        1       0              -                       50.0%
```

这个响应表明集群名称是 elasticsearch（第三个字段），其状态为黄色（第四个字段），等等。

A.2　安装 Kibana

现在 Elasticsearch 已经安装并启动运行，接下来需要继续安装 Kibana。Kibana 的安装过程与 Elasticsearch 的安装过程相似，下面我将简要介绍在 Windows 和 macOS 操作系统上安装 Kibana 的步骤。

A.2.1　下载 Kibana 二进制包

访问 Kibana 的下载页面，下载你使用的操作系统对应的最新版本（在本书撰写时是 8.6.2 版本）的 Kibana，然后将压缩包解压到你的安装目录中。

A.2.2 在 Windows 上安装 Kibana

执行更改目录命令（cd）切换到 bin 目录，然后执行（或双击）kibana.bat 文件：

```
cmd:>cd <KIBANA_INSTALL_DIR>\bin      ⊲— 切换到安装目录的 bin 目录下

cmd:>kibana.bat      ⊲— 通过执行脚本启动 Kibana 仪表板
```

Kibana 应该在本地机器的 5601 端口运行。

确保 Elasticsearch 服务器仍在另一个命令窗口中运行。（当 Kibana 启动时，它会寻找要连接的 Elasticsearch 实例。因此需要保持之前安装的 Elasticsearch 持续运行。）这将启动 Kibana 服务器，你可以在日志中看到以下信息：

```
Status changed from yellow to green - Ready
log [23:17:16.980] [info][listening] Server running at http:/./localhost:5601
log  [23:17:16.987] [info][server][Kibana][http] http server running at
http:/./localhost:5601
```

Kibana 启动后会连接到你的 Elasticsearch 服务器。当命令窗口显示正常响应时，打开浏览器，访问 http://localhost:5601，你将看到图 A-3 所示的 Web 应用界面。

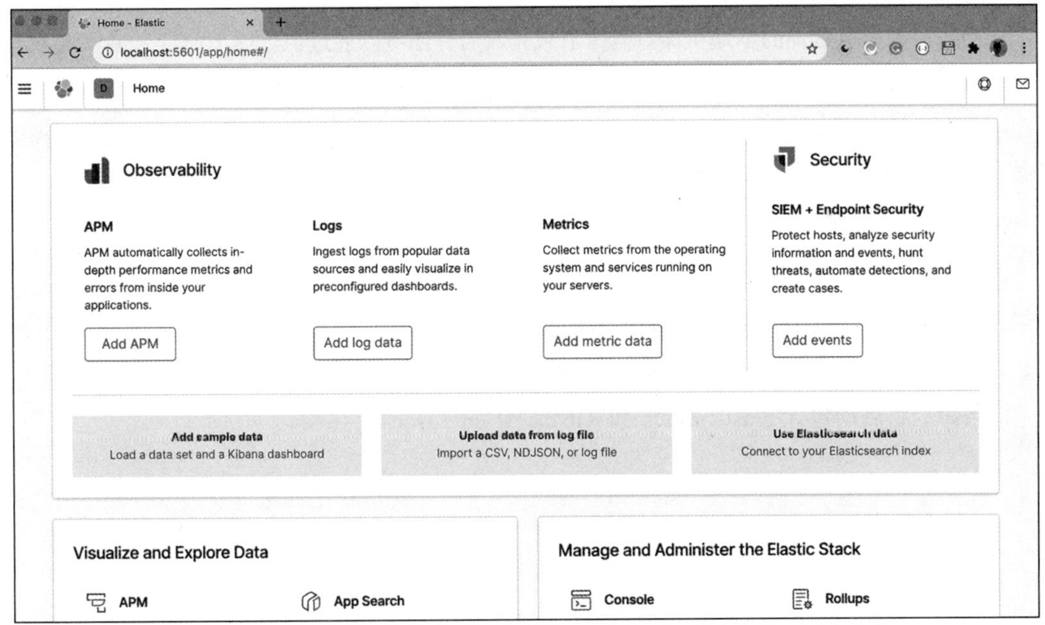

图 A-3 Kibana Web 应用在本地运行

A.2.3 在 macOS 上安装 Kibana

解压二进制包后，执行 Kibana 的 shell 脚本来运行它：

```
$>cd <KIBANA_INSTALL_DIR>/bin      <—— 切换到安装目录的 bin 目录下

$>./kibana      <—— 通过执行脚本启动 Kibana 仪表板
```

这将在默认的 5601 端口启动 Kibana 仪表板。你应该能在终端中看到如下日志输出：

```
Status changed from yellow to green - Ready
log [23:17:16.980] [info][listening] Server running at http:/./localhost:5601
log  [23:17:16.987] [info][server][Kibana][http] http server running at
http:/./localhost:5601
```

正如日志所示，访问 http://localhost:5601 默认会进入 Kibana 的首页（见图 A-3）。

A.2.4 通过 Docker 安装 Kibana

与 Elasticsearch 的安装类似，我在这里介绍两种使用 Docker 安装 Kibana 的方法。

1．使用 Docker 镜像

Elastic 在 docker.elastic.co 镜像仓库中发布了其 Docker 镜像。你可以从 Elastic 的 Docker 仓库中拉取镜像：

```
docker pull docker.elastic.co/kibana/kibana:8.6.2
```

这会将镜像拉取到你的本地机器。镜像下载完成后，你可以通过执行以下命令来启动 Kibana：

```
docker run -p 5601:5601 docker.elastic.co/kibana/kibana:8.6.2
```

这条命令将在 5601 端口启动 Web 服务器，并连接到运行在 9200 端口上的 Elasticsearch 搜索。当命令执行成功后，可以在浏览器中访问 http://localhost:5601 查看 Web 应用的运行情况。

2．使用 docker-compose

在本书的配套资源文件的 docker 文件夹中包含了所需的 Docker 文件。将 elasticsearch-docker-8-6-2.yml 文件复制到本地机器，然后在终端执行以下命令：

```
docker-compose up -f elasticsearch-docker-8-6-2.yml
```

这条命令将启动包含 Elasticsearch 和 Kibana 服务的 Docker 容器。

附录 B 摄取管道

进入 Elasticsearch 的数据并非总是干净的。通常情况下，数据需要进行转换、丰富或格式化处理。在将数据导入 Elasticsearch 进行摄取之前，可以采取一些选项来清理数据，例如编写自定义的转换器或使用 ETL（抽取、转换、加载）工具。Elasticsearch 通过摄取管道实现了这些功能，为操纵数据提供了一流的支持——我们可以在数据被摄取之前对数据进行拆分、删除、修改和增强。

B.1 概述

索引到 Elasticsearch 中的数据可能需要经过转换和操纵。让我们想象一种场景，需要将数百万份 PDF 的法律文档加载到 Elasticsearch 中以供搜索。尽管批量加载是一种方法，但这种方法不足以满足要求，而且烦琐且容易出错。

如果你认为我们可以使用 ETL 工具来完成这类数据操纵任务，那么你是完全正确的。确实有许多这类工具可供选择，包括 Logstash。Logstash 可以在数据被索引到 Elasticsearch 或者持久化到数据库或其他目标之前对数据进行操纵。然而，它并不轻量，而且需要进行复杂的设置，最好在不同的机器上运行。

就像使用 Query DSL 编写搜索查询一样，可以使用相同的语法开发带有处理器的摄取管道，并将其应用于传入的数据，以对数据进行 ETL 处理。开发摄取管道的工作流程非常简单直接。

（1）根据业务需求中对数据进行转换、增强或丰富的要求，创建一条或多条包含预期逻辑的管道。

（2）在传入的数据上调用这些管道。数据将经过管道中的一系列处理器，并在每个阶段被操纵。

（3）索引处理后的数据。

图 B-1 中展示了两条独立管道的工作流程，它们包含了不同的一组处理器。这些管道是在摄取节点（ingest node）上托管/创建的。数据在索引之前会经过这些处理器的处理。我们可以在批量加载或索引单个文档时调用这些管道。

处理器（processor）是完成单一数据转换操作的软件组件。管道（pipeline）由一系列处理器组成。每个处理器专门负责完成一项任务。它根据自身的逻辑处理输入的数据，并将处理后的数据传递给下一个阶段。我们可以根据需求连接任意数量的处理器。

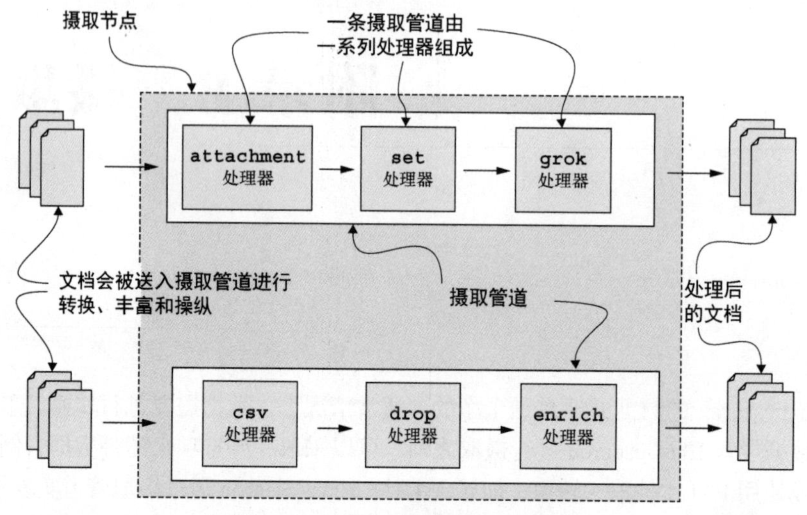

图 B-1 两条独立的管道处理数据

Elasticsearch 提供了 30 多个开箱即用的处理器。让我们来看一下创建和使用管道的机制。

B.2 摄取管道的工作机制

摄取管道（ingest pipeline）帮助我们在最小设置或者无昂贵设置的情况下转换和操纵数据。管道由一系列处理器组成，每个处理器对传入的数据完成特定的操作。这些摄取处理器会被加载到被分配了 `ingest` 角色的节点上。正如第 14 章所述，集群中的每个节点都可以被分配 `master`、`data`、`ingest`、`ml` 等角色。

举一个例子，假设 MI5（英国国家安全局，又称军情五处）的绝密行动数据需要从数据库中加载到 Elasticsearch，以便集成搜索功能。从数据库中提取的数据在被索引到 Elasticsearch 之前，必须在 `category` 字段打上“confidential”（机密）标记。（我们后续可以在这个例子上扩展更多功能）。

满足这一需求的第一步是创建一条包含处理器的摄取管道。我们需要使用 `set` 处理器添加一个名为 `category` 的字段，并将值设置为`"confidential"`。Elasticsearch 提供了`_ingest` API 来创建和测试管道。我们可以使用_ingest/pipeline/<*pipeline_name*> URL 创建一条新管道。代码清单 B-1 中的代码创建了一条包含 `set` 处理器的新管道。

代码清单 B-1 创建一条标记为机密的管道

```
PUT _ingest/pipeline/confidential_files_pipeline
{
  "description": "Stamp confidential on the file (document)",
  "processors": [          <-- 以链的形式提供
    {                          多个处理器
```

```
        "set": {                                  ◁── set 处理器设置
          "field": "category",                        一个新字段
          "value": "confidential"
        }
      }
    ]
  }
```

这段代码创建了一条名为 confidential_files_pipeline 的摄取管道,其中只包含一个 set 处理器。set 处理器的任务是创建一个新的 category 字段，并将其值设置为"confidential"。当一个新文档经过这条管道时，set 处理器会动态地为文档添加一个名为 category 的字段。

一旦管道被创建，它就会存储在集群状态中。现在它已经准备好投入使用了。不过，在开始索引数据之前，我们可以使用_simulate API 对管道进行一次模拟运行，如代码清单 B-2 所示。

代码清单 B-2　对管道进行模拟运行

```
POST _ingest/pipeline/confidential_files_pipeline/_simulate   ◁── 通过_simulate API
{                                                                 调用管道 URL
  "docs": [{    ◁── docs 数组接收一组文档
      "_source": {          ◁── _source 字段包含
        "op_name": "Operation Cobra"   额外的字段
      }
    }
  ]
}
```

这段代码模拟了管道的执行。我们在 confidential_files_pipeline 管道上执行一个包含一个字段-值对的文档。执行代码清单 B-2 中的代码并不索引文档，而是测试管道的逻辑。下面是我们模拟运行管道时的响应：

```
{
  "docs": [
    {
      "doc": {
        "_index": "_index",
        "_id": "_id",
        "_version": "-3",
        "_source": {
          "category": "confidential",
          "op_name": "Operation Cobra"
        },
        "_ingest": {
          "timestamp": "2022-11-03T23:42:33.379569Z"
        }
      }
    }
  ]
}
```

_source 对象包含了经过修改的文档：管道添加了 category 字段。这就是 set 处理器的神奇之处。

正如之前讨论过的，我们可以将处理器连接起来。想要将标记变成大写（即 CONFIDENTIAL），我们只需要在管道中添加另一个处理器——uppercase，然后重新执行查询即可，如代码清单 B-3 所示。

代码清单 B-3 连接第二个处理器将字段的值变成大写

```
PUT _ingest/pipeline/confidential_files_pipeline
{
  "description": "Stamp confidential on the file (document)",
  "processors": [
    {
      "set": {
        "field": "category",
        "value": "confidential"
      },
      "uppercase": {            <-- uppercase 处理器是新添加的
        "field": "category"
      }
    }
  ]
}
```

新增了一个 uppercase 处理器之后，这两个处理器就被连接在一起：第一个处理器的输出作为第二个处理器的输入。最终结果如下：

```
"_source": {
  "category": "CONFIDENTIAL",
  "op_name": "Operation Cobra"
}
```

category 字段是由 set 处理器添加的，而该字段被 uppercase 处理器转换为大写，因此最终文档上会被打上 CONFIDENTIAL 标记。下面我们就来看一个使用摄取管道加载 PDF 文件的实际例子。

B.3 将 PDF 文件加载到 Elasticsearch 中

假设有一个业务需求是将 PDF 文件（如 PDF 的法律文档或医学期刊）加载到 Elasticsearch 中，以便客户端可以对它们进行搜索。Elasticsearch 允许使用名为 attachment 的专用摄取处理器来索引 PDF 文件。

attachment 处理器用于在摄取管道中加载附件文件，如 PDF 文件、Word 文档、电子邮件等。它使用 Apache Tika 库来提取文件数据。在被加载到管道之前，源数据应该被转换为 Base64 格式。来看一个实际的例子。

继续 MI5 的例子，我们需要将所有以 PDF 文件呈现的机密数据加载到 Elasticsearch 中。以下步骤直观地展示了这一过程。

（1）定义一条包含 attachment 处理器的摄取管道。将文件的 Base64 内容索引到一个字段中（在这个示例中，我们将该字段定义为 secret_file_data）。

（2）将 PDF 文件的内容转换为字节，并将其输入 Base64 编码工具（可以使用任何可用的工具集）。

（3）对传入的数据调用该管道，使 attachment 处理器能够处理这些数据。

代码清单 B-4 中的代码创建了一条包含 attachment 处理器的摄取管道。

代码清单 B-4 创建包含 attachment 处理器的摄取管道

```
PUT _ingest/pipeline/confidential_pdf_files_pipeline
{
  "description": "Pipeline to load PDF documents",
  "processors": [
    {
      "set": {
        "field": "category",
        "value": "confidential"
      },
      "attachment": {                        <-- 处理 secret_file_data 字段的
        "field": "secret_file_data"              attachment 处理器
      }
    }
  ]
}
```

运行这段代码，将在集群上创建 confidential_pdf_files_pipeline。在数据流入该管道时，attachment 处理器会期望从 secret_file_data 字段中获取文件的 Base64 编码数据。

现在我们已经创建了管道，来测试一下。假设文件数据是"Sunday Lunch at Konda's"，运行 Base64 编码器将其转换为 Base64 编码格式的数据。（Base64 编码器的使用方式留给读者自行探索，更多信息可参考下面的"Base64 编码"）。

Base64 编码

Java 有一个 java.util.Base64 编码器类，Python 也有一个 base64 模块。在你选择的编程/脚本语言中，很可能也有对 Base64 的支持。注意，在应用 Base64 编码之前，必须将输入转换为字节。

可以使用任何编程语言或脚本框架来定位和加载文件，将它们转换为字节并输入处理器。在本书的配套资源中提供了使用 Java 和 Python 语言编写的将文本转换为 Base64 编码格式的完整代码。

可以通过传入 Base64 字符串并检查输出是否符合预期（应当输出"Sunday Lunch at Konda's"）来模拟运行该管道。测试管道的实际运行情况的代码如代码清单 B-5 所示。注意，U3VuZGF5IEx1bmNoIGF0IEtvbmRhJ3M=是包含密语（即"Sunday Lunch at Konda's"）的 Base64 编码格式的 PDF 文件。

代码清单 B-5 模拟运行管道

```
POST _ingest/pipeline/confidential_pdf_files_pipeline/_simulate
{
  "docs": [
```

```
      {
        "_source": {
          "op_name": "Op Konda",
          "secret_file_data":"U3VuZGF5IEx1bmNoIGF0IEtvbmRhJ3M="
        }
      }
    ]
  }
```

secret_file_data 字段的值被手动设置为 Base64 编码的字符串，然后输入管道。

根据管道的定义（代码清单 B-4），attachment 处理器期望 secret_file_data 字段携带编码后的数据，而我们在模拟运行该管道时也提供了这部分数据。下面是测试的响应：

```
...
      "doc": {
        "_index": "_index",
        "_id": "_id",
        "_version": "-3",
        "_source": {
          "op_name": "Op Konda",
          "category": "confidential",
          "attachment": {
            "content_type": "text/plain; charset=ISO-8859-1",
            "language": "et",
            "content": "Sunday Lunch at Konda's",
            "content_length": 24
          },
          "secret_file_data": "U3VuZGF5IEx1bmNoIGF0IEtvbmRhJ3M="
        },
        "_ingest": {
          "timestamp": "2022-11-04T23:19:05.772094Z"
        }
      }
...
```

这个响应表明创建了一个包含了一些字段的名为 attachment 的新对象，其中 content 字段存储 PDF 文件的解码形式。attachment 的其他元数据可以在 content_length、language 等字段中找到，而原始的编码数据保存在 secret_file_data 字段中。我们可以选择想要持久化存储的字段作为元数据的一部分。例如，下面的代码只设置了 content 字段，而丢弃了其他元数据值：

```
PUT _ingest/pipeline/only_content_pdf_files_pipeline
{
  "description": "Pipeline to load PDF documents",
  "processors": [
    {
      "set": {
        "field": "category",
        "value": "confidential"
      },
```

```
        "attachment": {
          "field": "secret_file_data",
          "properties":["content"]     ◁—— 设置只索引 content 字段
        }
      }
    ]
  }
```

Elasticsearch 提供了许多摄取处理器，它们可以满足大量的需求。在本附录中逐一介绍所有处理器是不现实的，我的建议是查阅 Elasticsearch 官方文档中的“Ingest processor reference”，并亲自以代码进行实验。

附录 C 客户端

Elasticsearch 的一大优势在于为众多客户端开箱即用地提供了丰富的接口，以便执行搜索和聚合等操作。无论使用的是 Java、Python、C#、JavaScript 还是其他主要编程语言的客户端，只要是支持基于 HTTP 协议的 RESTful API，都能获得一流的支持。

通过 RESTful 接口公开 API 是一种现代架构决策，有利于创建与编程语言无关的产品。Elastic 选择了这条道路，开发了一款能够与多语言环境集成的产品。

当前，Elasticsearch 可以与 Java、Python、.NET、Ruby、Go、JavaScript、Perl 和 PHP 等客户端集成，还有一些来自社区贡献的客户端，如 C++、Kotlin、Scala、Swift、Rust、Haskell、Erlang 等，Elasticsearch 也可以与之集成。如果需要，Elasticsearch 也非常乐意考虑定制客户端的请求。向团队提交一个拉取请求，让它实现起来吧。

讨论所有这些客户端是不现实的（而且我对除 Java、Kotlin、Scala、Python、Go、JavaScript 和其他几种编程语言之外的编程语言也没有足够的经验）。因此，本附录只提供了 Java 的高级查询方式。

C.1 Java 客户端

Elasticsearch 是用 Java 编写的，正如你期望的那样，它为使用 Java 客户端库调用 Elasticsearch API 提供了原生的支持。它使用流式 API 构建器模式（fluent API builder pattern）构建，同时支持同步和异步（阻塞和非阻塞）的 API 调用。它需要 Java 8 以上的版本，因此要确保你的应用至少使用 Java 8 编写。

在本节中，我将分别介绍如何将 Elasticsearch 集成到基于 Maven/Gradle 和基于 Spring 的 Java 应用中。

Spring Data Elasticsearch 项目

如果你正在开发基于 Spring 框架的 Java 应用，还可以通过 Spring Data Elasticsearch 集成 Elasticsearch。该项目帮助我们使用熟悉且经过良好验证的 Spring 模式，如模板模式（template pattern）和存储库模式（repository pattern）来连接和查询 Elasticsearch。就像创建一个存储库来表示数据库层一样，Spring Data Elasticsearch 允许使用存储库层来查询 Elasticsearch。要了解更多关于 Spring Data Elasticsearch 项目的信息，可查阅 Spring 官方文档的“Spring Data Elasticsearch”。

C.2 背景

从 7.17 版本开始，Elasticsearch 发布了一个新的向前兼容的 Java 客户端，即 Java API Client。Java API Client 是一个现代客户端，遵循具有强类型请求和响应的功能客户端模式（feature client pattern）。这一客户端的早期版本是 Java High-Level REST Client（见下面的“Java High-Level REST Client”），由于在设计上天生依赖于与 Elasticsearch 服务器共享公共代码，因此受到了相当多的批评，同时也给 Elastic 的开发者带来了维护和管理上的麻烦。

Java High-Level REST Client

Elasticsearch 经过重新设计，摆脱了 Java High-Level REST Client（我为它取个首字母缩略词 JHLRC，以便后续更容易引用），并引入了一种基于 API 的客户端，称为 Java API Client。JHLRC 存在一些问题。特别是，它与特定版本的 Elasticsearch 服务器存在耦合，因为它与 Elasticsearch 服务器共享公共代码。所有的 API 都是手工编写的，这意味着随着时间的推移需要大量的维护工作，导致它变得容易出错。依赖服务器代码库意味着会影响向后/向前兼容性。

Elastic 的开发者意识到需要一个现代客户端——独立于服务器的代码库，其客户端 API 代码根据服务器的 API 模式生成，并提供功能客户端模式（稍后会介绍实际应用）。这促成了 Java API Client 的诞生。它是新一代轻量级客户端，其代码几乎全部（99%）是生成的，采用了流式 API 构建器模式，并实现了 Java 对象与 JSON 之间的自动序列化和反序列化。

C.3 Maven/Gradle 项目设置

`ElasticsearchClient` 相关的类被打包成一个 jar 文件，可以作为我们项目依赖的一部分下载。为方便起见，我已经创建了一个基于 Maven 的项目，可以从本书的配套资源中找到。

通常，需要引入两个依赖来获取相关的类。它们在 pom 文件中声明，如代码清单 C-1 所示。

代码清单 C-1 Maven 依赖

```
<dependencies>
  <dependency>
    <groupId>co.elastic.clients</groupId>
    <artifactId>elasticsearch-java</artifactId>
    <version>8.5.3</version>
  </dependency>
  <dependency>
    <groupId>com.fasterxml.jackson.core</groupId>
    <artifactId>jackson-databind</artifactId>
    <version>2.12.7</version>
```

```
  </dependency>
...
</dependencies>
```

在撰写本节时，我使用了 elasticsearch-java 客户端的 8.5.3 版本和 Jackson 核心库的 2.12.7 版本。你可能需要根据自己的需求升级这些库。

如果你使用的是 Gradle，在 Gradle 构建文件中添加代码清单 C-2 所示的依赖。

代码清单 C-2 Gradle 依赖

```
dependencies {
  implementation 'co.elastic.clients:elasticsearch-java:8.5.3'
  implementation 'com.fasterxml.jackson.core:jackson-databind:2.12.7'
}
```

项目设置完成后，下一步就是初始化客户端，让它开始工作。

C.4 初始化

来看一下客户端的初始化过程及客户端的使用方法。客户端的类是 `co.elastic.clients.elasticsearch.ElasticsearchClient`，通过向其构造函数提供 `transport` 对象（`co.elastic.clients.transport.ElasticsearchTransport`）进行初始化。这个 `transport` 对象又需要 `RestClient` 对象和 JSON mapper 对象。来看一下具体步骤。

（1）创建一个 `RestClient` 对象，它封装了 Apache 的 `HttpHost`，指向 Elasticsearch 服务器的 URL，如代码清单 C-3 所示。

代码清单 C-3 实例化 `RestClient`

```
RestClient restClient = RestClient.builder(
      new HttpHost("localhost", 9200)).build();
```

`RestClient` 构建器被创建，并以本地主机 9200 端口上公开的 Elasticsearch 端点作为参数。

（2）使用代码清单 C-4 中的代码创建 `transport` 对象。`ElasticsearchTransport` 对象是使用之前实例化的 `restClient` 实例和 JSON mapper（我们使用的是 `JacksonJsonpMapper` 实例）构造的。

代码清单 C-4 构造 `transport` 对象

```
JacksonJsonpMapper jsonMapper = new JacksonJsonpMapper();   ← 创建一个新的 JacksonJsonpMapper 对象

ElasticsearchTransport elasticsearchTransport =
   new RestClientTransport(restClient, jsonMapper);   ← 创建 transport 对象
```

我们传入 `restClient` 和 `jsonMapper`，它们是在创建 `transport` 对象之前实例化的。

（3）使用代码清单 C-5 中的代码创建 `ElasticsearchClient`。

代码清单 C-5 构造客户端

```
ElasticsearchClient elasticsearchClient =
      new ElasticsearchClient(elasticsearchTransport);
```

ElasticsearchClient 所需的就是刚刚创建的 transport 对象。就是这样，我们已经有了客户端，是时候使用它与 Elasticsearch 进行交互了。

C.5 命名空间客户端

C.2 节中提到，Java API Client 遵循请求、响应和功能客户端模式。Elasticsearch 对它公开的每个功能都有包名和命名空间的概念，例如，与集群相关的 API 在*.cluster 包中，与索引操作相关的 API 在*.index 包中。Java API Client 也遵循着相同的模式：为每个功能提供了一个“客户端”，如图 C-1 所示。

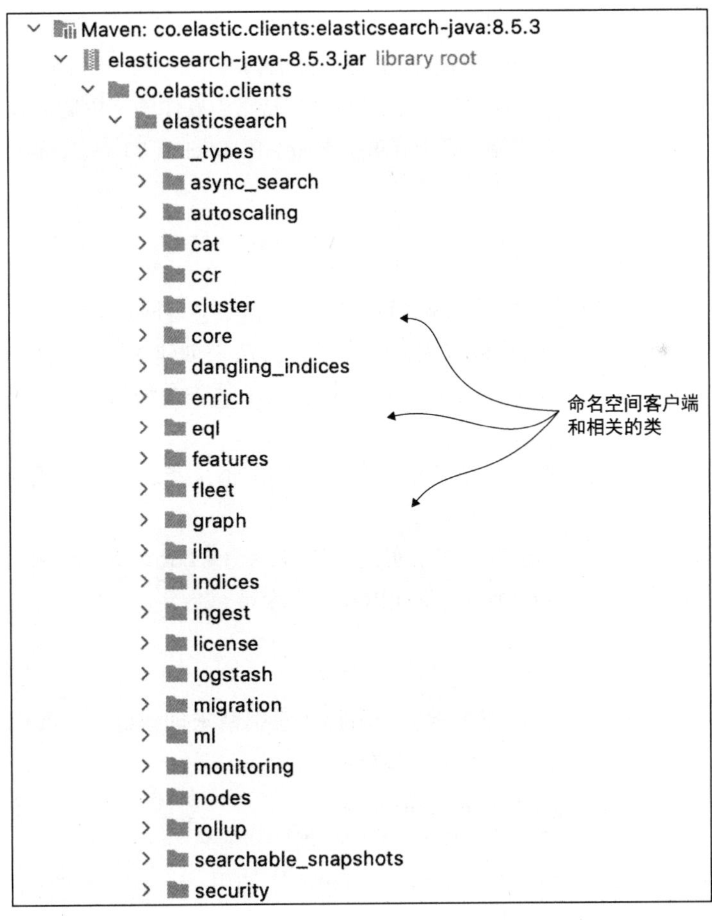

图 C-1 Elasticsearch Java 命名空间客户端

例如，所有与索引相关的类，如请求、响应和索引客户端，都位于 co.elastic.clients.elasticsearch.indices 包中。该命名空间的客户端是 ElasticsearchIndicesClient，可以从主 ElasticsearchClient 获取（稍后会介绍其应用）。所有索引操作都应该由 ElasticsearchIndicesClient 来完成。同理，其他所有功能也都遵循相同的模式——每个功能（命名空间）对应一个“文件夹”，每个功能都有一个名为 ElasticsearchFEATUREClient 的客户端。

看到这么多的类可能会感到不知所措，不过下面的例子使用 Java API Client 获取功能客户端或命名空间客户端来支持相应的功能，澄清了客户端规范的其余部分遵循相同的方式。下面我们就来看一下如何创建一个索引。

C.6 创建一个索引

让我们使用 Java API Client 创建一个 flights 索引。所有与索引相关的操作组成了一个名为 indices 的命名空间，因此与索引操作相关的类和客户端都位于 co.elastic.clients.elasticsearch.indices 包中。正如预期的那样，支持索引操作的客户端是 ElasticsearchIndicesClient。要获取这个客户端，必须要求主 Java API Client（ElasticsearchClient）提供一个该客户端的实例：

```
ElasticsearchIndicesClient elasticsearchIndicesClient =
        this.elasticsearchClient.indices();
```

在 elasticsearchClient 实例上调用 indices() 函数会返回 ElasticsearchIndicesClient。获得这个客户端后，就可以调用 create() 方法来创建索引。create() 方法需要一个 CreateIndexRequest 对象作为参数。这里就引出了下一个请求/响应（request/response）模式。

客户端的所有方法都需要传入一个请求对象。有许多请求类，每个请求对象都使用构建器模式进行实例化。

假设我们要创建一个索引。这需要一个实例化的 CreateIndexRequest 作为参数。下面的代码使用构建器创建了一个 CreateIndexRequest：

```
CreateIndexRequest createIndexRequest =
  new CreateIndexRequest.Builder().index("flights").build();
```

index() 方法接受一个字符串作为索引的名称。索引请求创建好后，我们就可以在客户端上调用 create() 方法，并将这个请求作为参数传入：

```
CreateIndexResponse createIndexResponse =
       elasticsearchIndicesClient.create(createIndexRequest);
```

这个调用会在 elasticsearchIndicesClient 上调用 create() 方法，该方法会发送一个请求给 Elasticsearch 服务器来创建索引。

这个调用的结果会被捕获在响应对象中，在本例中是 CreateIndexResponse。同样，任何调用都遵循相同的模式返回一个响应，例如 CreateIndexRequest 的响应是一个 CreateIndexResponse 对象。响应对象中包含了所有关于新创建索引的必要信息。

完整的方法如代码清单 C-6 所示。整个类的源代码及项目可以在本书的配套资源中找到。

代码清单 C-6 使用 ElasticsearchIndicesClient 创建索引

```
/**
* Method to create an index using bog-standard ElasticsearchIndicesClient
*
* @param indexName
* @throws IOException
*/
public void createIndexUsingClient(String indexName) throws IOException {
   ElasticsearchIndicesClient elasticsearchIndicesClient =
           this.elasticsearchClient.indices();
   CreateIndexRequest createIndexRequest =
new CreateIndexRequest.Builder().index(indexName).build();

CreateIndexResponse createIndexResponse =
         elasticsearchIndicesClient.create(createIndexRequest);
System.out.println("Index created successfully: "+createIndexResponse);
}
```

我们可以改进这段代码。不再单独实例化 ElasticsearchIndicesClient，而是使用构建器，如代码清单 C-7 所示。

代码清单 C-7 使用构建器模式创建索引

```
/**
* A method to create the index using Builder pattern
* @param indexName
* @throws IOException
*/
public void createIndexUsingBuilder(String indexName) throws IOException {

CreateIndexResponse createIndexResponse = this.elasticsearchClient
   .indices().create(new CreateIndexRequest.Builder()
   .index(indexName)
   .build());

System.out.println("Index created successfully using
       Builder"+createIndexResponse);
}
```

这一次，我们不再显式地创建 ElasticsearchIndicesClient，而是将请求对象（作为构建器）传递给 create() 方法，indices() 方法会在幕后获取 ElasticsearchIndicesClient，并在其上调用 create() 方法。

我们可以更进一步，使用 Lambda 函数让代码变得更加简洁，如代码清单 C-8 所示。

代码清单 C-8 使用 Lambda 表达式创建索引

```
/**
* A method to create an index using Lambda expression
* @param indexName
* @throws IOException
*/
public void createIndexUsingLambda(String indexName) throws IOException {

CreateIndexResponse createIndexResponse =
this.elasticsearchClient.indices().create(
                request -> request.index(indexName)
        );

System.out.println("Index created successfully using Lambda"
        +createIndexResponse);
}
```

代码中用粗体展示的部分是 Lambda 表达式。它的意思是，给定一个请求对象（CreateIndex-Request.Builder()类型的对象），使用 ElasticsearchIndicesClient 客户端来创建一个索引。

由于可以使用带有设置、别名等的模式创建索引，因此我们可以在请求中链式调用这些方法：

```
CreateIndexRequest createIndexRequest =
        new CreateIndexRequest.Builder()
          .index(indexName)        使用给定的名称创建索引
          .mappings(..)            创建一组映射
          .settings(..)            为索引添加设置
          .aliases(..)             为索引创建别名
          .build();
```

下面我们就来看一下如何将航班文档索引到我们的索引中。

C.7 索引文档

在第 5 章中，我们讨论了使用 Kibana 控制台（或 cURL）中的 Query DSL 来索引文档。例如，代码清单 C-9 中的代码使用一个随机 ID 作为主键来索引航班文档。

代码清单 C-9 使用 Query DSL 索引文档

```
POST flights/_doc
{
  "route":"London to New York",
  "name":"BA123",
  "airline":"British Airways",
  "duration_hours":5
}
```

在这里，我们使用 POST 方法调用_doc 端点，并将文档的详细信息作为 JSON 对象包含在其中。文档的 ID 由 Elasticsearch 自动生成。我们可以通过发起 GET flights/_doc/_search 请求来检索这个文档。

让我们使用 Java API Client 来索引相同的文档。我们在 C.6 节中已经创建了 flights 索引，所以只需要使用流式 API 来构建查询即可，如代码清单 C-10 所示。

代码清单 C-10 使用 Java API Client 索引文档

```
public void indexDocument(String indexName, Flight flight) throws IOException
    {
  IndexResponse indexResponse = this.elasticsearchClient.index(
    i -> i.index(indexName)
          .document(flight)
  );
  System.out.println("Document indexed successfully"+indexResponse);
}
```

执行这个查询将一个航班索引到 flights 索引中。elasticsearchClient 公开了一个 index 方法，可以与其他方法（如 id 和 document）结合使用。在这个例子中，我们没有使用 ID，而是让系统生成它。

document 方法期望传入 flight 对象。你是否注意到我们没有将 Flight Java 对象转换为 JSON？这是因为我们已将序列化和反序列化的责任委托给了之前与 transport 对象关联的 JacksonJsonMapper 类。

elasticsearchClient.index()方法接受一个 IndexRequest 对象，并返回 IndexResponse（这与我们之前讨论过的请求和响应模式一致）。

C.8 搜索

使用 Java API Client 通过查询来搜索数据也是遵循类似的路径：在 ElasticsearchClient 类中调用 search()方法，并传入所需的查询。不过，有一个细微的区别——其他功能都按照命名空间公开一个客户端，但搜索功能却没有。来看一个实际的例子。

假设我们想要搜索从伦敦到纽约的航线。在使用 Kibana 时，我们可以在优雅的 DSL 语句中创建一个 match 查询，提供“London New York”作为针对 route 字段的搜索条件，如代码清单 C-11 所示。

代码清单 C-11 使用 match 查询搜索航线

```
GET flights/_search
{
  "query": {
    "match": {
      "route": "London New York"
    }
  }
}
```

这个简单的 match 查询会检查包含关键词“London New York”的航线。根据我们索引记录的数量，我们可能会得到一到两个结果。这个查询也可以使用 Java API Client 用 Java 编写，如代码清单 C-12 所示。

代码清单 C-12 使用 Java API Client 搜索

```
this.elasticsearchClient.search(searchRequest -> searchRequest
    .index(indexName)
    .query(queryBuilder ->
            queryBuilder.match(matchQBuilder->
                    matchQBuilder.field("route")
                            .query(searchText)))
        ,Flight.class
);
```

search()方法期望传入一个搜索请求对象，通过 Lambda 表达式的形式提供给该方法。query 是使用另一个 Lambda 函数编写的——给定一个查询请求（Query.Builder 对象），使用 MatchQuery.Builder 对象调用 match 函数。JSON 被转换为 Flight Java 对象，这就是将 Flight.class 作为参数提供给 query 方法的原因。

search()方法的响应是一个 SearchResponse，因此我们可以通过以下方式捕获结果：

```
SearchResponse searchResponse =
    this.elasticsearchClient.search(..)
```

searchResponse 中包含 hits 数组的结果，我们可以遍历它们来获取返回的航班列表。代码清单 C-13 中展示了完整的搜索请求，包括响应中返回的航班。

代码清单 C-13 使用 Java API Client 搜索并获取 hits

```
public void search(String indexName, String field, String searchText) throws
    IOException {

SearchResponse searchResponse =
  this.elasticsearchClient.search(searchRequest -> searchRequest
      .index(indexName)
      .query(queryBuilder -> queryBuilder
              .match(matchQueryBuilder -> matchQueryBuilder
                      .field("route")
                      .query(searchText)))
          ,Flight.class
  );

List<Flight> flights =                      <-- 捕获航班
  (List<Flight>) searchResponse.hits().hits()
    .stream().collect(Collectors.toList());

searchResponse.hits().hits()                            或者在控制台
  .stream().forEach(System.out::println);           <-- 打印它们
}
```

searchResponse 对象的结果保存在 hits 数组中，我们只需确保将 hits 转换为适当的 Java 对象（在本例中是 Flight）。这个示例的完整源代码可以在本书的配套资源中找到。你可以查阅 Elasticsearch 官方文档中的“Elasticsearch Clients”了解其他客户端。